U0598424

建构文化研究

——论 19 世纪和 20 世纪建筑中的建造诗学

（修订版）

［美］肯尼思·弗兰姆普敦　著

王骏阳　译

本书荣获 2009 年第二届中国建筑图书奖

中国建筑工业出版社

著作权合同登记图字：01－2004－2455 号

图书在版编目（CIP）数据

建构文化研究：论 19 世纪和 20 世纪建筑中的建造诗学／（美）弗兰姆普敦著；
王骏阳译. —北京：中国建筑工业出版社，2007 （2023.12重印）
ISBN 978－7－112－08867－6

Ⅰ．建… Ⅱ．①弗…②王… Ⅲ．建筑设计－分析－世界 Ⅳ. TU201

中国版本图书馆 CIP 数据核字（2006）第 153777 号

Studies in Tectonic Culture——The Peotics of Construction in Nineteenth and
Twentieth Century Architecture by Kenneth Frampton

本书由美国 Kenneth Frampton 教授正式授权我社翻译、出版、发行本书中文版

责任编辑：程素荣
责任设计：郑秋菊
责任校对：李志立 张虹

建构文化研究
——论 19 世纪和 20 世纪建筑中的建造诗学
（修订版）

[美] 肯尼思·弗兰姆普敦 著

王骏阳 译

*

中国建筑工业出版社出版、发行（北京海淀三里河路9号）

各地新华书店、建筑书店经销

北京雅盈中佳图文设计公司制版

建工社（河北）印刷有限公司印刷

*

开本：850×1168 毫米 1/16 印张：26¼ 字数：635 千字
2007 年 7 月第一版 2023 年 12 月第十三次印刷
定价：**99.00** 元
ISBN 978-7-112-08867-6
　　　　（35505）

目 录

中文版序言

自从邓小平开启国家的现代化进程以来，中国在过去 25 年中的建设规模和速度几乎没有为这一巨变的环境后果留下任何反思的空间，无论这样的反思是在生态层面还是在文化层面上而言的。在人们永无休止的对发展的共同追求面前，任何即时的思考判断似乎都必须让在一边。与此同时，规模庞大的都市化进程呈现出不确定和无序的局面，尤其在气候变异和大规模污染的背景下来看更是如此。在中国，如同在其他地方一样，许多人持这样的观点，即建筑师除了致力于使建筑具有某种相对的可持续品质之外，并不需要过于关注上述这类虚无缥缈的问题。与此同时，仍然有那么一部分人认为，建筑师的工作是决定和表达整个社会文化价值的载体，因此必须从根本上重新思考什么才是建筑师工作不可或缺的原则。

不管多么出乎意料，正是最近两个在北京落成的主要作品促使人们思考上述一类问题：事实上，这两个作品在钢材的使用上都呈现出一种肆无忌惮的态度。我这里说的是两个由外国建筑师为奥运年而设计的标志性建筑，即莱姆·库哈斯的央视大楼以及赫尔佐格和德梅隆的奥运体育场。在这两个案例中，我们看到的都是一种奇观性建筑（spectacular works），从建构诚实性和工程逻辑性的角度看，它们都乖张到了极端；前者在概念上夸大其辞，杂耍炫技，而后者则"过度结构化"，以至于无法辨认何处是承重结构的结束，何处是无谓装饰（gratuitous decoration）的开始。尽管这两个建筑都树立了令人难忘的形象，但是人们仍然有理由认为，创造一个引人注目的形象并不必然需要在材料使用上如此肆无忌惮和丧失理性。在这两个案例中，我们看到的是一种极端美学主义，其目的只有一个，就是创造一种惊人的奇观效果。如果我们将这两个建筑的戏剧化展示（theatrical realizations）与另外两个同样著名的建筑师设计的具有类似功能的建筑相比较的话，那么上述的失当姿态便越发彰显无遗。这两个建筑就是诺曼·福斯特 1985 年在香港完成的汇丰银行大楼和伦佐·皮亚诺于 20 世纪 90 年代在巴里完成的圣里古拉体育场。顺便说一句，作为我们时代的一种反讽，汇丰银行大楼这个 20 世纪下半叶世界上最具技术创新和建构精神的摩天大楼还是对其公共性入口——也就是从地面架空层广场进入银行的两部自动扶梯——的方向进行了调整，使其与建筑的矩形平面形成一定角度，以符合当地风水观念的要求。如果人们接受这个观点——如同这个非典型案例表达出来的——植入一个建筑作品中的内在价值不能与该作品的整体美学特征相分离，那么作为一种中介，建构学就是有责任感的建筑必须的前提（parti pris）。

关注建筑的建构性就是关注与建筑作品的社会地位相关的表现性和特征性。"并非所有的建筑都是大教堂"，这句反讽性的密斯格言或许可以延伸到所有建筑类型，它要求根据具体作品的社会地位对建筑的句法进行调整。无论发展的压力如何，这种微妙的差异都是建筑学的本质基础，尤其当人们期望创造一种适合地形、气候、结构和社会条件的建筑，还要考虑中国是如此巨大的国度以及地域传统是如此千变万化时，就更应该如此。

事实上，本书阐述了两位曾经受到中国传统影响的欧洲建筑师，他们是丹麦人约恩·伍重和意大利建筑师卡罗·斯卡帕。如同众多丹麦建筑师和知识分子一样，伍重曾经直接受到古代中国建筑的影响，而吸引斯卡帕的则是中国文化在材料使用上体现的异国情调，而非某种特定的建筑章法。在这里，人们也许可以将道家学说视为斯卡帕奇特的 11 公分模数的来源；在古代中国，这个数字代表着一个十的整体。此外，斯卡帕毕生都迷恋着基督教中神秘的古代鱼鳔（vesica picis）符号，它的两分法也许可以与亚洲文化中的阴阳符号相比。从更为建构的角度看，我们也许还可以提及他对圆弧形洞口的强烈嗜好，尤其在一个特别的案例中，他还将中国的"双喜"图案用在圣维托·迪·阿尔蒂沃勒的布里翁家族之墓两片围墙的交汇处。

说到伍重，我们应该特别强调他在 1962 年画的一个最基本的概念草图，它描绘的是一个厚重的中国式大屋顶，漂浮在矩形的石砌基座之上。这种将造型独特的屋顶形式悬浮在加高的基座之上的做法几乎是包括 1973 年建成的悉尼歌剧院在内的所有伍重主要作品的构成元素（parti）。同样具有中国式建构章法的细部处理还体现在弗雷登斯堡住宅小区（建于 1963 年）逐层出挑、顶上覆瓦的墙体上面，而那个受阿斯格·约恩委托设计、但未实施的半地下的西尔克堡美术馆（1962 年设计）则是他从大同石窟笼罩在顶光之中的佛像那里获得的灵感。

对于想从中国传统中探索新路的当代中国建筑师而言，伍重或许是一个具有引领意义的范例，因为他整个职业生涯都在追求一种混合文化，一种既从非欧建筑文化又从西方建筑技艺中吸取灵感的文化。正是这份执着和热情促使他在悉尼办公室里庄重地陈列着一本珍贵的《营造法式》，这是他在亚洲旅行时幸运得到的一部中国 12 世纪的建筑法典复本。这部古老的文献显示，在古代中国，如同在中世纪其他地方，现代意义上的建筑师和工程师职业并不存在。建筑的设计和建造是由砖石工匠和木匠完成的，尤其是后者，因为我们知道木构建筑在中国的重要地位，而这种情况又与古代希腊有着某种巧合。最后这一点说的是，"建筑师"（architect）一词源自古希腊术语"泰可顿"（tekton），其意义就是木匠，而"阿齐泰可顿"（archi–tekton）则是总木匠师的意思。

要从传统中提炼对当代中国建筑进程具有意义的元素，我们首先就应该承认，在中国历史的大部分时期，建筑根本就没有像绘画和书法那样被视为一种艺术，因此也就不在学者和史学家的兴趣之列。在那样的时代，建造艺术仅仅属于那些恪守本行当技艺的无名匠师的职责。国家关心的是，匠人们的产品必须符合一定的规范，以便维持与建筑花费相匹配的象征地位，而这恰恰是《营造法式》确立的标准和方法在宋代的作用。不管该书的某些部分显得多么神秘莫测，它有两个方面的内容是不容置疑的：首先，古代中国建筑是工匠们在约定俗成的集体基础之上发展起来的一种高度精妙的艺术形式；其次，建造中采用的木构模数随具体建筑的尺度和社会地位的不同而呈现断面尺寸的变化。《营造法式》还强烈地表明，建筑师——不仅是中国建筑师，而且也是广泛意义上的建筑师——应该为自己的实践寻求伦理和文化的基础；他们首先必须意识到，与绘画、音乐、文学和电影不同，建筑学不是一种个人表现的艺术形式；其次，建造艺术与生活世界紧密联系在一起，既是一种物质性体现（material embodiment），又是一种再现性表现（representational expression）。

相对于古代中国的总体的建造方式而言，将建构学定义为"建造的诗学"（poetics of construction）似乎是多此一举。但是，面对当代建筑实践花样繁多的技术可能，这种"技术力学的诗学"（technostatic poesis）的概念又变得没那么清晰了。除了极为简单的案例之外，人们并不能简单地把建构学的观念视为纯粹结构自身的直接表现。显然，在实际工作中，为满足空间划分、机电设备、保温隔热以及其他技术文化设施的要求，各种偶然因素都有可能在庞杂的结构体系中产生。加上建筑的表面处理和开窗方式的变化，这些因素不可避免地要求基本结构的表现和压抑。因此，除了建筑整体的空间和塑性组合及其创造富有意义的"公共面貌的空间"的能力之外，一部建筑作品的诗意表现性恰恰在于这种操作处理（articulation）之中，也就是说在这种揭示和隐藏一个作品关键部位的过程之中；这种等级性的操作处理可以在"面具"（mask）和"面目"（face）之间展开，从而在一切不同的层面赋予建筑一种恰如其分的表现张力。

尽管在过去的20年里，中国不乏粗糙、虚假甚至蛮横的建筑，但是近年来也涌现出一批新生代中国建筑师，他们的作品充分显示出对于建构维度在建筑形式表达中的意义的理解。笔者谨以本文表达对这些在新千年的中国建筑舞台上崛起的执着而又敏感的设计师们的敬意。是为序。

肯尼思·弗兰姆普敦
2008年12月

在菲利普·罗佩特（Philliph Lopate）新近完成的一部小说中，主人公是一位正在撰写戈特弗里德·森佩尔（Gottfried Semper）论文的博士研究生。不幸的是，主人公义无反顾的钻研却落了个精神崩溃的下场。这位多少有些迂腐的书生再也没能康复，他先是躲进一家沉闷的小店做波斯地毯生意，然后又陷入情感的绝境不能自拔；他无法与朋友和家人交往，面对一败涂地的生意也束手无策。宛如东方的阿拉伯涡卷装饰一样，他的生活陷入了一个疯狂的旋涡之中，完全迷失了方向；最终他甚至丧失了最基本的判断能力，只能在精神恍惚的寂寞世界中度日。

建筑理论有时可以是一种走火入魔的生活体验，尽管并非人人都能承受这种体验。也许正是出于这一原因，许多建筑教育工作者都将建筑理论排除在建筑课程之外，以免学生们误入歧途。即使在那些敢于涉及一些并不轻松的问题的建筑院校，通常的做法也只是将讨论局限在刻意简化的范围之内，比如有关海德格尔、福柯或者德里达的阅读材料等（这三位显然没有一个真正是研究建筑的），而且这些原本为数不多的内容常常还只是人们在设计课程中私下交谈的话题，与建筑历史井水不犯河水，因为后者常被视为"创造性"设计思维的一大障碍。在这些情况下，理论荒谬地成为轻视或者至少说削弱建筑思想正当发展的借口。就此而言，肯尼思·弗兰姆普敦撰写本书的价值之一就在于他努力寻求改变这一现状。

将建筑简单地定义为"诗意的建造"似乎是在探讨一个不言自明的话题，但这恰恰是弗兰姆普敦在这本书中努力尝试去做的。在一个形式游戏和新先锋主义日益泛滥的时代，重新将建筑作为一种具有本质意义的艺术进行审视无疑十分有益。本书的亮点还在于它提醒我们评判建筑的标准是多种多样的，其中也包括建筑的工艺问题以及弗兰姆普敦称之为建构的和与身体感知相关的建筑表现问题等。但是，强调建筑的物质性和材料感知并非完全没有危险，因为它首先必须与庸俗的艺术唯物主义（artistic materialism）划清界限。我们如何才能既像弗兰姆普敦和乔治奥·格拉西（Giorgio Grassi）那样关注建筑艺术的建构性（从而减少技术虚无主义的影响），同时又不削弱建筑再现价值的能力？我们如何能够在探究建筑的本体呈现的同时不忘建筑形式表现其他意义的诗性可能？

在我看来，这些令人进退两难的问题的答案也许可以在本书作者宏大的历史视野开始展开的那个时期（也就是18世纪末期和19世纪上半叶）找到。对于当时涌现出来的雅克－热尔曼·苏夫洛（Jacques-Germain Soufflot）和亨利·拉布鲁斯特（Henri Labrouste）等优秀的建筑师来说，这样的两难也许根本就不存在。比如卡尔·弗里德里希·辛克尔（Karl Friedrich Schinkel）就认为，建筑完全应该在不同层面上表达文化的含义：它不仅应该通过建构形式表达建造的逻辑，而且应该具有图像化地（iconographically）表达意义的功能。因此，他设计的柏林建筑学院大楼（Bauakademie）——

方面在突出的砖柱和结实的檐口（对于建筑内部耐火屋架的结构稳定性而言，两者都是必要的）中致力于建立一种创造性的建构体系，另一方面又在主要门窗周围的陶土饰板上通过图像系列地描述了建筑艺术的神奇故事和建造历史。

人们同样容易忽视的是，辛克尔之所以在柏林老博物馆（Altes Museum）正立面上使用巨大的爱奥尼柱廊，完全是出于一种等级感的造型构思（a hierarchic plastic response），它充分考虑了该建筑与皇宫的辉煌体量遥相呼应的关系以及在景色宜人的皇家大花园（Lustgarten）中的地位。柱廊后面的建筑立面上有四幅巨型壁画，其中两幅的高度和宽度分别与一层建筑高度和六个柱廊开间相等，它们以强烈的艺术性叙述了人类认识宇宙和人类文化本身的历史发展。即使那些看上去无足轻重的细节，比如建筑正前方喷泉上层的装饰性围栏，也都独具匠心地阐述着辛克尔心中伟大的寓言故事。只是通过奥古斯图斯·威尔比·普金（Augustus Welby Pugin）和欧仁·埃马纽埃尔·维奥莱 – 勒 – 迪克（Eugène Emmanuel Viollet-le-Duc）等人理性主义思想的分化，这种别具一格的建构表现形式才在现代建筑强调建造逻辑的努力中逐步淡出了人们的视野。

但是，建筑的图像语言（graphic impulse）并没有就此销声匿迹。卡尔·博迪舍（Carl Bötticher）对古希腊梁柱结构建筑通过抽象的曲率变化表现荷载的艺术手法进行了重新诠释，进而在另一种理论的层面上提出核心形式（Kernform）与艺术形式（Kunstform）两种不同的形式概念。弗里德里希·特奥多尔·费舍尔（Friedrich Theodor Vischer）和罗伯特·费舍尔（Robert Vischer）更进一步将博迪舍［同样也是叔本华（Schopenhauer）］的万物有灵思想与心理学上的"移情"（empathy）学说相结合，发展出一种更加感性的形式理论。在他们看来，"移情"是人类最具潜力的一种情感，或者说就是人类的"精神感官"（mental-sensory）本身。只是到19世纪最后一段时期，事实上应该是1900年前后，建筑师们才开始（似乎是为了在建筑自身的话语范围之外寻求思想的灵感）再次从移情原理的角度寻求弗兰姆普敦现在所谓的本体形式（ontological form）的表现。罗伯特·费舍尔意义上的［同样也是海因里希·沃尔夫林（Heinrich Wölfflin）后来在1886年提出的］移情概念并非是一种就事论事的形式解读方式，而是以人类对世界的心理和情感认知为前提的，因而也体现了一种身体和情感更甚于观念和思想的立场。

正是移情化的形式感知和物质表现——也就是19世纪德国人提出的"形式感受"（Formgefühl）概念——使得弗兰姆普敦的建构理论完全超越了庸俗唯物主义（vulgar materialism）的桎梏并重归与建构相关的再现主题。本书的作者并不希望剥夺建筑在其他层面的图像化表现（iconic expression），而是主张设计应该包括那些眼下常常被人们忽视、属于更为基本感知层面的意义层次。而且当他将这一理论视角运用到对奥古斯特·佩雷、弗兰克·劳埃德·赖特、密斯·凡·德·罗、路易·康、约恩·伍重和卡洛·斯卡帕等20世纪建筑师的分析时，弗兰姆普敦同时也提出了一套思想范式的元素，促使我们将历史和理论重新结合起来，或者更恰当地说是将历史和理论视为相辅相成、相互进行批判性审视的载体。通过这一方法，弗兰姆普敦试图重新发现古人那种介于技艺的创造者（artificer）和技艺本身（artifice）之间，以及介于设计者的最初构思和设计者巧夺天工的创造之间的关联。就此而言，装饰就成为弗兰姆普敦在诠释斯卡帕建筑作品时所说的"一种书写"，一种与建构过程关系更为紧密和更为内在的修饰处理，但是它是通过创造性行为而不是形式模仿体现出来的。

　　在 1898 年的一部著作中，慕尼黑建筑师理查德·施特拉伊特（Richard Streiter）曾经对 19 世纪建筑进行过一番真知灼见的分析。在回顾了从博迪舍到奥托·瓦格纳（Otto Wagner）的 19 世纪德国建筑理论的发展之后，施特拉伊特指出，建筑如果要想重获新生的话，就必须成为一个强有力的"现实主义者"，也就是说，除了考虑地域材料、景观和建筑环境的历史条件状况之外，建筑还必须细致地满足功能、习俗、健康、真实性（*Sachlichkeit*）的要求。弗兰姆普敦主张活力与含蓄兼容并举，"在旋涡中寻求一种冷静与活力的结合点"，这一唐吉诃德式的任务与施特拉伊特的主张本质上并没有太大的不同。看起来，我们每隔一百年左右就要重新审视一下我们与世界进行情感交流的必要性。这是一部思想丰富和结构清晰的著作，它也许并不能改变充斥在我们这个"后现代主义"时代建筑话语中的玩世不恭的态度（the affected disenchantment）（可悲的是，不少人对此沾沾自喜），但是它无疑有助于加深和促进我们对建筑这门艺术的思考。

哈里·弗朗西斯·马尔格雷夫（Harry Francis Mallgrave）

致　谢

　　本书的研究始于 1986 年，当时我有幸在得克萨斯州休斯敦的莱斯大学（Rice University）担任弗朗西斯·克莱格·卡利文讲座（Francis Craig Cullivan lecture）教授并为此发表了就职演讲。就此而言，我首先得感谢莱斯大学建筑学院，因为如果没有他们，本书的研究可能根本就不会开始。我尤其希望表达对莱斯大学的安德森·陶德（Anderson Todd）教授的耐心而又不懈的支持，以及阿兰·巴尔福（Alan Balfour）在担任莱斯大学建筑学院院长期间所给予的经费支持。就本书的实际工作而言，我希望向俄勒冈大学尤金分校（the University of Oregon at Eugene）的约翰·卡瓦（John Cava）表达深厚的谢意，他在本书出版前简直就是没完没了的研究和文字处理方面给予了持之以恒和无价的帮助。我同样希望向克劳迪娅·辛克维奇（Claudia Schinkievicz）表达谢意，她不仅将本书译成德文，而且也对本书在1993 年首先以德文版问世功不可没。虽然本书的内容与最初的德文版本基本一致，但是已经出现了一些小的变化和修改，并且不可避免会有一些新的观点。我还想对本书第三章的内容给予极其宝贵帮助的哈里·马尔格雷夫（Harry Mallgrave）和邓肯·贝瑞（Duncan Berry）表达特别感谢。我也必须对卡拉·布里顿（Karla Britton）和卡伦·梅尔克（Karen Melk）在本书反复修改过程中的不懈帮助表示感谢，更不要说哥伦比亚大学建筑、城规和古建保护学院的学生们在不同场合为本书提供的帮助了。此外，还有一些学者和建筑师也通过他们的作品间接地在本书的思想发展过程中发挥了关键的作用，其中我要特别致谢的有斯坦福·安德森（Stanford Anderson）、罗伯特·巴瑟洛缪（Robert Bartholomew）、巴瑞·伯格多尔（Barry Bergdoll）、罗丝玛丽·布莱特（Rosemarie Bletter）、马西莫·卡西亚里（Massimo Cacciari）、彼得·卡特（Peter Carter）、彼得·柯林斯（Peter Collins）、弗朗西斯科·达尔·科（Francesco Dal Co）、胡伯特·达米希（Hubert Damisch）、居伊·德波尔（Guy Debord）、库特·福斯特（Kurt Forster）、马可·弗拉斯卡里、斯科特·加特纳（Scott Gartner）、茹拉·热拉尼奥提斯（Roula Geraniotis）、维托里奥·戈里高蒂（Vittorio Gregotti）、沃尔夫冈·赫尔曼（Wolfgang Herrmann）、埃莱夫特里奥斯·伊孔诺莫（Eleftherios Ikonomou）、理查德·弗朗西斯·琼斯（Richard Francis Jones）、亚里斯·康斯坦丁尼蒂斯（Aris Konstantinidis）、塞吉奥·罗斯（Sergio Los）、罗宾·米德尔顿（Robin Middleton）、伊尼亚西·德·索拉-莫拉雷斯（Ignasi de Sola-Morales）、弗里茨·诺迈耶（Fritz Neumeyer）、布鲁诺·雷锡林（Bruno Reichlin）、柯林·罗（Colin Rowe）、爱德华·塞克勒（Eduard Sekler）、曼弗雷多·塔夫里（Manfredo Tafuri）以及朱塞佩·桑波尼尼（Giuseppe Zambonini）。不用说，我还有许多其他人需要感谢，他们对本书的贡献已经通过注释的形式表达出来。最后，当然并非最无关紧要，我希望向麻省理工学院出版社的相关人员和编辑以及芝加哥格拉汉姆基金会对本书的出版给予的资助表示衷心感谢。

第一章
绪论：建构的视野

当代建筑历史不可避免具有多重性和多面性：它既可以是一部独立于建筑本身、构成人类环境的结构史，也可以是一部尝试掌控和制定这一结构发展方向的历史；既可以是一部致力于这一尝试的知识分子寻求方式方法的历史，也可以是一部不再以追求绝对和确切言词为目标、但努力为自身的特质划定界限的新型语言的历史。

历史的纷繁多样显然不会有一个统一的结局。就其本质而言，历史是辩证的。我们试图阐述的正是历史的辩证本质，并尽量避免涉及建筑本身应该或者能够扮演什么角色等这类当今常为人们津津乐道的问题。试图回答这些问题是徒劳无益的。需要做的工作是，从不同的突破口攻克建筑历史的铜墙铁壁，重新寻求现代建筑的发展进程，同时又不至于将历史的延续性以及各自毫不相关的非延续性变成一种神话。

曼弗雷多·塔夫里（Manfredo Tafuri）、弗朗西斯科·达尔·科（Francesco Dal Co）：《现代建筑》（*L'architettura contemporanea*）1976 年

法国伟大的建筑理论家欧仁－艾曼努埃尔·维奥莱－勒－迪克（Eugène-Emmanuel Viollet-le-Duc）并未在现代意义上使用"空间"一词，但这并没有妨碍他于1872 年完成不朽的理论巨著《建筑对话录》（*Entretiens sur l'architecture*）。[1] 20 年以后，奥古斯特·施马索夫（August Schmarsow）的《建筑创造的本质》（*Das Wesen der architektonischen Schöpfung*）问世，该书于 1894 年首版，其中有关空间自律的观念与维奥莱－勒－迪克的结构主义思想可谓大相径庭。[2] 如同许多前辈理论家们一样，施马索夫也将茅屋视为建筑之母，只是他更多地是从空间的角度看待茅屋的，即他所谓的"空间的创造"（*Raumgestalterin*）[3]。

虽然阿道夫·冯·希尔德勃兰特（Adolf von Hildebrand）以及对施马索夫本人影响颇深的戈特弗里德·森佩尔（Gottfried Semper）等 19 世纪晚期的理论家们已经开始关注建筑的动感（kinetic）问题，但是相比之下，施马索夫则完全将建筑的发展视为人类空间感受（*Raumgefühl*）的体现。1893—1914 年间，施马索夫提出空间是一切建筑形式内在动力的思想，这一思想正好又与尼古拉·伊万诺维奇·罗巴切夫斯基（Nikolai Ivanovich Lobachevsky）①、乔治·黎曼（Georg Riemann）②和阿尔伯特·爱因斯坦（Albert Einstein）等人先后提出的宇宙演进的时间—空间理论一脉相承。众所周知，在本世纪初期，时间—空间观念曾经以种种方式成为先锋艺术动感空间形式的理论基础。[4] 19 世纪下半叶出现的花样繁多的机械发明也进一步强化了上述观念，比如人们熟悉的未来主义的火车技术、跨越大西洋的航线、汽车以及飞机等，这些都给人们提供了速度体验以及日常生活中实实在在的时空变化。

自那时以来，空间已经成为建筑思维不可分割的组成部分，以至于我们如果不强调主体的时空变化似乎就无法思考建筑。从西格弗里德·吉迪恩（Sigfried Giedi-

---

① 罗巴切夫斯基（1793—1856 年），俄国数学家，非欧几里德几何学的创始人之一。——译者注
② 黎曼（1826—1866 年），德国数学家。如先前的罗巴切夫斯基和鲍耶（Janos Bolyai）一样，黎曼的研究工作也对非欧几里德几何学作出了重要贡献。黎曼几何涉及逐点度量可变的任意广义空间的发展。爱因斯坦在其相对论中运用了黎曼几何。——译者注

on）1941年的《空间、时间与建筑》（Space，Time and Architecture），到科内利斯·范·德·芬（Cornelis van de Ven）1978年的《建筑空间》（Space in Architecture），无数阐述现代建筑本质的著作都清楚地表明了这一点。正如范·德·芬向我们阐述的那样，建筑空间的观念不仅使风格相对化，从而为克服建筑中的折衷主义提供了全新的思想武器，而且也使人们更加注重建筑内外空间的塑性统一，做到不分高低贵贱，采纳和吸收一切工具形式（instrumental forms），并且在将它们转化为连续时空体验的时候，无需考虑这些工具形式的比例和使用方式。

本书无意否定建筑形式的体量性，它寻求的只是通过重新思考空间创造所必需的结构和构造方式，传递和丰富人们对建筑空间的认识。不用说，我在本书里关注的并不仅仅是建构的技术问题，而且更多的是建构技术潜在的表现可能性问题。如果把建构视为结构的诗意表现，那么建构就是一种艺术，不过它的艺术性既非具象艺术又非抽象艺术能够概括。我的看法是，建筑物无法避免依附大地的天性，正如它包含视觉景观的成分一样，它也包含建构和触觉的成分，尽管这些成分都不能否认建筑的空间性。即使这样，我们还是应该强调，建筑首先是一种构造，然后才是诸如柯布西耶在1925年的《走向新建筑》（Vers une architecture）中"给建筑师们三项备忘"时所涉及的表皮、体量和平面等更为抽象的东西。[5]在这里，我们也许还应附带强调一下，与美术作品不同，建造不仅是一种再现，而且也是一种日常生活的体验。还有，虽然乌姆贝托·艾柯（Umberto Eco）[①] 曾经指出，一旦人们开始使用某个物体，人们必然就会得到标识这个物体的符号，但是我们还是应该强调，建筑是具有物性的物体，而不是符号。

按照这种观点，类型问题——也就是由生活世界积累而成、能够用"什么"（what）来认知的建筑分类问题——无论其变化层次有多么不同，也都是建造的前提条件，就如工艺技术是建造的前提条件一样。我们甚至可以说，建造无一例外是地点（topos）、类型（typos）和建构（the tectonic）这三个因素持续交汇作用的结果。建构并不属于任何特定的风格，但是它必然要与地点和类型发生关系。建构的观点与眼下那种用别的什么思想理论来判断建筑正当性的做法可谓风马牛不相及。

以上的建构主张部分地受到乔吉奥·格拉西（Giorgio Grassi）"先锋与延续"（Avant Garde and Continuity）一文的影响。在这篇发表于1980年的文章中，格拉西这样写道：

> 凡是谈到现代运动中的先锋建筑，人们总是将它们与造型艺术（the figurative arts）联系起来。……立体主义、至上主义、新塑性主义等都是在造型艺术的领域内发展的流派，它们只是后来被转借到建筑中而已。为了将自己融于这些"主义"之中，"英雄"时代的建筑师们曾经费尽心机，这真让人啼笑皆非；出于对新观念的迷恋，他们在困惑之中进行各种尝试，只是后来才认识到这些观念原来无异于海市蜃楼。[6]

这种卢卡奇式的（Lukacsian）[②] 批判观点尽管有些陈旧，却不失为一种对将建筑视为造型艺术的观点的挑战。当代建筑正处在动荡不安之中，它不仅试图对传统操作方

---

① 艾柯（1932—），意大利当代符号学家、哲学家、历史学家、文学评论家、小说家和美学家，以其历史惊险小说《玫瑰的名字》（后改编为电影）最为大众熟知。另有理论著作如《符号学理论》等以及长篇小说《傅科摆》和《昨日之岛》问世。——译者注

② 乔治·卢卡奇（Georg Lukacs，1885—1971年），匈牙利哲学家，著有《历史与阶级意识》、《理性的毁灭》、《现实主义问题》等。——译者注

式进行美学解构，而且大有重归自由形式之势。对于这一切，格拉西的批判来得正是时候。不过，就其封闭性以及自相矛盾地偏离诗意的工艺构造等问题来说，格拉西自己的建筑多少有些异化的特征，他对构造细节的煞费苦心也变得没有根据（图1.1）。加泰罗尼亚①评论家伊尼亚西·德·索拉·莫拉莱斯（Ignasi de Sola Morales）曾经一针见血地指出格拉西建筑中的矛盾性：

> 建筑被作为一种工艺，也就是说通过在不同层面进行干预的规则，对已经建立的知识进行实际应用。因此，建筑并非用来解决问题，并非技术发明或者全新创造（invention *ex novo*），而是应该致力于表现永恒、不言而喻的真理以及建造知识的固有特点。

> ……出自对建筑基本可能性的反思，格拉西的建筑集中使用了一些特定的表达方式，这些方式不仅决定着格拉西建筑在美学上的选择，而且也决定其文化意义上的道德内涵。通过道德和政治意志的渠道，启蒙运动所关注的事物……以最为关键的格调得到了丰富和加强。格拉西的建筑不仅表现了理性的优越以及对形式的分析，而且也具有批判的作用（康德意义上的批判），也就是说价值的判断，而这种判断正是当今社会最为缺少的。……格拉西的建筑是一种形而上语言，一种对自身实践的反思。就此而言，他的作品唤起的是某种既令人沮丧又崇高无比的东西。[7]

建构的词源学考察

"建构"（tectonic）② 一词源自希腊文，其最初形式为希腊文的"泰可顿"（*tekton*），意为木匠或建造者。与之对应的动词是"泰可台诺迈"（*tektainomai*），而该动词又与称谓木工工艺和斧工活动的梵文词"塔克桑"（*taksan*）有关。类似的词语残迹可以在雅利安人的吠陀梵文诗篇中找到，其含义同样与木工工艺相关。在古希腊的荷马史诗中，该词被用来指称一般意义上的建造技艺。最先赋予该词某种诗性含义的是萨福（Sappho）③，在她的诗篇中，木工匠人扮演着诗人的角色。就一般意义而言，"泰可顿"泛指以金属以外的硬质材料进行劳作的匠人。公元前5世纪，该词的意义得到进一步拓展，不仅涵盖特殊和物质意义上的木工技艺，而且也获得了更为一般的、与制作（*poesis*）④

---

① 西班牙东北部地区，首府为巴塞罗那。——译者注

② 关于英语的tectonic，我国出版的英汉词典一般译为"建筑的"、"构筑的"等。笔者认为，在这两个译名中，前者容易与通常意义上的"建筑"一词混为一谈，而后者的含义则显得过于工程化，不能表达该词本质上是一个建筑学概念的内涵。因此，本书选择将tectonic译为"建构"或"建构的"，一方面可以兼备"建筑"和"构筑"两个基本含义，另一方面也为了通过一个以往在建筑学领域较少使用的词汇为tectonic建立一个专有名词。需要指出的是，除了上述一般层面上的"建构"含义外，弗兰姆普顿在《建构文化研究》中对tectonic的使用还有一个特定内涵，这个内涵不仅可以说明tekton一词在古希腊文明中与木作和木构的内在关联，而且也曾充分体现在森佩尔区分的tectonic和sterotomic两种建造方式之中，前者与构架或框架结构形式有关，后者指的则是砖石砌筑结构。换言之，本书除了在大多数情况下将tectonic译为"建构"之外，还将根据原文的具体内容采用"构架"或"构架的"等译法，以便更好地揭示tectonic在《建构文化研究》中的含义。——译者注

③ 萨福（约公元前612—?），古希腊女诗人，作品有抒情诗9卷，哀歌1卷，仅有残篇传世。——译者注

④ 在古代希腊文化中，诗歌的创作被视为一个制作或生产的过程，诗人做诗，就像鞋匠做鞋一样，二者都凭靠自己的技艺进行生产或制作。相应地，poetike指的是制作的艺术，诗人是poetes，一首诗是poema，即制成品，而poesis的原意则为"制作"，亦指"诗的制作"或"诗"，即对poetike的实施。参见陈中梅先生翻译的亚里士多德《诗学》中的相关注释，商务印书馆1996年版。——译者注

图1.1
乔吉奥·格拉西，瓦伦
西亚罗马剧场修复，
1985年。横剖面

相关的含义。在阿里斯托芬（Aristophanes）① 那里，它甚至与阴谋诡计和假冒伪造联系在一起。看起来，意义的转变与前苏格拉底哲学（pre-Socratic philosophy）② 向希腊化时期（Hellenism）③ 的过渡有关。不用说，工匠地位和作用的提高最终导致了"建筑师"（architekton）的出现。[8]但是随着时代的发展，"建筑师"一词最终成为一个审美而不是技术的范畴。关于这个问题，阿道夫·海因里希·玻拜恩（Adolf Heinrich Borbein）曾经在1982年的一篇哲学研究论文中有所论述：

> 建构是连接的艺术。这里所谓的"艺术"应该理解为一种涵盖面十分广阔
> 的技艺。因此建构不仅意味着建筑部件的组合，而且也意味着物体的组合，或
> 者干脆说狭义上的艺术作品。鉴于古人对该词的理解，建构的含义往往是指手
> 艺和工艺产品的建造与制造。……它更多地取决于是否正确地运用手艺的规则，
> 或者在多大程度上满足使用要求。只有在这一意义上理解，建构才能够同时也
> 包含对艺术产品的判断。但是，这就涉及到一个当代艺术史已经反复澄清和广
> 为应用的观点：一旦审美取代实用成为确定工艺产品的标准，那么艺术史研究
> 就将"建构"作为一个审美问题来对待。[9]

最先在建筑中使用"建构"一词的是德国人卡尔·奥特弗里德·缪勒（Karl Ot-fried Müller）。在1830年出版的《艺术考古学手册》（Handbuch der Archäologie

① 阿里斯托芬（约公元前448—公元前385年），古希腊诗人和喜剧作家，相传写过44部喜剧，现存《阿卡奈人》、《骑士》、《蛙》等8部。——译者注
② 指公元前6世纪至公元前5世纪初爱奥尼亚和意大利南部的哲学，因其年代早于古希腊哲学的划时代人物苏格拉底（公元前469—399）而得名。代表人物有泰勒斯、色诺芬尼、赫拉克利特、巴门尼德以及毕达哥拉斯等。——译者注
③ 指马其顿国王亚历山大大帝去世（公元前323年）到罗马帝国奥古斯都皇帝即位（公元前27年）之间的时期。期间，希腊文化在地中海沿岸各国传播，随着亚历山大的霸权的扩大，希腊的思想体系也传播到东方。在他死后的政治混乱中，城邦广布，希腊殖民者步亚历山大的后尘，把希腊的思想体系带到他们所到的新环境中去。在此期间，埃及的亚历山大城是主要的商业城市和文化中心，其中包括繁荣的文学、宏伟的艺术、伊毕鸠鲁主义、新柏拉图主义、斯多葛哲学、诺斯替教和基督教。古希腊共通语是希腊化时期的通用语言。——译者注

图 1.2
奥古斯特·舒瓦齐，多立克柱式从木构向石构的演变，引用自《建筑史》，1899 年

der Kunst）中，缪勒试图通过对一系列艺术形式的分析澄清"建构"的意义。"器皿、瓶饰、住宅、人的聚会场所，它们的形成和发展不仅取决于实用性，而且也取决于与情感和艺术概念的协调一致。我们将这一系列活动称为建构，而建筑则是它们的最高代表。建筑最需要在垂直方向发展，因此它能够强有力地表达最深厚的情感。"在该书的第三版中，缪勒还特别从搭接或者"干式"接头（"dry" jointing）的角度探讨了建构的意义。"诚然，古人是在特殊意义上使用'工匠'（tektones）一词的，它指的是从事于房屋建造或者柜橱生产的人们，而不是那些以陶土和金属等材料进行制造的生产者。与此同时，我的研究还试图从词源学发展的角度考察该词的一般意义。"[10]

卡尔·博迪舍（Karl Bötticher）于 1843 和 1852 年间发表三卷本巨著《希腊人的建构》（Die Tektonik der Hellenen）。在这部具有广泛影响的著作中，博迪舍开创性地在核心形式（Kernform）和艺术形式（Kunstform）之间进行了区分。他的贡献还在于，他指出了希腊神庙木椽的核心形式与古典柱式顶部石材表现的梁端三陇板和作为木椽之艺术再现的陇间壁的差异（图 1.2）。博迪舍对建构的诠释是一个包括希腊神庙纷繁多样的浮雕在内的所有部件组合而成的整体。

受缪勒的影响，戈特弗里德·森佩尔的划时代理论著作也是在维特鲁威实用、坚固、美观三元素的基础上完成的，并且在"建构"的含义中注入了文化人类学（ethnographic）成分。森佩尔 1851 年发表《建筑艺术四要素》（Die vier Elemente der Baukunst）。在这部著作中，他间接批判了洛吉耶长老（Abbé Laugier）1753 年出版的《论建筑》（Essai sur l'architecture）中的新古典主义茅屋学说。[11]在 1851 年举办的大英博览会（the Great Exhibition）上，森佩尔亲眼目睹了一种来自加勒比海地区的茅屋。据此，他提出了原始住宅的四个基本元素：1）基座（the earthwork），2）壁炉（the hearth），3）构架/屋面（the framework/roof），4）轻质围合表膜（the lightweight enclosing membrane）。此外，森佩尔还将建造技艺分为两种基本类型：一种是由轻质线状构件组合而成的用于围合空间的构架体系（the tectonics of the frame），另一种是在厚重元素的重复砌筑中形成体块和体量的砌体结构（the stereotomics of the earthwork）。无论使用石头还是砖头，后者都属于一种承重结构，这一点通过古希腊"砌筑"（stereotomy）一词的词源构成就可见一斑，因为它包括"坚固"（stereos）和"切割"（tomia）两部分。森佩尔有关木构（tectonic）结构和砌体结构之间的差异，也可以用德语中"墙壁"（die Wand）和"墙体"（die Mauer）两种不同类型的概念加以说明：前者指的是板式非承重墙体，比如我们在篱笆抹泥填充墙体（wattle and daub infill construction）①中见到的那样；后者则含有坚固堡垒之意。[12]在一定程度上，卡尔·格鲁贝（Karl Gruber）1937 年制作的德国中世纪城镇原型图也可以为我们领悟厚重坚固的城堡与篱笆抹泥填充的轻质木框架住宅建筑（Fachwerkbau）之间的区别提供相似的说明（图 1.3）。[13]

轻重的不同反映的是材料使用过程中一个更为普遍的差异。木材与篓筐和纺织品相仿，其特点在于它们有较好的张力，而石材则与后来的砖头和夯实土块（pisé）等替代产品以及更后来出现的预应力混凝土一样，都属于耐压材料。森佩尔在他的"材料置换理论"（Stoffwechseltheorie）中指出，人类文化的发展时常会出现材料的

---

① 一种墙体的构造形式，由表面涂抹黏土或泥浆的篱笆栅制成，在中世纪特别用于填充木骨架结构。——译者注

绪论

5

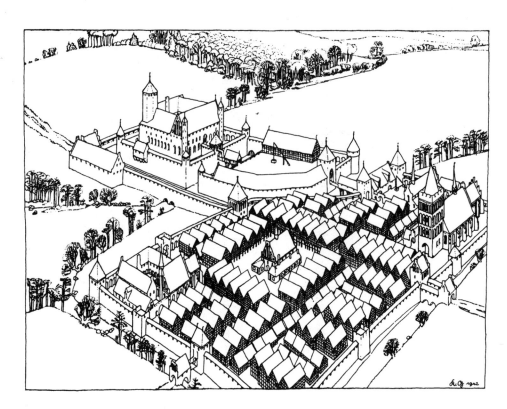

图 1.3
卡尔·格鲁贝,典型的
中世纪城市复原图,
1937 年

置换,即为了保持传统的价值符号,一种材料方式的建筑属性出现在另一种材料方式的表现之中,比如古希腊神庙石料切割和砌筑的方式就是对木构建筑原型的一种诠释。在这方面,我们需要注意的是,当砌筑体不具备夯土结构的密实形式时,也就是说,当它们是以叠层方式组合而成时,它们也就近似于一种编织形式。花样繁多的传统砌筑体都可以引以为证(图 1.4),[14]屋面瓦作以及加泰罗尼亚地区的传统拱形结构(bóveda)说明的也是同样的问题(图 1.5)。

森佩尔"四要素"理论的普遍有效性是以世界各地的民居建筑为基础的,尽管也有这样一些文化,在那里竖向的编织性墙体并不存在,或者如同古老的北美曼丹人

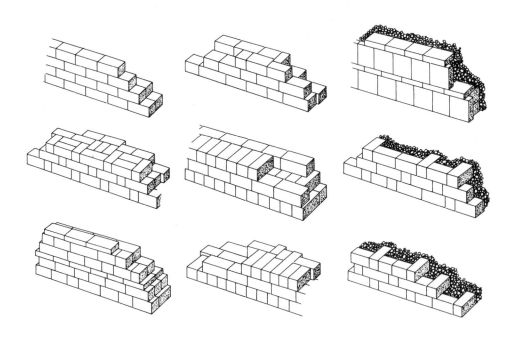

图 1.4
古罗马砖墙砌筑方法

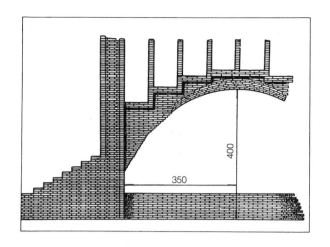

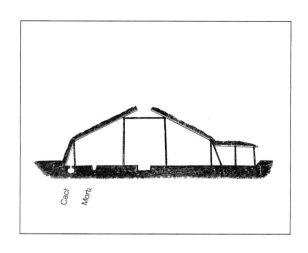

图 1.5
安东尼·高迪，巴塞罗那，1878—1880 年

图 1.6
北美印第安人曼丹住宅，剖面

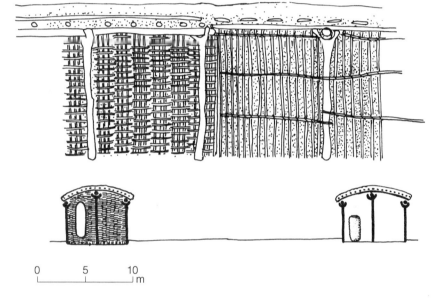

图 1.7
坦桑尼亚蜗蜗人住宅，非承重墙细部

住宅（the Mandan house）那样，编织性墙体与屋顶构架浑然一体（图 1.6）。在非洲的部落义化中，竖向围合体的表现形式花样繁多，从坦桑尼亚的蜗蜗人住宅（the Gogo houses，图 1.7）只在室内抹灰的原始填充墙体，到库巴（Kuba）文化中用于头人宅第外墙的精织墙席，不一而足。另外，随着气候、习俗和地方性材料的不同，构架结构和砌筑结构的作用也有很大的变化。相应地，原初住宅的形式可谓精彩纷呈，比如像传统日本建筑那样，因地制宜地将基座简化为点状基础（图 1.8），或者将砌筑墙体沿水平方向延伸，最终转变为由同一种材料组成的地面和屋顶，尽管不同部位的加强筋可以是树枝或者编织物不等（图 1.9）。还有一些形式，比如用同质材料组成穹顶覆盖建筑的基本单元，这一做法在北非、基克拉迪（Cycladic）群岛①和中东文化中比较盛行。

在我们的这个世俗时代，我们也许不再应该过分强调上述建造方式中蕴含的二元对立的宇空意义（cosmic association）了，这种意义曾经表现为人类通过建筑骨架赋予天空的种种超越物质范围的遐想，或者对建筑的体量形式不仅坚固地坐落在大地上面、而且能够与大地融为一体的愿望。正如埃及建筑师哈桑·法塞（Hassan Fathy）曾经指出过的，

---

① 位于希腊爱琴海南部。——译者注

图 1.8
传统日本平房建筑

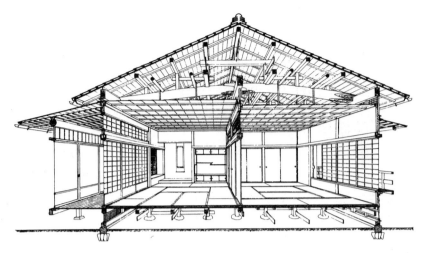

图 1.9
阿尔及利亚穆萨比城镇
建筑构造细部:
1. 砌筑性墙基
2. 土砖
3. 提姆尘外粉刷
4. 精细腻子
5. 棕榈木过梁
6. 陶土滴水管
7. 提姆尘屋面面层
8. 小石拱
9. 提姆尘粉刷
10. 棕榈木次梁
11. 石拱
12. 棕榈木拱肋

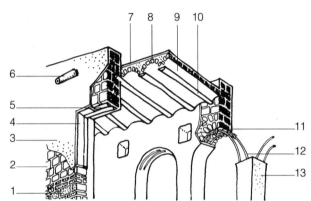

土砖建筑就是说明这一点的最好范例,因为一旦倒塌或者被弃而不用,土砖墙体也就可以真正魂归故里了。显然,未经处理的木材在经受风吹雨打之后,使用年限一般不会很长。相比之下,用石材精心铺设的基座往往更能够经受时间的考验而成为永恒的基础。[15]

建构与地形 (topography)

意大利建筑师维托里奥·戈里高蒂 (Vittorio Gregotti) 曾经对基地 (the earthwork) 的天体学含义 (cosmogonic implications) 有过精辟的论述,其说服力可谓无与伦比。他在 1983 年的一篇文章中这样写道:

如果仅仅根据经济和技术的要求思考空间,就会对建筑的地点视而不见,这是现代建筑的大敌。

……与之相反,通过地点和居所的概念和原则,环境应该成为建筑创作的本质。由此可以产生新的设计原则和设计方法,也就是优先考虑地点特殊性的原则和方法。这是一种根据周围环境对建筑进行调整的认知行为。建筑的起源既不是茅屋,也不是洞穴或者什么神秘的"乐园中的亚当之屋"(Adam's House in Paradise)。

在人类还没有将支撑转化为柱子、或者将屋顶转化为山花以及用石块进行砌筑之前,人类已经将石块置于大地,在浑沌一片的宇宙中认知大地,对它进行思考和修改。就如每一种判断的行为一样,认知地点的行为也需要激进的措施和清

8

晰的简洁性。就此而言，对待环境（context）只存在两种重要的态度。第一种态度的手段是模仿（mimesis），即对环境的复杂性进行有机模仿和再现，而第二种态度的手段则是对物质环境、形式意义及其内在复杂性进行诠释（assessment）。[16]

希腊建筑师季米特里斯·皮基奥尼斯（Dimitris Pikionis）的杰作就是说明以上最后一点的最好范例。我这里所指的是他设计的菲罗巴波山坡公园（the Philopapou hillside park），该公园建于20世纪50年代下半叶，地点邻近雅典卫城（图1.10）。用亚历山大·佐尼斯（Alexander Tzonis）和丽恩·列斐伏尔（Liane Lefaivre）的观点来说，在这个作品中，皮基奥尼斯摆脱了所有意义上的技术表现主义（technological exhibitionism），创造了一个连续完整的地形景观。在这里，砌道蜿蜒曲折，穿越高低起伏和山石遍布的地形，宛如一条用石块编织而成的地毯。石块的铺设自然随意，偶尔有一些座椅穿插其中，不时还有一些带图像的指示牌呈现在人们的眼前。[17]整个公园与其说是一个设计，不如说是一种拼贴组合，它是场所精神（genius loci）的重新诠释，将场所精神的神秘性以一种拜占庭和前苏格拉底（pre-Socratic）主义兼而有之的方式呈现在人们的面前，好似一幅必须用身体和眼睛同时体验的长卷。皮基奥尼斯1933年撰写的《情感地形》（A Sentimental Topography）一文充分表达了他创作的重点：

> 我们心中充满喜悦，身体在大地高低不平的表面上游荡，每走一步都有交替变幻的三维景色让我们的双眼应接不暇，精神为之一振。……这边有坚硬多石的地面，陡峭而又干枯，泥块一触即碎；那边是平坦舒缓的地表，溪水从长满苔藓的田地里潺潺流出。微风吹拂，地平的高度和形状都在向我们叙说，大海近在咫尺。[18]

皮基奥尼斯的作品为我们验证了这样一个事实：场地往往超越我们对审美和功能的感知，因为大地表面的状态是在行走的动态中才能体验的。换句话说，场地需要通过身体的移动以及这一移动对整个神经系统的影响才能体验。此外，皮基奥尼斯还提醒我们，人类身体与大地表面的作用能够产生某种"声学"共鸣。这令我们想起斯坦·艾勒·拉斯姆森（Steen Eilier Rasmussen）的著作《体验建筑》（Expe-

图1.10
季米特里斯·皮基奥尼斯，雅典菲罗巴波山坡公园铺地细部，1951—1957年

riencing Architecture），尤其是其中题为"聆听建筑"（Hearing Architecture）的杰出篇章。[19]拉斯姆森指出，声音的空间反射和吸收直接影响着我们对体量的心理体验，其结果就是，我们根据音调而不是外观来感觉建筑体量的冷暖。乌尔里希·康拉兹（Ulrich Conrads）和班纳德·莱特纳（Bernhard Leitner）也在1985年的一篇论文里强调过类似的声学心理效果。他们指出，泰姬陵（the Taj Mahal）的混响时间赋予该建筑特有的精神氛围。他们还发现，地中海民居建筑形式似乎与当地语言中特定的复合元音及其字母的连接有着某种巧合，从而使得这些建筑事实上并不适合讲北方语言的人们用来作为他们的度假住宅。[20]在路易斯·巴拉干（Luis Barragán）1967年在墨西哥城郊外设计建造的圣克里斯托巴尔（San Cristobal）养马农庄中，中心水池及其落水的声音和其他元素一起构成了完美的效果，它表明声学元素是形式完整性不可或缺的组成部分。

建构与身体的隐喻

人类通过身体体验环境，这种能力令我们想起那不勒斯哲学家詹巴蒂斯塔·维柯（Giambattista Vico）① 在1730年出版的《新科学》（Scienza nuova）中提出的身体性想像的观点。维柯的思想与笛卡儿理性主义可谓针锋相对，他认为，无论就人类体验大自然的最初直觉而言，还是在承前继后的文化历史长河的意义上来说，语言、神话和习俗都是人类在历史的自我实现中创造的隐喻性遗产。迈克尔·蒙乃（Michael Mooney）曾经在1985年的一个研究中这样论述维柯有关隐喻过程（metaphorical process）的观点：

> 维柯认为，在一个激动人心的演讲中，优美的比喻淹没了精神并作为真理打动思想，无论演讲者还是听众都为之紧扣心弦，联翩的浮想前所未有，精神与新颖生动的语言融为一体，思想和意志合而为一。打一个确切的比方，朱比特（Jove）② 最初现身，就是身体通过语言获得意识的过程，天空雷声大作，唤起巨人的诗篇，人们在畏怯中张口结舌。

> 这是一种隐喻的交换，面对雷声大作的苍穹，人类通过充满畏怯的身体产生天道的想像。造物主（*deus artifex*）的物质世界本身就是一首诗，处处构思精妙，它借助人类的身体成为诗人的自我创造；宇宙潜在的巧妙设计在人类的思想（无论它还有多么不完善）和精神（无论它多么激情迸发和放荡不羁）中获得生命，而人类也站立起来，成为自身存在的造化（*artifex*）[21]。

人类在身体感知中把握现实，重新构造世界。就此而言，维柯关于人类通过历史对自身进行创造和再创造的思想强调的不仅是隐喻和神秘，而且是知识的身体性。形式对人类生存的心理和物理影响，以及我们在建筑空间中倾向于通过触摸感知形式的事实，都很能说明这一点。亚得里安·斯托克思（Adrian Stokes）曾经在论述石头在光阴流逝和人类触摸中发生的变化时指出：

> 手的触摸痕迹是雕塑最为生动的表白。人们总是顺着物体的形状触摸该物

---

① 维柯（1668—1744年），意大利哲学家、西方历史哲学和近代社会科学的先驱，对哲学和社会科学的各个领域，诸如美学、伦理学、法哲学、文化哲学、神话哲学、史学、经济学、政治学、语言学、人类学都作出了卓越的贡献。主要著作有《新科学》、《论我们时代的研究方法》、《普遍法》等。——译者注

② 罗马神话中主宰一切的主神，相当于希腊神话中的宙斯。——译者注

体。年复一年，触摸使物体的形状美丽动人。触摸就是探索，在不知不觉之中揭示和强化形式的伟大。完美的雕塑需要人们通过手的抚摸与之交流脉搏的节奏和身体的温暖，揭示和强化被眼睛忽略的细微之处。人类的使用和雕琢，光天化日下的风吹雨打，都会以三维的、直接和自发的形式记载在石头的具体形状上面，它在留下日晒雨淋的痕迹的同时，也打上情感和生命的烙印。[22]

以上观点与眼下那种试图将匪夷所思的符号学内容强加于文化经验的做法有着天壤之别。斯戈特·加特纳（Scott Gartner）指出：

> 身体与思想的哲学异化导致人们在涉及建筑意义的当代理论时对建筑的具体经验置若罔闻。建筑理论过分注重所指及其与符号的关系，这使得人们对建筑意义的理解完全是概念性的。体验与认知相关，但它似乎被简化为一种代码信息的视觉记录。这样，眼睛干脆可以离开建筑的物质存在，用书面材料取而代之。身体的问题即使能够进入建筑理论，也不幸被简化为一种需求和制约条件的总和——有待以行为学和人体工程学分析为基础的设计方法给予解决。由于这样的思想方式，身体的经验只能被排除在建筑意义的构成和实现之外。[23]

人类借助一种经验去理解另一种经验并赋予它结构，这是一种隐喻的过程，而不是语言学或修辞学转义的过程。[24]正因为如此，安藤忠雄将"神体"（Shintai）理解为一种必须身临其境才能实现的感知存在。

> 人类用身体建构世界。人类的存在是活生生的身体存在，而不是精神和肉体分离的二元对立。毫无疑问，身体首先处于"此地此刻"，然后才处于"他处"。距离的感知，或者更确切地说，对距离的活生生的体验，使周围空间充满意义和价值。人类对上下左右前后的把握是非对称性的，因此，世界自然而然就成为一个异质空间。感官知觉的世界和身体状况的世界相互依存。人类建构的世界是一个生动而又具体的空间。

> 身体建构世界，同时也被世界建构。当"我"感到混凝土冷漠而又坚硬的时候，"我"把身体视为温暖和柔软的参照。身体与世界的这种互动关系就是"神体"。惟有这种意义上的"神体"才能构造和理解建筑。"神体"乃是对世界作出呼应的感知存在。[25]

安藤忠雄的思想与施马索夫（Schmarsow）以及后来梅洛-庞蒂（Merleau-Ponty）的观点不无相似之处，[26]尤其与施马索夫有关身体沿空间的纵深前进决定空间概念的观点可谓不谋而合。阿道夫·阿皮亚（Adolphe Appia）1921年出版的《活力艺术》（L'Oeuvre d'art vivant）也曾经根据舞台上身体与形式的相互作用提出过类似的身体—空间观点。[27]同样，阿尔瓦·阿尔托（Alvar Aalto）设计的芬兰赛奈察洛市政厅（Säynätsalo Town Hall）（建于1952年）也体现了一种现象学意识。在这幢建筑中，人们需要经历一系列具有强烈触感反差的体验（图1.11）：首先，入口

图1.11
阿尔瓦·阿尔托，赛奈察洛市政厅，1949—1952年。平面、通过议事厅的剖面和纵剖面

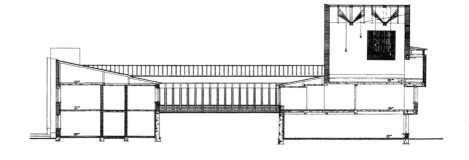

图 1. 12
阿尔瓦·阿尔托，赛奈
察洛市政厅，通向议事
厅的台阶

部分砌筑整齐而且色彩相对黯淡的砖砌踏步给人强烈的封闭感，（图 1. 12），随后进
入明亮的议事大厅，木条组成的屋顶有一个向上呈扇形展开的木桁架，支撑着屋顶
板上方隐藏的木椽构件。此外，抛光木料的气味、人体的重量导致地板产生的弯曲
以及光亮如镜的地面给身体的某种不稳定感，所有这些非视觉性的感受无疑都强化
了人们在行进过程中的建构体验。

建构与文化人类学（ethnography）

森佩尔的建构理论深深扎根于当时正在兴起的文化人类学思想。和他的后人西

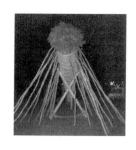

图 1.13
九州岛举行的岁末吃人
妖魔之夜仪式。仪式中
架起和烧毁的编柱

图 1.14
波波人住宅，朝向与季
节的关系，根据方位基
点确定的内外反转：

1. 门槛
2. 织机
3. 步枪
4. 提给蒂提
5. 马厩
6. 牛的饲料槽
7. 水罐
8. 干菜坛及其他
9. 手动磨粉机
10. 储谷罐
11. 长凳
12. 卡努
13. 大水罐
14. 衣箱
15. 后门

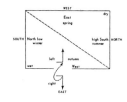

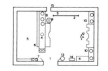

格弗里德·吉迪恩（Sigfried Giedion）一样，森佩尔希望建筑实践重新成为一种"永恒的现在"（the eternal present），这个概念是吉迪恩在 1964 年的著作中提出来的。在《风格论》（Der Stil）一书中，森佩尔开宗明义地呼唤建筑的永恒起源，他将天体起源运动视为时间长河中不断发展变化的古老动力，这一观点又与维柯的思想不谋而合（图 1.13）。

人类生存的世界充满各种神奇的力量。对于它们，人类或许可以用占卜来把握，但永远不能完全理解。大自然的力量呈现给人类的只是一些不连贯的和谐关系，而人类则试图通过巫术召唤并不存在的完美。人类给自己制造了一个自圆其说的世界，它所揭示的宇宙规律虽然只在极其有限的范围内才有效，但就其本身而言却完美无缺。巫术满足了人类把握宇空的本能愿望。

人类凭想像创造，将大自然的个别景观复制、延展、使其符合人类自身的心态，这一做法常常表现得如此无懈可击，以至人类竟以为自己能够通过自身的活动洞察大自然的整体和谐，从而获得短暂的自我陶醉。无疑，该种对大自然的欣赏与艺术欣赏并没有太大差别，只是与艺术的普遍美相比，自然美……在这里属于一个较为低级的范畴。

但是，对自然美的艺术欣赏并非人类艺术本能的最早显现。相反，在自然美的艺术欣赏还没有发展之前，原始人就开始对大自然的创造规律及其在时空运动的节奏中若有若无的显现充满乐趣，并通过饰环、串珠项链、涡卷形装饰、旋舞以及伴随的韵音、船桨的节拍等来表达这种乐趣。这就是音乐和建筑的起源，它们是最高最纯的两种非模仿性宇空艺术（cosmic nonimitative arts），它们的坚实基础是其他艺术无法比拟的。[28]

虽然我们无法列举所有能够支持森佩尔观点的文化人类学例证，但是我在这里还是打算转引两个例子以便说明，承受压力的体块（compressive mass）和承受拉力的构架（tensile frame）这两种基本的建筑方式是如何在历史长河中创造出具有起源学意义的生活世界的。

第一个例子来自皮埃尔·布尔迪厄（Pierre Bourdieu）1969 年对波波人住宅（the Berber house）① 的研究。在这个研究中，布尔迪厄阐述了波波人住宅通过剖面错位和材料饰面将人类使用的高级的干燥区域与牲畜使用的低级的潮湿区域区分开来的做法（图 1.14）。在与这一布局交叉的横轴方向，住宅的主入口朝东而设；与此同时，纺织机放置在面对入口和太阳升起的地方，它是室内的太阳。以这样一种具有天宇象征意义的十字交叉轴线为构架，整个住宅及其周围环境被划分成一个同源等级系统（a homological hierarchy），其中每一种价值都可以在它的对立面找到平衡。这样，外部世界的属性就在建筑的内部转化为相反的属性；南侧的外墙变为"北侧"的内墙，如此等等，不一而足。

东侧内墙前面的纺织机与黎明、春天、丰收和出生的概念有关，它被视为女性的尊贵场所以及整个住宅的精神中枢。与之相平衡的是代表男性荣耀的、紧挨着纺织机放置的枪支。据布尔迪厄观察，同样的意义系统也包含在波波人住宅的建造结构之中。

———————————

① 波波人，西北非洲的原始部落之一，公元 7 世纪被阿拉伯人征服，今天主要分布在摩洛哥、阿尔及利亚和突尼斯等国。——译者注

纺织机位于大门对面的墙边。通常，该墙的名称与面对前院的外墙名称塔斯加（tasga）相同，也被称为纺机之墙，也可以说是照壁（opposite wall），因为人们进入住宅时总是面对这堵墙；相比之下，它对面的一堵墙则被称为阴暗之墙、沉睡之墙、少女之墙或者坟墓之墙。……也许，人们更容易从纯粹技术的角度对这些对立的墙体作出解释，因为纺机之墙……接受的光线最多，而且事实上由石头砌成的牲畜厩也比住宅其他部位要来得低。后面这一点的原因是波波人住宅常常沿等高线垂直建造，以便于污水和粪便的排泄。然而，一系列迹象表明，作为总体二元对立系统的中心所在，这些对立墙体的理由并不能以技术或者功能的要求充分解释。另外，在"供人使用的那一部分住宅"的隔墙中央有一根结构立柱，它支撑着主梁以及整个住宅的构架。主梁与两侧的山墙相连，将男人区的屋顶延伸到女人区。在这里，主梁……等同于整个住宅的主宰，而那根用分叉树干做成的立柱……则等同于妻子……，它们相互交替，代表着物质统一的行为。[29]

　　布尔迪厄进而指出，同样的系统在下宅和上宅中的意义是截然不同的。所谓下宅，就是标高较低的、由石块砌筑而成的牲畜厩，它代表着阴暗空间、繁殖、性交；而所谓上宅，则是干燥明亮、用干牛粪装饰的代表主人面貌的空间。

　　我们的第二个例子来自日本。自古以来，编织和捆扎就是日本文化中每年一度的开耕仪式的基本元素，这些仪式至今还保留在日本各地（图 1.15）。冈特·尼契克（Gunter Nitschke）曾经撰文阐述，日本古代的农耕仪式通常都是从系结仪式[musubi，源自动词"系结"（musubu）]开始的（图 1.16）。[30]尼契克认为，当古人开始从浑沌一片的世界中创造秩序时，建造/捆扎乃是先于宗教出现的活动，他还用宗教一词在词源学上起源于捆扎的拉丁文词"里加勒"（ligare）的事实来说明他的观点。与建立在浑厚体量的石材基础上的西方纪念性建筑文化不同，古代的日本世界可以说是用非永久性材料象征性地构建起来的，比如用禾草或稻草打成的结卷，即所谓的"注连绳"（shime-nawa）（图 1.17），还有需要花费更多功夫用竹子或芦苇编制而成的心柱（hashira）（图 1.18）等。尼契克和其他一些研究者指出，这些神道教中的原始建构元素对日本宗教建筑和居住建筑的发展演变都产生过决定性的影响，从公元 1 世纪的早期神明造（Shimmei shrines），到 17 世纪从平安时代（Heian）的木构演变而来的书院（shoin）和茶室（chaseki）建筑，其种类可谓花样繁多。由于日本神社建筑使用的原木比较容易腐烂，所以它们必须定期重建。在这方面，最著名的例子当数伊势神社中颇具纪念性的内宫（Naigu）和外宫（Gegu）。包括附属建筑在内，这两幢建筑每隔 20 年就要重建一次。新神社在其前身相邻的基地上建造，这使得神社基地的圣土每隔 20 年就有一次休养生息的机会（图 1.19）。

　　除了石构与木构这种贯穿在远古建筑文化中的显著区别之外，上述例子还有两个共同之处：第一，在所谓原始文化中，编织乃是场所创造的重要手段；第二，在时间问题上，古人的态度普遍都是非线性的，正是这种态度为象征永恒现在的周而复始的更新提供了保证。另外，对于非永久性事物，古人的感受也随季节变化而有所不同。直到一个半世纪前，日本人的一天还不是以 24 小时计量，而是用随季节变化的、长短不一的六个时辰来划分。[31]西方钟表在 16 世纪被引进日本，但是它们不得不经过机械上的调整，以便能够适用于古老的计时体制。

　　传统日本建筑与场所的创造活动相辅相成，这一点多少能够成为森佩尔提出的

图 1.15
神道教开耕仪式中工具
的摆放方式

图 1.16
日本的系结

图 1.17
注连绳。稻草扎结物，
是神道文化中具有辟邪
护身意义的符号

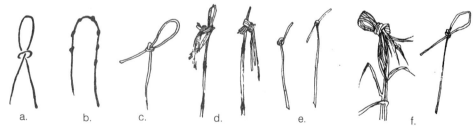

a.　　　b.　　　c.　　　d.　　　e.　　　f.

编织乃是最原始的宇空性技艺（cosmic craft）思想的佐证。与世界上任何其他文化相比，日本文化也许更加注重元语言形式（metalinguistic forms）和时空韵律与建造活动的融合。将日本文化称为编织文化也许并不为过，因为传统日本建筑中的每一个可感知的元素都是通过某种形式的编织组合而成的，从榻榻米（tatami）的编织构

15

图 1. 18
日本传统开耕仪式使用
的具有代表性的编柱

图 1. 19
伊势神社内宫。新旧建
筑彼此并排,其中一个
正在使用中,而另一个
则无声无息地待在一边

造（图1.20）到"京间"（kyo-ma）和"田舍间"（inka-ma）① 等模数建造方式都足以证实这一点。[32]

再现与本体（Representational versus Ontological）

或许，从传统日本建筑（图1.21）的空间层次，我们可以将讨论间接地过渡到森佩尔在结构的象征因素和技术因素之间作出的区分。在这里，我把森佩尔的分类归结为建构形式中的再现和本体这两种不同的问题。换言之，再现与本体的区别，就是表皮再现结构的组合特征与建筑核心的基本结构和本体之间的区别。森佩尔对这一区别的论述十分精辟，比如他指出了基座、构架和屋顶的本体性与壁炉和填充墙的再现性和象征性的不同。我认为，我们必须在建筑形式的创造中不断对本体与再现的两分法重新进行阐述，因为每一种建筑类型、技术、地形以及特定时间的氛围都有其不同的文化条件。哈里·马尔格雷夫（Harry Mallgrave）曾经指出，森佩尔在对待结构和饰面（cladding）的相对表现性问题上多少有些模棱两可，在对待结构本身的象征性表现（也就是说从技术和美学的角度对结构进行某种合理的调整）与无视结构的象征性饰面之间的关系问题上也显得犹豫不决。根据马尔格雷夫的观点，饰面乃是一种整体的装饰或者说元语言手段，它有助于强化形式，再现形式的地位和潜在价值。马尔格雷夫试图重新调和本体与再现的对立，他将象征（再现）视为第一性的，而将结构（本体）视为第二性的。他写道：

> 从森佩尔的理论出发，康拉德·费得勒（Konrad Fiedler）曾经在1878年撰文呼吁去除建筑的古典外衣，以便在现代建筑中探讨墙体的纯粹空间性。奥古斯

图1.20
日本榻榻米典型编制方法图式

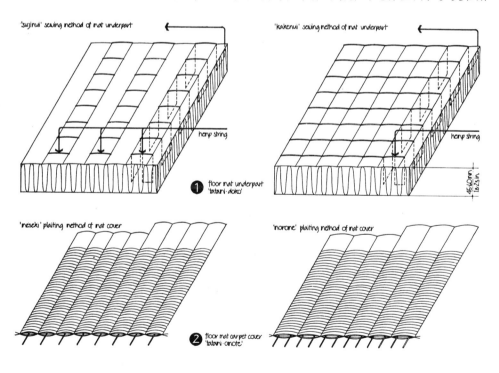

---

① 原文此处拼写似有误，除了代表"京城尺寸"的 kyo-ma 之外，日本传统住宅建筑中另一个与榻榻米尺寸相关的模数建造系统应为代表"乡村尺寸"的 inaka-ma，而不是 inka-ma。——译者注

图 1. 21
传统和现代日本推拉式
木板窗细部

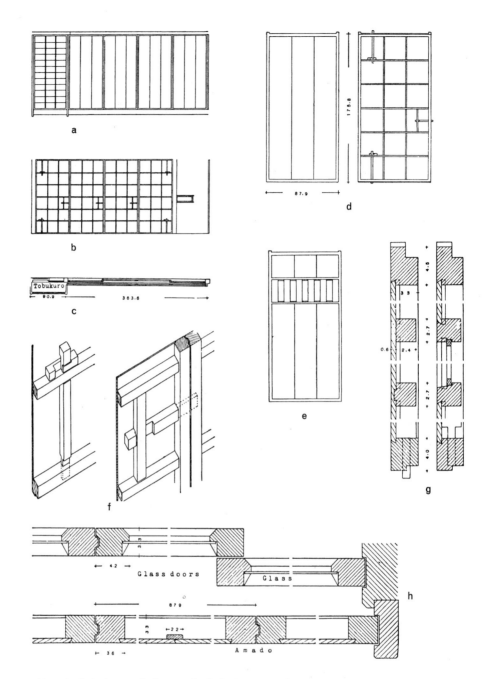

特·施马索夫继承和发展了费得勒的主张。在1893年的一个讲座中，施马索夫特别对所谓"饰面艺术"（*Bekleidungskunst*）的装饰特性进行了抨击，主张建筑具有"空间创造"（*Raumgestalterin*）的抽象能力。据此观点，"空间感"（*Raumgefühl*）应该成为建筑历史研究的主题。施马索夫的主张被荷兰建筑师亨德里克·贝尔拉赫（Hendrik Berlage）推向极至，后者在1904年的一个重要演讲中将建筑定义为"围合空间的艺术"。在为该演讲的出版物所写的补充文字中，贝尔拉赫还提出，墙体的本质就在于它的平整，因此柱式和柱头等构造元素应该毫无保留地化解在墙体之中。森佩尔提出了具象表皮（figurative masking）的观念，而贝尔拉赫又将这一观念转化为一种真正意义上的表皮（literal mask），其表面的本体性装饰（surface ornamentation）、材料以及结构元素等，与表面的再现性装饰（surface decoration）①似乎已经别无二致，都与它自身的结构性和非结构性作用的表现有关。[33]

对于森佩尔的饰面理论（*Bekleidungstheorie*），阿道夫·路斯（Adolf Loos）多少有些曲解之意，这导致他彻底否定了结构性元素与非结构性元素之间的对话关系。或许，这也正是路斯建筑对结构和构造重视不够的原因所在。路斯 1898 年撰写"建筑饰面原则"（*Das Prinzip der Bekleidung*），强调饰面的重要性。[34]不过路斯坚持材料的真实性，反对文艺复兴用抹灰砂浆模仿石头的做法；他甚至有些荒唐的主张，为了防止夸大木材的品质，应该避免对木材进行"漆纹"（graining）处理。路斯喜欢使用薄片大理石饰面，在他看来，这是世界上最便宜的墙纸，因为它无需更换。正如他的建筑所表明的，路斯对大理石饰面的偏爱使他完全背离了森佩尔关于建筑应该表现框架结构与填充墙体的连接关系的主张。对于"综合艺术作品"（*Gesamt-kunstwerk*）②的虚假装饰，路斯深恶痛绝。但是自相矛盾的是，他自己也对建筑中的非建构策略（atectonic strategy）津津乐道，因为他所谓的"体积空间规划"（*Raumplan*）③根本无法用建构的方式予以清晰的表达。确实，尽管路斯与分离派建筑师约瑟夫·霍夫曼（Josef Hoffmann）看上去势不两立，但是他们之间有一点却是共同的，那就是掩饰建筑的实际结构关系，从而使建筑的真实面貌无法辨认。这一点也使路斯尊重的建筑传统越发矛盾重重，因为从他的大理石饰面透射出来的传统精神在揭示资产阶级住宅世界之外的残酷现实的同时，也成为这一现实的掩饰。与此同时，正如马尔格雷夫曾经指出的，彼得·贝伦斯（Peter Behrens）在 1910

---

① 通常，英文的 ornament（或 ornamentation）和 decoration 在中文中都译成装饰，其含义在中文的实际使用中似乎并无太大区别。相比之下，ornament 和 decoration 在西方语境中的意义则有所不同。有一种观点认为，ornament 与功能、使用、礼仪有关，而 decoration 则与结构有关。换言之，前者为"功能性装饰"，后者为"结构性装饰"（见 Robert Jan van Pelt & Carroll William Westfall, Architectural Principles in the Age of Historicism, Yale University Press, 1991 & 1993）。但是，要深究这些区别的意义并非易事，因为在西方的语境中，这些区别也没有被所有的实际使用所认可和遵守，因而常常导致用词和意义的混乱，甚至出现词意截然相反的情况。比如，路斯在《装饰与罪恶》中抨击的 ornament 就不能理解为"功能性装饰"。也许这就是为什么国内学者曾用"表面装饰"来诠释路斯的 ornament，并以此与 decoration（"深层装饰"或"结构装饰"）相区别的原因。需要看到的是，如果说路斯《装饰与罪恶》中的装饰指的是"表面装饰"的话，那么佩雷反对的"装饰节术"（decorative art）无疑不能说是"深层的"或"结构性的"（见本书 154 ~ 155 页）。与佩雷一样，路易·康也重 ornament 而轻 decoration，因为在他看来 ornament 是对节点的表现，而 decoration 则是附加的（见本书 244 页）。此外，这种观点似乎也可以在普金的思想中可以找到佐证（见本书 41 页）。显然，这里还有许多问题有待进一步探讨和澄清。鉴于本处原文出现在一段论述"本体"与"再现"问题的章节中，且都与表面（surface）的问题联系在一起，因此暂且用"表面的本体性装饰"和"表面的再现性装饰"来表示原文在意义上的不同。——译者注

② 原为德国音乐家瓦格纳提倡的在歌剧中将故事情节、音乐、舞台场景揉在一起的艺术概念。在这里应指维也纳分离派的总体设计观念，它钟情于将一种统一的形式语言和风格扩展到空间、立面、平面布局、景观设计以及家具陈设等诸多方面。在路斯看来，这种统一的形式语言和风格属于矫揉造作的过度设计，是另一层面上的虚假装饰。——译者注

③ Raumplan 是路斯重要的建筑概念，从字面上说，应该是"空间规划"或"房间规划"的意思。考虑到德文 Raum 与英文 space 意义的不同，以及路斯强调具体空间边界和不同空间之间的错落关系的本意，弗兰姆普顿曾经将它转译为英文的 plan-of-volumes。受此影响，我国学者也趋于用"体积规划"作为 Raumplan 的中文译名。笔者认为，这样做固然成功地避免了将 Raumplan 与一般意义上的空间设计或空间规划混为一谈，也有助于化解"房间规划"在意义上过于狭隘和直白的问题，但是却在中文译名中直接导致了作为该概念之核心的"空间"观念的缺失，容易引起误解，以为 Raumplan 是关于建筑造型的"体积规划"。鉴于此，笔者在这里选择用"空间体积规划"来代替单纯的"体积规划"，以强调路斯 Raumplan 概念中的空间性。——译者注

年将森佩尔驳斥为实证主义者，这对现代建筑文化产生了某种决定性作用。受阿洛伊斯·里格尔（Alois Riegl）① 为代表的反森佩尔观点的影响，抽象的非建构思想逐步占居上风，成为德国建筑师关注的焦点，其结果是建筑设计几乎被等同于图案设计，从而也为罗伯特·施姆兹勒（Robert Schmutzler）称之为"青年风格派"（the Jugendstil）建筑的最终形成起到推波助澜的作用。[35]

建构与非建构

1973年，在一篇题为"结构、构造与建构"（Structure, Construction and Tectonics）的文章中，爱德华·塞克勒（Eduard Sekler）将建构定义为一种建筑表现性，它源自建造形式的受力特征，但最终的表现结果又不能仅仅从结构和构造的角度进行理解（a certain expressivity arising from the statical resistance of constructional form in such a way that the resultant expression could not be accounted for in terms of structure and construction alone）。[36]塞克勒进而以密斯晚期在美国的建筑作品中使用的转角细部处理为例，说明相同的结构和构造组合如何为建筑表现的微妙变化提供了可能。他还以巴洛克建筑中各种隐匿的飞扶壁为证，指出某种表现形式既可以随结构秩序的不同而变化，也可以随建造方法的不同产生差异。但是，正如帕克斯顿（Paxton）1851年建成的伦敦水晶宫所表明的，一旦结构与构造相辅相成，那么整体建构的潜在可能性就有待于其组成构件的序列和连接方式。不过即使在帕克斯顿的水晶宫上面，建筑的力学性能与再现形式也并不完全一致，因为尽管墙体的厚度随荷载变化有所不同，直径相同的铸铁柱却未能体现荷载的差异。

在随后完成的一篇研究约瑟夫·霍夫曼1911年的布鲁塞尔斯托克勒住宅（the Stocklet House）（图1.22）的论文中，塞克勒针对该建筑中大量采用的绳状装饰线脚，引入了一种与建构概念相对立的非建构（atectonic）概念。

> 在转角和其他交接处，两条或者更多的线脚合并到一起，大大减弱了建筑体量的实体感。它的墙体似乎不是有重有量的建造物，而是由一张张薄板组合而成的，并且为了避免在使用中撞坏，交角处还包了金属条。……极端的非建构视觉效果令人大跌眼镜。在这里，"非建构"是指一种忽略或者遮掩荷载与支撑之间具有视觉表现力的相互作用关系的手法（"Atectonic" is used here to describe a manner in which the expressive interaction of load and support in architecture is visually neglected or obscured）……斯托克勒住宅还有其他许多非建构性的细部处理。沉重的支柱完全不具备支撑构件应有的视觉分量感，它支撑的仿佛是入口部分的雨棚或者屋顶平台的凉廊那样轻巧的平顶。……同样至关重要的是，窗户与墙壁处在同一个平面上，它略微向外突出而不是退在后面，因为后一种做法将会暴露墙体的厚度。[37]

类似的失重效果也出现在20世纪初的许多德国建筑产品之中，其中最引人注目的或许是彼得·贝伦斯1909年设计的德国总电力公司透平机车间（AEG turbine factory）。在这个独特的建筑中，粗壮的埃及式角墩在到达本应由它支撑的屋顶前嘎然而止。在这里，建构与非建构的并存赫然在目：一方面是沿贝里辛根大街（Berli-

---

① 阿洛伊斯·里格尔（1858—1905年），奥地利艺术史学家，维也纳艺术史学派的主要代表。——译者注

图 1.22
约瑟夫·霍夫曼，布鲁塞尔斯托克勒住宅，1911 年。主要大厅

chingenstrasse）的一系列具有本体意义的建构性铰接钢结构框架，另一方面则是以再现为目的的非建构性质的角墩，这是一个现浇钢筋混凝土墩柱，承担自身的重量自然绰绰有余，却显然未能真正起到支撑悬挑式屋顶的表现作用（图 1.23）。

在贝伦斯意欲表现技术的象征力量的建筑中，出现这种概念上的含混现象多少有些讽刺意味，如果考虑到他在 1908 年的一篇题为《何为纪念性艺术？》（What is Monumental Art?）的文章中曾经将建筑历史视为权力的奴役史的话，那么情况就更是如此。也许，贝伦斯的文化心理本身就是含混不清的。他热切渴望将他的车间外壳设计成一种"隐秘的古典主义仓屋"（crypto-classical barn），为的是表达某种后来被恩斯特·容格尔（Ernst Jünger）① 称为"劳动者形象"（the Gestalt of the worker）的东西，或者说，一种在农村劳动者向需要高度技巧的无产者转化过程中通过契约向工业寡头（the industrial *Kartel*）出卖劳力的劳动者的"权力意志"（the "will to power"）。[38]

建构与技术

在对技术的文化含义进行反思的 20 世纪哲学家中，马丁·海德格尔（Martin Heidegger）② 应该说是最为深刻的一位。诚然，他的思想在某些方面具有一定的反动性，但是他的"抛入"（thrownness）等概念却标志着与实证主义的彻底决裂。根据这一概念，人类世世代代都必须面对历史赋予的命运。[39]与此同时，海德格尔的思

① 恩斯特·容格尔（1895—1998 年），德国作家。——译者注
② 海德格尔（1889—1976 年），德国哲学家。——译者注

想中还有一系列与我们这里的主题相关的内容，其中最为重要的一点是领域围合和场所的地形概念。与漫无边际的现代大都市相反，这是一种主张结合地形环境和特定领域边界的场所思想，由海德格尔在 1954 年完成的《筑、居、思》（Building, Dwelling, Thinking）一文中首次提出：

> "空间"一词所命名的东西在该词的古老意义中已经有所表达。空间（Raum）意味着为定居和宿营而清理出来的场所。一个空间乃是某种被设置出来的东西，某种在一个边界范围内清理出来的东西。古希腊人将边界称为佩拉斯（peras），它并不是某物停止的地方，而是如同希腊人认识到的那样，是某物开始呈现之处。……空间本质上是某种被设置出来的东西，某种置于其边界中的东西。被设置的东西永远有其允诺存在，它总是与他物连接在一起，也就是说，总是通过其位置被集合在一起。……相应地，多重性质的空间（spaces）乃是从其位置而非从"单一空间"（space）获得其本质的。……如此这般，由地点所设置的东西乃是一种特有的空间。空间乃是距离，或者说是希腊人所谓的"斯塔迪翁"（Stadion）以及拉丁文"斯塔迪翁"一词具有的相同含义，空间也是间隙，一种居间空间或者一种间隔。因此，人与物之间的近和远就能够成为单纯的疏离，成为间隔的距离。……此外，从作为间隔的空间中还可以抽取出长度、高度和深度上的各个纯粹向度。我们把这样抽取出来的东西表象为三个维度的纯粹多样性。但是这种多样性所设置的空间，也不再由距离来规定，不再是间隙，而只是延展。不过，作为延展的空间还可以被抽象，被抽象为分析的和代数的关系。这些关系所设置的空间，乃是对那种任意多维度的多样性的纯粹数学构造的可能性。我们把这种数学上

被设置的空间称为"空间"，"一个"所谓的空间。但是，此意义上的"这个"空间，即所谓的"空间"并不包含任何多重空间（spaces）和多重场所（places）。[40]

对于建构形式来说，海德格尔以上思想的意义也许不言而喻：人类文化（human institution）应该与地形环境相结合，从而消解为发展而发展的贪婪。对于海德格尔来说，技术的问题并不在于它为人类所带来的利益，而在于它已经成为一种具有时代形式烙印的半自为性力量（a quasi-autonomous force）。海德格尔关注的首先不是工业技术对环境的破坏作用，而是技术无所不能的改造力量，即使一条河流也能在技术力量的干预下，同时成为水力发电资源和旅游景点。

在海德格尔看来，现代世界的无根性在希腊式体验向罗马法典转化的时候就已经开始了。罗马人对希腊人的体验所知甚少，这导致他们在用拉丁文翻译希腊文时产生误解，而机械时代的制造主义哲学又使这一误解登峰造极。如同他的先师爱德华·胡塞尔（Eduard Husserl）[①] 一样，海德格尔呼吁我们回到事物的现象学存在本身。

> 给物以持久性和坚固性的东西，同样也是引起物的特定感性凸现方式的东西——色彩、声响、硬度、大小，这些都是物的质料。把物规定为质料，同时也就已经设定了形式。物的持久性和坚固性在于质料和形式的综合。物是具有形式的质料。[41]

建筑仍然具有二重性，它在人类的自我实现和追求技术的最大进步之间摇摆不定。就此而言，它必须能够认识各种不同的状态和条件，尤其应该认识事物的持久性、器具的工具性和人类文化的世界性之间的差异。所谓建构就是表达这些不同状态的方式，通过折射和变形，反映不同事物实现自我呈现和自身维护的条件。按照这一思想，建筑的不同部位可以根据自身不同的本体状态进行不同的处理。海德格尔在 1956 年完成"论艺术作品的起源"（On the Origin of the Work of Art）一文中指出，建筑不仅应该有表现不同材料的能力，而且应该能够揭示世界存在的不同情形和方式。

> 为制造一件器具，比如制造一把石斧，就得使用石头，石头也就被用掉了。石头于是消失在有用性中。材料越是优良和适用，它就越无可抵抗地消失在器具的器具存在中。与此相反，神庙作品建立的是一个世界，它非但没有导致材料的消失，而且开天辟地般地将材料呈现出来，让它出现在作品世界的敞开领域之中。岩石之所以为岩石，是因为它能够忍辱负重，金属闪烁，颜色发光，音调优美动听，词语得以言说。所有这一切得以出现，都是由于作品把自己置身在石头的厚重之中、置身在木头的坚韧之中、金属的刚硬和光泽之中、颜料的明暗之中、音调的叮当之中，词语的命名力量之中。[42]

该文还包含其他一些与建构相关的观点。首先，它涉及古希腊的"技艺"（techne）概念。该概念与建构相关，但在词源上又不尽相同，它源自希腊词"提克多"（tikto），其含义是制造。在"技艺"中艺术和技术并存，两者在古希腊人眼里并无什么区别。如果说"技艺"揭示了作品中那些潜在的东西，那么"技艺"就是知识，就是在揭示本体意义上的"真理"（aletheia）。这使我们想起维柯的至理名言"真理就是创造"（verum, ipsum, factum），它告诉我们，认知与建造原本是不可

---

① 此处原文似有误，应为爱德蒙德·胡塞尔（Edmund Husserl，1859—1938 年），德国哲学家，现代现象学开山鼻祖。——译者注

分的，同时也说明事物的认知价值最终在于它的本体状态。就此而言，知识和美都有赖于"物性"（thingness）的揭示。"技艺"与艺术鉴赏属于完全不同的范畴，后者将艺术品仅仅作为审美欣赏的对象，或者干脆将它们保存在博物馆里，与世隔绝。关于这一点，海德格尔曾经写道："世界之抽离和世界之颓落已不可逆转。作品再也不是原先的作品。诚然，我们可以亲眼目睹这些作品，但是真正的作品已经不复存在。"[43]

海德格尔强调，世界的造化与大地的自然状况之间蕴涵着丰富而又必然的对立，他认为这是一种共存的关系，无论哪一方都以对方为自身存在的条件。"尺度"（measure）与"边界"（boundary）是海德格尔用来阐述以上关系的两个概念。正是他在这方面的思想，加之他后来对栖居、忧虑以及泰然任之（letting-be）的强调，使他在众多评论家眼里成为"生态哲学"的先行者。[44]对于海德格尔来说，技术的危险之处在于它无视事物的内在本质，他认为一旦技术达到全球规模，无论自然、历史还是人类自己都无法抵挡技术的非世性（unworldliness）。

传统与创造

意大利"弱思维"（*pensiero debole*）学派①认为，传统乃是一种不断演化发展的复合体，作为生活世界的物质化和思想性得以实现的基础，传统有助于弥补工具理性的不足。[45]"弱思维"的关键思想之一，就是事物的片段也蕴含着先验价值。对于建筑实践来说，该思想可谓千真万确，因为在科学技术得到普遍应用的今天，人们已经不能再指望手工艺技术（*métier*）的大量运用。我们只要看一看现代大都市的失控状态，就不难认识建筑工业的无能为力，更不要说建筑学的无能为力了。因为技术追求工业生产和消费的最大化，失控难免与日俱增；与此同时，建筑作为工艺和场所创造的思想正被排除在人类的建造过程之外。[46]

就此而言，为新而新无异于舍本遂末，如果从历史"抛入"的概念审视问题，情况就更是如此。海德格尔所说的"命运"（Geschick）不仅与特定时间和地点的物质条件有关，而且也体现为一种特定历史传统的遗产。无论经过怎样的同化发展，传统永远都在汉斯－格奥尔格·伽达默尔（Hans-Georg Gadamer）称为"视界融合"（fusion of horizons）②的过程中不断转变自己。[47]对于伽达默尔来说，批判理性和传统是解释学循环中两个不可分割的方面。一种文化遗产中存在的偏见必须通过隐藏在"其他"文化传统中的批判力量不断加以判断和认识。正如乔治娅·汪克（Georgia Warnke）曾经写道的："伽达默尔并未否定理性进步作为一种辩证对话的可能，他拒绝接受的只是通过绝对知识能够预言进步的观点，这一观点排除了理性发展的其他对话形式。"[48]

一旦认可转变，必然就会与普遍性和惟一方法论的观念格格不入。严格说来，

---

① 指意大利哲学家吉亚尼·瓦蒂默（Gianni Vattimo，1936—）为代表的思想学派。——译者注

② 伽达默尔（1900—2000年），德国哲学家，哲学解释学的代表人物，著有《真理与方法》、《柏拉图与诗人》、《论哲学的本源性》、《诗学》等。伽达默尔提出"视界融合"的观点，认为理解者与他要理解的对象各具自己的视界。比如，文本中包含着作者最初的视界（亦称"初始视界"），而理解者本人则不可避免地具有从现今的具体时代氛围中形成的视界（亦称"现今视界"）。伽达默尔主张将这种由于时间间距和历史情景变化而产生的视界融合，从而使理解者和理解对象都超越原来的视界，达到一种全新的视界。——译者注

它追求的是非完整意义上的可变性和特殊性。科学技术主义（technoscience）认为，历史上的过去只是人类永恒进步中的明日黄花；与此不同，人文科学将具有活力的历史过去视为一种体验（*Erlebnis*），它在批判中与现在融为一体。汪克指出：

> 我们参与未来的方式决定历史对于我们的意义，就如我们的祖先勾画未来的方式决定我们的可能性一样。因此对于伽达默尔来说，维柯理论的意义在于，我们需要理解历史，不仅因为我们创造了历史，而且因为历史也创造了我们。我们属于历史因为我们继承了它的经验，并且以过去给予我们的条件为基础创造未来。无论我们对历史的理解是否清晰明了，我们的行动都取决于我们的理解。[49]

这一思想在葡萄牙建筑师阿尔瓦罗·西扎（Alvaro Siza）那里得到有力回应。西扎有一句名言："建筑师的工作并非发明创造，而是转变现实。"[50]与美术作品不同的是，这种转变必须植根在错综复杂的生活世界之中，日积月累，逐步达到成熟。不管发生的方式多么微妙，转变本身就已经说明，无论一个实体化的过去，还是一个理想化的未来，都不足以重新树立启蒙运动如日中天时的信心。乌托邦的灭亡已经否定了为新而新的观念的有效性。正如意大利哲学家吉亚尼·瓦蒂默（Gianni Vattimo）在他的《现代性之终结》（The End of Modernity）中指出的，一旦科学和艺术的进步变成一种例行公事，那么创新曾经有过的含义也就不复存在。阿诺德·盖伦（Arnold Gehlen）曾经提出，在瓦蒂默看来，"无论就世俗化的有效进程而言，还是就未来主义极端的乌托邦构想而言，进步似乎都正在消解自身，随之消解的就是创新的价值。"[51]如果说新先锋主义的危机直接来自于创新的自动消亡的话，那么批判性文化则试图通过与历史决定的现实进行全面对话来维系自己。我们甚至可以说，尽管批判性文化总是用批判的眼光审视世界，但是它还是希望力所能及地弥补世界的"失魅"（disenchantment）状态。转变现实不仅包括干预过程的物质条件，而且也应该包括主体之间在设计和实施前后对这些条件的批判性反思。除了受物质条件的制约之外，创新还有待于对传统进行自觉的重新解读、收集和创造［即"追忆"（*Andenken*）］，其中当然也包括创新的传统，因为传统只有在创新中才能获得活力。就此而言，我们或许可以借用伽达默尔的术语，将盖伦（Gehlen）的"后历史"（*post-histoire*）思想理解为"坏的无限性"（bad infinite）。[52]

伽达默尔解释学模型有一些前提，比如人类主体不断进行的自我实现、政治领域的权力分化、当然还必须提高整个社会的教育水平等。因此，我们或许应该将于尔根·哈贝马斯（Jürgen Habermas）①的思想与瓦蒂默的思想来一番综合，前者提倡理想言说状态（ideal speech situation）和"真实交往"（undistorted communication），而后者则向我们展现了对建筑工程实施过程不无启发作用的诠释学的合法性（hermeneutical legitimation）。在后面这一点上，瓦蒂默的主张与哈贝马斯的观点可谓有着惊人的相似之处：

> 因此，如同哲学和普遍存在一样，如果我们在建筑中也拒绝任何形而上学的、盛气凌人的超验意义上的正当性的话（它试图寻求终极真理和人类的拯救之类的东西），那么我们就只能将正当性理解为一种通过传统与他人进行对话来

---

① 于尔根·哈贝马斯（1929—），当代德国哲学家、社会学家，法兰克福学派第二代的代表人物，著有《社会的结构演变》、《作为意识形态的技术和科学》、《晚期资本主义中的合法性问题》、《为了重建历史唯物主义》、《交往行为理论》等。——译者注

创造价值范围的形式。[53]

面对咄咄逼人的媒体,也就是说在很大程度上支配着20世纪晚期日常生活世界的疯狂的大众媒介,哈贝马斯提出的"理想言语状态"或许可以成为我们理智地挖掘环境潜能的前提,因为正如在建筑师界众所周知的,没有好的业主,就没有高品质的建筑。[54]另外,除了采用"双重诠释"(double hermeneutic)的策略之外,建筑实践似乎别无选择。所谓"双重诠释",就是首先将建筑实践建立在自身建构规则的基础之上,同时还要关注建筑实践的社会意义,寻求汉娜·阿伦特(Hannah Arendt)①所谓的"空间的公共面貌"(the space of public appearance)的新形式。[55]维托里奥·戈里高蒂曾经对上述两个方面作出如下论述:

在(过去的)30年中,历史主义甚嚣尘上,它危言耸听地断言建筑已经无法成为改造社会的手段;但是我认为,建筑需要社会关系作为自我更新的素材。诚然,建筑的专业性只有在它的传统中才能找到,但是,建筑不能仅仅为简单反映自身问题和挖掘自身传统而存在。[56]

在另外一篇文章中,戈里高蒂还对人类栖居的问题重新进行了思考,这一问题也是他早年曾经十分关注的建筑的地域(territory)问题,[57]它将批判的锋芒直指席卷全球的汽车化发展。必须承认,我们的居住环境与严格限制机动车辆的理想城市(motopian)还相距甚远。[58]

我相信,如果有什么敌人需要我们与之抗争的话,那就是对方向感无动于衷的经济/技术空间的思想。这一思想在今天是如此普遍,以至它看上去似乎是客观性的。……这是一个狡诈而又现代的敌人,对于最新、最时髦的方案,尤其那些使出浑身解数标新立异、故弄玄虚、繁琐堆砌、哗众取宠的形式游戏,它总是来者不拒。[59]

戈里高蒂建筑以非凡的敏锐性告诉我们,建构细部与传统的类型形式完全有可能结合在一起,这种结合既能够满足今天的要求,又有助于摆脱无谓的标新立异,从而在质的层面上将批判性实践与不负责任的胡思乱想划清界限。当然,戈里高蒂深知,要达到这种"有差异的重复"(répétition différente)并非易事。[60]

奥古斯特·佩雷(Auguste Perret)曾经有一句著名的口号:"构造即细部"(Il n'y a pas de détail dans la construction)②。戈里高蒂则认为,细部决不应该成为建筑实施过程中无关紧要的技术手段。建筑的全部建构潜能就在于将建筑本体转化为充满诗意的和具备认知功能的构造能力。建筑师不仅需要协调施工过程和施工技术与日渐式微但仍具更新能力的工艺技术的关系,而且也需要协调不同施工方式和建筑观念的关系。因此,建构与当前那种为满足建筑的整体形象而掩盖细节的做法毫无共同语言可言。作为一种价值取向,建构也与无谓的造型格格不入。建筑是一个持久的存在,就此而言,"我们创造的事物必须具有经久不衰的秉性。"[61]

归根结底,一切都取决于建筑如何通过精确的形式表达出来。这样说并不是否定空间的重要性,而是通过准确的建造彰显空间的特点。因此,一件建筑作品的展现就与它的基础方式以及基础上方的支撑、跨度、接缝、节点、乃至饰面的节奏和

---

① 汉娜·阿伦特(1906—1975年),犹太裔德国政治理论家和社会评论家,后加入美国籍。著作包括《极权主义的起源》、《人类的境况》等。——译者注

② 从字面上来说,佩雷这句话的直译为"构造中没有细部可言"。应该说,这是一种佩雷特有的反讽表达方式,意在强调构造与细部相辅相成、密不可分的关系,故译为"构造即细部"。——译者注

窗洞的调整方式紧密联系在一起。建筑介于文化和自然之间,它既是一个形式问题,也在同样重要的程度上涉及与大地的关系。如同农业一样,它的任务是守护大地,并在守护中改变大地的面貌,这就是海德格尔"泰然任之"(*Gelassenheit*)思想的含义所在。对于建筑来说,马里奥·博塔(Mario Botta)有关"场地建造"(building the site)的主张要比那种惟我独尊式的建筑创造更有价值。因此,建造远非只是一个技术问题,而且也与地形地点(*topos*)的问题直接相关。还有,尽管现代社会的发展呈现出一种私有化趋势,建筑还是不能仅仅等同于建造物,它应该关注公众空间的塑造,而不仅仅满足于为私有领域(*domus*)服务。[62]建筑的中心问题既与空间和形式有关,也与场所创造和时间因素有关。光、水、风和气候都可以成为建筑创造的素材。建筑的连续性超越死亡,它是生命和文化的基础。就此而言,建筑既非纯粹艺术也非尖端科技。建筑并不总能够做到与时俱进,因为它在本质上是一种非时间性的艺术(anachronistic),持久性是她的最终价值。总而言之,建筑与时尚效应不可同日而语。[63]建筑的奥妙尽在无声无息的宁静之中。路易斯·巴拉干怎么说来着?"不能表达宁静的建筑也就不能完成它的精神使命。"[64]将活力与平静相结合正是我们时代的任务。

1 Introduction: Reflections on the Scope of the Tectonic

Epigraph: Manfredo Tafuri and Francesco Dal Co, *Modern Architecture* (New York: Abrams, 1979), p. 9. (First published as *L'architettura contemporanea,* Milan: Electa Editrice, 1976.)

1
See Eugène-Emmanuel Viollet-le-Duc, *Discourses on Architecture,* 2 vols., trans. Benjamin Bucknall (New York: Grove Press, 1959; reprint of first American edition of 1889). While Viollet-le-Duc alludes to the experience of perspectival foreshortening in depth (Lecture VIII, p. 334 and following) and to space as necessary volume, there is no notion of modern space in his writing, save perhaps for his advocacy of liberating the ground floor through use of glazed partitions and freestanding pillars (Lecture XVIII, p. 320).

2
This was Schmarsow's inaugural lecture as professor of art history at the University of Leipzig in 1893. This lecture, like Konrad Fiedler's of fifteen years earlier, was a critique and an expansion of Semper's *Bekleidung* theory. Schmarsow was opposed to the stress that Semper gave to architecture as an art of "dressing," since he felt that this reduced architecture to a triviality. To counter this aesthetic from without, Schmarsow proposed an aesthetic from within, an aesthetic of interior space form versus the exterior "form feeling" championed by Heinrich Wölfflin. While an affinity clearly obtained between Schmarsow's spatial concept and Robert Vischer's idea of empathy, Schmarsow would distinguish in an interesting way between *Raumwissenschaft,* or the mathematical science of space, and *Raumkunst,* the architectural art of space. Later, in 1905, he would also discriminate among the arts of sculpture, painting, and architecture.

3
As far as the evolution of our modern space consciousness is concerned, 1893 can be considered the *annus mirabilis* since it saw the all but simultaneous publication of three seminal works: Schmarsow's *Das Wesen der architektonischen Schöpfung,* Theodor Lipps's "Ranästhetik und geometrisch-optische Täuschungen" in the collection of the *Gesellschaft für psychologische Forschungsschriften* (second collection, vol. IX–X, Leipzig), and last but not least Adolf von Hildebrand's *Das Problem der Form in der bildenden Kunst,* published in Leipzig in 1893 and translated into English as *The Problem of Form in Painting and Sculpture* in 1907. For further details on the evolution of modern spatiality in the work of these theorists see Cornelis van de Ven, *Space in Architecture* (Assen, The Netherlands: Van Gorcum, 1978).

While phenomenological spatial perception was first developed by Schmarsow, an awareness of space as a transformational continuum in architecture had emerged in the last half of the seventeenth century. This new consciousness was in part due to the geometrical methods that had been devised for the cutting and setting-out of vaulted stonework as these were compiled in Abraham Bosse's treatise of 1643, *La Practique du train à preuves de Mr Desargues Lyonnois, pour la coupe des pierres en l'architecture.* In the second half of the century the emerging science of stereotomy was to arouse the interest of architects and mathematicians alike, beginning with Girard Desargues, whose work on the planar intersections of a cone, published in 1639, led to the transformational space forms of Guarino Guarini.

It is no accident perhaps that in the second decade of this present century Sigfried Giedion should become preoccupied with transformational space of a somewhat different kind in his doctoral thesis under Heinrich Wölfflin, *Spätbarocker und romantischer Klassizismus,* published in Munich in 1922.

4

In his seminal *Space, Time and Architecture* (Cambridge, Mass.: Harvard University Press, 1941, with subsequent revised editions), Sigfried Giedion discusses the parallel development of Cubist aesthetics and modern theoretical physics. As Giedion notes, Renaissance space was literally contained by three-dimensional perspective and hence already oriented toward the abstraction of spatial infinity—the paradox of the vanishing point. Giedion is particularly impressed by the relationship in the Baroque between architecture and mathematics. He argues that both Guarini's San Lorenzo in Turin and Balthasar Neumann's Vierzehnheiligen in Bavaria employ three-dimensional curves that could not have been imagined without calculus. About 1830, Giedion notes, mathematics developed geometries of more than three dimensions, thereby preparing the ground for both the "simultaneity" of Cubist painting and Einstein's general theory of relativity, as developed in 1905.

In his "Cubist Aesthetic Theories" (Ph.D. dissertation, Harvard University, 1951), Christopher Gray shows that the Cubists were indeed interested in modern mathematical ideas of space, even though they possessed only a superficial understanding of these ideas. Gleizes and Metzinger wrote in *Du cubisme* of 1921 that geometry in Cubist painting should be referred to non-Euclidean geometries, particularly of the kind that was proposed by the German mathematician Georg Riemann. Such geometries emerged when mathematicians began to question Euclid's basic assumptions. Particularly important was the work of the Russian mathematician Nikolai Ivanovich Lobachevsky, who challenged Euclid's fundamental axiom that parallel lines never meet. Drawing from visual experience and assuming that the surface of the lines would meet at infinity, as was assumed in the development of perspective through qualitative rather than algorithmic analysis, Riemann proposed a notion of curved space not contained in other space, in which the curvature would be an internal feature of the space and not a result of surrounding conditions. Riemann's geometry was not concerned with time in the sense of the "fourth dimension," as was commonly supposed by the Cubists. His geometry is significant, nonetheless, because it became the framework within which Einstein developed his general theory of relativity. For further elaboration of this complex issue, see Linda Dalrymple Henderson, *The Fourth Dimension and Non-Euclidean Geometry in Modern Art* (Princeton: Princeton University Press, 1983).

5

See Le Corbusier, *Towards a New Architecture*, trans. Frederick Etchells (London: John Rodker, 1931). The "Three Reminders" follow immediately after the significant first chapter postulating a tectonic opposition between the Engineer's Aesthetic and Architecture. After the initial formulation under the rubric of the Engineer's Aesthetic, structure and construction are taken for granted by Le Corbusier and are quite literally overtaken by form in his early Purist period.

6

Giorgio Grassi, "Avant Garde and Continuity," *Oppositions* 21 (1980), pp. 26–27.

7

Ignasí de Sola Morales, "Critical Discipline; Review of Giorgio Grassi, 'L'architettura come mestiere,'" *Oppositions* 23 (1981), p. 146.

8

I am indebted for this etymological information to Professor Alexander Tzonis, Technische Universiteit Delft, The Netherlands.

9

Adolf Heinrich Borbein, "Tektonik, zur Geschichte eines Begriffs der Archäologie," *Archiv für Begriffsgeschichte* 26, no. 1 (1982).

10

Karl Otfried Müller, *Ancient Art and Its Remains, or a Manual of the Archaeology of Art,* trans. J. Leitch (London, 1847), p. 7.

11

For the full text of *The Four Elements of Architecture* in English translation, see Harry Mallgrave and Wolfgang Herrmann, *The Four Elements of Architecture and Other Writings by Gottfried Semper* (Cambridge: Cambridge University Press, 1989). The universality of the earthwork as an essential element in all building is evident in many different cultures, from early Japanese pit dwellings to the semi-buried timber buildings of Iceland. See Gisli Sigurdson, "Maison d'Islande et génie du lieu," *Le Carré Bleu* (1984, no. 3), pp. 10–21.

12

As we shall see in chapter 3, Semper will also remark on the etymological link between *die Wand*, the wall, and *das Gewand*, the dress.

13

Karl Gruber, *Die Gestalt der deutschen Stadt* (Leipzig: Bibliographischen Institut in Leipzig, 1937; reissued in an expanded version by the Verlag Callwey, Munich, in 1952). See in particular the reconstructed views of Büdingen and Worms. In each instance there is a contrast between the *Fachwerk* (wattle and daub screen walling) as applied to the residential fabric and the heavy coursed stonework of the castle, the cathedral, and the fortifications. The Germanic etymological distinction between *die Mauer* and *die Wand* is paralleled in Spanish by a differentiation between *pared* and *perrete*.

14

See the various forms of bonding commonly used in northern European brickwork, the so-called English, Flemish, stretcher, header, and monk bonds. In Roman building culture this finds a parallel in various kinds of coursed masonry such as *opus siliceum* (large polygonal blocks of hard stone laid dry), *opus quadratum* (rectangular stone blocks), *opus latericum* (brick walling), *opus caementicum* (a mixture of mortar with various fragments of stone and terra-cotta), and *opus reticulatum* (small roughly squared blocks laid up in diamond formation and backed by a cement core). See Martino Ghermandi, "I moderni e gli antichi Romani," *Costruire,* no. 58 (June 1988), pp. 90–93.

15

It is interesting to note that the Japanese were able to improve on the durability of exposed timber by the use of planing knives (*yari-ganna*) that were capable of providing a waterproof finish without the application of either lacquer or varnish. See William H. Coaldrake, *The Way of the Carpenter* (New York and Tokyo: Weatherhill, 1990), pp. 87, 88.

16

Vittorio Gregotti, address to the New York Architectural League, October 1982, published in *Section A* 1, no. 1 (February/March 1983), p. 8. The marking of ground with megaliths (literally "great stones" in Greek), that is to say with earthworks, dolmens, and menhirs, seems to have been due to different cosmogonic motives, from the creation of astronomical clocks as in Carnac to the channeling of earth's "energy" as in Stonehenge. This last would appear to be similar to the practice of geomancy in China, where apotropaic adjustments known as *feng shui* (wind and water) are still practiced today. See Alastair Service and Jean Bradbery, *Megaliths and Their Mysteries* (London: Weidenfeld & Nicholson, 1979).

17

See Liane Lefaivre and Alexander Tzonis, "The Grid and the Pathway," *Architecture in Greece*, no. 15 (1981), p. 176.

18

Dimitris Pikionis, "A Sentimental Topography," *The Third Eye* (Athens, November–December 1933), pp. 13–17.

19

Steen Eiler Rasmussen, *Experiencing Architecture* (Cambridge, Mass.: MIT Press, 1949), pp. 224–225.

20

Ulrich Conrads and Bernhard Leitner, "Audible Space: Experiences and Conjunctures," *Daidalos*, no. 17 (Berlin, 1985), pp. 28–45.

21

Michael Mooney, *Vico in the Tradition of Rhetoric* (Princeton: Princeton University Press, 1985), p. 214. See also Donald Phillip Venene, "Vico's Philosophy of Imagination," in *Vico and Contemporary Thought*, ed. Giorgio Tagliacozzo et al. (Atlantic Highlands, N.J.: Humanities Press, 1976).

22

Adrian Stokes, "The Stones of Rimini," in *The Critical Writings of Adrian Stokes*, vol. 1 (London: Thames & Hudson, 1978), p. 183. Stokes's aesthetic writings are suffused by a constant critique of industrial civilization. This critique ranges across a wide spectrum, from an appreciation of the self-reflexive corporeality of pagan civilization characterized "by a respect for the body of an intensity we do not find paramount in ourselves for long, by an awed identification of being with bodily being" (vol. 2, p. 253), to Stokes's omnipresent tactile perception of reality as is manifest in the following passage: "The roof tiles bring another quality of illuminated roughness: light and dark, differing planes, assert their difference in a marked equality beneath the sky, like an object of varied texture that is grasped and completely encompassed by the hand. . . . In employing smooth and rough as generic terms of architectural dichotomy, I am better able to preserve both the oral and tactile notions that underlie the visual" (vol. 2, p. 243). Stokes tends to regard all modifications of the earth's surface in corporeal, even maternal terms, evoking in different ways the archaic idea of the "earth mother." Thus we read "quarried stone, rock carved thoughtfully and indeed the quarry itself are as love compared with the hatefulness, the wastefulness and robbery that could be attributed to mining" (vol. 2, p. 248), and elsewhere in the same text, "Whereas ploughing roughens and freshens the progenitor earth, raking smooths it for the seed that will produce our food" (vol. 2, p. 241). *Smooth and Rough,* from which all the above quotations were taken, was written in Ascona in 1949. Toward the end of this study Stokes cites a certain Dr. Hans Sachs for the psychoanalytical insight that "the Ancient World overlooked the invention of machines not through stupidity nor through superficiality. It turned them into playthings in order to avoid repugnance." (See Sachs's *The Creative Unconscious,* Cambridge, Mass.: Sci-Art Publishers, 1942.)

23
Scott Gartner, unpublished manuscript of a lecture presented to the Association of Collegiate Schools of Architecture conference held at Washington in 1990.

24
Mark Johnson, *The Body in the Mind* (Chicago: University of Chicago Press, 1987), p. 15.

25
Tadao Ando, "Shintai and Space," in *Architecture and Body* (New York: Rizzoli, 1988). Unpaginated publication, edited by students of the Graduate School of Architecture, Planning and Preservation, Columbia University, New York.

26
See Merleau-Ponty's classic *Phenomenology of Perception,* first published in 1962. The citations here are from Colin Smith's 1962 translation (New York: Humanities Press), pp. 130–142:

Movement is not thought about movement and bodily space is not space thought of or represented. . . . In the action of the hand which is raised towards an object is contained a reference to the object, not as an object represented, but as that highly specific thing towards which we project ourselves. . . . We must therefore avoid saying that our body is in space or in time. It inhabits space and time. . . . Mobility is the primary sphere in which initially the meaning of all significances (der Sinn aller Signifikation) *is engendered in the domain of represented space.*

Elsewhere Merleau-Ponty writes of an organist playing an unfamiliar instrument. "There is no place for any 'memory' of the position of the stops and it is not in objective space that the organist in fact is playing. In reality his movements during rehearsal are consecratory gestures; they draw effective vectors, discover emotional sources, and create a space of expressiveness as the movements of the augur delimit the *templum.*"

It is interesting to note that Sigfried Giedion would also address the significatory role of the body, not only the body of the building but also the body by which the building is lived. See Sokratis Geogiadis, "Giedion, il simbolo e il corpo," *Casabella,* no. 599 (March 1993), pp. 48–51.

27
"Let us imagine a square, vertical pillar which is sharply defined by right angles. This pillar without base rests on the horizontal blocks which form the floor. It creates an impression of stability, of power to resist. A body approaches the pillar; from the contrast between the movement of this body and the tranquil immobility of the pillar a sensation of expressive life is born, which neither the body without the pillar,

nor the pillar without the body, would have been able to evoke. Moreover, the sinuous and rounded lines of the body differ essentially from the plane surfaces and angles of the pillar, and this contrast is in itself expressive. Now the body touches the pillar, whose immobility offers it solid support; the pillar resists; it is active. Opposition has thus created life in the inanimate form; space has become living." Adolphe Appia, as cited in Walter René Fuerst and Samuel J. Hume, *Twentieth Century Stage Decoration* (New York: Dover, 1967), vol. 1, p. 27.

28
Gottfried Semper, Prolegomenon to *Style in the Technical and Tectonic Arts,* in Semper, *The Four Elements of Architecture and Other Writings,* p. 196.

29
Pierre Bourdieu, "The Berber House or the World Reversed," *Social Science Information* 9, no. 2 (1969), p. 152. See also *Exchanges et communications: Mélanges offerts à Claude Lévi-Strauss à l'occasion de son 60 anniversaire* (Paris and The Hague: Mouton, 1970).

30
Gunter Nitschke, "Shime: Binding/Unbinding," *Architectural Design* 44 (1974), pp. 747–791. Etymologically *shime* means sign, hence the term *shime-nawa,* meaning "sign-rope." The term *musubu* means literally to bind, and *musubi* is the term for knot. Nitschke writes: "The name for this central mark of occupation, the *Shime,* was transferred and used for the occupied land, the *shima,* on the one hand and on the other for the rope of demarcation, *Shime-nawa.* And later, so we argue, this same term *Shima* was used for an island, a piece of land gained from the sea. . . . We face an amazing parallel process of human significance in the family of German words, *Mark, Marke* and *Marken;* originally mark did not stand for the boundary of a piece of land but for the way its occupation was marked" (p. 756). See also by the same author "Shime: Building, Binding and Occupying," *Daidalos,* no. 29 (September 1988), pp. 104–116.

31
See J. Drummond Robertson, *The Evolution of Clockwork* (London: Cassell, 1931), In particular chapter 3 on Japanese clocks, pp. 217–287. After the introduction of Western mechanical clocks into Japan at the beginning of the seventeenth century, the Japanese began to make mechanical clocks of their own that were capable of keeping variable time. The length of the day and night varied in Japan as elsewhere according to the seasons, a problem that the Japanese met in mechanical terms by the provision of a double balance and escapement that through adjustment mutually compensated for variations in the respective lengths of the days and nights. This meant of course that the increment of one hour was not constant throughout the seasonal cycle.

32
For a detailed description of these methods see Heino Engel, *Measure and Construction of the Japanese House* (Rutland, Vermont, and Tokyo: Tuttle, 1985), pp. 36–42.

33
Harry Mallgrave, introduction to Semper, *The Four Elements of Architecture and Other Writings,* p. 42.

34
See Adolf Loos, *Spoken into the Void: Collected Essays 1897–1900* (Cambridge, Mass.: MIT Press, 1982), pp. 66–69.

35
See Robert Schmutzler, *Art Nouveau* (New York: Abrams, 1962), pp. 273, 274: "In late Art Nouveau, biological life and dynamism give way to rigid calm. The proportions are still directly related to those of High Art Nouveau and the rudimentary forms of the older curve are equally present everywhere. But we might well wonder whether, between geometrical rigid late Art Nouveau and organically animated High Art Nouveau, a profounder relationship had not been expressed in a common nostalgia for the primitive state. The feeling of discomfort that culture produced in Freud, the lure of music and of decoration developed into music, the attraction of chaos created by the general fusion of the forces of life—might not the rigor of late Art Nouveau be understood as a necessary final phase of all this secret nostalgia, in fact as an 'urge in all animated life to return to a more primitive condition,' even to that of inanimate matter, of the crystalline stone?"

36
See Gyorgy Kepes, ed., *Structure in Art and in Science* (New York: Braziller, 1965), pp. 89–95. See also Sekler's "Structure, Construction and Tectonics," *Connection: Visual Arts at Harvard* (March 1965), pp. 3–11. For further references to the *tectonic* in American critical scholarship see Stanford Anderson, "Modern Architecture and Industry: Peter Behrens, the AEG and Industrial Design," *Oppositions*, no. 21 (Summer 1980), p. 83. Of Karl Bötticher's *Die Tektonik der Hellenen* Anderson remarks that the tectonic referred "not just to the activity of making the materially requisite construction that answers certain needs, but rather to the activity that raises this construction to an art form." In this formulation the "functionally adequate form must be adapted so as to give expression to its function. The sense of bearing provided by the entasis of Greek columns became the touchstone of the concept *Tektonik*."

37
Eduard F. Sekler, "The Stoclet House by Josef Hoffmann," in *Essays in the History of Architecture Presented to Rudolf Wittkower* (London: Phaidon Press, 1967), pp. 230–231.

38
For Junger's concept of total mobilization, see his essay "Die totale Mobilmachung," 1930. For a detailed discussion of this see Michael E. Zimmermann, *Heidegger's Confrontation with Modernity* (Bloomington: Indiana University Press, 1990). Zimmermann writes (p. 55): "The elitist Junger asserted that in the nihilistic technological era, the ordinary worker either would learn to participate willingly as a mere cog in the technological order—or would perish. Only the higher types, the heroic worker-soldiers, would be capable of appreciating fully the world-creating, world-destroying technological, industrial fire-storm. He coined the term 'total mobilization' to describe the totalizing process of modern technology. . . . [Junger] believed that humanity would be saved and elevated only if it submitted to the nihilistic claim of the technological Will to Power."

Of Junger's and Heidegger's ideologically fascist affinities both before and after the Third Reich there can be little doubt, but this does not in itself discredit their pessimistic insights into the intrinsic character of modern technology. This difficult question has been taken up with great precision by Richard J. Bernstein in his book *The New Constellation: The Ethical-Political Horizons of Modernity/Postmodernity* (Cambridge, Mass.: MIT Press, 1991), pp. 79–141. In his critique of Heidegger Bernstein shows, after Hannah Arendt and Hans Georg Gadamer, that technology may be mediated not only by *poetic* revealing but also by political *praxis*.

39
In his recent book entitled *The Transparent Society* (Baltimore: Johns Hopkins University Press, 1992), Gianni Vattimo writes (pp. 52–53): "For if the 'founding' role art plays in relation to the world is overstated, one ends up with a view heavily laden with romanticism. . . . Yet Heidegger's concern, and this comes to the light in many passages of the 1936 essay ['The Original of the Work of Art'] . . . is not to give a positive definition of the world that poetry opens and founds, but rather to determine the significance of the 'unfounding' which is always an inseparable part of poetry. Foundation and unfounding are the meaning of the two features Heidegger identifies as constitutive of the work of art, the setting up (*Aufstellung*) of the worlds and the setting forth (*Herstellung*) of the earth. . . . Earth is not a world. It is not a system of signifying connections: it is the other, the nothing . . . the work is a foundation only in so far as it produces an ongoing disorientation that can never be recuperated in a final *Geborenheit*."

40
Martin Heidegger, "Building, Dwelling, Thinking," in *Poetry, Language, Thought* (New York: Harper & Row, 1971), pp. 154–155. For the original presentation of this text in German see *Mensch und Raum: Das darmstädter Gesprach*, 1951 (reprinted Braunschweig: Vieweg, 1991).

41
Martin Heidegger, "On the Origin of the Work of Art," in *Poetry, Language, Thought*, p. 26.

42
Ibid., p. 46.

43
Ibid., p. 41.

44
One commentator who has seen Heidegger in these terms is George Steiner, *Martin Heidegger* (New York: Viking Press, 1979), esp. pp. 136–148. The concept of eco-philosophy or ecological humanism has been developed by Henryk Skolimowski, with a particular reference to architecture, in his book *Eco-Philosophy: Designing New Tactics for Living*, (Boston: Boyars, 1981). Despite the idiosyncratic nature of his thought, Skolimowski is surely correct when he identifies the overdetermined role played by building regulations as technological. With his slogan "form follows culture" Skolimowski argues that universal bureaucracy reproduces and facilitates the domination of a global technology and that the overall telos of this technology tends to be quantitative rather than qualitative in nature. See in particular pp. 92–93.

45
For a discussion of the origin of "weak thought" in Italian philosophy see Giovanna Borradori, "Weak Thought and Postmodernism: The Italian Departure from Deconstruction," *Social Text*, no. 18 (Winter 1987/88), pp. 39–49. As Borradori puts it at the end of her article: "In the age of the 'loss of the referent,' be it historical, social, political, cultural or even ontological, the attempt of philosophy, as weak thought suggests, should make available *new spaces of referentiality* in which art and particularly knowledge can operate." For the theoretical application of "weak thought" to architecture see Ignasí de Sola Morales, "Weak Architecture," *Ottagono*, no. 92, pp. 88–117.

46
See Charles Correa, *The New Landscape—Bombay* (Bombay: Book Society of India, 1985), p. 10. It is estimated that by the year 2000 there will be 50 conurbations in the world each with populations of 15,000,000, of which 40 will be located in the Third World.

47
Hans Georg Gadamer's concept of the "fusion of horizons" is an essential part of hermeneutical understanding. See Georgia Warnke, *Gadamer: Hermeneutics, Tradition and Reason* (Stanford: Stanford University Press, 1987), p. 69. Warnke writes: "For this reason, Gadamer finds something suspect in the attempt to restore the authenticity of works of art by placing them in their original settings; on his view this attempt to retrieve an original meaning simply obscures any meaning works of art have as fusions of horizons. Understanding does not involve re-experiencing an original understanding but rather the capacity to listen to a work of art and allow it to speak to one in one's present circumstances." See also p. 82.

48
Ibid., p. 170.

49
Ibid., p. 39.

50
Siza's aphorism throws into question the whole issue as to the nature of invention and originality. In this regard one might do well to recall Picasso's saying "I do not seek, I find." Thus one enters into a prospect in which one happens upon an "original formulation" through an empirical, circular process of design that is not rational in any linear, causal sense. Siza's aphorism implies that formal originality should not be pursued as an end in itself; that it should be allowed to arise spontaneously from out of a responsive transformation of the given circumstances. This notion finds invention having an inevitable and fertile dependency on the unfolding of an unpredictable *event*. This has been well characterized by Sylvianne Agacinski in her thesis about the decisive character of the *event*: "A work of art is fostered by invention, which itself is the result of a multiplicity of decisions. And I would contend that each decision is an 'event', i.e. something which, far from simply falling in the province of necessity, happens to the architect along with that share of contingency typical of artistic and technical work. . . . That share of event in invention is precisely what undermines invention's autonomy. . . . Now, the relationship between invention and event, the share of the empirical in invention, is exactly what metaphysics recoils from thinking about." See Sylvianne Agacinski, "Shares of Invention," a lecture given at the Afterwords Conference. See *D: Columbia Documents of Architecture and Theory* 1 (1992), pp. 53–68.

51
Gianni Vattimo, *The End of Modernity* (Cambridge, England: Polity Press, 1988), p. 104.

52
For Gadamer's concept of the "bad infinite" see Warnke, *Gadamer*, p. 170. For Gehlen's concept of *post-histoire* see his book *Man in the Age of Technology* (New York: Columbia University Press, 1980). See also his 1967 essay "Die Säkularisierung des Fortschritts," in volume 7 of his collected works entitled *Einblicke*, ed. K. S. Rehberg (Frankfurt: Klochtermann, 1978). Gehlen argues that technoscientific progress as economic routine, linked to continuous late capitalist development but otherwise divorced from basic vital needs and even opposed to them, discharges the responsibility for the ideology of the new onto the arts, a burden that they can no more sustain than the atomized multiplicity of the various subsets of technoscience. Gehlen writes: "The overall project [of the new] fans out in divergent processes that develop their own internal legality ever further, and slowly progress . . . [and] is displaced towards the periphery of facts and consciousness, and there is totally emptied out." See Vattimo, *The End of Modernity*, p. 102.

53
Gianni Vattimo, "Project and Legitimization," proceedings of a conference held on June 6, 1985, under the auspices of the Centro Culturale Polifunzionale at Bra, p. 124. See also "Dialoghi fra Carlo Olmo e Gianni Vattimo," translated into English as "Philosophy of the City," *Eupalino*, no. 6 (1986), pp. 4, 5.

54
See Jürgen Habermas, *Towards a Rational Society* (New York: Beacon Press, 1970), pp. 118–119:

Above all, it becomes clear against this background that two concepts of rationalization must be distinguished. At the level of the subsystems of purposive-rational action, scientific-technical progress has already compelled the reorganization of social institutions and sectors, and necessitates it on an even larger scale than heretofore. But this process of the development of the productive forces can be a potential for liberation if and only if it does not replace rationalization on another level.

Rationalization at the level of the institutional framework can only occur in the medium of symbolic interaction itself, that is through removing restrictions on all communication. Public, unrestricted discussion, free from domination, of the suitability and desirability of action-orientating principles and norms in the light of the socio-cultural repercussions of developing subsystems of purposive-rational action—such as communication at all levels of political and repoliticized decision-making processes—is the only medium in which anything like "rationalization" is possible.

55
See Hannah Arendt, *The Human Condition* (Chicago: University of Chicago Press, 1958). For Arendt the term "space of appearance" signifies the paradigmatic political space of the Greek *polis* (pp. 201, 204).

56
Vittorio Gregotti, "The Obsession with History," *Casabella*, no. 478 (March 1982), p. 41.

57
See Vittorio Gregotti, *Il territorio dell'architettura* (Milan: Feltrinelli, 1966).

58
See Serge Chermayeff and Christopher Alexander, *Community and Privacy: Toward a New Architecture of Humanism* (Garden City: Doubleday, 1963). More than 30 years ago, this text proposed a rational system of dense low-rise suburban land settlement served by automobiles, one that unfortunately has no influence on current development practice. The forces of land speculation, aided and abetted by the universal distribution of the automotive infrastructure, have effectively inhibited the adoption of more ecologically responsible patterns of land settlement.

59
Vittorio Gregotti, "Clues," *Casabella*, no. 484 (October 1982), p. 13.

60
Gregotti, "The Obsession with History," p. 41: "So what is the answer? There is no answer except the reverting to the uncertainty of reality, maintaining 'a total lack of illusions about one's age, yet supporting it relentlessly.' How to revert to 'enduring reality' is, undoubtedly, a very

complex theoretical and ideal matter; this becomes apparent as soon as one goes beyond reality's empirical, tangible surface and defines it in terms of deliberate choices and projects, as a 'concrete utopia,' a 'principle of hope,' to borrow Ernst Bloch's beautiful expression (today such terms are so much out of fashion as to appear either naive or self-interested). But it is also a *constructive effort, a problem concerning the choice of tools and methods*." (Emphasis added.)

61
Ibid.

62
Arendt, *The Human Condition*, p. 204. Arendt contrasts the light of the *res publica* to the intimate darkness of the private dwelling—the *megaron*.

63
For the distance between graphic immediacy and the permanence of construction see Rafael Moneo, "The Solitude of Buildings," Kenzo Tange lecture, March 9, 1985, Graduate School of Design, Harvard University:

Many architects today invent processes or master drawing techniques without concern for the reality of buildings. The tyranny of drawings is evident in many buildings when the builder tries to follow the drawing literally. The reality belongs to the drawing and not to the building. . . . The buildings refer so directly to the architect's definition and are so unconnected with the operation of building that the only reference is the drawing. But a truly architectural drawing should imply above all the knowledge of construction. Today many architects ignore issues about how a work is going to be built. . . . The term that best characterizes the most distinctive feature of academic architecture today is "immediateness." Architecture tries to be direct, immediate, the simple, dimensional extension of drawings. Architects want to keep the flavor of their drawings. And if this is their most desirable goal, in so wishing architects reduce architecture to a private, personal domain. It follows that this immediateness transforms the intentions of the architect, and turns what should be presumed as general into a personal expressionist statement. . . . I do not think that we can justify as architecture the attempts of some artists who, confusing our discipline with any three-dimensional experience, create unknown objects that at times relate to natural mimesis and other times allude to unusable machines. . . . The construction of a building entails an enormous amount of effort and investment. Architecture in principle, almost by economic principle, should be durable. . . . Today's architecture has lost contact with its genuine supports, and immediateness is the natural consequence of this critical change.

64
Cited in Clive Bamford Smith, *Builders in the Sun* (New York: Architecture Book Publishing Company, 1967), p. 54.

第二章
希腊哥特与新哥特：建构形式的盎格鲁——法兰西起源

装饰是建筑艺术（*Baukunst*）保留的一个秘密，正是这一秘密展示了匠人（*Tekton*）对建筑艺术的监护价值。在这一点上，牢记密斯曾经说过的格言会使人们受益匪浅。当建筑师们宣称建筑始于两块砖头的仔细叠加时，我们的注意力不应集中在经过简化而又多少有些令人好奇的"两块砖头"上面，而应集中在什么是使这一叠加具有建筑意义的东西上面："仔细"是这里的关键词。规划、建造和建筑艺术都需要仔细，坚持不懈的仔细。这要求献身精神、"执迷不悟"和持之以恒—用尼采的话来说就是锲而不舍。建造就是为事物的发生提供场所；它对标新立异嗤之以鼻，但是对传统却一往情深。归根结底，建造艺术乃是时间的艺术。

弗朗西斯科·达尔·科（Fancesco Dal Co）：《建筑和思想人物志》（*Figures of Architecture and Thought*），1990 年

希腊哥特理想的根源可以追溯到 17 世纪，这一点至少可以在克劳德·佩罗（Claude Perrault）1673 年出版的维特鲁威法文重译本以及十年后他的论著《古典柱式原理》（*Ordonnance des cinq espèces de colonnes selon la méthode des anciens*）得到佐证。佩罗以笛卡儿式的怀疑态度看待一切，这给法国建筑带来深远的影响。他拒绝接受文艺复兴有关比例关系的神秘思想；在人们对古典五柱式顶礼膜拜的时候，他提出了"实在美"（positive beauty）有别于"相对美"（arbitray beauty）[①]的学说，从而瓦解了法国古典主义传统。对于建构文化的发展来说，佩罗理论的重要意义在于，他将风格划为"相对美"的范围，而将对称、材料的丰富性以及实施的精确性视为构成"实在美"和普遍形式的无可厚非的元素。在这里，我们或许可以这样阐释佩罗的观点：风格乃是非建构的，因为它注重的是再现；而"实在美"则属于建构的范畴，因为它的基础是材质和几何秩序。

1702 年出版的米歇尔·德·弗莱芒（Michel de Fremin）的《建筑批判文集》（*Mémoires crtitiques d'architecture*）进一步发展了佩罗的文化普遍主义。在这部著作中，弗莱芒率先向建筑界广泛接受的观点提出挑战，这种观点认为精通古典五柱式的知识是建筑能力的必然表现。弗莱芒是最早几位将哥特建筑的结构性视为建筑发展基础的理论家之一，他的思想后来被柯德姆瓦长老（Abbé de Cordemoy）继承，后者主张将哥特建筑的列柱体系与希腊建筑的横梁形式结合起来。柯德姆瓦长老 1706 年出版了他的《建筑新论》（*Nouveau traité de tout l'architecture*），同时赋

[①] 关于佩罗的 positive beauty 和 arbitrary beauty，国内学者或者意译为"客观美"和"主观美"，或者根据字面译成"实证美"和"任意美"。笔者认为，这里有两点值得商榷。首先，佩罗所谓的 positive beauty 和 arbitrary beauty 是很独特的，与后来哲学上争论的"客观"与"主观"的问题不可同日而语，译成"客观美"与"主观美"容易将二者混为一谈。其次，佩罗的目的主要是要区分这两种美，并且通过这种区分，改变此前西方建筑中柱式比例的绝对观念。在佩罗看来，有些美如材料自身的美等等是实实在在的，而比例美则不具备这种属性，它是由文化与习俗决定的。需要指出的是，从国外学者的相关研究来看（见 Harry Francis Mallgrave, Modern Architectural Theory - A Historical Survey, 1673—1968 年，Cambridge University Press，2005 年），佩罗对二者的区分并无褒贬之意，而"任意美"在中文中则多少有些贬损的含义。鉴于上述考虑，笔者主张用"实在美"和"相对美"来诠释佩罗的上述概念。——译者注

予该书一个令人玩味的副标题——"供承包商和匠人使用的建筑艺术手册"（l'art de batir utile aux entrepreneurs et aux ouvriers）。关于柯德姆瓦长老在法国古典主义传统发展中至关重要的历史地位，罗宾·密德尔顿（Robin Middleton）曾经在1962年发表的一篇题为"柯德姆瓦长老与希腊哥特之理想"（The Abbé de Cordemoy and the Graeco-Gothic Ideal）的经典性论文中予以强调：

"柯德姆瓦对远古的罗马理论家（维特鲁威）的解释是异常严格的，他坚信，古代建筑的形式远比文艺复兴时期人们乐于承认的更加纯净。他提倡简单几何形式的建筑，即通过几何形式的叠加形成建筑的整体。但是，尽管他坚持整体的统一，他还是要求每个部件都保持一定的独立性。独立性是一种品质，用柯德姆瓦自己的话来说就是"清晰明了"（le dégagement）。他严厉谴责当代建筑的浮雕效果；他蔑视那些在点缀建筑的同时也使建筑的轮廓显得骚动不安的惯用主题。他尤其对罗浮宫的内院立面深恶痛绝。在他看来，将三种柱式叠加乃是一种虚张声势的做法，尽管这种做法能够在古代范例中找到支持。和弗莱芒一样，柯德姆瓦不主张使用装饰。他甚至宣称，柱式的基座和壁柱都是多余的，尽管他同时也认为壁柱可以用于和墙体的对比，或者在表现墙体的外部连接时使用。但是，柯德姆瓦坚持认为（这一点再次显示他与佩罗思想的一脉相承），如果使用壁柱的话，壁柱的宽度不必有什么从上到下的变化。他希望看到的首先是一种简单的矩形建筑，他讨厌锐角和曲线，对矩形门窗和水平的屋顶线情有独钟。他要求使用平屋顶，或者出于实用的考虑也可以选择孟莎式屋顶。他主张人们最终应该将山花墙从建筑中扫地出门。"[1]

有必要指出，柯德姆瓦坚信合适的建筑必须具有等级原则。他主张实用建筑必须完全脱离装饰，以便表达实用建筑的日常特性与具有象征意义的公共文化建筑的差异。弗莱芒、柯德姆瓦以及洛吉耶前赴后继，孜孜以求希腊哥特建筑的综合。要充分阐述这一努力中包含的复杂的文化意义并非易事。希腊－哥特理想采用一种新柏拉图主义形式的列柱系统，它充分体现了"清晰明了"（dégagement）的特点。这三位理论家都主张，应该将椭圆形拱顶和飞扶壁从建筑句法中清除出去，属于清除之列的还有弗莱芒称之为"一堆可怕而又放荡形体的混乱组合"（un amas confus de figures monstrueuses et déréglées）的有机繁缛的哥特式雕花窗格和细节。在他们看来，独立式柱是哥特教堂与希腊神庙的惟一共同之处。

洛吉耶于1753年出版《论建筑》（Essai sur l'architecture）一书，对希腊－哥特式教堂的理念进行了阐述，其中"清晰明了"也是一个至关重要的概念。

让我们选择拉丁十字这个最为常见的形式进行构思。一切都围绕中厅、横厅和歌坛布置，第一层独立的柱式树立在低矮的柱脚上面；它们采用的是罗浮宫门廊那样的双柱式，为的是增加柱间距的宽度。在这些柱式上面有笔直的额枋，它们恰如其分地以S形线脚作为结束。额枋上面是第二层柱式。如同下面的柱式一样，它们也是独立式双柱。它们有着笔直的檐部，檐部上面不设山花或者类似的其他东西，而是直接架设拱顶，拱顶为筒形，没有横肋，朴素无华。中厅、中央交叉部以及歌坛四周是列柱侧廊，它们是真正的周边柱廊，在它们的上方还有置于第一层柱式的额枋上面的平坦顶棚。……这是我的设想，它有如下几个好处：（1）用这种方式建造起来的建筑自然而且真实。根据伟大的原则建造，一切都简单明了：没有拱廊，没有壁柱，没有柱基，没有什么别扭或者勉强的地方。（2）光秃的墙体隐而不见，因此也就避免了轻浮、笨拙和唐突。

（3）窗户的设置恰到好处。无论上部还是下部，柱子与柱子之间充满光线。一般教堂的拱顶采用的弧形窗也可省去，取而代之的是大面积窗。（4）叠加的柱式既增加了中厅、中央交叉部和歌坛的高度，又可避免柱子的尺度过于巨大。（5）拱顶尽管是筒形的，但因为高耸在上，尤其因为没有那些增加承重感的横肋，倒反而显得十分轻巧。（6）这种建筑在简洁超脱和高贵优雅中不失壮丽辉煌。[2]

《论建筑》的扉页插图是洛吉耶试图用更为原始的建筑语汇对以上思想进行阐述的最好说明。在这里，茅屋的骨架由树木构成，屋架呈坡形而非拱形。该插图的意识形态意义在于，作为一种建筑雏形，"茅屋"力图成为希腊神庙而不是哥特教堂正当性的佐证（图2.1）。一般认为，洛吉耶用文字和插图形式表达的思想概念之所以能够变为建筑的现实，主要应该归功于雅克-热尔曼·苏夫洛（Jacques-Germain Soufflot）设计的巴黎圣热内维也夫教堂（Ste.-Geneviève）①。该建筑建于1756至1813年间（图2.2和2.3），[3]其主体结构完成于1770年，是坚信希腊-哥特理想的新古典主义者胜利的标志。当然，这些新古典主义者们也不得不在力学问题上面对这一文化工程蕴含的本质矛盾，因为它的稳定性在整个建造过程中始终十分棘手。圣热内维也夫教堂的超前性体现在两个不同的层面上：一方面，它通过拱顶结构与横梁结构的结合创造了一种新的空间统一体，从而完成了希腊-哥特理想的理性主义使命；另一方面，它又在当时的技术条件下，将加筋砌体结构的艺术（the art of reinforced masonry construction）②推向了极至。正如维纳·欧克斯林（Werner Oechslin）曾经指出的，圣热内维也夫教堂是一项充满革命性的发明创造，无论对于建筑师还是对于数学家和工程师来说，它的最终建成都是有着非凡的意义。[4]确实，如果不是夏尔-奥古斯坦·德·哥伦布（Charles-Augustin de Coulomb）等来自巴黎道路桥梁学院（the Ponts et Chaussées）的工程师们发明了新的力学理论，还有，如果不是哥伦布的同事埃米兰-马利·戈岱（Emiland-Marie Gauthey）挺身而出，敢于和皮埃尔·帕特（Pierre Patte）学派的攻击针锋相对，奋力捍卫苏夫洛用独立式柱子支撑拱顶的非正统做法的话，圣热内维也夫教堂根本就不可能建成。为了更好地据理力争，戈岱还曾经在工地上架设了一台试验装置，该装置后来在让·隆德勒（Jean Rondelet）的努力下进一步完善。隆德勒原本是圣热内维也夫教堂建造过程中的一名学徒石匠，在他敬重的大师于1780年去世后，隆德勒毅然决然地继续该教堂的建造，并于1813年亲眼目睹了它的胜利落成。在他的试验中，穹顶帆拱下的支柱曾经出现裂缝，隆德勒认为这是由于石材质地软硬不均导致不均匀沉降的结果。他提出的解决方案是在柱子底部的三角形支墩侧面增加石头砌体，然后再用锻铁杆件将各个部位固定在一起。

早在罗浮宫东立面中，克劳德·佩罗就已经使用了扒钉（1665年）（图2.4）。类似的体系也出现在苏夫洛1770年建成的圣热内维也夫教堂门廊的构造之中。在1802至1817年间问世的《论建造艺术的理论和实践》（*Traité théorique et pratique de l'art de batir*）中，隆德勒曾经发表过他对该门廊的分析图，从中可以看到用砌筑

---

① 该建筑原本是献给巴黎守护者圣热内维叶夫的教堂，建成后不久就在法国大革命的浪潮中被改名为万神庙（Panthenon），亦译为名人祠，用于安葬巴黎和法国国家重要人物的公墓。苏夫洛本人死后就安葬于此。——译者注

② 指利用锻铁加强筋增加砌体结构强度的建造方法。——译者注

图 2.1
原始茅屋。洛吉耶长老
《论建筑》第二版卷首
插图，Ch. 艾森的版画
作品，1755 年

手段（stereotomic means）追求构架秩序（tectonic order）的内在矛盾（图 2.5）。
在这里，暗藏的辅助性石拱与最常使用的隐蔽式飞扶壁非常相似；除此之外，铁筋
的稠密和复杂程度都很高，人们可以将它视为后来出现的弗朗索瓦·埃纳比克

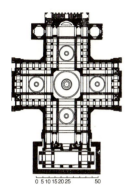

图 2.2
雅克－热尔曼·苏夫洛，
巴黎圣热内维也夫教堂，
1756—1813 年。平面

（François Hennebique）钢筋混凝土体系的前奏曲（图 5.1）。

然而，无论从类型的角度，还是从结构的角度，圣热内维也夫教堂都是一部混杂不清的作品。首先，它是希腊十字平面和拉丁十字平面的混合；其次，在它的内部，周边式柱廊的规整秩序与暗藏的扶壁之间存在着矛盾。尽管该教堂建造过程中技术困难重重，但是它的建造者们还是义无反顾地追求着新古典主义的理想。此外，在中央交叉厅处承受主要荷载的结构性穹顶与内部体量中反复使用的再现性的半圆形拱之间，也存在着某种不一致性（图 2.6）。

如果说希腊－哥特运动几乎无一例外属于一种法兰西现象的话，那么 19 世纪出现的哥特复兴则是盎格鲁－法兰西的（Anglo-French）。这是因为哥特复兴的兴起主要源自两位交相辉映的人物的贡献：一位是夏尔·德·蒙塔隆贝尔伯爵（Comte Charles de Montalembert），另一位是盎格鲁－法兰西人、法国流亡贵族奥古斯图斯·夏尔·普金（Augustus Charles Pugin）之子奥古斯图斯·威尔比·普金（Augustus Welby Pugin）。蒙塔隆贝尔于 1839 年发表天主教文论《论法兰西宗教艺术的现状》（De l'état actuel de l'art religieux en France），而威尔比·普金则于 1836 年出版了一部赞美天主教文化的著作，他赋予该书的题目是《对比：从 14 和 15 世纪建筑与当今宏伟建筑的比较看趣味的堕落》（Contrast: Or a Parallel between the Noble Edifices of the Fourteenth and Fifteenth Centuries and Similar Buildings of the Present Day; Showing the Present Decay of Taste）。与以上两位志同道合的同时代文人还有许多，其中尤以博学多识的剑桥文人罗伯特·威利斯（Robert Willis）和法国学者阿西斯·德·高蒙（Arcisse de Caumont）最为杰出。与普金一样，威利斯

图 2.3
雅克－热尔曼·苏夫洛，
巴黎圣热内维也夫教堂，
仰视轴测（转引自舒瓦齐）

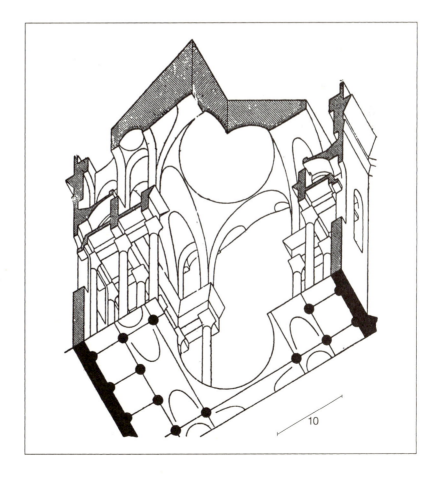

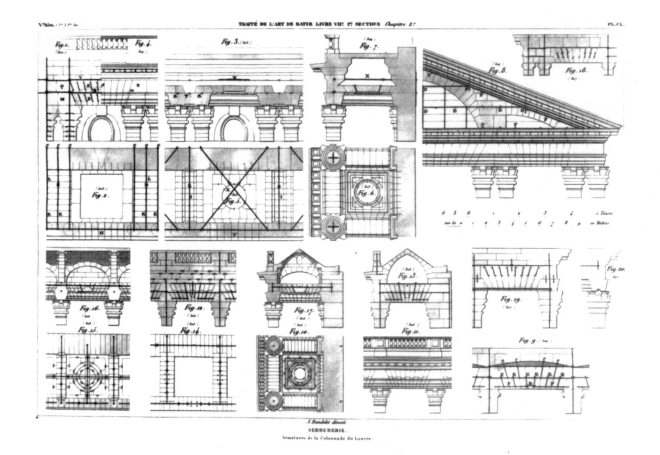

图2.4
克劳德·佩罗,巴黎罗浮宫东立面柱廊,1665年。大跨梁柱结构中使用了中世纪锻铁扒钉锚固技术

深受弗兰泽埃(A. F. Frézier)有关中世纪石砌工艺研究的影响。他于 1842 年发表了题为《论中世纪拱顶结构》(On the Construction of Vaults in the Middle Ages)的论文,而高蒙早在 1824 年就发表了具有开创意义的考古学研究《论中世纪建筑》(Sur l'architecture du Moyen Âge)。[5]

普金的《对比》对哥特和罗马风建筑进行了深入浅出的比较,也高度评价了哥特建筑的崇高性。但是除此之外,该书对如何更新教会建筑的问题涉及很少。这本书与其说是一部建筑论著,不如说是从天主教立场对江河日下的世风的抨击。直到完成一系列建筑作品之后(他在五年之中完成了二十多个教堂的建造),普金才开始对复兴真正的天主教建筑提出令人信服的建议。这些成果是他在 1841 年出版的《基督教尖顶建筑原理》(True Principles of a Christian or Pointed Architecture)中提出来的。在他的描绘下,经过形式简化的典型的 19 世纪小教堂与一个充斥着座位的沿街房屋相差无几(图 2.7)。

无疑,《对比》是一部充满批判精神的著作,但同时也是一部颇具倒退意义的著作,它试图在历史的潮流中逆水行舟。普金从 23 岁开始改信天主教,渴望投身于纽曼红衣主教(Cardinal Newman)领导的牛津运动(Oxford Movement)①。但是基督教鼎盛时期已经一去不复返,对此普金痛心疾首,再也未能从这种怀旧的伤感中

———————————

① 19 世纪以牛津大学为中心的英国基督教圣公会内兴起的运动,旨在反对圣公会内的新教倾向,主张恢复传统的教义和礼仪。——译者注

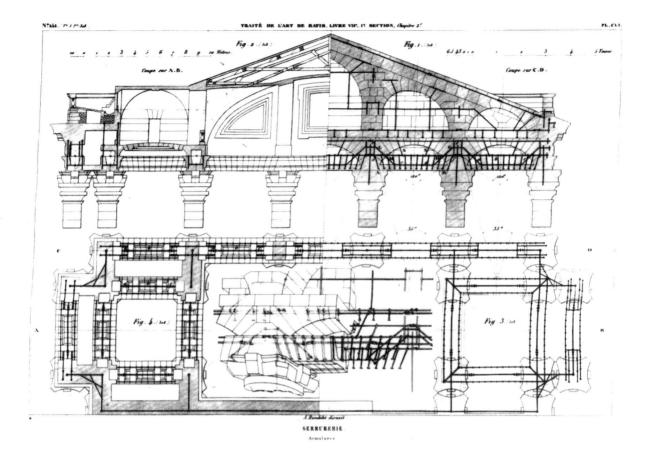

图2.5
雅克－热尔曼·苏夫洛，
巴黎圣热内维也夫教堂，
门厅。隆德勒制作的解
剖立面和轴测图清晰地
揭示了该建筑的砌体结
构中大量使用的锻铁加
固构件以及隐藏在满是
雕像的山花后面的锚固
构件

摆脱出来。与亨利·圣西门（Henri Saint-Simon）① 1825 年发表的影响深远的《基
督教新精神》（The New Christianity）中的观点不谋而合的是，普金自命为欧洲基督
教文化衰亡的最后见证人。在他看来，这种衰亡不仅是宗教改革运动导致的恶果，
而且也是作为社会文化机构的天主教会内在痼疾的产物。但是，尽管普金对天主教
会的衰亡持批判态度，他还是反对由警察制度的创建人罗伯特·皮尔爵士（Sir Rob-
ert Peel）和发明全景监狱（the Panopticon）的杰瑞米·边沁（Jeremy Bentham）②
等实用改革主义者提出的现代福利社会的设想。普金反对任何形式的极权主义世俗
改革，在这一点上，他与圣西门的思想背道而驰，因为作为带有新柏拉图色彩的巴
黎综合理工学院（Ecole Polytechnique）的创始人，圣西门主张技术精英治国的福
利社会，这与普金崇尚仁慈的神权政治的理想可谓南辕北辙。

　　但是，尽管普金坚信建筑可以作为挽救岌岌可危的社会和谐的一种手段，他并
不是从一开始就能够为这一社会工程勾画任何细节的。1835 年，在为查尔斯·巴瑞
（Charles Barry）的威斯敏斯特宫（Palace of Westminster）设计新哥特式细部的同
时，他已经在《对比》的第一版中为天主教会的腐朽堕落大声疾呼，但是除此之外，
他似乎束手无策。他面临的问题在 1841 年《对比》的第二版中被进一步激化，因为
他在该书的修订本中对包括边沁③的全景监狱和以医学研究为名义解剖穷人尸体在内

---

① 圣西门（1760—1825 年），法国空想社会主义者。——译者注
② 边沁（1748—1831 年），英国哲学家和法学家。——译者注
③ 原文此处为 Benjiamin，经与原文作者确认，应为此前曾经提及的 Jeremy Bentham，即边
沁。——译者注

希腊哥特与新哥特

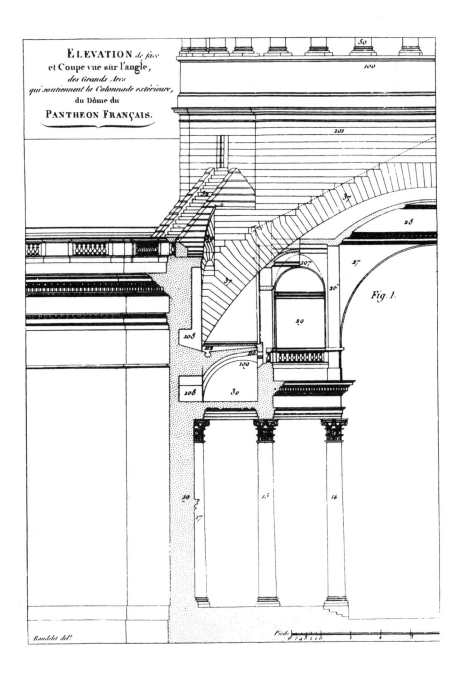

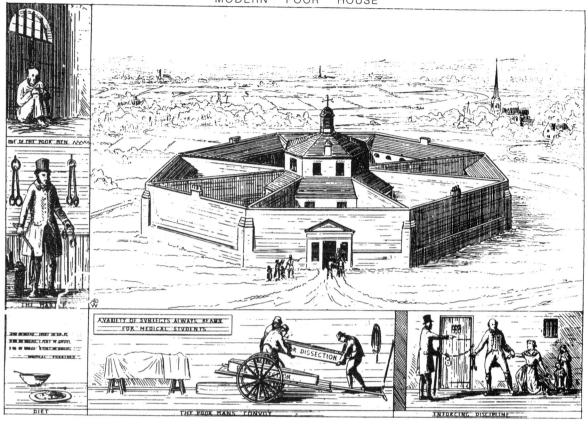

图 2.8
A. W. N. 普金,《对比》
插图,1841 年

的一整套实用主义行径进行了猛力抨击（图 2.8）。最后，通过对 1440 年和 1840 年的普通城市进行对比研究，普金将 18 世纪晚期出现的砖面拱顶结构和经过耐火处理的铁框架结构厂房建筑视为野蛮建筑，对之深恶痛绝。[6]

　　对于反宗教改革运动中出现的浮夸的建筑风气，普金也完全持否定态度。与耶稣会的反巴洛克主义者一样，他拒绝接受希腊 – 哥特运动，因为他完全无法认同那种他称之为建筑形式中的古典主义异教思想。对于普金来说，建筑乃是一种宗教伦理的事物。他对早期基督教的严格道德规范满怀献身热情，这使他与英国天主教等级系统中较为世俗的成员冲突不断。但是，尽管他生性好斗，无可庸置疑的天赋还是给他赢来了众多业主。到 1852 年去世，普金总共设计建造了近百幢建筑，其中多数是教堂（图 2.9）。

　　作为一名古代文物研究绘图员，普金才华横溢，这使他成为巴瑞设计的威斯敏斯特宫哥特样式的绘制者，但是他并没有受过通常意义上的建筑学训练。尽管如此，在 1837 年离开巴瑞之后，他却能够以充分的自信和把握令人惊奇地主持建造活动。毫无疑问，这应归功于他早年在其父亲那里接受的训练。当然，正如菲比·斯坦顿（Phoebe Stanton）曾经指出的，另一个原因是普金熟读了弗兰泽埃的《石木拱穹结构剖面设计的理论与实践》（ La théorie et la pratique de la coupe des pierres et des bois pour la construction des voûtes）（1737—1739 年间完成）。普金 1841 年出版的《基本原理》有两个基本准则，它们既为普金自己的实践提供了指导纲领，同时也成为那个世纪哥特复兴遵循的原始功能主义原则（protofunctionalist principles）以及手工艺运动的基础。这两个基本准则就是：“首先，应该拒绝有悖舒适、构造或

图 2.9
A. W. N. 普金，拉姆斯
盖特圣奥古斯丁教堂，
1842 年

者合宜等必然性的建筑；其次，装饰应该丰富建筑的本质结构。"[7] 普金将附加性装饰
（applied ornament）与建构特征的装饰处理（the decorative elaboration of tectonic
features）区别对待，对于后者，他认为即使微小的细部也意义非凡。他坚信，决定
建构形式的主要因素应该是材料的天性，这一要求在 15 世纪英国哥特建筑上（无论
它是教堂还是救济院）已经得到满足。《对比》从赞美哥特建筑开始，继而展开对希
腊神庙的抨击，尤其不能容忍后者将木构形式强加到石头建筑上的荒谬做法。

　　希腊建筑的本质是木结构；它起源于木构建筑，并且从未拥有能够摆脱最
初木构原型的具有丰富想象和技巧的能工巧匠。……希腊建筑的建造方式是最
古老的、但同时又是人们能够想像到的最野蛮的建造方式。它笨重无比，可是

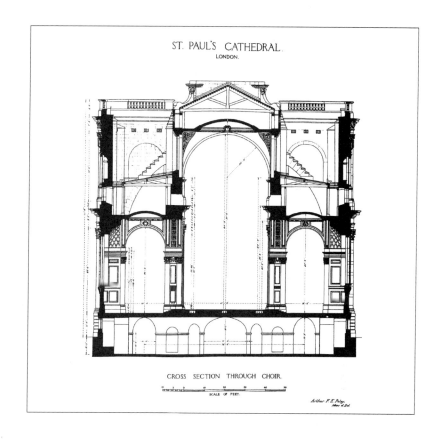

图2.10

A. W. N. 普金，《基督教尖顶建筑原理》插图：尖顶教堂剖面与伦敦圣保罗大教堂（建于1675—1710年间）中隐藏的飞扶壁的对照。亚瑟·F. E. 波利的圣保罗大教堂测绘图清楚地揭示了该建筑的飞扶壁是化解侧向压力的主要手段

正如我前面已经说过的，它本质上却又是木结构的。然而，当希腊人着手用石头建造的时候，他们却没有从这一材料中发现与木构不同的新的建造方式，这难道不是怪事一桩？

普金进而将故步自封的希腊建筑与中世纪建筑进行比较，指出中世纪建筑师们"采用几乎与最常见的砖头差不多大小的石块在修长的柱子上架设高耸的拱顶。这些拱顶跨越巨大的空间，高度上令人叹为观止。可想而知，中世纪建筑师们在解决侧向推力时面临的困难一定不胜枚举。这就是我要谈论扶壁的原因，它是尖顶建筑别具一格的特点。"[8]

通过石砌建筑的横梁结构与拱顶结构的比较，我们也许可以推论，普金对柯德姆瓦和洛吉耶主张的希腊-哥特思想的某些内容至少不是一无所知。与希腊-哥特主义者一样，普金坚信柱子应该独立支撑荷载，但是与前者不同，他对尖拱和飞扶壁的建构功效更为赞赏。他指出，克里斯托弗·雷恩（Christopher Wren）设计的伦敦圣保罗大教堂根本就没有能够取消飞扶壁，只不过是用屏风式的墙体将它们隐藏起来而已（这一点与苏夫洛的圣热内维也夫教堂如出一辙）（图2.10）。

正是出于同样的原因，普金对哥特建筑的交叉拱顶（groin vault）推崇备至。在他看来，交叉拱顶的优点在于它的轻巧、技术与美学的统一（比如拱肋与中心雕花球的关系）和奋发向上的高度，这些都与英国式装饰风格（the English Decoration style）① 的腐朽堕落形成鲜明的对照。威斯敏斯特的亨利七世小教堂（Henry VII's

———————

① 指13世纪末和14世纪上半叶英国哥特建筑的风格，其特点是大量使用装饰，尤其是叶形雕饰，以及带有窗花格的窗户取代了无花纹的尖顶窗，拱和窗花格常使用葱性饰或双S形曲线等。——译者注

43

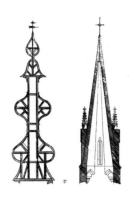

図2.11
A. W. N. 普金，《基督教尖顶建筑原理》插图：石构尖顶剖面与典型的佛兰德木构尖顶的对照

图2.12
A. W. N. 普金，《基督教尖顶建筑原理》插图：带有装饰的中世纪木构桁架屋顶与隐藏桁架结构的吊顶做法的对照。该图是对雷恩 1663—1669 年间建造的谢尔顿剧院的间接批评

chapel）就是后者的代表，它的扇拱（fan vaulting）从结构上来说是多余的，垂花石饰（stone pendants）既丑陋又夸张。普金以同样的观点看待尖顶的设计，他认为尖顶的形式应当直接产生于结构，而不是像雷恩的圣保罗大教堂中那种虚张声势的巴洛克穹顶，或者在欧洲大陆的巴洛克建筑上司空见惯的空洞的球茎状木尖塔（bulbous timber steeples）（图2.11）。

普金还试图将希腊－哥特主义者斥之为累赘的哥特建筑构件合理化，比如，他认为扶壁柱上的小尖塔可以增加扶壁柱的重量，有助于抵抗扶壁的侧向推力。但是出于其他的考虑，他又对在教堂上使用平顶塔的做法表示不满。他的理由是，首先，平顶属于世俗的形式；其次，它是后哥特时期精神颓废的一种表征，因为平顶塔无法唤起崇高的宗教精神。在普金看来，坡屋顶是尖顶建筑不可或缺的元素，而且屋顶坡度最好要达到等边三角形要求的60°，以便于清除屋面的积雪，同时又不破坏屋面瓦片的固定。普金对哥特线脚形式合理性的阐述也遵循着同样的逻辑。比如，门窗开口采用八字形侧面和拱券是为了人们进出更加方便，同时又让更多的光线进入室内，而倾斜轮廓的合理性则在于它能够防止雨水进入缝隙，如此等等。普金还在该书的另外一处强调指出，线脚的厚度并应该超过八字形门窗开口侧边的厚度，因为只有这样才能够保证建构形式的严谨性，而檐部线脚只有为了遮避风雨时才可以使用。

根据普金的观察，哥特建筑细部的数量是与建筑尺度的增加相呼应的，而在古典建筑上，细部则是随着建筑的尺度增加被放大而已。如同他对后文艺复兴建筑（post-Renaissance architecture）隐藏和伪装建筑的实质性结构的趋向嗤之以鼻一样，他对古典建筑缺乏尺度感的虚张声势的做法也不屑一顾。

我们已经看到，圣保罗大教堂掩盖扶壁的外部形式与苏夫洛的圣热内维也夫教堂有许多相似之处，但是布景式效果的泛滥并不是普金对古典主义和巴洛克建筑不满的惟一原因。在普金看来，对称本身就令人厌恶，因为它不符合自然的有机原理。普金在1841年的一段文字中写道："中世纪建造者们设计的平面既赏心悦目，又符合使用目的，装饰是后来才有的。"它们的美"如此震撼人心，因为它们符合自然。"[9]

与卡尔·弗里德里希·辛克尔（Karl Friedrich Schinkel）和戈特弗里德·森佩尔（Gottfried Semper）不同，甚至也与后来成为19世纪结构理性主义代表人物的欧仁·维奥莱－勒－迪克不同，普金对发展一种适合19世纪的风格毫无兴趣。他既讨厌维特鲁威，又在同样程度上抵制实用主义。尽管他在自己设计的建筑中引进了铁制细部构件，但是他对新材料和新方法的结合还是无动于衷。简言之，与后来出现的哥特复兴主义者不同，普金反对风格的演进。因此，他将英国式装饰风格中使用的四心扁平拱（flat, four-centered arch）视为文化堕落的表现。他认为，正是这种文化的堕落导致了圣保罗大教堂隐藏扶壁的恶劣行径。对于普金来说，承重的砖石砌体是建筑伦理的先决条件，而木桁架的作用仅仅是用来支撑尖塔和屋顶。即使这样，木构架也应该在建筑上显示出来，而不应该像雷恩1669年建成的牛津谢尔顿剧院（Sheldonian Theatre）那样，将木桁架统统隐藏起来（图2.12）。在使用什么尺度和材料才对建筑有益的问题上，普金的想法十分明确。比如，他认为，在希腊和古典砖石砌体上使用大块石料实际上是一种错误的做法，因为这不仅削弱了结构的强度，而且还虚夸了建筑的尺度。他反对使用铸铁构件（至少在理论上是这样），因为它本质上与哥特建筑不相般配。铸铁构件缺少线脚，而且可以重复浇铸，对保

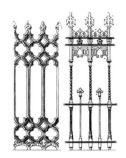

图 2.13
A. W. N. 普金,《基督教尖顶建筑原理》插图:铸铁栏杆与锻铁栏杆的对比,从中可以看出前者的机械制造工艺是多么粗陋不堪

持工艺制造的生命活力有害无益。我们已经说过,普金在自己的建筑中并非没有使用锻铁,而且偶尔还使用铸铁,这显然是他的文化思想的矛盾所在。事实上,正是普金自己为铸铁构件在哥特复兴建筑上的大量使用开了先河(图 2.13)。由于已经不再完全使用中世纪建筑的材料和施工方法,普金与一些工厂主一起制定了工序周密的工艺形式,这些工厂主包括约翰·哈德曼(John Hardman,金属制品厂主)、乔治·迈耶斯(George Meyers,石木雕刻厂主)、赫伯特·敏顿(Herbert Minton,砖瓦制品厂主)以及约翰·格雷斯(John Grace,家具厂主)。正是这些厂主为普金完成大量建筑作品提供了可能。对于大量重复生产的"传教士库房建筑"(ecclesiastical warehouse)与他敬慕万分的中世纪文化在工艺基础上的种种本质差异,普金自己似乎毫无察觉。普金认可蒸汽机和工业技术,视它们为他那个时代必不可少的进步。但是他却忽视了自己的双重标准中隐含的意识形态矛盾:一方面,似乎没有什么能够比约瑟夫·帕克斯顿 1851 年的水晶宫与普金的思想更加格格不入的了;另一方面,大量生产的模数构件却构成了帕克斯顿的水晶宫和普金的威斯敏斯特宫这两个最具代表性的 19 世纪中叶英国建筑的共同之处(图 2.14 和 2.15)。1851 年举

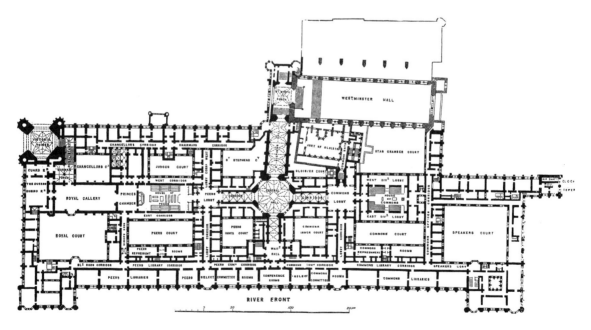

图 2.14   A. W. N. 普金和查尔斯·巴瑞勋爵,伦敦威斯敏斯特新宫,1836—1865 年左右。横剖面和平面

45

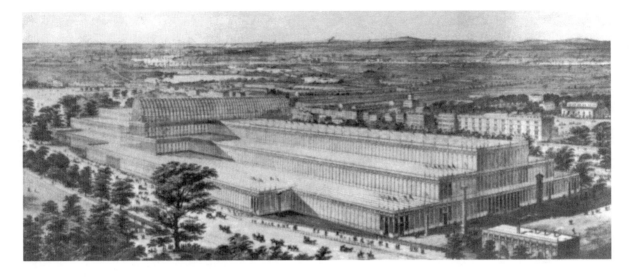

图 2.15

约瑟夫·帕克斯顿（与
福克斯和亨德森工程咨
询公司合作），位于海德
公园的水晶宫，1851 年

办的大英博览会本身就不无讽刺意味，其中普金在哈德曼（Hardman）的协助下展
出了一个中世纪庭园。森佩尔曾经对这个充满"现代"感的哥特细部的展示方式大
加赞赏（图 2.16）。在这里，一个新哥特主义展品被置于帕克斯顿水晶宫铁构玻璃
形成的若有若无、虚无缥缈的顶棚之下。具有意义的是，这一顶棚的细部是由铁路
工程师福克斯－亨德森及其合伙人设计事务所（Fox, Hendersen & Partners）设计
的（图 2.17）。或许正是这种文化上的冲突使普金在他生命最后阶段的 1851 年给哈
德曼写道："在我们获取知识的过程中，错误总是不可避免的，对于这一点我已经深
信不疑。我们知道得太多，知识就是力量，但同时也是灾难。天哪，仅仅几年前我
还十分满意的东西在今天看来已经令人生厌。但是，每当想起古老的教堂工匠的时
候，我还是要在古人朴素无华造化面前感到汗颜。呜呼！一切都是过眼烟云、海市
蜃楼、自寻烦恼。"[10]

现在，让我们把视线再次拉回法国，因为下一位希腊－哥特路线的主要人物是
亨利·拉布鲁斯特（Henri Labrouste）。拉布鲁斯特比维奥莱－勒－迪克年长 30 岁，
先后在巴黎美术学院（Ecole des Beaux-Arts）和罗马的法兰西学院受过法兰西学院
体系的完整训练。

1829 年度高级课程（Cours de Cassation）的学生大奖设计（Grand Prix）表
明，拉布鲁斯特在巴黎美术学院接受了系统的规划训练，其中的教学思想与让－尼
古拉－路易·迪朗（Jean-Nicolas-Louis Durand）在 1802 至 1805 年间出版的类型
学手册《综合理工学院建筑学教程纲要》（*Précis de leçons d'architecture données
al'Ecole Polytechnique*）十分相似（图 2.18）。尽管曾经跟随艾蒂安·布雷
（Etienne Boullée)实习，迪朗对崇高的纪念性并无多少好感，对洛吉耶也持反对态
度。他认为建筑应该由一系列规整的类型形式组合而成，同时根据建筑的性质在尺
度、举止和再现性表现等方面进行变化。在这一点上，拉布鲁斯特与迪朗完全一致，
但是他能够将严格的类型学方法与建构的创造和表现相结合，从而大大超越了迪朗
建筑思维的抽象性质。拉布鲁斯特对地道的哥特建筑兴趣索然，他设计的圣热内维
也夫图书馆（the Bibliothèque Ste-Geneviève, 1838—1850 年）（图 2.19）和巴黎
国家图书馆（the Bibliothèque Nationale, 1854—1875 年）（图 2.20, 2.21）寻求
的是一种具有合理组合的古典主义建筑，它们试图将两种不同的思想结合起来：一
个是希腊－哥特运动的知识分子在理论上探讨的群柱空间观念（the intercolumniat-

图 2.16
约瑟夫·帕克斯顿（与
福克斯和亨德森合作），
水晶宫，中世纪厅

图 2.17
约瑟夫·帕克斯顿（与
福克斯和亨德森合作），
水晶宫，结构细部

图 2.18
J. N. L. 迪朗，水平组
合。《建筑学教程纲要》
插图，1823 年

ed space），另一个则是后来由维奥莱－勒－迪克提出的、深受哥特建筑启发的结构
理性主义思想。与此同时，正如大卫·凡·桑顿（David van Zanten）提醒我们的，
拉布鲁斯特的圣热内维也夫图书馆也向我们展现了一种柯德姆瓦曾经设想过的、形
式上刻意简化的石质建筑的品性。

　　在这个空间和结构关系都相当简单的建筑中，拉布鲁斯特的装饰性连接方法
赋予该建筑一种特殊的品质，它完全不同于人们惯常从新古典主义的柱式外衣上
能够获取的那种东西。在这里，人们看到的是连续的建筑立面，但是立面上却没
有山花和亭式屋顶，人们也看不到壁柱或者突出墙面的窗框，……惟一的柱头形
式出现拉布鲁斯特为阅览室窗廊部分设计的一些柱子上面。除此之外，结构的表
面形式完全压过了装饰主题。这里没有新古典主义建筑表面常见的那种非常塑性和
丰富的阴影变化，而是平坦的建筑表面，即使有阴影，也是由一些斜面或者直角的突
出体形成的，此外，还有一些装饰性花边，用于强调实际的石头表面的坚固性。[11]

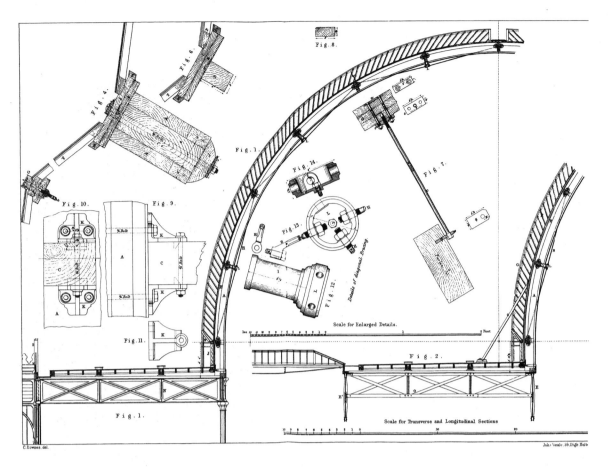

Fig. 8.

Fig. 4.

Fig. 6.

Fig. 1.

Fig. 14.

Fig. 7.

Fig. 10.

Fig. 9.

Fig. 13.

Details of Diagonal Bracing.

Fig. 12.

Fig. 11.

Scale for Enlarged Details.

les 12 11 10 9 8 7 6 5 4 3 2 1 0   3   5   Feet

Fig. 2.

Fig. 1.

Scale for Transverse and Longitudinal Sections

10 9 8 7 6 5 4 3 2 1 0   30   60

C. Downes, del.

John Neale, 59 High Holb.

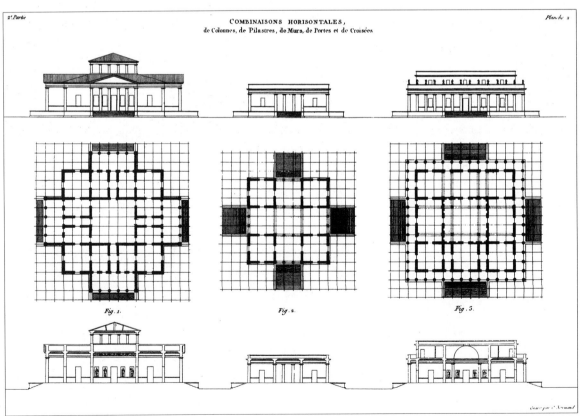

COMBINAISONS HORISONTALES,
de Colonnes, de Pilastres, de Murs, de Portes et de Croisées

Fig. 1.

Fig. 2.

Fig. 5.

Gravé par d'Avennes

48

图 2. 19
亨利·拉布鲁斯特，巴
黎圣热内维也夫图书馆，
1838—1850 年。横剖面

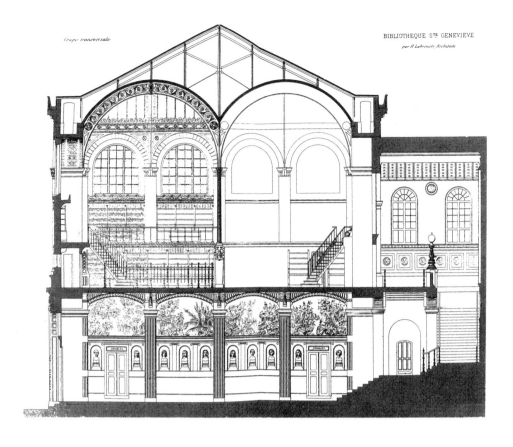

图 2. 20
亨利·拉布鲁斯特，巴
黎国家图书馆，1854—
1875 年。平面、剖面和
细部

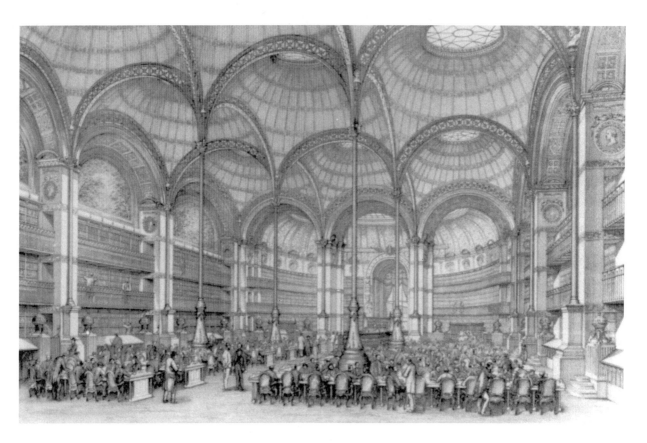

图 2.21
亨利·拉布鲁斯特，巴
黎国家图书馆，透视图

图 2.22
亨利·拉布鲁斯特，巴
黎圣热内维也夫图书馆，
砌体外壳内部的铁肋
轴测

　　通过圣热内维也夫图书馆，拉布鲁斯特向人们展示了一种建造模式和方法，它将预制的耐火铸铁构架与一个经过特别建构设计的砌体建筑外壳融合起来。数年之后，这一模式和方法在维奥莱－勒－迪克那里得到了继承和发展。就圣热内维也夫图书馆本身而言，两个巨大的筒形拱顶屋架构成了铸铁框架体系的主体，而屋架本身则是由轻型铁片形成屋面，然后将屋面荷载传递给一系列带有花饰透孔的铁肋。整个屋面组合一部分固定在位于建筑中心部位的一排铸铁柱上面，另一部分则固定在从周边砌体上挑出的托架上面。重要的是，正如赫尔曼·赫兹伯格（Herman Hertzberger）曾经指出过的，拱形铁肋在建筑体量的端部转了一个90°弯，它将建筑空间统一起来，同时又避免给人们造成整个图书馆建筑的结构仅仅是两排平行拱架的错觉（图2.22）。[12]该

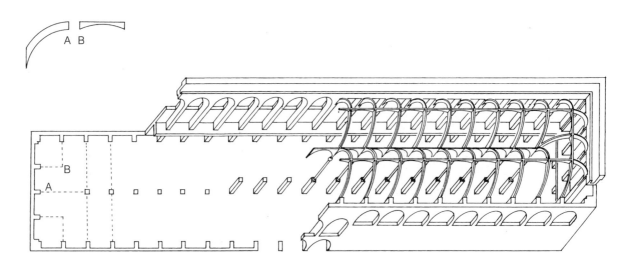

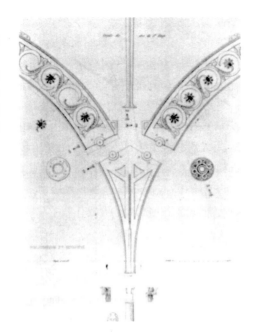

建筑的精妙之处还在于，拉布鲁斯特不仅将铸铁构架插入砌体之中，而且还将构架的结构模数关系充分反映在建筑的外立面上面。此外，铁肋根部起连接作用的铸铁杆件穿过厚重的墙面砌体，最终在建筑的外立面上形成一个个圆形的铸铁铆件（图2.23）。在这个建筑中，铸铁构件与砌体外壳的交替组合几乎无所不在，其中又以入口柱廊上方支撑二层楼面的铸铁梁以及阅览室中各式各样的栏杆、暖气和采光装置等最为突出。

1854 年开始兴建的巴黎国家图书馆中进一步发展了圣热内维也夫图书馆的设计方法。在这个建筑中，"盒套"（encasement）的概念几乎是一种必然，因为书库的锻铁构架以及阅览室本身都是在马扎然大厦（the Palais Mazarin）① 已有的外壳之中改建而成的。在这里，从铸铁书库结构的格架和步道，到支撑阅览室铸铁屋面结构的十六根铸铁柱子，结构的具体操作方式都与建筑的整体概念息息相关。就书库的设计而言，我们看到的是一个反实体化的、通过顶部采光的"机房空间"（engine room），结构极为轻巧精确；而在阅览室中呈现的则是九个方形的拱顶结构。拱顶的穹窿由陶土板组拼而成，每个穹窿的正中间都有一个圆洞，它是阅览室自然采光的主要手段。屋顶穹窿的荷载则首先传递给铆接构件组成的铁拱桁架，然后再传递给细长的铸铁柱子。值得注意的是，包括位于周边部位的柱子在内的每一个铸铁柱子都属于独立式柱，它们以一种新的形式将希腊 – 哥特传统发扬光大。骨架的完美组合是圣热内维也夫图书馆设计思想的进一步拓展，这是一种整体性的、由支柱承重的轻型结构，后来在维奥莱 – 勒 – 迪克和佩雷那里都有极为精彩的表现。

整个阅览空间的设计构思精妙，非常具有拉布鲁斯特建筑的特色，其顶部仿佛是一个巨大的罗马式天篷（velarium）。换言之，除了别的一些象征意义之外，它似乎是在刻意隐喻仲夏时分漂浮在古代庭院上方的帐篷空间，光线从上直泻而下。在这里，隐喻具有微妙的二重意义：一方面，空间无疑是以拱顶为结构的；但是另一方面，这些拱顶结构又如梦似幻，仿佛是一系列固定在铸铁拉索上的迎

———————————————

① 即著名的马扎然图书馆，是法国最老的公众图书馆，原系马扎然的私人图书馆，自 1643 年向公众开放，现在巴黎学士院内。——译者注

风招展的帆布。就此而言，拉布鲁斯特设计的这个阅览空间不仅通过独立式铸铁柱高奏着征服重力的凯歌，而且令人想起那种临时搭建起来的有顶盖的户外空间（*al fresco* space）。如同圣热内维也夫图书馆的入口部位一样，该阅览室四周的墙面上也装饰着普桑风格（Poussinesque）① 的壁画，它进一步强化了上述的户外空间氛围。

彼得·迈克利里（Peter McCleary）曾经提醒我们，拉布鲁斯特建筑生涯中相继完成的这两个杰作实际上形成了一种技术上的过渡，这就是从圣热内维也夫图书馆带有叶形装饰的铰接式铸铁拱结构的工艺经验主义（the craft empiricism）向巴黎国家图书馆铆接式锻铁桁架拱结构的过渡。两者都努力寻求表里如一的建构表现，其中装饰元素直接产生于建筑的建造过程（the process of construction）。[13]

维奥莱－勒－迪克于 1840 年开业。1842—1845 年间，他接受的修缮中世纪古建的任务不下于 20 个，其中又以巴黎圣母院（Notre-Dame de Paris）的修缮最负盛名。然而，他并没有像普金那样成为一名感伤怀旧、挥舞宗教伦理大旗的哥特复兴主义者。事实上，维奥莱－勒－迪克的思想与普金所谓的"反异教"主张根本就是背道而驰。他对哥特和希腊建筑一视同仁，且都满怀敬意。他认同圣西门主义（Saint-Simonian）文化理论家的观点，认为哥特和希腊的建构形式都是健康、有机社会的直接产物。他渴望寻求"一种具有哥特灵感、但又能够为 19 世纪所用的建筑"。[14] 然而，维奥莱－勒－迪克的探索最终只是停留在理论层面，而未能落实到实践中去，因为尽管他在九年的时间中完成了 40 多个建筑项目，他却从未能够发展出一种令人信服的 19 世纪建筑模式。作为一名理论家，维奥莱－勒－迪克的影响可以追溯到 1854 年陆续开始出版的《11—16 世纪法国建筑辞典》（*Dictionnaire raisonné de l'architecture française du XI au XVI siècle*），以及四年后开始出版第一卷、然后在 1872 年完成第二卷的《建筑谈话录》（*Entretiens sur l'architecture*）。

《建筑谈话录》是一部具有挑战精神的百科全书式的著作，因为它勇于向它那个时代厚颜无耻的布景式折衷主义建筑宣战，主张建立一种以逻辑、气候、经济以及精巧的工艺生产和实用要求为基础的、作为建造艺术的建筑学思想。与此同时，《建筑谈话录》也是一部在现代意义上充满矛盾的著作，因为正如其作者通过罗马帝国时期的希腊情节文化（the grecophile culture）表述的那样，"罗马人必然是古典的，而且是现代意义上的古典。因为就我们现在所知，没有什么比古典主义能更好地与管理精神保持一致，也没有什么比莫衷一是更有悖于管理精神。"[15]

在《建筑谈话录》的第一卷中，维奥莱－勒－迪克开宗明义地批判了当时流行的考古学理论，该理论［后来又在奥古斯特·舒瓦齐（Auguste Choisy）的著作中东山再起］认为，多立克柱式乃是用石头材料表现早先木构神庙形式的结果。同时，他也驳斥了希腊－哥特理想中作为柏拉图主义表现形式之一的、由洛吉耶在《建筑随笔》中提出的原始茅屋学说。在维奥莱－勒－迪克看来，人类学研究已经证实，最初的原始茅屋是圆锥形或者方锥形的，而不是矩形和有山花屋顶的。

自始至终，维奥莱－勒－迪克的《建筑谈话录》都在努力摆脱哥特复兴主义，这或许也在一定程度上可以解释一个同样令人惊诧的现象：维奥莱－勒－迪克之所

---

① 指法国画家尼古拉·普桑（Nicolas Poussin, 1594—1665 年）晚年创作的一种风景画，其特点是既有一种和谐的田园牧歌气氛，又有一种庄重的哲学品格。在美术史上，普桑的风景画往往有"理想的风景画"之称。——译者注

以在《建筑谈话录》中闭口不谈·德·蒙塔隆贝尔伯爵（Comte de Montalembert），实在是因为他深知蒙塔隆贝尔对普金的影响，这一点我们在前面已经谈到。虽然维奥莱－勒－迪克从 12 世纪法兰西哥特建筑中总结的一系列原则与普金《基督教尖顶建筑原理》（1841 年出版）的观点似乎只是大同小异，但是维奥莱－勒－迪克主张用这些原理去发展一种前所未有的结构形式和方法的思想却与普金有天壤之别。与普金不同，维奥莱－勒－迪克成功地摆脱了教会主义的折磨。事实上，他努力与教权派（partie cléricale）运动划清界限。另外，尽管维奥莱－勒－迪克的文学水平与普金相比毫不逊色，他的思想方式却是结构性的（syntactic），开放和兼收并蓄的，而不是闭关自守地拘泥于建筑的形式意义（semantic）。差异还在于，对于维奥莱－勒－迪克来说，以罗马为代表的异教文化（pagan culture）意义非同一般，因为罗马建筑的墙体将清水砖面层与后面的碎石墙体有效地结合起来，从而展现了一种既经济又具有健全的技术原则的组合方式。维奥莱－勒－迪克主张在建筑中使用轻质砖墙，或者说在混合结构上使用砖头贴面。在这方面，维奥莱－勒－迪克的观点与戈特弗里德·森佩尔以文化人类学为基础的饰面理论颇为相似，同时也与普金式砌体原则的本体性建构思想（the ontological tectonic of Pugin's masonry priciples）划清了界限。[16]

在两卷本的《建筑谈话录》中，维奥莱－勒－迪克始终如一地倡导将不同的材料、技术和资源进行动态组合，其目的就是为了发展一种符合时代特点的紧密有效的建造方式。维奥莱－勒－迪克所谓的组合并非不同技术的简单拼凑，比如说，不考虑组合整体中构件之间的相互关系和各部分的特点，就不分青红皂白地用铸铁柱替代石质的支撑构件。维奥莱－勒－迪克对食而不化的杂烩式建筑深恶痛绝，并因此猛烈抨击 19 世纪的火车站建筑将古典建筑语言、笨重的宫殿式立面以及轻型铁构玻璃顶棚生吞活剥地拼凑在一起的做法。同样，在相对微观的层面上，维奥莱－勒－迪克也拒绝接受苏夫洛在圣热内维也夫教堂中采用的、将固定石头横梁结构的扒钉构件隐藏起来的做法，因为使用扒钉连接石头构件正是希腊－哥特建造技术不可分割的组成部分。

维奥莱－勒－迪克将米歇尔·弗莱芒 1702 年出版的《建筑批判文集》作为自己的出发点，这已足以说明希腊－哥特思想路线对他的影响。正是这一思想路线引导维奥莱－勒－迪克认识到飞扶壁结构的不经济性，他后来发明用不同结构材料形成的等角结构建筑（an isometric architecture of equilibrated mixed-media construction）的构思也与这一思想路线不无关系。在他对位于法诺（Fano）的罗马巴西利卡建筑的分析中，不同结构材料动态组合的思想就已经流露出来，该思想也是他设计的、在没有扶壁的状态下跨度达 65 英尺的铁筋拱顶大厅方案的特点。这是一个敢上九天揽月的方案，砌体的厚度大为减少，但是由于铸铁管的使用反而使砌体的强度大大提高。通过这个方案，维奥莱－勒－迪克提出了一个将受压铸铁构件与锻铁拉接构件结合起来共同抵消横向推力的大胆设想，其中荷载被转化为一个传递至墙基砌体脚墩的反推力。维奥莱－勒－迪克这样写道：

> 显然，如果中世纪建造者们掌握了铸铁和轧铁技术的话，他们就不会像他们实际上所做的那样，使用石头材料了。……然而，同样不言而喻的是，中世纪建造者们并没有忘记弹性原理，而是早已将它运用在石头建筑上面了。……这种有机形式显然要比笨重的石头扶壁组成的结构体更为简单轻巧，同时也更为经济，因为铁柱的结构组合决不会像扶壁及其基础那样造价昂贵；还有，结

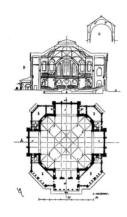

图 2.24
欧仁－艾曼纽埃尔·维奥莱－勒－迪克，3000个座位的大厅设计方案，引自《建筑谈话录》，1872年。平面和剖面

构占用的空间也大大减少。[17]

与巴黎美院的理论家们相比，维奥莱－勒－迪克十分关注结构的经济性。他努力探讨一种由轻型空心金属构件或者网状金属构件组成的结构，从百叶窗到金属构架屋顶，一切可设想的建构元素都成为维奥莱－勒－迪克结构改进的对象。正是借助于铁构玻璃的建筑法则，维奥莱－勒－迪克摆脱了历史形式的模仿，最终提出一系列设计更为精巧的混合式结构（equilibrated structure），它不仅拥有承重性砌筑围合体，而且还与鲁西荣（Roussillon）① 拱顶结构、铸铁管构件、轧铁肋构件、锻铁拉杆以及其他轻型屋顶的底部处理方式相结合。所谓屋顶底部处理，当然包括吊挂在金属拱顶骨架上的金属折垫和熟石灰板吊顶等元素，它们令人想起哥特结构中的拱肋做法。维奥莱－勒－迪克称之为"铁构拱顶"（iron network vaulting），该思想后来由他的学生阿纳托尔·德·波多（Anatole de Baudot）在一系列大型展览空间的设计之中发扬光大。关于这一原型性质的空间构架原则（proto-space-frame principle），维奥莱－勒－迪克写道：

> 在不同块面组成的多面体上面，我们可以看到应该用怎样的基本形式将铁构和砌体结合起来，形成建筑的拱顶结构。金属材料的本质及其形式与铁拱结构的形式并不吻合。……但是，如果我们将锻铁（plate-iron）视为一种特别抗拉的材料，如果与之相邻的砌体通过其组合方式能够防止铁构的变形，如果我们认为铁不仅易于使用，而且也易于用直杆连接起来，如果这些独立杆件能够形成一种独立构架，然后在构架上面再放置单独的拱顶结构，那么我们就能够设计一种符合材料本质的铁构体系，以及一种用一系列不同拱顶建造大跨空间的方法。[18]

以上文字实际上是对维奥莱－勒－迪克自己颇为著名的3000个座位大厅设计的叙述，它的屋顶由铁构组成，跨度达140英尺，坐落在一个罗马风建筑样式的承重性砌体结构上面（图2.24）。我们前面已经看到，早在巴黎的两个图书馆建筑上，亨利·拉布鲁斯特就已经完成了建筑内部的轻型铁构与厚重外围砌体结构的结合，但是，维奥莱－勒－迪克八角大厅的透视图表现的不仅是多边形屋顶结构和根据受力特点设计的铁构体系，而且也开创性地向人们展现了结构理性主义的建筑原则（图2.25）。

如果以八角大厅透视图为例，我们也许可以这样来概括维奥莱－勒－迪克思想的基本原则：首先，古新技术（paleotechnology）② 核心的铸铁和锻铁技术可以为19世纪的建筑发展提供一种史无前例的独特资源；其次，这种新型建筑必须建立在传统与创新相互结合的基础之上，因为正如维奥莱－勒－迪克表达的那样，"砌体建筑的优点是我们无法在铁和玻璃结构中获得的"；[19]第三，这种新型建筑必须像历史上一切伟大建筑（尤其是12世纪的哥特建筑）一样，表现与自然之间存在的基本的相互作用关系，也就是说，它必须揭示建筑传递荷载的方式。对于维奥莱－勒－迪克来说，文化与自然的对话就体现在拱顶、支柱、拉杆和节点之中。八角大厅结构清

---

① 位于法国南部的地区。——译者注

② 受英国生物学家、教育家和城市与区域规划科学的先驱帕特里克·格迪斯（Patrick Geddes）的影响，美国城市理论家和思想家刘易斯·芒福德（Lewis Mumford）曾经在他的《技术与文明》（Technics and Civilization）一书中借用地质年代的术语，将现代技术的发展分为三个阶段：以水—木材料综合体为特征的始新技术阶段（the eotechnic phase），以煤—铁材料综合体为特征的古新技术阶段（the paleotechnic phase），和以电—合金材料综合体为特征的新技术阶段（the neotechnic phase）。——译者注

图 2.25
欧仁-艾曼纽埃尔·维
奥莱-勒-迪克，3000
个座位的大厅设计方案，
室内透视

E. GUILLAUMOT.

晰，脉络分明；它是一个承上启下的杰作，不仅继承了拉布鲁斯特开创的传统，而
且也成为亨德里克·彼特鲁斯·贝尔拉赫（Hendrik Petrus Berlage）建筑的先声，
后者将维奥莱-勒-迪克的思想和森佩尔的理论精妙绝伦地综合在一起（图
2.26）。

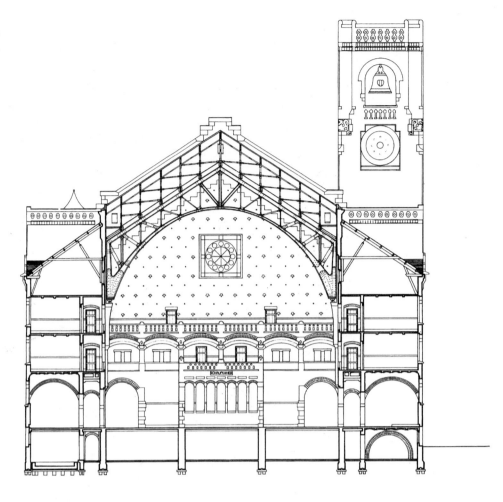

图 2.26
H. P. 贝尔拉赫，阿姆斯
特丹证券交易所，1897
年。横剖面

在维奥莱－勒－迪克看来，力学逻辑和建造程序的理性原则乃是无法分离的，它们互为前提，又互为结果。因此，在论述一个合理的中等跨度穹顶的建造工序时，他曾经这样写道：

> 设想一个基座直径为 65 英尺的穹顶，其基座圆周应为 195 英尺；我们将该圆周分为 60 段，并根据这 60 段将整个穹顶分为 60 片，然后再将每一片穹顶分为一定数量的片块，……。如果我们有许多穹顶需要用这样的片块进行建造的话，我们就可以简单地在车间里用熟石灰（plater of Paris）或者用压制混凝土（pressed concrete）预制所需要的片块，……这些片块只需要 7 种不同的规格；如果穹顶的底部是 60 等分的话，那么上部的每一个横向区域必然都是 60 等分。这些片块都可以预先制好，等到足够干燥后，就可以像拱石一样安装到位，然后用熟石灰或者水泥将它们连接起来，即使冬天也照样可以施工。每一个横向区域都是一个同心圈，只有全部穹顶建成之后，这些同心圈才不会塌陷下来。不用说，每一个片块都可以预制成内凹式的，形成穹顶内部的装饰图案。[20]

在以上这段文字中，常识性智慧与批判性思维兼而有之，这相当典型地体现了维奥莱－勒－迪克思想的特点，但是却未能充分表达该思想的逻辑性结论。关于这一点，维奥莱－勒－迪克自己可能也只是略有感知，倒是胡伯特·达米希（Hubert Damisch）对维奥莱－勒－迪克《辞典》一书的评论一针见血：

> 维奥莱－勒－迪克掀起了一场运动，他将建筑理论从以往学院派理论家们

津津乐道的幻觉中解救出来，引导人们将注意力从建筑的外部形象转向艺术作品的本质。他认为，建筑乃是科学研究的对象，建筑"美"并非就是建筑外在表皮的品质。如果"美"这个字还有什么意义的话——它必须有意义，因为我们谈论的是建筑物（architecture），而不仅仅是构造物（construction）——那么它的意义就是真理的观念，就是形式与现实（reality）一视同仁的观念……根据维奥莱－勒－迪克的观点，现象学方法在任何情况下都无法取代结构分析，而只能间接地引导我们到达建筑的"本质存在"，在这里，建筑形式是建造活动（constructed reality）的自然产物。……但是，人们也许会问，通过区分本质存在和外部形式，或者说通过区分现象和精神，维奥莱－勒－迪克是否已经偷梁换柱，用一种新的方式将他自己在冠冕堂皇的说教中拒之门外的先验幻觉重新注入到建筑理论中去了？……换言之，他的观点似乎是，我们不再应该在砖头和灰泥中，而应该外部形式中发现建筑的"真理"。

不，真理应该在两者相得益彰的关系中寻找，这里是风格诞生的空间，也应该在该书"结构篇"开始部分两个缺乏逻辑关系的命题的差异之中去寻找：结构是手段；建筑是结果……两个命题之间有一个用意晦涩的分号，也许，我们应该在这里寻找《辞典》一书经久不衰的意义和教育价值。[21]

无论如何，《建筑谈话录》都不愧为一部富有价值的理论著作，它努力挖掘建造文化的发展历史，从中寻求符合新时代要求的建筑方式。维奥莱－勒－迪克的博识多学来自于他对文化的高度关注，以及他在建筑实践方面日积月累的经验。《建筑谈话录》是一部举世无双的著作，它从维奥莱－勒－迪克对历史哲学的反思开始，继而过渡到建造的实际问题，全书思路流畅，毫无停顿犹豫之感。

作为一名理论家，维奥莱－勒－迪克思想的影响广泛而且持久。然而，尽管历史曾经目睹了整整一代受他思想影响的建筑师群体的出现，[22]真正能够称得上是维奥莱－勒－迪克嫡系传人的只有两位。其中一位专注实践，另一位则献身理论。对于前者，我指的是约瑟夫·欧仁·阿纳托尔·德·波多（Joseph Eugène Anatole de Baudot, 1834—1915 年），他在 1904 年完成了巴黎圣－让·德·蒙马特尔教堂（St. -Jean de Montmartre church）的建造。至于说后者，奥古斯特·舒瓦齐（Auguste Choisy）则是当然不让的人选，他于 1899 年出版了具有广泛影响的著作《建筑史》（Histoire de l'architecture）。在这里，我还必须提一下拉布鲁斯特和维奥莱－勒－迪克之间的传承关系，因为当拉布鲁斯特在 1856 年关闭自己的建筑设计工作室的时候，曾经向自己最主要的弟子德·波多建议，应该到结构理性主义大师维奥莱－勒－迪克那里学习。

德·波多独立完成的第一个作品是位于兰布列（Rambouillet）的圣吕班教堂（the church of St. -Lubin），它建于 1869 年，采用了维奥莱－勒－迪克式的铸铁柱。但是此后，出于对裸露金属构架的不满，德·波多开始探求一种更为同质化的、但丝毫没有削弱建构表现力的建筑。不过，在为 1878 年和 1889 年巴黎世博会设计的两个大型展览馆的设计中，他仍然使用了铁质构件，可能因为他觉得铁构玻璃特别适合大型临时性展馆建筑。这两个建筑一个是圆形的，另一个是矩形的，它们尺度庞大，力求实现维奥莱－勒－迪克"铁构架拱顶"的构想。遗憾的是，无论在跨度方面还是在表现力上，这两个建筑都无法与当时另外两个伟大的铁构玻璃建筑的成就相媲美，这就是德·迪翁（de Dion）和迪泰特（Dutert）分别为 1878 年巴黎世博会和 1889 年巴黎世博会设计的机械馆（Galerie des Machines），其跨度分别为

116 英尺和 180 英尺。

1890 年，也就是在弗朗索瓦·埃纳比克（François Hennebique）1907 年申请钢筋混凝土专利之前 17 年，工程师保罗·科坦桑（Paul Cottancin）完成了加筋砌块体系（reinforced masonry system）的专利发明，也就是一种被称为"加筋水泥砌块"（ciment armé）的建造体系。[23]该名称后来一直用来将科坦桑的发明创造与埃纳比克的"钢筋混凝土"（béton armé）区分开来。正是通过后一个名称，埃纳比克获得了钢筋混凝土建造方法的垄断权。[24]在不到十年的时间内，享有专利保护的埃纳比克体系得到广泛运用，而科坦桑的劳动密集型体系在 1914 年之后就很少有人问津。埃纳比克的钢筋混凝土建造体系可以利用木模进行现场浇筑，而科坦桑的"加筋水泥砌块"体系则是必须首先在砖孔中插入钢筋，然后将砖块和一种水泥薄板一起作为水泥结构的永久模板。科坦桑的想法是，钢筋与混凝土能够相互独立地发挥作用，前者受拉，后者受压。借助于这种区分，科坦桑成功地回避了当时其他许多加筋混凝土专利因为无法计算钢筋与混凝土之间的附着力而面临的基本结构问题，再加上砖模的低廉成本，科坦桑体系的成功一直保持到 20 世纪初期，直至被在造价和人工成本上都更具显著优势的埃纳比克体系取而代之为止。

对于圣让·德·蒙马特尔教堂的设计来说，科坦桑的专利发明简直就是雪中送炭。德·波多敏捷地抓住了这个有可能将轻型等应力结构（light isostatic construction）与围合性砖砌体（bonded brickwork）结合在一起的方法，创造出一个看上去颇有东方情调的、沿对角线布置的拱顶体系。整个拱顶结构坐落在单薄的砖墙和柱子上面，建筑的内部空间并不开阔（图 2.27，2.28），从地窖算起，26 个方形加筋砖柱（50 厘米×50 厘米）高度为 25～30 米不等，它们支撑着中殿上方跨度达 11.5 米的拱顶。双层拱壳的厚度为 7 厘米，两层拱壳之间还有 4 厘米厚的保温隔热空气

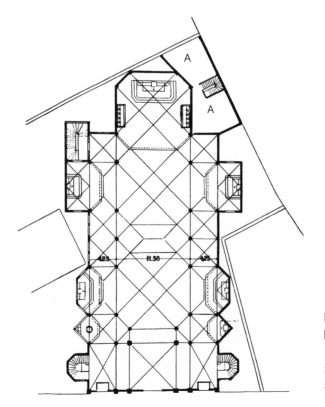

图 2.27

阿纳托尔·德·波多，巴黎圣让·德·蒙马特尔教堂，1894—1904年。平面

图 2.28
阿纳托尔·德·波多，
巴黎圣让·德·蒙马特
尔教堂，纵剖面

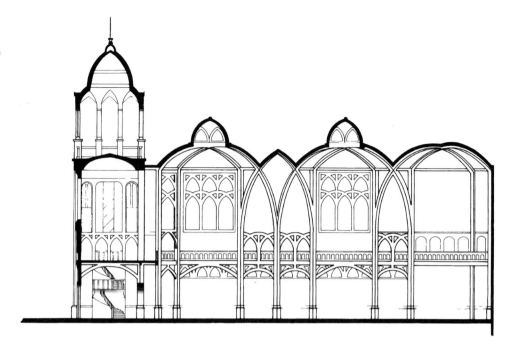

层。从结构角度来看，更加令人赞叹不已的是，教堂上下层之间的楼板只有 5 厘米厚。[25]德·波多写道："有目共睹，虽然该建筑的结构无疑是人们熟悉的拱顶形式，但同样毫无疑问的是，它在结构和视觉关系上表现了一种史无前例的体系。"[26]由于该建筑非同寻常的结构形式令许多人揣揣不安，加上官僚势力的干扰，圣让·德·蒙马特尔教堂直到 1904 年才最终建成。此前数年，德·波多已经为 1900 年巴黎世博会设计了一个多边形展览大厅方案，它是德·波多作品中结构最具超前意识的方案之一。根据这一方案，大厅的巨型拱顶空间将完全由"加筋水泥砌块"构成。作为维奥莱－勒－迪克的学生，德·波多的这个方案多少有些名不副实，因为从这个方案开始，"加筋水泥砌块"技术就完全占据了德·波多的思想空间，其中 1910 年设计的"节庆大厅"（Salle des fêtes）在技术上充满前瞻性，可谓是一个登峰造极的作品（图 2.29）。该建筑有一个方形的结构体，由 16 个类似哥特式束柱的圆柱形柱子支撑整个结构。从透视图上看，它是一个异常复杂的水平空间框架，其扁平式的轻型穹顶桁架结构在某种意义上正是 45 年后皮埃尔·路易吉·奈维（Pier Luigi Nervi）设计的加蒂羊毛厂（the Gatti wool factory）建筑的雏形，后者采用了一种等应力钢筋混凝土结构（isostatic reinforced concrete structure），于 1953 年在罗马郊外建成（图 2.30）。

与维奥莱－勒－迪克一样，弗朗索瓦·奥古斯特·舒瓦齐（François Auguste Choisy）满怀圣西门主义热情，主张将客观分析方法运用到建筑史研究中去，尽管除此之外，他们之间并没有多少共同之处。然而，也许出于共同的思想背景以及在普法战争（the French-Prussian War）中的共同经历，维奥莱－勒－迪克在《建筑谈话录》第二卷中还是确认了舒瓦齐的贡献，尤其是他在有关帕提农神庙视觉校正方面的贡献。相比之下，舒瓦齐倒是想极力仿效维奥莱－勒－迪克，这一点在他 1873 年出版的第一部著作《罗马人的建造艺术》（L'Art de bâtir chez les Romains）中表现得尤为明显。该书的特殊意义在于，它是一部由工程师撰写的建筑史著作；此外，它还是有史以来首部从建筑材料、结构体系以及生产工艺状况等因素的角度阐述建构形式的史学著作。此后，舒瓦齐又到土耳其实地考察，并于 1883 年出版了

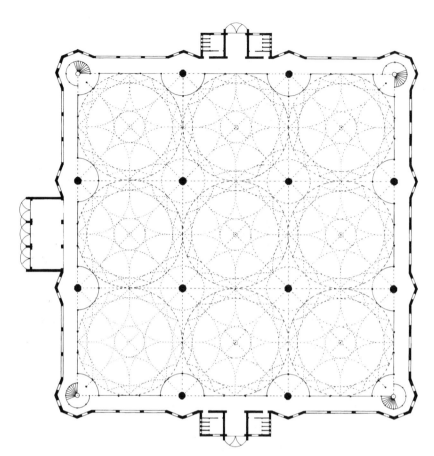

图2.29
阿纳托尔·德·波多，
节庆大厅，1910 年前
后。平面和内部

第二部建筑史学著作《拜占庭人的建造艺术》（*L'Art de bâtir chez Byzantines*）。至
此，他已经成功地确立了自己在建筑技术领域的学术地位，先是在巴黎道路桥梁学
院（Ecole des Ponts et Chaussées）任教，1881 年以后又就职于巴黎综合理工学

图 2.30
皮埃尔·路易吉·奈维,
罗马加蒂羊毛厂, 1953
年。局部平面

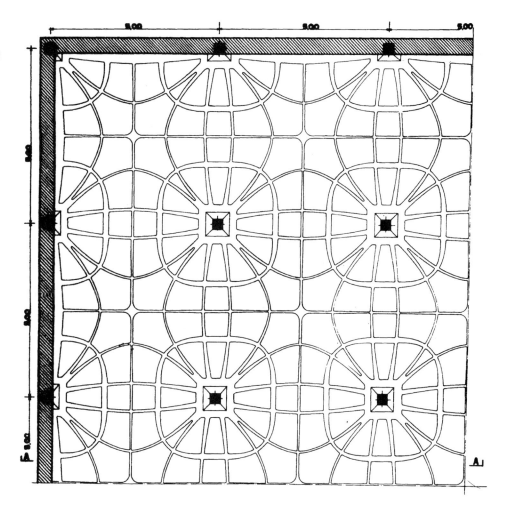

院。此后,经过长达 16 年时间的潜心研究和写作,舒瓦齐终于在 1899 年完成了两卷本巨著《建筑史》。

舒瓦齐《建筑史》的主题思想相当简单。他试图说明的是历史上的伟大文明如何在既定的地理和物质条件下通过建构形式的集体表现创造各自的辉煌。但是,一旦达到鼎盛,文化就趋向于在原地故步自封,直至沦落成为原创形式的拙劣模仿。在接下来的两个图谱中,他还力求说明罗马风和哥特建筑文化在 10 世纪至 13 世纪的法兰西沿不同的通商之路相互融合的进程。

舒瓦齐的仰视轴测表现方法(isometric representational method)可谓先天不足,因为它常常无法对建构形式的结构关系作出足够精确的交代。这一点对于承重砌体结构而言情况还稍好一些,但是对于构架结构来说问题就糟糕得多了。[27] 另外,舒瓦齐分析的所有例子看起来都好像源自同一种材料,尽管事实上它们采用的是砖头、泥块、夯土或者钢筋混凝土等迥然不同的结构材料。相比之下,舒瓦齐的文字说明倒比较有分析性,常常是妙笔生花,完全超越了图片说明的功能。比如,从他对多立克建筑起源的讨论中我们可以看到,对于那场由海因里希·胡伯希(Heinrich Hübsch)的《我们应该用什么样式建造?》(In welchem Style sollen wir bauen?)引发的有关古希腊多立克柱式结构原型的争论,舒瓦齐应该是了如指掌的。总的来说,舒瓦齐认为,将多立克柱式的起源归咎于梁柱木构体系的维持鲁威主义观点缺少真凭实据。在这方面,舒瓦齐的怀疑态度似乎在一些古希腊神庙前后矛盾的技术表现的细部中找到了佐证。他的结论是,实用的石砌结构是在经历了长期发展之后才成功地与梁柱木构体系的最初形象吻合起来。最终,他试图调和两种不同的理论,一方面承认多立克柱式很有可能是从木构形式中蜕变而来,另一方面又认为它也许是在石砌建筑的技术要求基础上发展起来的。[28]

舒瓦齐《建筑史》的深远影响不仅在于那些颇具演示效果的仰视轴测图,而且也应该归功于他的文字分析(图2.31)。由于认识到传统正投影方法以及透视表现法的局限和误导作用,舒瓦齐尝试了比较法以及一种既能表现、又能分类的制图方法。他最终采用的是原本用于铸铁和机械制图的表现法,以便更加客观地表达他的研究主题。正是在这一点上,舒瓦齐影响了机器时代(the machine age)的整整一代建筑师们,其中包括勒·柯布西耶和路易·康。受其方法的制约,舒瓦齐未能对任何一种建筑技术进行充分阐述。他的贡献在于他对建构文化发展的整体描述,这种描述不仅试图说明空间形式无法独立于结构方式,而且还力求论证建构文化的各种分支都是在气候、材料以及文化的相互作用下形成的。科内利斯·范·德·芬(Cornelis van de Ven)曾经指出,通过上述研究,舒瓦齐试图在迪朗的类型学平面形式和维奥莱-勒-迪克的结构理性主义之间架起一座桥梁。[29]如果不考虑在许多方面秉承舒瓦齐思想的奥古斯特·佩雷的理论贡献的话,那么舒瓦齐可以说是希腊-哥特理想的最后一位理论家。事实上,在他那部百科全书式的两卷本建筑史著作中,第一卷的三分之二以及第二卷的三分之一论述的都是希腊和哥特建筑。通过一个又一个仰视轴测图,舒瓦齐将建筑的上部体量与下部支柱表现为一种同质材料的整体,就好像是在预示钢筋混凝土技术的来临,正是这一技术最终克服了希腊-哥特建筑长达数世纪的分裂状态,将西方建筑文化中的两条伟大路线融合为统一的整体。

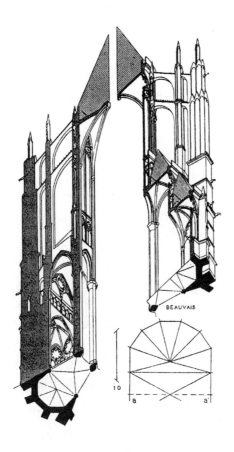

BEAUVAIS

图2.31
奥古斯特·舒瓦齐,博韦大教堂,引用自《建筑史》,1899年

2 Greco-Gothic and Neo-Gothic: The Anglo-French Origins of Tectonic Form

Epigraph: Francesco Dal Co, *Figures of Architecture and Thought: German Architecture Culture, 1880–1920* (New York: Rizzoli, 1990), p. 282.

1

Robin Middleton, "The Abbé de Cordemoy and the Graeco-Gothic Ideal: A Prelude to Romantic Classicism," *Journal of the Warburg and Courtauld Institutes* 25 (1962), p. 238; 26 (1963), pp. 90–123.

2

Marc-Antoine Laugier, *Essai sur l'architecture,* trans. Wolfgang and Anni Herrmann as *An Essay on Architecture* (Los Angeles: Hennessey & Ingalls, 1977), pp. 103–104.

3

For details of the relationship between Laugier and Soufflot and the building of Ste. Geneviève see Joseph Rykwert, *The First Moderns: The Architects of the Eighteenth Century* (Cambridge, Mass.: MIT Press, 1980), pp. 430–470.

4

Werner Oechslin, "Soufflot, Jacques-Germain," *Macmillan Encyclopedia of Architects* (New York: Free Press, 1982), vol. 4, pp. 109–113.

5

See Nikolaus Pevsner's *Some Architectural Writers of the Nineteenth Century* (Oxford: Clarendon Press, 1972). Willis may be seen as close to both Pugin and Viollet-le-Duc in that he took much from Frézier's *La Théorie et la pratique de la coupe des pierres,* of 1737, for his seminal essay read before the newly formed Institute of British Architects in 1842. Gothic in England never became fully extinct since the Renaissance arrived late at the end of the sixteenth century and was acclimatized slowly. As Kenneth Clark remarked in his study *The Gothic Revival* of 1928, vestiges of Gothic construction still survived in England at the end of the eighteenth century when Gothic became the subject of antiquarian inquiry. In less than seventy years, one passed from the picturesque Gothic of Horace Walpole's Strawberry Hill (1753) to wholesale church building under the auspices of the state with the Church Building Act of 1818. This act led to a complex debate, couched in archaeological, liturgical, and tectonic terms, as to what was the true Gothic mode, as utilitarian Protestantism came to be challenged by Anglo-Catholicism.

6

It was exactly this form of construction that served as a positive model for Karl Friedrich Schinkel's Bauakademie, erected in Berlin between 1831 and 1836.

7

A. W. N. Pugin, *The True Principles of Pointed or Christian Architecture* (London: John Weale, 1841; reprint, London: Academy Editions, 1973), p. 1.

8

Ibid., p. 3.

9

A. W. N. Pugin, article published in the *Dublin Review* (May 1841), quoted in Phoebe Stanton, "Pugin, Augustus Welby Northmore," *Macmillan Encyclopedia of Architects,* vol. 3, pp. 489–490.

10

Phoebe Stanton, *Pugin* (New York: Viking, 1972), p. 194.

11

David T. Van Zanten, "Labrouste, Henri," *Macmillan Encyclopedia of Architects,* vol. 2, p. 594.

12

See Herman Hertzberger, "Henri Labrouste, la réalisation de l'art,"

Technique et Architecture, no. 375 (1987–1988). Hertzberger's appreciation of this building is worth quoting at some length:

The long-drawn reading room of the Bibliothèque Sainte-Geneviève, though enclosed by heavy neo-Renaissance outer walls, has a surprisingly fragile internal canopy with two longitudinally parallel barrel vaults. The thin steelwork is as an addition of another era onto the heavy remains of the past. Though one still finds classical motifs on the columns, thin as stems, these motifs are proportionally transformed into mere superficial decorations. And when you come to think of it: the floral forms in the open-web semicircular trusses hardly cover up their structural character of diagonal bars; this is Art Nouveau avant la lettre!

The banded roofs go around the corner instead of coming to a dead end at the end facade, and though they are related to barrel vaults, they don't divide the space into two parallel strips; it stays one whole. The row of columns in the middle doesn't continue along the total length either, but keeps a distance from the ends without dividing the floor or interfering with the view through the reading room.

. . . Labrouste, however, didn't work with semicircular but quarter-circular truss elements. He not only connects them to make semicircles but also to make corners of 90 degrees, and what's more he connects them to the ridge beams, which he uses as complementary elements.

13
Peter McCleary, "The Role of Technology in Architecture," The Rowlett Report 86, Proceedings of Rowlett Lecture/Symposium, Texas A&M University, April 1986, pp. 14–21. See also McCleary's essay "Structure and Intuition" in the *AIA Journal* (October 1980), pp. 59, 60. He writes:
As is often the case in the building industry, new materials and their fabricated elements replace or 'substitute' for the old materials and elements whose performances are found inadequate. As is also often the case, the form of the new copies the form of the old. Arch bridges in stone are replaced by arch bridges in cast iron. Banded barrel vaults in stone are replaced by banded barrel vaults in cast iron, i.e., Labrouste's library of St. Genevieve, Paris (1838–1850). The details of Labrouste's arches clearly indicate "casting" and the joints differentiate for us what was made off-site from that which was connected on-site. The availability of cheap puddled wrought iron separates his first library from his design for the national library (1854–75). In this later building, the arches, which combine to support and define the domes, have a completely different expression. The parts are clearly rolled or hammered and riveted together. The manufacturing process and the new engineering expertise are evident. The ornamentation comes from the geometry of the parts and there is no cast foliage as in St. Genevieve. The column remains cast iron, fluted and with an Ionic capital—or, one might say, it remains inhibited by the tradition of stone. However, a new expression and a new structuring is made possible and is realized by Labrouste.

14
Robin Middleton, "Viollet-le-Duc, Eugène-Emmanuel," *Macmillan Encyclopedia of Architects*, vol. 4, p. 327.

15
Eugène-Emmanuel Viollet-le-Duc, *Discourses on Architecture*, trans. Benjamin Bucknall (New York: Grove Press, 1959), Lecture IX, p. 422.

16
Ibid., Lecture XX, pp. 385–386.

17
Ibid., Lecture XII, pp. 58, 61.

18
Ibid., Lecture XII, p. 89.

19
Ibid., Lecture XII, p. 86.

20
Ibid., Lecture XII, pp. 84–85.

21
Hubert Damisch, "The Space Between: A Structuralist Approach to the Dictionnaire," *Architectural Design* 50, nos. 3/4 (1980), pp. 88–89 (Architectural Design Profile 27).

22
The influence of Viollet-le-Duc on late nineteenth-century practice is of course very extensive, as I have tried to show in chapter 4, part II, of my study *Modern Architecture: A Critical History* (London: Thames & Hudson, 1980). The entire Art Nouveau was indebted to Viollet-le-Duc in one form or another, particularly the French and Belgian adherents of this movement; above all, Hector Guimard, Victor Horta, Henri Sauvage, and Franz Jourdain. Clearly the Catalan *modernismo* school comprising Antoni Gaudí i Cornet, Lluis Domenech i Montaner, and Josep Puig i Cadafalch also owes much to Viollet-le-Duc. Outside of this, the two masters of the proto-modern movement, Berlage and Auguste Perret, are also strongly indebted to the founder of structural rationalism.

23
See J. B. Ache, "Anatole de Baudot," *Les Monuments historiques de la France*, pp. 103–121; he gives the date of 1890 for Cottancin's patent on the system of *ciment armé*.

24
The intrinsically Gothic approach of Cottancin is evident from his design for an apartment building in the Boulevard Diderot. See Albert W. Buel, *Reinforced Concrete* (New York, 1906), pp. 205–206.

25
See "A French Method of Cement Construction," *Architectural Record* (1902), pp. 375–393.

26
Quoted in Franco Borsi and Ezio Godoli, *Paris 1900* (New York: Rizzoli, 1978), p. 16.

27
See Auguste Choisy, *Histoire de l'architecture* (1899). It is obvious that certain buildings were more easily represented by Choisy's isometric method than others. The famous illustrations taken from Choisy in Le Corbusier's *Vers une architecture* of 1923 are a case in point, for here the method is at its iconographic best. It is clear, however, given the small format and the encyclopedic scope of his study, that Choisy was unable to represent timber trusswork in a sufficiently comprehensive way, as we may judge from his treatment of the roof structures used to protect Gothic vaults (pp. 257–263).

28
Choisy, *Histoire de l'architecture*, vol. I, pp. 216–266.

29
Cornelis van de Ven, *Space in Architecture* (Assen, The Netherlands: Van Gorcum, 1978).

第三章
建构的兴起：1750—1870 年间德国启蒙运动时期的
核心形式和艺术形式

有两个例子可以说明辛克尔广阔视野中自然与建筑的文化关联。就在辛克尔着手进行他的博物馆方案的最终设计的时候，他也开始制作一幅题为《欣欣向荣的希腊》（View of Greece in Its Flowering）的绘画作品，其中透露的理念与老博物馆的门廊设计不无关系。该画描绘的是，人们正在修建一座古希腊神庙的门廊，背景是一片依山傍水的古城。画面右侧有一群站立在巨大凉棚下的工匠和雕塑家，而画面左侧则是一些高低错落的树冠形成的树荫。通过细腻的色彩处理，天然形成的和人工制作的华盖相辅相成，共同限定着整个画面。鉴于画面描绘的主要活动是一座伟大的纪念性建筑的建设过程，所以该画的中央出现了一个坚固的脚手架。对于房屋的建造来说，脚手架当然只是一种临时性的、只在建造过程中才使用的设施，但是它在画面中的主导地位显然却另有一番含义，它强调的是建造活动的物质过程。另一方面，任何建造活动又都是一种社会和文化活动。画中描绘的古典建造活动显示了辛克尔现代建筑观的基础。当然，时代不同了，辛克尔透视图中的当代博物馆与他在绘画中描述的古代神庙之间还是有着明显的差异。在博物馆的透视图中，人们看到的是位于入口门廊部分的双排爱奥尼柱式，檐壁上的故事由浮雕形式恰到好处地过渡到绘画形式，工匠不见了，取而代之的是博物馆的参观者，他们在现代博物馆与古典建筑之间建立了某种联系，将古典文化的消费与古典文化的建设之间的巨大反差表现得淋漓尽致。当然最大的差异还在于，在这里，自然已经不再是文化的基础，而只是城市景观的一种陪衬。

科特·福斯特（Kurt Foster）："欣克尔柏林中心区规划中的全景视野"（Schinkel's Panoramic Planning of Central Berlin），1983 年

从 1750 年代文克尔曼（J. J. Winckelmann）① 对"眺望楼的阿波罗"（the Apollo Belvedere）② 的顶礼膜拜，到荷尔德林（J. C. F. Hölderlin）③ 对古希腊诗篇的一往情深，古代希腊世界一直牢牢地俘获着德意志人的思想。与文克尔曼一样，荷尔德林从未去过希腊，他富于感性的一生将狂飙突进运动（Sturm und Drang）时期德意志知识分子面临的矛盾演绎得淋漓尽致：一方面，他们满怀对全盛时期古希腊精神和生活的无限憧憬，但是另一方面，这一切又与德国的历史体验相去甚远，而且也与启蒙运动（Aufklärung）的政治和伦理目标背道而驰。因此，席勒（Friedrich Schiller）④ 一方面承认古希腊艺术的无与伦比，另一方面又认为当代戏剧艺术比古希腊悲剧更符合启蒙运动的解放目标，因为前者比后者具有更高的伦理价值。他在 1792 年写道："我们的文明是如此致力于艺术的整体，以至它能够使小偷也改邪归正。"[1]

---

① 约翰·约金·文克尔曼（1717—1768 年），德国艺术史学家和考古学家，新古典运动的领导人物。代表著作有《希腊的古代雕塑和绘画》和《古代艺术史》，赞誉古希腊艺术与文化是"高贵的单纯，静穆的伟大"。——译者注
② 指 15 世纪发现的阿波罗大理石雕像，因收藏在梵蒂冈的眺望楼而得名。——译者注
③ 约翰·克里斯蒂安·弗里德利希·荷尔德林（1770—1843 年），德国诗人。——译者注
④ 席勒（1759—1805 年）德国诗人、剧作家、历史学家、文艺理论家。——译者注

文克尔曼于 1764 年完成划时代的《古代艺术史》（Geschichte der Kunst des Altertums）。在这部著作中，文克尔曼首次提出人类文明史呈螺旋式发展的观念，这一观念后来被黑格尔在 1818 至 1892 年间的美学讲座中改造为一种辩证体系。[2]文克尔曼将古希腊艺术划分为四个阶段：古风时期、以菲迪亚斯（Phidias）[①] 为代表的崇高风格时期、由普拉克西特列斯（Praxiteles）[②] 开创的理想主义时期和希腊普化时期。在文克尔曼看来，古希腊艺术的自然美有两个基本起因，一是希腊温和的气候，另一个是古希腊城邦国家自由的政治秩序。[3]有理由认为，文克尔曼的观点曾经间接地对普鲁士启蒙运动时期的表现主义和理性主义这两种不仅相互联系、而且也相互冲突的运动产生过影响。

表现主义是赫尔德（Herder）[③] 和歌德作品中一再出现的主题，两位伟人共同感到，一种可与古希腊相媲美的德意志文化只能从人民的内在特征、气候以及北欧的自然景观中产生。关于这一点，查尔斯·泰勒（Charles Taylor）曾经论述道："在这里，我们看到的是现代民族主义的滥觞。赫尔德认为，每一个民族都有自己特定的表现主题和方式，它独一无二且无法替代，它不应该受到压制，也不应该像德意志文人仿效法兰西哲人那样，在对其他民族的亦步亦趋中丧失自我。"[4]赫尔德热衷于原生文化，而歌德则在 1775 年移居魏玛（Weimar），并且转而将帕拉第奥主义视为衡量进步文化的标准，不过此前他曾经认为哥特建筑远比希腊古典主义的舶来品更具日耳曼特征，这与赫尔德的观点有许多相似之处。[5]在赫尔德 1772 年编著的《论德意志风格和艺术》（Von deutsches Art und Kunst）一书中，歌德曾经发表过一篇题为"埃尔文·斯坦巴赫论德意志建筑艺术"（Von deutscher Baukunst，D. M. Erwin Steinbach）的论文，表达了自己青春年少时期对斯特拉斯堡大教堂的爱慕之情。但是到 18 世纪末期，歌德逐步向古典主义靠拢，这种变化与艺术史学家阿洛伊斯·希尔特（Aloys Hirt）的主张不无共同之处。希尔特坚信，古希腊文化的优越性将会在日益发展壮大的普鲁士帝国大展身手。

虽然德国唯心主义哲学有一种古典主义倾向，它还是将启蒙运动视为一种转折点，并且为符合理性和科学精神的伦理和文化价值大声疾呼。康德之后，黑格尔的世界文化辩证史观成为这一思想的主要代表。在黑格尔庞大繁复的体系之中，建筑是文化发展变化的初级形式。在黑格尔看来，艺术美与自然美不同，它是不断进化的精神及其相关形式作用的结果。他将文化发展分为三个阶段，其中每一个阶段都是内容与形式不同程度的综合产物。在黑格尔的体系中，建筑是象征形式阶段的最高代表，其最高结晶就是埃及金字塔，浑厚的纪念形式在默默无声之中将象征艺术的结构表现得淋漓尽致。黑格尔认为，古埃及艺术本质上属于东方艺术，它与古希腊艺术代表的西方艺术属于两个不同的范畴，后者通过充满感性的雕塑艺术表达拟人化的形式。希腊艺术代表着古典主义艺术阶段，这是艺术和生活、形式和精神高度统一的阶段，但是随着希腊城邦国家的消亡最终走向分崩离析。在黑格尔看来，古典主义艺术的解体导致了浪漫主义艺术的出现，在这里，由于基督教精神的非物质化需求，艺术形式与精神内容变得貌合神离了。

---

① 古希腊雕塑家，最出色的作品是雅典卫城帕提农神庙内的雅典娜雕像雕塑和奥林匹亚的宙斯雕像。——译者注

② 古希腊雕塑家，活跃在公元前 4 世纪，其名望在当时仅次于菲迪亚斯，最著名的作品有"赫尔墨斯与奥尼索斯"等。——译者注

③ 赫尔德（Johann Gottfried von Herder，1744—1803 年），德国哲学家、语言学家、文学评论家、历史学家。——译者注

在黑格尔的美学体系中，艺术是理念与物质形态的对立产物。黑格尔把艺术的历史发展分为三个阶段：象征主义阶段、古典主义阶段和浪漫主义阶段，每一阶段都有一种占主导地位的艺术形式，它们本质上彼此不同。根据这一观点，雕塑是人类个体精神自由化和拟人化的体现，它与以建筑为基本表现形式的象征主义艺术的普遍性质迥然不同。浪漫主义艺术始于哥特建筑，绘画、音乐和诗歌只是后来才成为浪漫主义艺术的主要表现形式。

　　绘画、音乐和诗歌是三种杰出的浪漫主义艺术形式（虽然哥特建筑本质上也是浪漫主义的）。这样说有两个理由。首先，浪漫主义艺术关注的是行动和冲突，而不是静止的事物。建筑根本无法表现行动，雕塑能表现一点儿……。其次，绘画、音乐和诗歌是更为理想的艺术表现形式，更加远离建筑和雕塑的物质化层面。绘画使用的是二维手段，它表达的是事物的面貌，而不是实在。音乐是空间的抽象，它只在时间中存在……。最后，诗歌则是以完全主观和内向的形式以及感性意象为表现手段。浪漫主义艺术注定要成为自己的掘墓人。艺术的本质乃是精神内容和外在形式的吻合。就此而言，浪漫主义艺术在一定程度上早已不是艺术了，因为它割断了古典主义艺术中精神内容与外在形式的和谐统一。[6]

黑格尔意识到，他那个时代的艺术本质上已经到达浪漫主义阶段，因此他预言艺术的消亡为期不远了。尽管如此，建筑还是在黑格尔的三阶段体系中占据着特别重要的地位，因为每一阶段都在建筑形式中得到相应的表现。因此，如果说象征主义时期的建筑表达构成了古埃及文明的成就的话，那么在黑格尔看来，作为众神化身的古希腊神庙以及实行自由政治的古希腊城邦（polis）则是古典主义艺术的建筑代表。相比之下，哥特建筑的情况正好相反，它被黑格尔视为浪漫主义艺术内在精神追求的缩影。

　　十字形式、尖顶，以及对建筑高度的普遍追求，所有这一切都是象征性的。但是，这种象征主义的精神又是彻头彻尾的浪漫主义。哥特建筑的尖顶一个比一个高，尖形的拱券和窗户以及建筑的非凡高度代表着心灵的崇高追求，在这里，心灵已经超越外在世界，完全沉浸在自我之中。正如我们已经看到的，漠视外在的感官世界，让心灵沉湎在内在精神的主观世界中，这就是浪漫主义艺术的本质。总的说来，这也是基督教堂代表的一切。相比之下，古希腊神庙的柱廊向世界敞开，人们进出自由，赏心悦目。古希腊神庙代表平坦、低缓和宽广，不像基督教堂高耸而又狭窄。希腊神庙的平坦和舒展体现着向外在世界的伸展。哥特教堂将这一切颠倒过来。柱子不再处在建筑外部，而是内部。建筑被完全封闭起来，营造出一个闭关自守的心灵居所。阳光透过镶嵌着彩色玻璃的窗户射进教堂。信徒们你来我去，双膝跪地，口中念念有词，完了又不知去向……。在这里，生命被溶化在寂静的无限空间之中，它以一种感性的方式代表着无限的精神追求。强调内在的精神生活，远离外部尘世，主观性是浪漫主义艺术的本质特点。[7]

就此而言，"古典浪漫主义"的含义远远超越了风格问题。准确地说，它表达的是一种希腊文化与基督教文化的交融，其中寄托着黑格尔以及建筑师卡尔·弗里德利希·辛克尔（Karl Friedrich Schinkel）等一代知识分子对古希腊全盛时代的无限情怀，以及他们在各自领域将普鲁士视为一个理性基督教国家的理念。辛克尔的建筑作品属于后拿破仑时期（post-Napoleonic moment）理性与理想的混合产物，他设计建造了为数众多、力图表现现代自由国家社会文化机构的公共建筑。

在一个古典主义当道的时代，普鲁士建构思想中出现了用现代方式诠释古典世

图 3.1
阿洛伊斯·希尔特,《建立在古典原则基础上的建筑艺术》插图,1809 年

图 3.2
弗里德里希·吉利,巴黎老好人大街(rue des Bons Enfants)考察笔记,1798 年。吉利研究屋顶采光、楼梯以及屋顶构造的细部做法

界的种种努力。关于这一点,人们从阿洛伊斯·希尔特著作的《建立在古典原则基础上的建筑艺术》(*Die Baukunst nach den Grundsätzen der Alten*)一书的标题便可见一斑(图 3.1)。该书于 1809 年问世,出版后轰动一时。1793 年,也就是希尔特著作出版前 16 年,大卫·吉利(David Gilly)创办柏林建筑学校(the Bauschule),它是柏林建筑学院(the Bauakademie)的前身,第一批教员包括吉利之子弗里德利希(Friedrich)、艺术史学家希尔特等,前者留校任教的时候只有 20 岁。

1788 年移居柏林之前,老吉利一直在波美拉尼亚(Pomerania)地区①从事建筑设计和建筑教育的双重实践,他于 1783 年创建斯德丁(Stettin)私立建筑学校。法国建筑技术对吉利的影响很大,这种影响后来又传给了他的儿子,后者曾于 1798 年到巴黎学习法国建造技术(图 3.2),可惜在两年之后英年早逝。吉利父子都对菲利贝尔·德洛尔姆(Philibert Delorme)②以来的法国框架建筑技术怀有极大的兴趣,大卫·吉利还于 1800 年在柏林的一座军校建筑中尝试使用法国的屋顶技术,该技术在德国被称为木盖屋顶(*Bholendach*)。老吉利十分注重建筑的简洁性和经济实用性,这在他的同时代人中可谓独树一帜。这些价值充分体现在他的一系列建筑论著和他在建筑学校的教学之中。说到建筑教学,他还受到迪朗(J. N. L. Durand)类型学和模数经济学思想的影响,后者在 1802—1805 年间发表《巴黎综合理工学院建筑简明教程纲要》(*Précis des leçons d'architecture données à l'Ecole Polytechnique*)。在迪朗的影响下,柏林建筑学校的教学设置在注重实用工程方面更接近巴黎综合理工学院,而不是后来泛滥成灾的巴黎美院体系。

日耳曼精神方兴未艾,小吉利心中热血沸腾,柏林的莱比锡广场设计的腓特烈大帝(Frederick the Great)纪念碑方案就是在这种状况下产生的(图 3.3)。弗里

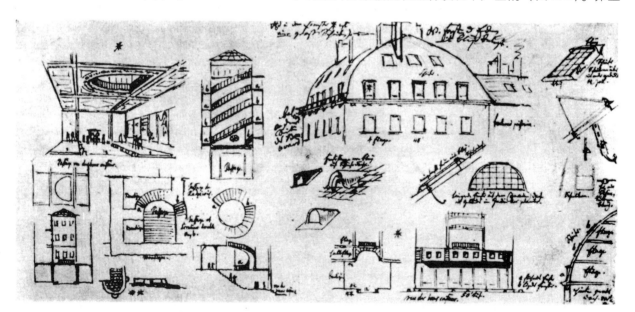

---

① 欧洲东北部一地区,频临波罗的海,位于奥得河和维斯图拉河之间。原为波兰领土,直至 17 世纪勃兰登堡(后为普鲁士)夺取其西部和中部地区。1648 年瑞典占据西波美拉尼亚。1772 年普鲁士并吞东波美拉尼亚,并于 1815 年收复西波美拉尼亚。第一次和第二次世界大战后,奥得河以东地区划归波兰,西波美拉尼亚并入民主德国(今德国)。——译者注

② 德洛尔姆(1510—1570 年),法国建筑师,建有土伊勒里的阿内城堡(Château d'Anet)等,理论著作包括《建筑学第一书》(*Le premier tome de l'architecture*)等。——译者注

图3.3
弗里德里希·吉利，某
纪念堂设计，1798 年
前后

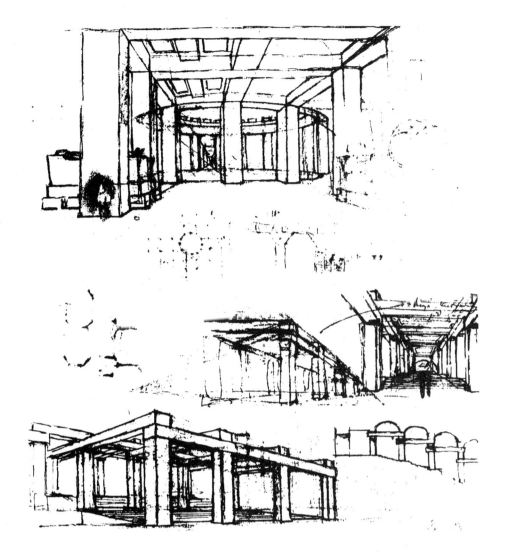

德利希·吉利的建筑设计情感四溢，也曾经给柏林建筑学校留下丰富的理论遗产，但是他对建造技术的热忱一点也不亚于他的父亲。小吉利身前最后一个设计项目是柏林的胡德大桥（Hundebrücke），由于他英年早逝，该设计最后由辛克尔负责实施，并且增加了一些原设计没有的装饰形式（rhetorical form）（图3.4，3.5）。[8] 正如赫尔曼·彭特（Hermann Pundt）曾经指出过的：

    "吉利设计的胡德大桥桥墩的形式很简单，其基础形式也符合流体力学设计的要求，除此之外，就只有三跨的铸铁桥身了。相比之下，1822 年由辛克尔在同一地点完成的皇宫大桥（Schlossbrücke）则完全采用石头贴面处理。在这里，我们已经能够看出辛克尔以何种方式改变弗里德利希·吉利的遗作，从而将一个桥梁设计转化为一座具有再现意义的城市纪念碑（a representive urban monument）。"[9]

    就辛克尔来说，他的建筑生涯一直处在本体和再现的建构形式（ontological and representational tectonic form）的矛盾之中。再现性形式是 1821 年设计的歌唱学院（Singakademie）的主调，其中出现的独立木柱内廊看上去是在刻意模仿古典的多立克柱廊（图3.6）；相比之下，1836 年在柏林建成的建筑学院大楼城堡般的砖砌檐饰则更具建构的本体价值（图3.7、3.8）。在这里，檐饰的下部挑檐提示着屋面椽构

图 3.4
弗里德里希·吉利，柏林皇家大花园胡德大桥，1800 年

图 3.5
卡尔·弗里德里希·辛克尔，柏林皇宫大桥，1824 年

体系的尺寸和间距，它以一种隐喻的方式再现了暗藏的结构主体。值得注意的是，建筑学院大楼的"实用"形式完全摆脱了历史形式的包袱，因而也是辛克尔建筑中最不重视风格的一座建筑，这得归功于 18 世纪最后 25 年出现的英国工业厂房建筑对辛克尔的影响。

　　同样，歌德毕生也在古典和哥特之间徘徊，但最终还是更倾向于新哥特主义（neo-Gothic）建筑（可参见他晚年对 1823 年出版的《论德意志建筑艺术》（*Von deutsche Baukunst*）一书的修改）。[10]歌德无法确切认识德意志建筑的最终命运，这为充满妥协的"第三风格"留下了空间。这一风格必须适合现代，又能表现德意志国家的诞生。这种假想的第三风格是胡伯希（Hübsch）① 在 1828 年的《我们应该以

① 指海因里希·胡伯希（Heinrich Hübsch，1795—1863 年），德国建筑理论家。——译者注

图 3.6

卡尔·弗里德里希·辛
克尔，柏林歌唱协会，
1821 年

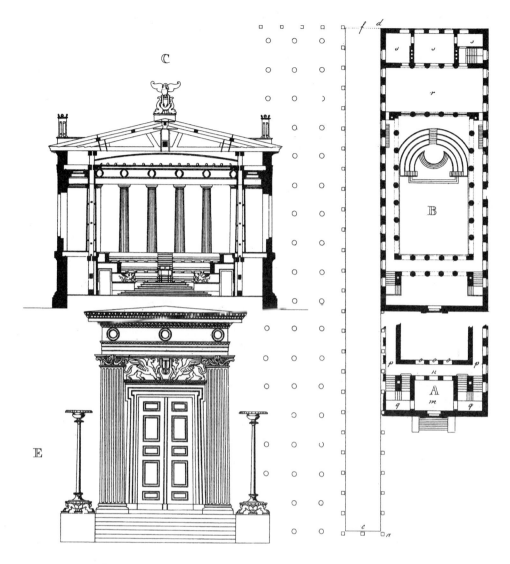

哪种风格建造?》（ *In welchem Style sollen wir bauen?* ）一文中率先提出的。在胡伯
希看来，所谓"圆拱风格"（ round-arch style ）一方面是为了反对希尔特为代表的
学院古典主义对希腊风格的执迷不悟，另一方面也为了反对哥特式的尖拱风格
（ Spitzbogenstil ）。如同希腊 – 哥特主义者那样，胡伯希一直试图摆脱尖拱风格，因
为尖拱风格不仅有着可怕的复杂性，而且也与世俗趣味背道而驰。在接踵而来的一
场激烈争论中，鲁道夫·维格曼（ Rudolf Wiegmann ）先是对胡伯希思想中的历史唯
物主义观点提出批评，但是他后来认识到正在出现的圆拱风格有助于延续被哥特建
筑中断的 13 世纪罗马风建筑和拜占庭建筑，因此又转而捍卫胡伯希的观点。类似的
观点也出现在戈特弗里德·森佩尔在为他自己设计的新罗马风（ neo-Romanesque ）
样式的汉堡尼古拉教堂（ Nikolaikirche ）进行辩护的言论之中。[11]

到 19 世纪 30 年代，辛克尔已经不再相信胡伯希圆拱风格在技术和结构受力方
面的理由。尽管如此，他还是坚信技术能够为风格提供新的可能，1826 年的英国之
行更加巩固了这一信念。辛克尔的旅行日记表明，他对英国先进的铸铁技术和工
厂建筑的关注远甚于对同时期英国民用建筑的兴趣（图 3.9、3.10）。成为柏林建
筑学院（也就是早先的柏林建筑学校）的建筑学教授以后，辛克尔在其朋友和同事

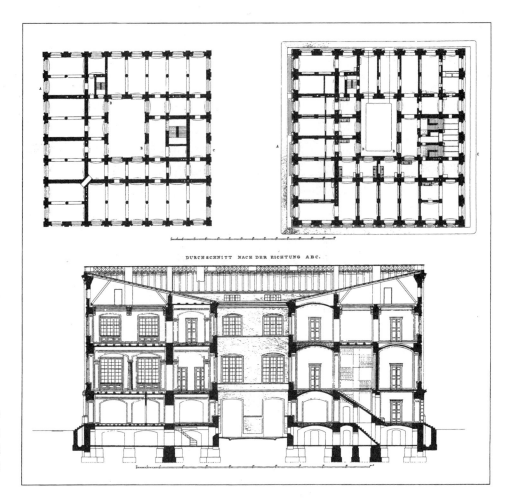

图 3.7
卡尔·弗里德里希·辛克尔，柏林建筑学院大楼，1836 年。请注意屋顶的椽子与建筑顶部的檐饰是一一对应的

图 3.8
卡尔·弗里德里希·辛克尔，柏林建筑学院大楼

图 3.9

1826 年 6 月 16 日—18
日的辛克尔日记：英国
曼彻斯特的工厂及其
厂房

图 3.10

辛克尔日记，1826 年

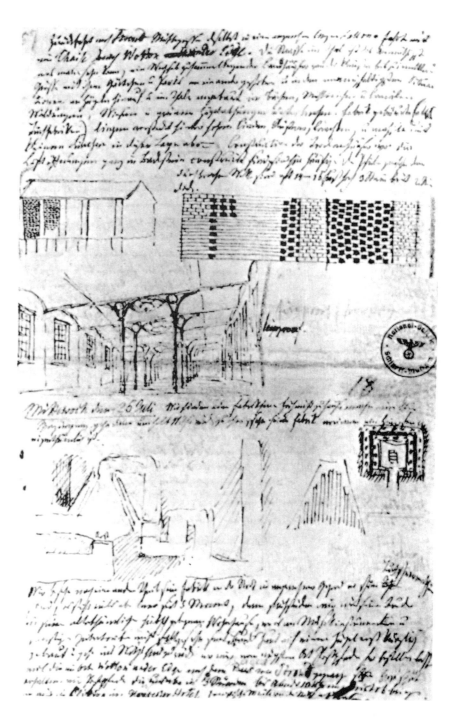

彼得·克里斯蒂安·鲍埃特（Peter Christian Beuth）的陪同下，以普鲁士使者的身份再次前往英国。[12] 他们的任务是考察英国的博物馆建筑，同时也需要考察英国的工业产品设计。鲍埃特于 1821 年创建技术职业学校（Technischer Gewerbeschule），同年又与辛克尔合编《工业与手工制造者手册》（Vorbilden für Fabrikanten und Handwerker），这些都说明，远在"工业设计"成为一种专业前，鲍埃特就已经致力于该领域的内容了。[13] 后来，鲍埃特又与辛克尔共同制定建筑学院教学大纲，对建筑学院和职业学院（Gewerbeinstitut）进行整合。有意思的是，我们从埃德华·加德纳（Eduard Gartner）1868 年完成的描绘建筑学院的油画作品中可以看出，19 世纪中叶建筑学院大楼的底层橱窗里放满了代表当代优秀设计的示范产品。

在铸铁的技术地位问题上，辛克尔的态度是有所保留的。尽管如此，与铁框玻璃结构（ferro-vitreous construction）相关的内容还是以越来越多的频率出现在他从 19 世纪 20 年代开始写作的《建筑学教程》（Architektonisches Lehrbuch）之中。[14] 这是一部最终未能完成的教材，也是辛克尔在建筑教育方面留给后人的惟一遗产。在这部著作中，辛克尔将建构问题与工程技术区分开来。随着时间的推移，这一区分越发显示出它的重要意义（图 3.11）。《教程》还收集了许多不同构件的连接方式和不同材料的结构组合的实例。总体说来，这些实例汇编涉及更多的是建筑的本体问题，而不是再现问题。换言之，它们强调的是建构体系本身的问题，而非外在形式的问题。用博迪舍后来提出的术语来说，它们表达的是"核心形式"（Kernform）的问题，而不是"艺术形式"（Kunstform）的问题。当然，在有些草图中，两者是相互联系的。这一点也反映在辛克尔 1830 年为探讨如何将石拱浮饰运用在多层库房建筑上面而进行的一系列研究之中（图 3.12）。同页的草图还展示了柱子宽度从基础开始向上递减的做法。同样，在对玻璃屋顶内部排水系统的研究中，辛克尔也表现出对建筑内部肌体关系的良好理解（图 3.13）。但是，一旦涉及到民用建筑和纪念性设计任务，再现的元素就凸现出来了，1820 年设计的人民庆典大厦（Folksfestsaal）草图就清楚地说明了这一点。

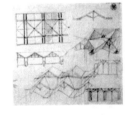

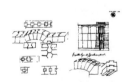

1820—1832 年间建成的柏林新帕克霍夫库房建筑（Neuer Pachof warehouse）采用了墙体收分，从中我们可以看到辛克尔对 19 世纪工程技术的浓厚兴趣。（图 3. 14）。类似的例子还有辛克尔 1827 年为柏林菩提树下大道（Unter den Linden）商场大楼所作的双层铁构玻璃立面设计（图 3.15）。建构表现的追求甚至逾越了建筑地位的限制，出现在辛克尔设计的更具纪念性的建筑之中，比如卡尔王子宫（the Prince Karl Palace）上的楼梯组合（图 3. 16）和 1832 年建成的波茨坦夏洛滕霍夫宫（the Charlottenhof）等，后者将露明木椽构架支撑在柱墩上面，形成敞开式的屋顶山花（图 3. 17）。

图 3. 14
卡尔·弗里德里希·辛克尔，柏林新帕克霍夫库房，1820—1832 年。请注意该建筑的收分和墙体厚度的逐步减小

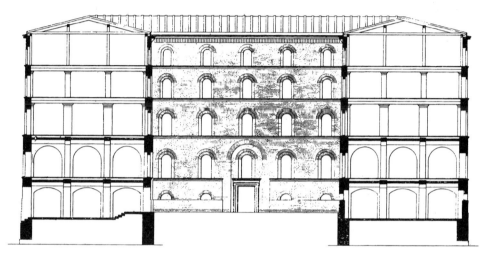

图 3. 15
卡尔·弗里德里希·辛克尔，柏林菩提树下大道某商场设计，1827年。剖面。下面两层是商店，上面两层为公寓

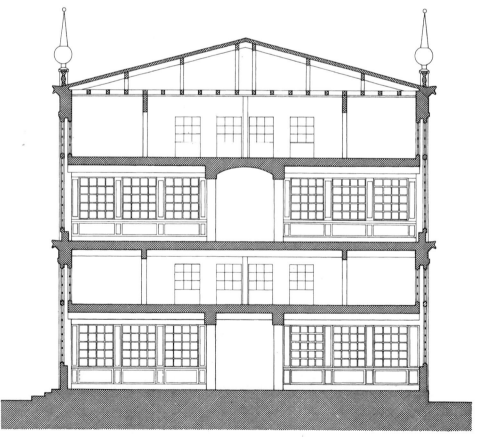

图 3.16
卡尔·弗里德里希·辛
克尔，卡尔王宫，门厅
和楼梯细部设计。辛克
尔古典建筑的一大特点
是大量使用轻型金属结
构，即使宫殿建筑也不
例外。人们也许可以将
辛克尔的这些楼梯设计
与密斯在伊利诺伊理工
学院设计的典型的楼梯
细部相提并论

DETAILS DER TREPPE.

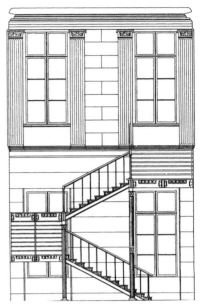

图 3.17
卡尔·弗里德里希·辛
克尔，波茨坦夏洛滕霍
夫宫，1832 年。其注意
该建筑山花端墙部位使
用的支撑水平长梁的独
立式柱子

柏林的弗里德里希河心岛教堂（Friedrich Werder Church）于 1830 年落成，在这座建筑中，辛克尔充分展现了建筑外套和衬里的差异（图 3.18）。从外表看，该建筑是一个典型的厅堂式教堂（Hallenkirche），由承重性的砖砌仓体结构（brick barn structure）和木桁架屋顶构成；相比之下，建筑的内部则是一个自成一体的轻质哥特式衬里，当然立柱的间距与外围结构柱也完全吻合（图 3.19，3.20）。仔细研究一下该建筑的设计图，人们就不难发现，在尖券窗洞的砖质外套和哥特式衬里之间有着某种微妙的对应关系。[15]事实上，哥特式衬里只不过是一层布景式的玩艺儿，每个尖拱顶端都有一个圆洞，它们取代了传统哥特建筑中用于加强尖拱整体性的雕花球。在这里，通过保持建筑外壳门窗配置与室内中厅洞口形式的一致，辛克尔将"核心形式"和"艺术形式"的关系来了一个大逆转。换言之，"核心形式"被置于建筑的外部，而"艺术形式"则被放在建筑的内部。与辛克尔的其他建筑相比，弗里德里希河心岛教堂更加清晰地揭示了辛克尔折衷主义的自我意识。如同博迪舍的晚期理论一样，辛克尔更加重视本质结构与外在形式的关系，而不仅仅是风格的选择。他为该建筑设计的另一个罗马式拱顶室内方案就颇能说明这一点（图 3.21，3.22）。在这个方案中，人们还能看到来自迪朗的影响，同样的影响也反映在 1821 年建成的国家剧院（Schauspielhaus）中，尽管不可否认的是，该建筑的外部模数关系与划分室内空间的承重墙体系并不完全吻合（图 3.23），[16]这是由于该建筑不得不在先前的基础上建造所致。为表现建筑的模数关系，辛克尔在剧院的侧立面上刻意

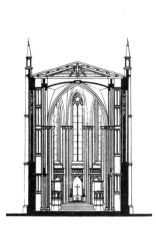
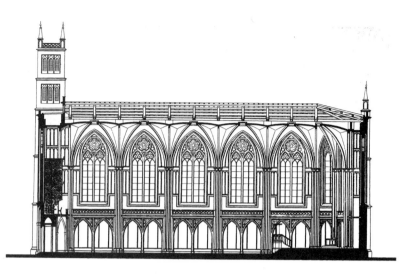

图 3. 18
卡尔·弗里德里希·辛
克尔，柏林弗里德里希
河心岛教堂，1830 年

图 3.19

卡尔·弗里德里希·辛克尔，弗里德里希河心岛教堂，其中中殿被赋予一个再现性的内壳。请注意拱壳的中心部位缺少的垂花饰说明整个哥特样式的内壳并非结构性的

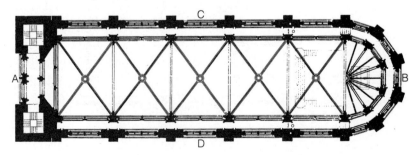

图 3.20

卡尔·弗里德里希·辛克尔，弗里德里希河心岛教堂，平面

78

图 3.21
卡尔·弗里德里希·辛
克尔，弗里德里希河心
岛教堂，备选方案：在
同一个基本的砌体外壳
内完成的罗马样式的
内胆

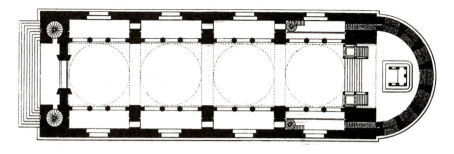

图 3.22 卡尔·弗里德里希·辛克尔，弗里德里希河心岛教堂，罗马样式的备选方案室内透视

强调了模数的韵律关系，同时又将剧院入口柱廊的形式反映在侧立面四个巨大的壁柱上面，从而在模数韵律和巨型壁柱之间建立起某种互动关系。这是一座四面有山花的建筑（图3.24），毫无疑问，这与该建筑在宪兵广场（Gendarmenmarkt）开阔空间中的独立位置及其纪念性质休戚相关。

迪朗坚持认为，适用性和经济性是建筑美的主要来源。事实证明，这一观点对辛克尔产生了重要影响，因为他的任务常常正是为一个财政上捉襟见肘的新兴国家设计纪念性建筑。1830年在柏林市中心皇家大花园（the Lustgarden）落成的老博物馆（Altes Museum）就在平面设计中运用了迪朗的类型理论（图3.25，3.26，3.27）。但是，尽管辛克尔试图将迪朗的实用美学融合到自己的建筑理论中来，他还

图 3.23
卡尔·弗里德里希·辛克尔，柏林，国家剧院，1821年

图 3.24
卡尔·弗里德里希·辛克尔，国家剧院，侧立面。请注意该立面中央暗示正立面门廊的四根壁柱。其中隐含的模数体系来自迪朗

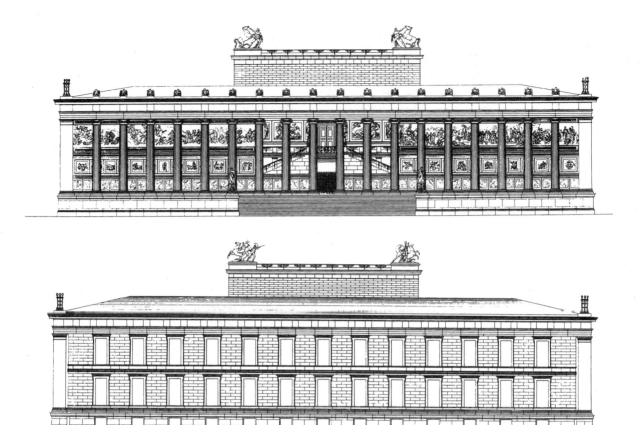

图 3.25
卡尔·弗里德里希·辛克尔，柏林，老博物馆，1830 年

图 3.26
卡尔·弗里德里希·辛克尔，老博物馆。同样，该建筑中也隐含的迪朗模数体系也十分清晰地显现在背立面上。雕塑作品都出自戈特弗里德·夏顿之手

是坚持主张建筑应该把"习惯和国家的要求以及地域和场地的条件"作为设计的前提条件之一，[17]这无疑有助于抵消技术普遍主义的影响。辛克尔强调建筑与场地的关系，因此他在是否应该在老博物馆面向皇家大花园的立面采用巨型柱式的问题上，与学院派代表人物希尔特发生了冲突。希尔特宣称，巨型柱式夸大其辞，不仅不妥，而且史无前例。但是在辛克尔看来，大地本身就是建筑特征的基本源泉，而建筑师的任务就是将规范的类型与场地的要求相结合。持相同观点的还有小吉利和弗里德里希·万伯莱纳（Friedrich Weinbrenner）。与赫尔德的观点多少有些相似的是，辛克尔认为这一结合必须建立在尊重场所和民族特征的基础之上。他写道："任何时期的纪念性建筑都必须保持简洁的内在形式，它必须植根于人类文化的基本条件，才能枝繁叶茂，绽放出灿烂的花朵。"[18]

辛克尔的文化理论深受谢林（Friedrich Wilhelm Joseph von Schelling）① 的影响，后者主张理想与现实的统一。就此而言，20 世纪的密斯名言"上帝就在细部之中"[19]与辛克尔"美是自然智慧的视觉证明"[20]的观点可谓异曲同工之妙，都在一定程度上反映了谢林的自然哲学。根据这一哲学，上帝的显现无处不在。辛克尔的思想是一种双重意义上的二元论，它不仅追求理想和现实的融合，而且也要求类型（typos）和场地（topos）的结合。此外，辛克尔在表现国家的社会文化机构这一点上也深受迪朗的影响。"建筑艺术的原则"（Das Prinzip der Kunst in Architektur）一文属于辛克尔为数不多的理论陈述之一，其中辛克尔写道：

1. 建造（bauen），就是为特定的目的将不同的材料结合为一个整体。

---

① 谢林（1775—1854 年），德国哲学家。——译者注

图 3.27
卡尔·弗里德里希·辛
克尔，老博物馆

2. 这一定义不仅包含建筑的精神性，而且也包含建筑的物质性，它清晰地表明，合目的性是一切建造活动的基本原则。

3. 建筑具有精神性，但是建筑的物质性才是我思考的主体。

4. 建筑的合目的性可以从以下三个方面进行考虑：

    a) 空间和平面布局的合目的性；

    b) 构造（construction）的合目的性，或者说，适合建筑平面布局的材料组合的合目的性；

    c) 装饰的合目的性。[21]

在同一理论陈述的后半部分，辛克尔还将适宜性（fitness）原则应用于结构和装饰，他要求建筑尽可能使用好的材料，揭示材料自身的品质，包括各种建筑构件组合的工艺和品质。显然，辛克尔对工艺的精确性和材料的丰富性十分关注，这与佩罗的"客观美"（positive beauty）思想有着千丝万缕的关系。此外，辛克尔的合目的性（Zweckmässigkeit）思想又与康德哲学有关。正如伊孔诺莫（Ikonoumou）和马尔格雷夫（Mallgrave）曾经指出的：

在 1790 年完成的《判断力批判》（Kritik der Urteilskraft）中，康德从我们判断形式美及其审美愉悦的过程出发，提出了更具本质意义的形式概念。与他早期的"直觉形式"和"思想形式"不同……，康德在这里提出的是主宰审美判断的原则问题。他希望，这一原则既可以提供普遍的标准，又允许一定的主观性。这就是所谓"合目的性"原则。对康德来说，合目的性就是我们设定的普遍存在的内在和谐，一种我们在审美行为中发生倾斜的偏好。合目的性乃是一种启发性规则或者说标准，借助于这种规则或者标准，我们将艺术形式与自然形式结合在一起。[22]

辛克尔还将他对合目的性的理解与费希特（Johann Gottlieb Fichte）① 提出的文化等级概念结合起来。在 1800 年出版的《人类的使命》（*Die Bestimmung des Menschen*）中，费希特将公众行为和伦理价值置于首要的地位。根据这一观点，辛克尔清楚地意识到并非所有的建筑都具备同等的地位。换言之，仪表、地点和装饰的选择必须直接表达建筑的等级。显然，这里不乏来自以柯德姆瓦和洛吉耶为代表的法兰西思想的影响，但我们还是有理由认为，秩序的等级感是德语的固有内容。在德语中，建筑（*Architektur*）、建造艺术（*Baukunst*）和房屋（*Bauen*）乃是不同等级的概念。通过对柏林施普雷河沿岸的库普夫格拉本（*Kupfergraben*）地区一系列辛克尔建筑的研究，科特·福斯特（Kurt Forster）曾经对辛克尔表达不同建筑等级的能力进行了分析（图 3.28）。

不仅库房建筑展现了这一特点，而且沿河地区每一幢由辛克尔设计的建筑都在宽阔的建筑视野中扮演着特定的角色。柱式立面和山尖饰赋予博物馆建筑新古典主义的样式，并因此显得出类拔萃；相比之下，海关大楼的山花立面装饰和表面处理则有所减少。海关大楼后面的一对办公楼建筑的立面只采用了一些装饰性抹灰处理，而库房建筑的外表则是未经装饰的清水砖墙。在这里，建筑形式和材料的系列安排给城市景观注入手法的和历史的"深度"。方石、贴面、抹灰、清水砖墙，这些都是表达建筑等级逐步减退的阶梯，并且每一级阶梯都与特定的结构类型相匹配。辛克尔赋予每幢建筑不同的风格，但又没有陷入纯粹折衷主义的泥潭。从横梁结构到拱券结构、以及不同建筑材料色质的运用一切都与这一等级体现息息相关。[23]

从迪朗《建筑课程纲要》论述的公共建筑（*édifices publiques*）出发，辛克尔将新帕克霍夫库房（见图 3.14）设计成"大型室内市场"（*halle*）和"市政厅"（*maison commune*）② 等迪朗类型的综合体，尽管正如艾德华·梅兹格（Eduard Metzger）的圆拱风格的国家图书馆（Staatsbibliothek）一样，我们在辛克尔设计的这幢建筑上还可以看出诸如里卡蒂宫（Palazzo Riccardi）这类 15 世纪中叶的早期佛罗伦萨宫殿建筑的痕迹。新帕克霍夫库房是辛克尔建筑中最能表现结构受力关系

图 3.28
从皇宫大桥看辛克尔建筑：前景为远古博物馆，远景是三幢帕克霍夫建筑

---

① 费希特（1762—1814 年），德国哲学家。——译者注
② 这两个建筑类型的中文译名参考了迪朗《建筑课程纲要》一书英文版的翻译，其中它们分别被译为 "Market Hall and Marketplaces" 和 "Town and City Halls"，见 *Précis of the Lectures on Architecture*, translated by David Britt, Texts & Documents, The Getty Research Institute, 2000 年。——译者注

的作品之一，立面上五条水平束带的间距（每个楼层一条）随着建筑高度的增加和结构荷载的减少而逐步递减。与此同时，承重作用的面层砖墙也有细微的收分，这与结构墙体厚度的递减相一致。圆拱形窗户的宽度也随着楼层的增加略有减少，并最终导致了一种具有透视感的纪念性效果。最低一层束带上方的半圆形窗洞暗示着地窖的存在和位置。类似的暗示和递减形式也出现在建筑学院大楼上面。与帕克霍夫库房一样，建筑学院大楼也是一幢砖结构建筑，而且也可以说是厂房建筑类型的一种变体（见图3.7，3.8）。但是，在建筑学院大楼上，人们不仅能够看到二楼和三楼设计教室窗户高度和宽度的递减，而且也会发现，为了表达在建筑上的从属地位，底层、地下室和阁楼窗户尺寸都有所减小（见图3.8）。此外，二楼和三楼设计教室的窗户增加了铁质格栅和中槛，窗户上方还有平砖拱和山尖饰和赤陶拱尖饰板，这些细部处理都是对建筑不同部位的差异进行强化表现的手段。与帕克霍夫库房建筑不同的是，建筑学院大楼内部被纵向承重墙体系统地划分为大小各异的空间，立面上的竖向柱式将结构系统表现出来，同时也在一定程度上弱化了用于表达楼层位置的束带。不过，正如英国史学家詹姆斯·弗格森（James Ferguson）曾经在20世纪中叶指出过的，尽管有着种种微妙处理，整个建筑学院大楼看上去还是更具石头建筑的尺度，而不太符合砖砌建筑的尺度。[24]

辛克尔于1841年去世。此后不久，卡尔·博迪舍于1843—1853年间出版的三卷本著作《希腊人的建构》（Die Tektonik der Hellenen）就迅速取代尔特的新希腊主义理论，[25]成为建筑学院的指导思想。博迪舍1827年考入建筑学院，曾经师从鲍埃特和辛克尔。1844年，博迪舍获得建筑师资格并留校任教。博迪舍深受胡伯希结构理性主义思想以及希尔特崇尚希腊形式及其象征意义的观点的影响，尽管与此同时，他对胡伯希的唯物主义（materialism）和希尔特的传统主义（traditionalism）都持否定的态度。博迪舍寻求的是，正如辛克尔新帕克霍夫库房建筑和建筑学院大楼曾经身体力行的，通过等级秩序来弥补古典主义与浪漫主义的断裂。以辛克尔的《建筑学教程》（Architektonisches Lehrbuch）为出发点，博迪舍试图将结构的本体地位和装饰的再现作用重新结合在一起。博迪舍反对一切形式的折衷主义，无论它是以哥特复兴主义还是新文艺复兴主义的面貌出现。此外，博迪舍对启蒙运动中康德代表的理性主义和希尔特代表的反理性主义的思想路线也持怀疑态度，他主张一种能够将希腊建筑的再现性和哥特建筑的本体性兼容并蓄的建筑。

通过克里斯蒂安·维塞（Christian Weisse）的著作，博迪舍接触到阿图尔·叔本华（Arthur Schopenhauer）① 的思想。叔本华认为，只有通过支撑与荷载（Stütze und Last）之间富有戏剧性的相互作用，建筑才能获得本质的形式和意义。[26]受叔本华思想的影响，博迪舍将建筑视为一种肌体，主张在一切可感知的尺度上寻求建筑构件的空间表现。他还以赫尔德触感雕塑美学以及辛克尔的构成方法为基础，提出象征性装饰无论在任何情况下都不应该混淆建筑的基本结构形式的观点。米切尔·施瓦泽（Mitchell Schwarzer）曾经写道：

> 博迪舍尝试将建筑的物质性和受力关系与艺术的客观性融合在肌体般的激情之中。这一尝试与康德和席勒有关建筑美乃是主观情感向客观现实过渡的思想迥然不同。……博迪舍认为，建筑美恰恰是对机械学概念的诠释。如果说建筑的艺术性需要想像的话，那么建构的建造要求则拒绝将建筑的自主性附属于

---

① 叔本华（1788—1860年），德国哲学家。——译者注

任何外在目的性。[27]

博迪舍主张，建筑应该注重结构构件之间恰当的相互连接，从而产生富有表现力的衔接关系。他将这种衔接关系视为建筑的躯体构成（*Körperbilden*），它不仅使建造成为可能，而且还使这些构件转化为建筑表现体系中具有象征意义的组成部分。除了这类涉及建筑句法和构造问题的观点外，博迪舍还提出了"核心形式"和"艺术形式"的理论，这一点我们在前面已经提及过。对于博迪舍来说，艺术形式的任务就是再现核心形式，这不仅涉及核心形式在建造层面的内容，而且还涉及建筑作为社会文化机构方面的问题。博迪舍写道："建筑的每一部分都可以通过核心形式和艺术形式这两种因素得到实现。建筑构件的核心形式是结构机制和受力关系的必然结果；而艺术形式则是呈现结构机制和受力关系的性格塑造。（The core-form of each part is the mechanically necessary and statically functional structure；the art-form，on the other hand，is only the characterization by which the mechanical-statical function is made appearant.）"[28]在博迪舍看来，艺术形式的外壳应该具有揭示和强化结构本体内核的作用。与此同时，他还坚持认为，我们应该在不断尝试中认识和表现结构形式本身和结构形式的修饰之间的差异，无论这一修饰是以饰面（cladding）还是装饰（ornament）为其表现形式的。博迪舍写道：艺术形式"仅仅是一种覆盖方式（covering），一种建筑构件的象征属性，一种装饰"[29]

博迪舍不仅深受辛克尔的影响，而且也从谢林的自然哲学那里吸收了许多养分。谢林认为，正是因为建筑具有象征意义，它才能够超越房屋的实用功能。这一点对博迪舍的影响尤为重要。对于谢林和博迪舍来说，无机体就不具备象征意义；因此，只有将建构与有机形式相比拟，结构形式才能获得象征的地位。直接模仿自然形式固然应该避免，但是如同谢林一样，博迪舍也认为建筑只有通过模仿其自身才能成为模仿性艺术。不过与谢林不同的是，博迪舍倾向于在理论上与借用历史形式的机会主义观点保持距离。

在1846年举行的辛克尔纪念活动（*Schinkelfest*）上，博迪舍作了一篇题为"希腊和日尔曼建造方式的原则"（The Principles of the Hellenic and Germanic Way of Building）的演讲，它标志着博迪舍理论的进一步发展。在这篇演讲中，博迪舍首先对柏林建筑学院的建筑传统、尤其是作为"建筑科学"创始人的辛克尔作出高度评价，随后便以黑格尔主义的方式提出一种他并未明确命名的第三种风格的可能性。该网格必须综合日尔曼文化中哥特和希腊的双重遗产，具有新的文化整合的能力。[30]在博迪舍看来，真正的建构传统乃是一种"精神折衷"（eclecticism of the spirit），它并不在于某种风格的外表，而取决于隐藏在外表背后的本体。博迪舍不反对将传统风格与新的历史条件相结合，但是他坚决拒绝用任何方式对风格进行武断的选择，比如说胡伯希提倡的圆拱风格等。博迪舍的观点是，未来风格创新的空间体系必须建立在新的结构原则之上，舍此无它路可走。不难发现，博迪舍的观点已经在一定程度上预示了维奥莱-勒-迪克的建筑思想：

> 建筑风格是否应该由建筑表面的覆盖方式来决定？这一问题可以在历史上风格迥异的纪念性建筑中找到答案。同样不言而喻的是，从最初使用石头覆盖空间的简陋尝试开始，到尖拱为代表的高级形式，再到当代的成就，一切都证明，作为一种创造空间的方式，石头建筑的道路已经走到了尽头，运用这一材料的新的结构可能性也所剩无几。我们再也无法将石头作为当代处于高级发展阶段的建筑的惟一结构材料来使用。石头的绝对强度和相对强度都已经挖掘得

差不多了，如果还有什么未知的新的创造空间的体系的话（它肯定会带来一系列新的艺术形式），那么它只能取决于未知的材料（或者说到目前为止没有能够在建筑上得到主要运用的材料）的出现。它必须是一种物质特点很强的材料，与单独使用石材相比，它能够满足更大跨度的要求，同时又更轻、更加安全可靠。对于空间和结构设计而言，这种材料必须满足任何可以设想的空间和平面需要。有了这种材料，墙体的数量可以减少到最小，尖拱结构中庞大笨重的飞扶壁也必将被淘汰。整个体系的重量将集中在垂直方向，也就是说，集中在墙体和其他支撑构件的受力方向上。当然，这并不意味着石拱结构不再会间接地出现在建筑之中，尤其不能意味着肋拱和星拱（ribbed and stellar vaulting）[①] 结构从此销声匿迹；相反，它们仍然还会在建筑中广泛运用。但是，这一发展应该意味着另一种材料必将成为建筑结构的主体，它能够将结构功能转化到另一些按照不同原理运作的建筑构件中去。至于说被新材料取代的结构构件是飞扶壁还是用于支撑建筑顶棚的肋条，都已经属于无足轻重的问题了。

这一材料就是铁，它已经能够服务于上述种种目的。随着人们对这一材料的结构特性的研究和认识的进一步加深，它必将成为未来建筑体系的基础，而且会比希腊和中世纪的建筑体系更加优越，就像中世纪的拱券体系要比古希腊单一的梁柱体系更加优越一样。如果我们暂且不论木质吊顶的脆弱性能（该体系在这里完全不具有可比性），那么从数学分析的角度，我们完全可以认为铁就是那种能够赋予建筑新的绝对强度的材料，尽管到目前为止人们还没有能够充分利用这一材料。[31]

正如后来在维奥莱－勒－迪克的建筑理论中出现的那样，博迪舍已经预见到铁质拉杆的绝对强度能够在建筑结构中发挥重要的辅助作用，也就是说它能够使石拱的强度和跨度加大。当然，与这位法国结构理性主义者不同的是，博迪舍坚持认为，对于这一史无前例体系而言，建构的表现性必须通过希腊建筑原则的重新诠释才能塑造自身的再现形式。博迪舍将古典建筑视为普遍象征意义的化身，在一定程度上，这一思想已经预示了后来在青年风格派（Jugendstil）逐步走向成熟后（its crystallizing phase）出现的符号学转变，其中尤以 19 世纪向 20 世纪过渡时期奥托·瓦格纳（Otto Wagner）的作品为甚。[32]博迪舍含蓄地承认，要将传统砌体建筑的象征形式与一种史无前例的轻质骨架结构结合起来并非易事，因此他试图在有机形式中寻求基本的形式力量，以期达到综合机械形式和自然形式的结合，重新诠释和改变人们已经形成的古典形式的形象观念。他在 1846 年的演讲中争辩道：

图像艺术并不能代表思想本身，但是却可以通过象征手法表达思想，体现思想的内涵。同样的道理也适用于建筑。只有通过那些与建筑体系的固有构件具有相似思想内涵的自然物体，建筑才能获取它的象征意义和艺术形式。因此，如果认为外部世界不存在可比性的话，那么思想就无法通过图像艺术乃至建筑得到表现。概念和物体、意图和模仿的相互作用造就了图像艺术的实质及其与自然的关系。[33]

1825 年，戈特弗里德·森佩尔在哥廷根大学学习了一段时间的数学之后，进入慕尼黑美术学院学习建筑。由于一次情场决斗，他于 1826 年逃往巴黎，师从弗朗兹·克里斯迪安·高乌（Franz Christian Gau）学习。很有可能正是从高乌那里，森

---

① 一种以肋架、枝肋或副肋组成形状图案的拱顶形式。——译者注

图 3.29
戈特弗里德·森佩尔，
《技术和建构艺术中的风格》插图，1860—1863年。1851年伦敦万国博览会上展出的加勒比茅屋

佩尔了解到当时正闹得沸沸扬扬的有关希腊神庙色彩问题的争论。[34]1830—1833年间，森佩尔到意大利和希腊游学，1834年返回德国，并在高乌的推荐下就任德累斯顿皇家美院建筑学院院长，随之而来的是他平生第一个大型设计任务：德累斯顿宫庭剧院。该建筑于1841年建成，此后他又于1847—1854年间设计建成了德累斯顿美术馆。但是，由于染指1848—1849年间的革命运动①，森佩尔再次流亡国外。先是在法国，然后到英国，在那里他成为亨利·科尔（Henry Cole）和理查德·瑞德格里夫（Richard Redgrave）领导的水晶宫小组（Crystal Palace circle）的一员。最后，他又移居苏黎世，并于1855年出任瑞士联邦综合理工学院（Polyteknikum）②院长一职。

　　森佩尔的理论著作《建筑艺术四要素》（Die vier Elemente der Baukunst）主要是在1850年完成的。尽管直到1851年，也就是《建筑艺术四要素》出版后的第二年，森佩尔才读到《希腊人的建构》的第一卷，这两部著作却有不少相似之处。两位作者都认为，在古典建筑的发展过程中，内部隔墙（the internal carpet wall）曾经发挥了至关重要的作用。在这一点上，二人的观点可谓不谋而合。1834年，为准备德累斯顿学院的讲座，森佩尔仔细研读了卡尔·奥特弗里德·缪勒的著作，因此森佩尔的观点也很接近缪勒建构理论中的人类学观点。另一位较早对森佩尔产生影响的学者是文化人类学家古斯塔夫·克莱姆（Gustav Klemm）。作为皇家图书馆员，克莱姆与德累斯顿宫廷常有接触，而这一段时间也正是森佩尔在宫廷任职的时间。克莱姆于1843—1851年间发表了9卷本巨著《人类文化通史》（Allgemeine Kultur-Geschichte des Menschheit），其中第四卷根据18世纪晚期一位随库克船长（Kaptain Cook）赴南太平洋考察的德国探险者记录的资料，对一个太平洋岛屿上的茅屋进行了详尽的描述。通过这部著作，我们不难看出克莱姆对森佩尔思想发展的重要影响。可以说，克莱姆对原始茅屋的诠释在很大程度上正是后来森佩尔理论中原始住宅的雏形。虽然森佩尔在自己的著作中只有两次提到克莱姆，但是他无疑深受克莱姆文化转变理论的影响。根据这一理论，随着温顺柔弱的南方民族逐步被勇武好战的北方游牧部落征服，原先的土著住宅也在游牧部落向南方迁移的过程中，受气候和种族起源的双重影响而发生变化。正如哈里·马尔格雷夫（Harry Mallgrave）曾经指出过的，森佩尔认为，砖石建筑的"南方式"类型就是这一过程的产物，它标志着以古埃及柱式为代表的建筑历史的开端，而炎热的气候和封闭的地理环境又导致了院落建筑的产生。比如，神庙建筑的核心就是深藏其中的圣坛（sekos），并由此发展出一系列院落组合。刚开始的时候，整个建筑群体都是开敞式的，只是后来才被人们用帆布或者永久性的屋面覆盖起来。同样的转化过程也反映在构架结构的（tectonic）原始茅屋向古希腊石砌结构的（stereotomic）周边柱廊式美加仑建筑③的演变之中。[35]

　　1851年，森佩尔在伦敦水晶宫举行的大英博览会上目睹了一种来自加勒比地区的原始茅屋。他的建筑四要素理论就是在这一茅屋的基础上提出来的，它标志着森佩尔与维特鲁威建筑传统所恪守的"实用"（utilitas）、"坚固"（firmistas）、"美观"

　　① 指1848年3月爆发的反对封建君主制度的德意志资产阶级革命，1849年7月在遭受普鲁士军队的镇压之后宣告失败。——译者注
　　② 即今天的苏黎世瑞士联邦高等工业大学（ETH）的前身。——译者注
　　③ 古希腊时期的一种长方形建筑，典型布局包括中央火塘和前廊的矩形房间，通常前面有二柱，它是自迈锡尼时代起始的希腊传统，并被认为是多立克神庙的先型。——译者注

（*venustas*）三位一体原则分道扬镳（图3.29）。同样，也是根据加勒比原始茅屋的经验事实，森佩尔向我们展现了一种与洛吉耶1753年提出的原始茅屋学说针锋相对的人类学观点。与洛吉耶的模型相比，森佩尔的原始茅屋可谓更加有血有肉，它的组成部分是：（1）火炉（hearth）、（2）基座（earthwork）、（3）构架/屋面（framework/roof）、（4）围合性表皮（enclosing membrane）。

森佩尔勇于挑战洛吉耶原始茅屋学说的权威，他认为具有延性的构架（tensile frame）和填充墙体是更为基本的建筑要素，其性质与密实的基座（compressive earthwork）和起承重作用的建筑实体（load-bearing mass）截然相反。因此，当辛克尔和森佩尔在他们的建筑中使用特殊的砖石砌体时，他们又赋予这些砌体一种透明的网格形式，并且小心翼翼地将它们组合成等级分明的体系。不过，在他的茅屋体系中，森佩尔强调的还是这样一种关系：基座乃是与地形有关的砌筑实体，在它的上面才是相对非永久性的构架形式。

森佩尔对基座予以特别强调，其意义实乃非同小可。一方面，它是对森佩尔视为原初艺术（*Urkunst*）的游牧民族纺织文化的补充；另一方面，正如罗丝玛丽·布莱特（Rosemarie Bletter）曾经指出过的，它将火炉视为房屋基座不可分割的一部分，从而将非空间性构件置于一个重要的地位。[36]对于森佩尔来说，火炉揭示了建筑存在的真正理由，因为它将建筑内部的公共性和精神性融为一体。与此同时，他的四要素理论也不乏重要的词源学含义。在他那里，拉丁词"雷类多斯"（*reredos*）获得了双重含义：一方面，它被用来指称圣坛的背壁，另一方面它又包含火炉背壁的意思。其实，拉丁词"亚狄菲卡勒"（*aedificare*）字面上就具有火炉制造的意思，并且还派生出"大厦"（edifice）一词；就此而言，"火炉"本身就包含了某种民用建筑的意思。此外，火炉和大厦都具有社会文化机构的含义，这一点通过动词"启发"（to edify）便可见一斑，因为该动词的含义是教育、加强、引导等。森佩尔进而在类似的词源学基础上修正了他的大部分人类文化学建构理论。比如，他将厚重的墙体（即德语所谓的 *die Mauer*）与屏障似的轻质围合墙壁（即德语所谓的 *die Wand*）区分开来。二者都具有围合的意思，但是后者又与德语的"服装"（*Gewand*）以及动词"修饰"（*winden*）有关。此外，森佩尔将"绳结"（knot）视为人类最初的结构物，认为它构成了游牧部落帐篷建筑文化及其纺织材料的基础。[37]这一点同样也涉及到词源学问题，因为森佩尔深知，"绳结"和"交接"（joint）之间源远流长的内在关系，它们在德语中分别被称为"结点"（*der Knoten*）和"缝合"（*die Naht*）。在现代德语中，它们都与"连接"（*die Verbindung*）的概念相关。因此，对于森佩尔来说，"交接"或者说"绳结"乃是最重要、也是最基本的建构要素（图3.30）。关于这一点，约瑟夫·里克沃特（Josef Rykwert）曾经写道：

> 通过奇妙的文字游戏，森佩尔在著作开始部分有关纺织的章节中对"缝合"（Naht）一词具有的缝合和连接的意义进行了一番思辨，这为他后来将"绳结"视为艺术作品之本质的观点埋下了伏笔。森佩尔宣称，两种相同或者不同材料

图3.30
戈特弗里德·森佩尔，传统织物使用的具有代表性的编织方法，《技术和建构艺术中的风格》第一卷插图

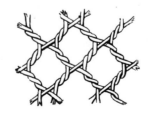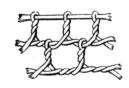

的平面结合体现的只是一种并置关系（*Nothbehelf*），但是"缝接"（*Noth*）和"缝合"（*Naht*）的并置却是一种真正意义上的连接。[38]

关于森佩尔将绳结视为"最古老的和最具有宇宙结构学意义的建构符号"的观点，里克沃特继续写道：

> 乍看起来，森佩尔的文字游戏轻而易举，甚至空而无信；然而，对于森佩尔来说，"缝合"（*Naht*）与"结扎"（*Knoten, Noeus, nodus*）的关系在某种意义上是与希腊语中的"力量"（force）和"扎紧"（necessity）等词息息相关的。或许，森佩尔是在查阅了《雅威格德语词典》（Jakob and Wilhelm Grimm's German Dictionary）之后，就开始感悟到"结扎"和"缝合"等词的本意。但是，直到他在冯·洪堡（von Humbolt）的门生阿尔伯特·赫费尔（Albert Höfer）的语言学论著上批注了一段文字后，才真正找到问题的答案。赫费尔认为文字游戏是正当合理的，并且指出"结扎"与"缝合"等词与印欧语系中的相应词源"诺克"（*noc*）以及拉丁语词"结扣"（*nec-o*）、"连结"（*nexus*）、"扎紧"（*necessitas*）、"捆扎"（*nectere*）以及希腊语"纺织"（*νεω*）的关系。[39]

通过对构件交接关系的强调，森佩尔试图向我们说明，从房屋的砌筑性基座向上部构架的过渡乃是一种基本的建筑句法的过渡，其意义对于建筑来说至关重要。在他后来于1860—1863年间出版的两卷本著作《技术与建构艺术的风格和实用美学》（*Der Stil in den technischen und tektonischen Künsten, oder praktische Aesthetik*）之中，森佩尔更将建筑四要素与特定的建构工艺对应起来：编织对应于围合的艺术以及侧墙和屋顶，木工对应于基本的结构构架，砖石砌筑对应于基座，金属和陶土工艺对应于火炉。此外，森佩尔还勾勒了一种"材料置换理论"（*Stoffwechsektheorie*），这是一种保存象征符号的学说，它将神话和精神价值附加到某些结构元素上面，从而使那些原本受拉的结构形式也有可能转换为受压的石构形式。森佩尔援引希腊宗教建筑为例，说明从游牧民族用编织材料覆盖的木构架建筑到耐久性的石材建筑的发展过程中，某些象征主题被沿用下来。在森佩尔看来，这一理论也可用来说明编织主题与多立克建筑中三陇板和陇间壁多彩装饰的转化关系。与洛吉耶长老的观点背道而驰的是，森佩尔并不认为多立克建筑的这些形式是梁头和椽子等木构构件在石头建筑上的表现形式，而是与固定屋面编织性覆盖物的特点有关。

但是，当谈到他自己所处的历史时期时，森佩尔则认为，如果用铸模冲压等廉价的工业材料去模仿别的什么材料，倒反而会破坏象征符号的延续原则，这是因为廉价的工业替代品只图利润和实用，因而在观念上会对象征符号的延续采取冷漠无情的态度，但是这种延续对于建构形式的创造却又十分重要。1851年大英博览会（Great Exhibition）上展示的花样繁多的合成产品就为森佩尔提供了一种反面教材，因为他看到铸铁和古塔波胶（gutta-percha）等热塑材料被用来模仿石头和木头等材料。

在1852年发表的题为"科学、工业与艺术"（*Wissenschaft, Industrie und Kunst*）的论文中，森佩尔指出风格危机的三种起因：首先是艺术的发展偏离了自身的初始主题，其次是材料和劳工的贬值，第三是艺术形式丧失了在特定历史时期行使特定功能的能力。这是一种堕落，而森佩尔寻求的正是通过重新确定各种制造程序的民族起源、材料使用及其相关形式来抵制这种堕落。就此而言，他的理论关注的是形式的任务和建造的过程，而不是某种材料的特定本质。正因为如此，尽管森佩尔将黏土视为基本的塑性材料或者说初始材料（*Urstoff*），但是这并没有妨碍他将面砖和瓦当作一种"饰面"（dressing），一种由硬质材料组成的织物，一种从游牧织物向永久性材料的转化。

在分类学（taxonomic discourse）方面，对森佩尔影响较大的是亚历山大·冯·洪堡（Alexander von Humboldt）①的著作。与胡伯希一样，森佩尔试图超越由文克尔曼、希尔特和博迪舍等人开创的古典主义思想范式。森佩尔与胡伯希的相似之处还在于，他主张重返"被中断"的罗马风建筑样式，这种样式在19世纪70年代也曾是美国建筑师理查森（H. H. Richardson）设计的出发点。正是由于摆脱了古典主义的束缚，森佩尔才有可能将制造的普遍性作为自己理论的基础，并且在手工艺和制造艺术的进化演变中辨析建构形式发展的线索。正如里克沃特所言：

> 因此，森佩尔体系包含了两种原型：火炉和织物，或者说初始炉灶（Urherd）和初始织物（Urtuch），它们是人类居所和编织活动的最初标志。森佩尔对这两种原型的真实性深信不疑，就像歌德对初始植物（Urpflanze）的真实性深信不疑一样；但是与歌德的期望不同，这两种原型在森佩尔那里已经不再是某种单一的根基现象（root phenomenon），也不再是某种连接、叠加甚至彼此合并的根基行为。相反，通过再现和象征，它们永远保持各自的特性，即使当它们你中有我、我中有你的时候也是如此。[40]

对于森佩尔来说，语言学是文化的终极模式。如同博迪舍一样，森佩尔在这一问题上的观点来自威廉·冯·洪堡（Wilhelm von Humboldt）②。洪堡认为，语言并不仅仅是对事物的描述，而且更重要的是一种有声行为（vocalization of action）。就好像是为了验证黑格尔主义式的集体表现一样，洪堡时代的语言学家们都认为语言是人类意志的显现。按照这一观点，森佩尔也把艺术文化视为语言的演化过程，在这一过程中，特定的根基形式（root forms）和运作方式随着时代的不同而精彩纷呈。

森佩尔继承了德意志启蒙运动（Aufklärung）的认识论和政治观点，还投入到以失败告终的1849年解放革命，就此而言，森佩尔属于一位晚期浪漫主义者。但是他又是一位黑格尔主义者，因为他是从雕塑的角度而不是从建构的角度来看待石头在希腊建筑中的运用的。与此同时，他试图与黑格尔将艺术发展分为象征主义、古典主义、浪漫主义三阶段的学说分庭抗礼。他认为建筑的纪念性艺术形式来自他所谓的"实用艺术"（industrial arts），其中尤以编织工艺最为重要。《风格》一书第一卷用总共480页左右的篇幅论述编织工艺，相比之下，第二卷论述陶土工艺、木工和砖石砌筑的篇幅分别只有200页、132页和120页。根据不同的材料特性及其相应的工艺特点，森佩尔对他提出的建筑四要素重新进行了材料和技术上的分类，向我们展现了织物的弹性、陶土的塑性、木头的延性以及砖石的刚性等相应材料的特点。他认为工艺技术的形成与材料有关，随着工艺水平的进步，手工艺对相应材料特点的表现也逐步达到出神入化的程度。

---

① 亚历山大·冯·洪堡（1769—1859年），德国自然科学家、探险家、自然地理学家、近代地质学、气候学、地磁学、生态学创始人之一，著有《1799—1804年新大陆亚热带区域旅行记》（30卷本）、《宇宙》（5卷本）等。一些科学名词如"洪堡寒流"、"洪堡冰川"等就是以他的姓氏命名的。——译者注

② 威廉·冯·洪堡（1767—1835年），德国学者，政治家，亚历山大·冯·洪堡的哥哥，任教育大臣期间创建柏林大学，对语言学研究也有重要的贡献，著有《依照语言发展的不同时期论语言的比较研究》等。——译者注

森佩尔对织物的迷恋几乎可以用走火入魔来形容。从他 1853 年的伦敦演讲开始，到 1869 年在苏黎世发表题为"超越建筑风格"（über Baustyle）的演讲，森佩尔一直都在尝试用人类学的观点来说明编织覆盖的象征意义。织物与建筑体量不同，它既可以作为一种表面装饰，也能够以浅浮雕式地覆盖在建筑体量上面。森佩尔的饰面理论表述了一种建筑的非物质化进程的发展方式。就像伦敦的水晶宫建筑所体现的那样，它意欲将人的思维从沉重而迟钝的物质中解放出来，转而注重物质表面的肌理，最终在光线下达到形式的消融。就此而言，森佩尔又是一位黑格尔意义上的浪漫主义者。[41]

在 1856 年发表的"论形式美"（*Theorie des Formell-Schönen*）一文中，森佩尔已经不再将建筑与绘画和雕塑一起归类为造型艺术，而是将建筑与舞蹈和音乐一起称为他所谓的"宇空艺术"（cosmic art）。这是一种本体意义上的创世艺术，它在行动（而不是静态的二维或者三维形式）呼唤自然。森佩尔将表演艺术视为宇空艺术，不仅因为这种艺术充满象征意义，而且因为它体现了人类潜在的欲望冲动，一种基于韵律规律的装饰冲动（the impulse to decorate according to a rhythmic law）。

由于森佩尔理论中的人类学见解，该理论中的二元论思想也就不言而喻了。这一思想有许多不同层面的表达，其中最主要的就是建筑始终无法回避的再现与本体的二元对立关系。我的意思是说建筑的表面可能是再现性的，它有别于建筑空间自身的（实体）深度 [the phenomenological (ontic) depth of its space]。这两者在泛神论时代可以轻而易举地结合在一起，但是对于现在的世俗社会来说，却是一个悬而未决的问题。奥古斯特·施马索夫（August Schmarsow）曾经在 1893 年对森佩尔饰面理论发起猛烈的抨击，因为他认为该理论过于强调建筑表面的再现性。对于施马索夫来说，对表面的过分强调必然会以牺牲建筑的体量感为代价。

1841 年建成的德累斯顿歌剧院可谓森佩尔早期作品中理性结构逻辑的代表，但是直到 1869 年他还是不得不承认，一种真正符合时代的风格仍然没有出现，因此人们只有在旧有的风格中尽力而为。因此，以现实和实用为托词，同时又打着资产阶级国家需要历史再现的幌子，森佩尔投入了折衷主义的怀抱，这使他在 19 世纪最后 25 年中成为建筑思想界口诛笔伐的对象。首先，批评来自康拉德·费德勒（Konrad Fiedler），他认为森佩尔的建筑属于一种缺少灵气的历史主义垃圾，只会广证博引而已。其次，批评之声也来自奥托·瓦格纳。在瓦格纳看来，森佩尔缺少足够的勇气真正贯彻自己的建构思想，也就是说，他未能认识到一种新的建筑风格必须以新的建造手段为基础。[42]最后值得一提的是施马索夫的批评：尽管施马索夫深受森佩尔的影响，他还是批评森佩尔的建筑过分沉湎于装饰性外部表现，而对建筑的内部空间无动于衷。对于森佩尔自己来说，建筑在世俗化过程中已经失去了宇空性，这导致森佩尔认为他所处的时代除了再现历史风格之外别无选择。在众多历史风格中，森佩尔最为热衷的是文艺复兴建筑，因为他认为这是一种象征民主的风格。

要将森佩尔理论体系中的技术和建构思想及其科学现实主义立场付诸实践，还有待于森佩尔之后的一代建筑师。有两位建筑师在这里特别值得一提，一位是奥地利人奥托·瓦格纳，他的作品最能说明建筑的表皮处理与内部深度发展的关系；另一位是乔治·霍伊塞（Georg Heuser），他在 1881—1894 年间发表了一系列文章，强调建筑现实主义应该是一种原则，而不是一种风格。[43]霍伊塞坚信，只有通过结构的发明创造（而不是装饰的花样翻新），建筑最终才能进步。为充分说明这一点，他发展了一整套结构类型，其中包括滚轧铁柱和锻铁承重结构（rolled and plated iron supports）。在他看来，这些结构类型可以因地制宜，服务不同的建造和表现目的。一方面，霍伊塞和森佩尔一样，对伦敦的水晶宫建筑以及其后出现的铁架玻璃建筑过分追求非物质化效果的做法深恶痛绝；另一方面他又试图寻求铸铁建筑的本体内容。因此，他试图建立一种严格建构意义上的、并且具有一定古老技术含量的体系，来取代柱式的地位。霍伊塞清楚地认识到，只有将这种组合元素融合在社会的日常实践之中，才能充分发挥它们的文化潜能；另一方面，他也是倡导将铆钉钢框架作为机器时代的新型工业建筑结构类型的先驱者之一。

如果要在 19—20 世纪转折时期寻找吉利、辛克尔、博迪舍和森佩尔的惟一继承人的话，那么瓦格纳应该当之无愧。尽管瓦格纳的建筑实践具有一定的局限性，他还是努力尝试将德意志启蒙运动的建构遗产运用到 20 世纪的现代都市现实中去。他的主要理论著作《现代建筑》（Moderne Architektur）就清楚地表明了这一点。该著作于 1896 年首次出版，后来又分别在 1898 年、1902 年和 1914 年发行修订版。最后一版的标题是"我们时代的建造艺术"（Die Baukunst unserer Zeit），它表明瓦格纳已经基本认同了《样式建筑与建造艺术》（Stillarchitektur und Baukunst，1902）的作者赫尔曼·穆特休斯（Hermann Muthesius）和《现代建造艺术》（Moderne Baukunst，1907 年出版）的作者卡尔·谢夫勒（Karl Scheffler）等人的现实主义立场。在这里，"建造艺术"一词意味着一种更为客观的方法，它应该努力对日常生活中的社会性和技术性建造任务作出客观响应，而不仅仅为高级艺术的理想（the ideals of high art）服务。但是，尽管瓦格纳能够成熟地面对现实，他却从未放弃对理想的追求，即使在他受聘为维也纳城市高速铁路（Stadtbahn）工程主建筑师而达到事业顶峰的时候也是如此。1914 年（也就是瓦格纳 1918 年去世前四年）再版的《现代建筑》也能够充分说明这一点。在该书中，瓦格纳用加点的大写字母标出一系列格言式的段落，突出了他的主要理论观点。该书第四章专门论述"结构"（Construction）问题，其中有一段文字是这样写的：

> 任何一种建筑形式都来源于结构，并逐步发展成为艺术形式。因此我们可以认为，新的建筑目的必须带来新的结构方式，并以此产生新的形式。建筑师必须去发展艺术形式，因为结构计算和造价对大多数人来说是冷漠无情的。但是在创造艺术形式的过程中，建筑师如果不从结构出发的话，他的表现方式就会变得毫无依据。好的结构构思不仅是优秀建筑作品的前提，而且也为创造性的现代建筑师提供了形式创新的积极思想。这一点无论怎么强调都不会过分，而且我这里是在全面的意义上使用"形式创新"一词的。如果没有结构的知识和经验，"建筑师"这一概念将是不可思议的。[44]

博迪舍曾经主张，艺术形式（Kunstform）应该来自建造形式（Werkform），[45] 瓦格纳的观点无疑是对博迪舍思想的有力支持。但是，瓦格纳的书中却从未提及森佩尔的"饰面理论"，尽管瓦格纳认为这一理论能够将石头和金属的轻质板材结构融合在一起。就此而言，瓦格纳似乎接受了森佩尔《风格》一书中有关"面罩"（mask）的隐喻。在该书中，森佩尔曾经说过一句模棱两可的话："如果面罩后面的东西是虚假的，那么面罩无论如何处理也无济于事。"[46] 森佩尔所谓的面罩并非弄虚作假，而是一种能够表现结构形式的精神意义的建构外罩，或者说是一个联系事实的实用世界和价值的象征世界的纽带。在这一点上，弗里兹·诺迈耶（Fritz Neumeyer）对瓦格纳的评价可谓入木三分，他写道：

在古希腊女人体雕像上，轻盈飘拂的衣纱在起掩饰作用的同时，也揭示了女性的人体美。瓦格纳对结构和构造的处理有异曲同工之妙，细腻而且感性，宛如一道美味佳肴，有待老道而见多识广的美食家来品尝。维也纳邮政储蓄银行（Postsparkasse）大楼室内设计中的丝绸般透明品质的美妙之处正在于此。在这里，铁柱与面纱般的玻璃相接，小心翼翼地穿过玻璃的表面后再温柔地消失。对于森佩尔的"饰面"理论来说，或许再也没有比这更好的诠释了，因为诠释者是一位艺术家而不是理论家，他慷慨地接受了这一理论，借此掩饰自己的兴趣和迷恋所在。[47]

19世纪末、20世纪初出现的移情（*Einfühlung*）理论认为，艺术作品的"形式力量"（form force）可以通过联想与身体的运动和状态产生共鸣。受该理论的影响，瓦格纳重返博迪舍早先提出的建构的双重关联（double articulation of the tectonic）的观点，按照这一观点，建造形式（*Werkform*）乃是一种超越有机构成的结构创造，它的发展动力孕育了艺术形式（*Kunstform*）的古典传统。[48]

3 The Rise of the Tectonic: Core Form and Art Form in the German Enlightenment, 1750–1870

Epigraph: Kurt W. Forster, "Schinkel's Panoramic Planning of Central Berlin," *Modulus* 16 (Charlottesville, 1983), p. 65.

1
E. M. Butler, *The Tyranny of Greece over Germany* (Boston: Beacon Press, 1958), pp. 178–179. The quotation is from Friedrich Schiller's *On the Art of Tragedy* of 1792.

2
Published by his students in 1835.

3
Hugh Honor, *Neo-Classicism* (London: Penguin, 1968), p. 59.

4
See Charles Taylor, *Hegel and Modern Society* (Cambridge: Cambridge University Press, 1979), p. 1, p. 158, and p. 160. Taylor's use of the term *expressivist* derives from Isaiah Berlin's "expressionism," as this appears in Berlin's essay "Herder and the Enlightenment," 1965.

5
See Nikolaus Pevsner, "Goethe and Architecture," in *Studies in Art, Architecture and Design* (New York: Walker & Co., 1968), vol. 1, pp. 165–173.

6
See W. T. Stace, *The Philosophy of Hegel* (New York: Dover, 1955), pp. 465–466.

7
Ibid., p. 470.

8
Friedrich Gilly would anticipate the tectonic theory of Karl Friedrich Schinkel and Carl Bötticher in his essay "Einige Gedanken über die Notwendigkeit die verschiedenen Theile der Baukunst, in wissenschaftlicher und praktischer Hinsicht, möglichst zu vereinigen," in *Gilly: Wiederburt der Architektur,* ed. Alfred Rietdorf (Berlin, 1940).

9
Hermann G. Pundt, *Schinkel's Berlin* (Cambridge: Harvard University Press, 1972), p. 42.

10
See *In What Style Should We Build? The German Debate on Architectural Style,* introduction and translation by Wolfgang Herrmann (Santa Monica: Getty Center for the History of Art and the Humanities, 1991).

11
See Herrmann, *In What Style Should We Build,* pp. 10, 11.

12
The Berlin Bauschule was reorganized as the Bauakademie in 1799. Sometime in the 1840s or the 1850s the name changed again, but later reverted back to Bauakademie. In 1806 Schinkel obtained a position at the academy teaching geometry and perspective. In 1811 he became a member of the academy and in 1820 he was appointed professor of building. However, his involvement and duties remained somewhat minimal.
Beuth first went to England in 1822 as a member of the Prussian state council. He wrote to Schinkel from Manchester about the eight- and nine-story factories of the city, full of windows that he found to be among "the marvels of our recent time."

13
The publication of this book was of far-reaching significance. It was first issued as single engravings and afterward collected into two portfolios. In 1821 Beuth founded the Gewerbeverein or Association for the Encouragement of Trade and Industry in Prussia. See Michael

Snodin, *Karl Friedrich Schinkel: A Universal Man* (New Haven: Yale University Press, 1991), pp. 61, 62.

14

In contrast to Pugin's lifelong ambivalence toward cast iron, Schinkel would deploy the material to great effect from the very beginning of his practice as an architect, as we may judge from the monuments that he realized in iron for Queen Luise at Gransee in 1811 and for the dead of the Wars of Liberation at Spandau in 1816 and at Grassheeren in 1817, not to mention the elegant simplicity of the iron cross, designed in 1813 as the highest Prussian military honor on the eve of the liberation war against the French. See Barry Bergdoll, *Karl Friedrich Schinkel: An Architecture for Prussia* (New York: Rizzoli, 1994), pp. 38, 43. See also Snodin, ed., *Karl Schinkel: A Universal Man*, p. 103.

15

See Nikolaus Pevsner, *Some Architectural Writers of the Nineteenth Century* (Oxford: Clarendon Press, 1972), p. 622. "Schinkel, before designing the most beautiful Neo-Grecian buildings in Europe and long before becoming Prussian *Oberbaudirektor* in 1831, had been a passionate Gothicist, though in drawings and paintings rather than buildings. In 1810 he wrote, 'Antique architecture has its effects, scale and solidity in its material masses, Gothic architecture affects us by its spirit . . .' Later Schinkel wrote in the opposite vein, 'To build Greek is to build right . . . The principle of Greek architecture is to render construction beautiful and this must remain the principle of its continuation.'"

16

See Martin Goalen, "Schinkel and Durand: The Case of the Altes Museum," in Snodin, ed., *Karl Friedrich Schinkel: A Universal Man*, pp. 27–35. According to Goalen, Schinkel's rendering of the Altes Museum as an Ionic temple, reminiscent of the temple of Apollo at Didyma, compelled him to depart in certain points from the mechanistic method of Durand.

17

Edward R. De Zurko, *Origins of Functionalist Theory* (New York: Columbia University Press, 1957), p. 196. Quotation from August Grisebach, *Karl Friedrich Schinkel* (Leipzig: Im Insel Verlag, 1924).

18

Ibid., p. 196. De Zurko is quoting from Wolzogen's study "Schinkel als Architekt, Maler and Kunstphilosoph," *Zeitschrift für Bauwesen* 14, nos. 1–2 (1864), col. 253.

19

Aby Warburg is apparently the first person to have used this phrase: "Der Liebe Gott steckt in Detail."

20

De Zurko, *Origins of Functionalist Theory*, p. 197, quoting from Wolzogen, col. 250.

21

This translation is by Harry Mallgrave. It is taken from *Aus Schinkel's Nachlass*, book II, section 208. See also De Zurko, *Origins of Functionalist Theory*, pp. 197, 198.

22

Eleftherios Ikonomou and Harry Francis Mallgrave, introduction to *Empathy, Form, and Space: Problems in German Aesthetics, 1873–1893* (Santa Monica: Getty Center for the History of Art and the Humanities, 1994), pp. 9–10.

Schinkel's total immersion in the philosophical discourse of the *Aufklärung* has led various interpreters to assert different influences on his thought. Thus where Bergdoll stresses the primacy given to architecture by Schinkel's close associate, the philosopher Karl W. F. Solger, Caroline van Eck shows how Schinkel's concern for the reconciliation of intellectual freedom with natural law may be traced back to Schlegel's *Kunstlehre* of 1801–1802. See Bergdoll, *Karl Friedrich Schinkel*, p. 48, and Caroline van Eck, *Organicism in Nineteenth Century Architecture: An Inquiry into Its Theoretical and Philosophical Background* (Amsterdam: Architectura and Natura Press, 1994), pp. 114–124.

23

Kurt W. Forster, "Schinkel's Panoramic Planning of Central Berlin," p. 74.

24

In his *History of the Modern Styles of Architecture* of 1862, James Ferguson wrote of the Bauakademie: "The ornamentation depends wholly on the construction, consisting only of piers between the windows, string-cornices marking the floors, a slight cornice, and the dressings of the windows and doors. All of these are elegant, and so far nothing can be more truthful or appropriate, the whole being of brick, which is visible everywhere. Notwithstanding all this, the Bauschule cannot be considered as entirely successful, in consequence of its architect not taking sufficiently into consideration the nature of the material he was about to employ in deciding on its general characteristics. Its simple outline would have been admirably suited to a Florentine or Roman palace built of large blocks of stone, or to a granite edifice anywhere; but it was a mistake to adopt so severe an outline in an edifice to be constructed of such small materials as bricks. Had Schinkel brought forward the angles of his building and made them more solid in appearance, he would have improved it to a great extent."

25

Schinkel, while appreciative of Hirt's erudition, did not approve of his academicism, and this led to a widening gulf between them culminating in Hirt's pedantic criticism of the Altes Museum.

26

See Arthur Schopenhauer, *Die Welt als Wille und Vorstellung* (The World as Will and Idea, 1819), English translation in *The Works of Schopenhauer*, ed. Will Durant (New York: Ungar, 1955), pp. 131–133:

For just because each part bears just as much as it conveniently can, and each is supported just where it requires to be and just to the necessary extent, this opposition unfolds itself, this conflict between rigidity and gravity, which constitutes the life, the manifestation of will, in the stone, becomes completely visible, and these lowest grades of the objectivity of will reveal themselves distinctly. In the same way the form of each part must not be determined arbitrarily, but by its end, and its relation to the whole. The column is the simplest form of support, determined simply by its end. . . . All this proves that architecture does not affect us mathematically, but also dynamically, and that what speaks to us through it is not mere form and symmetry, but rather those fundamental forces of nature, those first Ideas, those lowest grades of the objectivity of will. The regularity of the building and its parts is partly produced by the direct adaptation of each member to the stability of the whole, partly it serves to facilitate the survey and comprehension of the whole, and finally, regular figures to some extent enhance the beauty because they reveal the constitution of space as such. But all this is of subordinate value and necessity, and by no means the chief concern; indeed symmetry is not invariably demanded, as ruins are still beautiful.

27

See Mitchell Schwarzer, "Ontology and Representation in Karl Bötticher's Theory of Tectonics," *Journal of the Society of Architectural Historians* 52 (September 1993), p. 276.

28

Wolfgang Herrmann, *Gottfried Semper: In Search of Architecture* (Cambridge, Mass.: MIT Press, 1984), p. 141. Herrmann is quoting from Karl Bötticher's *Die Tektonik der Hellenen*, 2 vols. (Potsdam, 1852), vol. 1, p. xv.

29

Herrmann, *Gottfried Semper*, p. 141.

30

There is a difference between the position adopted in *Die Tektonik der Hellenen* and the 1846 essay. In the former the fusion of Hellenic and Germanic styles is style solely as a matter of cultural synthesis; in the later text it is made dependent on the new material, iron.

31

Karl Bötticher, "The Principles of the Hellenic and Germanic Way of Building," trans. Wolfgang Herrmann in *In What Style Should We Build*, p. 158.

32

Ibid., p. 159.

33
Ibid., p. 163.

34
The issue of polychromy in antique Greek sculpture had first been raised by the publication of Quatremère de Quincy's text "Le Jupiter Olympien" in 1816. However, Quatremère resisted the idea of polychromy in architecture except insofar as it arose out of the natural color of the materials themselves. The possibility that the Greeks painted their temples was advanced again by Leo von Klenze's colored reconstruction of the temple at Aegina in Hittorf's *L'Architecture polychrome chez les Grecs* of 1827 and by Henri Labrouste's *envoi* from the French Academy in Rome in 1828 consisting of his reconstruction of the Greek temples at Paestum.

35
Harry Francis Mallgrave, "Gustave Klemm and Gottfried Semper," *Res* (Spring 1985), p. 76.

36
Rosemarie Haag Bletter, "On Martin Fröhlich's Gottfried Semper," *Oppositions* 4 (October 1974), p. 148.

37
In *De l'architecture égyptienne,* his 1803 rewriting of his 1785 entry to the competition of the Académie Royale des Inscriptions et Belles-Lettres, Quatremère de Quincy posited a triadic origin to all building: the tent, the cave, and the hut.

38
Joseph Rykwert, "Semper and the Conception of Style," in *Gottfried Semper und die Mitte des 19. Jahrhunderts* (Basel and Stuttgart: Birkhäuser, 1976), pp. 77–78.

39
Ibid., p. 72.

40
Ibid.

41
However, as for Ruskin and Pugin, the Crystal Palace was a traumatic form for Semper. He saw it as a vacuum enclosed by glass and thereafter thought it essential that the use of iron should be tempered by the deployment of masonry forms.

42
In his 1987 essay "Gottfried Semper, architetto e teorico," Benedetto Gravagnuolo cites those various fragmented passages in *Moderne Architektur* in which Wagner criticizes Semper for not having insisted sufficiently that architecture always derives from the principle of construction and that new constructional means must eventually produce new constructional forms: "In his way Otto Wagner is correct in maintaining that Semper didn't push himself to the extreme consequence of the modern project. His architecture remains arrested before the problematic threshold of the symbolic status of building. . . . In his discourse about building there was a kernel of inertia . . . that remained opposed to taking an integral and a critical view about the triumph of hegemonic modernization over the collective values of civilization and the ethnological culture to which it belongs. The modern theory that new form necessarily arises from new techniques is absent from his discourse. Style for Semper must not follow function but must represent through architecture the feeling of an epoch." See *Gottfried Semper: architettura, arte e scienza* (Naples, 1987), p. 34.

43
See James Duncan Berry, "The Legacy of Gottfried Semper: Studies in Späthistoricismus," Ph.D. dissertation, in the History of Art and Architecture, Brown University, 1989. I am totally indebted to Duncan Barry for his study of Georg Heuser.

44
See Otto Wagner, *Modern Architecture*, trans. Harry Mallgrave (Santa Monica: Getty Center for the History of Art and the Humanities, 1988), pp. 91–99. The text is from the 1902 edition, but for these passages the 1914 version is virtually the same.

45
I am indebted to Mitchell Schwarzer for drawing my attention to Böt-

ticher's later use of the term *Werkform* to refer to technically innovative constructional form. Schwarzer, "Ontology and Representation," pp. 278–280.

46
Gottfried Semper, "Style in the Technical and Tectonic Arts or Practical Aesthetics," in Harry Mallgrave and Wolfgang Herrmann, eds., *Gottfried Semper: The Four Elements and Other Writings* (Cambridge: Cambridge University Press, 1989), pp. 257–258.

47
Fritz Neumeyer, "Iron and Stone: The Architecture of the Grossstadt," in Harry Mallgrave, ed., *Otto Wagner: Reflections on the Raiment of Modernity,* (Santa Monica: Getty Center for the History of Art and the Humanities, 1993), p. 135.

48
See Schwarzer, "Ontology and Representation," p. 280. Of the part played by *Einfühlung* implicitly in Wagner and by anticipation, so to speak, in the case of Bötticher, Schwarzer writes, with regard to Richard Streiter's critique of Bötticher's *Tektonik* in 1896: "Bötticher's theory represents an ideological bridge between the speculative aesthetics of Sulzer, Moritz and Schelling and the ideas of projective visuality and *Einfühlung* (empathy) that later appeared in the writings of Conrad Fiedler, Adolf Hildebrand and Theodor Lipps."

第四章
弗兰克·劳埃德·赖特与织理性建构

那么，芝加哥学派这位年轻而又激进的建筑师从 1893 年日本帝国展览①上学到什么呢？答案是挑战西方建筑的全新观念：坚固的结构以及自然光线和意境的相互交融，这些在西方建筑史上都是前所未有的。屋顶、墙体、特别是窗户被从僵化的形式主义桎梏中解放出来，摆脱了似是而非的功能内容，在西方传统中，正是这种似是而非的功能内容为预设的比例关系画地为牢。凤凰堂（Ho-o-den）让人们看到连续的直棂窗、出挑深远的屋檐，以及在屋檐的阴影之下室内外空间水乳交融的可能。因此，"风格"是自然形成的结果，这一点对于破除那些先入为主的风格概念来说尤为重要。……赖特本能地认识到，一个好的建筑应该富有灵活性；它应该拥抱大地，向空气敞开胸怀，同时又满足人类抵御恶劣自然条件的需求。从凤凰堂那里，赖特领悟到一种在西方鲜为人知的建筑传统，开始形成新的建筑观念。从此，赖特努力在建筑上使用连续而又富有塑性的转角窗，他认识到设计不必因循守旧，恪守形式的教条，室内外可以随时流通，建筑的水平感和能够强化居住氛围的巨大挑檐开始受到他的青睐，并逐步发展成为赖特住宅建筑的显要特征。

格兰特·卡彭特·曼森（Grant Carpenter Manson）：《1910 年以前的赖特》（Frank Lloyd Wright to 1910），1858 年

弗兰克·劳埃德·赖特（Frank Lloyd Wright，1867—1959 年）一直用德语称呼路易斯·沙利文（Louis Sullivan）为"亲爱的大师"（*lieber Meister*），这一事实足以见证 19 世纪最后 25 年德国文化在芝加哥的强烈影响。哥伦布世博会（the Columbian Exposition）于 1893 年在芝加哥举办，当时德国移民约占芝加哥人口总数的三分之一。在 1898 年出台的一份杰出德裔人士名单上，包括奥古斯特·鲍尔（August Bauer）、弗雷德里克·鲍曼（Frederick Baumann）和丹克马·阿德勒（Dankmar Adler）在内的 17 位建筑师赫然在列。同样不无意义的是，阿德勒和沙利文 1893 年完成的席勒剧院（Schiller Theatre）最初是为上演德语戏剧而建造的，就如他们 1884 年完成的宏伟的礼堂大厦（Auditorium Building）最初是为上演歌剧、当然首先是理查德·瓦格纳（Richard Wagner）的音乐剧而建造的一样。当时，芝加哥有两份德文日报，还有数量可观的德国俱乐部和协会。至 1898 年，沙利文作为阿德勒的设计合伙人已经有将近 10 年的时间。沙利文早年接受巴黎美术学院的教育，如今又置身在一个充满德国文化氛围的环境之中，这使得他的藏书室里的德文书数量几乎可与法文书相匹敌，尽管事实上他对德文几乎一窍不通。因此，正如巴里·博格多尔（Barry Bergdoll）所言：

尽管沙利文和赖特都看不懂也听不懂德文，他们却置身于精通德文和致力于重新确定建筑实践之基础的环境之中。在位于礼堂大厦的事务所里，设计人

---

① 指 1893 年在美国芝加哥举办的哥伦布世博会上的日本馆，其原型是日本京都府宇治平等院的凤凰堂（即下文中的 Ho-o-den），一共由三幢来自不同时代的建筑组成，代表了藤原、足利、德川三个时代的建筑风格。该馆由来自日本的建筑师久留正道亲自监督建造，因此可谓原汁原味地体现了日本建筑的特点。——译者注

员基本上全是德裔，如丹克马、阿德勒和保尔·缪勒（Paul Mueller）等，其中缪勒是一位来自斯图加特的工程师，后来正是他配合完成了许多赖特最为重要的建筑。人们不应忘记的是，还在成为阿德勒合伙人之前，沙利文就通过他的朋友约翰·艾得尔曼（John Edelman）接触到德国的形而上学哲学。艾得尔曼高深莫测，而且从小就精通德语，根据沙利文的自传记载，他曾经与沙利文长久讨论德国浪漫主义哲学，并使沙利文对美国先验主义哲学产生了好感。此外，整个事务所似乎都将瓦格纳的歌剧奉若神明，礼堂大厦也仿佛终日沉浸在日尔曼"综合艺术作品"（Gesamtkunstwerk）的氛围之中，序曲的余音经久不散，戏剧艺术提高观众觉悟的种种可能性也总是在空中回荡。[1]

博格多尔的研究进一步显示，对于19世纪末期的芝加哥建筑来说，德国理论家森佩尔的影响是广泛而又强烈的。这一影响经过不同的人群、因而也是经过不同的解释进入当时的建筑思维，其中有两位建筑师对于森佩尔思想的传播起的作用最大，他们是德国移民弗雷德里克·鲍曼和美国建筑师约翰·维尔邦·鲁特（John Wellborn Root）。

鲍曼对芝加哥学派的贡献是多方面的。首先，在1873年出版的一本名为《独立桩基与建筑基础的建造艺术》（The Art of Preparing Foundations for All Kinds of Buildings with Particular Illustration of the Method of Isolated Piers）的小册子中，他发表了桩式基础的计算公式，从而为自己确立了技术上的权威地位。其次，他在诠释德国建筑理论中扮演了重要的公共角色，其中包括翻译弗里德里希·阿德勒（Friedrich Adler）在1869年辛克尔纪念节（Schinkelfest）上的讲话等。他还在1890年和1892年美国建筑师学会大会上发表题为"关于建筑的思考"（Thoughts on Architecture）和"关于风格的思考"（Thoughts on Style）的演讲中分别引用了森佩尔的观点。正如茹拉·捷拉尼奥蒂斯（Roula Geraniotis）曾经指出过的：

> 鲍曼之所以被森佩尔深深打动，原因十分简单：森佩尔是一位深刻的思想家和严格的建筑评论家，同时又是一位成就辉煌的建筑师。值得一提的是，鲍曼是通过森佩尔的学生卡尔·马克西米良·海因兹（Carl Maximillian Heinz）接触到森佩尔思想的。海因兹曾在苏黎世的瑞士联邦综合工科学院（Eidgenössisches Polytechnikum，也就是今天的苏黎世瑞士联邦高等工业大学（ETH））师从森佩尔学习建筑，并在1869—1874年间主持芝加哥弗雷德里克·鲍曼+埃德瓦·鲍曼（Frederick Baumann and Eduard Baumann）建筑事务所工作。据说，海因兹对森佩尔推崇备至，这无疑也对鲍曼产生了潜移默化的影响。[2]

但是，在将森佩尔介绍给芝加哥建筑界方面，鲍曼并非独一无二。1889年底和1890年初出版的《内地建筑》（Inland Architecture）刊载了鲁特翻译的森佩尔1869年写作的"超越建筑风格"（Über Baustyle）一文。在这个翻译中，理论与实践可谓珠联璧合，因为协助鲁特翻译的是他的友人、德国移民弗里兹·瓦格纳（Fritz Wagner），而后者正巧又是一位擅长运用陶土面砖（terra-cotta facing）的建筑师。鉴于陶砖是一种十分典型的森佩尔材料，人们似乎很难想像还有比上述二人更为合适的译者。正是这种材料被鲁特用在1890年的钢结构兰德·麦克纳利大厦（Rand McNally Building）的外墙上面[3]（更不要说沙利文在运用这一材料方面举世公认的成就了）。

在森佩尔理论中，有两点对鲍曼和芝加哥学派的发展和表现具有特别重要的意义：首先，森佩尔坚持认为，所有建造形式（built form）的最初原型都可以在编织产品中找到归宿，而"绳结"（knot）又是编织产品的最基本节点；其次，森佩尔声称，在人类学意义上，建筑艺术的许多主题都来自于实用艺术。[4]这两个主张最终导致了森佩尔的饰面理论，该理论认为饰面可以在时间的变迁中发展成为大尺度的围合形式（large-scaled enclosure）。对于森佩尔来说，永久性建筑中的幕墙（screenlike walls）与游牧帐篷的编织形式本质上是一致的。在他看来，陶土面砖甚至砖块砌体都属于编织肌理（woven fabric）的建构形式。尽管赖特和沙利文从未提及过森佩尔，但是从当时德国文化价值和思想对芝加哥的影响程度来看，我们有充分的理由相信，他们对森佩尔理论应该不会一无所知。无论如何，沙利文至少熟悉鲍曼在1887年给伊利诺伊州建筑师学会的一篇论文，其中鲍曼引用了森佩尔有关风格的定义："风格乃是结构与其初始条件水乳交融的产物"（style is the coincidence of a structure with the conditions of its origins）。[5]

在现代运动之前的历史进程中，威尔士曼·欧文·琼斯（Welshman Owen Jones）和朱尔·古里（Jules Goury）的相知相遇可谓是一个意义非凡的事件。古里是一位年轻的法国建筑师，曾经是森佩尔的亲密助手。他与琼斯1831年在雅典相遇，此前古里已经跟随森佩尔旅行一年有余，目的是对希腊建筑中色彩丰富的装饰进行考察。此后，琼斯和古里合作，共同对阿尔罕布拉宫（Alhambra）进行研究，该研究的特点也是注重原初装饰（aboriginal ornamentation）。1836年和1865年出版的两卷本著作《阿尔罕布拉宫的平面、立面、剖面与细部》（*Plans, Elevations, Sections and Details of the Alhambra*）就是这一研究的成果。

与维克多·雨果（Victor Hugo）一样，琼斯和古里将阿尔罕布拉宫称作为一个"如梦似幻的神奇作品"，而他们的测绘图也进一步强化了该建筑的异国情调和他者性质（heterotopia）。从那时开始，阿尔罕布拉宫的观念就成为一种文化救赎的化身，在19世纪最后的时间中散发着余热。[6]琼斯、沙利文和赖特是三位共享凯尔特（Celtic）背景①的反主流人物，他们前赴后继，寻求"另类"文化，努力克服折衷主义风格大战带来的精神堕落。琼斯于1856年出版《装饰的法则》（The Grammar of Ornament）一书，为跨文化研究提供了富有挑战意义的理论思想。该书以开拓者的眼光看待装饰的世界，字里行间都在向人们显示，与丰富的东方建筑文化相比，欧洲的希腊－罗马－中世纪建筑遗产是多么苍白无力。在论述西方内容的时候，该书的排版也显得苍白乏味；相比之下，有关东方和原始文化的版面则是五彩缤纷。《装饰的法则》有三分之二的内容论述远古文化，作者不惜工本，用极其精美的彩页展现了这些文化的装饰体系（图4.1，4.2）。琼斯的巨著几乎直接导致了沙利文色彩斑斓的建筑装饰，比如早在1894年建成的芝加哥证券交易所（Chicago Stock Exchange）的室内设计中，他就采用了从自然形式和图案中抽象出来的绚丽的图腾装饰。沙利文职业生涯晚期的1906—1919年间、在美国中西地区建成的一系列银行建筑更将此类花饰推向登峰造极的地步。值得注意的是，所有这些建筑的表面使用的几乎都是粗糙而又色彩丰富的压制面砖（pressed brick），它曾经被沙利文视为一种织物材料（a kind of textile）。他在1910年写道：

---

① 凯尔特是西欧古代民族之一，包括古代高卢人，不列颠人等，也指使用与古代高卢语相关语言的民族，包括不列塔尼人、康瓦尔人、盖尔人、爱尔兰人、曼岛人、威尔士人等。——译者注

生产厂商们先将泥土或者岩石研磨成粉，然后再用钢丝线切割，在砖的表面形成一种十分有趣的新型肌理，它有一种毛茸茸的效果，宛如安纳托利亚（Ana to lia）① 地毯一样。……当（彩砖）自然铺贴的时候，尤其是在大面积铺贴时能够避免色差的话，总的色彩关系与古老的东方地毯颇有异曲同工之妙。[7]

1927 年，赖特在论述自己的织理性砌块体系的时候，使用的比喻与上述沙利文的文字简直就是如出一辙，他写道："现在，人们终于可以在工厂轻松地预制建筑材料，然后像东方的地毯一样，用同一种材料编织成特定的图案，这应该是一种史无前例的创举。"[8] 在赖特毕生的思想之中，织理的隐喻几乎从一开始就表露无遗，至少在 1900 年 6 月芝加哥建筑同盟发表题为"建筑师"（The Architect）的第二次讲演时就已经彰明较著了。

沙利文是从费城建筑师弗兰克·傅尼斯（Frank Furness）那里了解琼斯的著作的。傅尼斯深受琼斯的影响，这一影响部分来自琼斯的《装饰的法则》一书，尽管傅尼斯最初接触的可能是该书的法文译本；另一部分则来自曾经在琼斯那里实习的雅各布·格雷·穆尔德（Jacob Gray Mould）。[9] 如同琼斯本人于 19 世纪 40 年代晚期在伦敦肯辛顿宫花园（Kensington Palace Gardens）建造的阿尔罕布拉式别墅一样，傅尼斯发展了一种具有东方色彩的哥特建筑思想。当然，该思想与摩尔文化（Moorish culture）② 也有千丝万缕的关系。沙利文于 1873 年进入傅尼斯事务所，这正是东方色彩的新哥特主义在傅尼斯设计的宾夕法尼亚美术学院（the Pennsylvania Academy of Fine Arts）日趋成熟的时期（图 4.3）。虽然沙利文使用了《装饰的语法》以

---

① 安纳托利亚，亚州西部半岛小亚细亚的旧称，也用于指土耳其的亚州部分，即阿纳多卢（Anadolu）。——译者注

② 摩尔人，非洲北部阿拉伯人与柏柏人（Berber）的混血后代，公元 8 世纪成为伊斯兰教徒，进入并统治西班牙。——译者注

图 4.2
欧文·琼斯，凯尔特装饰图案，《装饰的语法》中的插图

外的装饰模式和方法，尤其是亚莎·格雷（Asa Gray）《植物学》（Botany）一书中的植物形式，[10] 但是毫无疑问，沙利文建筑哲理的起源还是琼斯著作中闪烁的思想精华。在这方面，我们不妨注意一下琼斯有关西方文化日趋没落的观点，他谴责西方文化无休无止地重复贫乏无味的建筑句法，主张应该像古埃及人和古希腊人那样回归自然，避免重蹈中国人或者哥特人的覆辙。[11] 我们还应该注意到，在琼斯著作的绪论中，建构形式的地位十分显要，他主张装饰应该为结构服务，而不是为装饰而装饰。琼斯的原则与森佩尔的建构思想可谓一脉相承，尽管沙利文对这些原则的执行并没有一以贯之。[12]《装饰的法则》还涉及到威斯特武德（J. O. Westwood）关于凯尔特艺术起源于东方的观点，根据这一观点，它是由爱尔兰传教士从东方带到西方的。显然，这一观点对沙利文有着极大的吸引力，因为他自己就有爱尔兰背景。[13] 在一篇论述以自然素材为主题的装饰图案的章节中，琼斯阐述了沙利文装饰手法的本质：

不可思议的是，沙利文早在学生时代就对自然事物的普遍法则如痴如醉，他认为尽管这些事物形式上千变万化，但总是围绕几个固定法则组合而成。无论面积的比例分布、或者正切相交的曲线以及源自根系的放射、还是其他借鉴自然的类型，沙利文都没有停留在表面的模仿上面，而是努力遵循大自然的道路。正因为这样，他的设计才能够如此妙笔生花，勇于创新，而不是随波逐流，或者因循守旧。[14]

沙利文于 1924 年去世。那一年，他的《一种建立在人类力量哲学基础之上的建筑装饰体系》（A System of Architectural Ornament According with a Philosophy of Man's Powers）一书也终于问世，书中对欧文·琼斯的思想进行了复杂而又微妙的阐述。沙利文还将琼斯师法自然的立场发扬光大，其方法是通过一系列形态学和几何学变异，将芽孢（悬铃木荚果）分解为可以用方、圆、三角等柏拉图式的简单元素进行构造的、更为复杂的有机形式，再将这些基本形式进一步转化为复杂的无机多面体（图 4.4），最终演变出诸如沙利文 1904 年完成的施莱辛格 - 迈耶商店（Schlesinger and Mayer Store）沿街立面底部出现的旋涡状花饰。类似的例子还有他晚年设计的位于美国中西部地区的一系列银行建筑上的茂盛而又略带忧伤的装饰图案。沙利文的装饰有某种泛神论性质，科学与迷信参半（quasi-scientific）的自然

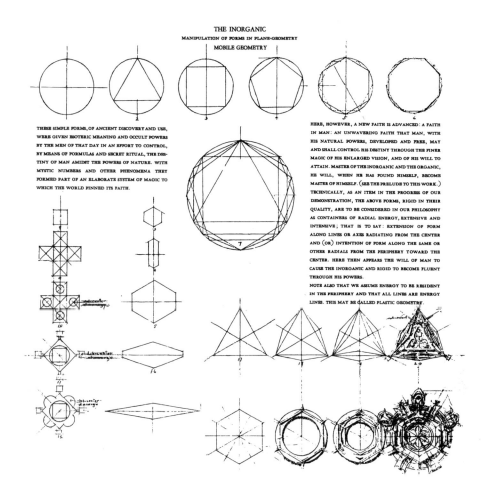

THE INORGANIC
MANIPULATION OF FORMS IN PLANE-GEOMETRY
MOBILE GEOMETRY

THESE SIMPLE FORMS, OF ANCIENT DISCOVERY AND USE, WERE GIVEN ESOTERIC MEANING AND OCCULT POWERS BY THE MEN OF THAT DAY IN AN EFFORT TO CONTROL, BY MEANS OF FORMULAS AND SECRET RITUAL, THE DESTINY OF MAN AMIDST THE POWERS OF NATURE. WITH MYSTIC NUMBERS AND OTHER PHENOMENA THEY FORMED PART OF AN ELABORATE SYSTEM OF MAGIC TO WHICH THE WORLD PINNED ITS FAITH.

HERE, HOWEVER, A NEW FAITH IS ADVANCED: A FAITH IN MAN: AN UNWAVERING FAITH THAT MAN, WITH HIS NATURAL POWERS, DEVELOPED AND FREE, MAY AND SHALL CONTROL HIS DESTINY THROUGH THE FINER MAGIC OF HIS ENLARGED VISION, AND OF HIS WILL TO ATTAIN. MASTER OF THE INORGANIC AND THE ORGANIC, HE WILL, WHEN HE HAS FOUND HIMSELF, BECOME MASTER OF HIMSELF. (SEE THE PRELUDE TO THIS WORK.) TECHNICALLY, AS AN ITEM IN THE PROGRESS OF OUR DEMONSTRATION, THE ABOVE FORMS, RIGID IN THEIR QUALITY, ARE TO BE CONSIDERED IN OUR PHILOSOPHY AS CONTAINERS OF RADIAL ENERGY, EXTENSIVE AND INTENSIVE; THAT IS TO SAY: EXTENSION OF FORM ALONG LINES OR AXES RADIATING FROM THE CENTER AND (OR) INTENTION OF FORM ALONG THE SAME OR OTHER RADIALS FROM THE PERIPHERY TOWARD THE CENTER. HERE THEN APPEARS THE WILL OF MAN TO CAUSE THE INORGANIC AND RIGID TO BECOME FLUENT THROUGH HIS POWERS.
NOTE ALSO THAT WE ASSUME ENERGY TO BE RESIDENT IN THE PERIPHERY AND THAT ALL LINES ARE ENERGY LINES. THIS MAY BE CALLED PLASTIC GEOMETRY.

图 4.4
路易斯·沙利文，《一种建立在人类力量哲学基础之上的建筑装饰体系》中的插图，1924 年

图 4.5
路易斯·沙利文，布法罗保险大楼，1894—1895 年。柱头细节

崇拜在他崇尚的爱默生超验主义（Emersonian transcentalism）[①] 和伊斯兰文化抽象的普遍性之间架起了一座桥梁。因此，沙利文晚期的装饰可以被视为一种图腾式的宇宙信仰，其中尤以 1895 年落成的布法罗保险大楼（the Guaranty Building，Buffalo）魔幻般的纹身图案最为突出（图 4.5）。在沙利文有关装饰的论文中，有一段简短的文字可以很好地说明他的深层意图：

---

① 爱默生（Ralph Waldo Emerson，1803—1882 年），美国思想家、散文作家、诗人，美国超验主义运动的主要代表，强调人的价值，提倡个性绝对自由和社会改革，著有《论自然》、诗作《诗集》和《五月节》等。——译者注

古人发现和使用了这些简单形式，它们曾经在那个时代被赋予深奥的意义和神秘的力量，试图突破大自然的重围，通过教义和诡秘的仪式控制人类的命运。数字和其他神秘现象都是巫术体系的组成部分，蕴含着古人的世界信仰。但是在这里，一种崭新的关于人类自身的信仰正在出现，它坚信人类凭借与生俱来的力量和自由自在的发展，一定能够在更加开阔的视野和不懈的努力中把握自己的命运。[15]

沙利文设想的是一个日趋完善的民主社会，但是它的未来仍然保留着某种魔幻的成分，这一点就如贯穿在沙利文著作中的神秘的拟人主义（anthropomorphism）一样，完全符合沙利文思想的精神。在沙利文看来，创造性是个性和群体特征的基础，它是某种不可名状的神性的表征。沙利文和赖特都相信，现代世俗文明的前景灿烂辉煌，它完全可以与古代伟大神权世界的精神激情相媲美。他们的建筑蕴含着一种超神学性（metatheology），其建构特点一方面取决于充满肌理的表面对有机形态过程的诠释和转化，另一方面也表达了自然和文化的和谐统一。因此，进步的泛神论（progressive pantheism）就像隐语一样，通过硬质材料的织理形式贯穿在他们的作品之中。在这里，墙体既是建造性的，又是文字性的。

这一切都令我们想起森佩尔有关文化发展乃是一种语言学兴衰的观点，根据这一观点，形式诞生后一旦达到辉煌，就开始解体和衰亡。森佩尔因此将原始形式想像为一种奇特的句法转换，它将非文字语言文化编制成为类似诗词和圣歌的韵律表达。正如我们在第三章中已经注意到的，森佩尔认为建筑与舞蹈和音乐的关系远比与绘画和雕塑的关系密切，在这一点上，沙利文和赖特与森佩尔可谓志同道合。[16]至于说欧文·琼斯，他曾经用大量篇幅对非欧文明的装饰进行描绘，将相似图案的重复视为一种魔力四射的咒语符号，其中又以印度和伊斯兰装饰最为重要。[17]这是一种泛帝国主义观点（broad imperialist view），用它来看待世界文化，赖特被前哥伦布文明和日本文明深深吸引就不是什么偶然的事情的了，就如同沙利文曾经被撒拉森文化（Saracenic culture）①深深吸引一样。此外，正如众所周知的那样，在这些反偶像文明（antifiguraive civilizations）的建筑中，文字、织理和建构常常紧密交织在一起。克劳德·汉贝特（Claude Humbert）最近对伊斯兰装饰的研究就充分表明了这一点：

> 文字、书法以及铭文都是一个文明的见证。思想行为的记载和交流不仅构成文字的内容，而且文字和文本本身就能够构成具有平面形式分析价值的图案。……应该认识到，文字是阿拉伯设计不可分割的组成部分。文字本身就具有装饰性，它可以十分自然地与其他装饰融为一体。……如果对伊斯兰装饰艺术的形式进行一番考察的话，人们就会发现它有两种类型特别显著：一种是多边形图案，它需要几何形体的高超技巧和审美品位；另一种则截然相反，属于取材于自然世界的植物和花卉图案。[18]

汉贝特列举了许多例证，说明库法字体（Kufic script）②不仅是一种文字，而且也是一种设计精美的装饰图案。汉贝特还指出，有证据表明，真主、穆哈默德或者"真主的力量至高无上"等文字经过抽象变形之后，可以形成包括清真寺光塔在内的伊斯兰城市轮廓的平面造型图案。除此之外，汉贝特列举的例子还有，阿里和穆哈

---

① 古希腊后期及罗马帝国时代叙利亚和阿拉伯沙漠之间诸游牧民族文化的一员。——译者注
② 一种有棱角的阿拉伯古字体，在早期古兰经抄本和伊斯兰建筑的装饰上可以见到。——译者注

图 4. 6
含有"阿里"和"穆罕
默德"字样的图案设计

默德的名字都曾经被转化为一种转轮状的太阳十字图案（图4.6）。有趣的是，赖特也曾经将自己的花押字（monogram）① 设计成为与太阳十字相仿的方形图案。经过弗洛贝尔式的（Froebel-like）② 转化，类似的方形图案还成为赖特织理性砌块住宅（textile block houses）的主题。

赖特也许并不知晓森佩尔于1852年出版的《科学、工业与艺术》（Wissenschaft，Industire und Kunst）一书，但是在对待机器的问题上面，赖特和森佩尔的观点却有许多共同之处。赖特1901年发表的题为"论机器的艺术和工艺"（The Art and Craft of the Machine）的演讲就清楚地显示了这一点。与他的同代人阿道夫·路斯（Adolf Loos）谴责装饰的做法不同，赖特试图在生产制造过程中创造一种真正的装饰。这一过程多种多样，比如来自建筑砌块的机械化生产，或者直接借鉴制作风车的木构系统组合等。因此，如果说森佩尔对新一代机器能否从廉价材料获取丰富的材质效果已经丧失了信心的话，那么赖特则乐观地认为，只要恰当地运用机器的能力，鸡窝里也能飞出金凤凰。他因此热切期盼一种在广度和深度上都史无前例的民主文化的到来。受维克多·雨果著名的巴黎圣母院研究的启发，赖特将翻转式印刷机视为机械化生产的必要条件。他曾经这样论述机械化重复生产对建筑的前印刷术书写功能（the preliterate text of architecture）的影响：

> 直到古登堡（Gutenberg）③ 的时代，建筑就是一种书写，一种人性的普遍书写。伟大的东方石书，经过古希腊和古罗马的传承，……直至中世纪完成最后的篇章……。天翻地覆的变化发生在15世纪。人类发现了一种长久保存思想的方式，这一方式不仅比建筑更加耐久，而且更加简单易行。建筑作为一种记载人类历史的书写意义从此不复存在。古登堡铅字取代了俄耳浦斯（Orpheus）④ 石书。书籍打败了建筑。印刷术的发明是人类历史最伟大的事件。印刷机是城市之后又一个伟大的机器。人类思想用一种形式取代了另一种形式。[19]

雨果曾经预言印刷术乃是建筑的掘墓人。但是，尽管赖特已经意识到雨果的著名论断揭示了不可否认的真理，他还是认为应该更加充分利用机器赋予人类的自由和潜能，因为在19世纪末期的都市化和工业化进程中，中产阶级社会还远远没有认识到这一点。因此，赖特提倡对工业家和手工艺者等现代制造业阶层进行教育和融合。他也敏锐地感到，尽管机器能够节省人力，但是它的文化价值只有在人们根据机器的内在秩序进行生产之时才有可能实现。他写道：

> 在切割、成型、打磨和重复性生产方面，机器的能力可谓史无前例。这有助于减少浪费，使穷人和富人都有可能享用洗炼的造型和优美的表面处理。以往，像歇拉顿（Sheraton）和奇本达尔（Chippendale）这类公司都付出昂贵的代价才能取得类似的效果，而在中世纪，这一切根本就是不可思议的事情。机器使木材的天然美得到充分展现，人们不再需要用过去通行的方法对木材进行毫无疑义的折磨，因为除了日本人之外，世人并不知道如何正确使用木材。[20]

写这段话的时候，赖特还没有去过日本，他所谓的日本无非是1893年哥伦布世

---

① 通常由姓名首字母组成，用于私人信笺等书面文件上面。——译者注
② 德国学前教育家、幼儿园创始人弗洛贝尔（Friedrich Wilhelm August Froebel，1782—1852年）建立的以游戏为基础的儿童教育方法。——译者注
③ 指德国金匠古登堡（Johann Gutenberg，1398—1468年），他发明活字印刷术，包括铸字盒、冲压字模、浇铸铅合金活字、印刷机及印刷油墨，排印过《42行圣经》的书。——译者注
④ 古希腊神话中的诗人和歌手，善弹竖琴，弹奏时猛兽俯首，顽石点头。——译者注

图 4.7

乔治 E. 伍德沃德，在《乡间绅士》中发表的轻型木框架体系，1860 年

博会上重建的凤凰堂建筑群体（Ho-o-den temples）的同义词。诚如博格多尔所言，该建筑对于赖特的重要意义完全可以与 1851 年伦敦大英博览会加勒比茅屋（the Caribbean hut）对森佩尔的影响相提并论。赖特还特别注意到，日本住宅建筑在使用重复性构件的同时，也有一种富于变化的秩序。巧合的是，乔治·华盛顿·斯诺（George Washington Snow）发明的轻型木框架体系（balloon frame system）正在美国住房市场上大行其道，木材加工能力也随之有了日新月异的提高（图 4.7）。[21] 因此，赖特早期的住宅建筑都是木构性质的，并且无一例外都按照斯诺发明的重复模数框架体系进行设计，然后再用机械化方式生产而成。就此而言，赖特早期的木构建筑与他晚年的织理性砌块结构建筑一样，都是建立在模数关系的基础之上的。

但是，赖特对斯诺轻型木框架体系的理解多少有些怪异。为了强调大屋顶的水平感和统一建筑的立面，他常常着力模仿砖石砌体的砌层，刻意回避斯诺体系竖向构件的表现。相比之下，横向框架构件则以固定在立筋上的木板条的形式十分引人注目。其实，对框架体系进行"砌层化"表现（"coursed" expression）的做法早在赖特 1896 年完成的罗密欧与朱丽叶风塔（Romeo and Juliet Windmill）上就已经十分显著。在这里，外墙被表现成为一种由木头片材和水平木板条组成的褶叠肌理（图 4.8）。[22] 按照亨利-罗素·希契柯克（Henry-Russell Hitchcock）的说法，该建筑标志着赖特建筑生涯中"森林时期"（Forest Period）的开端，其特点是赖特尝试用不同的木构方式对美国木板瓦建筑风格（the Shingle Style）① 进行简化处理。这段时期并不长，代表作品包括 1901 年建成的河畔森林高尔夫俱乐部（the River Forest Golf Club）、1902 年在德拉文湖畔（Lake Delavan）地区落成的罗斯住宅（the Ross House）和 1905 年在伊利诺伊州格兰科（Glencoe）地方建成的格拉斯纳住宅（the Glasner House）等。1902 年在密歇根州怀特哈尔（Whitehall）为格茨家庭（Gerts family）建造的夏季住宅也属于这一时期的作品（图 4.9，4.10）。上述建筑都采用了 3 英尺见方的设计模数，每隔一英尺用板条覆盖固定外墙木板材料，[23] 其中板条的调节作用与 1902 年建成的亚瑟·赫特利住宅（Arthur Heurtley House）的情况有些相似，不过后者是砌体结构，每隔五层砖就有一层是突出墙面主体的束带层（图 4.11）。赖特的童年时代曾经受到弗洛贝尔儿童教育体系的熏陶，它直接影响到后来以各种形式贯穿在莱特建筑空间创造中的织理方法（plaited approach）的发展。[24] 总的来说，赖特使用的织理元素一般为格形或者方形，但是从中西部森林时期（the midwestern Forest Period）的 3 英尺方格，到加利福尼亚州织理性砌块住宅的 16 英寸方格，再到 20 世纪 30 和 40 年代的美国风住宅（the Usonian houses）墙面上出现的 13 英寸宽的水平木板凹槽，这些元素的模数尺度都不尽相同。另一方面，如果说模数系统可以有因地制宜地变化的话，那么无论哪一种模数系统都不仅是为了满足经济、适合大众和机械化生产和节省人工成本而使用的一种手段，而且在同样程度上也是一种建筑概念的体现。

但是，当赖特不得不面对他那个时代出现的更为通用、也更为耐久的现浇钢筋混凝土材料的时候，以上建构方法受到了挑战。1901 年的乡村银行（Village Bank）设计使用的就是钢筋混凝土材料（图 4.12）。有趣的是，该设计最初是在《砖建筑》

---

① 19 世纪下半叶美国的一种民用建筑风格，特点是在木构架的外包层广泛使用木板瓦，而且平面布置常常呈不对称和可变性。美国建筑史学文森特·斯卡利（Vincent Scully）曾经有专著论述此种建筑。——译者注

图 4.8
弗兰克·劳埃德·赖特，
威斯康星州斯普林格林
的罗密欧和朱丽叶风车
房，1896 年

（Brickbuilder）杂志上面发表的。钢筋混凝土也是 1906 年在奥克帕克（Oak Park）落成的团结教堂（the Unity Temple）的基本材料（见图 8. 68），而且赖特的设计方法也完全是从建筑施工的角度出发的。赖特写道：

　　　建筑应该采取什么形状？答案或许取决于建筑应该使用什么材料？……为

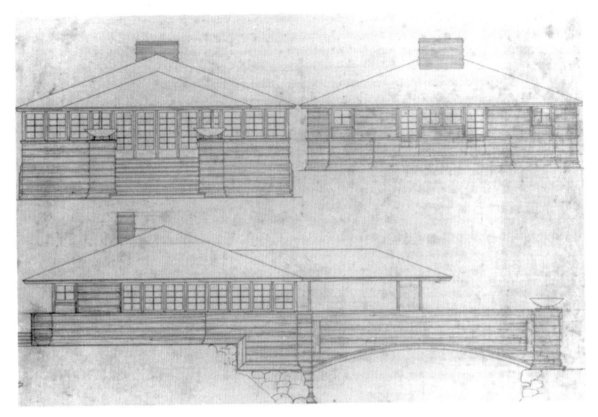

图4.9 弗兰克·劳埃德·赖特，密歇根州怀特哈尔的格茨夏季住宅，1902年。立面（ARS permission）

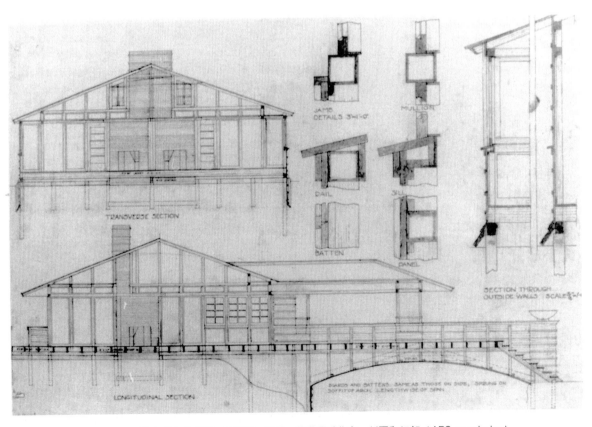

图4.10 弗兰克·劳埃德·赖特，格茨夏季住宅，剖面和细部（ARS permission）

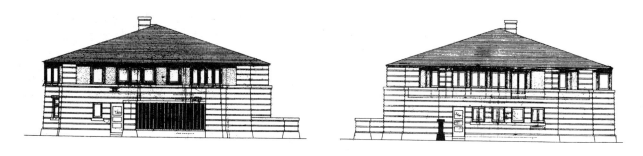

图 4.11
弗兰克·劳埃德·赖特，
奥克帕克的亚瑟·赫特
利住宅，1902 年。立面
（ARS permission）

图 4.12
弗兰克·劳埃德·赖特，
在《砖建筑》杂志上发
表的混凝土银行建筑设
计，1901 年

什么不用木头制成盒子，将混凝土浇筑成单独的砌块和体块，然后再用它们形成建筑空间……混凝土浇筑需要木模，这永远是建筑造价增加的主要因素，因此尽可能重复使用木模板就不仅必要，而且也是必须。一个四面相同的建筑看上去就像一个物体一样。简而言之，这意味着建筑应该采用方形平面，而整个教堂则应该是一个立方体——一种崇高的形式。[25]

　　然而，如同法国结构理性主义者阿纳托尔·德·波多（Anatole de Baudot）1904 年建成的圣–让·德·蒙马特尔教堂（St-Jean de Montmartre church）刻意使用加筋水泥砌块的情况一样（见图 2.27），赖特也认为整体现浇混凝土建筑很难成为令人信服的建构形式，因为它不宜表现构件间的交接关系。他在 1929 年《建筑实录》杂志（Architectural Record）上发表的宣言就清楚地阐明了这一点：

　　　　从美学角度而言，混凝土既不能唱歌，也不会讲故事。人们无法从这种面团式的塑性材料中看到任何美学品质，因为这种材料本身只是一种可塑的混合物。水泥是一种凝固材料，它本身没有任何特点。

　　稍后，他在同一段文字中阐述了他发明的织理性砌块：

　　　　我终于找到了一种用机械化手段进行建造的简单方法，它可以使建筑看起来完全是机械建造的模样，就像所有纺织品呈现机械制造的面貌一样。它的特点是坚固、轻盈但并不"单薄"；耐久性好，可塑性强；它不需要刻意掩盖什

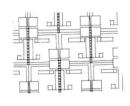

么，完全属于机械化生产，具有机械的完美。标准化是机器生产的灵魂，它可能是第一次真正被建筑师掌握，这就是想像的力量。没有做不到的，只有想不到的。[26]

值得注意的是，赖特是在团结教堂落成的那一年开始尝试将钢筋混凝土体系化整为零、探索构件之间的交接问题的，其开端就是 1906 年为哈里·E·布朗（Harry E. Browne）设计的预制混凝土砌块住宅（图 4.13）。赖特称该建筑是他设计的第一个混凝土砌块住宅，直到 15 年后，他才在加利福尼亚州的建筑中真正使用这一材料。[27] 1908 年的埃弗里·康利住宅（the Avery Coonley House）用粉刷材料表现的铺贴图案（图 4.14）和 1915 年的杰曼库房建筑（A. D. German Warehouse）带有图案的砌块压顶也属于这一发展过程中的两个案例。类似的案例还有 1915 年的芝加哥米德威花园（Midway Gardens）建筑群体的非结构性混凝土砌块（图 4.15）[28] 和 1918—1922 年间在日本东京建成的帝国饭店（Imperial Hotel）的欧亚石（Oya stone）浮雕饰带等。1921 年，赖特着手为阿尔伯特·M·约翰逊（Albert M. Johnson）设计位于加利福尼亚州死谷（Death Valley）的住宅，在这一过程中，他最终形成了加筋混凝土砌块的建筑构想（这一构想与德·波多 1904 年使用的加筋水泥砌块可谓殊途同归）。这是一座有着古代埃及风味的建筑，无论就其庞大的形式还是繁复的功能而言，都散发着强烈的文化热情。同样，赖特从 1916 年开始为艾琳·巴恩斯达尔（Aline Barnsdall）设计的位于洛杉矶奥利弗山（Oliver Hill）的住宅也具有类似的特征。[29] 但是，这幢也称为霍利霍克住宅（Hollyhock House）的建筑并不是一个混凝土砌块建筑，这也进一步证实，直到为艾丽斯·米拉德（Alice Millard）设计的著名的"袖珍建筑"（La Miniatura）住宅 1923 年在加利福尼亚州帕萨迪纳（Pasadena）落成，织理性砌块体系才开始在赖特的建筑中真正得到运用（图 4.16）。[30] 1932 年，赖特对该建造方法在造价和建构方面的优点进行了总结，他写道：

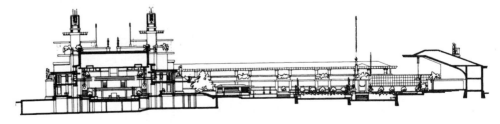

图 4.16
弗兰克·劳埃德·赖特，
加利福尼亚州帕萨迪纳
的艾丽丝·米拉德住宅，
又称"袖珍建筑"，
1923 年

可以说，混凝土砌块是建筑工业的垃圾，但是我们应该努力将它从人们的鄙视中拯救出来，发现它不为人知的精神，挖掘它的活力和美丽——就像大树一样充满肌理。是的，"砌块"建筑就像一棵大树，耸立在故土的森林之中。我们的全部工作就在于引导混凝土砌块的使用方法，对它们进行提炼，用钢丝将它们编织在一起，并且在它们就位以后，在钢丝加固的交接处灌进混凝土。这样，建筑的墙体虽然不厚，但是却如同混凝土板一样坚固，同时也可以满足形式想像的要求。普通建筑工人就能完成它的施工。当然，墙体是双层的，一层是内墙，另一层是外墙，两层之间有连续的夹层空间，建筑因此冬暖夏凉，四季干爽（图 4.17）。[31]

紧接着这段文字，赖特将自己比喻为一名"织筑者"（"weaver"），这也从一个侧面再次说明他将混凝土砌块视为一种包裹建筑的织理性表层的理念。为了这一理念，赖特在他的建筑中处处试图对钢筋混凝土梁柱等"非织埋性"（"unwoven"）结构构件进行弱化处理，尽管这些构件对于方格形砌块墙体的整体稳定性至关重要。更有甚者，在几乎所有赖特的混凝土砌块住宅建筑中，楼板厚度（floor depths）与砌块体系的模数尺寸都不能吻合。这一点在为桑·马科斯（San Marcos）设计的忽必烈汗离宫般的（Xanadu-like）[①] 荒漠住宅上表现的尤为明显，其中楼板的实际厚度显然要比砌块的高度小得多（图 4.18）。

米拉德住宅的墙体充满图案，图案孔洞内填充着玻璃。该建筑是赖特后来在一系列混凝土砌块住宅上采用的织理性砌块体系的开山之作。该体系在不同的建筑上的具体形式不尽相同，但本质上却如出一辙。赖特后来在加利福尼亚州建成的其他混凝土砌块住宅，如埃尼斯住宅（the Ennis House）和斯托勒住宅（the Storer House）等，都没有在米拉德住宅的基础上有多少发展。惟一的例外是 1924 年在洛

①　源自英国诗人和评论家柯尔律治（Samuel Taylor Coleridge，1772—1834 年）1798 年的诗作《忽必烈汗》（Kubla Khan）中的一处地名，指忽必烈汗在热河上都的离宫。——译者注

弗兰克·劳埃德·赖特

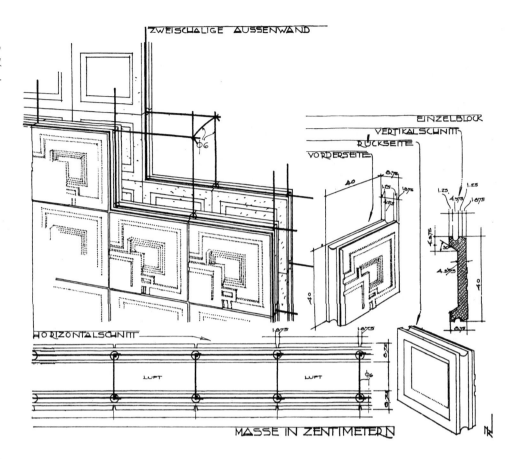

图 4.17
弗兰克·劳埃德·赖特，
申请专利的轻质砌块双
层墙体系统（ARS per-
mission）

图 4.18
弗兰克·劳埃德·赖特，
亚利桑那州钱德勒附近
的桑·马科斯沙漠住宅，
1927 年。剖面

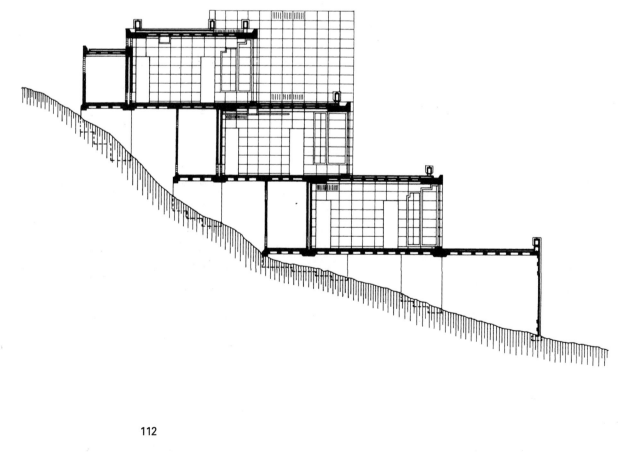

杉矶建成的弗里曼住宅(the Freeman House)(图 4.19),它采用了一种窗梃,使整个转角玻璃窗看上去似乎是直接从砌块的交接处伸展出来的。这种转角窗的处理手法后来被赖特用在芝加哥全国人寿保险公司大楼(National Life Insurance Offices)的设计之中。该设计 1924 年完成,并且曾经在沙利文去世的那一年被赖特以一种非正式性的形式献给沙利文(图 4.20)。此时距赖特 1895 年设计的拉克斯夫棱镜公司大楼(Luxfer Prism office building)方案差不多已经有 30 年时间,但是距威利斯·波尔克(Willis Polk)设计的旧金山(San Francisco)哈利迪大楼(Hallidie

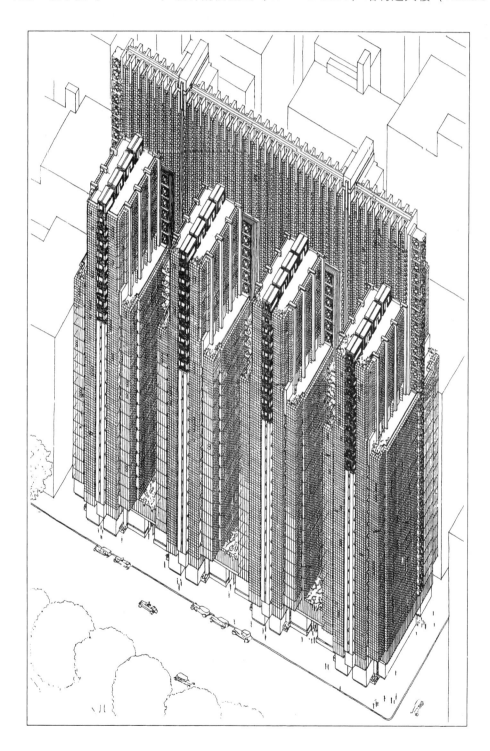

Building）只有 7 年时间，后者是世界上第一座玻璃幕墙高层建筑。赖特设计的拉克斯夫棱镜公司大楼是一幢 31 层高的板式摩天大楼，大楼外墙由玻璃和金属板组成一种表面肌理，悬挂在钢筋混凝土核心筒上。通过赖特 1928 年的描述性文字，我们不难看出该设计的不同凡响之处：

外墙消失了，取而代之的是标准化的悬挑铜质板材幕墙。在这里，墙体本身已经不再是厚重的实体存在，窗户也变成整个外墙肌理中的单元部件，可以按照使用者的要求单独或者成组开启。人们可以在室内对所有窗户进行清洗，既方便又安全。竖向窗棂（铜制骨架，内填绝热材料）不仅尺寸巨大，而且有足够的强度，上下固定在楼板上面，窗棂的突出程度可以根据玻璃上的阴影效果对设计进行调节。突出多了会产生强烈的阴影，而微小的突出则可以减弱阴影，使室内光线明亮，它们在阳光下面发挥着百叶般的遮阳作用。

在立面上，该建筑纵横两个方向皆以 2 英尺的单元为基本单位，纵向每隔一个单位有一个重点，每五个单位再有一个更大的重点，而横向则不作任何特别强调。每个楼层端部的断面处理与窗户之间的断面处理保持一致，在幕墙外观上，它和两英尺单位分割线的水平划分效果一样自然。

……室内分隔同样建立在一种完美的单元体系上，它们可以通过预制构件进行组装，然后再配上门扇，还可以根据外围幕墙的整体风格进行设计和定位。这样的装配式室内分隔单元可以提前预制完毕，随时从仓库里调用，还可以根据不同客户的要求在短时间内进行调整，既省时又省料。

与普通摩天大楼相比，该建筑窗户玻璃的用量只增加了 10 个百分点（这个数量会因嵌套玻璃的铜框架的尺寸大小而略有增减），因此采暖费用不会有明显增加。作为控制幕墙的机械化单元，铜质窗棂内应该填充绝热材料，而且窗户开启部分的压条应该十分紧密，这将有助于降低建筑的维护费用，从而弥补玻璃面积的增加给造价带来的影响。

暖气管可以作为栏杆，安装在外围幕墙玻璃单元的下部位置，清洗也很方便。[32]

1897 年，W·H·文斯洛（W. H. Winslow）曾经为拉克斯夫棱镜公司发明了一种电镀玻璃（electro-glazing）的专利装置。在一定意义上，赖特的人寿保险公司大楼可谓是一个超大尺度的文斯洛装置，4 英寸 ×4 英寸大小的玻璃透镜与铜丝双向交织在一起，形成气窗和顶部采光的玻璃板。有趣的是，赖特还曾经为拉克斯夫棱镜公司设计过装饰图案，并获得 41 项设计专利。除了它的超大尺度之外，人寿保险公司树状般的超级结构体系也很独特，它为水晶剔透的建筑立面提供了良好的结构支撑。该支撑的方式有两种，其一是独立支撑体系下的复合悬挑结构（a composite cantilever about a single support line）（图 4.21），其二是相互独立的双柱系统，分别固定向两边对称悬挑的楼板，而楼板本身又通过抗挠点（the points of contraflexure）之间的薄板进行连接（4.22）。在这个设计中，建构的本体形式与建构的再现形式完全融合在一起，其结构形式与表皮形式的戏剧性组合已经构成了赖特后来的建筑杰作、也就是于 1936 年建成的约翰逊制蜡公司大楼（S. C. Johnson Administration Building）的雏形（图 4.23）。

M·F·赫恩（M. F. Hearn）曾经指出，芝加哥全国人寿保险公司大楼的重要性就在于，它将东方文化对赖特的影响提升到一种结构化的层面。按照赫恩的分析，如果说赖特早期的摩天大楼方案设计——比如 1912 年设计的 20 层高的旧金山电话大楼（San Francisco Call Tower）——采用的只是当时已经通用的钢筋混凝土框架

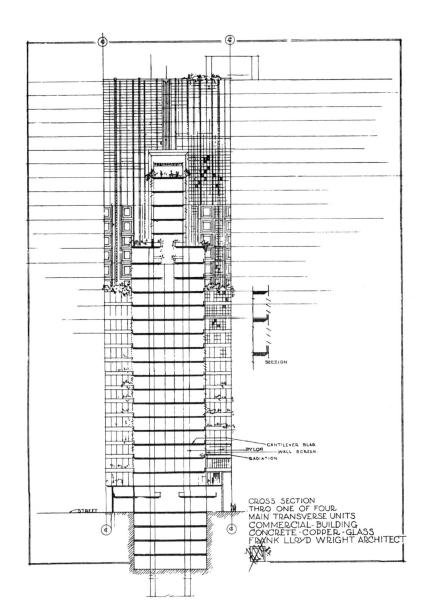

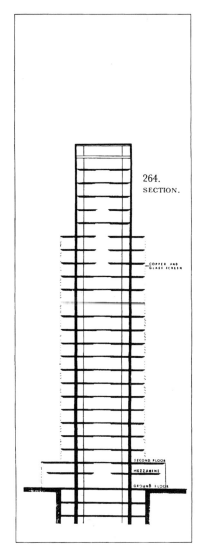

图 4.21
弗兰克·劳埃德·赖特,
全国人寿保险公司大楼,
剖面（ARS permission）

图 4.22
弗兰克·劳埃德·赖特,
全国人寿保险公司大楼,
剖面（ARS permission）

结构的话，那么赖特 12 年之后采用的则是一种东方式的树状高层结构形式。

通过帝国饭店的设计，赖特加深了对建筑抗震的结构问题的了解，但是该设计的整体构思与人寿保险公司大楼并没有什么关系，惟一的共同之处是它们都采用了悬挑结构体系。确实，这两个设计的基本思想似乎是以完全相反的方向穿梭在大西洋两岸：在帝国饭店的设计中，为了在沼泽般的地基中创造一个稳定的建筑基础，赖特采用了钢筋混凝土加桩筏基（pin-cushion），其理论基础可以追溯到赖特崇敬的理论大师维奥莱-勒-迪克的著作之中；与此相反，人寿保险公司大楼的核心结构设计则从日本建筑别具一格的结构体系中获取了灵感。

众所周知，自从在 1893 年芝加哥举办的哥伦布世博会上看到作为日本馆的凤凰堂之后，赖特就对日本建筑一往情深。毫无疑问，在日本居住的那几年中（1917—1922 年），赖特不仅忙于帝国饭店的设计和建造，而且也从日本建筑中学到了许多新的东西。（比如，他曾经坦言，他是受到奥田男爵（Baron Okuda）设计的"朝鲜居室"（Korean room）在地板下面埋放暖气管线的启发，才想到在

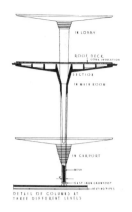

图 4.23
弗兰克·劳埃德·赖特，
拉辛强生制蜡公司大楼，
1936—1939 年。有代表
性的柱子剖面（ARS
permission）

图 4.24
弗兰克·劳埃德·赖特，
俄克拉何马州图尔萨的
理查德·劳埃德·琼斯
住宅，1929 年。砌块柱
子与大玻璃面细部
（ARS permission）

美国风住宅中采用地板采暖的。）因此，只要有参观日本著名寺庙建筑的机会，赖特肯定会欣然前往，其中建于 7—8 世纪的奈良法隆寺（Horyu-ji shrine）大概也是必看的景点。在这里，赖特一定注意到法隆寺塔为减轻地震震波而采用的中国木构技术，其中位于塔内的中心柱犹如"主心骨"由地面直贯宝顶。[33]

如果再联系到佛塔的最初起源是印度的窣堵波（stupa）①，那么整个故事就几乎接近完美，因为在印度的窣堵波中，中心脊柱就是世界之轴（*axis mundi*），也是宇宙之柱的象征，而且它在佛教哲学中还有菩提之树（the Tree of Enlightenment）的意思。[34]在证实了佛塔的起源之后，赖特便在 1946 年的约翰逊制蜡公司研究大楼设计中尝试运用"佛塔"原理，尽管它的核心筒以及从核心筒上悬挑的楼板都是钢筋混凝土的。

赖特最后一个混凝土砌块建筑是为他的表兄理查德·劳埃德·琼斯（Richard Lloyd Jones）设计的住宅，于 1929 年在俄克拉何马州塔尔萨（Tulsa）建成。在某种意义上说，该建筑属于一个过渡性作品，因为此前一直采用的混凝土砌块上的编织性肌理被较大砌块组成的柱子所取代（图 4.24，4.25）。换言之，早先设计中追求的封闭式古埃及立面（Egyptoid ideal of elevations）[35]已经不复存在，取而代之的是以柱子和凹槽为特点的立面构思，敦厚的体量中不乏通透之感（图4.26）。看起来有些矛盾的是，从弗里曼住宅充满图案的 16 英寸见方的混凝土砌块，到劳埃德·琼斯住宅 14 英寸×20 英寸的大型光面砌块通缝砌筑后形成的图案，建筑的体量感减少了，而且由于降低了层高，整个建筑完全丧失了真实的尺度感。[36]当然，大型砌块也有它的优点，除了能够在砌缝与窗槛之间保持某种呼应关系外，它还能够形成整体的钢筋混凝土柱，在砌块的中空部位预埋钢筋和灌注

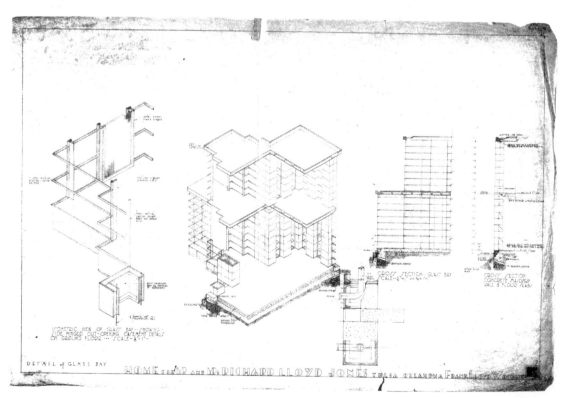

---

① 印度的佛塔，指藏有圣者遗物的半球形纪念碑式建筑。——译者注

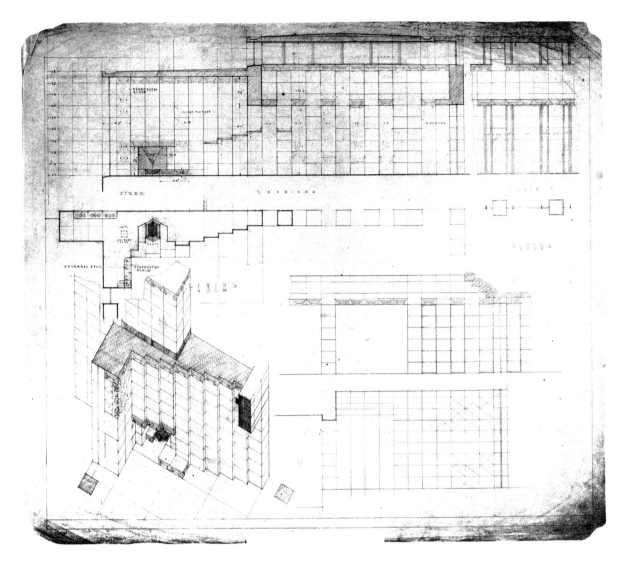

图 4. 25
弗兰克·劳埃德·赖特，理查德·劳埃德·琼斯住宅，火炉细部设计（ARS permission）

水泥，也不会像以前那样耗费人工，而且砌块的中空部位还可以用来布置空调管道或其他服务设施，如此等等。

赖特本人来自于美国中西部，在向他的中西部之根回归的历程中，赖特经历了织理性建构发展的最后阶段，这就是别具一格的美国风住宅（the Usonian house）①。直到他去世，这种住宅一直都在赖特的建筑类型中独树一帜。美国风住宅以砖木为主要建筑材料，作为一种建筑类型，它首先于 1932 年在明尼阿波利斯（Minneapolis）建成的马尔科姆·威利住宅（Malcolm Willey House）上崭露头角，两年后又以改进的方式出现在其他建筑之中。赖特自己完全清楚地意识到这种住宅的独创性，他在 1932 年撰写的一段文字中清楚地写道：

一种全新的建筑已经诞生，这是一种更高境界的建筑观念……围合的空间。……室内空间成为设计的主角，它使建筑远离雕塑、远离绘画、也完全远离陈旧的建筑观念。现在，建筑就是用光线塑造内部空间。随着室内空间感成为一种建筑现实，为墙体而墙体的建筑概念便不复存在了。[37]

---

① 赖特根据美国的全称"美利坚合众国"（United States of North America）的首写字母组合 USONA 创造了 Usonian 一词，用来称谓他设计的旨在为美国中产阶级大众服务的住宅类型。——译者注

图 4.26

弗兰克·劳埃德·赖特,
理查德·劳埃德·琼斯
住宅,轴测图（ARS
permission）

尽管本文不可能深入探讨美国风住宅,我们还是应该指出,该住宅类型的墙体也是织理性的,它们有些是双层,有些是三层,都采用了轻型结构,将木板条固定在连续的胶合板墙体内核上面,木板之间留有凹槽,与"森林风格"建筑每隔一段距离就会出现一根突出墙面的水平线条的做法截然不同（图 4.27）。美国风住宅墙体的织理性并不仅仅体现在它的尺度上面。事实上,这些建筑都是根据一种三维立体网格设计的,其中 2×4×4（英尺）的水平模数单元在形成不同空间层次组合的时候,总是在垂直方向留出 3 英寸的间隙,作为确定水平凹槽的模数关系以及窗框位置、门扇高度以及固定家具尺寸的参照基础。墙体上常常有一些深深的凹龛和横向层架,用赖特 1938 年在《建筑论坛》杂志（Architectural Forum）发表的著名的6 点建筑宣言的话来说就是,"如果不将家具、装饰画以及室内摆设与墙体设计融为一体的话,那么它们就没有存在的必要。"[38]典型的美国风住宅是一种三维肌理,它由相互交织在一起的固定元素和层次构成。这一点从赖特为该类建筑设计的楼层平面、门头或高窗部位的平面以及屋顶部位的平面等三种不同高度的建筑平面图中都有清晰的体现。正如约翰·萨金特（John Sergeant）在他研究美国风住宅的专著中指出的,赖特设计的预制木构件就像篮子一样编织在一起。[39]

图 4.27

弗兰克·劳埃德·赖特,
美国风住宅,典型的墙
体剖面

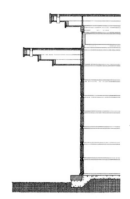

为了使这种住宅更加切实可行,赖特采用了与工厂标准预制尺寸相吻合的模数构件,比如 8 英尺×4 英尺的木板型材等,从而有效地减少了现场切割的人工费用。与此同时,他努力挖掘现浇混凝土楼板的"热飞轮效应"（thermal flywheel effect）①,力求取得比一般木地板更加冬暖夏凉的效果。值得注意的是,赖特曾经

———————————

① 建筑材料保存和释放某一既定温度的热工性能。——译者注

118

将这一尝试与他 1919 年在日本首次看到的重力热体系（gravity heating systems）① 相提并论。典型的美国风住宅将蛇形采暖管道埋设在钢筋混凝土楼板之中，因此即使在冬天生了火炉，室内也不会过于燥热，而是保持一种舒适的温度。赖特自己坦言，在美国风住宅中，如果碰上严寒天气，人们就必须多加一些衣服。在炎热的夏天，大量的高窗能够产生一种烟囱效应，加强空气对流，而挑檐巨大的屋顶则可以在烈日当头的正午，为大面积玻璃窗提供遮阳庇护。充分利用墙体空间也是典型的美国风住宅建筑的一大特色，比如大量建造在墙体内的储藏空间（墙体壁龛）、凹在墙体中的通长的座位以及厨房与餐厅之间在位置和视觉上的亲合关系等。在这方面，最具代表性的作品应该是坐落在威斯康星州（Wisconsin）麦迪逊（Madison）市的赫伯特·雅可布斯住宅（the Herbert Jacobs House），它建成于 1939 年，其中为不同活动精巧安排的微型空间比比皆是（图 4.28）。

从一开始，赖特就将美国风住宅设想为一种可以根据特定序列进行组合的系统。随着不断加深对大众自建住宅的社会经济需求的认识，赖特试图将美国风住宅的许多细节标准化，力求这种标准化在不同住宅上不仅可以重复使用，而且能够灵活变化。由于借鉴了传统日本住宅结构的组合程序和方法，典型的美国风住宅可以按照一种特定的程序进行建造，其中每一程序都与森佩尔意义上的建筑四要素中的某一要素有着一定的对应关系。具体说来，首先是混凝土楼板的浇筑和烟囱的砌筑，这涉及到基座（the earthwork）和火炉（the hearth）这两个位于森佩尔基本范式首要地位的元素。接下来是森佩尔意义上的第三要素，即框架（the framework）和屋顶（the roof）。最后是非承重性的第四要素，也就是填充在框架之间的墙体，或者说就是德语所谓的"墙壁"（Wand）。

约翰逊制蜡公司行政大楼 1939 年在威斯康星州拉辛市落成。在这个伟大的建筑作品中，织理的隐喻再次出现。在这里，玻璃管组成的元素取代了 1904 年建成的拉金大厦（the Larkin Building）内向式的织理思维（图 4.29），它宛如一层玲珑剔透的面纱笼罩在建筑的外表。这种中空元素（an interstitial element）很像一种经过改良的耐火材料，甚至有点接近清水砖墙的肌理，被固定在上下的砖墙之间，宛如悬空的砖头砌层，形成反转的建筑檐部，从而也在某种意义上再次体现了森佩尔的"材料置换理论"（Stoffwechseltheorie）。芝加哥全国人寿保险公司大楼方案和萨缪尔·弗里曼住宅（the Samuel Freeman House）也曾出现过类似的情况，前者用铜片置换玻璃，后者则在转角窗户的处理上完成了"阳角"窗棂（"positive" muntins）与"阴角"砖缝（"negative" mortar joints）之间的对接。强生制蜡公司大楼办公大厅的屋面是一个由一系列直径为 19 英尺的高达 3 层楼的蘑菇形柱子组成的网络系统，整个办公大厅的空间感觉宛如一个清真寺，自然光线透过管状玻璃直泻而下。关于这个当之无愧的建构杰作，乔纳森·李普曼（Jonathan Lipman）写道：

> 赖特将这些柱子称为"树柱"（"dendriform"），或者说树状柱，并且借用茎干、花瓣和花萼等植物学名词命名柱子的不同部位。每根柱子都有一个高度为 7 英寸、带有三条肋的鞋状柱础，赖特称它为"鸦脚"（crow's foot）。柱础上面是柱身或者说茎干，其底部直径为 9 英寸，然后逐渐加大，与柱心轴线形成 2.5°

---

① 一种将水加热以后，利用热水和冷水比重的差异产生水流循环的采暖系统。——译者注

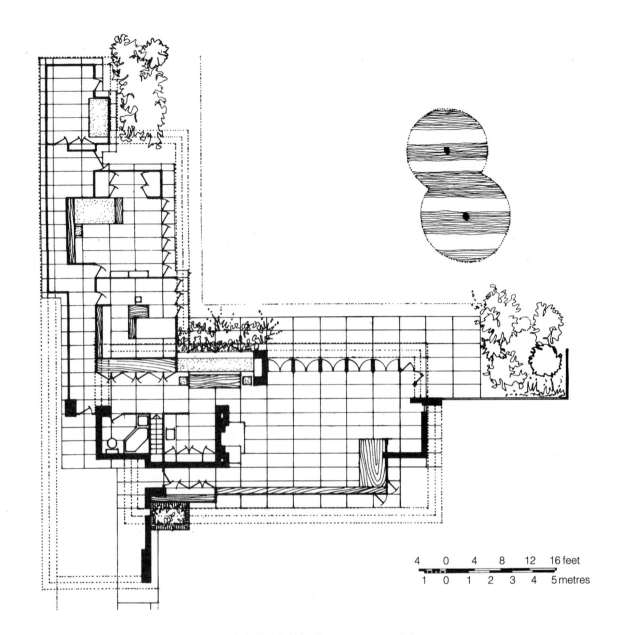

图 4.28
弗兰克·劳埃德·赖特，
威斯康星州麦迪逊的赫
伯特·雅可布斯住宅，
1936 年。平面（ARS
permission）

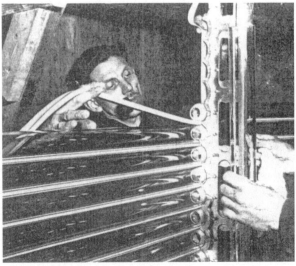

图 4.29
弗兰克·劳埃德·赖特，
强生制蜡公司大楼，玻
璃管施工照片（ARS
permission）

的夹角。高一点的柱子几乎完全是空心的，壁厚只有3.5英寸。相比之下，柱头更大，中间也是空的，外观上有一条条圆形的肋带，赖特称它为"花萼"（ca-lyx）。花萼上面是一个12.5英寸厚的中空圆盘，赖特称它为"花瓣"（petal）。花瓣内部是起加固作用的、有两道混凝土箍环的连续的混凝土主干。茎干和花萼内部都配有钢筋网，而花瓣内部同时还配有钢筋网和钢筋条。[40]

如同赖特20世纪20年代建造的混凝土砌块住宅一样，我们再次看到用钢条将不同构件连接起来的做法。同时，贯通在建筑上面的空心玻璃管也使建筑作为一种编织性肌理的观念有增无减。在这里，玻璃管呈半透明状，与结构性的钢构元素形成鲜明对照。赖特自己如是说：

> 玻璃管可以像砖头一样叠加成墙体，形成光亮的建筑表面。光线从那些通常是檐口的部位进入室内，建筑内部的块状结构完全在视觉中消失，玻璃管固定在坚硬的红砖和红色的卡索塔砂岩（Kasota sandstone）墙体上面。整个建筑采用的是冷拔钢筋网作为配筋形式的钢筋混凝土结构。[41]

赖特最初的想法是用锯齿状玻璃砖在建筑四周的砖墙顶部形成一种更为坚固的采光带（图4.30）。从建成后的效果看，这些空心玻璃管形成反转式的建筑檐部，透射着内部的灯光，颠倒了建筑的虚实关系，凸现了建筑的非物质感。每逢夜晚，

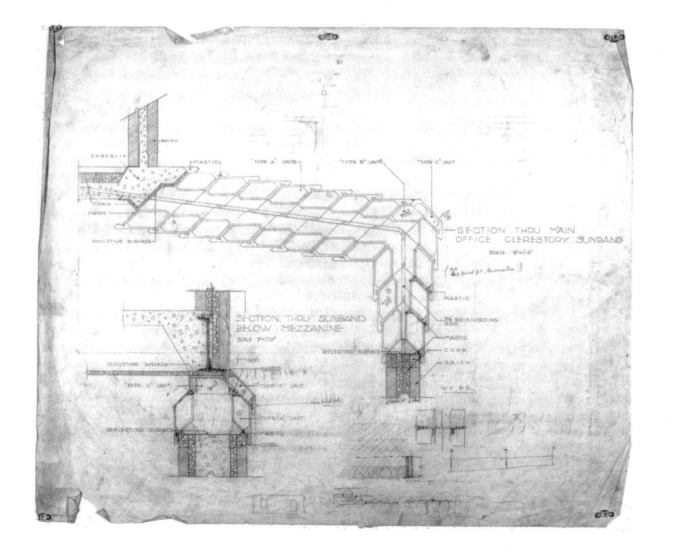

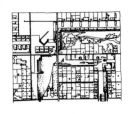

图 4.31
弗兰克·劳埃德·赖特，广宙城市：市政中心规划设计草图，周围的"方格"中布置的是农庄和美国风住宅

蜿蜒曲折的玻璃管光带和派莱克斯耐热玻璃管（the Pyrex tube）[1] 编织而成的天窗灯光相互作用，整个建筑群体光芒四射，美轮美奂。

1936 年建成的流水别墅和约翰逊制蜡公司大楼是赖特的两个旷世杰作。此后，尽管赖特的建筑还继续保持着某些结构的一致性，但是它们却随着时间的推移越发显得主观和随意，甚至堕落成一种拙劣的自我模仿，完全可以用俗不可耐来形容。当然，偶尔也有一些闪光的建构亮点出现，比如纽约的古根海姆美术馆（the Guggenheim Museum）和费城的贝斯·夏洛姆犹太教会堂（the Beth Shalom Synagogue），但是就总体而言，最能表达赖特早先的新世界观念的还只有美国风住宅。在赖特漫长的建筑生涯中，美国风住宅的黄金时期也是罗斯福"新政"（the New Deal）[2] 实施的十年（1934—1944 年），其间赖特建成了大约 25 幢美国风住宅建筑。这些美国风住宅遍布美国各地，业主都不是超级富豪，而是赖特情有独钟的、住在城市远郊的中产阶级家庭。从 1901 年为《家庭妇女》杂志（Ladies Home Journal）设计"有许多房间的小型住宅"（Small House with Lots of Room in It）开始，到 1936 年完成经典之作赫伯特·雅可布斯住宅，赖特的美国风住宅始终体现了一种自由明朗的生活态度。在这些建筑上面，人们似乎看到了（至少就其思想意义而言）彼得·克鲁泡特金（Peter Kropotkin）[3] 在 1898 年的《工厂、农田与作坊》（Factories，Fields and Workshops）一书中提出的另类社会构想的影子。赖特开始建造美国风住宅的时候已经 63 岁，其理念的形成与他的广宙城市（Broadacre City）思想可谓相得益彰。1930 年在普林斯顿大学卡恩讲座（Kahn Lectures）中，赖特首次提出广宙城市（Broadacre City）思想，后来他又在 1932 年出版的《消失的城市》（The Disappearing City）中探讨了与之相关的远郊生活的社会经济问题。建立一个民者必有田地的平等社会是赖特的理想，它构成了广宙城市和美国风住宅共同的社会经济基础，二者彼此关联，相得益彰。在这里，典型的美国风住宅展现着出挑深远的屋顶和伸展舒坦的墙体，有条不紊地坐落在赖特设想的严格限制机动车辆使用的理想城市环境（motopian plan）之中。就此而言，1934 年提出的广宙城市构想最终就是一块"东方地毯"（图 4.31），一种跨文化的生态织物，或者说一座东方乐园，它与 1785 年通过的美国西北法规（the North West Ordinance）要求的笛卡儿式方格网道路系统形成巨大的反差。它是赖特织理性建构思想的大地之音，憧憬着文化与农业合二为一的伊甸园式的人类美景。

---

① 一种硼硅酸盐硬质耐热玻璃管。——译者注
② 指美国第 32 任总统罗斯福（任期 1933—1945 年）为挽救当时严重的经济危机而采取的施政纲领。——译者注
③ 克鲁泡特金（1842—1921 年），俄国无政府主义者，地理学家，出身贵族，曾参加第一国际，因涉及民粹运动被捕（1784 年），历经放逐、监禁、流亡，著有《1789—1793 年的法国大革命》、《互助论》等。——译者注

注 释

4 Frank Lloyd Wright and the Text-Tile Tectonic

Epigraph: Grant Carpenter Manson, *Frank Lloyd Wright to 1910: The First Golden Age* (New York: Reinhold, 1958), pp. 38–39.

1

Barry Bergdoll, "Primordial Fires: Frank Lloyd Wright, Gottfried Semper and the Chicago School" (paper delivered at Buell Center Symposium on Fallingwater, Columbia University, 8 November 1986), p. 4.

2

Roula Geraniotis, "Gottfried Semper and the Chicago School" (paper delivered at Buell Center Symposium on the German influence on American architects, Columbia University, 1988) p. 5.

3

Donald Hoffman, *The Architecture of John Wellborn Root* (Baltimore and London: Johns Hopkins University Press, 1973), p. 91. See also J. A. Chewing's entry on Root in Macmillan *Encyclopedia of Architects* (New York: Free Press, 1982), vol. 3, p. 606.

4

Geraniotis, "Gottfried Semper," p. 5.

5

Ibid., p. 11.

6

David Van Zanten, entry on Owen Jones in *Macmillan Encyclopedia of Architects,* vol. 2, p. 514.

7

Louis Sullivan, "Suggestions in Artistic Brickwork" (1910), reprint, *Prairie School Review* 4 (Second Quarter, 1967), p. 24.

8

Frank Lloyd Wright, "In the Cause of Architecture IV," *Architectural Record,* October 1927; reprinted in *In the Cause of Architecture: Essays by Frank Lloyd Wright for Architectural Record, 1908–1952,* ed. Frederick Gutheim (New York: McGraw-Hill, 1975), p. 146.

9

James F. O'Gorman, *The Architecture of Frank Furness* (Philadelphia: Philadelphia Museum of Art, 1973), pp. 33, 37.

10

Narciso Menocal, *Architecture as Nature: The Transcendentalist Idea of Louis Sullivan* (Madison: University of Wisconsin Press, 1981), pp. 7, 31.

11

Owen Jones, *The Grammar of Ornament* (1856; reprint, New York: Portland House, 1987), p. 154.

12

Ibid., p. 5.

13

Ibid., p. 95.

14

Ibid., p. 156.

15

Louis Sullivan, *A System of Architectural Ornament According with a Philosophy of Man's Power* (1924; reprint, New York: Eakins Press, 1966), text accompanying plate 3.

16

Gottfried Semper, *The Four Elements of Architecture and Other Writings,* trans. Harry Mallgrave and Wolfgang Herrmann (New York: Cambridge University Press, 1989). See in particular the prolegomena to "Style in the Technical and Tectonic Arts" (1860), p. 196.

17
Rudolf Gelpke, "Art and Sacred Drugs in the Orient," *World Cultures and Modern Art* (Munich: Bruckman, 1972), pp. 18–21. Gelpke argues after Georg Jacob and Henri Michaux that the culture of Islam has a mystical hallucinatory origin.

18
Claude Humbert, *Islamic Ornamental Design* (New York: Hastings House, 1980), pp. 13, 16, 17.

19
Frank Lloyd Wright, *Frank Lloyd Wright: Writings and Buildings*, ed. Edgar Kaufman and Ben Raeburn (New York: Horizon Press, 1960), pp. 57–58.

20
Ibid., pp. 65–66.

21
Sigfried Giedion, *Space, Time and Architecture*, 15th ed. (Cambridge, Mass.: Harvard University Press, 1967), pp. 353–354. See also p. 347 for an illustration of St. Mary's Church, Chicago, of 1833, the first all-balloon-frame building.

22
Romeo and Juliet was refaced in board and batten in 1939.

23
Kenneth Martin Kao, "Frank Lloyd Wright: Experiments in the Art of Building," *Modulus* 22 (University of Virginia, 1993), p. 77. Kao shows the wood-siding details for six successive houses, including the Gerts Double Cottage of 1902.

24
G. C. Manson, "Wright in the Nursery: The Influence of Froebel Education on the Work of Frank Lloyd Wright," *Architectural Review*, June 1953, pp. 349–351. Of the 20 Froebel "gifts," numbers 14, 15, and 17 are of particular importance since they directly involve the art of weaving. It is also interesting to note, with regard to the importance that Semper attached to music and dance, that the more advanced Froebel exercises also entail music and dance wherein the geometric-relationship "gifts" would be acted out three-dimensionally.

25
Frank Lloyd Wright, "On Building Unity Temple," in *Frank Lloyd Wright: Writings and Buildings*, p. 76.

26
Wright, *Frank Lloyd Wright: Writings and Buildings*, p. 225.

27
It is generally accepted that Wright's post facto dating of some of his early projects was not always reliable.

28
David A. Hanks, *The Decorative Designs of Frank Lloyd Wright* (New York: Dutton, 1979), p. 120. It is interesting to note that these blocks had green and red flushed glass laid into their perforations.

29
Wright was working on the Barnsdall House from 1916 to 1918 prior to the final establishment of the Olive Hill site. Subject to a tight budget, Wright elected to build the house out of brick and lath and plaster on concrete foundations. The finials, lintels, sills, and copings of the house were out of precast concrete, so-called "art-stone." See Kathryn Smith, *Frank Lloyd Wright: Hollyhock House and Olive Hill* (New York: Rizzoli, 1992), pp. 119–120.

30
It has come to light that the Millard House was not built with Wright's patent hollow-walled textile block system of 1923. In this pioneering work, the two leaves of the block were closely interlocked. See Robert L. Sweeney, *Wright in Hollywood* (Cambridge: MIT Press, 1994), pp. 20–21.

31
Wright, *Frank Lloyd Wright: Writings and Buildings*, pp. 215–216.

32
Frank Lloyd Wright, "In the Cause of Architecture. VIII. Sheet Metal and a Modern Instance," *Architectural Record*, October 1928; reprinted in *In the Cause of Architecture*, pp. 217–219.

33
M. F. Hearn, "A Japanese Inspiration for Frank Lloyd Wright's Rigid-Core High-Rise Structures," *Journal of the Society of Architectural Historians* (March 1991), p. 70.

34
Ibid. Reference to D. Seckel, *The Art of Buddhism* (New York: Crown, 1963), pp. 121–122.

35
Kathryn Smith, *Frank Lloyd Wright: Hollyhock House and Olive Hill*, relates this goal to the practice of using decorative grillage in Islamic architecture known by the term *mashrabiya*.

36
For details of these blocks, see Sweeney, *Frank Lloyd Wright in Hollywood*, pp. 189–191.

37
Frank Lloyd Wright, *An American Architecture* (New York: Horizon, 1955), p. 218.

38
See the entire issue dedicated to the work of Wright, *Architectural Forum*, January 1938, p. 79.

39
John Sergeant, *Frank Lloyd Wright's Usonian Houses* (New York: Whitney Library of Design, 1976), p. 19.

40
Jonathan Lipman, *Frank Lloyd Wright and the Johnson Wax Buildings* (New York: Rizzoli, 1986), pp. 8–12.

41
Frank Lloyd Wright, *An Autobiography* (London: Faber & Faber, 1945), p. 472.

第五章
奥古斯特·佩雷与古典理性主义

法兰西传统……是建立在古典法则与建筑实践的统一的基础之上的，这种统一使法兰西传统变得不言而喻，似乎就是一种自然法则。佩雷深受这一传统的影响，因此也就把混凝土框架（其实是一种结构元素）与建筑外观上出现的框架等同起来，而且将后者的需求和关联转嫁给前者。因此，佩雷不仅对建筑的对称性情有独钟，而且还提出各种建筑柱式，两者即使不是作为不同的形式问题，至少也可以作为相互比较的建筑词汇而存在。……也许，佩雷认为自己已经发现了最适合古典建筑的结构体系，因为在这一结构体系中，如同许多不同石块组成的古典柱式那样，元素的统一是真实的，而不是表面的。……佩雷深信不移，建筑的普遍法则客观存在。虽然这种法则无法被人眼识别，但是对普遍法则的信念决不是一个个人好恶的问题，而应该在历史框架中来理解。古典主义与建筑科学的关联在 18 世纪下半叶就已经失去其思想基础，但是这种关联还是顽强地存留了下来，不过只限于实际操作的层面；计算方法和建造现场的方式依然基本保持过去的习惯，甚至通常在钢筋混凝土结构中使用的术语——如柱子、基底石、柱顶梁、挑檐、正门、跨距等，也都还与古典柱式有着千丝万缕的关系。

整整一个世纪的探索都在证明和巩固这一法兰西传统，伴随而来的是现代工程先驱们的崛起。佩雷置身其中，成为迪朗（Durand）、拉布鲁斯特（Labrouste）、迪泰特（Dutert）、埃菲尔（Eiffel）的传人；他的成就在于，他不仅认识到伟大的法兰西传统在经过折衷主义的浩劫之后，仍有解决我们时代问题的空间和潜能，而且也通过自己的建筑实践，对这些可能进行了勇敢的探索。但是，在这样做的过程中，佩雷也断送了结构古典主义的前程，他的建筑之道是一条绝路，因为它是以陈旧的思想方式为前提的。

列奥纳多·贝纳沃洛（Leonardo Benevolo）《现代建筑史》（*Storia dell'architettura moderna*），1960 年

彼得·柯林斯（Peter Collins）1959 年完成的《混凝土：一种关于新建筑的思想》（Concrete：The Vision of a New Architecture）是英语世界中惟——部研究奥古斯特·佩雷（Auguste Perret，1874—1954 年）的专著。正如该书的标题已经表明的，佩雷的建筑生涯一直都与钢筋混凝土框架结构的创造紧密联系在一起，就好像它是 20 世纪建筑结构的最终形式一样。尽管钢筋混凝土结构（*béton armé*）是一种史无前例的技术，但是混凝土本身并不是什么新鲜玩艺儿，因为天然混凝土（*opus caementicum*）早在古罗马时期就被用来填充石砌的基础和墙垣的孔隙。更为重要的是，罗马人将素混凝土与砖格（brick casing）技术相结合，创造了巨大的拱顶，其中罗马万神庙穹窿的直径达 145 英尺。与哥特建筑采用拱券和扶壁解决侧向压力和推力的做法不同，罗马建筑的跨度完全建立在整体壳顶（monolithic shell）自身强度的基础之上。但是，随着路易·维卡（Louis Vicat）在 1800 年前后对水硬水泥（hydraulic cement）的性能进行改进之后，新的混凝土使用方法便应运而生，这一方法继承了法国人在低层建筑中使用的夯土（*pisé*）技术，逐步催生出用木模

板一次性浇筑混凝土造型构件的做法，比如约瑟夫·莫尼尔（Joseph Monier）发明的预制加筋混凝土花盆和下水管等。1850 年前后，人们开始将这些产品投入批量生产。1884 年，德国的维斯－弗雷塔格公司（Wayss and Freytag）在买断莫尼尔的产品专利后试图形成市场垄断，但是这并没有能够阻止法国人继续保持在该领域的领先地位，其决定性的发展是弗朗索瓦·埃纳比克（François Hennebique）1897 年发明的钢筋混凝土结构（图5.1）。

　　值得一提的是，埃纳比克原是一名建筑承包商，他的事业始于修缮哥特教堂，并从中获得了相当丰富的考古学知识。1880 年，埃纳比克开始涉足钢筋混凝土领域，为的是用混凝土和钢材制造出更为廉价的耐火楼板。埃纳比克的工作方法不仅十分

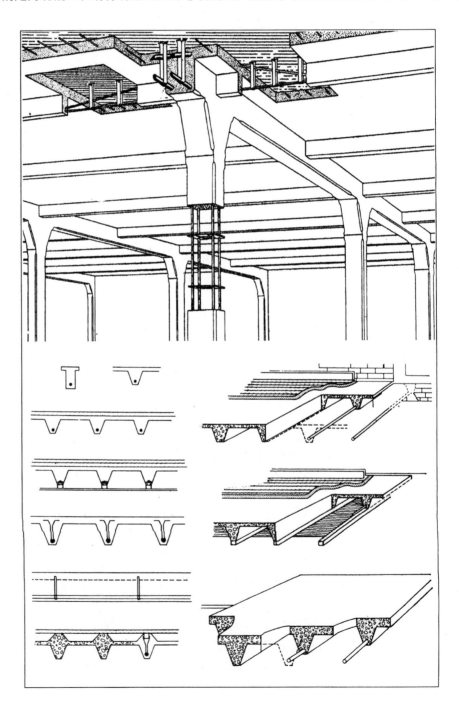

图 5.1
埃纳比克的钢筋混凝土
结构体系，1897 年

系统，而且小心翼翼，直到1892年才提出各种耐火楼板的专利申请。但是他真正的突破出现在五年之后，这一年他完成了用箍筋解决钢筋混凝土梁剪力问题的专利申请。此后，通过培训建筑承包商和发放专利使用许可，埃纳比克努力加大钢筋混凝土体系的推广力度。这一新技术后来被称为"埃纳比克建筑承包法"（"Hennebique contractor"），一时名声大噪。正是在这样的情况下，建筑承包商克劳德－玛丽·佩雷（Claude-Marie Perret）才听从了儿子奥古斯特·佩雷的意见，将埃纳比克体系运用在巴黎富兰克林大街25号公寓大楼的建造之中的。[1]

佩雷的建筑生涯始于两种截然相反的经历：一是其父经营的充满刺激和挑战的建筑业，另一个是他在巴黎美术学院（the Ecole des Beaux-Arts）接受的精英教育，尤其是他的理论老师于连·加代（Julien Guadet）及其1902年出版的百科全书式的著作《建筑学的要素与理论》（Eléments et théories de l'architecture）的影响。[2]这样一种理论和实践相互对立的建筑教育历时多年，终因佩雷更加倾心于建筑实践而徒生变化。他曾经满怀虔诚地于1891年进入巴黎美院学习，并且7次荣获奖章，在美国学习期间还荣获美国建筑师大奖（the Prix des Architectes Américains），但是他终于还是在毕业设计完成之前于1897年毅然中断了在巴黎美院的学业。

对于佩雷来说，钢筋混凝土结构意味着一种匀质完美的体系，它不仅解决了隐藏在历时200多年的希腊－哥特理想深处的矛盾和冲突，而且也将柏拉图主义的形式与结构理性主义的建构表现合二为一。佩雷的建筑发展承上启下，从发扬光大维奥莱－勒－迪克的思想开始，继而又因倾心于古典理性主义而对框架体系情有独钟。有三个建筑可以见证上述发展历程，按照年代顺序它们依次是位于圣马洛的卡西诺娱乐场（the Casino at St.－Malo，建于1899年）、巴黎富兰克林大街25号公寓（建于1903年）和位于巴黎彭提厄大街（rue Ponthieu）的四层立体停车库（建于1905年）。

随着保罗·克里斯托弗（Paul Christophe）的《钢筋混凝土及其应用》（Le béton armé et ses applications）一书在1902年问世，钢筋混凝土逐步成为一种广泛应用的技术。正是钢筋混凝土技术的运用成为了上述三个建筑中第一个与后面两个建筑的分水岭，因为圣马洛的卡西诺娱乐场还是一座承重砌体加木构的建筑。与维奥莱－勒－迪克倡导的结构理性主义建造方式相比，佩雷更倾向于将钢筋混凝土材料视为建筑实践的基本材料（如果不说是惟一材料的话）。与此同时，远在美国的赖特也在对清水钢筋混凝土结构进行着尝试。和赖特一样，佩雷深深感到钢筋混凝土材料很难成为适合表现建筑构件相互连接的诗性形式。另外，钢筋混凝土材料在抗压性能方面也表现欠佳，至少就佩雷按照希腊－哥特理想形成的观念而言是这样。除了实用性的建筑之外，佩雷总是避免采用埃纳比克框架系统中典型的拱形挑梁（haunched beam）结构，而是更喜欢在梁柱交接部位将梁柱处理成大小统一的断面，结果导致在结构受力最大的部位，建筑表现力反而受到压抑。这种情况甚至发生在埃纳比克亲自担任顾问的富兰克林大街公寓上面。显然，在决定形式的过程中，建筑师的要求起了很大的作用。有趣的是，埃纳比克自己更倾向于具有东方情调的哥特形式，他于1904年在布尔拉雷纳（Bourg-la-Reine）建成的埃纳比克自宅就是最好的佐证。在这座住宅中，屋顶、平台、阳台等都通过拱形挑梁对出挑部位作了刻意表现，类似的情况也出现在有预制混凝土花饰构件的阳台和水塔部位（图5.2）。

佩雷的圣马洛卡西诺娱乐场是一个维奥莱－勒－迪克意义上的结构理性主义建筑，它与同时代出现的美国建筑师弗兰克·傅尼斯（Frank Furness）的作品颇有异

图5.2
弗朗索瓦·埃内比克位于布尔拉雷纳的自宅剖面，1904年

曲同工之妙。相比之下，富兰克林大街25号公寓则是在钢筋混凝土框架结构方面进行了大胆的尝试，因为在这座建筑上，框架被作为一个整体来处理。这在一定意义上继承了露明木架建筑的传统，但是却远离了当时用石头面层覆盖建筑骨架的流行做法（图5.3，5.4）。该建筑排除了拱形挑梁的建构形式，将框架本身作为建筑的基本结构进行表现，尤其注重表现框架和填充墙体的差异。但是，混凝土材料在整个建筑上并不明显，因为佩雷在框架部位贴了一层亚历山大·比果（Alexandre Bigot）发明的瓷砖，使框架和填充墙体获得了不同的饰面处理（图5.5）。可以说，整个建筑表现是再现性的，这种再现性不仅体现在框架的连接方式上，而且也体现在建筑细部处理借鉴的内容上面。我在这里指的是，在底层和上层悬挑部位的垂直构件相交接的柱体上，类似木头的装饰图案使人产生一种错觉，以为建筑框架是木质的，这一手法无疑受到奥古斯特·舒瓦齐（Auguste Choisy）1899年出版的《建筑史》（*Histoire de l'architecture*）中提出的观点的影响。舒瓦齐认为，古希腊建筑檐部是古代木构神庙的变体，它保留了早期建筑的骨架形式，从而赋予建筑一种象征性延续（见图2.31）。[3]连同加代提出的类似理论，上述观点构成了佩雷毕生追求结构框架（*charpente*）表现性的理论基础。正如他在1952年出版的《关于一种建筑理论》（*Contribution à une théorie de l'architecture*）中所说的那样："起初，建筑不过是木构架而已。为了解决防火问题，人们开始用较为坚固的材料建造。木构建筑的优点是如此明显，以至人们对它的所有特点进行复制，甚至复制钉头的特征。"[4]佩雷对建筑结构框架的强调令我们想起木工匠人和建造者（*tekton*）在古希腊世界中的崇高地位。

虽然富兰克林大街25号公寓有着对称的平面，人们还是很难将它说成是一个不

图5.3
奥古斯特·佩雷，巴黎富兰克林大街25号公寓，1902—1903年。轴测图

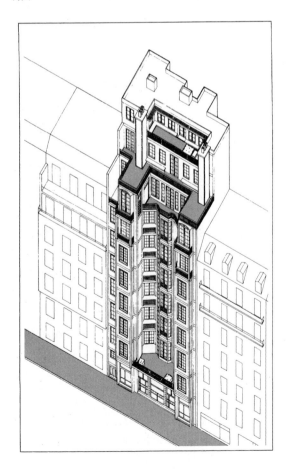

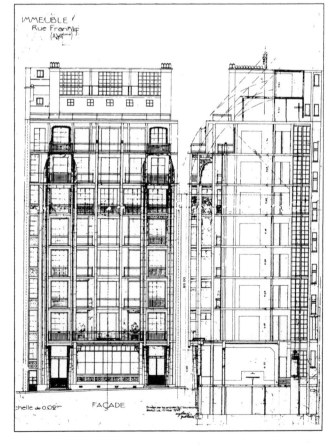

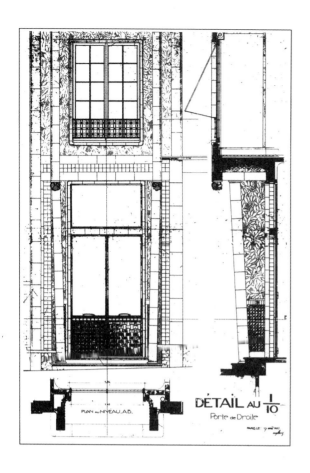

DÉTAIL AU 1/10
Porte de Droite

图 5.4
奥古斯特·佩雷，富兰克林大街 25 号公寓，立面和根据 1903 年规范设计的剖面退让关系

图 5.5
奥古斯特·佩雷，富兰克林大街 25 号公寓，框架表面的陶土砖面层和框架之间填充的陶瓷向日葵图案。请注意悬臂梁上类似木工做法的凸雕装饰

言而喻的古典主义建筑。事实上，正如我们已经指出过的，这幢建筑在精神上更接近哥特建筑而不是古希腊建筑。但是此后不久，随着彭提厄大街停车库的设计（图 5.6，5.7），佩雷的思路开始发生变化。该建筑由新组建的佩雷－弗雷尔（Perret Frères）建筑公司在 1905 年建造完成。从外观上看，裸露的钢筋混凝土框架显示了与传统建筑元素的某种关联，尤其是车库入口两侧的凹凸式柱子扮演着巨型柱式的角色，而四层部位类似阁楼的窗户则与建筑的檐口一起构成了某种意义上的古典建筑檐部。除了古希腊建筑的韵味之外，车库入口上方还有一个新哥特式的和准装饰艺术（proto-Art Deco）风格的"玫瑰花窗"（rose window）。总的说来，尽管该建筑有着很强的实用性，它还是与整个法国古典主义传统一脉相承。对于这一点，彼得·柯林斯曾经在该建筑的立面分析中这样写道：

> 建筑中部加大的跨度，建筑立面上突出的框架性柱子，韵律加快的顶层处理，以及梁断面尺寸的变化，所有这一切都是匠心独具的美学手段，创造出情感四溢的比例和对比效果。此外，立面上的几根柱子看上去是凸出来的，这有助于在柱子后面形成另一层次的框架系统。梁柱的连接关系在这里被处理得细致入微，实乃古希腊以来罕见的建筑佳品。[5]

除了裸露的素混凝土表面和直接呈现的框架系统之外，该建筑的立面还从建构的角度进行了某些分门别类的处理。我们只要注意一下立面上梁柱的直角关系与建筑内部柱头的牛腿设计之间的差异就可以认识这一点了（图 5.8）。如同辛克尔一样，佩雷建立了一套根据建筑的社会文化性质对同一建筑的不同部位进行差异处理的等级体系。反映在彭提厄大街的车库建筑中，这一等级系统主要体现在两个方面：一

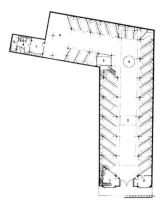

图 5. 6
奥古斯特·佩雷，马波
夫停车库正立面

图 5. 7
奥古斯特·佩雷，巴黎
彭提厄大街 51 号马波夫
停车库，1905 年。底层
平面

图 5.8
奥古斯特·佩雷，马波夫停车库室内。请注意柱子与托臂梁的连接关系

方面，设计者在工业化的框格窗内镶嵌了不透明雾化玻璃，充分表达了中心通道两侧车位的实用内容；另一方面，尽管中央部位玫瑰窗的窗框断面与其他窗户几乎一样，但是它却努力表现公共空间的尊贵风貌，因为这里是行人和汽车出入车库的地方。与这种等级性差异表现不同，佩雷设计的纯实用性建筑对钢筋混凝土框架和拱顶的表现则往往直言不讳，模板拆除之后表面也不作任何处理。这方面的例子有1915 年在卡萨布兰卡 (Casablanca) 落成的单层仓库建筑和 1923 年在巴黎奥利维埃·梅特拉大街 (rue Olivier-Métra) 竣工的舞台布景制作工作室 (the scene painting studio)（图 5.9）等。彭提厄大街停车库属于佩雷建筑中的一个过渡性作品，是

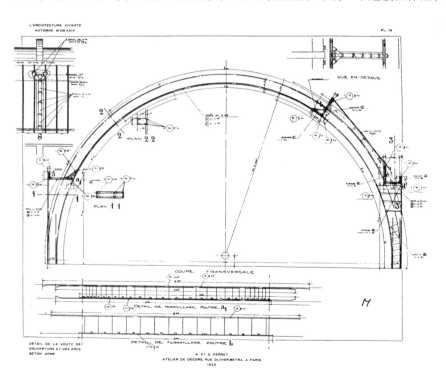

图 5.9
奥古斯特·佩雷，巴黎奥利维耶－梅特拉大街舞台布景工作室剖面，1923 年

佩雷探索符合这类建筑表现形式的产物。他也曾经为该建筑设计过一个新艺术风格（Art Nouveau）意味的立面方案，其中的主要柱子在侧面镶有砖壁，而框架中间则采用了富兰克林大街公寓背立面上出现的六边形玻璃砖。

1913 年，在巴黎蒙田大道（Avenue Montaigne）落成的香榭丽舍剧院（Théâtre des Champs-Elysées）是佩雷结构古典主义思想的又一发展。该剧院休息大厅采用了小、大、小、大、小开间变化的帕拉第奥双柱（the ABABA Palldian parti）。[6]大小相间的韵律甚至延伸到剧院的其他部位，包括支撑演出大厅弓弦式屋架的四组双柱（图 5.10），以及围绕马蹄形演出大厅布置的一系列廊厅的支撑结构（图 5.11，5.12，5.13）。休息大厅内部还有一个 16 根柱子组成的列柱围廊，它们与大小开间体系一唱一和，不仅组成了入口大厅的空间交响曲，而且最终在建筑正立面上表现为统领全局的壁柱系统（图 5.14）。与双柱结构体系相呼应，休息大厅的吊顶和地面分别采取了格子呢图案（tartan grid）的造型和划分。柱子沿空间的周边分布，将梁柱系统与建筑的围合墙体区分开来（图 5.13）。小、大、小、大、小的开间布局一方面贯穿在列柱围廊大厅之中，另一方面又在主立面上得到表现，具体来说就是小开间两侧为单壁柱，而大开间采用的则是双壁柱。此外，整个立面两侧还有两组与建筑等高的双壁柱系统，在整个建筑立面的构图中起到画龙点睛的作用。如同亨利·拉布鲁斯特的建筑一样，壁柱顶部没有采用传统的柱头，而是用纤细的金色线条取而代之。与此同时，整个立面设计似乎也不乏弗朗索瓦·孟莎（François Mansart）的立面线脚设计手法（modénature）的影响。佩雷遵循真实性原则（the

图 5.10
奥古斯特·佩雷，香榭丽舍剧院，轴测图

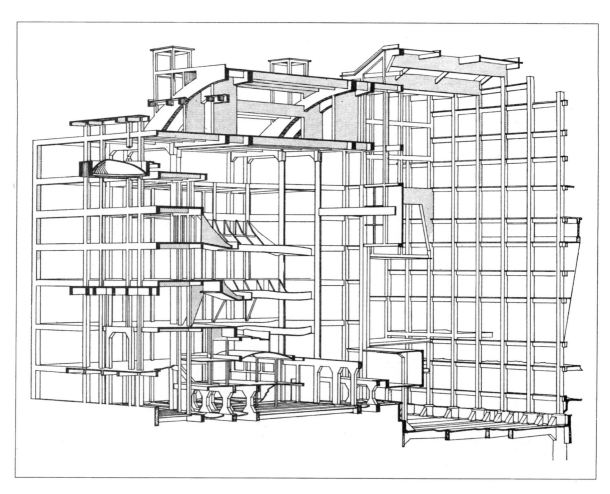

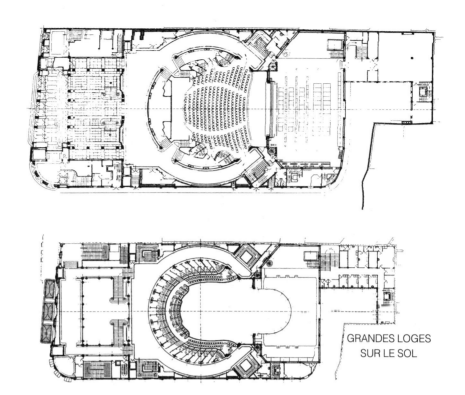

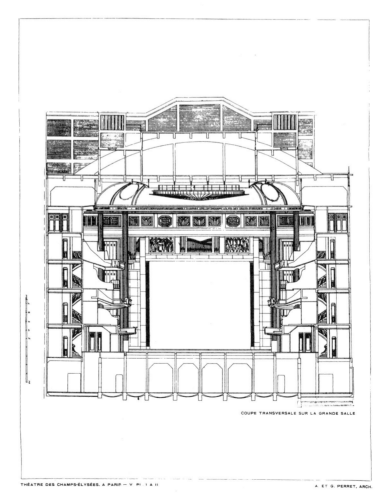

GRANDES LOGES
SUR LE SOL

图 5.11
奥古斯特·佩雷，香榭
丽舍剧院，底层平面

图 5.12
奥古斯特·佩雷，巴黎
香榭丽舍剧院包厢楼层
平面，1911—1913 年

图 5.13
奥古斯特·佩雷，香榭
丽舍剧院观众大厅剖面

COUPE TRANSVERSALE SUR LA GRANDE SALLE

THÉATRE DES CHAMPS-ÉLYSÉES. A PARIF — V. PI. 1 A II.   A. ET G. PERRET, ARCH.

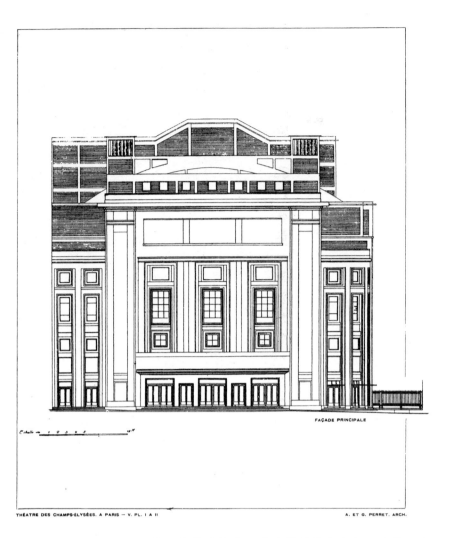

FAÇADE PRINCIPALE

THÉÂTRE DES CHAMPS-ÉLYSÉES. A PARIS - V. PL. I A II   A. ET G. PERRET. ARCH.

图 5. 14
奥古斯特·佩雷，香榭
丽舍剧院正立面

principle of *vraisemblance*)，将巨大的壁柱布置在建筑的转角部位，为的是像孟莎
在 1642 年为府邸庄园（Château des Maisons）设计的拉斐特府邸（Maison Laffit-
te）一样，表现壁柱承重的建筑概念。

在这里，我们再次看到了富兰克林大街 25 号的某些手法。主立面和休息大厅等
重要部位均没有采用裸露混凝土材料，而是用石材和粉刷饰面。相比之下，侧立面
和背立面就直接显示了脱模混凝土框架结构，框架之间是大面积的砖墙填充。换言
之，一旦建筑体量转向后台等实用性较强的部分，佩雷就立刻开始直接表现经过耐
火处理的混凝土框架结构。这种情况也与埃纳比克 1895 年和 1896 年分别在土斯汪
（Tourcoing）和里尔（Lille）建造的纺织厂房多少有些相似。

兰西圣母教堂（Notre-Dame du Raincy）是佩雷建筑中古典理性主义与希腊 –
哥特理想的集大成之作。该教堂原为纪念在一次世界大战乌尔克（Ourcq）战役中
阵亡的将士而建（图 5. 15，5. 16），1922 年正式委托佩雷设计。兰西圣母教堂最终
由 28 根独立式混凝土圆柱和一个封闭的非承重性外围结构组合而成，反映出佩雷在
通用空间问题上已经具备的某种超前意识（*avant la lettre*）。这些混凝土圆柱高达 37
英尺，纵向间距为 33 英尺，柱径从底部的 17 英寸逐步收分至顶部的 14 英寸。对于
这样的设计，我们可以在本体和再现两个不同的意义上进行解读：本体意义无疑在于它们
呈现的素混凝土支撑结构本身，而再现意义则与木模直接产生的柱身槽楞有关。在这里，

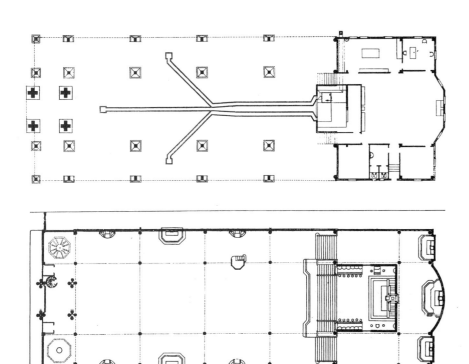

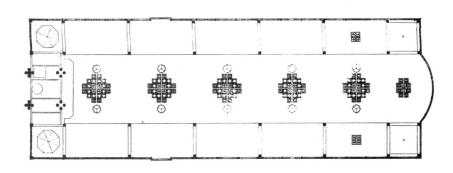

图 5.15
奥古斯特·佩雷，兰西
圣母大教堂，1922—
1924 年。地下室采暖管
道布置

图 5.16
奥古斯特·佩雷，兰西
圣母大教堂底层平面和
折弧交错的顶部平面

佩雷将半圆形和三角形两种槽楞集于一身，使兰西圣母教堂的柱子获得了双重的历史含义，同时暗示多立克柱式较为尖细的凹槽和哥特建筑的圆柱形束柱。除了柱身的希腊-哥特双重隐喻之外，整个厅堂式教堂（*Hallenkirche*）① 中的独立式柱群也唤起了一种通常只有在哥特建筑中才会出现的丛林般的升华效果。柯德姆瓦（Cordemoy）和洛吉耶（Laugier）曾经对哥特建筑的这一特点赞不绝口，视它为哥特建筑的最高属性。佩雷自己则在 1924 年致《美国建筑师》（The American Architect）杂志的一封信中这样写道：

> 通常，教堂外侧的柱子都是埋在墙体中的，或者最多稍微突出墙面，以表明柱子的存在。但是在兰西圣母教堂中，我们将柱子完全从墙体中解放出来，让墙体在柱子外侧自由穿过。由于所有柱子都是独立式的，人们在教堂中看到的是四排柱子，而不是通常情况下的两排。教堂内部的空间也随着柱子数量的增加而格外开阔。纤细的柱径、巨大的柱高和没有多余装饰的柱身，所有这些都是创造开阔空间的物质手段。[7]

---

① 指主跨与侧跨高度相等的一种教堂形制。——译者注

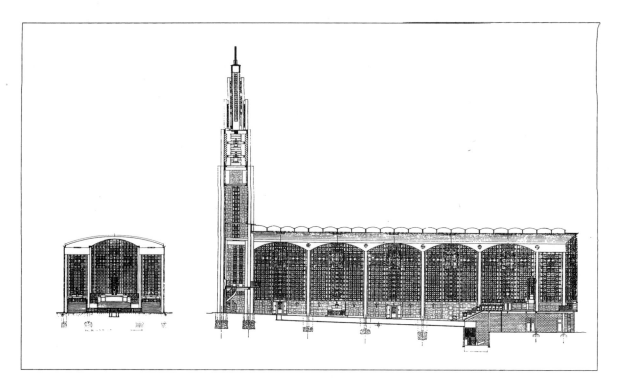

图 5.17
奥古斯特·佩雷，兰西
圣母大教堂剖面

显然，佩雷在这一问题上的观点与迪朗（J. N. L Durand）基本一致，后者曾经对苏夫洛（Soufflot）设计的巴黎圣热内维也夫教堂（Ste. – Geneviève）结构的不经济性提出批评。同时，也正是这一点表明了兰西圣母教堂与圣热内维也夫教堂在建筑概念上的某种联系。维托里奥·戈里高蒂（Vittorio Gregotti）认为，从圣热内维也夫教堂到兰西圣母教堂，希腊—哥特理想呈现出一种将自然主义古典化的倾向，这种倾向自启蒙运动以来就一直贯穿在法兰西文化之中，成为"一种对进步和理性顶礼膜拜的世俗宗教，义无反顾地追求事实上无法达到的自然客观性"。[8]兰西圣母教堂还继承了圣热内维也夫教堂的拱顶结构，但是将它转化为一系列混凝土浅筒拱形式，中厅部位的筒拱为横跨，而侧廊部分的筒拱则采用了连续纵跨形式（图 5.17）。此外，如同圣热内维也夫教堂一样，兰西圣母教堂也有一个外层屋盖，为的是保护跨越在侧廊和中厅上方的厚度仅为 2 英寸的薄壳拱顶（图 5.18）。从纵剖面上看，外层屋盖由一系列平扁式倒 U 形轻质混凝土壳拱组成，壳拱上面还覆盖了面砖。令人惊讶不已的是，该体系的净跨竟然等同于整个教堂的宽度。

兰西圣母教堂的哥特精神还充分体现在该建筑周边长达 183 英尺的幕墙结构上面。它由一系列 2 英尺见方的预制构件组成，构件中间有一些矩形、三角形或者圆形的孔洞，孔洞内镶嵌着透明玻璃或者彩色玻璃。这些混凝土预制构件很像中世纪建筑中的"石栏"（claustra）①，在教堂的每个开间内对称布局，居中形成一系列巨大的几何网格状的十字架图案。"石栏"中镶嵌的彩色玻璃颇具"点彩派"（"point-illiste"）特点，是象征主义艺术家莫里斯·德尼（Maurice Denis）的作品。透过彩色玻璃，自然光线在建筑墙面上折射出斑斓的色彩。早在 1902 年，佩雷就已经提出"石栏"的想法，当时他正为他的父亲工作，参与由阿尔贝·巴吕（Albert Ballu）设计的奥兰大教堂（the cathedral of Oran）的建造（图 5.19）。佩雷将兰西圣母教堂

图 5.18
奥古斯特·佩雷，兰西
圣母大教堂横剖面

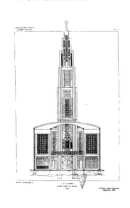

① 一种中世纪建筑中有装饰图案的、用作围墙采光的构件。——译者注

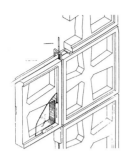

的幕墙视为一种浮雕结构（relief construction），并为之设计了一种充满节奏感的连接方式。与"石栏"的一般连接情况相比，该墙体中的许多横肋和竖肋都更加明显。这不仅提高了幕墙的强度，而且也有助于更加清晰地勾勒出十字架图案。此外，通过将五种不同图案的预制混凝土构件（十字形、圆形、宝石形、半方形、以及四分之一方形）在一个有边框的范围内进行排列组合，佩雷成功地避免了规则性幕墙划分可能导致的单调感，同时又为原本平坦无柱的外立面赋予一定的尺度。

当然，建筑的方形尖塔也是另一颇具哥特韵味的元素，它高达 145 英尺，角落上有四组束柱，分别由四根直径为 17 英寸的柱子组成（图 5.20）。随着尖塔在向上升展的过程中平面尺寸逐步收缩，束柱的柱子数量也分三段减少，形成退台的感觉。但是，尽管退台的比例和几何关系与教堂的其他部分基本保持一致，也有助于将尖塔和管风琴厢楼空间与中厅空间融为一体，但是对于教堂外轮廓形象的塑造来说，方形尖塔的设计却不能说十分成功。它试图效仿典型哥特教堂的尖塔轮廓，但是做得多少有些勉强，缺少轻盈的通透感，而且分段后退的构图并非来自框架结构本身，而是用砌体堆积而成的。事实上，无论圣热内维也夫教堂还是兰西圣母教堂，框架（tectonic）形式与砌体（stereotomic）形式的混乱都得归因于它们使用的暗藏式强化构件（hidden reinforce-

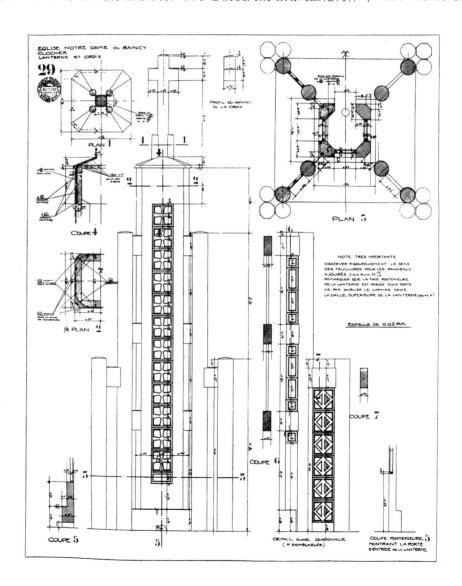

图 5.21
奥古斯特·佩雷，木宫
建筑，1924 年

ment)，其结果是整个建筑的形象与它的本质结构貌合神离。此外，由于构件交接关系的弱化处理，兰西圣母教堂的尖塔也显得有些怪异和虚假。值得指出的是，在佩雷的建筑中，框架的显现有时并非为了建构表现，而是一种怀旧的形式模仿，在这里，结构是假哥特式的，并没有真正成为希腊－哥特理想的现代创造，这不能不说是佩雷钢筋混凝土框架建筑语言的失败之处。

　　1924 年和 1925 年的两个临时性建筑试图重新探索框架结构更为直接的形式表现。这两个建筑分别是位于波洛涅花园（Bois de Boulogne）的木宫建筑（Palais de Bois）（图 5.21）和 1925 年装饰艺术世博会（Exposition des Arts Décoratifs）的装饰艺术剧院（Théâtre des Arts Décoratifs）（图 5.22，5.23，5.24）。

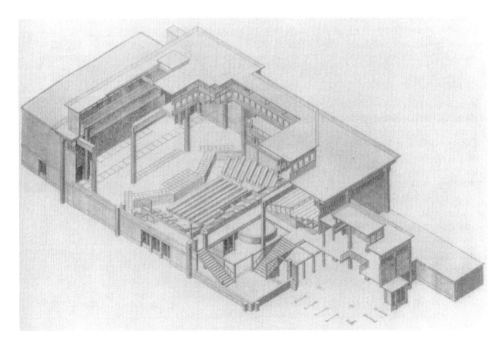

图 5.22
奥古斯特·佩雷，装饰艺
术博览会剧院，1924—
1925 年。轴测图

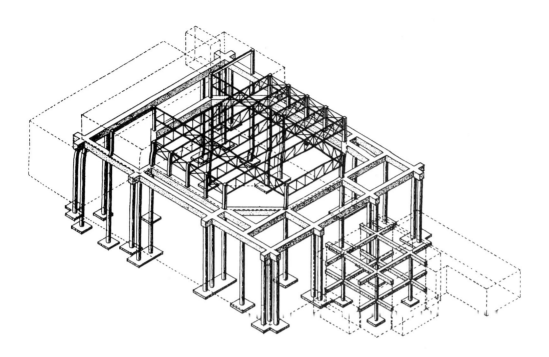

图5.23
奥古斯特·佩雷，装饰艺术博览会剧院：轴测图显示了金属桁架与炉渣混凝土梁的关系

图5.24
奥古斯特·佩雷，装饰艺术博览会剧院，剖面和"榻榻米"吊顶

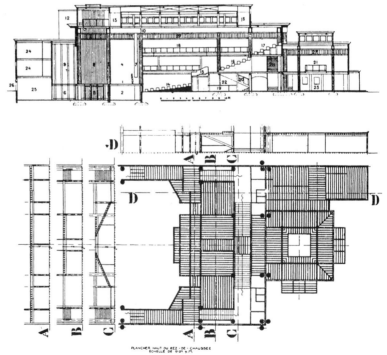

PLANCHER HAUT DU REZ-DE-CHAUSSÉE.

　　在上述两个建筑中，前者是一个由预制构件（standard mill sections）组成的精彩绝伦的木构建筑，承重构件与被承重构件在结构上层次分明（这与叔本华的"支撑"（*Stütze*）与"荷载"（*Last*）概念有某种可比性）。从下面看去，裸露的木板屋顶铺设在预制木椽上面，而木椽又搁置在檩条上面，檩条下面是木梁，最后由木梁借助牛腿将荷载传递给木柱。在屋面高起的部分，光线从椽子和檩条的间隙进入室内，加之高侧窗以及不规则分布的天窗，整个建筑内部自然光线充足明亮。站在今天的角度重新审视该建筑，我们不禁会相信佩雷当时是在自觉运用"东方"的建造方式，因为如果不联想到传统日本木构建筑的话，我们几乎不大可能仅仅依靠照片资料来理解这一建筑。

相比之下，装饰艺术剧院是一个更加雄心勃勃、而且也更具经典意义的作品。在这个建筑中，佩雷试图将他的希腊－哥特建筑语言向古典理性主义法则转化，探索一种具有民族主义伟大抱负的新的法兰西建筑语言。如同兰西圣母教堂试图对传统的厅堂式教堂进行重新诠释一样，有着 900 座位的装饰艺术剧院也在一定程度上对正在出现的新型观众厅类型作出了改进。在舞台设计方面，它采用了曾经在凡·德·维尔德（Van de Velde）1914 年设计的德意志制造联盟剧院（Werkbund Theater）和 1912 年马克斯·克鲁格（Max Kruger）设计的风格剧院（Stilbühne）中出现过的浅式三联舞台（the shallow tripartite stage）。受波洛涅花园建筑木构系统的直接影响，装饰艺术剧院的结构体系也呈正交形式，同时又参杂了某种帕拉第奥色彩。在这里，佩雷将香榭丽舍剧院休息大厅有小、大、小、大、小间距变化的列柱形式略加变化后发扬光大，形成围合整个装饰剧院内部体量的周边空间。剧院内部的长度和宽度分别为 180 英尺和 40 英尺，四周有 38 个独立式柱子，它们在剧院的纵深方向形成小、小、大、小、小的韵律，而在宽度方向的韵律则是小、大、小（图 5.25）。这样一来，建筑主体就在纵深和宽度方向分别被分为三段，中间段要比两个侧段稍大一些。可能是意识到兰西圣母教堂外观缺少结构性模数关系的不足，佩雷在装饰艺术剧院的外部加设了 14 根柱子，借此在光秃秃的外立面上形成一系列具有再现意义的柱式形象，其中当然也包括在转角部位发挥结尾作用的双柱。（人们不妨将这一做法与密斯在芝加哥伊利诺伊理工学院一系列建筑转角部位的钢框架处理手法做一番比较。）尽管该建筑是临时性的，佩雷还是参照了钢筋混凝土框架的结构形式。柱子内部是方形木柱，然后再通过四段扇形外饰面形成带有凹槽的圆柱。相比之下，主要的结构大梁则由配有钢筋的轻质炉渣混凝土浇筑而成。此外，佩雷还借这个临时性建筑的机会，尝试了一把别开生面的水晶般透亮美学（a prismatic crystalline aesthetic）。在这里，白天的自然光线可以透过顶棚方格网内设置的亚麻织品以及与之相邻的侧窗照亮整个演出大厅（图 5.26），仿佛是一个露天剧场的巨大天棚（velarium），轻钢结构支撑的透明网格凌空跨越在演出大厅上方，令人想起拉布鲁斯特的巴黎国家图书馆（Bibliothèque Nationale）阅览室轻盈的华盖式屋顶。整个天棚华丽多彩，侧墙上并不十分光滑的金属涂料（aluminum paint）呈现出鲜亮的铝叶色。观众席座椅面料是灰褐色的，进一步加强了演出大厅色彩的丰富性。在不同的光线作用下，大厅呈现出千姿百态的非物质化效果，它与佩雷 1929 年设计的巴黎音乐师范学院（Ecole Normale de Musique）的音乐厅室内设计形成鲜明的对照，后者在声学反射板的封闭下必须完全依靠人工照明（图 5.27，5.28）。

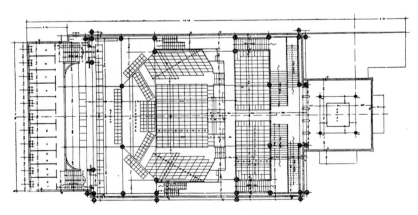

图 5.25
奥古斯特·佩雷，装饰艺术博览会剧院，首层平面

140

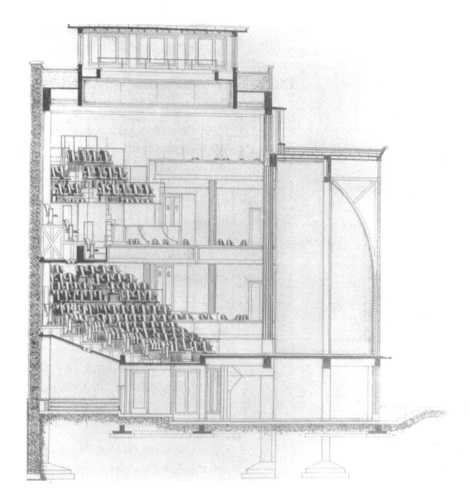

图 5.26
奥古斯特·佩雷，装饰
艺术博览会剧院，演出
大厅透视图

图 5.27
奥古斯特·佩雷，巴黎
音乐师范学院，1929
年。剖面

141

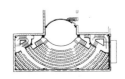

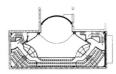

图 5.28

奥古斯特·佩雷，巴黎音乐师范学院，舞台层和楼座层平面

时任巴黎音乐师范学院院长的阿尔弗雷德·科罗（Alfred Corot）曾经对在该建筑墙面木龙骨上铺设的这层薄薄的声学反射板予以高度评价："佩雷告诉我们，他将给我们一把小提琴，但事实上他给我们的是一把斯特拉迪瓦里小提琴（a Stradivarius）①。"[9]然而无论装饰艺术剧院还是音乐师范学院音乐厅都充分显示，佩雷寻求的是一种内省性的、充满质感的室内空间，它致力于营造一个与世隔绝的空间闭合体。

为说明该建筑的复杂性，我们有必要谈一谈它的另外两个建构特点。首先，尽管存在对混凝土结构的某种模仿，整个室内体量还是不乏波洛涅花园木宫建筑的结构特征，其承重构件与被承重构件的关系显示了来自东方文化的双重影响，因为我们一方面可以感悟到日本文化建筑结构的正交式连接，另一方面又可以隐约看到伊斯兰建筑依靠角部支撑大厅上方帆拱的空间塑造手法（图 5.29）。其次，正如我们已经说到过的，该建筑实际上是佩雷探求新型法兰西古典建筑秩序的试验品。正是从这一点出发，才有柱身的"凹槽"以及沿建筑四周布置的类似古典建筑檐部的半圆型交叉通风管带的处理（图 5.30）。类似的隐喻手法也曾出现在巴黎音乐师范学院音乐厅可调节遮阳板的设计之中。

图 5.29

奥古斯特·佩雷，装饰艺术博览会剧院室内

① 意大利提琴制造家斯特拉迪瓦里（Antonio Stradivari，1644—1737 年）制造的小提琴，即品质极佳的小提琴，用以表达对佩雷设计的赞许。——译者注

图 5.30
奥古斯特·佩雷,装饰
艺术博览会剧院外观

如同密斯、柯布西耶、路易·康等后来居上的建筑师一样,佩雷努力寻求系统清晰而又富有变化的建筑之路,正是这条道路使他们有可能根据不同的社会文化性质赋予建筑不同的等级表现。就其规范意义而言(from a normative standpoint),佩雷建筑的设计方法和语言法则系统是通过他的两个建筑形成的,它们分别是 1932 年在巴黎雷努阿尔大街(rue Raynouard)落成的佩雷自己的公寓建筑(图 5.31,5.32)和 1936 年开始在巴黎建造的市政建设博物馆(Musée des Travaux Publics)。

图 5.31
奥古斯特·佩雷,巴黎
雷努阿尔大街 51 号公寓
建筑,1929—1932 年。立
面。请注意佩雷办公室
部分的平板玻璃窗做法

143

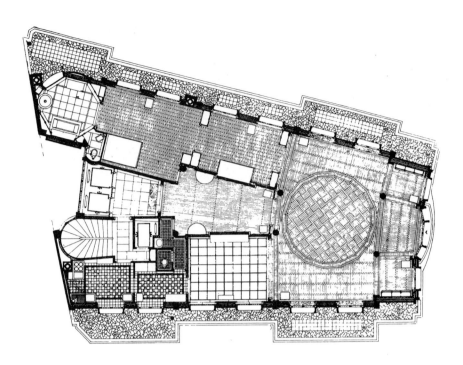

　　尽管佩雷一直强调结构框架的重要性，但是他的建筑也在不断寻求符合建筑社会文化性质（institutional status）的表达方式，比如说他的公共建筑往往采用梁柱框架结构，而私家居住建筑则为承重墙结构。正是在这两种具有代表性的结构类型覆盖的广阔范围之内，佩雷设计了纳巴尔·贝住宅（Maison Nabar Bey）。这是一个供上流社会阶层使用的别墅建筑，于 1931 年在加歇（Garches）建成，其章法分明的框架和填充结构都具有相当典型的代表性（图 5.33）。相比之下，佩雷的大多数小住宅设计都采用了没有框架的承重墙结构。1926 年在凡尔赛（Versailles）地区建成的帕拉第奥式的卡松德尔住宅（Maison Cassandre）可谓这方面的范例（图 5.34）。与此同时，他设计的公寓建筑则力图展示社会精神的更高秩序，因此无一例外地采用了全框架结构。与柯布西耶在底层独立支柱（pilotis）问题上不分青红皂白的做法不同（其中蕴含的反古典主义思想与佩雷可谓背道而驰），佩雷只在性质辉煌的建筑中才使用周边列柱。这样的建筑可以是一个公共性建筑，也可以是勒阿弗尔（Le Havre）地区的周边式住宅小区入口部位的纪念性序列设计。

　　虽然雷努阿尔大街公寓的平面设计十分精彩，但是真正应该引起我们注意的还是该建筑在结构构件的完美连接中反映建筑性质的方式。在这里，为区分框架和填充墙体，佩雷对不同部位的混凝土表面进行了差异处理。彼得·柯林斯写道：

　　　　一旦阐明之后，该系统的一般性原则似乎是如此不言而喻，以至于人们看不出它有什么伟大之处。然而值得一提的是，直到佩雷设计这幢建筑的时候，除了将预制混凝土构件作为现浇混凝土的永久性模板来使用之外，似乎还没有哪一位建筑师能够像佩雷那样认真思考如何在同一座建筑中系统地将现浇混凝土和预制混凝土结合在一起的问题。佩雷强调，结构构件应该作为整体框架进行现浇，同时将所有非承重构件都必须根据特定的设计在现场生产，而不是在工厂预制。在一定意义上，佩雷的主张是对钢筋混凝土建筑技术的革命。当时，预制混凝土建筑构件本质上还只是一种商业化批量生产的手段，如果有什么公司号称能够生产和运输所有预制构件的话，人们决不会大惊小怪。[10]

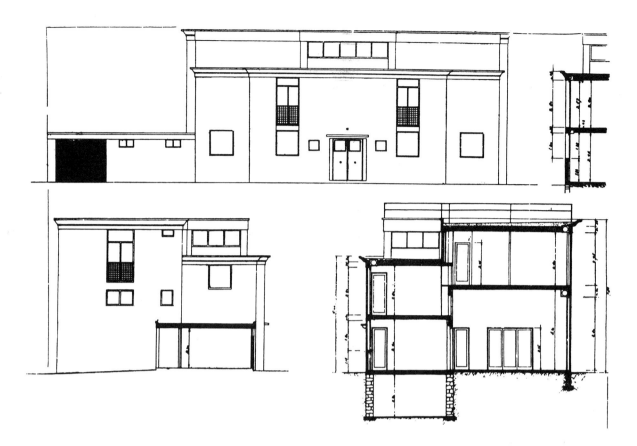

佩雷提倡的是合理化生产,而不是最优化生产。对于他来说,每一个可重复构件都是为特定建筑进行特定设计的建构单元,并且一旦建筑完成,现场预制混凝土构件的模具就应该全部作废。在雷努阿尔大街公寓以及后来的公共建筑设计中,立面线脚(*modénature*)都以结构框架为尺度,而建筑的整体体量在很大程度上则建立在等级分明的秩序和组合序列的基础之上。换言之,无论是预制混凝土窗框的大小,还是现浇钢筋混凝土框架与窗框之间固定的预制混凝土墙板,都体现着一定的模数关系。同样,进深方向的模数关系也考虑到构件交接的要求和滴水板的需要,而窗框单元的厚度则是根据标准的巴黎式折叠金属百叶窗的安装要求确定的(图5.35)。整个立面的韵律令人再次想起弗朗索瓦·孟莎(François Mansart)的造型手法,其厚重感很强的混凝土边框围合下的法国式大窗顶天立地,在一定程度上与17世纪法兰西古典主义十分典型的"楔形"凸窗("wedged" windows)颇为相似。与此同时,佩雷坚持在现浇混凝土构件和预制混凝土构件之间作出区分,这一做法也与维奥莱-勒-迪克要求区分铸铁构件和锻铁构件的立场一脉相承。

佩雷早年曾经对脱模混凝土(*béton brut*)粗糙表面的表现兴趣盎然,但是随着时间的推移,他又对混凝土表面的凿毛处理(bush-hammering)产生了兴趣,借此他获得了现浇混凝土框架和预制混凝土构件表面两种不同处理的可能,前者表现的是凿毛后裸露的混凝土骨料,后者则保留乳胶形成的光滑表面。为使对比的效果更佳,佩雷还充分利用早先十年中已经发展成熟的技术手段,比如为增加混凝土密实性而发展起来的振捣技术,还有为揭示混凝土骨料特点而采用的去除水泥面层的方法等。柯林斯写道:

(佩雷开创性地使用了)……一种去除水泥面层的技术,它通常被称为水泥

凿毛术（*bouchardage*）。这是一种原本用于清理采石场石材荒料表面的技术，佩雷是否是第一位将该技术运用到混凝土表面处理的建筑师并不重要，重要的是对于佩雷来说，结构材料的视觉表现与结构体系的视觉表现二者缺一不可。佩雷并非"缺少对细部的感觉"，恰恰相反，他一方面通过木模板的模数关系表现建筑的细部，另一方面又以不同尺寸和色彩的混凝土骨料为手段追求建筑的色彩表现。[11]

通过雷努阿尔大街公寓大楼的设计，佩雷重新肯定了传统法式竖向落地长窗（French window）的价值。尽管这种窗户与柯布西耶式的水平条形窗（*fenêtre en longueur*）截然不同，但是正如佩雷自己在雷努阿尔大街的设计工作室表明的那样，他并不反对在需要充足自然光线的部位使用连续的大面积玻璃窗（图5.31）。此外，佩雷将法式竖向落地长窗视为一种具有特殊文化内涵的窗户形式，用他自己的话来说，"竖向落地长窗乃是一种人文载体"（*la fenêtre en hauteur c'est le cadre de l'homme*）。在佩雷看来，法式落地窗（*la porte-fenêtre*）向内开启的一对铰链门扇就是人类存在的见证。这样一来，原本极其平常的建构元素被赋予了神圣的象征意义（symbolic anthropomorphic dimension）。对于佩雷来说，法式落地长窗的深远含义不仅在于节奏、空间和光线的层次勾画出资产阶层优雅的室内环境，而且还因为它能够为人类的室内活动提供某种韵律基础。富兰克林大街25号公寓楼就充分显示了这一点。在这座建筑中，法式落地窗在浑为一体的空间（*en suite* space）中勾勒出阴阳交替的停顿节奏。加之连接吸烟室、就餐室、客厅、卧室以及闺房等一系列室内空间的不透明门扇，一种特定的日常生活氛围油然而生。诚如亨利·布莱斯勒（Henri Bresler）所言，它们以绚丽多姿的方式折射出资产阶级文明世界的高贵典雅和彬彬有礼。[12]

法式竖向落地长窗创造的是连续而又含蓄的室内序列。就其本质而言，它与水平长条窗的宽银幕视觉效果可谓大相径庭，[13]是佩雷建筑观与柯布西耶"新建筑五点"巨大差异的集中表现之一（图5.36）。与柯布西耶不同，佩雷认为法式竖向落地长窗能够在室内外之间建立一种中心透视效果（focused perspective）的连接方式。关于这一点，布鲁诺·雷西林（Bruno Reichlin）这样写道：

> 这种传统型窗户将室内外空间融为一体，同时又起到限定场所（locale）和形成窗景（sill）的作用，为空间和情感创造一片'领地'。用佩雷的话来说，如果水平长条窗"将无尽的开阔视野强加在我们头上"的话，那么竖向长窗则'使我们能够看到包括街道、花园和天空在内的完整空间（*une espace complete*）'。然而最为关键的是，这些视觉上的开口同时又是可关闭的。[14]

早在1938年，位于巴黎的市政建设博物馆就已经建得差不多了，但是由于种种原因，直到佩雷去世后才算最终完工。它无疑是佩雷最为杰出的纪念性公共建筑，在这里，古典周边列柱结构体系的纪念性效果可谓登峰造极，因为除了勒阿弗尔的周边式街区之外，佩雷还未曾在他设计的建筑中如此强烈地使用周边列柱体系，更何况勒阿弗尔并非出自佩雷本人之手，而是别人按照他的手法设计的（图5.37，5.38）。市政建设博物馆上的巨柱高达40英尺（这是佩雷首次放手对他的现代法兰西古典主义进行尝试），其设计可谓煞费苦心。首先，柱子是混凝土而不是石头的。为此，柱子直径的递减和收分都是反向的，也就是说，柱头部位的直径（103厘米）要比柱础部位80厘米的直径大（图5.39）。通过古典柱式收分的倒置，佩雷试图用一种独特的方式表现钢筋混凝土柱柱础部位的稳定性以及柱头部位的整体坚固性。此外，柱子的形状还令人想起赖特在强生制蜡公司行政管理大楼中使用的柱子。佩雷

图 5.36
勒·柯布西耶,"新建筑
五点",《人类住宅》中
的插图,1926 年

图 5.37
奥古斯特·佩雷,巴黎
市政建设博物馆,
1936—1937 年。立面

图 5.38
奥古斯特·佩雷,巴黎
市政建设博物馆,底层
平面

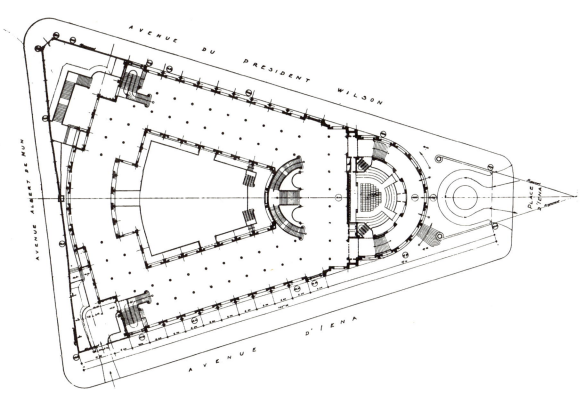

图 5.39

奥古斯特·佩雷，巴黎
市政建设博物馆，立面
剖面

A. 防水层

B. 火山灰水泥

C. 水泥

D. 多孔水泥

E. F. 空心砖

G. 钢筋混凝土

H. 胶合板

I. 钢筋混凝土填充

J. 软木

K. 花岗石地面

L. 水泥

M. 胶合板顶棚

N. 风管

O. 水泥板

P. 散热器

Q. 风扇

R. 制热器

S. 空心砖

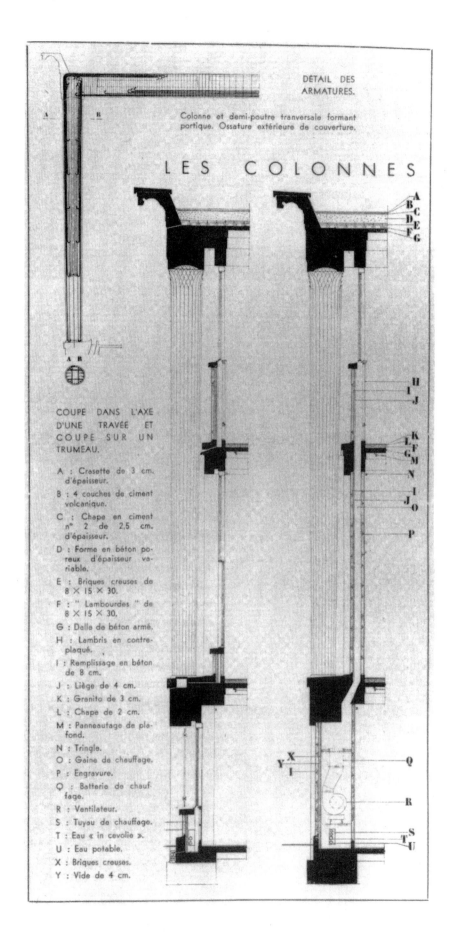

DÉTAIL DES
ARMATURES.

Colonne et demi-poutre tranversale formant
portique. Ossature extérieure de couverture.

LES COLONNES

COUPE DANS L'AXE
D'UNE TRAVÉE ET
COUPE SUR UN
TRUMEAU.

A : Crasette de 3 cm.
d'épaisseur.

B : 4 couches de ciment
volcanique.

C : Chape en ciment
n° 2 de 2,5 cm.
d'épaisseur.

D : Forme en béton po-
reux d'épaisseur va-
riable.

E : Briques creuses de
8 × 15 × 30.

F : " Lambourdes " de
8 × 15 × 30.

G : Dalle de béton armé.

H : Lambris en contre-
plaqué.

I : Remplissage en béton
de 8 cm.

J : Liège de 4 cm.

K : Granito de 3 cm.

L : Chape de 2 cm.

M : Panneautage de pla-
fond.

N : Tringle.

O : Gaine de chauffage.

P : Engravure.

Q : Batterie de chauf-
fage.

R : Ventilateur.

S : Tuyau de chauffage.

T : Eau « in cevolie ».

U : Eau potable.

X : Briques creuses.

Y : Vide de 4 cm.

和赖特设计的都是上大下小的柱子，柱身也都没有收分曲线，但是在与上部横向结构连接的部位又都出现了弯曲（见图 4.23）。当然，相同形式处理所具备的内涵是截然不同的：赖特热爱连绵不断的有机形式，其理念更接近结构理性主义的原则（读者不妨将它与阿纳托尔·德·波多（Anatole de Baudot）的晚期作品进行比较）；而佩雷则更加倾心于希腊－哥特理想，试图借助现代技术对这一理想进行转化。可以认为，佩雷追求的是一种可与戈特弗里德·森佩尔早在很多年前就已经提出的观点相媲美的意义守恒思想（an idea of symbolic conservation）。如同古希腊神庙曾经用石头效仿木构形式一样，佩雷在现浇混凝土结构的纪念性形式中保留了石砌形式的某些特征。人们甚至可以认为，佩雷是在刻意用现浇混凝土材料表现框架形式，试图将古希腊建筑从木构走向石构的转化过程重新逆转过来。不过佩雷一直重视混凝土建构特性的来源，对于他来说，木模板乃是混凝土建筑存在的先决条件。事实上，在追求新型法兰西柱式的过程中，佩雷逐步发展出一种前所未有的柱头形式，它将传统科林斯柱式的卷叶饰柱头转化为木模板几何搭接形成的有机纹理。从市政建设博物馆到勒阿弗尔柱式，佩雷柱头形式的发展经历了整整十年时间。彼得·柯林斯写道：

> 历史上没有什么先例可以告诉人们，怎样才是在整体浇筑的框架系统中处理柱头的正确方式。在这一点上，除了众所周知的原理之外，木构技术也无可奉告。梁柱体系的砌体结构依靠独立的石块来解决将矩形梁荷载传递给圆形柱子的问题。……对于中世纪木构建筑而言，……柱头的处理没有太大的必要（除了那些雕琢的或者附加的装饰以外），因为它的梁柱都是矩形的。佩雷拒绝简单的形式模仿。通常，就像市政建设博物馆内部的柱子那样，他倾向于圆柱与上部的矩形梁直接相交。于此同时，他又深深感到如果还有什么方法可以将结构逻辑与审美形式融为一体的话，他就有道德的义务去寻求这一形式。[15]

正是出于这种道德的义务感，佩雷努力寻求建构形式与更高价值表现的内在统一，这或许可以解释为什么佩雷只在市政建设博物馆外部的周边列柱上使用柱头纹理，而在展厅的标准化结构部分使用圆凸勾缝将圆形柱头与矩形横梁区分开来（图 5.40）。除此之外，建筑内部和外部的柱子完全相同，相同的表面凹槽，相同的自上往下递减的收分处理。在柯林斯看来，该建筑的柱头形式过于有机，也太接近古埃及柱式的柱头形式。显然，柯林斯更倾向于勒阿弗尔建筑上的较为简单的柱头形式。虽然勒阿弗尔柱头并非精雕细琢，却有一系列由较大的交叉模板精确浇筑而成的几何形式（图 5.41），所有三角形尖角都与柱身上的槽棱交汇在一起。为此，佩雷采用了一种与柱身模板数量无关的通用方法（generic method），有了这一方法，"建筑师就可以像历史先例那样，专注于尺度的问题。"[16]

在市政建设博物馆中，佩雷将建筑的具体语言提升到一个令人叹为观止的精确程度，所有的柱子都直接脱模而成。除槽棱以外，佩雷还要求对柱身表面进行凿毛处理，为的是在显露混凝土骨料的同时突出槽棱和接缝。但是，强调线条的处理方法带来的却是一种出乎预料的非建构效果，它使人产生矛盾的错觉，对混凝土骨料表面的整体现浇品质产生怀疑（图 5.42）。与此同时，建筑外部的周边列柱背后的大面积玻璃钢窗也多少削弱了承重性的混凝土基座建立起来的连续性。另一方面，空间围合感的减弱却有助于表达"建筑中还有建筑"（a "building within the building"）的概念，事实上这一概念正是整个建筑的主题所在（图 5.43，5.44）。此外，佩雷也放弃了他在装饰艺术剧院上采用的双重周边列柱的累赘做法。至此，佩雷终

图 5.40
奥古斯特·佩雷，巴黎
市政建设博物馆，室内

图 5.41
奥古斯特·佩雷，勒阿
弗尔市政厅，1949 年。
柱头细部

图 5.42
奥古斯特·佩雷，巴黎
市政建设博物馆，建筑
外围细部

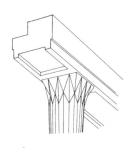

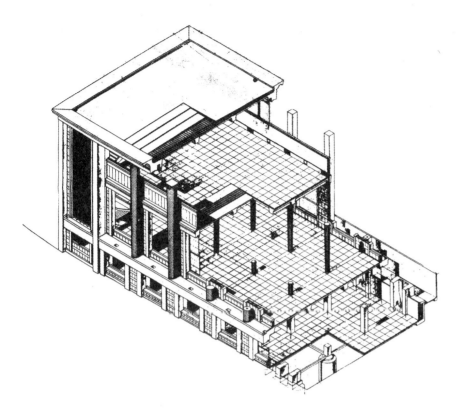

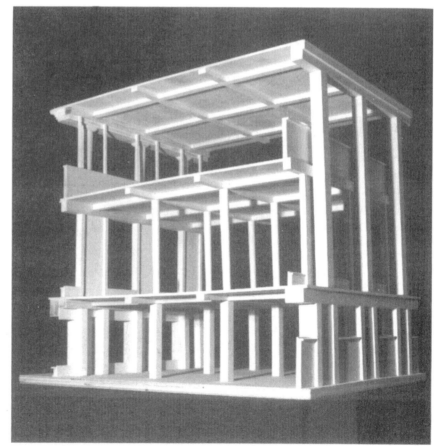

图 5. 43
奥古斯特·佩雷，巴黎
市政建设博物馆，轴
测图

图 5. 44
奥古斯特·佩雷，巴黎
市政建设博物馆，模型

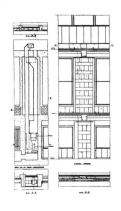

图 5.45
奥古斯特·佩雷,巴黎
市政建设博物馆,墙体
立面和剖面,其中剖面
显示了采暖风管的位置

于完成了从兰西圣母教堂的立论(thesis)、到装饰艺术剧院的反论(antithesis)、再到市政建设博物馆的合论(synthesis)的辩证过程。如果用列柱系统与建筑围合墙体的关系来阐述这一过程的话,就是佩雷在这三个建筑上经历了只在墙体内侧设柱、到在墙体的两侧设柱、再到只在墙体外侧设柱的转变。

在市政建设博物馆中,还有一个第二等级的秩序关系,它体现在列柱后面的建筑体量上面,其中又以在每一根列柱后面对称布局的一对壁柱上的表现最为典型。每对壁柱的中间部位布置了空调风管(图5.39,5.45),完全可以作为后来由路易·康发展的设备管线与建筑结构形式相结合的建构路线的先声。经过表面凿毛处理的结构主梁(down-stand beams)与梁下起支撑作用的柱体整体浇筑在一起,保证了建筑内部的建构统一性。此外,在室内的周边部位,主梁又小心翼翼地与托梁交接在一起,通过托梁将荷载传递给成对的壁柱,而壁柱又与厚重的墙体在结构上融为一体。

在半圆形礼堂上方的圆形天窗为建筑内部带来丰富的自然光线的同时,两层穹顶中间还布置了人工照明(图5.46,5.47)。如同兰西圣母教堂的情况一样,外层穹顶的上面有一层轻质的钢丝网水泥保护面层。下层穹顶采用了一圈圈固定在混凝土结构上的台阶形玻璃砌块,也就是佩雷所谓的"透光混凝土"(*béton translucide*)(图5.48)。相比之下,上层穹顶则完全由钢筋混凝土建造而成。

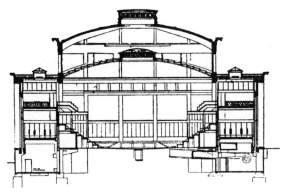

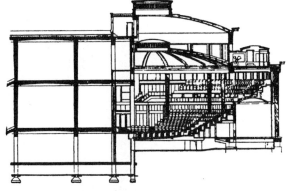

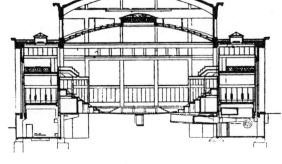

图 5.46
奥古斯特·佩雷,巴黎
市政建设博物馆,通过
观众大厅的剖面

图 5.47
奥古斯特·佩雷,巴黎
市政建设博物馆,双层
钢筋混凝土穹顶之间的
夹层空间

受音乐师范学院音乐厅声学处理手法的影响，市政建设博物馆在结构梁中间的顶棚表面铺设了具有声学作用的夹板面层，它是佩雷成熟时期作品的特点之一。对于佩雷来说，一个空间体量的声学品质远远超越了吸音或者反射的使用要求，而成为该空间本体价值的呈现。如同后来的柯布西耶一样，佩雷已经将声学效果视为建筑空间品质的化身。佩雷认为，人们应该通过声音来理解建筑，这一点又与丹麦建筑评论家斯坦·艾勒·拉斯姆森（Steen Eiler Rasmussen）的立场不谋而合。[17]香榭丽舍剧院休息大厅的顶棚处理以及地面图案曾经与建筑框架结构体系的本体网格形成某种呼应关系。相比之下，让佩雷更加引以为豪的是，市政建设博物馆的内部完全没有使用粉刷饰面。[18]在这里，每一个建筑元素都反映了构成这一元素的材料特性和浇筑方式。最后说一下楼梯设计的问题。在佩雷看来，主楼梯是建筑文明品质的集中体现。因此他在市政建设博物馆中再次采用了一个贯穿建筑上下部位的楼梯，并且把它的空间建构品质（spatio-tectonic quality）视为建筑表现的要素。在使用功能上，这是一部为公众到达各层展厅而设立的螺旋形楼梯（图5.49）。

《关于一种建筑理论》（Contribution à une théorie de l'architecture）是佩雷的主要理论著作，该书于1952年出版，距佩雷去世只有两年时间。[19]一般认为，密斯的理论著作以语句短小精悍著称，但是在这一点上，佩雷似乎有过之而无不及。佩雷的论述看起来就像马赛克镶嵌上的格言，书页的排版方式十分经典，而且全部采用大写字母，就好像它们注定要成为碑石上的箴言一样。与此同时，看似独立的句子之间又呈现出某种思想的逻辑。事实上，该书的内容由16段独立的论述组成，某些

153

论述还夹杂着从别人那里引用的短句。佩雷这样开始他的论述：

技术，乃是对自然永恒的爱，它是想像的甘露，灵感的源泉，神奇的祈求者，创造者的母语；技术，在诗意的言说中引导我们走向建筑。

接下来的一段基本上是对维奥莱 – 勒 – 迪克在《法国建筑百科辞典》（*Dictionnaire raisonné de l'architecture française*）开始部分有关结构问题的观点的阐述。佩雷写道："建筑是空间的艺术，它通过结构表达自己。"接着，他对"不变形式"和"易变形式"（fixed and ephemeral form）进行了区分。

无论易变还是不变，只要与空间发生关系就属于建筑的领域。建筑在空间构造中完成自己，界定、封闭或者围合空间。建筑的神奇之处就在于它能够创造具有场所和精神（*l'esprit*）魅力的整体作品。建筑是所有艺术种类中最受物质条件制约的一种艺术形式。永恒的条件来自自然，暂时的条件来自人类。气温的变化、材料的特性、稳定性与力学法则、视觉变形、线与形普遍持久的指向都属于永恒的条件。依靠科学思想与直觉的结合，建筑师不仅能够创造器皿和门廊，更可以成为具有统一品质和满足有机多样的功能需求的伟大建筑的创造者。"

我们的时代在追求形式与功能的完美结合时往往显得执迷不悟，佩雷的上述观点可以作为对这种状况的间接批判，因为完美结合只有在某些极端条件下才有可能。此外，它也向我们说明，现代人对舒适生活的过度追求是人类自我放纵的表现，其结果是过去的半个多世纪以来建筑的商品化发展愈演愈烈。佩雷主张具有"人文面貌"（human appearance）的建筑空间，它曾经是古希腊城邦（polis）的特征，而黑格尔也曾设想过一种出没在柱廊之间的城邦生活。在佩雷看来，纪念性公共建筑和日常生活的琐碎物体属于两种性质完全不同的事物，前者的特点是它的永久性，即使成为废墟也是如此，而后者则是非永久性的。在这一点上，佩雷的立场与柯布西耶不无相似之处。按照柯布西耶的观点，物体与我们的关系越紧密，就越能反映我们人类的特征；相反，离我们越远，就越趋于抽象。

接下来佩雷将论题转向结构的诗性表现：

结构是建筑师的母语。建筑师是用结构思考和言说的诗人。我们时代的大型建筑都必须以框架作为基本的结构形式，可以是钢框架，也可以是钢筋混凝土框架。对于建筑来说，框架结构就像动物的骨架一样重要。动物的骨架充满节奏、均衡和对称，包含和支撑功能完全不同和处于不同位置的器官；同样，建筑的框架结构也必须井然有序，富有节奏、均衡和对称。它必须能够包含和支撑功能完全不同和处于不同位置的建筑器官，满足功能和习俗的要求。

就在这一格言的旁边，佩雷引用了夏尔·布朗（Charles Blanc）著作中的一段话。布朗是巴黎美术学院的图书管理员，同时也是 1867 年出版的具有广泛影响的《绘画艺术原理》（*Grammaire des arts de dessin*）一书的作者。这段话是这样说的："对古代纪念建筑的深入研究揭示了这样一条真理：建筑的最高境界与其说是一个充满装饰的结构，倒不如说是一个结构精妙的装饰。"（architecture at its highest level is not so much a construction that is decorated as a decoration that is constructed.）

佩雷的理论立场中还有一些需要澄清的内容。首先，尽管他参加了 1925 年的装饰艺术博览会，但是他毕生都对装饰艺术（decorative art）的观念深恶痛绝。在佩雷看来，即使与 1900 年的巴黎世博会相比，1925 年的装饰艺术博览会也是文化上的一次倒退。在与玛丽·多姆瓦（Marie Dormoy）的一次访谈中，佩雷说道："装饰艺术应该受到禁止，它是畸形的艺术，如果还有什么真正的艺术可言的话，装饰（decoration）就应该被扫地出门。"[20] 第二个需要澄清的内容与佩雷反对模仿建构形式和结构（tectonic form and structure）的立场有关。在德尼·奥奈热（Denis Honegger）的《奥古斯特·佩雷的建筑主张》（Auguste Perret: doctrine de l'architecture）一书中，有一段注释涉及到这个问题。根据这一注释，佩雷曾经在某一场合对该书作者这样说道：

> 我们已经丧失了石头的建筑语言。今天，我们用这一材料建造的一切只不过是谎言和骗术。我们已经不再知道如何建造穹窿建筑，我们只会用扒钉锚固石头。眼睛能够看到的石楣实际上是靠背后的铁梁或者钢筋混凝土梁支撑的。我愿向当代任何一位建筑师提出挑战，有谁敢说他能够用古人的道德良心和材料感觉修复布尔日大教堂的中殿（the nave of Bourges）？今天，人们只会用钢筋混凝土重建该教堂，然后在混凝土上粉刷，在节点处刷上涂料，以为这样就足够了。"[21]

佩雷反对虚假的模仿行为。如同森佩尔一样，他坚持强调结构框架的重要性，甚至还将森佩尔在框架问题上的人类学观点拓展为一种关于结构的自然哲学。因此，《关于一种建筑理论》充满道学意味的观点看上去颇似阿道夫·路斯（Adolf Loos）1908 年的檄文《装饰与罪恶》（Ornament and Crime）的主张："那些掩盖框架的行为不仅剥夺了建筑的惟一合法性，而且也使建筑失去了最优美的装饰。掩盖柱子是大错，制作假柱则是犯罪。"[22]

佩雷的格言式语句显示，他与保罗·瓦莱里（Paul Valéry）[1] 和亨利·伯格森（Henri Bergson）[2] 的思想有许多共同语言。他认为经久耐用的框架是一个具有本质意义的重要问题，它为建筑奠定了时间基础。[23] 佩雷写道：

> 框架赋予建筑永恒的元素和形式，它是自然规律的体现，是现在与历史之间的桥梁，使建筑经久不衰。如果建筑不仅符合短暂的条件，而且也符合永恒的条件，那么建筑也就符合人类和自然的要求。但是它还需要特征和风格，必须和谐有序。特征、风格、和谐，这些都是建筑由真走向美的试金石。"[24]

在戏剧作品《安菲翁的传说》（Histoire d'Amphion）的序言中，瓦莱里甚至将语言文化记忆与建筑的基本结构相提并论："即使简单比较一下，人们也必须像尖塔和塔楼的建造者们思考结构那样，考虑以记忆和形式为载体的持久性。"[25]

对于佩雷思想的发展来说，瓦莱里的重要性无论怎样强调都不为过。二人的相识应该是在 1909 年，差不多是香榭丽舍剧院建成前三年的事情。瓦莱里十分热心该剧院的建造，因此认识了佩雷，而且还与其他相关人士过往从密，包括舞台布景师莫里斯·德尼（Maurice Denis）和负责浮雕设计的安托万·布代尔（Antoine Bourdelle），还有剧院经理加布里埃尔·托马（Gabriel Thomas）等。瓦莱里曾经在《欧帕林诺，还是建筑师》（Eupalinos ou l'architecte）[3] 中表达了他的建筑哲学，其中他在建构问题上的观点苛刻到有些迂腐，因为在他看来，真正的建筑是人们在开凿石头的过程中不期而遇的。瓦莱里严格区分了三种不同的结构：（1）石材组成的简单承重结构，（2）木材组成的框架结构，（3）钢筋混凝土材料浇筑的整体结构。佩雷试图将古典建筑的梁柱形式（the tectonic/paratactic configuration）与钢筋混

---

① 保罗·瓦莱里（1871—1945 年），法国诗人和评论家。——译者注
② 亨利·伯格森（1859—1941 年），法国哲学家。——译者注
③ 欧帕林诺，公元前 6 世纪时期的希腊石匠和工程师，以修建地下引水渠而闻名。——译者注

凝土建筑整体现浇的有机形式（the monolithic organic configuration）融为一体。对佩雷的建筑追求而言，瓦莱里的划分既是一种肯定也是一种批评。尽管佩雷努力挖掘钢筋混凝土框架建构潜力的尝试不可谓不是一种壮举，但是他的建筑作品在本质上已经背离了瓦莱里从古希腊文化中认识的深刻的建构之根。[26]在认识论问题上，瓦莱里的阐述方法属于典型的地中海型的。在他看来，有两类不同的人物，一类致力于继承传统和创造等级秩序，另一类则渴望征服大海，在未知的世界中奋力拼搏；石匠欧帕林诺是前者的代表，而木匠和造船师特力东（Tridon）则属于后者。换言之，世间的能工巧匠（homo faber）在这里被分为两类，一类立足于文化，另一类立足于自然；前者以创世者（world creator）的面貌出现，后者则是一种工匠（an instrumentalizer）。[27]

乍看起来，佩雷常常将特征与风格混为一谈；然而毫无疑问的是，佩雷理解的，风格乃是与事物的内在秩序联系在一起的，而特征则仅仅是特殊的外在表现。他曾经对马塞尔·马耶尔（Marcel Mayer）这样说道："机车只有特征，帕提农神庙才是特征与风格的水乳交融。不要多少年，今天看来最优美的机车也只是一堆废铜烂铁，而帕提农神庙却永世长存。"在风格问题上，佩雷的观点接近维奥莱－勒－迪克，因为他常常挂在嘴边的一句话是："风格是一个单数。"（Style is a word that has no plural）[28]《关于一种建筑理论》的最后一句几乎直接来自密斯曾经引用过的圣奥古斯丁（St. Augustine）[①]的名言："真的光芒就是美"。在这一点上，他还提出了一个与柯布西耶在《模度》（Modulor）中的思想十分相似的观点：用比例丰富结构，就是在结构中反映人类自身。[29]也正是根据这一观点，佩雷完成了他最后的理论著作。

佩雷建筑作品的希腊－哥特理想的精神还有另一层意义。一方面，他的新柏拉图主义形式以及关于人类命运的特殊思想无疑是希腊式的，另一方面，他对待建筑施工的态度和结构情感则深受中世纪文化的影响。因此，我们也就不难理解佩雷对文艺复兴建筑不屑一顾的原因：

> 在我看来，文艺复兴是一个倒退的运动；它不是古典的"再生"而是古典的堕落。人们或许会说，即使在中世纪结束以后，还是有一些天才人物创造了伟大的纪念性建筑，比如巴黎恩典古医院（Val-de-Grâce）、巴黎荣军医院（Dome des Invalides）以及凡尔赛宫等，但是在我看来，这些建筑只不过是巨大的舞台布景。……凡尔赛宫建造品质低劣，随着时间的推移，历史留给我们的不是一座废墟，而是一堆无法辨认的瓦砾。瓦砾不是建筑；但建筑可以成为美丽的废墟。[30]

由于能够有效地掌控施工手段，佩雷也就比其他任何人更有资格称自己是"建造者"（Constructor）而不是建筑师。不用说，佩雷的建构生涯在很大程度上有赖于A&G佩雷营造公司（A&G Perret Constructeurs）的支持。直到1945年，佩雷的建筑实践都是以该公司的名义进行的，而该公司又总是与负责具体工程实施的佩雷－弗雷尔（the building firm of Perret Frères）建筑公司合作。正是基于这样的合作，佩雷及其同仁才能够取得如此高超的施工精度，比如对梁跨产生的微小变形进行视觉校正等。关于这一点，彼得·柯林斯写道：

> 如果说古希腊建筑中的视觉校正……属于雕塑性的繁复劳动的话，那么佩雷则充分利用了木材固有的可调节性。施工工人按照平整度要求和真实尺寸制

---

① 中世纪基督教哲学家，主要著作有《忏悔录》和《上帝之城》等。——译者注

作每根梁的模板，然后在模板就位以后，在模板下方楔入大小逐渐变化的木块〔也就是维特鲁威所谓的垫块（scamilli impares）〕，对模板进行微调，完成视觉校正的弯度。[31]

用现代建造手段取得古典的结果，这种能力无疑是佩雷被称为"改良现实主义者"（evolutionary realist）的缘由所在。然而，只有通过佩雷对建构的追求，我们才能理解他从《活力建筑》（L'architecture Vivante）杂志编委会毅然辞职的原因。该杂志原本是佩雷为促进现代建筑的发展而创办的，但是他后来对它的刊名变得十分反感，起因是主编让·巴多维奇（Jean Badovici）决定在1925年秋季刊上登载蒙德里安（Mondrian）[①]的一篇题为"新塑性主义的未来建筑"（L'architecture future de neo-plasticisme）的文章，这引起了佩雷的不满。诚然，佩雷在创办《活力建筑》之初曾经将它视为一份反巴黎美术学院的刊物，但是他的反学院派立场并不意味着他赞成抛弃正在呈现的建构文化传统。此后，他就与先锋派现代主义分道扬镳。思想上的差异不仅让佩雷对新生代建筑师感到格格不入，而且也使他自己的作品几乎被20世纪建筑遗忘。

可以认为，佩雷追求的独特建构路线自始至终具有以下几个特质：（1）结构骨架系统的表现是一种不可或缺的建筑原则，（2）构件连接方式是技术的诗性表现的关键，（3）对传统特征进行重新诠释能够使建筑保持一定的文化延续性，（4）建构文化的发展最终应该落实在檐部、法式竖向落地长窗以及螺旋楼梯等关键元素之中，（5）坚持理性主义方法，致力常规文化（normative culture）的延续和发展。上述最后一点无疑与他在1945年勒阿弗尔改造方案中表现的对平凡事物的热爱有关。在1933年建筑和艺术学会（Institut d'Art et Architecture）的一次演讲中，佩雷曾经这样说道：

> 纪念性建筑能够显示一个国家的悠久历史，而大自然则永远年轻。在不违反功能要求和现代材料性能的基础上，现代建筑师的作品完全不需要貌似惊人，与历史上已有的建筑形成巨大的反差。这样的建筑也许平庸，却能够经久不衰。惊奇和刺激可以带来震撼，却不能持久，只能说是心血来潮而已。艺术的真正目标是在辩证的过程中将我们不断引向满足，超越新奇，达到纯粹形式的愉悦。[32]

对于当今世界来说，佩雷的意义在于他在与先锋主义分道扬镳的同时，又成功地避免了历史风格的模仿（pastiche historicism）和简化功能主义（reductive functionalism）这两个20世纪下半叶的巨大错误。佩雷的建筑遗产有力地说明，在未来的建筑发展中框架元素与砌筑元素是有可能辩证结合在一起的。不仅如此，佩雷还能够将他的建筑方法根据不同结构材料进行转换，这一点或许可以通过他设计的木宫和装饰艺术剧院等临时性建筑得到验证。[33]与他晚年的"国家风格"（"state style"）相比，这些临时建筑反倒体现了更加丰富和自由的精神。就此而言，佩雷的遗产在给我们带来希望的同时也有它的局限，其影响的效果也迥然不同。一方面，佩雷有一些较为学院派的继承人，比如直接协助他进行勒阿弗尔改造设计（图5.50）的皮埃尔·朗贝尔（Pierre Lambert）和雅克·普瓦勒（Jacques Poirrer），以及1939年竣工的弗雷堡大学（University of Fribourg）的设计者德尼·奥奈热（Denis Honegger），他们更多继承的是佩雷建筑的装饰手法。另一方面，佩雷又有

图5.50
奥古斯特·佩雷，勒阿弗尔公寓街区的典型设计，1949年

---

① 指荷兰风格派画家皮特·蒙德里安（Piet Mondrian，1872—1944年）。——译者注

一些坚持现代建筑思想的学生，如埃诺·戈德芬格（Erno Goldfinger）、保罗·尼尔森（Paul Nelson）和奥斯卡·尼施克（Oscar Nitschke），甚至一些远在他方的传人，如捷克裔美国建筑师安东尼·雷蒙德（Antonin Raymond），他在1930年的东京高尔夫球俱乐部（Tokyo Golf Club）的设计中成功地将佩雷的结构理性主义思想与日本的具体条件相结合。还有卡尔·摩塞（Karl Moser），他于1931年在瑞士巴塞尔建成的圣安东教堂（St. Anton's Church）可以被视为佩雷混凝土建筑语言的新形式。也许，最后一件从方法上而不是在风格上继承佩雷传统的建筑作品是安东尼·雷蒙德和拉迪斯拉夫·拉多（Ladislav Rado）设计的东京读者文摘大厦（Reader's Digest Building）（图5.51）。[34]该建筑于1951年建成，是一件小巧和充满灵气的作品。从清晰的结构关系到精制的现浇混凝土技术，它处处体现着佩雷建构思想的精华，又没有任何模仿佩雷建筑风格中个人化的线脚处理手法（*modénature*）的痕迹。

图5.51
安东尼·雷蒙德和拉迪斯拉夫·拉多，东京读者文摘大厦，1951年。剖面细部

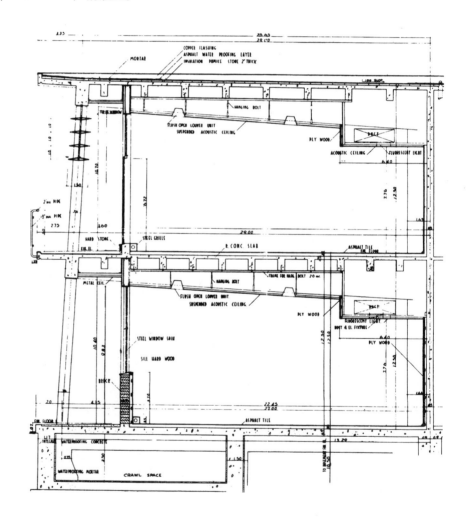

5　Auguste Perret and Classical Rationalism

Epigraph: Leonardo Benevolo, *Storia dell'architettura moderna* (Cambridge, Mass.: MIT Press, 1971), pp. 327–331. English translation of a two-volume Italian history first published in 1960.

1
See Peter Collins, *Concrete: The Vision of a New Architecture* (London: Faber & Faber, 1959), pp. 174, 175. The otherwise impeccably consistent text is contradictory on this point. Collins insists on Claude-Marie Perret's antipathy to concrete, claiming that no works of the firm could be carried out in this material until after his death in 1905, and yet he knew only too well that 25 bis rue Franklin was executed in this material.

2
For Julien Guadet see Reyner Banham, *Theory and Design in the First Machine* (New York: Praeger, 1960).

3
See Banham, *Theory and Design in the First Machine Age*, p. 30. Of Choisy's influence on Perret, Banham writes of "Auguste Perret's transposition of wood-framing technique on to reinforced construction, [as] a procedure which he, apparently, held to be warranted by Choisy. . . . But Perret's structural methods owe a further debt than this to Choisy, and to his views on Gothic structure in particular. Gothic, as has been said, was one of Choisy's two preferred styles, because it constitutes in his eyes, the culmination of logical method in structure." Here Banham quotes Choisy to the effect that "the [Gothic] structure is the triumph of logic in art; the building becomes an organized being whose every part constitutes a living member, its form governed not by traditional models but by its function, and only its function." Later Banham continues, in the chapter dealing with the French protomodern academic succession: "The three pre-1914 buildings [25 bis rue Franklin, the rue Ponthieu garage, and the Théâtre des Champs-Elysées] depend, as Perret himself admitted, on a Choisyesque transposition of reinforced concrete into the forms and usages of wooden construction—a rectangular trabeated grid of posts and beams. This procedure which makes little use of the monolithic qualities and less of the plastic ones of the material, the assertions of Perret's followers notwithstanding, appears to have a complicated derivation" (p. 38).

4
Auguste Perret, *Contribution à une théorie de l'architecture* (Paris: Cercle d'études architecturales André Wahl, 1952), unpaginated. (First published in *Das Werk* 34–35 [February 1947]).

5
Collins, *Concrete*, p. 186.

6
For the most exhaustive recent treatment of the complex history behind the building of this theater see Dossiers du Musée d'Orsay no. 15, *1913 Le Théatre des Champs-Elysées* (Paris: Editions de la Réunion des Musées Nationaux, 1987), pp. 4–72. Particular attention should be given to Claude Loupiac's essay "Le Ballet des architectes" in which he shows how four architects were commissioned in succession: first Henri Fivax in 1906, then Roger Bouvard between 1908 and 1910, and then Henri Van de Velde and Bouvard together in 1911. Auguste Perret was asked to collaborate with Van de Velde in May of that year and shortly after was able to gain complete control over the work, following Van de Velde's resignation in July.

7
Ibid., p. 242.

8
Vittorio Gregotti, "Auguste Perret, 1874–1974: Classicism and Rationalism in Perret," *Domus*, no. 534 (May 1974), p. 19.

9
Collins, *Concrete,* p. 254.

10
Ibid., p. 217.

11
Peter Collins, "Perret, Auguste," *Macmillan Encyclopaedia of Architects* (New York: Free Press, 1982), vol. 3, p. 394.

12
Henri Bressler, "Windows on the Court," *Rassegna* 28 (1979).

13
See Bressler, "Windows on the Court." The English translation in this unpaginated appendix describes the dichotomous character of the interior space at 25 bis rue Franklin: in the following terms:
From the entrance hall the triptych doors give onto three main rooms like a miniature of the stage of the Teatro Olimpico. In the center, the room is lit by a large bow-window, which corresponds symmetrically to the entrance niche where a console stands and is (potentially) surmounted by a mirror. On the sides, the rooms split, offering oblique visual axes which reveal the apartment's largest perceptible dimensions. In the center of the main hall it appears as if there were only one large room which regresses to infinity thanks to the many mirrors laid out face to face on the small fireplaces of the dining and main rooms. In truth, here all elements are part of this spatial explosion: the diagonal position of the partitions, of doors and windows, the transparency and reflections of the double glass doors and the light channeled into the splay of the loggias which are reflected in the mirrors. Thus we stand, plunged into an almost magic, marvelous box, despite its limited size. . . . It is certainly true, however, that such a device able to multiply doors and double doors at will (there are seven double doors in the entrance gallery) turns out to be rather difficult to furnish. A few consoles, chests of drawers or clothes closets can be set against the remaining free wall spaces. . . . To ensure that this arrangement, which opens as an integral unit, might rediscover the virtues of a true apartment, Perret cut the walls back until they seem like panels, he redesigned the door springers and underscored the ensemble with the figures of the different rooms: stylobates, moldings, vegetation-motif frames; he manages to somehow reuse the entire catalogue of definitions of the traditional lodging. In short, he in no way attempted to violate the boundaries of lifestyles and their social codes of behavior: the apartment must lend itself fully to the reception ritual; it appears that even the Baroness of Staffe in person might be received in this apartment.

Once within the main hall, guests may cross through the double glass doors in proper order, with arms linked, and enter the dining room. After dinner, the gentlemen can retire to the fumoir, while the ladies reach the "gynaeceum" of the lady-of-the-house, and, the most intimate among them, the boudoir. All present may then meet again in the main hall to delight in some sort of merry-making. The main rooms lend themselves to the reception device. All is offered to sight, multiplied by the effects of light and mirrors. Nothing keeps the guests from believing that the hall doors—access to facilities and bathrooms—do not lead to bedrooms.

If you seek, instead, some place amenable to intimacy, suffice to close the doors and pull a curtain or two; each room, with the exception of the fumoir (whose access runs oblique to the dining room), is completely autonomous.

In my view this dichotomous arrangement, so precisely described by Bressler, anticipates the ambivalent but equally illusionistic devices that Louis Kahn will employ, seventy years later, in the Kimbell Art Museum at Fort Worth, Texas, when he will attempt to combine the traditional gallery of discrete rooms with open flexible loft space.

14
Bruno Reichlin, "The Pros and Cons of the Horizontal Window: The Perret-Le Corbusier Controversy," *Daidalos* 13 (September 1984), pp. 71–82.

15
Collins, *Concrete,* pp. 206–207.

16
Ibid., p. 208.

17
See Steen Eiler Rasmussen, *Experiencing Architecture* (Cambridge: MIT Press, 1964), chapter 10, "Hearing Architecture."

18
It is interesting to note that even in repetitive domestic work, as in the apartments designed for Le Havre, Perret attempted unsuccessfully to eliminate plasterwork and suspended ceilings. See Collins, *Concrete,* p. 275.

19
The following excerpts are from Perret, *Contribution à une théorie de l'architecture* (unpaginated).

20
Marie Dormoy, "Interview d'Auguste Perret sur l'Exposition internationale des arts décoratifs," *L'Amour de l'Art,* May 1925, p. 174.

21
Denis Honegger, "Auguste Perret: doctrine de l'architecture," *Techniques & Architecture* 9, nos. 1–2 (1949), p. 111.

22
Perret, *Contribution à une théorie de l'architecture.*

23
One is reminded in this of the German word for object, *Gegenstand,* meaning literally to "stand against."

24
Perret, *Contribution à une théorie de l'architecture.*

25
Paul Valéry, "The History of Amphion," in *The Collected Works of Paul Valéry,* ed. Jackson Mathews, vol. 3 (Princeton: Princeton University Press, 1960), p. 215. Valéry published *Eupalinos ou l'architecte* in 1921. In an unpublished analysis of this text (1985), Georgios I. Simeoforidis has written: "This is an important text that has not yet found its acknowledgement from and within architectural culture. Valéry's interest in architecture was a product of his own *durée* . . . architecture was Valéry's first love, an *amour* for the construction of both ships and building. Valéry was very interested in naval architecture following his other love, his *amour* for the sea, the Mediterranean sea. His philosophical . . . thought is a liaison between *construction* and *knowing,* a liaison that he finds in the architect, but also in the poet and the thinker. All are concerned with a process that has two moments: analysis and synthesis, repetition and composition. The poet is an architect of poems, the architect is a poet of buildings; both 'construct' through mental work. Valéry gives to construction a specific quality, as making and doing, *faire.* . . . It is ultimately this idea of *poiein, faire,* that could be extremely significant in architecture, especially if we understand the word construction, in the physical and mental range of its manifestation, as an act that has to have a form and a memory."

26
I am indebted for much of this to an unpublished essay on Paul Valéry by Georgios Simeoforidis, particularly for his reference to the work of the Greek architect and theoretician Panayiotis Michelis and his distinction between the tectonic/paratactic order of classicism and the monolithic/organic order of concrete. Clearly Michelis's *The Aesthetics of Concrete Architecture* deserves to be translated from the Greek and hence to be better known. Among Simeoforidis's sources it is worth mentioning *Paul Valéry Méditerranéen* by Gabriel Fauré (Paris: Les Horizons de France, 1954).

27
With the term *homo faber* (man the maker), I am alluding to the profound insights to be found in Hannah Arendt's *The Human Condition* (Chicago: University of Chicago Press, 1958), pp. 158–174. She writes: "If one permits the standards of *homo faber* to rule the finished world . . . then *homo faber* will eventually help himself to everything as though it belongs to the class of *chremata,* of use objects, so that to follow Plato's example, the wind will no longer be understood in its own right as a natural force but will be considered exclusively in accordance with human needs for warmth or refreshment—which, of

course, means that the wind as something objectively given has been eliminated from human experience." Later she writes (p. 173): "If the *animal laborans* needs the help of *homo faber* to ease his labor and remove his pain and if mortals need his help to erect a home on earth, acting and speaking men need the help of *homo faber* in his highest capacity, that is, the help of the artist, of poets and historiographers, of monument-builders or writers, because without them, the only product of their activity, the story they enact and tell, would not survive at all."

28
Collins, *Concrete,* pp. 157, 158.

29
Perret, *Contribution à une théorie de l'architecture.*

30
Collins, *Concrete,* p. 163. It is ironic to say the least that this argument would come so close to paraphrasing the so called Law of Ruins promulgated by Albert Speer under the Third Reich. For Speer, however, it was reinforced concrete that was seen as the nemesis, since as far as he was concerned this material was incapable of producing sublime ruins; hence it was forbidden to use this material in realizing the high representative buildings of the National Socialist state. The current sorry state of Le Raincy tends to mock Perret's thesis, but it fails to disprove it at a deeper level.

31
Ibid., p. 221.

32
Ibid., p. 223.

33
It is of interest that Raymond's top assistant on the Tokyo Golf Club was the Czech architect Bedrich Feuerstain, who had worked for Perret in Paris on the design of the Théâtre des Arts Décoratifs. Feuerstain also served as job captain on Raymond's Rising Sun Petroleum Company Building of 1927.

34
For details of the design and construction of this building, in collaboration with Raymond's postwar partner Ladislav Rado and the engineer Paul Weidlinger, see Antonin Raymond, *An Autobiography* (Rutland, Vermont: Charles E. Tuttle Company, 1973), pp. 211–221.

第六章
密斯·凡·德·罗：先锋与延续

密斯的所有结构（construction）……都是抵抗的手段，也是探索的手段。因此，它们总是充满意义，能够重新处理和语境（context）的关系。换言之，它们总是孜孜以求，将存在理解为一种真实的生命，呈现重获新生的形象。

我们的时代是一个工程的时代，一个彻底忘却古希腊城邦（polis）意识的时代［一个不知公共性（civitas）为何物的时代］，一个唯美的形式主义时代，一个远离古希腊"美感"（sense of kalón）的时代。相比之下，密斯的建筑是如此特立独行，它是一种（绝对）深层意义上的特立独行，因为它与个人主义风马牛不相及。相反，这种特立独行倒反而验证了个体的微不足道。

马西莫·卡西亚里（Massimo Cacciari）："密斯的经典"（Mies's Classics），1988 年

可以说，路德维希·密斯·凡·德·罗（1886—1969 年）的建筑生涯一直充满矛盾，而时代的技术能量、先锋派美学和古典浪漫主义的建构传统则是矛盾冲突的要素。面对这些矛盾，密斯毕生痛苦挣扎。这一现象本身就已经很能说明问题，因为它不仅使先锋派的本质暴露无遗，而且也表明抽象空间与建构形式乃是鱼与熊掌不可兼得（the relative incompatibility of abstract space and tectonic form）。密斯的建筑生涯大致可以分为以下几个阶段：辛克尔主义阶段（1911—1915 年）、"造型"（G）小组阶段（1919—1925 年）、欧洲式超验阶段（1925—1938 年）、美国伊利诺伊理工学院（IIT）阶段（1938—1950 年）、最后是 1950 年代到他去世为止的辉煌的技术主义实践（monumental technocratic practice）阶段。

1915 年前是密斯建筑生涯的第一阶段，它完全是柏林辛克尔学派价值体系的一统天下，其间密斯设计的最富有戏剧性的建筑是 1912 年在阿恩海姆（Arnheim）附近的奥泰罗（Otterloo）落成的柯罗勒 - 缪勒住宅（Kröller-Müller House）。该建筑俨然就是辛克尔式意大利风格（Schinkel's Italianate manner）的现代版本，与彼得·贝伦斯（Peter Behrens）同年在柏林 - 达勒姆（Berlin-Dahlem）建成的维甘特住宅（Wiegand House）有异曲同工之妙。1919—1925 年间是密斯建筑生涯的第二阶段，其间密斯深受先锋派艺术的影响，尤其是来自表现主义（Expressionism）、新塑性主义（Neoplasticism）以及至上主义（Suprematism）的影响。但是，当他在 1925 年前后真正开始建造的时候，他却将兴趣转向砖砌结构，然后又在 1927 年前后转向玻璃和钢的建构表达。[1] 这一阶段也许是密斯建筑生涯最为复杂的时期，其间先锋派艺术与建构传统的冲突可谓登峰造极。密斯于 1938 年移居美国，此后他似乎重返常规建造（normative building），也就是说，他闭口不谈"建筑"（architecture），而对德语意义上的"建造艺术"（Baukunst）津津乐道，其最好的例证就是他在芝加哥伊利诺伊理工学院校园的早期作品。正如他在 1958 年接受克里斯蒂安·诺伯格 - 舒尔茨（Christian Norberg-Schulz）访谈时所言："对于'设计'（design）一词我们已经没有多少好感，因为它可以涵盖一切但又不说明任何问题。许多人以为自己从设计一把梳子到规划一座火车站无所不能——事实上是什么也做不好。我们只对建造感兴趣。我们更愿意建筑师使用"建造"一词，而最好的建筑产

品则来自于"建造艺术"（art of building）。"[2]

密斯设想的这一等级关系于 1945 年前后开始在他的建筑中得到充分展现，相关的例子有型钢框架结构的颇具纪念性的伊利诺伊理工学院校友纪念馆（Alumni Memorial Hall）、1946 年在伊利诺伊州普兰诺（Plano）南郊福克斯河（Fox River）岸边建成的范思沃斯住宅（Farnsworth House）和 1949 年建于芝加哥的湖滨路 860 号公寓（860 Lake Shore Drive）等。密斯建筑生涯的最后 20 年是试图将技术纪念化的 20 年，1956 年在伊利诺伊理工学院落成的克朗楼（Crown Hall）、1958 年在纽约建成的西格拉姆大厦（Seagram Building）以及 1962—1968 年间在柏林完成的国家美术馆新馆（Neue Nationalgalerie）等建筑都清楚地表明了这一点。

1919—1925 年间属于密斯建筑生涯的第二个阶段，其间他完成了一系列敢于创新而又细致精妙的方案，包括 20 世纪 20 年代早期的著名的全玻璃摩天大楼方案和 1922 年设计、1923 年首次在先锋派杂志《造型》（G）① 创刊号上发表的钢筋混凝土办公大楼（图 6.1，6.2）等。该杂志由艾尔·李西茨基（El Lissitzky）② 和汉斯·里希特（Hans Richter）任主编，是基元构成主义（Elementarist-Constructivist）艺术家与达达主义进行对话的载体。办公大楼方案附带了一段重要的文字说明，它表明那个时期的密斯对建筑本体的深切关注。

建筑材料：混凝土、钢、玻璃。钢筋混凝土结构的天性就是框架结构。抵制华而不实。拒绝城堡式建筑。承重墙体被梁柱体系取而代之。这是一个皮加骨的结构系统（skin and bone construction）。

建筑的进深为 16 米，这是由办公空间的功能划分决定的。在进深方向，最经济的结构体系应该是两排跨度为 8 米的柱子再加每边 4 米的悬挑。建筑开间为 5 米。横梁是楼面负荷的直接载体，而在建筑边缘的悬挑部分，这些横梁又向上翻起形成建筑的外立面。办公橱柜被安排在建筑周边的实墙部分，这样人们在

图 6.1
密斯·凡·德·罗，钢筋混凝土办公大楼设计方案，1922 年。透视图

---

① 该杂志的全称为《元素造型及其材料》（G: Material zur elementaren Gestaltung），简称 G（Gestaltung）。——译者注
② 艾尔·李西茨基（1890—1941 年），俄国画家和设计师。——译者注

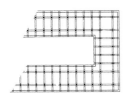

图 6.2
密斯·凡·德·罗，钢筋混凝土办公大楼设计方案，平面局部

房间中央就可以对整个办公空间一览无余。橱柜高 2 米，上方是连续的条形窗。[3]

如同维奥莱-勒-迪克的著作一样，这段文字可谓简洁了。就该设计方案本身而言，它既不是新古典主义的，又非哥特式的，而是表现为一种超越时间维度的跨历史形式（transhistorical form）。该建筑外表用材冷峻，封闭的窗下墙很高，使人们在室内无法平视窗外的景色，颇具达达主义的意味。在这里，密斯对骨架结构（skeleton frame）的热爱完全可以与佩雷强调结构框架（charpente）之建构意义的思想相提并论，尽管除此之外该建筑与佩雷大约在同时期建成的兰西圣母教堂（Nortre-Dame du Raincy）并没有多少可比性。作为一个办公建筑设计，它体现的是一种建造（Bauen），而不是建造艺术（Baukunst），这一点或许多少能够说明由于密斯概念不清而未能成功处理该建筑入口的原因。该建筑的边跨略有加宽，可以视为一种受古典传统潜在影响的举措，尽管与此同时它并没有表现出什么明显的古典构图的追求。就整体而言，该设计在展现"客观性原则"（the sachlich principle）方面进行了大胆的探索，这当然也包括对混凝土材料厚重的客观性肌理的表现。值得一提的是，该方案的透视图在表现混凝土材料时采用了蜡笔，似乎是在刻意从表象的角度强调材料浑厚的浇筑肌理。相比之下，条形玻璃窗则显得晶莹剔透。类似的情况也出现在密斯早先两年提出的玻璃摩天大楼方案之中，其透视图表现采用的也是炭笔加蜡笔。纵观密斯的建筑生涯，对光线照耀下材料质感的表现始终是一个显著的特点。从某种意义上说，正是通过这些玻璃摩天大楼，我们领悟到密斯创造性地将玻璃作为一种透明石材使用的能力，其最高成就应该是许多年后建成的西格拉姆大厦。就混凝土办公大楼方案而言，玻璃的整合感不仅考虑了强调功能的新客观主义（Neue Sachlichkeit）要求，而且也是对达达主义将不同材料进行并置的艺术手法［比如梅蕾·奥本海姆（Meret Oppenheim）1936 年创作的《物体：毛皮杯碟》（Objet: déjeuner en fourrure)]① 的响应，它多少可以验证密斯当时与柏林先锋派艺术的密切关系。但是，即使在那样的时候，密斯的立场也是建构性的，而不是纯美学性的。1923 年刊登在《造型》杂志第二期上的那篇格言式的文章就清楚地说明了这一点：

> 我们不承认形式问题，只承认建造问题。形式是我们工作的结果而不是目标。
>
> 没有自为的形式。以形式为目的就是形式主义，这是我们反对的。
>
> 从本质上讲，我们的任务就是要将建筑实践从纯美学思维的掌控中解放出来，使它回归初衷：建造。[4]

很难找到比这更加简单明了的论断了。然而，此后密斯建筑带给我们的却并非不是一种美学主义的立场，尽管这一立场产生的富有活力的作品常常具有建构的表现性。密斯特别关注建构形式（tectonic form）在设计中的主导作用，这或许可以解释为什么他在 1922—1924 年间设计的一个乡村住宅有砖砌和混凝土两个不同版本（图 6.3，6.4，6.5）。密斯曾经深受荷兰新塑性主义（Neoplasticist）艺术家的影响，

图 6.3
密斯·凡·德·罗，乡村砖住宅设计方案，1923 年。透视图

---

① 梅蕾·奥本海姆（1913—1985 年），瑞士女画家，早年加入超现实主义团体，1936 年用毛皮、皮革等日常材料制作的名为《物体：毛皮杯碟》的茶杯和汤勺是她最为著名的作品之一。——译者注

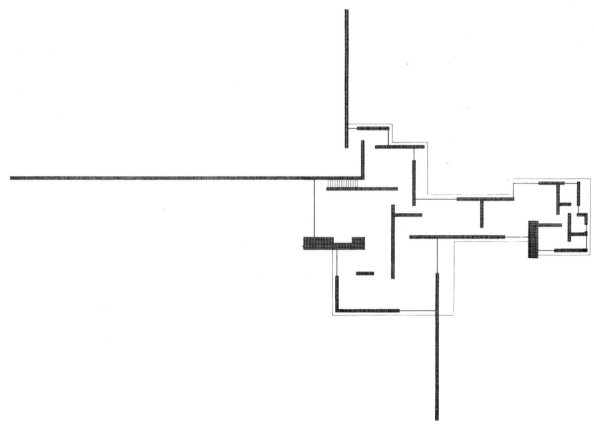

图 6. 4
密斯·凡·德·罗，乡
村砖住宅，平面。该图
由维纳·伯拉瑟绘制，
对砖宅墙体的砖头砌法
进行了复原描绘

图 6. 5
密斯·凡·德·罗，乡
村混凝土住宅设计方案，
1924 年。模型

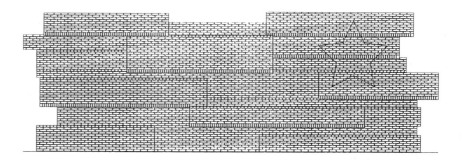

图 6.6
密斯·凡·德·罗，柏
林的卡尔·李卜克内西
和罗莎·卢森堡纪念碑，
1926 年。请注意突出部
分底部非建构性的砖头
砌法

图 6.7
密斯·凡·德·罗，古本
的沃尔夫住宅，1926 年

但是与后者不同，他在该住宅的设计中并没有将建筑的结构体系简化为一种纯粹的抽象形式。[5] 当然，乡村住宅的设计在许多方面也流露出结构的不一致性，这一点尤以混凝土版本的方案为甚，因为如果将该方案与前面提到的混凝土办公大楼比较一下的话，那么即使撇开那根支撑悬壁梁的象征性独立柱不谈，它的结构其实不是框架体系，而是混凝土剪力墙体系。抽象美学与建构形式的潜在冲突也反映在砖砌版本的乡村住宅中，因为尽管砖墙的转轮式平面布局以及统领全局的悬挑屋盖都在发挥作用，但是梅花丁式砌筑的承重砖墙却与建筑的空间形式大相径庭。砌体形式（stereotomic form）与片状空间构成（planar spatiality）的冲突也出现在这一时期的其他密斯建筑上面，比如 1926 年在柏林落成的卡尔·李卜克内西（Karl Liebknecht）和罗莎·卢森堡（Rosa Luxemburg）纪念碑（图 6.6），还有差不多同一年在古本（Guben）建成的沃尔夫住宅（the Wolf House，图 6.7）等等。特别值得注意的是，

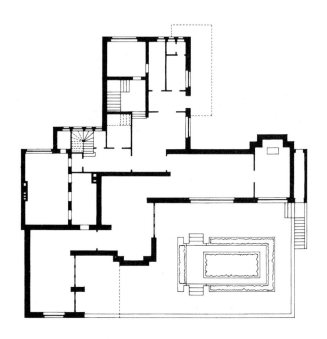

图 6.8
密斯·凡·德·罗，沃
尔夫住宅，平面

在卢森堡－李卜克内西纪念碑上，悬挑体块的下部有一排完全非建构性的丁砖砌层
（header courses），与整个纪念碑采用的顺砖砌法（stretcher course）形成鲜明的
对照。相比之下，沃尔夫住宅采用的则是另一种处理方式。在这里，尽管建筑主体
的体量是非对称性的，而且白色的悬挑屋面更进一步加强了建筑的非对称性，但是
整个建筑平面还是较为传统的（图 6.8）。无论如何，它都不属于新塑性主义意义上
的自由式平面，因为就像 1928—1930 年间在克莱费尔德（Krefeld）建成的赫尔
曼·朗格住宅和埃斯特斯住宅（the Herman Lange and Esters houses，图 6.9，
6.10）一样，沃尔夫住宅的主要房间沿对角方向连成统一的整体。在埃斯特斯住宅

图 6.9
密斯·凡·德·罗，克
莱费尔德的赫尔曼·朗
格住宅，1928 年。平面

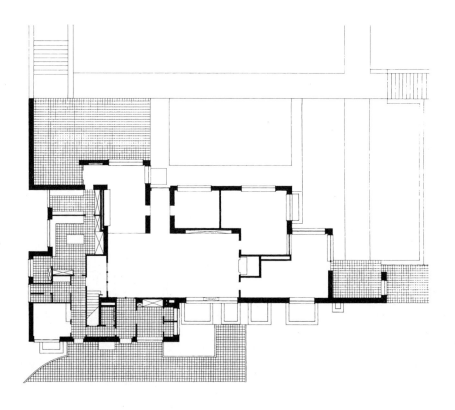

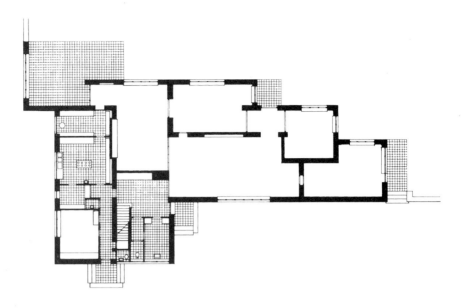

图 6.10
密斯·凡·德·罗,克莱费尔德的约瑟夫·埃斯特斯住宅,1930 年。平面

中,分隔起居室、餐厅和吸烟室的不锈钢边框双层平板玻璃门都有效地打断了贯穿底层平面的连续视线(图 6.11)。与此同时,正如维纳·伯拉瑟(Werner Blaser)在砖砌乡村住宅的复原研究中指出的,密斯在上述案例中采用的建构手法都十分相似,都是以砖块为模数形成双层清水砖砌墙体(doubl-sided,fair-faced brickwork,图 6.12)的尺度和比例。[6]

当然,上述住宅也有一些细节上的微妙变化。沃尔夫住宅采用的是梅花丁式(Flemish)砌法(图 6.13),这与其他两幢住宅一顺一丁的砌法(the English bonding)迥然不同;沃尔夫住宅的墙体用丁砖压顶,而在朗格住宅和埃斯特斯住宅中,墙体顶部则用相对较弱的金属盖板作收边处理(图 6.14)。此外,与后来的埃斯特斯住宅和朗格住宅相比,沃尔夫住宅的承重墙结构也与充满动态空间的平面形式不相吻合。与此同时,由于水平洞口上方的钢过梁都没有在建筑立面上得到表现,三幢住宅的结构逻辑大打折扣。在这三个建筑中,过梁和桁架都被隐藏在顺砖砌筑的墙体后面(图 6.15)。朗格住宅中支撑砖砌墙体的复杂的结构构件足以说明,密斯建筑与传统建构的差异并非微不足道(图 6.16)。密斯的结构工程师恩斯特·瓦尔特(Ernst Walther)曾经用很长的一段文字谈到在为密斯的砖砌建筑解决大跨度洞口过梁时遇到的经济和技术问题。在给密斯的一封信中,他埋怨密斯在使用雷纳梁(Reiner beams)和其他结构构件时过于随意。[7]当然,无论埃斯特斯住宅还是朗格住宅,大跨度的洞口都为如画的窗口景观创造了条件。朗格住宅甚至还装备了一种机械装置,可以将大片玻璃窗完全下降到地下室中去。应该说,这几幢住宅以及 20 世纪 30 年代设计的乌尔里希·朗格住宅二号方案和胡伯住宅方案(the second Ulrich Lange and Hubbe houses,图 6.17,6.18)对于我们理解密斯来说都至关重要,因为它们同时受到传统建造方式和先锋派空间观念的影响。也许正是由于这样的原因,密斯后来自己曾经说过,这些住宅如果有更多的玻璃面就好了。

虽然巴塞罗那德国馆(the Barcelona Pavillion)和图根哈特住宅(the Tugendhat House)是密斯自由式平面的最终成就,但是自由空间的格局在上述几个早期住宅中已经初现端倪。在这里,不同的居室空间通过一系列和吊顶等高的双层玻璃门的连接,形成通透的整体布局(图 6.11),而屏风式的墙体则在封闭的外部体量与开敞的内部空间之间形成强烈的反差。1935 年设计的乌尔里希·朗格住宅二号

图 6.11
密斯·凡·德·罗,约
瑟夫·埃斯特斯住宅,
通过儿童房间和餐厅看
向入口

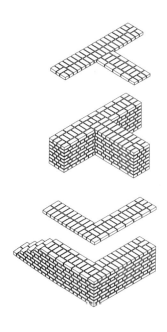

图 6.12
密斯·凡·德·罗，具有代表性的密斯砖墙砌法（取自维纳·伯拉瑟对 1923 年乡间砖宅的复原研究）

图 6.13
密斯·凡·德·罗，沃尔夫住宅：施工图复原显示了砖头砌层的精确尺寸

图 6.14
密斯·凡·德·罗，约瑟夫·埃斯特斯住宅，西侧外观

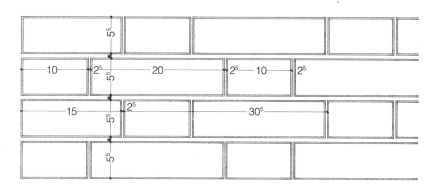

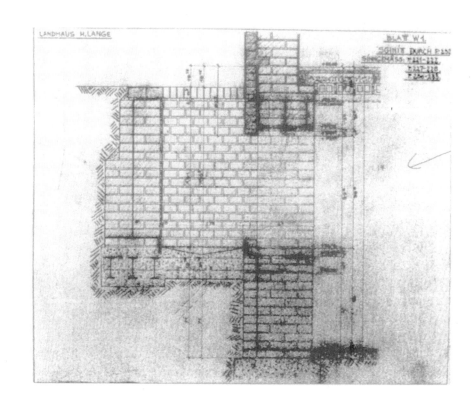

图6.15
密斯·凡·德·罗，赫尔曼·朗格住宅，横剖面显示了具有结构作用的型钢托梁。典型的施工图设计

图6.16
密斯·凡·德·罗，赫尔曼·朗格住宅，施工图显示了建筑的钢桁架结构、吊顶、钢过梁，以及屋面排水系统

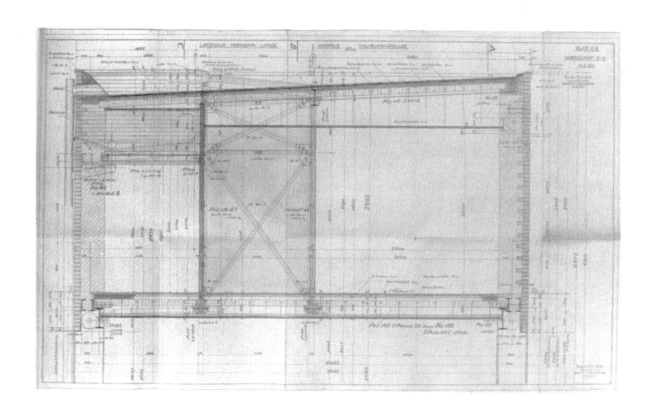

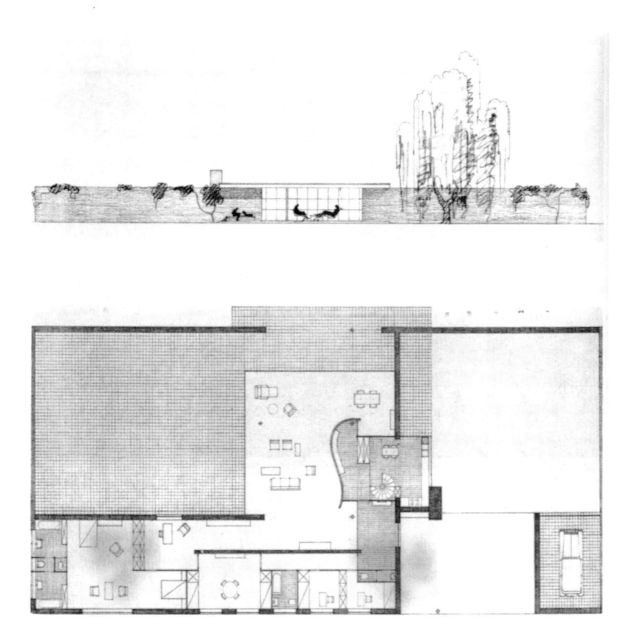

图 6.17
密斯·凡·德·罗，克莱费尔德的乌尔里希·朗格住宅（二号方案），1935 年。立面和平面

方案和胡伯住宅方案以及 1932 年在柏林落成的勒姆科院落住宅（the Lemke court-yard house）也都十分显著地体现了这一点（图 6.19，6.20）。然而无论哪一个案例，动态的空间形式（the dynamic space form）都处在院墙的围合之中。相比之下，图根哈特住宅最为强烈地体现了先锋派空间与传统围合方式的反差。在这里，主要起居空间极尽开敞和流动之能事，而卧室空间则是封闭和传统型的，窗户也不是很大。在起居部分，该建筑还有一个能够将大片平板玻璃窗降至地下室的装置，可以将起居室转化为一个开敞的观景平台，同时也进一步强化了建筑的虚实对比。

我之所以花如此多的笔墨对密斯的砖住宅进行论述，不仅是因为它们一般较少被人们提及，而且更主要的是因为它们能够为评价密斯后来的建筑提供某种基准。在研究密斯的权威著作中，这些砖住宅建筑大多被忽略了，只有菲利普·约翰逊（Philip Johnson）的早期研究是个例外。[8] 密斯砖住宅建筑的重要性还在于，它们能够表明尽管密斯并不赞同汉斯·梅耶（Hannes Meyer）的意识形态立场，但是在材料表现方面密斯建筑还是与梅耶 1930 年在波瑙（Bernau）建成的商会学院（Trades

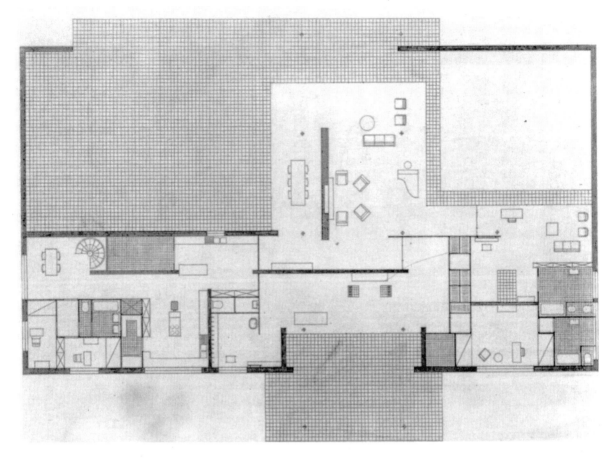

图 6.18
密斯·凡·德·罗,马
格德堡的胡伯住宅,
1935 年。平面

Union School) 有颇多共同之处。勒姆科院落住宅上使用的钢窗(standard steel sash windows) 尤其能够说明问题。钢窗属于一种常规做法,人们通常认为它与早期密斯建筑没有什么关系,但事实上类似的对标准化的客观主义追求早在 1933 年的德国国家银行(Reichsbank) 方案就已经初现端倪,其中的标准层设计可谓处处散发着工业美学的光芒。

尽管上述住宅建筑并不涉及任何历史风格的内容,而且大量使用的清水砖墙的整体形式看上去颇似一个匀质的抽象实体,但它们还是在某种意义上体现了强烈的传统性。诚如密斯自己许多年后所言:"建筑语言需要章法。它可以是日常语言形式,但是如果你在语言运用上足够优秀的话,你可以成为一位诗人。"[9]或者用菲利普·约翰逊评述密斯砖住宅的话来说:"他对砖头的精确尺寸简直就是一丝不苟。他甚至要求,将焙烧不足的砖头与焙烧过头的砖头分开使用,只因为二者的长度略有不同,前者用于一个方向,后者用于另一个方向。"[10]

一切都表明,密斯建筑的建构性(tectonic probity) 在于他对构造(construction) 的重视。他认为建造艺术(the art of building) 本质上是一种诗性的活动。在这方面,密斯的箴言"上帝就在细部之中"(God is in the details) 可谓是千古名言。在密斯看来,建筑艺术的升华不仅取决于材料本身的品质,而且需要通过精确的细部揭示材料的本质。在巴塞罗那馆的设计中,为了能够在中心部位的墙面上使用一种特定的玛瑙大理石,密斯甚至对整个设计进行了调整。换言之,密斯完全是在以一种顶礼膜拜的方式煞费苦心地将大自然的造化融合在建筑之中。

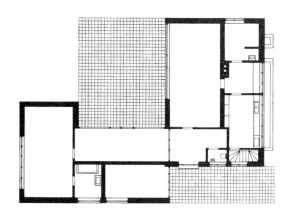

图 6.19
密斯·凡·德·罗，柏林的卡尔·勒姆科住宅，1932 年。平面

图 6.20
密斯·凡·德·罗，卡尔·勒姆科住宅，室外平台

由于冬天开采的大理石内部还是潮湿的，很容易破裂，所以我们必须寻找已经干透的石材。最终，我发现了一块尺寸有限的玛瑙大理石。为了能够使用这块大理石，我将整个展馆的高度调整为该大理石高度的两倍，然后再根据这一高度设计平面。[11]

在挑选砖块的时候，密斯同样十分苛刻，他不仅要求从荷兰进口全部砖头制品，还专程到砖厂考察，检查每一次焙烧，对砖色反复比较和选择。[12]

从1926年的沃尔夫住宅开始，到1933年的德国国家银行设计竞赛方案，密斯建筑实践的思想基础主要集中在三个方面：潜在的美学追求、材料本质的探究、对建筑的社会文化性质（the institutional status of the work）的表现。我已经在柏林玻璃摩天大楼、钢筋混凝土办公大楼以及砖住宅的论述中涉及到前两个方面的问题。至于说第三个问题，密斯毕生都清楚地意识到，每个建筑的特点应该与该建筑的社会文化性质相一致。诚如他所言：每个建筑都有自己特定的社会文化性质——并非所有建筑都是大教堂。"[13]

如同森佩尔的砌体结构（stereotomic mass）与构架结构（skeletonal, tectonic form）的两分思想一样，密斯的建筑也体现了不同材料品质的对立构成。此外，在后来设计的德国住宅中，密斯还努力区分居住空间和卧室空间的社会性质—前者是公共性的，具有自由的平面布局，而后者则相对私密，由承重砖墙围合而成。但是在20世纪20年代末期，密斯建筑的基本材料也发生了很大的变化，从克莱费尔德住宅的承重砖墙到1927年与丽莉·赖希（Lilly Reich）合作设计斯图加特举办的德意志制造联盟展览会（the Werkbund Ausstellung）的玻璃工业展厅（图6.21、6.22），再到同年在柏林举办的时尚博览会（Exposition de la Mode）的丝绸展厅（图6.23），相关的例子真可谓不一而足。[14]

从厚重的不透明材料到轻盈的透明材料，密斯的建筑展现出建构和美学的双重涵义。首先，玻璃的使用意味着（而且事实上也要求）建筑必须是框架结构，这样才能满足受力的要求。值得注意的是，时装博览会的临时性半透明隔断完全是一种纺织品材料，因此即使在字面上，密斯也已经与森佩尔意义上的悬挂式围合墙体不谋而合了。其次，随着丝绸与平板玻璃的并置使用，一种非物质性美学（dematerialized aesthetic）便在透明材料与半透明材料的交相辉映之中油然而生，它反映出一次世界大战末期密斯与先锋派艺术家们十分关注的空间观念之间的千丝万缕的联系，其中我特别希望指出的是至上主义画家卡济米尔·马列维奇（Kazimir Malevich）如梦似幻的作品。尽管密斯坚持说他的建筑没有受到俄国先锋派艺术的影响［他在1962年对彼得·布莱克（Peter Black）说："我甚至强烈反对马列维奇"］，但是他那充满非物质美学的作品和新至上主义建筑师伊万·列奥尼多夫（Ivan Leonidov）的艺术狂想之间还是存在着某种奇妙的关系。[15]我们只需读一读约翰逊对斯图加特展览会展厅设计使用的材料的记述，就可以感知密斯美学与马列维奇1918年创作的著名绘画作品《白底上的白色方块》（White Square on White）是何等相似："白羊皮与黑牛皮制成的椅子；檀木桌子；黑白相间的油漆地板；透明与半透明的玻璃墙面。"[16]

德意志制造联盟展览会的玻璃工业展厅和时尚博览会的丝绸展厅将一种矛盾呈现在我们面前：一方面，为支撑悬空的丝绸和玻璃隔断，就必须有一定的框架存在，但是另一方面，这些隔断给人们带来的却是一种虚无缥缈、如梦似幻的体量。在这里，我们已经可以领悟到密斯崇尚的"少到极至"（beinahe nichts）的美学品质。正是借助这一品质，密斯试图将建构秩序的严格性与先锋派形式的空间性合而为一。

图 6.21
密斯·凡·德·罗,斯图加特德意志制造联盟展玻璃展厅,1927 年。从展厅中看莱姆布鲁克的雕塑作品

图 6.22
密斯·凡·德·罗,斯图加特德意志制造联盟展玻璃展厅,1927 年

图 6.23
密斯·凡·德·罗，柏林时尚博览会中与丽莉·赖希合作设计的丝绸展厅，1927年。材料和色彩：黑色、橙色和红色丝绒；金色、银色、黑色和柠檬黄色丝绸

密斯曾经在巴塞罗那馆使用过加色玻璃和不透明玻璃，时装博览会展厅又在一定程度运用了黑、橙、红、金、银、柠檬黄等俄国色彩系列。同样，密斯在20世纪20年代末期设计的其他几个展馆也遵循着类似的思路，其中又以1929年在巴塞罗那展出的一系列德国工业展厅最为突出。上述三个涉及丝绸、工业制品和电子设备的展厅主要是丽莉·赖希按照斯图加特玻璃工业展览会的模式设计的，尤其在丝绸工业部分，丝绸与酸蚀玻璃和加色玻璃被完全并置在一起。很显然，丝绸工业协会这样做的目的是为了再次强调参展材料的半透明特性（图6.24）。这些展览错综复杂的关系不仅可以说明密斯与

图 6.24
密斯·凡·德·罗，与丽莉·赖希合作设计的巴塞罗那世博会德国部丝绸展厅，1929年

当时德国工业界的紧密联系，而且也显示出他继承彼得·贝伦斯（Peter Behrens）倡导的成为德国工业社会常规设计师（the normative form-giver）的努力。此外，他还采用了由他的助手塞古斯·鲁根伯格（Sergius Ruegenberg）专门为该展览设计的一种机械风格的斜体字形，即所谓的骨架体字（Skeletschrift）。密斯不仅关注德国工业社会的要求，而且将玻璃材料视为对墙体、地板和顶棚等传统建构元素的全新挑战。1933 年，在为德国平板玻璃制造协会（the Union of German Plate Glass Manufacturer）撰写的产品说明书中，密斯特别强调了玻璃对现代形式的象征意义：

> 如果缺少玻璃，混凝土会成为什么样子，钢又会怎样？在转变建筑空间的性质方面，后面这两种材料都不可能有太多的作为，甚至是无能为力，我们对它们不能有太高的指望。只有玻璃表皮和玻璃墙面才有可能将建筑骨架显现为一种简单的结构形式，从而保证它的建构可能性（architectonic possibilities）。这一点并不仅仅适用于大型实用建筑。诚然，目的（Zweck）和必然的思想是在大型实用建筑的基础上发展起来的，这一点已经无需再多的论证；但是问题的发展并没有就此结束，它需要在住宅建筑领域变得更加有血有肉。只有通过一个更加自由的领域，摆脱狭隘的目的，人们才能够充分实现技术手段的建筑潜能。它们是塑造新的建造艺术基础的建筑元素，在空间创造的过程中，我们应该充分享受它们提供的自由。只有这样，我们才能将形式赋予空间，创造开敞的空间，使空间与建筑周围的景观融合在一起。也只有这样，墙体、洞口、地面和顶棚的概念才能再次得到澄清。简洁的结构、清晰的建构手段和纯粹的材料能够为我们带来质朴的美。[17]

早在 1929 年，巴塞罗那馆就已经将现代透明性的纲领性思想表露无疑。8 根十字形独立钢柱毫不含糊地体现着建筑的建构价值（tectonic value），而空间的围合则是通过与柱子完全分离的独立式板片式墙体来完成的（图 6.25）。该建筑不仅创造性地在柱子和板片墙体之间建立起一种两分关系，同时也成功地表现了框架与砌体、静态与动感、开敞与封闭的等一系列二元对立的元素，其中又以传统材料与无限空

图 6.25
密斯·凡·德·罗，巴塞罗那世博会德国馆，1929 年。从建筑中看向小水池

179

间的二元对立最为特别。从建构理论的角度，上述第一组对立已经无需多说，而第二和第三组对立则与开敞水池和封闭水池的形式内容相关，至于说最后一组对立显然可以通过转轮状布局的大理石板片墙体与 8 根对称布局的钢柱之间的关系来理解。在某种意义上，我们也可以这样认为：板片墙体的转轮状布局蕴含着工艺美术运动（the Arts and Crafts）的非对称平面和**建造**（building）观念，而列柱形式则与古典**建筑学**（architecture）有关。钢柱的表面处理进一步强化了"建造"与"建筑"的两分关系，它验证了密斯将建构意义与抽象形式相统一的非凡能力。

密斯的巴塞罗那柱是一个非物质化（dematerialized）特征十分显著的十字形点支撑构件，但是与后来在图根哈特住宅上出现的圆角形十字钢柱相比，它的效果仍然是片状的（planar）。显然，这与巴塞罗那柱在组合式核心钢柱上包裹镀铬钢皮后产生的直角形状有关（图 6.26）。就像柯布西耶纯粹主义的自由式平面中的底层独立支柱（pilotis）一样，密斯的钢柱既没有柱础也没有柱头，二者都是支撑观念的抽象化表现，因为它们都省略了与梁的交接关系，表达的似乎是一种可有可无的支撑行为（insubstantial act of bearing）。在这方面，柯布西耶和密斯都将空间的顶面（ceiling）处理成光滑连续的平面，它说明现代无梁结构（beamless construction）并不热衷于框架关系的表现。换言之，它将佩雷认为是建构文化首要条件的梁柱关系完全抛到了脑后。就此而言，无论萨伏伊别墅还是巴塞罗那馆都应被视为是非建构性的（atectonic），尽管它们并非像约瑟夫·霍夫曼（Josef Hoffmann）设计的斯托克勒住宅（Stoclet House）那么极端。为说明霍夫曼建筑的非建构特征，爱德华·塞克勒（Eduard Sekler）曾经强调指出，轮廓饰带是导致霍夫曼建筑立面非物质化效果的主要因素。当然，问题也与霍夫曼对建筑内部结构的处理有关。[18] 虽然从技术角度和视觉角度来说，柱支撑都是巴塞罗那馆结构处理的关键元素，但是支柱与荷载之间的本体关系（也就是叔本华所说的支撑与负荷的关系）却没有得到应有的表现。我们甚至可以认为，与萨伏伊别墅相比，巴塞罗那馆在这一问题上的缺陷完全是有过之而无不及，因为萨伏伊别墅整体的钢筋混凝土结构外观多少还能使人感到柱子和上方结构底部的连接，尤其当建筑外表呈现白色粉刷材料的整体形象时，情况就更是如此。相比之下，巴塞罗那馆那些由铆钉固定的钢柱支撑的却是一片看起来与这些柱子毫无关系的粉刷得平整光滑的顶棚。在这里，顶棚与地面都是连续而又平整的表面，前者以涂料为饰面，后者铺设的则是意大利灰岩大理石板材，它们都极具漂浮感，尽管与此同时另外一些元素似乎又在削弱漂浮的效果，这些元素包括呈转轮状布局的、相对沉重的古绿色（vert antique）大理石和玛瑙大理石饰面，还有以镀铬边框的各种透明或半透明的板状墙体和屏风隔断等（图 6.27）。这些元素五光十色，在它们的作用下，建筑的稳固感被削弱了。诚如加泰罗尼

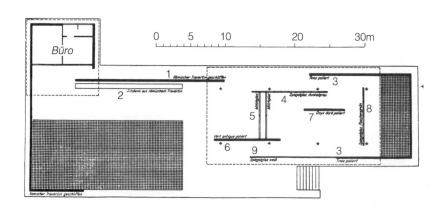

亚（Catalan）评论家荷塞·凯特格拉斯（José Quetglas）一针见血的论断所言，巴塞罗那馆的空间领域处处弥漫着空洞和虚幻的特质。[19]

此外，罗宾·伊文斯（Robin Evans）也曾经指出，巴塞罗那馆的虚幻效果还有一个重要原因，这就是整个建筑体量在人眼高度恰好与玛瑙大理石上下拼接的中线重合，因此尽管顶棚和地面使用的表面材料原本是为了强化而不是削弱它们之间的差异，一种镜像效果还是不可避免地产生了，其结果是顶棚与地面的位置似乎完全可以相互置换。在伊文斯看来，由于地面反射光线，而顶棚吸收光线，所以如果地面和顶棚使用同一种材料的话，表面光泽的差异倒反而会更大。因此，密斯实际上是用"材料的非对称创造了视觉的对称，自然光线反射到顶棚上，看上去有一种天空的感觉，空间似乎在漫无边际地扩展。"[20]尽管如此，传统的建筑价值并未销声匿迹，尤其是该建筑地面铺设的意大利灰岩大理石板材，其交接方式不仅强调了石头作为铺地材料的质感，而且也表现出对砌筑性基座（a stereotomic earthwork）的肯定。此外，建构遗风也在一定程度上体现在巴塞罗那馆的柱子上面。这首先在于它的8根柱子虽然是独立式的，并且呈不对称布局，但还是构成了某种意义上的列柱回廊；其次，包裹着镀铬表皮的钢柱外形闪闪发光，令人想起古典柱式的凹槽（classical fluting）。换言之，虽然镀铬材料的真正品质在于它的现代性，柱子的形式仍然呈现出某种微妙的传统意味。

数年之后，巴塞罗那馆现代与传统若即若离的结合在布尔诺（Brno）的图根哈特住宅中得到进一步发展。在这里，自由平面中的十字形钢柱被镀铬钢皮包成圆角形的，而卧室则被置于建筑的自由式平面布局之外（图6.28）。入口大厅采用了磨

图6.28
密斯·凡·德·罗，布尔诺的图根哈特住宅，1928—1930年。平面、剖面和细部。起居室的平板玻璃墙面在风和日丽的天气可以全部降至地下室

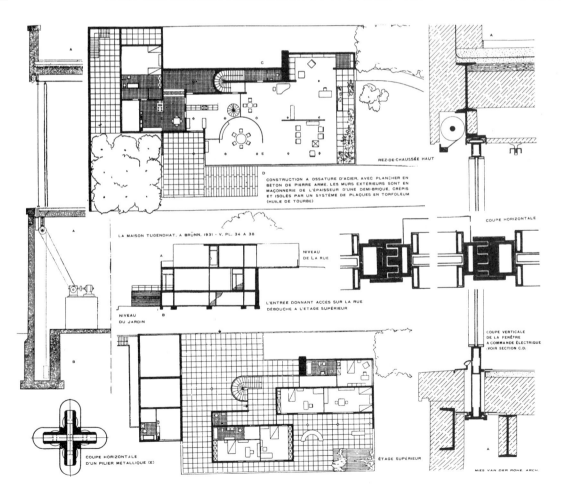

181

砂玻璃，透明玻璃则仅仅在建筑的矩形外立面上出现。这种较为实用的态度也体现在密斯 1930—1935 年间设计的一系列联排住宅和庭院住宅之中，比如 1930 年设计的位于柏林万塞（Wannsee）地区的盖瑞克住宅（the Gericke House）（图 6.29），以及两年之后在柏林建成的勒姆科住宅（the Lemke House），还有 1934 年设计的带车库的庭院式住宅方案、1935 年设计的胡伯住宅（the Hubbe House）和位于克莱费尔德（Krefeld）的乌尔里希·朗格住宅（the Ulrich Lange House）一号方案和二号方案等等。但是，与巴塞罗那馆相比，尽管图根哈特住宅（图 6.30）在上述这一点上概念清晰，但是它在其他方面却显得更为复杂。这是因为这幢位于布尔诺的住宅除了具有巴塞罗那馆的二元对立之外，还包含了一些本质上更为神秘和隐喻的价值。比如，位于起居空间短侧的窄长形玻璃暖房（winter garden），我们或许可以将它解读为介于建筑内部相对刻板的独立式玛瑙大理石墙面和建筑外部生机勃勃的大自然之间的第三者。如同后来的范斯沃思住宅一样，图根哈特住宅的装饰也试图在绿色的自然主题和石化的自然主题之间建立某种互动关系。与阿道夫·路斯（Adolf Loos）曾经以反讽的方式表现大理石纹理的拼花效果的尝试大有异曲同工之妙的是，图根哈特住宅中的有机形式也不是无中生有的形式追求，而是来自饰面材料本身的特质，或者说一种光学效果。在另一个层面上，人们还可以认为，位于起居室和图书室之间的金色玛瑙大理石墙面（onyx dorée plane）是以一种富丽堂皇的方式对两侧空间中的世俗生活进行讴歌（图 6.31），而餐厅部分半圆形凹龛的棕色孟加锡镶板（the macassar ebony veneer）[①] 则以其温馨的材质将就餐活动转化为一种与身体息息相关的居家仪式。

如同朗格住宅的大面积玻璃窗一样，图根哈特住宅中那个长达 80 英尺的平板玻璃窗的细节设计可谓是该建筑最直接的建构表达。根据这一设计，整片玻璃窗可以在机械装置的作用下降至地下室，从而将起居室转化为一个开敞的观景平台。此外，可升降的遮阳板、安装在窗户表面的窗帘轨道和镀铬栏杆、以及一系列固定在地板上的镀铬暖气管也都是这一复杂的窗户设计的组成部分。如同巴塞罗那馆一样，图根哈特住宅对在什么部位使用什么材料极为讲究，细节处理也精湛到位，这在一定程度上起到一种平衡作用，减少了板片式流动空间对建构的损害（图 6.30）。在这里，也是由于丽莉·赖希的参与，微妙而又丰富的饰面材料赋予建筑一种至上主义色彩，落地的黑色丝帘、正对玻璃暖房的墙面上使用的黑色天鹅绒垂帘和南侧墙面上的吡叽色生丝垂帘，还有翠绿色真皮和红宝石色天鹅绒，以及白色小牛皮制作的图根哈特椅和布鲁诺椅等，再加上白色的亚麻油毡地板（white linoleum floor）和高度达 15 英尺的可移动平板玻璃窗，一切都是那么光彩夺目，彰显出一种超验式的波德莱尔奢华（a transcendental Baudelairean sense of *luxus*）[②]。诚如瓦尔特·里茨勒（Walter Riezler）当时对该建筑的赞美所言：

> 不可否认……，在这些空间中占主导地位的是一种具有特殊意味的高度的精神性。这是一种全新的精神性。它是"时代的产物"，所以也就与以往任何时代的空间精神迥然不同。它体现了一种"技术精神"，但不是人们通常认为的狭义上的技术精神，而是全新自由生活的技术精神……。这并不是说，只有为高度

---

① 孟加锡，地名，位于印度尼西亚。

② 波德莱尔（Charles Baudelaire，1821—1867 年），法国诗人，主要作品有《恶之花》等。所谓"波德莱尔奢华"应指奢华中蕴含的浮光掠影的、瞬间即逝的特质。——译者注

图 6.29
密斯·凡·德·罗,柏林万塞的盖瑞克住宅,1930 年。模型

图 6.30
密斯·凡·德·罗,图根哈特住宅,从餐厅往起居室方向看去。大片玻璃墙面移开后的起居室成为一个巨大的观景平台。在这里,建筑的建构品质完全取决于细部处理,尤其体现在克罗米不锈钢材料的镜面效果上面

图 6.31
密斯·凡·德·罗,图
根哈特住宅,图书室和
起居室

精神追求的业主设计独幢住宅才可以作为全新精神思想的表现。情况也许恰恰
相反,从某种意义上说,该建筑是时代感支配下的产物,尽管这种时代感已经
日渐式微。更为重要的是这个建筑说明,人们能够将自己从现代建筑纯粹理性
主义和功能主义思想的统治中解放出来,进入精神的领域。[21]

从许多方面来说,1934 年设计的三院落住宅(House with Three Courts)是密
斯院落住宅中最具代表性的作品(图 6.32, 6.33),可惜它最终未能建成。该住宅
有一圈周边式砖墙,墙上有三处开口,其中两处分别是主入口和服务入口,另一处
是烟囱开口。围墙内的地面分为两部分,一部分铺方块石材,另一部分是草坪。石
材地面被处理成为一个连续的居家区域,它本身又分为两部分,一部分是就寝区域,
另一部分是起居区域。平板玻璃墙面处于模数网格系统之外,它的位置表明人们应
该将这些院落理解为室外空间。与此同时,8 根支撑屋顶的十字形柱子的定位都是以
铺地网格为基准的,其模数间距按照铺地规格为 6 米 ×6 米。在这样一个总体框架之
下,该建筑包含了两个基本元素:一个是围墙和铺地组成的**砌筑元素**(stereotomic
domain),另一个则是平板玻璃围合体、大理石饰面墙体和镀铬钢柱组成的非物质化
的**构架**元素(dematerialized *tectonic* domain, 图 6.34)。

1935 年设计的乌尔里希·朗格住宅方案和胡伯住宅方案进一步发展了三院落住
宅的主题。有些变化形式来自通用类型(the generic type),比如说乌尔里希·朗格
住宅一号方案完全封闭的体量(图 6.35)和乌尔里希·朗格住宅二号方案经过再划分的
双重院落,或者马德堡(Magdeburg)的胡伯住宅中央的独立式砖砌片墙等(图 6.18)。

图 6.32
密斯·凡·德·罗,三
院落住宅方案,1934 年。
立面

184

图 6.33

密斯·凡·德·罗，三院落住宅，平面。请注意玻璃墙面的位置与地面材料的划分并不吻合

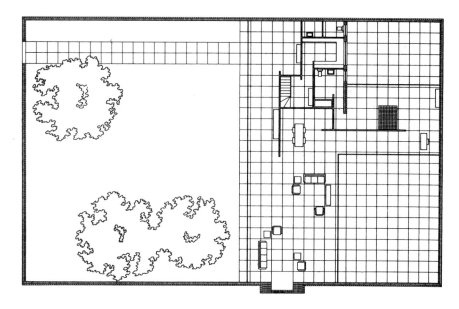

图 6.34

密斯·凡·德·罗，三院落住宅，采用了乔治·巴拉克作品的拼贴透视图

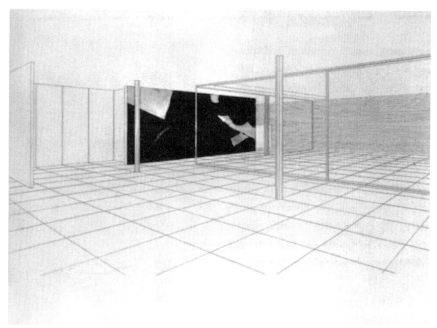

与巴塞罗那馆不无相似的是，一种浪漫古典主义（romantic classicism）精神随着自然形式和雕塑作品的美妙呼应油然而生。同样，浪漫的气息也弥漫在胡伯住宅一侧风景如画的湖光山色之中，就如同乌尔里希·朗格住宅一号方案点缀着柴藤的建筑立面唤起的浪漫气息一样（图 6.36）。这是一种辛克尔式的设计手法，尽管在密斯那里，一切都是为创造抽象空间服务的。

　　弗里茨·诺迈耶（Fritz Neumeyer）1986 年出版的密斯研究专著《朴素无华的言词》（Das kunstlose Wort）指出，密斯属于那一代深受 19 世纪下半叶现代化进程震撼的德国知识分子。众所周知，密斯曾经受到耶稣会哲学家和神学家罗曼诺·瓜尔蒂尼（Romano Guardini）的影响。在密斯看来，除了接受历史注定的技术时代及其巨大变革之外，人类的思想和精神别无选择。瓜尔蒂尼在 1927 年的《来自科莫湖

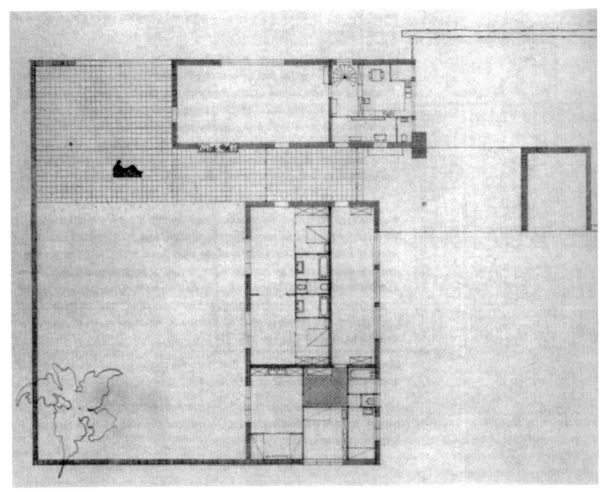

图6.35 密斯·凡·德·罗，克莱费尔德的乌尔里希·朗格住宅（一号方案），1935年。平面

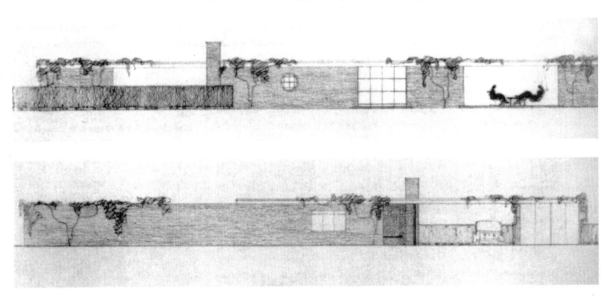

图6.36 密斯·凡·德·罗，乌尔里希·朗格住宅（一号方案），立面

的信件》（*Briefe vom Comer See*）① 一书中这样写道：

> 我们属于未来，每个人都必须用自己的方式将自己投入到未来之中。我们
> 不应为了挽留注定要灭亡的美丽的旧事物而试图违背新事物。当然我们也不应
> 一味求新，天真地认为新就是好，或者新可以让我们对未来的劫难高枕无忧。
> 我们必须创新，我们只有真诚地认可新事物才能做到这一点。但是我们同时也
> 应该保持清醒的头脑，充分认识新事物中包含的破坏性和非人性因素。我们必
> 须立足时代，我们的任务是去把握时代。[22]

三年后，密斯在一篇题为"新时代"（*Die neue Zeit*）的文章中对瓜尔蒂尼提出
的挑战做出了直截了当的回应：

> 让我们不要对机械化和标准化的重要性夸大其词。我们需要承认社会和经
> 济变革的事实。一切都注定按照事物自己的轨道在向前发展。
>
> 关键是我们如何面对我们周围的事物。新精神从这里开始。重要的问题不
> 是"什么"（what）而是"如何"（how）。我们制造什么产品和使用什么工具都
> 不涉及精神价值的问题。
>
> 从精神角度来看，解决摩天大楼与低层住宅之间的矛盾冲突，或者是否用
> 钢和玻璃进行建造，都是些无足轻重的问题……
>
> 价值才是最为重要的问题。我们必须建立新的价值观，确定我们的最终目
> 标，建立我们的准则。任何时代，当然也包括我们的新时代在内，保持精神的
> 生生不息才是头等重要的大事。[23]

在密斯的思想中，从来就不缺少守护和抵抗的精神，因为他很早就对手工艺文
化的不足和理性化机器生产的积极意义有所认识。1924 年，他在一篇题为"建造艺
术与时代意志"（*Baukunst und Zeitwille*）的文章中写道：

> 我出生在一个古老的石匠家庭，从小不仅了解产品的外观审美，而且也了
> 解产品的工艺制造。我对手工艺制品有很深的感情，但是这并没有妨碍我认识
> 到手工艺已经不再是一种具有经济效益的生产形式。少数几个仍然健在的德国
> 手工艺匠人已经属于珍稀动物，他们的产品只有为数不多的富人才能享用。现
> 在，我们面临的是完全不同的问题。需求如此巨大，无法通过手工生产的方式
> 来满足。……那怕只用一台机器，也说明手工艺作为一种具有经济效益的生产
> 方式的观念已经不合时宜。……由于我们还处在工业发展的初级阶段，工业生
> 产的不完美和迟钝还不能与一个高度成熟的手工艺文化相媲美。……对我们来
> 说，古老的内容和形式、陈旧的方法和手段都只有历史价值。我们每天都要面
> 对新的挑战，其重要性远远超过全部历史垃圾。……我们今天面临的每一个任
> 务都代表一种挑战，终将导致全新的结果。需要解决的不是形式问题，而是建
> 造问题，形式不是我们工作的目标而是结果。这就是我们全部努力的实质所在，
> 也是我们与其他许多建筑师的区别所在，甚至是与最现代的建筑大师的区别所
> 在。它将我们和现代生活原则联系起来。陈旧的内容和形式已经没有多少必然
> 联系，当代建筑观念也不是非某些传统材料莫属。诚然，我们深知砖头和石材
> 的魅力，但是这并不能阻止我们把玻璃、混凝土、金属作为同等重要的材料。
> 在许多情况下，这些现代材料更符合时代的需求。[24]

14 年之后，密斯在伊利诺伊理工学院的就职演说中进一步阐述了上述文字的主

---

① 科莫湖，位于意大利北部的内陆湖。——译者注

题思想："因此，每一种材料都有自己的特点，如果我们要想使用这种材料的话，我们就必须对它的特点了如指掌。同样的观点也适用于钢和混凝土材料。需要牢记的是，一切都取决于我们如何使用材料，而不在于材料本身如何。"[25]

维纳·伯拉塞曾经说过，在密斯看来，人们乐此不疲地追求毫无根据的形式，这实在荒唐不经和不足挂齿。对于密斯来说，构造原则（the principle of construction）是建筑品质的惟一保证。[26] 1961年《建筑设计》（Architectural Design）杂志的密斯专辑曾经刊登彼得·卡特（Peter Carter）对密斯的访谈，其中有一段文字如是说：

> 贝尔拉赫是一位十分严肃的建筑师，他拒绝接受任何虚假的东西。他曾经提出，没有清晰的构造，就没有建筑可言。对此，贝尔拉赫身体力行。著名的阿姆斯特丹证券交易所（the Beurs）就是他的成就，它具有某种中世纪建筑的特征，却又不是中世纪风格的。它使用砖头的方式与中世纪有异曲同工之妙。它使我认识到什么是清晰的构造（clear construction），这样的构造应该成为我们工作的基本原则。当然，这一点说起来容易做起来难。要真正实现基本构造（fundamental construction），将构造提升为结构（structure）并非易事。我必须指出，在英语中你可以将一切称为结构，而在欧洲大陆情况就不是这样。我们可以说这是一个小屋（shack），但一个小屋并不是一个结构。结构是哲学性的。结构是一个整体，从上到下，直至最后一个细节都贯穿着同样的观念。这就是结构。[27]

这段话之所以值得注意，不仅因为它提倡结构理性主义，而且也因为它蕴含着对中世纪经院主义的间接回归。但是即便如此，密斯追求的新形式并非只有技术性而没有美学性。1950年，他在伊利诺伊理工学院的一次演讲中说道：

> 技术远非只是一种方法。它是一个自为一体的世界。如果它是一种方法，那么它就是其他任何方法都无法比拟的。但是，只有在大型工程结构中发挥作用，技术的本质才能够得到揭示。很显然，技术不仅是有用的工具，而且也是充满意义和力量的形式。它是如此充满力量，以至任何语言的形容都无能为力。……技术一旦充分实现自己，就转化为建筑。[28]

另一方面，他似乎深知自己的建筑作品处于保守的建构原则和激进的空间美学的矛盾之中。因此，他在伊利诺伊理工学院的教学大纲中写道：

> 激进和保守共存。所谓激进，是指我们接受科技对时代的推进和支撑作用的态度。这种态度具有某种科学特征，但并不是科学本身。它使用技术手段，但也不能等同于技术本身。所谓保守，是指我们不仅关注目的，而且也关注意义，就如我们不仅关注功能而且也关注表现一样。建筑的不朽法则永远是保守的：秩序、空间、比例。[29]

很难设想还有什么比上述最后三点更能体现建筑的古典理想了。尽管如此，密斯仍试图在建筑（Bauen）和建造艺术（Baukunst）之间、以及在建造（building）和建筑（architecture）之间做出区分，这种趋势在1933年的德国国家银行设计竞赛以后尤为明显。确实，密斯的竞赛方案显示，一个单体建筑可以同时拥有高层次的和低层次的建构表现。最能说明这一点的无异于该方案的标准层在采用类似工业厂房的网格状条形玻璃窗的同时，又在底层的临街部分用高达两个楼层的大片玻璃形成银行的主立面（图6.37）。在这里，自由式平面依然如故，就像列柱外侧的玻璃幕墙似曾相识一样，但是密斯早先对先锋派空间形式的热情却多少有些今非昔比，原因或许在于银行作为一种社会公共机构需要较为规范和对称的建筑形式。与此同时，该设计的效果图将标准层重复出现的客观主义的玻璃幕墙描绘得更加常规化（normative），

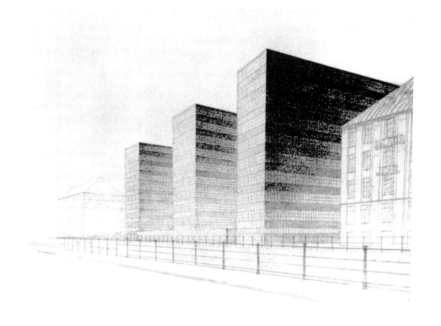

图 6.37
密斯·凡·德·罗，作
为"框架建筑"的柏林
国家银行大楼，1933 年

因为正如路德维希·格莱瑟（Ludwig Glaeser）曾经指出的，密斯国家银行四周的条形砖墙和玻璃窗设计应该受到德国框架式工业建筑的影响，后者通常在裸露钢框架中采用砖墙和玻璃填充。从建筑类型上来说，德国框架式工业建筑又是从传统木框架建筑（*Fachwerkbauten*）演变而来的。早在 19 世纪下半叶，经过改良的"钢框架"体系已经在廉价工业厂房上广泛使用，当时欧洲雨后春笋般的工业建筑足以验证这一点。[30] 但是，尽管国家银行是一个民用建筑，密斯的方案如同 1939 年伊利诺伊理工学院的最初构思一样，是以连续的玻璃幕墙而不是框架和填充系统为特点的，正是这种连续的非物质化处理构成密斯美国时期的建筑特征。

密斯在伊利诺伊理工学院设计的建筑数量众多，性质不尽相同，其中最早落成的一幢建筑是 1943 年的矿物与金属研究大楼（the Minerals and Metals Research Building）。作为一个范例，该建筑应该更接近德语所谓的"建造艺术"（*Baukunst*）而不是"建筑"（*Architektur*）。该建筑冷峻的客观主义特征也反映在 1946—1949 年间建成的芝加哥海角公寓（the Promontory Apartments）大楼上面（图 6.38，6.39）。随着建筑层数的递增，海角公寓大楼立面上突出的钢筋混凝土柱子的断面分四段逐渐收缩，表达随着建筑层数的增加柱子荷载反而减少的受力关系。这或许可以被视为是结构理性主义的一种表现形式。类似的形式也出现在 1951 年的伊利诺伊理工学院教工公寓大楼上面（图 6.40）。海角公寓大楼还使用了一种填充板材，直截了当的构造用建筑的建造性取代了建筑学性（图 6.41，6.42）。相比之下，伊利诺伊理工学院教工公寓大楼采用的型钢框架和填充式窗下砖墙则显得更加简洁明了。

1938 年设计的位于怀俄明州（Wyoming）的雷瑟住宅（Resor House）仍然沿袭了十字形钢柱，但是此后不久，密斯就将这一建筑元素连同自由平面一起排除在他的设计手法之外。从此，密斯将他在建构问题上关注的重点转向裸露钢框架及其砖和玻璃填充墙体的表现。柯林·罗（Colin Rowe）曾经对密斯的这一建构转向在建筑空间上的意义作过精辟的论述：

在他的德国时期，密斯设计的钢柱都是圆形或者十字形的；但是现在，他的新型钢柱变成 H 形的了，而工字形钢梁则几乎变成密斯个人的设计专利。密斯德国时期的十字形钢柱通常都是与墙和窗脱开的，它们是空间中的独立构件；同样十分典型的是，他的新型钢柱完全与建筑外表融为一体，看上去似乎是墙体中的竖框或者剩余部分。这样一来，柱子的断面就给整个建筑带来迥然不同的空间效果。圆形柱或者十字形断面好像是要拒斥墙体，而在新的建构方式中，墙体和柱子变得亲如一家。早先的柱子对横向空间运动的阻挡几乎微乎其微；而新型钢柱则对这一运动断然说不。早先的柱子似乎令空间围绕柱子翩翩起舞，在柱子四周形成空间的量体；而新型柱子的任务则是发挥围合空间的作用，或者从外部限定一个主要空间体量。因此，两种柱子的空间功能完全不同。……早先的柱子乃是一种国际化风格的元素，它在密斯建筑中的最后一次出现是 1942 年的博物馆设计；但是在 1944 年的图书馆与行政管理大楼（the Library and Administration Building）设计中，H 形钢柱的效果已经表露无疑，这也十分清楚地反映在相关平面图的出版资料之中。通过这些平面图人们可以看到，新型柱子已经不再允许自己在平整的顶棚下任意徘徊游荡。从它出现的最初一刻开始，这种柱子就与横梁构成一个整体，而横梁又为隔墙提供了确切的参照位置。在大多数情况下，隔墙都是按照横梁确定自己的位置的——事实上，只有卫生间周围的超厚墙体才有可能突破这一位置系统。[31]

图 6.38
密斯·凡·德·罗，芝
加哥海角公寓大楼，
1949 年

图 6.39
密斯·凡·德·罗，芝
加哥海角公寓大楼，剖
面和平面局部。请注意
平面和剖面中的钢筋混
凝土结构的连接关系

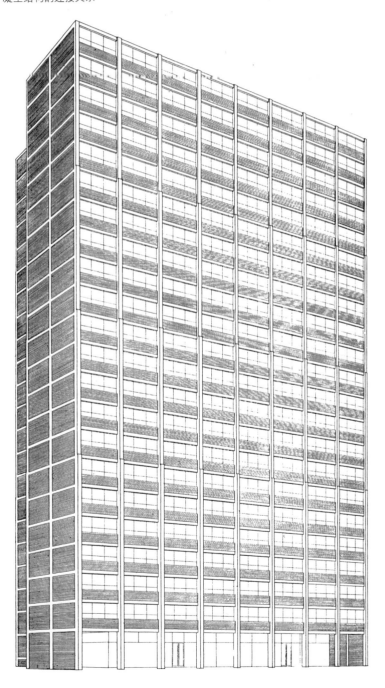

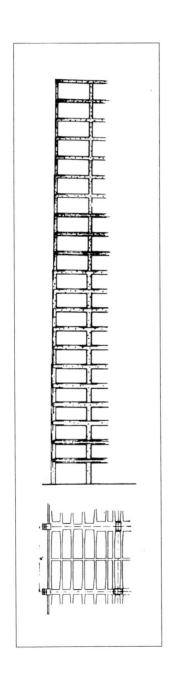

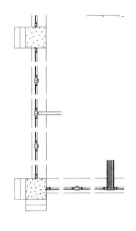

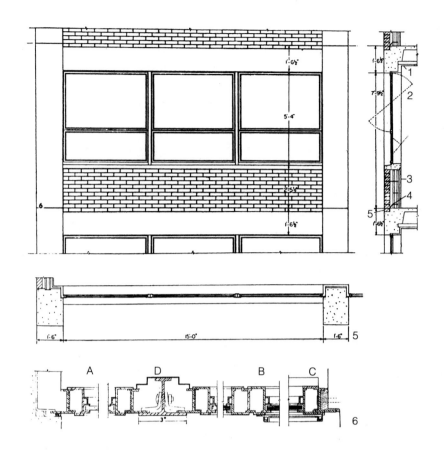

图 6.40
密斯·凡·德·罗，芝加哥伊利诺伊理工学院卡门楼，1953 年。水平剖面细部

图 6.41
密斯·凡·德·罗，海角公寓大楼，平面、剖面、立面和窗户之间的砖头和铝合金填充细部

图 6.42
密斯·凡·德·罗，海角公寓大楼，填充墙体平面和剖面显示柱子断面逐步减小

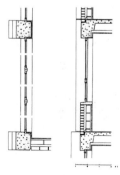

正如柯林·罗指出的，就其本质而言，密斯柱子的变化具有一种认识论意义（an epistemic nature），这不仅因为框架与隔墙位置的整合改变了空间的性质，而且也因为梁柱交接关系的揭示正是密斯向建构传统回归的体现。从伊利诺伊理工学院矿物与金属研究大楼开始的，密斯就将关注的重点从现代主义普遍空间转向基本框架体系的交接关系。这种变化的重要性不言而喻，因为它表明现代与传统的对立不必再以牺牲建筑的梁柱关系和空间的围合关系为代价。与此同时，无论建筑的功能内容如何，吊顶再次成为建筑的常规元素，这使得密斯晚期建筑的建构表现趋于向建筑的外围发展。这种趋势早在伊利诺伊理工学院校园最先建成的几幢密斯建筑中就已经显现出来，比如图书馆与行政管理大楼（图 6.43，6.44）和矿物与金属研究大楼（图 6.45），它们的型钢框架构件都只是部分地用混凝土耐火材料包裹起来。在图书馆大楼中，裸露的 H 形钢完全属于建筑表现的主要建构元素（图 6.46），而在矿物与金属研究大楼中，建构表现则主要集中在加大的 H 形钢转角柱上面。它实际上是一种组合柱，由两根断面相反的型钢焊接而成，最终形成一根方柱，两侧都与精美的填充砖墙平齐（图 6.47）。在上述两个案例中，我们都有理由认为建构不仅是本体性的（ontological），而且也是再现性的（representative），尽管在矿物与金属研究大楼中，立面上高大的型钢断面与内部的下挂梁吻合在一起，但是作为立面永久性框架系统的一部分，它显然只是混凝土内部钢梁的再现（图 6.48）。在图书馆大楼中，尽管有吊顶的遮盖，还是有一部分钢屋架梁被显露出来（图 6.43）。显然，这种"剖解"（cutaway）方式的目的是为了在利用吊顶空间的同时表露结构框架的建构特征。[32]这与矿物与金属大楼的处理方式形成强烈反差，因为人们在该建筑内部可以直接看到全部钢屋顶结构。对待吊顶的不同态度也许取决于密斯对建筑

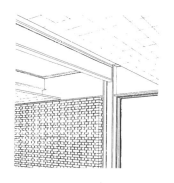

图 6.43
密斯·凡·德·罗，芝加哥伊利诺伊理工学院图书馆和行政管理大楼，1944 年

图 6.44
密斯·凡·德·罗，图书馆和行政管理大楼，建筑转角细部

图 6.45
密斯·凡·德·罗，芝加哥伊利诺伊理工学院矿物与金属研究大楼，1943 年。实验室

图 6.46
密斯·凡·德·罗，图书馆和行政管理大楼，水平剖面和竖向剖面细部

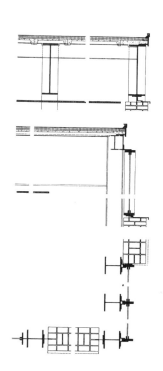

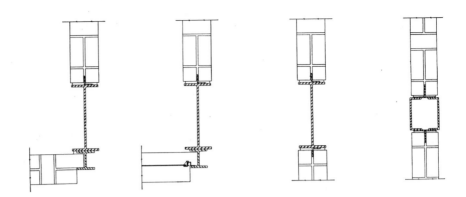

图 6.47
密斯·凡·德·罗，矿
物与金属研究大楼，水
平剖面细部

不同性质的认识，因为图书馆是一个公共性质较强的建筑，而研究大楼则完全是实用性的。

　　1945 年落成的伊利诺伊理工学院校友纪念馆开始凸现密斯建筑表现的纪念性化趋向。一方面，该建筑中起结构作用的型钢框架构件全部被混凝土耐火材料包裹了起来，另一方面它又是整个校园有史以来最为尊贵庄严的建筑。在这里，作为基本的建构元素，钢构件被分为两种不同的部分，一部分在建筑立面上起再现作用，另一部分则在混凝土耐火材料内部起结构作用，前者属于艺术形式（Kunstform），后者则属于核心形式（Kernform）（图 6.49）。换言之，混凝土柱中的 H 形钢是在建筑表皮后面发挥作用的，同时也为建筑角部的对称性凹角处理创造了条件。这些型钢角柱实际也是一种组合构件，其组合元素不仅包括起再现作用的型钢表面及其锐角处理，而且还包括将建筑表面 9 英寸厚的填充砖墙框合在一起的 H 形钢。所有这些都令人想起辛克尔喜欢采用的新古典主义角部处理，特别是他在老博物馆（Altes Museum）和国家大剧院（Schauspielhaus）中的做法。

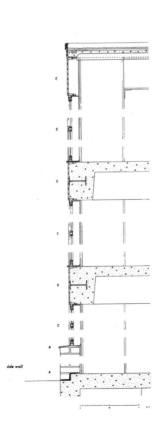
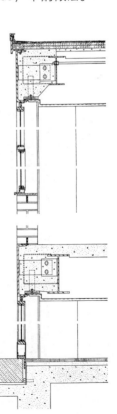
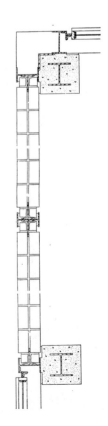

图 6.48
密斯·凡·德·罗，矿
物与金属研究大楼，外
墙竖向剖面细部

图 6.49
密斯·凡·德·罗，芝
加哥伊利诺伊理工学院
校友纪念馆。水平剖面
和竖向剖面细部

对于密斯后来的建筑生涯而言，40年代中期设计的三个建筑有着非同寻常的意义，它们是1946年开始设计的范斯沃思住宅（the Farnthworth House）、1946年设计但最终未能建成的高速公路餐厅（the Hi-Way Restaurant）以及1948年设计的两幢被称为芝加哥湖滨860号的公寓大楼。

范斯沃思住宅让我们有机会重温先锋主义的空间观念，但是这次在光洁的地板和顶棚之间形成的是一种透明的建筑量体（图6.50，6.51）。因此，范斯沃思住宅一方面努力表现自身的框架结构，另一方面又呈现为一个由玻璃四面体和平台一起构成的非对称组合，两者交错在一起，颇有些辛克尔设计的意大利式建筑的意味。在一定程度上，我们也可以用森佩尔《建筑四要素》的观点对之进行分析，其中又以砌筑（stereotomic）元素与构架（tectonic）元素的观点最为适用，前者集中体现在范斯沃思住宅那两个用石材铺成的平台上面，后者则以型钢框架和大片玻璃为表现形式。在这里，平坦的明缝大理石铺地（open-jointed paving）将室外平台下方用钢板焊接而成的铺有碎石的排水板层完全覆盖起来，而8根支撑建筑地面和屋顶结构的H形钢柱则完全位于建筑的外侧，结构细节的表达被减到最少（图6.52，6.53）。型钢焊接处的焊缝也经过仔细打磨处理，然后再将整个焊接的钢结构框架刷成白色。这一切都在不同层面强化了建筑的纯粹性，使我们再次看到1917—1920年间曾经对密斯有很大影响的马列维奇著名的白底上的白色方块绘画的遗风。与此同时，在支撑露天平台的4根短柱中，有两根与建筑主体的8根钢柱重合在一起，这

图6.50
密斯·凡·德·罗，伊利诺伊州普兰诺的范斯沃思住宅，1950年。平面

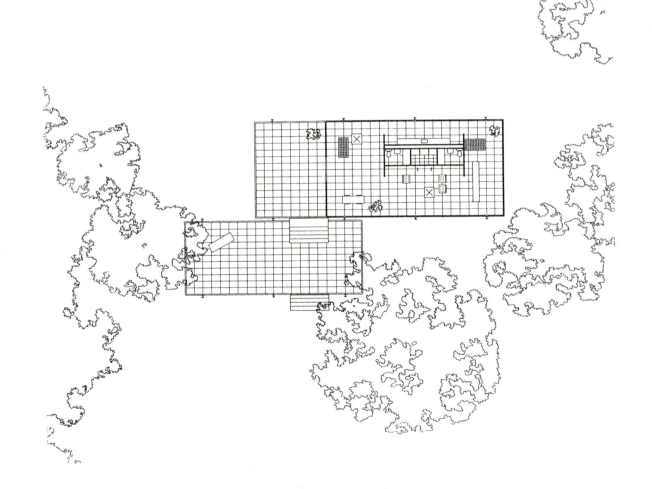

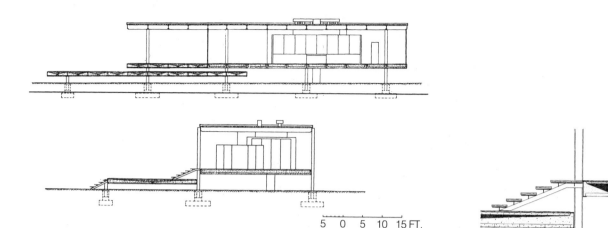

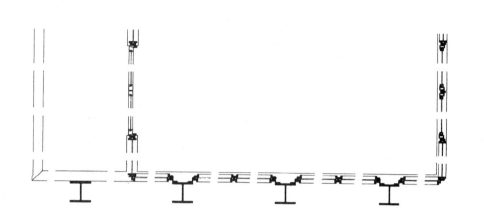

5　0　5　10　15 FT.

图6. 51

密斯·凡·德·罗，范
斯沃思住宅，横剖面和
纵剖面

图6. 52

密斯·凡·德·罗，范
斯沃思住宅，室外台阶
踏步细部

图6. 53

密斯·凡·德·罗，范
斯沃思住宅，外墙水平
剖面细部

也进一步加强了建筑主体与露天平台的整性效果。

从建构的角度看，芝加哥湖滨路860号公寓大楼（图6.54）与伊利诺伊理工学院校友纪念堂建筑可谓一脉相承。两者都在结构性钢构件外面包裹了混凝土耐火材料，同时在建筑立面上用附着在混凝土耐火材料表面的钢板来再现建筑内部的结构性钢构梁柱（图6.55）。在芝加哥湖滨路860号公寓大楼中，第二框架体系的竖框是用型钢焊接在这些钢板上的，它将整个立面转化为一个连续的幕墙体系（图6.56）。值得注意的是，正是焊接在钢板上的竖框与窗下墙外表面和柱子表面钢板的共同作用，才构成整个建筑的幕墙结构体系，其中每一格的高度与建筑层高保持一致，在施工中必须通过固定在屋面上的塔吊将预制型钢竖框自下而上地焊接到位。彼得·卡特（Peter Carter）曾经对该建筑的结构性框架、竖框和表面钢板共同组成的立面韵律变化进行了以下分析描述：

密斯用突出在外面的竖框（其中包括焊接在柱子表面钢板上的竖框）将每跨结构分为四等分，从而赋予那些参与整个体系的构件元素一种全新的出乎意料的品质效果。从建筑的角度来说，结构框架与其间填充的大片玻璃窗已经完全融为一体，尽管个性特征并不是十分强烈，但是却建立起一种新的建筑现实。竖框对这种变化发展起到了催化的作用。

柱和竖框的间距已经决定了开窗的宽度。因此，位于每跨中间部位的两个窗户要比两侧靠近柱的窗户稍宽一些。窗宽的差异在视觉上产生了大小相间的节奏变化：先是柱，然后是窄窗，再到宽窗，然后反过来，从宽窗变化到窄窗，其后又是柱，如此循环往复，创造出微妙而又丰富的变化效果。此外，不透明的钢构件与玻璃的反射交相辉映，还有窗框闪闪发光的效果……。在设计"860"

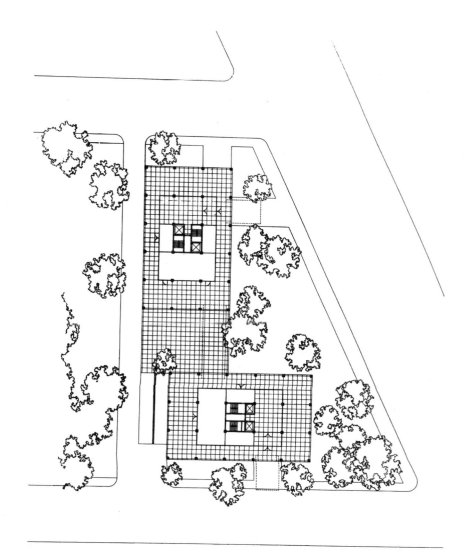

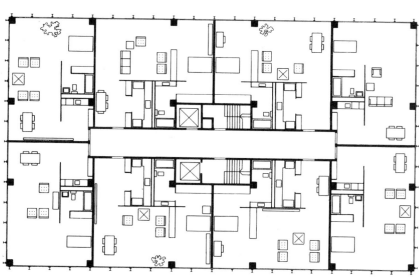

图 6. 54
密斯·凡·德·罗，芝
加哥湖滨 860 号和 880
号公寓大楼，1951 年。
密斯设计的标准层平面
和总平面

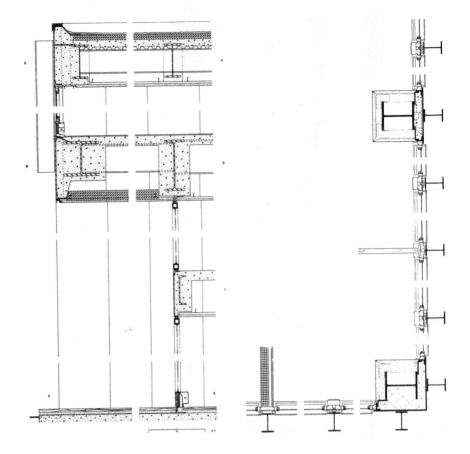

号公寓大楼方案之前，密斯的建筑已经呈现出两种十分清晰的框架围合的基本方法：一种是将表皮填充在框架之间，另一种则是将表皮挂在框架外侧。尽管这两个方法都切实可行，但是除了西格拉姆大厦以外，密斯还没有将它们用于大型建筑。密斯希望在建筑中同时表现结构和表皮，就此而言，"860"号公寓大楼设计方案可谓是一个里程碑式的作品，其中结构和表皮都保持了它们各自相对独立的特征，但是竖框的运用却完成了从多元向一元过渡的哲学转化。[33]

由于透视的关系，湖滨路 860 号公寓大楼的竖框立面有时会呈现出一种富于动态的特征，这倒很符合密斯的新至上主义情感需求。随着人们观看两幢板式大楼时视点位置的变化，双塔的立面常常彼此遮挡（图 6.57）。此外，当人们围绕建筑走动时，突出的竖框也会产生不同的效果，有些完全向人们敞开，充分展现出填充在框架之间的大片玻璃窗，另一些则相互重叠在一起，让人误以为整个 26 层高的建筑立面完全是由不透明的微凸钢构件组成的。从远处看，整个建筑似乎是一些虚幻体量和平面形成的集合体，然而当人们从正面接近它时，楼层和开间之间的每一个单元又呈现出完全对称的格局。

随着密斯高层建筑项目接踵而至，幕墙的建构特征也发生了很大的变化。也许，任何建筑都不能像芝加哥湖滨路 860 号公寓大楼和纽约西格拉姆大厦那样清晰地说明这一点。在湖滨路 860 号，钢结构梁柱外面都包裹了混凝土耐火材料，同时在混凝土材料的立面部位再有一层钢板表面，然后将竖框焊接到这些钢板上面。相比之下，西格拉姆大厦中经过混凝土耐火材料包裹处理的钢结构框架则完全退在幕墙后面，从而导致楼板部位也必须用连续的褐色玻璃表皮进行处理。此外，竖框上下贯通，连续不断地穿越所有楼层窗下墙部位的玻璃幕墙表皮（图 6.58）。在西格拉姆大

图 6.57
密斯·凡·德·罗，湖滨 860 号和 880 号公寓大楼

图 6.58
密斯·凡·德·罗，湖滨 860 号和 880 号公寓大楼与纽约西格拉姆大厦，1958 年。幕墙细部

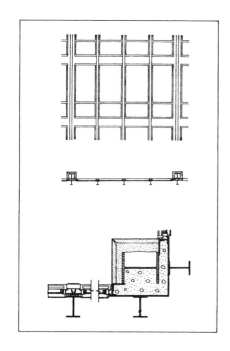
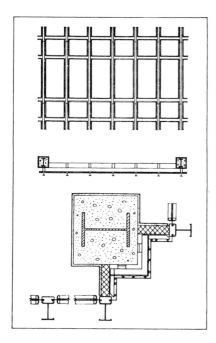

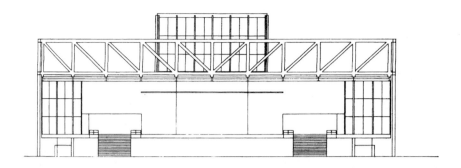

图 6.59
密斯·凡·德·罗，曼
海姆国家剧院，1952
年。剖面

厦，主体的褐色阳极氧化铝合金窗框与褐色玻璃可谓浑然一体，但是位于大厦背后的服务筒体却采用了较为混杂的凹形角部处理，而服务筒体外表则大量采用暗绿色大理石板材，造成整个筒体似乎是一个垂直的、带有条纹的整体金属盒体的感觉。就此而言，我们可以认为西格拉姆大厦是上述两个建筑中更具表皮化特点的一个作品。在这里，湖滨路 860 号公寓大楼通过钢板再现结构框架的做法不复存在了，取而代之的是一个充其量只表达自身建构秩序的、自成一体的玻璃幕墙结构。

　　1946 年为印第安那波利斯（Indianapolis）的业主约瑟夫·坎特（Joseph Cantor）设计的高速公路汽车餐厅（Hi-Way drive-in restaurant）最终并未建成，但是它采用的大跨桁架结构却成为密斯职业生涯最后几年反复尝试的一种结构形式。该方案的屋面吊挂在两个裸露的格构桁架（lattice trusses）上面，桁架的跨度统一为 150 英尺。此后，还有两个设计也采用了类似的结构形式，它们是 1952 年设计的曼海姆剧院（the Mannheim Theater）方案（图 6.59，6.60）和 1956 年建成的伊利诺伊理工学院克朗楼（the Crown Hall）（图 6.61），前者 15 英尺厚的格构桁架跨度达 266 英尺，而后者两英尺厚的钢梁跨度也有 150 英尺。在曼海姆剧院巨大的玻璃盒子内部，密斯设计了两个吊挂在格构桁架上的剧场，它们背靠背排列，四周是连续的休息大厅。相比之下，克朗楼应该说是上述三个作品中最为经典的一个，这不仅因为它是三者中惟一最终建成的作品，而且也因为它是范斯沃斯住宅剖面设计和湖滨路 860 号公寓大楼竖框系统的集大成之作（图 6.62，6.63）。另外，就其主要体量（corps de logis）而言，克朗楼也完全可与辛克尔的老博物馆相提并论，当然我们同时也必须看到，克朗楼内部庞大的通用空间确实削弱了该建筑的中轴秩序。柯林·罗剖析道：

　　　　如同典型的帕拉第奥组合一样，克朗楼有一个完全对称的体量，并且该体量还可能包含着某种数学关系。但是，与典型的帕拉第奥组合不同的是，克朗楼并没有在采取中心对称的平面布局时同时采用具有金字塔形尖顶或者穹顶等竖向的等级秩序。在这一点上，克朗楼与圆厅别墅（Villa Rotonda）①确实相去

图 6.60
密斯·凡·德·罗，曼
海姆国家剧院，横剖面

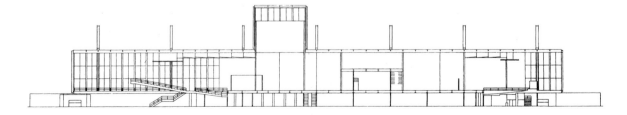

---

① 帕拉第奥设计的庄园府邸中最为著名的建筑，于 1552 年在意大利维晋察郊外建成。——译者注

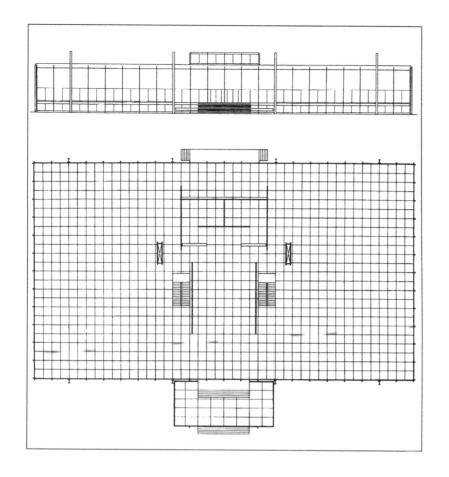

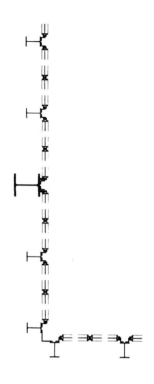

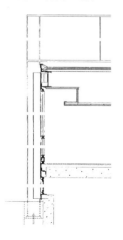

甚远,但是与 20 世纪 20 年代的许多建筑却有不少共同之处。换言之,它缺少一个让人们停留和观察建筑整体的有效的中心区域,人们在建筑外面就能够对建筑的内部空间一目了然(尽管建筑前面一排屏风式的树说明密斯似乎并非情愿如此);但是一旦进入室内,人们获得的却不是空间的高潮,而是一个中心实体。诚然,它并非真正意义上的实体,但仍旧是一个与外界隔绝的核心,在它的周围,空间沿着建筑外围闭合的大玻璃窗自由流通。同样,平整的吊顶也导致了一种向外沿展的趋势;因此,尽管入口门廊暗示着一种中心化活动,建筑空间仍然像 20 年代的密斯建筑一样完全是旋转和离散性质的(当然形式上已经简单得多),而不是地道的帕拉第奥平面或者古典主义平面不可或缺的绝对中心化组合。[34]

密斯热衷的另一种大跨类型是双向空间构架(space frame)屋面结构,其中屋面与支撑结构的关系通过屋面周边的点支撑完成,而且这些支撑又都避开了建筑的角部位置。这种类型最初是在他 1950 年设计的 50×50 住宅(Fifty by Fifty House)中提出的,该设计之所以被称为 50×50 住宅,是因为它有一个 50 英尺见方的屋顶构架,屋架由 4 根位于每个边长中部的柱子支撑(图 6.64,6.65)。在接下来的四个设计中,密斯都采用了类似的悬挑屋顶构架结构,其中第一个是 1953 年设计的芝加哥会议中心方案,设计容量为 7.9 万人,建筑每边长达 720 英尺。相比之下,随后设计的三个项目在概念上大同小异,但尺度却温和许多,它们分别是 1957 年设计的古巴圣地亚哥巴卡迪办公建筑(the Bacardi Office Building, Santiago, Cuba)方案(图 6.66,6.67)、1960 年完成的格奥尔格·谢菲尔美术馆(the Georg Schäfer Museum)方案、和 1962 年完成的柏林国家美术馆新馆(the Neue Nationalgalerie in Berlin)。

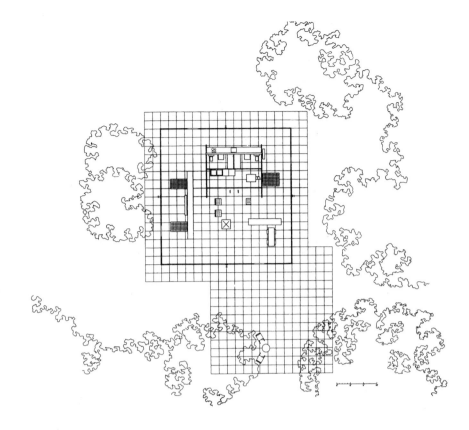

图 6.64
密斯·凡·德·罗,
50×50 住宅,设计方案,
1950 年。平面

图 6.65
密斯·凡·德·罗,
50×50 住宅,轴测图

图 6.66
密斯·凡·德·罗,古巴
圣地亚哥巴卡迪办公大
楼,1957 年。请注意钢筋
混凝土空间框架结构是如
何从建筑周边檐部向大跨
度中心部位过渡的进程中
高度逐步增加的

图 6.67
密斯·凡·德·罗,巴
卡迪办公大楼,剖面

如同维奥莱-勒-迪克一样,密斯将"巨型空间"(great space)视为文明成就的试金石,而在这一点上,20 世纪的土木工程似乎比建筑更能说明问题。在密斯的美国建筑生涯中,有两个设计项目足以说明密斯在大跨体量成就中寻求的象征意义,而且有意思的是,密斯在这两个设计的表现图中都采用了极具现代主义特征的照片拼贴技法。这两个案例分别是 1942 年的音乐厅方案(图 6.68)和 1953 年的芝加哥会展中心方案(图 6.69,6.70)。前者在阿尔伯特·康(Albert Kahn)设计的飞机制造车间的室内照片上拼贴了一些符合透视效果的木板和钢板图片,后者则用大理石纹理照片来代表巨型无柱空间内的墙体石材饰面。按照密斯的设计,芝加哥会展中心的平面尺寸为 720 英尺见方,钢网架屋顶结构高度为 30 英尺,整个建筑高度为 110 英尺,所有侧边的两个端头都是悬挑出去的,悬挑距离达 60 英尺,中间是 5 个跨度为 120 英尺的结构开间。屋面采用网架结构,通过铰接将荷载传递到墩柱上面(图 6.71)。

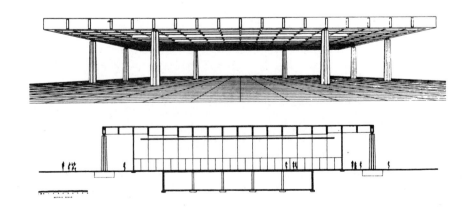

图 6.68
密斯·凡·德·罗，音乐厅设计方案，1942年。采用阿尔伯特·康设计的巴尔的摩格兰 L. 马丁工厂室内照片的拼贴效果图

图 6.69
密斯·凡·德·罗，芝加哥会展中心，设计方案，1953年。立面和平面

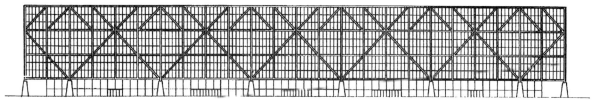

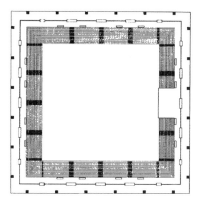

图 6.70
密斯·凡·德·罗，会展中心设计方案，室内效果图

图 6.71
密斯·凡·德·罗，会展中心设计方案：采用钢筋混凝土柱和钢柱的两种不同的结构体系

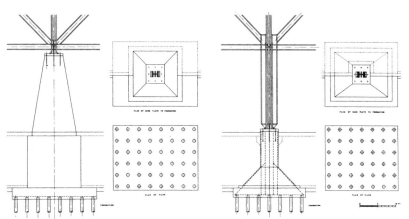

密斯职业生涯中建成的最后一件作品是柏林国家美术馆新馆（图6.72），它不仅在地理意义而且也在许多其他意义上成为密斯回归的写照。之所以这样说是因为在这个最后的作品之中，密斯将自己早先建筑中的对立因素统一了起来。这一对立因素的一极是无限连续的先锋主义空间（the infinite continuum of avant-gardist space），另一极则是建构形式的结构逻辑（the constructional logic of tectonic form）。上述两种不同价值之间的冲突曾经在克朗院的主体中达到了登峰造极的地步，其中连续不断的吊顶平面遮盖了建筑外围结构的建构关系，而且尽管该建筑的屋檐部分有一个精确的钢构件收边，人们还是无法从建筑内部看到克朗院立面上竖向椽条与屋面的建构关系，因为椽条已经超过吊顶的高度，形成一个贯通吊顶四周的凹槽（图6.73）。

　　在密斯晚年的建筑生涯中，吊顶曾经有许多不同的处理方式。首先是他在1957年设计的巴卡迪办公建筑的混凝土屋顶构架上寻求的解决办法，其吊顶平面表现为屋顶构架体系的下部桁条，而屋顶本身则由8根避开建筑角部位置的柱子支撑（见图6.66）。巴卡迪办公建筑的混凝土屋顶构架体系后来在格奥尔格·谢菲尔美术馆（Georg Schäfer Museum）的设计中转化为钢结构屋顶构架体系，并直接导致了柏林国家美术馆新馆的平面和结构形式。在柏林国家美术馆新馆中，虽然屋顶构架看上去只是无限空间系统的一个面，但是通过轧钢桁条组成的网格系统，我们还是能够看到它清晰的建构表现（图6.74）。该网格系统在两个方向上均被分成16个方形

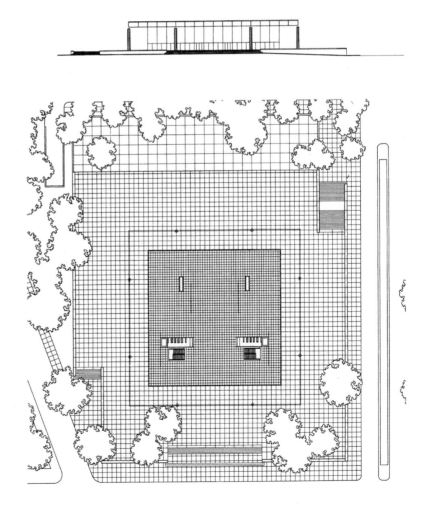

图 6.73
密斯·凡·德·罗，国
家美术馆新馆，室内

模块，每一边从角部开始数起第四格和第五格之间是支柱的位置①。此外，屋顶构架的桁条宽度完全是根据 8 根支柱柱头的要求来确定的。

柏林国家美术馆新馆将至上主义的空间概念重新诠释为一种十字形支柱支撑的空间构架结构，它是密斯重返新古典主义精神的终极证明。这种精神曾经若隐若现地贯穿在密斯毕生的建筑作品中，甚至也包含他在 20 世纪 30 年代设计的自由式平面的住宅之中。与密斯早先使用的独立式十字形钢柱一样，柏林国家美术馆新馆用型钢焊接而成的十字形钢柱也可以被视为古典建筑秩序的一种隐喻。另一方面，它们又不仅有别于古典主义先例，而且也与密斯建筑生涯中期使用的趋于消失的镀铬十字钢柱迥然不同。在这里，密斯早年意欲通过镀铬表面材料暗示古典柱式凹槽的企图已经不复存在，取而代之的是用 4 个 T 形钢材对中焊接而成的十字形钢柱（图 6.75）。在结构理性主义的理论框架之内，这种钢柱的形式可谓别具一格。铰接式柱头多少有一点隐喻古典柱头的意思，它们是柏林国家美术馆新馆钢柱本体建构的集中体现，同时也将彼得·贝伦斯 1909 年的透平机车间采用的钢铰接形式在位置和意义上来了一个大逆转。在贝伦斯的透平机车间中，铰接出现在柱础部分，它们更像是柱座上的一个钟形圆饰；而在柏林国家美术馆新馆，铰接则是建筑檐部的组成元素。就其支撑方式而言，柏林国家美术馆新馆的柱子也可视为是对西方建构传统的重新诠释。屋顶构架用油漆涂成深灰色，几乎接近黑色，它通过面的组合形成不同的空间深度，使屋顶构架钢梁的底边看上去像是漂浮在黑色屋面下方的轻型网格。在光线的反射之下，它成为密斯**纯黑**美学（black-on-black aesthetic）的一次大展现，令人想起阿德·莱因哈特（Ad Reinhardt）②的极少主义绘画。[35]此外，由于光线

---

① 此处原文似有误。从柏林国家美术馆新馆的相关资料上看，该建筑屋顶网格系统在两个方向都是 18 格，而支柱的位置则应该是每边从角部开始数起的第 5 格和第 6 格之间。——译者注
② 阿德·莱因哈特（1913—1967 年），美国画家，后期作品以全部"黑色"绘画而闻名。——译者注

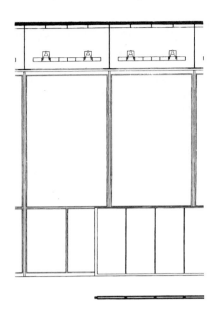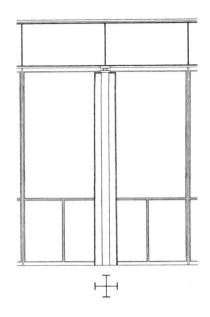

图 6.74
密斯·凡·德·罗，国家美术馆新馆，具有代表性的剖面

图 6.75
密斯·凡·德·罗，国家美术馆新馆，柱子立面和平面

的差异，屋顶构架显得高深莫测，一种先锋主义氛围再次悄然而至。因此，在密斯的这个终极作品中，人们除了目睹了一种高度完整的建构设计之外，还可以体验到在广阔空间中漂浮的中性板片形式带来的神秘和崇高。

　　从巴塞罗那馆开始，雕塑作品常常在密斯的建筑中占据着优美的构图位置。当然，这一点还有待人们进行深入的分析，其中尤其值得研究分析的是基元派先锋艺术对密斯空间思想的影响。另一方面，古典雕塑与中性的板片空间（universal planar space）的相辅相成提醒我们注意人体元素和抽象元素（figurative and abstract elements）在密斯建筑中的呼应关系。对于人体元素，密斯的观点一开始是比较保守的。尽管他对表现主义雕塑不无兴趣，但是他在雕塑方面的趣味还是更加接近浪漫古典主义精神，正是这种精神导致了辛克尔与雕塑家戈特弗里特·夏多夫（Gottfried Schadow）的亲密合作。当时，密斯最欣赏的雕塑家是莱姆布鲁克（Lehmbruck）［巴塞罗那馆是在最后一刻才决定采用乔治·克尔伯（Georg Kolbe）的作品的］。对于密斯来说，人体艺术总是与古希腊艺术有着千丝万缕的联系。他喜欢在自己的建筑表现图中使用人体雕塑，而不是像通常那样将人物作为配景，这与人体塑像在辛克尔透视图中的作用颇为相似。显然，在密斯的照片拼贴表现图中，具象的雕塑人体是在板片建筑元素形成的无限延伸和寂静的抽象空间中注入某种人性涵义（图 6.76）。对于抽象艺术的晦涩表现，密斯似乎有两种不同的态度。第一种态度体现在他对保罗·克利（Paul Klee）① 绘画作品的认识之中。密斯喜欢克利创作的具有神秘象形文字特征的绘画作品，因为他觉得自己可以将这些作品用在建筑空间中自由浮动的板片元素上面，使板片墙体表面获得双重的象征涵义，从而与其他更为物质化的独立式分隔墙体区分开来。密斯对待抽象艺术的第二种态度很有些至上主义的性质，它与抽象艺术虚无缥缈的特质有着直接的关系。密斯似乎更热衷于平面图像的非物质化效果，也喜欢将一些并不完整的形体与先锋派流通空间结合起来。因此，人体图像通常会分散地出现在他的透视表现图中。乔治奥·格拉西（Giorgio Grassi）曾经对抽象人体在建筑形式的塑造过程中的作用提出过批评，这

图 6.76
密斯·凡·德·罗，某小城镇博物馆设计方案，1943 年

---

　　① 保罗·克利（1879—1940 年），瑞士裔德国画家，曾任包豪斯教师。——译者注

与我们在这里讨论的问题也许只是一种巧合，但是却不无启发意义。正如我们在前面已经提到过的，密斯对至上主义的认识有时与卡济米尔·马列维奇的非客观世界（nonobjective world）的跨理性神秘主义（the transrational mysticism）显得十分投缘。说到底，如果在今天再回过头来审视这一问题的话，密斯"少到极至"的观念简直就是卡斯帕·大卫·弗里德里希（Caspar David Friedrich）① 风景画中雾气腾腾的光线与马列维奇虚无缥缈的"充满至上主义灵感的环境现实"这两种同样晦涩难懂的思想的混合体，[36]它为密斯重新诠释辛克尔学派的传统（Schinkelschule tradition）提供了契机，其最杰出的成果也许就是他早年设计的自由式平面的住宅中使用的镀铬钢柱。在现代文化的世界中，人们也许再也找不到比密斯的镀铬钢柱更为精简的隐喻形式了，因为它们已经将文化的广泛涵义简化为一个单一的建构标识（tectonic icon）。密斯毕生都对建筑的非物质化效果情有独钟。对他来说，中性和客观的现代化机械生产似乎是物质升华的最后动力。此外，密斯晚年的一番话也清楚地表明，在他的思想中存在着浓厚的北欧情节："我还清楚地记得第一次去意大利的经历。阳光和蓝天的明亮程度是那样令我无法忍受。我迫不及待，期盼着返回北方，那里的一切都是灰黯而又微妙的。"[07]

无论在思想层面，还是在现象层面，密斯的建筑总是包含着对立统一的原则。在这方面，辛克尔可谓是密斯的榜样，因为辛克尔毕生都在追求将理性秩序与建造实践（the poesis of construction）结合起来，用它们为充满神秘意义的城市服务。通过建筑构件的精确交接，辛克尔不仅创造了许多伟大的建筑作品，同时也成为浪漫主义的集大成者。在密斯的建筑中，辛克尔式的元素主义（elementarism）从来都没有真正消失过，他在1959年的一次讲话中就曾明确提到辛克尔对自己的影响："在老博物馆中，他（辛克尔）对柱、墙、顶棚等建筑元素进行了分离，我认为，这也正是我最近的建筑作品所努力追求的。"[38]看起来，正是这种**分离**原则（principle of separation）使密斯有可能将原本纠缠在一起的建筑元素进行完全不同的组合。

除了家具设计和大跨度建筑之外，密斯的建筑往往倾向于对节点的连接和制造进行弱化处理，其最好的说明也许就是范斯沃思住宅中使用的平焊术（flat welds）。因此，尽管密斯对维奥莱－勒－迪克深怀敬意，他并没有充分接受后者倡导的结构理性主义原则，因为按照这一原则，建筑必须表现荷载的传递关系。他也没有像路易·康那样试图用建筑组合过程的痕迹作为形式装饰的元素。他喜欢采用焊接钢构，追求节点的弱化。他还常常让吊顶在建筑中发挥一种"分离"（separating）作用，而这无疑是佩雷、康和伍重等坚持结构理性主义立场的建筑师所反对的。

在密斯的建筑中，时代的科技文明已经成为一种不言自明的事实，就好像"少到极至"的表现是当代文明惟一本真的形式。就此而言，密斯的立场是黑格尔主义的，他将现代技术视为先验理性（transcendental reason）的表征，同时赋予客观性（objectivity）无与伦比的崇高地位，就像无名性（anonymity）在中世纪建筑文化中发挥的至关重要的作用一样。另一方面，尽管建构价值在密斯的建筑中比比皆是，这种价值却又常常由于他对非物质化的下意识追求黯然失色，这点显然与他对文化延续和材料表现的深切关注背道而驰。范斯沃思住宅的意大利灰岩大理石铺地就很

---

① 卡斯帕·大卫·弗里德里希（1774—1840年），德国浪漫主义画家。他的创作开辟了风景绘画新的领域，发现了人们未曾注意的新的自然：无穷无尽的海洋和山脉、大雪覆盖的山地，以及照在上面的阳光和月光。他的绘画很少用宗教形象，但是却传达了崇高的精神力量。——译者注

能说明问题，因为尽管这种石材铺满了包括卫生间在内的所有地面，但是它的质感却由于吊顶的抽象性而大大削弱了。此外，密斯与康一样努力追求建筑的精神升华，因此不可避免地关注光、空间和时间的意义问题。如同对密斯有着深刻影响的辛克尔学派一样，密斯的建筑最终出现了一种废墟化倾向，这种浪漫主义情调早在他为质朴的建筑立面画上一些柴藤的时刻就已经昭然若揭。换言之，密斯对精确建构形式的关注总是被其他因素化解，这些因素包括他热衷的先锋派无限空间领域和透明表皮，以及在不断变化中决定时代命运的技术和时间力量。密斯认可技术的普遍价值的胜利，试图用技术的具体操作（the "how" of technique）取代对建筑的社会文化性质的表现（the "what" of institutional form），从而在现代化浪潮的背景下将主体从无意义世界的痛苦中拯救出来。密斯曾经受到马克斯·韦伯（Max Weber）①、恩斯特·容格尔（Ernst Jünger）②、马丁·海德格尔（Martin Heidegger）③、尤其是教堂建筑师鲁道夫·施瓦兹（Rudolf Schwarz）等人的影响。和这些同代人一样，密斯深刻地认识到现代技术乃是一把建设性和破坏性兼而有之的双刃剑。在密斯的眼中，技术不仅是时代的上帝，而且也是现代世界的惟一出路。正是这种认识促使密斯把建筑设计的重点从类型和空间转向技术。在他看来，只要有了开敞式平面的无限自由和不断改变划分的细胞空间，类型和空间自然就会实现。就此而言，密斯的建造艺术就是在庸俗的现实中实现建筑的精神升华，就是通过建构形式追求技术的精神化。

---

① 马克斯·韦伯（1864—1920 年），德国社会学家，现代"社会学"的创始人之一，代表著作有《新教伦理与资本主义精神》等。——译者注
② 恩斯特·容格尔（1895—1998 年），德国作家。——译者注
③ 马丁·海德格尔（1889—1976 年），德国哲学家。——译者注

6 Mies van der Rohe: Avant-Garde and Continuity

Epigraph: Massimo Cacciari, "Mies's Classics," *Res* 16 (Autumn 1988), pp. 13, 14.

1
Cornelis van de Ven, *Space in Architecture* (Assen, The Netherlands: Van Gorcum, 1978), p. 77. Following the theories of Semper, van de Ven deals in a very instructive way with this distinction between tectonics and stereotomics: "Tectonic form embodies all skeletal frameworks, such as post and lintel construction, whereas stereotomic form refers to cases where wall and ceiling form one homogeneous mass. . . . With stereotomic Semper meant, above all, a constructive method of assembling mass in such a manner that the total plasticity was moulded in one undivided dynamic unity, such as the formal relation of arch and pier without interruption, unlike the segregate post and lintel assemblage of the tectonic method."

2
Interview with Christian Norberg-Schulz, *Architecture d'Aujourd'hui*, no. 79 (September 1958), p. 100. The priority given to the term "building" in this passage recalls the similar ideological emphasis that Hannes Meyer gave it in his Bauhaus address "Bauen" of 1928.

3
Reprinted in Philip C. Johnson, *Mies van der Rohe* (New York: Museum of Modern Art, 1947), p. 183.

4
Ibid., p. 184.

5
See Wolf Tegethoff, *Mies van der Rohe: The Villas and Country Houses* (New York: Museum of Modern Art, 1985), p. 65.

6
Werner Blaser, *Mies van der Rohe: The Art of Structure* (New York: Praeger, 1965), pp. 20–24. This seems to have been the standard adopted, even though the interior walls were plastered.

7
The full text of this letter is given in Wolf Tegethoff, *Mies van der Rohe: The Villas and Country Houses* (New York: Museum of Modern Art, 1985), p. 61.

8
Johnson, *Mies van der Rohe,* pp. 38–41.

9
Walter F. Wagner, Jr., "Ludwig Mies van der Rohe: 1886–1969," *Architectural Record* 146 (September 1969), p. 9.

10
Johnson, *Mies van der Rohe,* p. 35.

11
Peter Carter, "Mies van der Rohe: An Appreciation on the Occasion, This Month, of His 75th Birthday," *Architectural Design* 31, no. 3 (March 1961), p. 100.

12
"Mies van der Rohe: European Works," special issue of *Architectural Design* edited by Sandra Honey (London, 1986), p. 56.

13
Ibid., p. 104.

14
See Kenneth Frampton, "Modernism and Tradition in the Work of Mies van der Rohe, 1920–1968," in John Zukowsky, ed., *Mies Reconsidered: His Career, Legacy, and Disciples* (Chicago: Art Institute of Chicago, 1986), p. 45. The importance of Lilly Reich in Mies's overall development can hardly be overestimated since she seems to have

brought to a dematerializing sensibility an extremely refined sense of material finish. Her presence is surely evident even in the furnishing of the Tugendhat House, which, as Franz Schulze informs us, was curtained with black raw silk and black velvet on the winter garden wall and with beige raw silk on the south wall. See Franz Schulze, *Mies van der Rohe: A Critical Biography* (Chicago and London: University of Chicago Press, 1985), p. 169.

15
Peter Blake, "A Conversation with Mies," in Richard Miller, ed., *Four Great Makers of Modern Architecture* (New York: Columbia University, 1963). Leonidov was surely as preoccupied with dematerialization as Mies; see his student thesis project for the Lenin Institute (1927) and above all his proposal for a Palace of Culture (1930), both of which feature buildings that are as minimalist in their conception as Mies's glazed prisms and R. Buckminster Fuller's geodesic domes.

16
Johnson, *Mies van der Rohe,* p. 51.

17
L. Mies van der Rohe, "Address to the Union of German Plate Glass Manufacturers, March 13, 1933." This text appears in English translation in Tegethoff, *Mies van der Rohe: The Villas and Country Houses,* p. 66.

18
Eduard F. Sekler, "The Stoclet House by Josef Hoffmann," in Howard Hibbard, Henry Millon, and Milton Levine, eds., *Essays in the History of Architecture Presented to Rudolf Wittkower* (London: Phaidon, 1967), pp. 228–294.

19
See José Quetglas, "Fear of Glass: The Barcelona Pavilion," in *Architectureproduction,* ed. Joan Ockman and Beatriz Colomina (New York: Princeton Architectural Press, 1988), p. 144. Quetglas cites in the same essay one of the only firsthand critical accounts of the original pavilion, in *Cahiers d'Art* 8–9 (1929) by the Catalan critic N. M. Rubio Tuduri.

20
Robin Evans, "Mies van der Rohe's Paradoxical Symmetries," *AA Files,* no. 19 (Spring 1990), p. 113.

21
Quoted in Tegethoff, *Mies van der Rohe: The Villas and Country Houses,* p. 96. Walter Riezler's article, "Das Haus Tugendhat in Brünn," was originally published in *Die Form* 6, no. 9 (September 15, 1931), pp. 321–332.

22
Romano Guardini, as cited in Fritz Neumeyer, *The Artless Word* (Cambridge: MIT Press, 1991), p. 199. With this study, first published by Siedler Verlag, Berlin, in 1986 under the title *Mies van der Rohe: Das kunstlose Wort. Gedanken zur Baukunst,* Neumeyer totally revolutionizes our knowledge of Mies's ideological roots. Through painstaking research into archival material held in the Museum of Modern Art, New York, in the Library of Congress in Washington, and in the Special Collections department of the University of Illinois, Chicago, he has been able to show how Mies's reading was far more extensive than had been thought hitherto and the way in which he was influenced by two thinkers in particular: by Raoul Francé, whose 1908 protoecological "plasmatic" view of universal harmony was an overt attack upon the Promethean, hyperindustrializing thrust of Wilhelmine Germany, and by the Bauhäusler Siegfried Ebeling, whose book *Der Raum als Membran* (Space as Membrane) was published in Dessau in 1926. This last, affiliated with anthroposophical cosmology, argued for a dematerialized organic, biological architecture, anticipatory in certain respects of R. Buckminster Fuller's Dymaxion philosophy. To these writers must be added two interrelated and even more influential figures as far as Mies was concerned, the philosopher-theologian Romano Guardini and the architect Rudolf Schwarz, both of whom were Catholic intellectuals involved in the Quickborn Catholic youth movement which had its meeting place at the Castle Rothenfels, near Frankfurt. These two men edited the magazine *Die Schildgenossen* (Comrades-in-Arms) to which Mies would make a contribution.

23
See Philip Johnson, *Mies van der Rohe,* 3d ed. (New York: Museum of Modern Art and New York Graphic Society, 1978), p. 195. Johnson gives the entire text of "Die neue Zeit," a speech Mies delivered to the Viennese Werkbund in 1930 and published in *Die Form* in 1932. Mies first became acquainted with the thinking of Guardini and Schwarz through Schwarz's essays in this periodical. Of the latter Neumeyer writes: "The position Schwarz assumed in respect to the 'new things' of his times resolved those very contradictions that Mies had been unable to reconcile theoretically in his unilaterally expressed manifestos. Schwarz did not deny that the 'new world' with its technical potential had its own sort of magnitude, but he professed 'a great fear of things to come,' particularly the tendency of the times to 'become abstract'; this, in his eyes, made 'grace, charm, playfulness, love, and humility' impossible. The word 'rationalization' seemed to him 'one of the most stupid slogans of our time' because it conveys only a mechanical, not a spiritual message. Mies, who had expressed similar notions, albeit in milder terms, could here only found encouragement." (*The Artless Word,* p. 164.)

In order to appreciate the closeness of these three men one need only remark on Guardini's warm appraisal of Rudolf Schwarz's Corpus Christi church completed in Mies's home town of Aachen in 1930. On this occasion Guardini wrote: "The properly formed emptiness of space and plane is not merely a negation of pictorial representation but rather its antipode. It relates to it as silence relates to the word. Once man has opened himself up to it, he experiences a strange presence." (Quoted in ibid., p. 165.)

In 1958 Mies would write the introduction to Rudolf Schwarz's book *The Church Incarnate,* which had first appeared in German, with an introduction by Guardini, in 1938. Mies and Schwarz publicly acknowledged their mutual respect at a later date when Schwarz gave a birthday address to Mies, "An Mies van der Rohe," in 1961 and Mies made a contribution two years later to the Schwarz memorial catalogue published by the Akademie der Künste, Berlin.

24
See the translation of this text in Neumeyer, *The Artless Word,* pp. 246–247.

25
The original text of Mies's Inaugural Address as Director of Architecture at Armour Institute of Technology (1938) is given in Johnson, *Mies van der Rohe* (1947), pp. 191–195.

26
Blaser, *Mies van der Rohe: The Art of Structure,* p. 10.

27
Peter Carter, "Mies van der Rohe: An Appreciation," p. 97.

28
Reprinted in Johnson, *Mies van der Rohe* (1947), p. 203.

29
Peter Carter, "Mies van der Rohe: An Appreciation," p. 106.

30
For a discussion of Mies's choice of the German vernacular and its relation to the traditional *Fachwerkbauten,* see "Epilogue: Thirty Years After," in Johnson, *Mies van der Rohe* (1947), pp. 205–211.

31
Colin Rowe, "Neoclassicism and Modern Architecture," Part II, *Oppositions* 1 (September 1973), p. 18.

32
One cannot help being reminded here of Heinrich Hübsch's St. Cyriacus Church, Bülach, of 1837 where exposed tectonic brickwork in wall, arch, and vault occupies the upper part of the volume while the lower walls are finished in plaster, although Mies was surely not influenced by this example of partial repression and expression.

33
Peter Carter, "Mies van der Rohe: An Appreciation," p. 108.

34
Colin Rowe, "Neoclassicism and Modern Architecture," p. 21.

35
For a comprehensive treatment of the work of Ad Reinhardt see Lucy R. Lippard, *Ad Reinhardt* (New York: Abrams, 1981). For a summation of his theoretical position see *Art-as-Art: The Selected Writings of Ad Reinhardt,* ed. Barbara Rose (New York: Viking Press, 1975). A perceptive introduction to Reinhardt's spirituality is given in the following gloss by the editor: Reinhardt's writings on religion are both ambiguous and provocative. They reflect the difficulty the modern artist experienced in finding a "spiritual" subject in a secular age. Raised a Lutheran, Reinhardt disclaimed the many religious epithets attributed to his ascetic stance, although he must have been influenced by Protestant iconoclasm. Undoubtedly one of the attractions Eastern art held for him was that much of it, such as Islamic decoration and tantric mandalas, was both abstract and concretely spiritual. For in Islamic and Buddhist cultures, the art object is not only an object of contemplation but an aid to meditation. In these cultures, the purpose of art is still religious and spiritual, although art need not glorify any specific deity or his image. That art might serve as an abstract imageless icon, an aid to the cultivation of a state of consciousness simultaneously self-conscious and detached from worldly concerns, was an idea Reinhardt began to develop through his contact with non-Western art. Eventually he posited his conception of an art renewed in "spirituality" in its rigorous discipline and unchanging form against the demands of the market for a decorative art and of the media for a sensational art. The black square paintings are thus like the changeless Buddha image Reinhardt studied: static, lifeless, timeless—a form of the Absolute. The search for the timeless and the absolute, begun with Plato and the various modern forms of neo-Platonic idealism from Kant to Mondrian, ended for Reinhardt with the abstract, black "mandala." As for his use of the Greek cross in the square black paintings, Reinhardt disclaimed any specific religious imagery. In an interview with Walter Gaudnek, he discounted symbolism as his reason for adopting the cross image. "I never had . . . the cross as a symbol in mind in my paintings. . . . I want to give it no meaning."

Reinhardt's reading in Oriental religions took him from the monism of Judeo-Christian traditions to the polarities of Eastern thought, in which an idea cannot be conceived without immediately calling up its opposite. In this context, the cross became an ideal image for expressing the polarities of horizontal and vertical.

Reinhardt was uncomfortable with the notion that an artist should hire himself to decorate the chapels of a religion in which he did not believe, and felt that such commissions were part of the general corruption that had entered the art world when patronage (in this case religious) became a possibility for the avant-garde artist.

If one can draw conclusions regarding Reinhardt's fragmentary writing on the subject, it appears that he preferred the academy or the "monastery" of art to the museum or the "temple" of art, since he considered art a discipline and not a religion.

36
See Kazimir Malevich, *The Non-Objective World* (Chicago: Paul Theobald & Co., 1959), p. 25. This was translated from the German by Howard Dearstyne with an introduction by Ludwig Hilberseiner; one hardly needs more proof of Mies's Suprematist affinities than the association of Dearstyne and Hilberseimer with this publication.

37
Peter Blake, *The Master Builders* (New York: Knopf, 1960), p. 207.

38
Graeme Shankland, "Architect of the 'Clear and Reasonable': Mies van der Rohe," *The Listener,* 15 October 1959, pp. 620–622.

第七章
路易·康：1944—1972 年间的现代化与新纪念性

事实上，拱券、方形、圆柱体、天光、半圆形凹室以及对称轴线正以愈来愈丰富和愈来愈复杂的方式出现在这样的建筑中，一旦付诸实施，随之而来的就是一种柔中有刚的感觉，一种非连续和非同质的感觉，一种本我与非我兼而有之的感觉。简洁干练的墙体表面实际由薄薄的墙板构成，在墙体灵活而又不同寻常的处理中，连续的光影交错油然而生，这是一种极为精致而又复杂的处理光能的过程；与此同时，在这些墙体表面上呈现的光却是一种非真实的光，或者说是一种"他者"之光（*une lumière 'autre'*）。越是对设计深思熟虑和精雕细琢，越是恰如其分地选择材料，越是完美无缺地贯彻设计意图和落实细部，越是一丝不苟地表现受力关系，就会有越多的可度量性进入不可度量性的领域，就好像是从建筑表面、缝隙、洞口或者一片阳光等一切可触模的物质呈现中吹起的一股形而上的、飘然而至的清风——我的意思是说，一种脱离了地球引力的轻盈飘拂，它在不经意和出神入化的平衡中纳入历史的广度和深度，展现建筑之"不为建筑"的一切。……就此而言，同时也是反而言之，康的建筑涵盖了一种历史感，它重现了沙利文美学思想的基本主题。这些主题包括语言的影响和势力、语义的不可避免和危险等，它们是每一个富有创造性的设计必须面对的问题。同样，沙利文也对建筑之"不为建筑"怀有浓厚的兴趣，在他的建筑中，历史感和对无限的一往情深代表的仅仅是一种必要的平衡，一种相对于"实在"和可言事物的他者；就如同种子必须埋在地下才能够生根发芽一样，艺术家也必须首先植根于生活和语言的沃土，然后才能够创新。……但是在康的建筑中，有限与无限的二元对立还有另一层含义，这层含义是沙利文以形式构成为终极目标（formal-formative end）的活性物力主义思想（vital dynamism）所缺少的。与沙利文不同，康赞成现代的认识论空间，在这样的空间中（经过欧洲理性主义的过滤），主体和个体必须限制和否定自身，将自身非中心化，只有这样，才能达到自我的真正实现；但是另一方面，同样也是在这样的空间中，有限主体的假设不断进行自我质疑的能力就如同终极起源（the Beginning）的神话一样，都活灵活现地、同时也是漏洞百出地再次引发了对理性主义逻辑共时分类的思考。透过理性主义僵硬脆弱和昙花一现的面罩，这一思考直指人类进步过程中阴暗和盲目的变革力量，还有随之而来的时间维度的殒灭。

马里亚·波特罗（Maria Bottero）：《路易·康建筑中的有机形态与理性形态》（Organic and Rational Morphology in Louis Kahn），1967 年

现代化与纪念性是贯穿在路易·康（1901—1974 年）晚期建筑生涯中贯穿的两个相辅相成的主题，前者涉及他毕生与之搏奕的现代化的单一向度（the singular processal）问题，而后者则与他晚期关注的建筑的社会公共性质有关。在这方面，康的独特贡献源自他的一种信念，根据这种信念，建构性结构（tectonic structure）不可等同于批量化的产品形式和类型，而必须将纪念性形式（monumental form）作为自己的首要任务。这是一条在建构表现（architectonic expressivity）中追求纪念性的建筑道路，它与西格弗里德·吉提翁（Sigfried Giedion）、何塞·路易斯·塞特

（José Luis Sert）、以及费尔南德·莱热（Fernand Léger）等人1943年在美国发表"纪念性九点"（Nine Points on Monumentality）的宣言中提出的政治社会立场有着本质的区别。[1] 就在这一修正主义宣言（revisionist manifesto）发表后不久，"新纪念性"（new monumentality）就俨然成为建筑的显学，并且在不到一年的时间内由保罗·朱克（Paul Zucker）在哥伦比亚大学召开了一个以新纪念性为主要议题的研讨会，尽管这次会议的名称"新纪念性与城市规划"（The New Monumentality and City Planning）多少有些名不副实。[2] 然而正是通过在这次会议上的发言，康明确了自己建筑追求的基本主题。该发言也是他的纪念性形式思想最为明确的陈述之一。换言之，在建筑的纪念性问题上，康寻求的是一条非同一般的道路，因为他把表现建构元素的特征（the character of the tectonic element）放在首要的位置。

具有纪念性特征的建筑并不一定要使用最好的材料和最先进的技术，就如同1215年制定的英国大宪章（the Magna-Carta）不一定要使用最好的笔墨一样。……希腊建筑关注的首先是材料的受压问题。每一块石头，或者说结构的每一个组成部分，都精确地挤压在一起，从而避免了石头无法承受的拉力问题。同样，出于对完美的热爱和对清晰目的的追求，才有伟大的哥特教堂对结构骨干构件的精妙处理。尽管缺少经验，也会心有余悸，但是人们还是对建造巨大宏伟的砌面填充墙体（over-massive, core-filled veneered walls）提出了大胆的设想，用飞扶壁增加柱子和墙体的强度，抵抗来自石拱上方的垂直压力和侧向压力。……因为有了飞扶壁，不承受侧向压力的部位就可以使用轻质墙体，同时又为大面积玻璃窗创造了条件。虽然这些结构概念的理论基础并不成熟，但却在高度和跨度上取得了更加伟大的成就，创造了前所未有的精神和情感空间。

罗马拱顶、穹隆、拱券的影响曾经在建筑发展的历史中留下深深的烙印。经过罗马风、哥特、文艺复兴和当代建筑的发展，它的基本形式和结构思想仍然依稀可辨。借助于现代技术和工程技巧，这些形式和思想必将会再铸辉煌。[3]

这是一段令人玩味的文字，字里行间流露出保罗·克瑞（Paul Cret）实行巴黎美术学院（the Beaux-Arts）体系的宾夕法尼亚大学（University of Pennsylvania）建筑教育给路易·康思想留下的烙印，以及他是如何设立自己的建筑目标的。看起来，相对于他的法式建筑教育背景而言，康的出发点反倒是与围绕希腊-哥特思想经久不衰的争论息息相关的。这也多少可以解释为什么他在钢结构问题上的立场与密斯完全不同的原因。事实上，如果说密斯将型钢构件（rolled steel joist）视为20世纪建筑的结构准则的话，那么康则是通过对这一具有普遍意义的建筑元素进行深刻反思开始他的纪念性思考的。

作为一种工程成就，工字钢的形状与它的受力情况紧密相关，目是为了让更多的断面面积集中在受力的中心。当然，也有轧制工艺方面的考虑。试验表明，作为一种轧制过程中的辅助手段，工字钢的圆角有助于断面之间应力的连续传递。由于材料本身有可能出现不一致性，所以还必须考虑一定的安全系数（safety factors）。此外，大规模机器设备也更进一步导致标准化生产方式的势在必行。

但是，由于过分依赖安全系数 [或者用一位工程师的话来说是蒙昧系数（ignorance factor）] 和标准化，人们在工程实践中往往满足于从手册上选用结构构件，型材断面也比实际需要的更为厚重，这反过来又进一步限制了艺术表现的可能性，扼杀了受力体系可能产生的优雅的结构形式。[4]

出于对墨守成规的工程实践的不满，康提出了焊管钢管结构（welded tubular steel construction）的设想。

通常，人们所说的点接结构（joint construction）将每一个节点都处理成铰接点，这不仅使梁柱等构件的连接变得十分复杂，而且有损结构的美观。如果要降低造价，同时又保持较大的强度的话，那么钢管结构就不失为一个较好的选择。钢管的断面是偏离受力中心的，而且惯量越大，强度也就越大。一根与实心钢条断面面积相等的空心钢管（当然它的直径也随之变大了）的强度要比钢条的强度大得多。

管状构件并不是什么新玩艺儿，但是由于节点处理的技术难度，它的运用仍然十分有限。直到不久前，建筑规范还不允许对节点进行焊接。即使在某些情况下允许焊接，也必须对节点进行荷载试验。"[5]

无疑，在以上这段文字中维奥莱－勒－迪克的影响比比皆是，其中最为突出的有两点：首先，它指出了无视荷载变化而导致构件断面过大的问题；其次，它在涉及节点设计美观问题的同时，也提出了将框架作为一个整体系统进行考虑的设想。在康看来，普通钢框架结构的梁柱结构系统僵硬，缺少有机性；相比之下，他更倾心于焊接钢管体系较为有机的、甚至可以说是新哥特式的潜在可能。在这篇文章中，康还借助一系列草图来阐明自己的立场。第一个草图是一个焊接钢管结构的现代教堂构思（图7.1），其基本精神与奥古斯特·舒瓦齐（Auguste Choisy）在1899年出版的《建筑史》（Histoire de l'architecture）中提出的波维大教堂（Beauvais cathedral）的结构轴测图简直就是一脉相承。康写道：

波维大教堂需要我们今天的钢结构。它需要我们今天拥有的知识。借助于裸露钢管肋架和不锈钢板柱的共同作用，该结构可以形成表现受力关系的连续线条，玻璃窗也直接反映天空的景色，成为整个空间围合的一部分。构件之间是焊接关系，这有助于形成连续的、可以直接裸露的结构统一体。这样的结构不但没有违反美学原则，反而获得了自己的美学新生。[6]

图7.1
路易·康，焊接钢管结构的现代教堂构思草图，1944年。草图旁边的波维大教堂剖面取自奥古斯特·舒瓦齐的《建筑史》

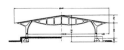

上述观点将材料性能和结构稳定关系作为基本的思考主题，其精神完全是结构理性主义的。康把焊接钢管结构视为探索新建筑的起点，这与他后来在钢筋混凝土结构上所作的努力可谓异曲同工，而后面这一点又与奥古斯特·佩雷对钢筋混凝土材料的态度如出一辙。很显然，对于康和佩雷来说，钢筋混凝土结构构件的断面十分易于调整，能够很好地适应和反映受力的变化。事实上，早在欧仁·弗雷西内（Eugène Freyssinet）设计的弓形工厂屋顶和罗伯特·马亚尔（Robert Maillart）1924年完成的切亚索（Chiasso）仓库建筑（图 7.2）之中，钢筋混凝土材料的有机潜能就已经被充分展现。[7]此外，皮埃尔·路易吉·奈尔维（Pier Luigi Nervi）也是钢筋混凝土结构方面赫赫有名的人物。值得一提的是，与康合作设计 1953 年的费城市政大厦方案的安娜·汀（Anne Tyng）曾经向奈尔维介绍过他们的方案。[8]

显然，在探索新纪念性的道路上，康并非从一开始就意识到钢筋混凝土材料的表现性的。相反，他最初迷念的还是优雅的金属结构。他提倡焊接钢管结构，因为它具有轻巧的现代工业品质，制作也很方便。相比之下，钢筋混凝土结构的弱点不言而喻。首先，在浇筑之前必须先搭建模板；其次，它既可以是耐压材料，又具有一定的抗张拉性能，从建构的角度看，这种双重性反倒是一种模棱两可的缺点。就此而言，焊接钢管结构似乎更符合路易·康理想中的建筑材料，即使在他晚年的时候，他也曾念念不忘地描述道："我梦想中的空间奇妙无比。空间的升起和围合采用的都是没有接缝的金色闪闪的材料，它形如流水，既没有开始也没有结束。但是，每当我试图用线条在图纸上捕捉梦想的时候，一切就都烟消云散了。"（图 7.3）[9]

也许，人们不应忽视以上描述中若隐若现的东方意境，但是更值得注意的还是康思想中的哥特精神。就其本体建构特点而言，焊接钢管结构具有独特的优势，其实体表现性完全可与哥特建筑石头砌体固有的连续性相媲美。虽然佩雷的建筑已经表明，浑然一体的连续性也可以在钢筋混凝土材料中产生，但是在路易·康看来，混凝土结构缺少焊接钢管结构特有的轻盈和清晰性，因此也就不如后者那么现代。除此之外，钢筋混凝土结构很难形成真正连续的结构，它的建造过程已经决定了钢筋等构件不可能成为建筑表现的最终元素。[10]换言之，钢筋混凝土结构的本质是浇筑性的，而非装配性的，

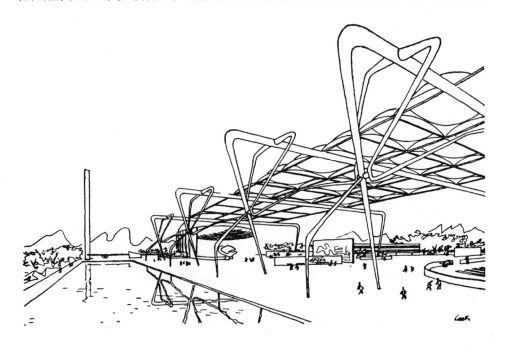

并不真正符合结构理性主义的理想。

维奥莱－勒－迪克的学生安纳托尔·德·波多（Anatole de Baudot）很早以前就从建构的角度认识到钢筋混凝土材料的不足之处，他于1890—1904年间在巴黎建成的圣让·德·蒙马特尔（St.-Jean de Montmartre）教堂就是这方面的例证之一。诚如我们已经阐述过的，德·波多曾经师从亨利·拉布鲁斯特和维奥莱－勒－迪克，并且将结构理性主义传统一直延续到20世纪初期。圣让·德·蒙马特尔教堂（图2.27，2.28）是德·波多毕生最为重要的作品，在他70高寿那一年落成。如果将蒙马特尔教堂与像佩雷的巴黎弗兰克林大街25号公寓大楼进行一番比较的话，人们就会发现这两个看似深受维奥莱－勒－迪克思想影响的建筑其实有天壤之别，因为如果说弗兰克大街25号公寓是一个彻头彻尾的埃纳比克体系（Hennebique system）的话，那么蒙马特尔教堂则试图抵制这一体系。在德·波多看来，纳纳比克体系并不能像哥特建筑那样揭示结构构件之间的受力关系，因而也就不可能产生一种与建造过程相关联的建筑法则。我们已经看到，正是出于这一原因，德·波多与结构工程师保罗·科坦桑（Paul Cottancin）的合作，采用了一种独特的加筋砖混结构（re-inforced brick and concrete construction）。该结构一般被称为"加筋水泥砌块"结构（ciment armé），以便有别于埃纳比克的钢筋混凝土结构（béton armé）。德·波多和科坦桑共同尝试用加筋水泥空心砌块（cement-reinforced，perforated-brick）组成拱券、墙体和柱子。为了提高构件的整体强度，需要在砌体孔洞中不厌其烦地穿插钢筋，等钢筋穿插到位后，再在孔洞中注入水泥进行加固（图7.4）。在这里，森佩尔意义上的编织面层已经从饰面转化为建筑实体本身。这是一种组合式的整体建筑体系，其严谨和富于表现力的结构关系完全可与哥特建筑相提并论，因为它的结构组成不仅取决于受力关系，而且也在同样程度上来自于建造过程。

诚然，康自己从未谈到过德·波多，但几乎可以肯定的是，康曾经从他的老师保罗·克瑞那里了解到德·波多的建筑。克瑞曾经在一篇题为"建筑师与结构工程师的合作"（The Architect as Collaborator of the Engineer）的文章中谈到德·波多。这是一篇知名度甚高且具有广泛影响的论文，它发表于1927年，也就是康从宾夕法尼亚大学毕业后的第三年。[11]尽管对形式模仿念念不忘的克瑞与德·波多并非真正志同道合，但结构理性主义却是他在这篇文章中重点思考的基本问题。就此而言，德·波多很可能对康产生了影响。德·波多最后十年中设计的具有空间构架（space-framed）特点的加筋水泥砌块壳顶结构更增加了这一论断的可信度。在1944年的那篇有关纪念性的文章中，有一个描述钢管框架结构（tubular-steel-framed）展馆建筑的插图（图7.3），从中可以看出路易·康当时在结构问题上还是十分幼稚的，因为与铸铁管不同，钢管的直径是无法持续减小的。但是，该设计的构思仍然很能说明康与结构理性主义的传承关系，尤其是它的锥形构件相当传神，颇具维奥莱－勒－迪克在《建筑谈话录》中构想的锥形铸铁构件大厅的韵味。根据维奥莱－勒－迪克的设想，铸铁管直径的大小应该反映的构件受力关系的变化。[12]另一方面，康对空间构架结构的思考说明他对砌筑结构与框架结构的差异已经有清醒的认识。有意思的是，这篇原本阐述纪念性的文章最后却在一种看似文不对题、充满战前功能主义精神的材料主张中结束。[13]

"钢、轻型材料、混凝土、玻璃、胶合板、石棉、橡胶、塑料，这些都是当代建筑的基本材料。焊接正在取代铆接，钢筋混凝土结构正在脱离预应力的雏形，再加上振捣工艺的发展和恰当的配比，钢筋混凝土技术已经日趋成熟。同

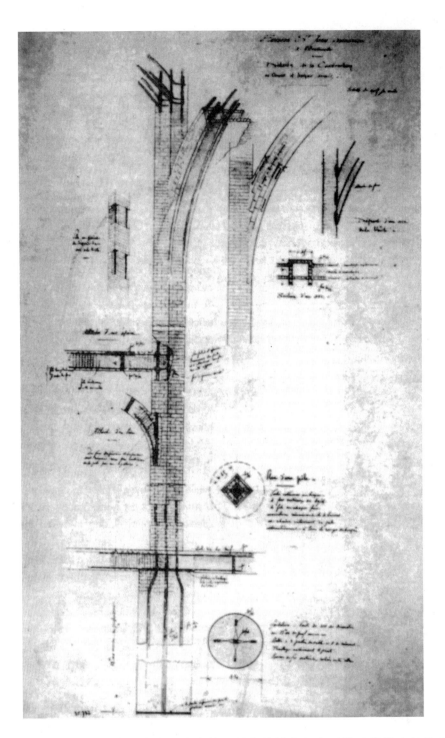

图7.4

阿纳托尔·德·波多，巴黎圣让·德·蒙马特尔 教 堂，1894—1904年。构造详图。图中显示贯穿在加筋砖砌体中的铁筋位置

样，胶合板正以飞快的速度取代木材，观感效果也相当不错；塑料已经显示出无穷的潜力，建筑杂志对它的介绍图文并茂，常常让读者有眼前一亮的感觉。眼下，人们正在对这些材料的未知特性进行研究，旧的计算公式逐步被淘汰出局。还有新型的合金钢、防震隔热玻璃以及花样翻新的合成材料，它们也都为设计师们提供了新的用武之地。……标准化、预制件、有控制的试验……与其说是扼杀艺术家细腻情感的凶神恶煞，不如说是化学家、物理学家、工程师、生产和组装部门为人类生活创造的具有巨大潜力的现代物质手段。艺术家们必须具备相关的知识。让我们勇于面对，开拓创造的直觉，探索未知的领域。只

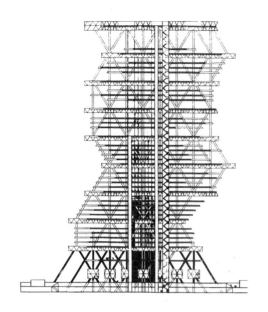

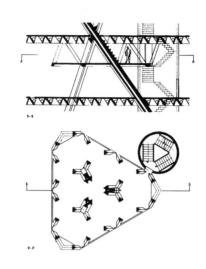

图7.5
路易·康，"城市之塔"
方案（明日城市之市政
厅），费城，1957年。
塔身剖面。康的设计说
明有一段是这样写的：
"混凝土构件形成的三角
形框架

图7.6
路易·康，城市之塔，
平面和剖面

图7.7
路易·康，城市之塔，
广场层平面

有这样，我们的作品才能与时俱进，满足当代人的情感快乐和使用要求。"[14]

尽管路易·康在结论部分一再强调，他并非认为科学和工程方法的简单运用就可以导致建筑的纪念性，但是他的第一个理论宣言如此关注结构形式和现代材料的关系，这不能不说是一件值得注意的事情。就康和安娜·汀合作设计的费城空间构架塔楼（space frame tower structure）方案而言，灵感显然来自维奥莱-勒-迪克。1952—1957年间，康和安娜·汀曾经对该设计进行反复修改（图7.5，7.6，7.7），提出了一系列不同的方案。两位建筑师在第一个方案的文字说明中宣称，他们的设计将会深得这位法国结构理性主义大师的青睐。

"哥特时期的建筑师用坚固的石头建造，今天我们用空心石头建造。用结构构件限定空间，这一点与构件本身同等重要。小至隔音板的空隙以及通风采光和隔热需要的空隙，大至供人行走和居住的部分，空间的尺度千变万化。人们对空间构架结构的兴趣和探索与日俱增，充分表达了通过结构设计积极表现

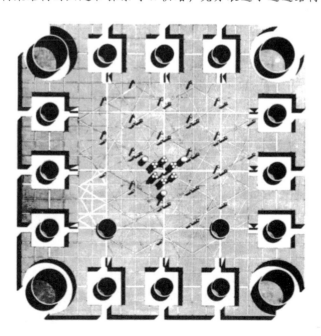

这些空间的愿望。运用更加符合自然规律的知识，人们正在努力寻求秩序，尝试不同的形式。这一秩序的精神与掩盖结构的设计习惯水火不相容。……我相信，如同在所有艺术一样，建筑也应该保留那些能够揭示事物建造过程的痕迹。……结构应该配备各种设施，满足房间和空间的机电要求。……就此而言，将结构、照明、声学材料掩盖起来，或者将拐七拐八的、最好不要被人们看到的管道、桥架、线路隐藏起来，都属于愚不可及的行为。建筑需要表现建造方式，这一观念应该在建筑界深入人心，贯彻在建筑师、工程师、施工单位以及手工艺者等不同行业的具体行动之中。"[15]

如果说结构理性主义的影响在上述文字中已经表露无疑的话，那么康对建筑机电设施的热忱则很能说明他参与现代化进程的积极态度。在这个问题上，康越发清晰地认识到机电设施应该具有与结构形式同等重要的建构地位。这个认识的重要意义无论怎么说都不为过，因为直到康提出"服务空间与被服务空间"（servant and served）的二元理论为止，现代建筑都未能真正思考如何处理 20 世纪后半叶与日俱增的机电设施给建筑带来的问题。中央空调系统确实是建筑的一个重大突破，但是与密斯不同，康拒绝将吊顶作为解决大空间空调管道问题的常规方法，因为在他看来，吊顶不可避免会掩盖楼层的基本结构关系。对于康来说，建筑的基本结构关系必须得到表现，这一点无论对于建筑的外部还是内部而言都是如此。

在这里，人们可以感觉到康思想中的某种先验气质。这是一种思考问题的方式，它使康日益坚信，自然界中存在着某种潜在的秩序，而科学研究揭示的正是这种秩序。这大概也是他在 1944 年提出工程形式的纯粹性就是"遵循美的法则而获得的自在的美学生命"[16]，或者在 1952 年提出"来自更贴近自然知识"的形式概念时所要表达的意思。

对于康的建筑发展而言，安娜·汀的作用是至关重要的。她于 1945 年在斯托诺罗夫－康建筑设计事务所（the office of Stonorov and Kahn）工作，1947 年以后又在康自己的事务所中与其共事。1952 年，她向康推荐达希·汤普森（D'Arcy Thompson）的《形式生长论》（On Growth and Form）一书。1951—1953 年间，汀运用由立体三角形组成的几何八面体（octatetrahedron geometry）设计了两幢独立的建筑作品，其中一幢是一个学校建筑，另一幢则是为她的父母设计，并于 1953 年在马里兰东海岸建成的住宅建筑。这种带有三角形空间构架的建筑使用灵活，与康同时期设计的耶鲁大学美术馆（Yale University Art Gallery）有着共同的追求，尽管此时的康也已经熟悉他在耶鲁大学建筑系教书时结识的巴克明斯特·富勒（Richard Buckminster Fuller）的作品。安娜·汀也曾在费城城市之塔（the City Tower）的方案设计中发挥了主要的作用。无论康还是汀都深受当时正在兴起的分子结构理论的影响，该理论认为分子的基本结构是由立体三角形（tetrahedral geometry）组成的。对他们产生影响的还有富勒设计的由四个立体三角形构成的八面体网架体系（octahedron/tetrahedron truss principle），该设计的实体模型于 1959 年问世。[17]因此，当康和汀采用立体三角形网架作为城市之塔最终方案的基本结构形式时，他们实际上是把天然晶体结构作为一种先验结构（a Transcendental construction）来理解。最初，康是在耶鲁大学美术馆（Yale Art Gallery）的设计中把这种几何体形与机电管道空间（the interstitial mechanical services）结合起来使用的。该馆于 1951—1953 年间在纽黑文（New Haven）施工建成。城市之塔的最终方案进一步拓展了"服务空间"（servant space）的概念，除了三角形网格楼板和用于卫生间设

220

置的立体三角形网架段顶层（tetrahedral capitals）之外，还专门为设备检修和管道的横向转换设置了桥架（图7.6）。在这里，注重节点和荷载传递的结构主义原则已经不再是细部处理的问题，而是一个将几何形体上升到包含不同空间等级的设计问题。这样，由电梯、管井、卫生间等组成的辅助性"服务"空间（the secondary "servant" space）就与基本的"被服务"空间（primary "served" volumes）清晰地区分开来。诚如康后来在阐述他对服务性空间元素（interstitial servicing element）情有独钟的原因时坦言，"我并不喜欢电管水管，我也不喜欢空调管道。事实上，我对这些玩艺儿深恶痛绝，但是正因如此，我必须赋予它们特定的空间。如果我因为情感上的厌恶而对它们置之不理，它们就会在建筑中横冲直撞，直至毁掉整个建筑。"[18]

与佩雷和维奥莱–勒–迪克不同，康拒绝直接借用历史形式，无论这些形式是古典主义的还是哥特式的。但是，尽管康努力与历史主义划清界限，他还是不由自主地朝着跨历史精神（transhistorical evocation）的方向发展。这意味着一种艰难的平衡，既要努力向现代迈进，又不能沦为乌托邦式的空想；既要参照历史，又不能重蹈折衷主义的覆辙。因此，常常有一些历史关联的暗喻出现在康的作品中，再加上康一贯倡导的"应该保留揭示事物如何制成的痕迹"的主张，这些暗喻往往唤起人们对古罗马建筑、罗马风建筑、新古典主义、尤其是哥特建筑原则的历史联想。在城市之塔方案中，高达11英尺的立体三角形网架段顶层也可以说是一种转换层，它不仅有助于消解剪力，而且也可以安排卫生间等辅助空间。这种轻型的立体三角形网架极具纪念性；同时，与沉重的基座和地下室的砌体结构以及颇具体量感的采光井和圆弧形坡道相比，又有强烈的非物质化倾向。在这里，尽管古罗马建筑的暗喻已经十分明显，但是在方案说明中，康对圆柱形玻璃幕墙表面的阳光控制系统的描述还是显著地表明了他对现代技术的不懈追求。

> "整个建筑的外表将是一层永久性的铝合金骨架，用于固定遮阳玻璃板。这样，当人们处在一定距离时，窗户本身就不是十分明显，取而代之的是五光十色的金属网格。"[19]

整个方案集框架、表皮和基座砌体等建构元素于一身。就此而言，它完全可以作为森佩尔1851年《建筑艺术四要素》思想的建筑标本。就像布鲁诺·陶特（Bruno Taut）在1919年发表的《城市之冠》（*Die Stadtkrone*）体现着哥特情感一样，我们也可以将城市之塔理解为一个建立在物质基础之上的非物质化结晶体（a dematerialized crystal）。[20]

虽然城市之塔后来的修改方案以及此后的其他所有设计中都用混凝土取代了钢管，但是空心结构（hollow structural form）的观念始终伴随着康的建筑生涯，成为康建筑中不可或缺的元素，就像泛化意义上的门、窗和拱券等从属构件充满质感的表现是康建筑中不可或缺的元素一样。对于康来说，它们是从几何原型的精华中派生出来的普遍形式，因而也是建筑文化的最终语素，没有这些语素，建筑将一事无成。但是，康的本真建构（tectonic authenticity）观念关注的内容并没有仅仅局限在这类语素及其必不可少的变化和连接的问题上面。事实上，他的建筑作品也在相当程度上涉及到人类体验的问题。他对耶鲁大学美术馆建筑质感的论述就很能说明这一点。在他看来，耶鲁大学美术馆粗野主义的内部设计是对人类心理的一种挑战。他写道："只有那些试图逃避自我、用粉刷和墙纸聊以自慰的人才会在该建筑中感到惶恐不安。"[21]乍看起来，康的态度充满了傲慢和刻薄，但是他的立场十分接近佩雷却是不争的事实，后者不仅曾在巴黎市政建设博物馆（Musée des Travaux Publics）

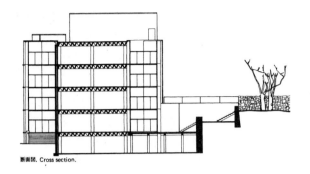

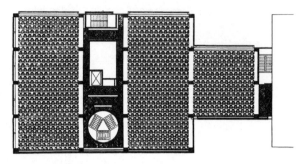

断面図. Cross section.

中尝试无粉刷原则，而且还试图将他对建构的关注建立在服务性设施与中空结构有机结合的基础之上。

在康的建筑发展中，耶鲁大学美术馆处理正交几何形体的方式具有决定性的意义（图7.8）。同样不无决定性意义的是该建筑钢筋混凝土框架体系时而连续、时而中断、时而暴露、时而隐藏的表达方式。该建筑的设计还令人想起城市之塔方案中框架元素与砌筑元素的二元对话。比如，与沿街主立面清一色的砖墙不同，该建筑侧立面上经过细分的玻璃幕墙看起来犹如一个镶嵌的透明表皮。此外，为表现两者共同的奥妙之处，康对北立面和南立面的结构表达方式进行了反转处理，也就是说在西北和东北立面的玻璃幕墙弱化建筑的楼层关系的同时，充分暴露柱子的结构作用，而在面临教堂大街（Chapel Street）的主立面上（与主立面垂直的短墙部分除外）将柱子藏而不露，重点表达建筑的楼层关系。为此，康采用了一些特殊的石头箍带，其高度与出挑在立体三角形网架楼板上的混凝土肋条保持一致。在这里，箍带的建构秩序与玻璃幕墙立面上用来代表楼板的表面金属面板材的建构秩序可谓异曲同工。

尤其值得一提的是，该建筑的三角网格楼板不仅具有结构网架的作用，而且也形成了一个独特的管线分布层，它在立体三角形钢筋混凝土网架基础上形成整体楼面结构，高度达 3 英尺，空调和电路管线都可以从它的中间穿堂而过（图 7.9、7.10）。由于地方建筑法规的要求，组成楼面的三角网格最终不得不作为斜向梁进行结构计算，这是一个事实，但是人们并不能就此否定该体系的创造性和真实性。需要注意的是，在整个立体三角形网架系统中，每一个八角体空间的体量都四倍于立体三角形本身（each octahedron space within the tetrahedron network is four times

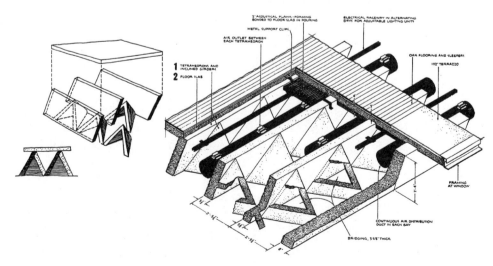

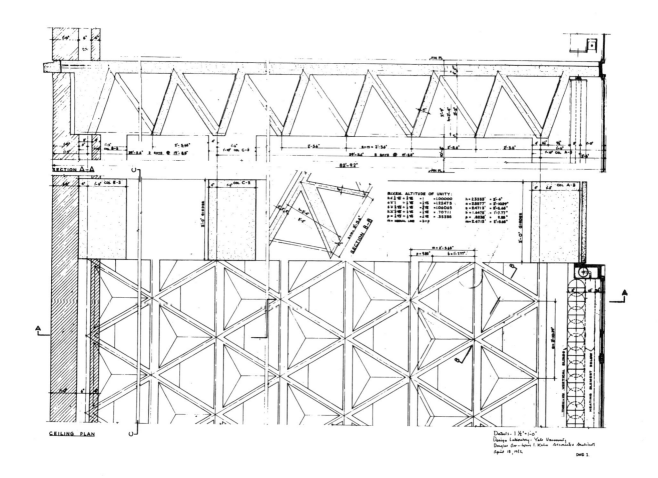

图 7. 10
路易·康，耶鲁大学美术馆，平面和楼板结构剖面

greater in volume than the space of the tetrahedron itself)①。几何形体的本体特征无疑为康在耶鲁大学美术馆落成之后为该建筑重新设想的结构方案提供了某种解释。该方案与康在1954—1955年间为位于宾夕法尼亚州埃尔金斯公园（Elkins Park）的阿达特·杰斯胡伦犹太会堂（Adath Jeshurun Synagogue）设计的楼面和屋面空间网架方案十分相似，都是用一系列立体三角形网架组成有一定倾斜角度的柱子，再用这样的柱子支撑同样由立体三角形网架组成的楼面结构（图7.11）。该方案也曾有两个不同版本，其中一个版本的平面呈直角形，另一个则呈平行四边形平面，二者都有一些独立的圆柱形服务管筒贯穿其中。康本人曾经在构思草图上这样写道："一个由立体三角形网架组成的钢筋混凝土楼面需要一个具有同样结构体系的柱子来支撑。"[22]这句话多少可以使我们理解为什么在建构问题上康的主观意念与建筑的空间和结构要求

图 7. 11
路易·康，耶鲁大学美术馆，建筑竣工后重新构思的方案剖面草图（1954年）。附带的设计说明写道："平行四边形单元组成的楼板希望柱子也是用同样的结构单元组成的。"

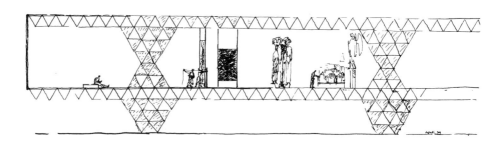

———————————

① 应该理解为一个八面体是由四个立体三角形围成的。——译者注

时常发生冲突的原因。

与一个 40 英尺跨度的楼面在通常情况下的重量相比，最终建成的耶鲁大学美术馆的楼面重量增加了 60%，这也许是康在该建筑落成之后提出另一种立体三角形网架方案的直接动因。虽然最终完成的楼层顶面基本达到了康期盼的伦理和美学特性，但是正如我们已经提及过的，它的结构原则与康的最初设想并不一致。在康和结构工程师菲斯特勒（H. A. Pfisterer）最初提出的设计方案中，立体三角形网架中有一系列 2 英尺高的棱锥形，其侧边厚度为 3.5 英寸，而且还应该与 4 英寸厚的混凝土楼板整体浇筑在一起。尽管这样做的结果将是一个更为厚重的楼面，但是该设计概念的独创性在于，它可以让机电管线在立体三角形网架的空间内更加畅通无阻地连接成一个整体。

耶鲁大学美术馆的中跨部位特别体现了康的"服务空间有别于被服务空间"（servant versus served）的观念。在这里，中跨部位采用的是混凝土平板楼层结构而非三角网架结构，其内容完全不同于它所服务的主体空间结构。具体说来，在这一相对狭窄的中跨结构中包含了三种服务元素，它们分别是一部置于圆柱筒体内的三跑楼梯、一个容纳电梯/浴室的核心筒和一部标准的平行式双跑消防楼梯。三者之中，第一个元素是一个具有公共性质的楼梯，这一点无疑为它庄重的形式提供了某种依据。在圆柱体内安置等边三角形楼梯的做法也曾经在康的城市之塔设计和 1954 年设计的位于埃尔金斯公园内的阿达特·杰斯胡伦犹太会堂方案中出现过（图 7.12）。此外，耶鲁大学美术馆还有一个布置消防楼梯的服务性开间，它与美术馆老馆新哥特风格的维尔展厅（Weir Hall）相毗邻，同样采用了简单的混凝土平板楼层结构。

康一贯注重结构元素特殊性的表达，这一点从耶鲁大学美术馆的细部处理就可见一斑。威廉·赫夫（William Huff）曾经为该美术馆的建造过程撰写过一部传记，

图 7.12
路易·康，宾夕法尼亚州埃尔金斯公园的阿达特·杰斯胡伦犹太会堂设计，1954 年。二层平面

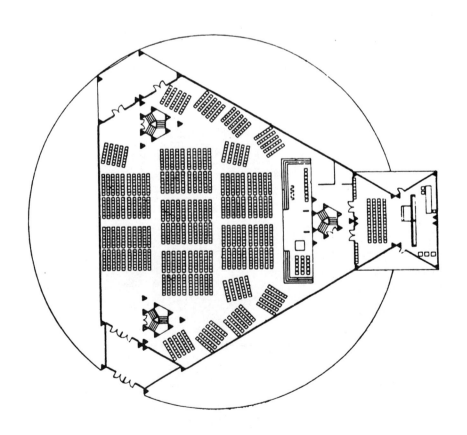

224

其中特别记述了康对建构元素细部品质的关注。

通过对基本混凝土结构体系的创造性处理，他巧妙地将机电系统与结构体系结合在一起，同时裸露混凝土也成为整个耶鲁大学美术馆扩建部分最具特点的建筑表面处理之一。其他的表面处理包括展廊的地面材料以及经过特殊加工的混凝土块，它们都与粗糙的混凝土表面形成鲜明的对比，充分显示了康对表现材料质感与生俱有的渴望。当时许多建筑师都在设计中使用抛光地砖或者橡胶地板，但是康却四处寻找更具想像力的不同寻常的产品，并且最终锁定一种通常用于体育馆的地面材料。这是一种械树拼接地板，质感极为丰富，既舒适又耐用。关于墙体砌块的大小，他认为通常使用的 8×16 的规格与混凝土砌块的规格太接近，因此他特别设计了一种 4×5 的砌块规格，为的是赋予墙体美妙的尺度和肌理。[23]

赫夫还在传记的另一处特别提及康在处理室内木饰面时采用的凹缝做法："路（Lou）① 对木门和木墙板的处理是严格按照伊丽莎白时代（the Elizabethan age）② 的做法进行的。但是他也有自己独到的剖面设计，以便木材通风透气，避免龟裂和变形。路设计的木板门有其独特的'形象'，同时又与整个建筑的基本原则保持一致。"[24]

康常常使用一些看似古老、但又充满批判精神和激进态度的设计手法。在这方面，他对墙体和柱子之间的本体差异的强烈感受就相当具有代表性。如同阿尔伯蒂一样，康更愿意在墙体和柱子之间作出清晰的区分，让光线穿过厚重而又冷漠无情的墙体，将独立的柱子从墙体中解放出来。这是一种诗性的直觉，它不仅在康与密斯的结构连接原则之间建立了某种联系，而且也使康避免重蹈密斯自由平面的覆辙。在 1957 年《建筑论坛》（Architectural Forum）的一篇采访中康这样说道："永远不应该在柱子之间使用隔墙，就如不应该在睡觉的时候将头放在一个房间而将脚放在另一个房间一样。至少我永远不会那样做。"[25]

1952—1962 年间为费城所作的一系列城市设计方案对于康的城市思想具有特别的意义，因为在这些设计中，现代化与纪念性之间的固有张力获得了一种独特的表现形式。一方面，康毕生都迷念着费城的神秘与现实。在他看来，费城的门户既不应该是机场，也不应该是高速公路，这意味着他拒绝接受唐纳德·阿普亚德（Donald Appleyard）、凯文·林奇（Kevin Lynch）和杰克·迈尔（Jack Myer）等人1963 年发表了的一份题为 "路景"（View from the Road）的研究报告所持的观点，根据这一观点，城市的异化景观是当代社会不可避免的普遍条件。[26]康认为，屹立于费城第 36 街上的、有着强烈巴黎美院建筑纪念性气势的费城火车站才是进入费城的最佳途径，它可以与历史上最为壮丽辉煌的城门相媲美。20 世纪 60 年代早期发表的一段文字清楚地表明，康关注的是公共建筑和政治生活延续性的深刻关系（图7.13），在康看来，公共建筑是城市安身立命之本。

从人类最简单的居住形式开始，城市逐步发展，最终成为公共建筑的聚集之地。过去，公共建筑就是自然契约，就是人们同生死共命运的保证。……衡量人类环境是否伟大的标准不是琐碎的需求，而是公共建筑的特征，也就是说判断这些机构更新社会契约和创造新的社会契约的敏锐能力。社会契约就是天经地义。[27]

---

① 路易·康的昵称。——译者注
② 应指英国伊丽莎白一世时代（1558—1603 年）。——译者注

这段时期，也就是他宣读有关纪念性的论文后 20 年左右，康与纪念性形式的前世之缘越发得到验证。换言之，他所关注的建筑形式的建构表现越来越多地涉及到市政机构（civic institution）的基本内涵问题。康深信，城市的现代化进程终将会对传统社会的公共建筑带来灭顶之灾。因此，在坚持城市作为一个公共建筑聚集地这一传统的同时，他努力寻求克服和化解现代机动车辆的日益泛滥与传统城市之间的矛盾。1961 年，他在论述小汽车与城市的关系时这样写道：

> 小汽车巨大的停车需要将会吞噬城市的一切空间；在不久的未来，我称之
> 为城市卫士（loyalties）的地标性建筑也许就将销声匿迹。需要记住的是，人们
> 对城市的记忆是与进入城市的过程中看到的标识性场所联系在一起的。随着这些
> 场所的消失，人们对城市的情感也就不复存在。……如果一味满足汽车的要求，
> 把城市弄得冷酷无情——既没有水面又缺少绿地——那么我们也就彻底断送了城
> 市的生命。因此，考虑到小汽车的破坏作用，我们应该从绿化、水面、空气以及
> 机动车交通的角度重新审视城市。[28]

从建构元素到城市形式，康始终不渝地寻求将关键性的服务设施以及被服务的场所形式引入到设计的基本结构中去，目的就是为了化解 20 世纪技术的负面作用。这也就是为什么他在努力按照结构理性主义原则诠释现代空间构架结构的同时，还试图将高架快速干线转化为一种新型民用建筑形式的原因。无论是那句充满内在矛盾的格言"街道意欲成为建筑"，还是他后来的"高架路建筑"（viaduct architecture）方案，一切都出自共同的思想根源。[29]1957 年的费城中心设计方案（图 7.14），特别是其中被停车塔楼环绕的城市中心广场（Civic Center Forum）方案与此也不无关系。他写道：

> 在市中心四周的关键部位布置停车塔楼将有助于形成一种保护城市免受汽

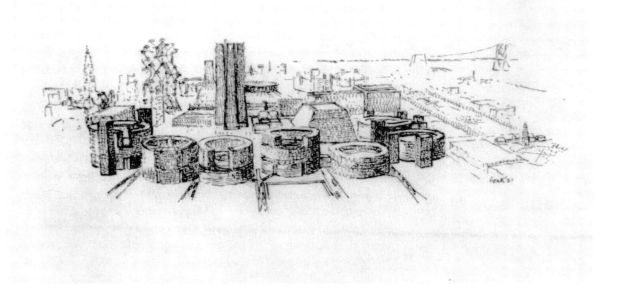

图 7.14
路易·康，费城中城规划设想，1957 年。透视草图；从斯普鲁斯大街北眺。现有市政厅位于透视图的左上角

车侵蚀的形象逻辑。从某种意义上讲，汽车与城市的问题是一场战争，恰当地控制城市的增长已经刻不容缓。高架路建筑与人类日常生活的建筑是两类不同的建筑；区分这两类建筑将有助于我们更好地理解增长的逻辑和建立正确的发展观。[30]

或许，与环绕城市中心的圆柱形停车塔楼设计（图 7.15）相比，没有什么能够更好地说明康的作品在现代化与纪念性之间表现出的模棱两可的状态了，因为这些"盘旋而上的街道"（wound-up-streets）的最初构思清楚地表明，康当时还犹豫不

图 7.15
路易·康，费城中城规划设想：停车塔楼设计草图和停车塔楼平面概念图式，旁边是古罗马斗兽场平面

决，不知道应该将这些停车塔楼视为纪念性建筑，还是作为城市的实用元素。因此，他在1953年这样写道：

> 无论塔楼的入口和交通转换，还是盘旋而上的停车港，一切都为创造统一的城市建筑提供了新的契机，为在运动的秩序中发现新的建筑表现创造了条件。入口的位置及其设计是高速公路建筑不可分隔的组成部分。……夜晚，我们通过五颜六色的灯光识别这些塔楼。红、黄、绿、蓝、白等不同颜色的塔楼表明我们进入停车库的部位。灯光还可以指引方向，其闪烁的节奏与我们前进的速度遥相呼应。在城市门户的守护下，城市的运道系统（或者说市内街道）就可以无忧无虑地接纳人们的都市生活了。[31]

如果撇开所谓"运河"（canals）不谈，康的这段文字似乎是想把色彩作为区分不同城市部位的手段。但是，与这种基于符号学原则的城市空间组织方法紧密联系在一起的还有典型的路易·康式的隐喻手法，它们将进入城市的系统化整为零，形成河流、港口、运河和码头等元素。换言之，这是一个近乎神秘的类比世界，高速公路变成"河流"、街道转化为"运河"、停车塔楼变成"港口"、而终端式道路则被类比成"码头"，如此等等，最后再与建筑入口以及禁止汽车出入的步行区域一起形成一个统一的整体。在这里，一些汽车泊在港口式塔楼中，而另一些则进入运道和终端式道路。康从未在他的费城研究中明确阐述他勾勒的设想应该如何付诸实施，而常规的"红绿灯系统"显然也无济于事。此外，在康设计的所有费城规划方案中，圆形停车柱塔都无一例外地被视为某种意义上的堡垒，就像环状高速公路被康比拟于20世纪的"中世纪城墙"一样。康写道：

> 如果说卡尔卡松古城（Carcassonne）的设计是以防御为首要目的的话，那么现代城市设计则必须首先考虑交通的因素，以便有效抵御汽车对城市的侵蚀。……巨型车港或者市政入口塔楼应该环绕城市最为核心的区域布置，形成城市的门户和地标性建筑，成为人们进入城市时最先得到的问候。……城市门户般的停车塔楼处在城市外围和内城之间，汽车盘旋而上，进入各自的停车区域。[32]

"现在，我们用空心的石头建造"，康的这句断言反映出他对空心结构观念的执着追求，同时也将他的思想在建筑和城市的层面上统一起来。该思想在建筑层面的表现形式很多，比如耶鲁大学美术馆的立体三角形网架楼板、为特伦顿犹太社区中心（Trenton Jewish Community Center）（1954—1959年）设计的空腹桁架方案（图7.16）、1957年设计的理查德医学研究大楼（Richards Medical Research Building）的空心梁等；而在城市层面上，1962年完成的最后一个费城城市设计方案提出的"高架桥建筑"应该属于这方面的案例之一。关于后者，亚历山德拉·汀（Alexandra Tyng）曾经写道：

> 高架的字面意义是'空中街道'（carrying street）。康扩展了该词最初的罗马含义，用它来指称包括步行交通、汽车交通和快速公共交通系统在内的复杂的综合系统。在这里，街道下方的空间可以安置城市管线，这样即使在管线维修的时候交通也不会受到影响。"高架桥建筑"实际就是一个卧放的空心柱，城市活力从中穿流而过。[33]

如果说在一种层面上康关注的纪念性需要以大型公共建筑和城市为依托的话，那么正如我们已经看到过的，建筑的纪念性在另一种层面上还必须依附于结构和构件的交接。在这两个层面之间，自然光线是一个十分关键的元素，也就是说，通过结构关系的揭示，自然光线能够赋予公共建筑或者说市政元素（civic element）某种

图7.16
路易·康，特伦顿犹太社区中心设计，1954—1959年。游戏室和健身房透视草图（1957年）。请注意其中的混凝土空腹大梁

图 7.17
路易·康，法国阿尔比
塞西尔大教堂写生，
1959 年。请注意其中圆
柱体元素上的"缠绕"
形式

非同寻常的特质。康甚至将光视为一种魔力四射的建筑元素，就如同他那张著名的阿尔比大教堂（Albi Cathedral）的速写曾经描述的一样（图 7.17），它能够溶化建筑材料的密实性，使坚固的建筑结构转化为玲珑剔透的晶体。

随着事业的进展，康越发表现出对开敞空间的抵触态度，取而代之的是对一种具有形而上学意义的"原室空间"（the room *in se*）的终极品质的不懈追求。对于他来说，只有在与特定的结构体量的相互作用中，光的特质才能显现出来，这就是光的本质所在（图 7.18）。他写道：

> 建筑源自原室空间的创造（the Making of a Room）。……原室是心灵的场所。小房间的语言绝不能与大房间的语言混为一谈。如果房间内还有另外一个人……没有光线就无法看到他人。没有自然光的房间不能被称为房间。自然光线是时间的载体，（令）季节的氛围进入室内。[34]

康也曾经以类似的笔调描述他在 20 世纪 60 年代初期为费城中心设计的多层高架快速干道中的光线关系。他还指出，只有相对于光线而言，人们才能真正理解黑暗中的电影院究竟有多么黑。[35]对于麻木不仁而又缺少细部的现代商业建筑，以及其中必须依赖空调才能运转的没有窗户的房间，康的态度只能用深恶痛绝来形容。在康看来，只有在自然光线的揭示下，结构构件的交接关系才能成为实实在在的结构品质（the constructional probity），就像维奥莱－勒－迪克和森佩尔把这种交接关系视为建构形式（tectonic form）的试金石一样。

图 7.18
路易·康，"建筑来自于空间的创造……"，1971 年

路易·康

229

康在结构构件交接关系上的立场使人很自然想起密斯·凡·德·罗。此外，他们两人的建筑成就在这方面也完全可以相提并论。这种比较特别应该在他们成熟时期的作品之间进行，其中又以他们在钢筋混凝土结构方面的尝试最为重要。比如，人们可以将密斯 1949 年的芝加哥海角公寓大楼（Promontory Apartments）与康 1953 年设计的费城中心方案开始采用的圆柱形停车和办公塔楼进行一番比较。两者都将裸露钢筋混凝土梁柱框架作为建筑表现的基本元素，而且两者结构框架的连接方式也颇为相似，也就是说，为表达荷载的变化，二者都对建筑周边承受窗下墙荷载的混凝土柱进行了变截面设计。但是，除了上述这个案例，他们二人对柱子类型的选择通常大相径庭，密斯对轧钢型材立柱偏爱有加，而康则对混凝土空心柱和实心柱情有独钟。

1957—1961 年间建成的宾夕法尼亚大学理查德医学研究大楼是康在探索空心结构形式的道路上取得的又一成就（图 7.19）。诚如许多学者曾经指出过的，该建筑是康建构手法多样化表现的首个集大成者。它在所有可能的尺度上都使用了空心结构，同时又着力表现服务空间与被服务空间的区分和连接，还努力将机电设施的布局与结构体系融为一体。当然这里不能不提的还有它在建筑的受力元素和非受力元素（gravitational/levitational）之间形成的重与轻的二元对话。换言之，正是从这个建筑开始，结构对于康来说毋宁是一种空间生成的潜在母体，为此他尝试在该建筑中使用一种能够使空间体量自动生成的空心隔板（hollow diaphragm）结构。与此同时，结构构架之间的连接也呈现出一种有机特征，他写道：

> 建筑是人性的载体，创造建筑就是创造生命。建筑如同人体，如同你的手掌。手指关节的连接方式造就了优美的手掌。在建筑中，类似的细节也不应该

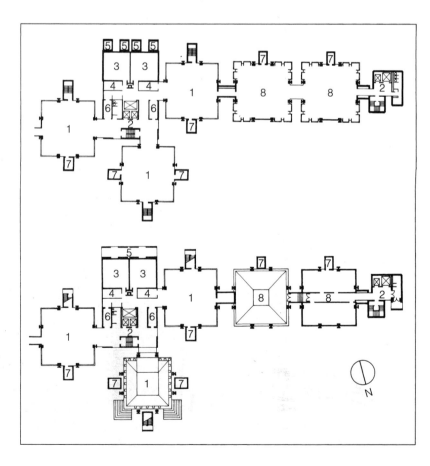

图 7.19

路易·康，费城宾夕法尼亚大学理查德医学研究大楼，1957—1961年。标准层平面（上）和首层平面（下）：

1. 研究室塔楼
2. 电梯与楼梯
3. 动物试验区
4. 动物试验服务室
5. 新风管井
6. 送风管井
7. 排烟管井
8. 生物学研究塔楼

被埋没。你应该充分表现它们。一旦建筑的连接方式得到充分展现，看上去合情合理，空间就成为建筑。[36]

在他自己去世前不久献给卡罗·斯卡帕（Carlo Scarpa）的一段赞词中，康又为上述这种拟人化的节点观念注入了更为强烈的建构色彩：

> 设计师从自然
>
> 呈现设计的元素。
>
> 艺术作品表现的是整体的原形之形（the wholeness of "Form"），
>
> 它精心挑选设计元素的形状，组成交响的乐章。
>
> 在设计元素中，
>
> 节点是装饰的灵感之源，节点的表现就是装饰。
>
> 注重细部就是崇尚自然。[37]

毫无疑问，康对建筑有机性的情感在很大程度上源自弗兰克·劳埃德·赖特。人们一直低估了赖特对康的影响，这一点不仅就理查德医学研究大楼而言、而且就康的整个建筑生涯而言都是如此。如果说包括亨德里克·彼得鲁斯·贝尔拉赫（Hondrik Potruc Borlago）和密斯·凡·德·罗在内的许多 20 世纪早期的建筑师都曾从赖特的居住建筑中受益匪浅的话，那么还很少有人真正注意到赖特在公共建筑中创造的富有层次感的内向形式。尽管没有直接的师承关系，康还是在后面这一点上延续了赖特的传统。比如，理查德实验大楼的管道塔井完全封闭的外墙形式，还有该建筑在服务空间和被服务空间之间作出的明确区分，这些做法的雏形都可以在赖特的拉金大厦（Larkin Building）上找到（图 7.20）。此外，理查德实验大楼与

图 7.20
弗兰克·劳埃德·赖特，巴伐罗拉金大厦，1904年。三层以下建筑轴测图。请注意其中管井与楼梯筒体融为一体的做法。不同服务设施在建筑中的位置如下：

1. 新风管井
2. 电气管井
3. 排风管井
4. 其他管井
5. 阳台和楼层梁下方的临时性通风口

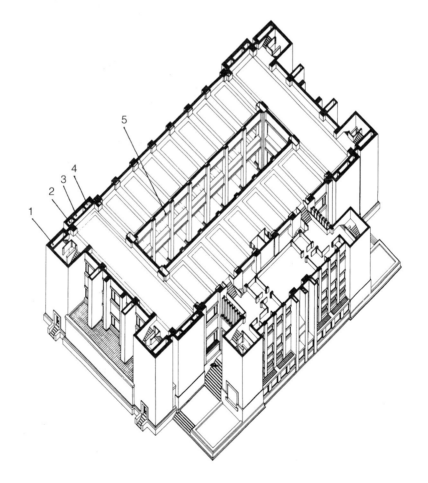

1937 年在威斯康星州拉辛市（Racine）建成的强生制蜡公司总部大楼（the S. C. Johnson Administration complex）也有某种共同之处。有意思的是，赖特自己在 1945 年发表的有关强生大厦的描述性文字读起来倒像是出自康的手笔：

　　建筑上有一些特别加大的砖头砌层，与核心筒四周出挑 20 英尺的结构固定在一起，砖块的厚度为 3.5 英寸。在这一结构中，玻璃与砖头各得其所。砖就是砖。长长的玻璃管使建筑本身变成晶体状的，还能根据需要呈现出透明或者半透明状态。为使建筑的结构更加统一，外墙的围合材料也适当地出现在建筑内部的某些地方。[38]

康对理查德实验大楼的描述也体现了同样的精神："该建筑的设计原则是，科研实验室就是工作室，新风与排风必须严格分开。"[39] 空心柱的概念在这里再次出现，其中又以新风和排风塔井的最初设计草图（图 7.21，7.22，7.23）表达的概念最为明

图 7.21
路易·康，理查德医学研究大楼，1957 年的设计方案的西南部位透视草图显示分层悬挑和有竖肋的排风管井

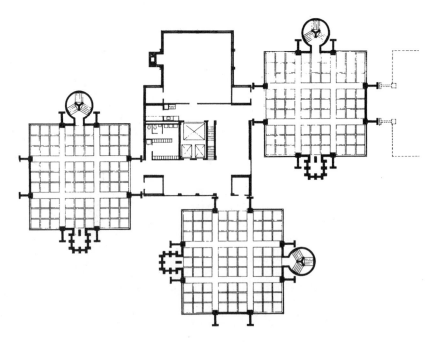

图 7.22
路易·康，理查德医学研究大楼，早期的平面方案

232

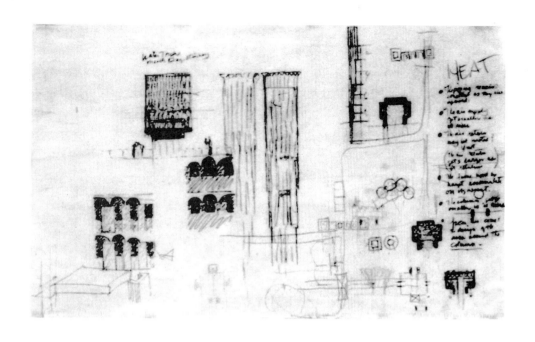

图 7.23

路易·康，理查德医学研究大楼，1957 年方案中的服务设施管井的平面和立面草图

显。康的设计标注是这样写的："越往上新风的需求越小，……而回风管径却有所增加，因为废气总是往上走。因此，随着高度的增加，塔井的断面反而可以减小。塔井四周的设计就是这么来的。"[40]按照康的设计，通风塔井将采用挑砖砌筑而成，它的设计依据的是气体向上而重力向下的对立法则。但是，康最终却放弃了这一设计，

为的是用更为简洁的方形筒体形式满足送风与排风的要求。尽管如此，正如我们在最初的设计构思草图上可以看到的，康还是在砖砌通风体系与混凝土浇筑的柱状结构之间做出了清晰的区别。如同耶鲁大学美术馆一样，理查德试验大楼也充分证明，在整合横向机电管道和后张式双向悬挑肋架楼板结构（post-tensioned diagrid, two-way cantilevering floors）的关系方面，康的建筑才华可谓无与伦比。人们看到，随着建筑四周挠曲应力（bending stress）的减少，结构厚度也相应减少。值得一提的是，从1956年开始直至康去世，与康合作的结构工程师都一直是奥古斯特·科门丹特（August Kommendant）。正是由于后者高超的技巧和能力，康要求的悬挑空腹桁架（cantilevered Vierendeel）才得以全部用预制混凝土付诸实施（图7.24）。与气体向上和重力向下的二元对立主题最终夭折的命运不同，机电管道与流动结构（flow structure）的"空间框架"横向整合的意图在建筑的实施过程中得到了始终如一的贯彻执行。

在接下来的一个又一个设计当中，康孜孜不倦地追求结构框架的建筑表现，努力揭示结构剖面随荷载减小而减小的受力关系。但是，1956年设计的华盛顿大学图书馆方案（图7.25）则成为这类建筑探索的告别之作，因为此后砖墙砌体将在他的作品中发挥更为关键的作用。后面这一点的表现形式很多，要么是不具结构作用的墙体面层（screen wall），要么像1961年的宾夕法尼亚州格林斯堡（Greensburg）《论坛报》大楼（the Tribune Review newspaper building）表明的那样，被处理成一种受力面层结构（stressed-skin construction）（图7.26）。在那些不具结构作用的部位，砖墙砌体看起来就是一种再现性的壳体或者"遗迹"（ruin）。换言之，它们就像是在建筑结构实体上包裹的一层外壳［可参看辛克尔1830年设计的柏林弗里德里希·维尔德教堂（Friedrich Werder Church）］。在外壳的背后，几乎无一例外地

图 7.24
路易·康，理查德医学研究大楼，预制混凝土楼面体系轴测图

图 7.25
路易·康，圣路易斯华盛顿大学图书馆设计方案，1956年

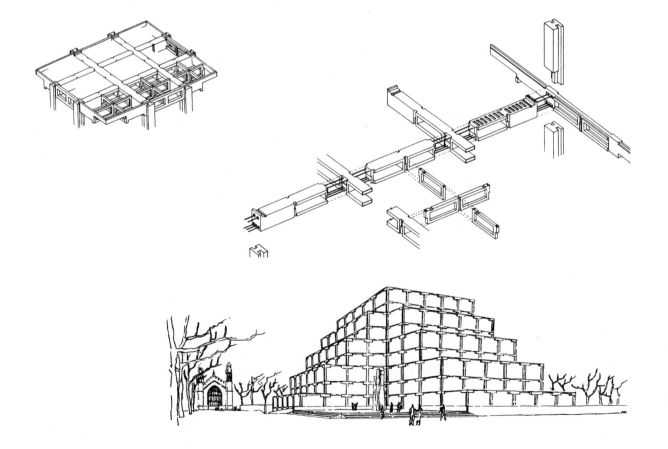

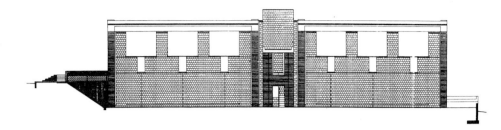

图 7.26
路易·康，宾夕法尼亚州
格林伯格论坛报大楼设计
方案，1958—1961 年

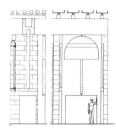

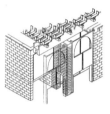

图 7.27
路易·康，安哥拉首都
卢旺达美国领事馆设计
方案，1959—1961 年。
剖面详图、立面和轴测
图

存在着一个"夹层空间"（space between）。借助于光线的作用，这个夹层空间将建筑内在实体与外在表层的差异有力地烘托出来。在康的建筑中，砖砌外壳（masonry encasement）首先是在 1959 年设计的位于安哥拉首都卢旺达的美国领事馆上出现的，该建筑的表层结构还在有些部位覆盖了遮阳板（图 7.27）。康这样阐述道：

　　我意识到，应该在窗户的对面设立一些独立的墙体。白天，阳光照耀在有着巨大洞口的墙体上，墙体可以调节光线照射的强度，同时洞口又为窗户提供了良好的视野。这样一来，窗户部位的遮阳板在建筑上形成的条形光影也就不会那么强烈了。我的另一个认识是，可以通过一个独立的遮阳屋面达到通风隔热的效果，该屋面与建筑的防水屋面之间保持 6 英尺的净空距离。请注意遮阳屋面梁下的支柱完全独立于建筑的防水屋面。防水屋面本身并没有百叶格栅。[41]

　　但是，建立在极端的气候条件基础之上的建构思考仍然有其再现的一面，因为无论是有洞口的外壳墙面，还是组合式的遮阳屋面，它们的形式都与表现建筑的尊贵地位息息相关。对于这一点，康本人心知肚明："人们不应该依靠标牌来表达建筑的性质，而应该通过建筑本身的特点来创造入口和接待大厅的氛围。"[42] 应该说，康是在两个相互关联的层面上展开他的结构思想的。首先是在一般空间结构的层面上，如同巴克敏斯特·富勒一样，他将立体三角形组成的八面体视为宇宙的基本分子结构；其次，在具体的结构秩序（detailed structural order）层面上，康又试图将建筑文化的传统语汇如挑檐、悬链、拱券、拱顶、飞扶壁、天桥等融合在他的设计之中。当然，第一层面与第二层面（或者说空间层面与结构层面）有时并无明显的界线，比如说理查德实验大楼的塔楼、金贝尔美术馆的钢筋混凝土准拱顶、或者 1960 年设计的布莱恩·马尔学院（Bryn Mawr College）的埃德曼大楼（Eleanor Donnelly Erdman Hall）方案首次采用的八角交错分隔单元结构（the octagonal staggered cellular units）等。在这些例子中，最终的单元空间都从一个侧面展现了路易·康经过漫长探索获得的发现，用他自己在 1955 年思考帕拉第奥平面（the Palladian plan）的心得笔记中的话来说就是："一个开间系统乃是一个空间系统"（a bay system is a room system）。[43] 这一论述虽然简短，但已经足以表明康与战前欧洲先锋运动崇尚的自由平面（plan libre）的绝裂。关于帕拉第奥主义从比例出发（而不是从功能使用出发）设计建筑空间的方法，鲁道夫·维特科夫（Rudolf Wittkower）曾经在 1949 年的专著中重新给予肯定。受此影响，康设计的空间虽然功能多种多样，但是都有清晰的界定形式。正如我们已经注意到的，康最终在结构和空间之外采用了第三种物质形态。或许，我们可以取拉布鲁斯特和维奥莱–勒–迪克作品中包裹在金属骨架外面的盒式砌体之意，将这一物质形态称为"盒体"（encasement）。虽然该形态最先是为建筑核心体进行遮阳处理的一种手法，但是在康晚年设计的纪念性建筑中［比如在他去世后的 1982 年落成的孟加拉国会大厦（the Sher-e-Bangla Nagar）］，细胞单元、结构主体和外层盒体这个不同的层面已经以某种特定的次序结合在一起，形成现浇混凝土肌理和无尽的间隙空间的完整组合。如果用森佩尔的观点来看待这一点，那么它的重要性就在于，康有意识地选择了将建筑外层的混凝土盒体表现为一种编织性外壳。为此，他还用镶嵌的石条在混凝土墙面上作出竖向的划分。在康的全部建筑中，埃克塞特图书馆（Exeter Library，1967—1972 年）应该说最为与众不同，因为在这个建筑中，以上三种元素同时并存和相互抵触。比如，在图书馆四周阅览单元的墙体上起结构作用的砖柱与书库部分的钢筋混凝土结构体系可谓牛头不对马嘴。此外，建筑的总体结构与建筑外部面具般的砖柱立面也是风马牛不相及。在这里，砖柱立面的退台形式产生了一种向上消失的效果，以一种怀旧的方式暗示着 18 和 19 世纪仓库建筑和厂房建筑的做法，而建筑内部的结构却与此种建筑类型的建构传统毫不相干。在这一点上，埃克塞特图书馆与辛克尔的柏林建筑学院大楼的建构真实性相比，实在是有些相形见绌。

康深深感到，对于建筑形式的创造而言，特别是对于建筑形式曾经承载的社会机构的文化价值（the sociocultural essence of the institutions）来说，现代化进程的破坏性往往大于建设性。这促使康进一步认识到现代社会的公共机构建筑不能完全以历史类型为基础。在康看来，现代建筑形式的创造有两种可能：一种是通过结构构件的片段组合，将结构设计、受力计算、通风设备、服务设施以及采光方式等作为形式创造的基础；另一种则是几何形式和柏拉图主义的实体运用，也就是说，通过圆形、三角形、方形等绝对平面形式的运用来表现建筑的公共性。在这方面，康的直觉思维将他与 17 世纪末以来在法兰西思想中占主导地位的笛卡儿理性主义的怀疑论联系了起来。诚如马塞罗·安格里萨尼（Marcello Angrisani）在 1965 年发表的题为《路易·康与历史》（Louis Kahn and History）的论文中曾经指出过的，[44] 法国启蒙运动时期涌现的先验的建筑观念（arbitrary architectural paradigm）在建筑界的再次复兴对于康的建筑发展来说无疑有一种推波助澜的作用。正是这种先验的建筑观念借助于厚重而又庞大的光秃秃的立方形、球形、金字塔形为体块组合的基本元素，造就了克劳德－尼古拉·勒杜（Claude-Nicolas Ledoux）和艾蒂安·布雷（Étienne Boullée）等人充满想像的建筑语言。早在 18 世纪末期，这些建筑师们就已经勾勒出一种乌托邦式的（如果不说是启示录式的）、有望承载新兴资产阶级工业文明社会机构的建筑蓝图。在这方面，艾米尔·考夫曼（Emil Kaufman）1952 年在费城出版的《三位革命建筑师：布雷、勒杜与勒克》（Three Revolutionary Architects：Boullée, Ledoux and Lequeu）对康产生的影响一定非同小可。也正是在这段时期，康完成了耶鲁大学美术馆、特兰顿犹太社区洗浴中心（the Trenton Bath House，图 7.28）以及位于埃尔金斯公园犹太教会堂（the Eilkins Park synagogue）等重要作品的设计。当然，与布雷和勒杜不同的是，康很少单独使用上述几种几何原型，而总是将它们作为形式元素融合在更为复杂的建筑整体之中。

1959 年设计的罗彻斯特－神教教堂（the Rochester Unitarian Church）是一个开端，它表明康已经认识到，建筑的社会机构内涵（the *what*）与建筑的具体连接方式（the *how*）乃是两个迥然不同的建筑学范畴。早在埃尔金斯公园犹太教会堂的设计中，康就曾经用等边三角形作为平面设计的概念元素，尽管它的体量表现并非三角形。类似的多边形平面现在又出现在罗切斯特教堂的设计中。起先，康设计的是一个位于正方形之中的八角形结构体，正方形外面有一个十二边形，而十二边形又被置于一个圆形和位于最外层的正方形之中（图 7.29，7.30）。更早的方案显示，该教堂是一个独立的八角形结构体，在它的四周，成组的飞扶壁般的钢筋混凝土构

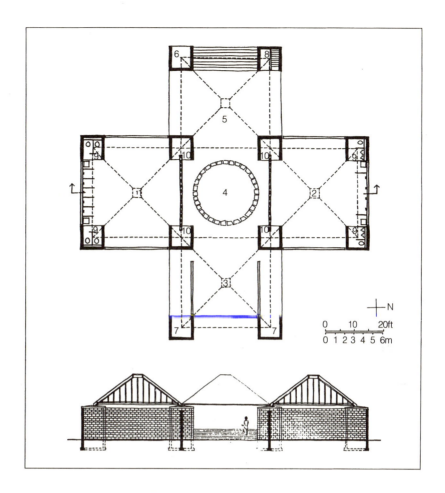

图7.28
路易·康，特伦顿犹太社区洗浴中心，
1955—1956年。底层平面和更衣室部位
剖面：

1. 女更衣室
2. 男更衣室
3. 洗浴用品收纳处
4. 中庭
5. 入口
6. 浴池管理员室
7. 储藏室
8. 消毒设备房入口
9. 卫生间
10. 考虑视线遮挡的浴室入口

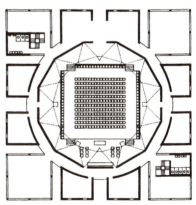

图7.29
路易·康，罗彻斯特一神教教堂，1959—
1967年。1959年方案的底层平面

图7.30
路易·康，罗彻斯特一神教教堂，1959年方
案模型

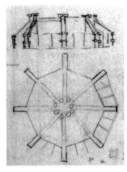

架支撑着整个屋面结构（图 7. 31）。由于教会的使用要求，最终实施的罗彻斯特教堂采用了更加易于被人们接受的单元复加形式（an empirical, additive form），但是这并没有削弱康对该建筑作为社会机构应该拥有的本质内涵的理解，因为正如我们可以看到的，位于该建筑核心部位的圣堂还是采用了象征性的对称形式，四个角部通过天窗采光，中间则是钢筋混凝土薄板屋顶。屋顶的剖面结构充分表达了该建筑作为一种社会机构的精神性，神秘非凡的自然光线从四个立方形的角部进入建筑内部，将几根用于增加十字形薄板屋顶结构稳定性的腾空的水平系梁衬托得分外醒目（图 7. 32）。诚如康自己所言："它非常哥特，难道不是吗？你们在乎这一点吗？反正我自己特喜欢。"[45]

但是，通过先验的几何性平面形式表现建筑的社会机构性质的尝试终究还是有其局限性的，理查德医学研究大楼（the Richards Medical building）就是这方面的佐证之一。该建筑清楚地表明，一个生物实验室建筑的实际运作远远不是康极端理想化的"科学工作室"（scientific studio）的概念所能涵盖得了的。[①] 事实上，他后来在设计位于加利福尼亚州拉·霍亚（La Jolla）的萨尔克研究所（the Salk Institute

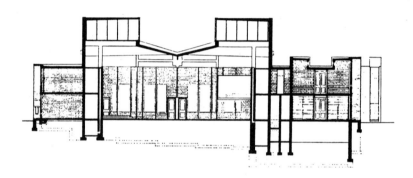

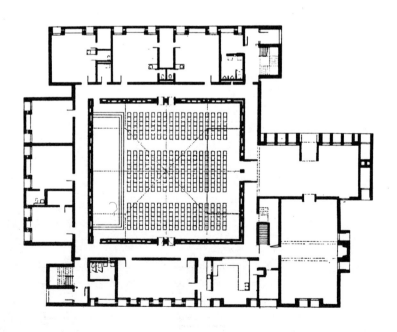

---

① 事实上，由于过于强调先验的空间观念，建成后的理查德实验室大楼存在许多使用功能上的缺陷，遭到科研人员的广泛批评。——译者注

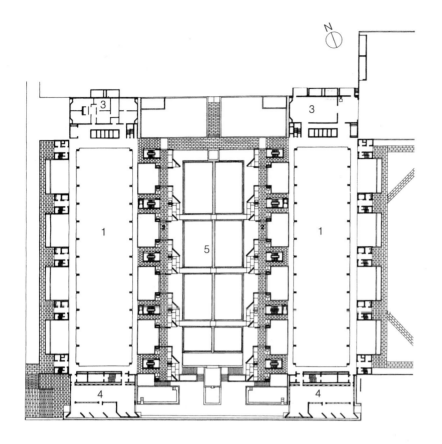

图 7.33
路易·康，拉·霍亚萨
尔克研究所，1959—
1965。最终方案的实验
室平面：
1. 实验室
2. 敞开式走廊
3. 办公室
4. 图书馆
5. 中庭

图 7.34
路易·康，萨尔克研究
所，第二轮方案中典型的
实验室横剖面。"在萨尔
克研究所的第一轮方案
中，折板结构为水平管线
的布置提供了充足的空
间。这种处理方式尽管不
是很容易，但还是可行
的，同时它还有助于形成
整体的围合设计。"

Laboratories）时就充分吸取了理查德医学研究大楼的教训。萨尔克研究所 1959 年开始设计，于 1965 年建成（图 7.33）。在这个项目中，康成功地说服作为业主的乔纳斯·萨尔克博士（Dr. Jonas Salk），必须将理论思考的概念空间和实验研究的运作空间区别对待。从实际建成的情况来看，前者最终表现为一系列面向露天中庭的设施完善的研究单元，而后者则在装备精良的大型空间（loft space）得到解决。就后者的设计而言，康一如既往，力求将大跨度设计与结构理性主义的原则巧妙地结合起来。因此，通过一个跨度达 100 英尺的矩形桁架梁设计，康成功地创造了一个超过人高的管线设施空间。与此同时，在与桁架梁垂直的方向上，还有一些预应力折板形成的三角形空间，其跨度也达到 50 英尺（图 7.34、7.35）。康开始的想法是在矩形桁架梁之间形成折板顶棚，但是迫于降低造价和缩短施工周期的压力，他不得不放弃了这一想法。[46] 取而代之的是在横向跨度上形成的反曲后张式钢筋混凝土空腹桁架（inverted post-tensioned concrete Vierendeel trusses），这些桁架的高度也

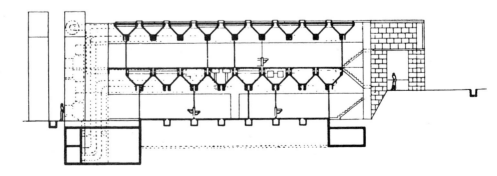

图 7.35
路易·康，萨尔克研究
所，方案研究模型

图 7.36
路易·康，萨尔克研究
所，最终实施方案的实
验室剖面

就是整个中空结构的高度，在它们上面是 10 英寸厚的混凝土楼板，下面则是 8 英寸厚的中空式吊板。吊板之间每隔一定距离就留有一条间隙，以便吊板上方的管线设施能够根据使用要求到达大空间实验室的任何部位（图 7.36）。

在康的建筑中，萨尔克研究所是首个将建筑基座与整个建造场地融为一体的杰作。事实上，它是一个不折不扣的马里奥·博塔（Mario Botta）意义上的"场地建造"。在这里，两排面向中央庭院的小型研究单元形成对称的建筑形式，在混凝土下部结构的作用下，清晰地坐落在一片高低起伏的地形上面。整个基座部分最终形成一个圣坛似的大平台，平台上满铺灰岩大理石，凡是侧面可以看到的部位都以不同

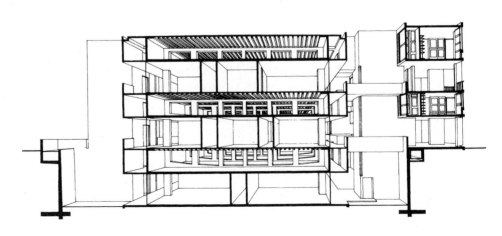

方式显示着石材的使用和交接方式；再加上铁框大门和高度宜人的踏步，还有建筑垂直面与基座之间细细的凹缝，一切都是那么丝丝入扣，令人应接不暇。特别值得一提的是，上述凹缝是作为雨水的排水道设计的，借助于这些凹槽，整个砌筑味儿十足的基座平台就可以避免雨季的洪涝灾害。这样，一方面是酣畅淋漓的基座设计，另一方面则是藏而不露的水道设计，二者的象征性对立最终通过露天平台中轴线上的浅浅的水道统一起来。具有跨文化意义的是，墨西哥建筑师路易斯·巴拉干（Luis Barragán）曾经对中央庭院空间的设计产生过决定性的影响。巴拉干主张将它设计成一个传统意义上的市政广场，而不是一个巨大的花园，他甚至建议不要在庭院中种植任何树木。从最终建成的结果来看，康是充分采纳了巴拉干的意见的。

在我的邀请下，巴拉干来到拉·霍亚，为决定在萨尔克研究所的中庭内应该采用什么样的植物提点建议。但是，当巴拉干进入中庭空间后，他径直走向混凝土墙面，抚摸它们，对它们赞不绝口，然后，他一边远眺大海，一边说道："我觉得这样的空间不应该有任何树木和草坪。这个空间应该是一个铺满石头的广场，而不是一个花园。"我看了看萨尔克博士，他也看了看我，我们都感到这个建议非常正确。当意识到我们认同他的建议后，巴拉干高兴地补充道："如果将它设计为一个广场的话，你们就会有一个新的立面，一个朝向天空的立面。"[47]

尽管萨尔克研究所的露天中庭设计充满着莫扎勒布（Mozarabic）文化①的特点，但是它的细部设计却处处是路易·康式的。中轴水道的设计就是很好的证明。在这里，水道被处理成一个象征性的循环往复的系统，其中水流开始的源泉和最后的落水口分别代表着自我循环的微观世界的头与尾。水道始于一个大理石贴面的高出地面的方形小水池，水池三面出水，水流从出水槽的翻边上缓缓溢出，最终完美交汇，进入水池前方长长的水道。同样的几何形体和象征意义也出现在中心大平台端头落水口的设计之中。该落水口也用大理石贴面，将来自水道的水释放到平台下方的石头水池里面。水池面向大海，极具纪念性。由于水流的释放需要一定的压力，所以水道出来的水首先被收集在两个用石条隔开的储蓄池之中，然后才流向下面的水池。整个地形高低起伏，同时又一览无余，在地形的衬托之下，中庭、水面和水池的组合就仿佛是漂浮在空中的朵朵白云，而山坡上形式自由的桉树林又为整个中庭空间提供了一道天然屏障。[48]

同样，位于得克萨斯州伏特沃斯（Fort Worth）的金贝尔美术馆也以一种令人崇敬的方式将上述基本元素组合成一个完美的整体。当然，该建筑别具一格的建构形式和变幻莫测的光线关系也是这个完美整体中不可缺少的组成部分。金贝尔美术馆的设计始于1966年，1972年建成时，距康去世只有两年时间（图7.37），是康建筑生涯的颠峰之作。在这里，一系列筒形拱顶（barrel vault）构成整个建筑中占主导地位的建构元素，决定着该建筑的总体特征。这些拱顶中间开口，通过肋壳组合的方式为美术馆内部提供独特的自然光线，因此我们只能将它们称为准拱顶（pseudo-vault）。与此同时，它的砌筑性基座将建筑和场地充分结合起来，在一个更为亲近大地的意义上呼唤着大自然的呈现。换言之，如果说金贝尔美术馆的光线构成了某种无处不在的自然元素的话，那么基座的设计则将整个金贝尔美术馆与场地完美地结合起来。在这里，一种绝对的"清澈"感（a categoric "clearing"）悄然而至，

---

① 指9至15世纪摩尔人统治西班牙期间发展起来的基督教文化，后通过西班牙殖民对墨西哥等南美文化产生影响，而巴拉干的建筑也在一定程度上体现了这种影响。——译者注

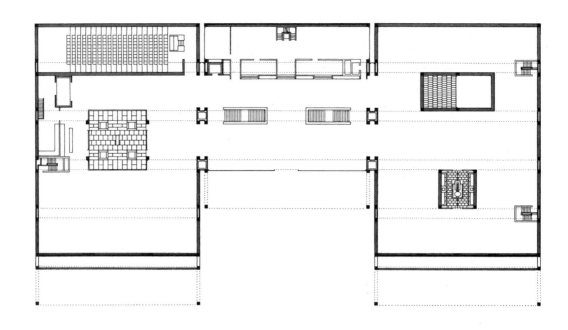

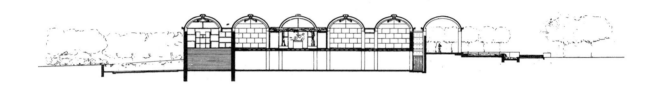

独具匠心地呈现出建筑的范围，似乎是在用建筑语言演绎马丁·海德格尔（Martin Heidegger）的思想。在 1954 年的那篇具有深远影响的"筑、居、思"（Building, Dwelling, Thinking）中，海德格尔写道："希腊人所谓的边界（*peras*）并非事物终结之处，相反，它是事物开始呈现的起点。"[49] 确实，从大理石饰面的建筑基座本身，到入口院落具有吸声作用的砂砾地面；从面向公园的入口上方覆盖的庄严而又神圣的冬青小树林，到远处那个种植着零星树木的公园本身，（图 7.38）整个金贝尔美术馆的基座处理可谓细致入微，出神入化。

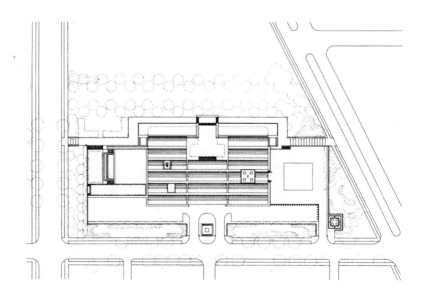

在一段介绍金贝尔美术馆的简短文字中，康再次谈到该建筑设计中的宇宙论思想。他这样论述光的问题："我们都是光的产物，通过光感受季节的变化。世界只有通过光的揭示才能被我们感知。对于我来说，自然光是惟一真实的光，它充满性情，是人类认知的共同基础，也是人类永恒的伴侣。"[50] 在论及金贝尔美术馆拱顶的顶部采光设计时（图7.39，7.40），康这样写道：

> 拱顶结构为大空间设计创造了条件，而且拱与拱之间还有一部分空间，这些空间的顶棚被设置在拱脚的位置……透过拱顶上方的开口，自然光线呈现在没有隔墙的展厅空间中，因为拱顶结构根本就不需要隔墙。即便有隔墙，空间依然完整。或者应该说，空间的本质就在于它的完整性。[51]

虽然接下来论述金贝尔美术馆展厅空间灵活性的文字不无自相矛盾之处，但是康同时也谈到安插在连续拱顶结构中的三个布局随意的露天院落。在他看来，这些院落是在建筑的整体空间格局中保持不变的场所形式（place-form）。在这里，康的阐述颇有一些柯布西耶式的地中海意味：

图 7.39
路易·康，金贝尔美术馆，剖面草图（1967年）。"当然，某些空间必须十分灵活，但是也有一些空间必须十分固定。它们是我们设计的灵感之源……。"

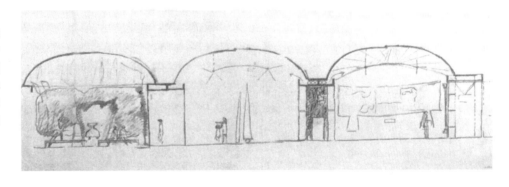

图 7.40
路易·康，金贝尔美术馆，展厅设计草图

除了展览空间上方的自然光线外，我还在拱顶结构中开出三个小天井，其尺度和特点都是经过深思熟虑的。由于院落的比例、植栽的叶态以及院落的建筑表层和水面对天空折射的不同，光线的效果也完全不同。因此，我将它们命名为绿院、黄院和蓝院。[52]

康还提醒我们注意金贝尔美术馆精确的节点设计，并且如同佩雷和拉布鲁斯特曾经做过的那样，他主张在本体装饰（ornament）和附加装饰（decoration）① 之间作出区分。"我之所以在结构构件与非结构构件之间使用玻璃，是因为构件之间的节点就是本体装饰的开始。我们必须将这种装饰与纯粹附加的装饰区分开来。本体装饰就是表现节点。"[53]

康特别喜欢将现浇混凝土材料的肌理特点与灰岩大理石古老的化石特质和切割工艺效果并置在一起。在这方面，金贝尔美术馆也是一个精妙绝伦的例子。威廉·赫夫（William Huff）曾经就康建筑中这一独具匠心的建构章法这样写道：

康对我们说，混凝土材料真是一种神奇的材料，惟一缺点就是它在潮湿的状况下会很难看。解决上述问题的方法之一就是将灰岩大理石或者其他品种的大理石与混凝土材料并置使用，这有助于将人们的目光从潮湿的混凝土上引开。在这一点上，路（Lou）真是驾轻就熟，他知道如何将灰岩大理石栏板与混凝土楼梯结合在一起，也就是将冷灰色的混凝土与暖黄色的灰岩大理石并置在一起，或者将粗糙的混凝土表面的孔洞与经过抛光处理的灰岩大理石的孔洞并置在一起。[54]

康自己曾经以金贝尔美术馆为例，论述了混凝土与灰岩大理石形同实异的关系：

混凝土的作用是结构性的，它在建筑中发挥支撑作用。柱子彼此独立，必须有某种物质在它们之间填补空间。这就是灰岩大理石的作用。……灰岩大理石与混凝土乃是珠联璧合的两种材料，它们彼此衬托，相映成趣。而且，灰岩大理石与混凝土材料在某些方面十分相似，看起来好像是同一种材料。这样，建筑就可以避免零碎，重归整体。[55]

通过精确的模板设计，康往往能够成功地改变现浇混凝土材料的品质。赫夫继续写道：

为了将夹板模具固定到位，同时在两层模板之间保持一定距离，以便于混凝土的浇筑，康采用了一种可重复使用的螺纹系扣。每个系扣的末端都有一个木栓，它们在浇筑后的混凝土墙面上留下一系列布局经过精心设计的洞眼。通常，木栓上涂抹的都是脂肪，但是康却用铅代替脂肪，木栓插入混凝土墙面的深度保持在四分之一英寸。与此同时，由于两块夹板的交接处不可避免会有混凝土泄漏出来，因此无论在水平方向还是在垂直方向，康都要求采用误差很小的 V 形接缝处理，这样泄漏的混凝土在墙的表面会形成一种凸起的接缝。中间的垂直接缝是浇筑中刻意留出来的，接缝处涂抹的也是铅。"[56]

如同萨尔克研究所一样，金贝尔美术馆也在混凝土原料中加进了一定数量的白榴火山灰（pozzolana），以使浇筑后的混凝土呈现一种褐色的色调。与此同时，火山灰还能在浇筑过程中减少混凝土的膨胀。当然，这样做的缺点是浇筑后的混凝土表面容易起灰，增加了处理的难度。和萨尔克研究所的情况一样，金贝尔美术馆也在模板的系扣处用铅进行了处理，同时在模板交接处也有一些细细的突出在混凝土

---

① ornament 和 decoration 的中文翻译问题在前面的译者注中已有讨论，这里根据上下文的意思和需要分别译为"本体装饰"和"附加装饰"。——译者注

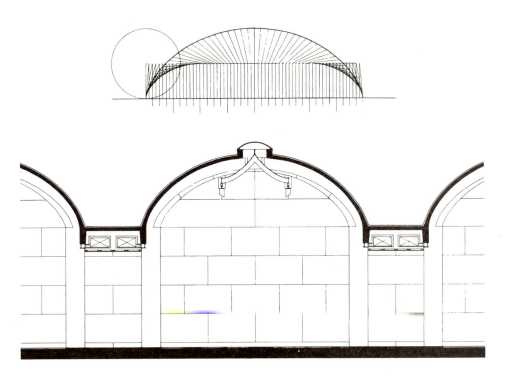

图 7.41

路易·康，金贝尔美术馆，最终方案的摆线拱顶剖面

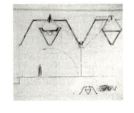

图 7.42

路易·康，金贝尔美术馆，早期方案折板屋顶草图

表面的接缝效果。[57]

在这里，我们不能不提及金贝尔美术馆设备管线与展厅结构相结合的设计手法，包括位于拱冠下方的光线折射板和灯槽设计，以及利用拱脚部位的下挂梁之间的空间形成的管线桥架等（图 7.41）。由于金属桥架的存在，加上固定在桥架滑轨上的可移动展墙，整个展厅空间被分为两种相辅相成、但又大异其趣的类型：一方面是沿着拱顶方向布置的传统性的中规中矩的展览空间；另一方面，与拱顶垂直相交的横向扩展空间又为不同的展览格局提供了相对灵活和开敞的可能。

在建构技术方面，世人对金贝尔美术馆的评价可谓众说纷纭，其争议点主要集中在单体尺寸为 104 英尺×23 英尺的"假"拱顶（"false" vaults）及其性质的问题上面。在这方面，金贝尔美术馆的屋顶设计令人想起法兰西人在追求希腊－哥特理想的过程中面临的矛盾。事实上，人们不难从金贝尔美术馆的立面上辨析出两种相互冲突的追求。一方面，康曾经在 1967 年春季为金贝尔美术馆设计了一个厂房般的混凝土折板屋顶方案（图 7.42），它为最终方案的结构设计奠定了概念基础。另一方面，康和他的助手马歇尔·迈尔斯（Marshall Meyers）在同年秋季又提出了一个半圆形拱顶方案，其中拱顶的半径被定为 12 英尺，拱顶坐落在 12 英尺高的联系梁上，梁的下方是轴线间距为 24 英尺的柱子。后面这个方案带有很强的柏拉图主义意味，方正的展厅剖面极具纪念性。这大概也是业主拒绝该方案的原因所在，因为时任金贝尔美术馆馆长的理查德·布朗（Richard Brown）希望新美术馆的尺度类似别墅，而不是宫殿。面对布朗的中肯批评，康的修改方案得益于迈尔斯偶然发现的一本由弗雷德·安吉勒（Fred Angerer）撰写的题为《建筑中的面型结构》（Surface Structures in Architecture）的著作（1961 年出版），其中有关摆线拱顶（the cycloid vault）的剖面分析令康茅塞顿开。正是摆线拱顶的设计构思以及在拱冠部位开启一条连续光带的决定使金贝尔美术馆的结构概念重新回到最初的折板方案。当然，为了使结构能够双向受力，光带的边缘被特别加强了。"拱顶"（vault）的拉丁文词源是沃尔维勒（volvere），字面上有翻滚向前的意思。这倒特别适合摆线拱顶的情况，因为它的形状是在一个圆沿着一条直线滚动时由圆周上的一点产生的曲线。此外，金贝尔美术馆拱顶的翻滚气势也与主入口拱形门廊两侧的喷泉水流的曲线有着某种呼应关系。奥古斯特·科门丹特（August Kommendant）曾经从工程的角度对金贝尔美术馆摆线拱顶的剖面关系和施工程序进行了调整。比如，他增加了光带两侧的上翻梁高度；为满足混凝土浇筑的要求，还增加了摆线拱顶基座部分的壁厚；他还要求在下挂梁的浇筑完成之后才能浇筑摆线拱顶。为使拱顶达到 104 英尺的净跨度，同时为抵消梁身极易产生的弯曲变形，他要求沿摆线拱顶的长度方向进行后张拉预应力处理（图 7.43，7.44）。出于结构的考虑，科门丹特还要求在每个拱顶的两个端头设置一个厚度达到一定要求的圆拱形隔板，这也是为什么最终落成的金贝尔美术馆会在每个拱顶的端部墙面有高度不一的弧形光带的原因（图 7.45）。弧形光带形式发展的过程充分说明，在实际工程需求已经基本满足以后，康仍然在追求尽善尽美的形式。就此而言，他继承的是维奥莱－勒－迪克以及希腊－哥特理想中的新哥特精神。

道格·斯韦斯曼（Doug Suisman）对金贝尔美术馆的评价再次涉及到康在小汽车问题上前后矛盾的心路历程。众所周知，在金贝尔美术馆前的 20 年多中，康一直试图将小汽车问题融合到他的设计当中去（图 7.46），但是等到设计金贝尔美术馆的时候，康已经和其他许多人一样，感到对小汽车问题无能为力了。毫无疑问，小汽车文化与建筑和城市文明之间的根深蒂固的冲突并非本书能够深入探讨的问题，

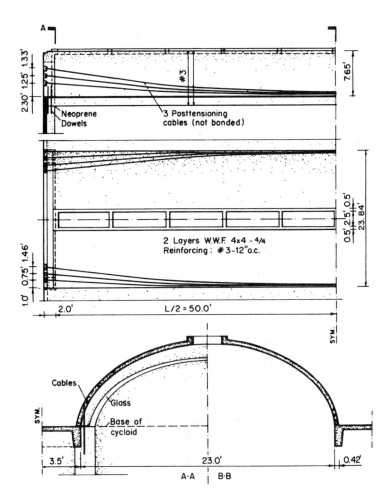

图 7.43
路易·康，金贝尔美术馆：显示后张拉钢索的壳顶侧立面；平面、后张拉钢索和天光设计；壳拱断面

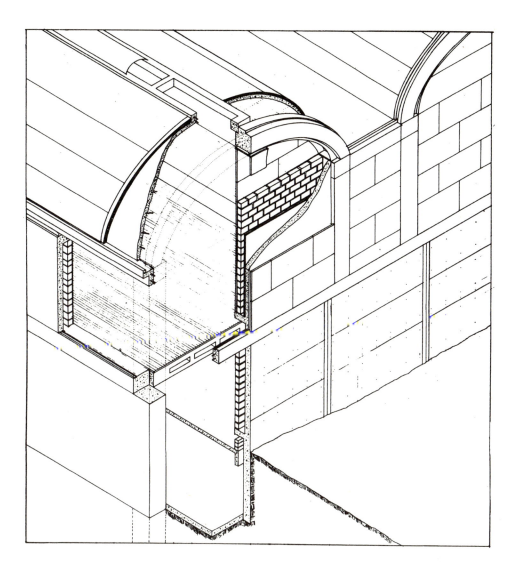

图7.44
路易·康，金贝尔美术
馆，结构元素轴测图

但是无论如何，金贝尔美术馆的入口概念与小汽车文化应该说是背道而驰的，或者反过来说，根据康的设计，进入金贝尔美术馆的理想线路根本不是从停车场开始的。斯韦斯曼写道：

> 金贝尔美术馆朝着停车场的立面给人的第一感觉就是冷漠——没有可识别性的窗户，只有连续不断的混凝土墙板和灰岩大理石墙面，再有就是一条作为入口的昏暗的水平切口。……来到入口部位后，双眼还未来得及环顾四周，你就已经进入门厅了。因此，人们对于金贝尔美术馆内部的最初感受是相当郁闷的。

事实上，进入美术馆的理想路径是从停车场通向美术馆入口的一条步行道路，尽管这条道路很少被人们使用：

> 后来的调查显示，只有15%的参观者真正按照康设计的路径进入美术馆，其他85%的参观者都是驾车到达，在停车场泊完车后，从地下室进入美术馆。据说康本人一直未能通过驾照考试，这一失败是否就是他在金贝尔美术馆的设计中对大众化郊区生活方式置若罔闻的潜在原因？[58]

很显然，传统西方文化中的纪念性建筑以及这类建筑承载的社会机构都要求人们步行到达，而且是从一个明显的入口进入，以便在纪念性质的入口门廊和内部空

图 7. 45
康和金贝尔讲演厅

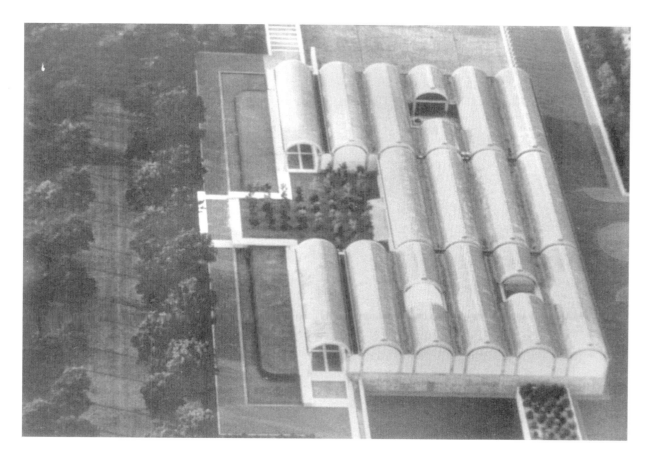

图7.46

路易·康，金贝尔美术
馆，入口鸟瞰照片

间的公共性质之间形成恰当的仪式化过渡。但是在全球化的汽车时代，这种空间过渡只能面临苟延残喘的境地。康毕生不畏艰难，孜孜以求现代技术与建筑形式承载的社会公共精神的融合。正如我们已经注意到的，金贝尔美术馆正是这样一种仪式化进程的完美演绎。从入口公园开始，参观者首先穿过一片华盖式的树林，然后经过一组阶梯状的流水瀑布，再走过一个铺满砂砾和栽满小树的前院，最后进入美术馆主体。一旦踏上这一线路，人们便感到仿佛置身在一个绿色的迷宫之中，脚下的砂砾让人步履姗姗，沙沙的响声又似乎是在与瀑布的潺潺流水遥相呼应。所有这一切，与其说是一个美术馆设计到不如说是一座神庙的设计更恰当，它让我们在一个有血有肉的范例中重温建构的广阔含义。金贝尔美术馆将万物之本与存在之实合而为一，在跨越时空中创造了一个前苏格拉底瞬间（pre-Socratic moment），让远古与现代和睦并存。

**7　Louis Kahn: Modernization and the New Monumentality,
1944–1972**

Epigraph: Maria Bottero, "Organic and Rational Morphology in the Ar-
chitecture of Louis Kahn," *Zodiac* 17 (1967), pp. 244, 245.

1
Sigfried Giedion, José Luis Sert, and Fernand Léger, "Nine Points on
Monumentality," in Sigfried Giedion, *Architecture, You and Me* (Cam-
bridge: Harvard University Press, 1958), pp. 48–52.

2
See Paul Zucker, ed., *The New Architecture and City Planning* (New
York: Philosophical Library, 1944).

3
Louis I. Kahn, "Monumentality," in Zucker, ed., *The New Architecture
and City Planning,* pp. 578–579.

4
Ibid., pp. 579–580.

5
Ibid., p. 580.

6
Ibid., pp. 581–582. However, as Pol Abraham was to observe, the
cross ribs of a Gothic vault are at times structurally redundant and are
deployed for formal reasons and to facilitate assembly. See Pol Abra-
ham, *Viollet-le-Duc et le rationalisme médiéval* (Paris: Vincent Fréal,
1934).

7
For details of this construction see David P. Billington, *Robert Maillart
and the Art of Reinforced Concrete* (Cambridge, Mass.: Architectural
History Foundation and MIT Press, 1990), pp. 28–29.

8
Information given by Anne Griswold Tyng to the author in February
1993. When Tyng was in Rome in the fall of 1953 she showed the City
Tower project to Nervi, who regarded the proposed structure as a
three-dimensional version of his two-dimensional "folded" and triangu-
lated concrete structures.

9
Louis Kahn, "Form and Design," *Architectural Design* 31, no. 4 (April
1961), pp. 145–148. Kahn's distinction between form and design was
to reverse in many respects the emphasis that Mies van der Rohe
placed upon the "how" of architecture rather than the "what." That the
"what" was of more importance to Kahn was largely due to his pro-
found commitment to the institution, or what he called an "availability"
in a civic and spiritual sense. In "Form and Design" he would write:
"Form is 'what', Design is 'how'. Form is impersonal. Design belongs
to the Designer. Design is a circumstantial act, how much money there
is available, the site, the client, the extent of knowledge. Form has
nothing to do with circumstantial conditions. In architecture it charac-
terizes a harmony of spaces good for a certain activity of man."

To these distinctions Maria Bottero would add the following illuminat-
ing gloss in her essay "Organic and Rational Morphology in the Archi-
tecture of Louis Kahn": "The Psyche is the source of what a thing
wants to be . . . he means that life (or the drive towards *being*) runs
through us but does not belong to us individually, so that man finds
himself curiously decentralized with respect to his own work: which as
Kahn himself says, is an achievement all the greater, the less it per-
tains to *Design* (i.e. the contingent, measurable, and subjective) and
the more it belongs to *Form* (i.e. the transcendental, immeasurable,
and universal). Between *Form* and *Design,* the creative process takes
place as an indefinitely repeated shuttling process, and by this the
plot of the work is laboriously woven; a plot which is a strip stretched

across the non-homogeneous, the non-continuous, or in the end—the unconscious."

10
Anne Tyng manifests that this expressive dilemma was overcome to some extent by the invention of post-tensioned, reinforced concrete in which the steel rods, inserted into tubes cast in situ, effectively articulated the tensile reinforcement in relation to the compressive concrete. In this instance the tectonically expressive potential depends on the necessity of leaving the restraining plates and tensioning bolts exposed during the course of construction.

11
For this essay see Theo. B. White, ed., *Paul Philippe Cret: Architect and Teacher* (Philadelphia: Art Alliance Press, 1973), pp. 61–65.

12
In fact there is no change in the compressive stress in Viollet-le-Duc's support, and the tapering in this instance has two functions; first to express the idea of the statical force, and second to facilitate constructional joints and bearing.

13
See Hannes Meyer's inaugural address as the director of the Bauhaus in 1928, given under the title "Bauen" (Building), in which he itemized a whole range of explicitly modern, nontraditional man-made materials such as ferro-concrete, wire, glass, aluminum, asbestos, plywood, ripolin, silicon steel, cold glue, casein, cork, rolled glass, and synthetic rubber, leather, resin, horn, and wood. See Claude Schnaidt, *Hannes Meyer: Buildings, Writings and Projects* (London: Tiranti, 1965), p. 95.

14
Kahn, "Monumentality," p. 587. Kahn's interest in pioneering new materials was to continue throughout his life. See in particular his use of "pewter finish" stainless steel cladding for the Yale Center for British Art, posthumously completed by Pellecchia & Meyers, Architects. This dull, variable surface is produced by omitting final baths in the fabricating process. That the revetment is a skin, a *Bekleidung* in the Semperian sense, is indicated by the weathering details employed throughout.

15
Louis Kahn, "Toward a Plan for Midtown Philadelphia," *Perspecta* 2 (1953), p. 23.

16
Kahn, "Monumentality," pp. 581–582.

17
As Konrad Wachsmann shows in his book *The Turning Point of Building* (New York: Reinhold, 1961), this form of tetrahedral spatial geometry had first been explored by Alexander Graham Bell in his trussed kites of the turn of the century (see pp. 29, 30) and in the 80-foot tetrahedral space frame tower erected on Bell's estate in Canada in 1907. According to Robert Mark and Fuller himself (see *The Dymaxion World of Buckminster Fuller* [New York: Anchor/Doubleday, 1973], p. 57), Fuller first load-tested a tetrahedron/octahedron truss at the University of Michigan in 1953. Fuller patented this combination as the Octet truss and a demonstration truss 100 feet long, 35 feet wide, and 4 feet deep was exhibited at the Museum of Modern Art, New York, in 1959. The exceptional structural efficiency of this device is borne out by the following description: "In Fuller's three-way-grid Octet Truss system, loads applied to any one point are distributed radially outward in six directions and are immediately frustrated by the finite hexagonal circles entirely enclosing the six-way distributed load." One should also note that this truss was composed of struts alone without any special hub joints.

Kahn's relationship to R. Buckminster Fuller was complex. Both men were teaching at Yale University in the early fifties. Despite Tyng's patent interest in Fuller at the time, Kahn justly wanted to distance himself from Fuller's position in retrospect, as he was to make clear in his 1972 interview with John Cook and Heinrich Klotz, when in referring to the Yale Art Gallery he pointed out that Fuller's structural concepts were incapable of producing a flat ceiling. See John W. Cook and Heinrich Klotz, *Conversations with Architects* (New York: Praeger, 1973), p. 212.

18
See Richard Saul Wurman and Eugene Feldman, *The Notebooks and Drawings of Louis I. Kahn* (Cambridge: MIT Press, 1973), unpaginated.

19
Louis Kahn, "Order in Architecture," *Perspecta* 4 (1957), p. 64. In a 1957 brochure, published by the Universal Atlas Cement Company, which was the sponsor of the main version of the City Tower proposal, we learn that the tower was projected as rising to a height of 616 feet, with principal floor levels at every 66 feet, and standing on a podium measuring 700 by 700 feet. This last comprised three levels, an elevated pedestrian plaza, a shopping concourse at grade, and a service/parking level beneath. The main tetrahedral floor slabs were 3 feet deep with spans up to 60 feet from one diagonal strut to the next. In a descriptive text Kahn and Tyng would write: "The skin of a tower is usually regarded as an enclosure playing no part in the structural concept of the building. . . . This is rationalized into an acceptance of the skin as only skin. . . . Instead this intermediary element between the building and the outside forces should be conceived as the beginning of a structural reaction against these forces. In this tower the many positioned sun louvres, related to the growth of the building, act an initial break-up of sun, wind and temperature change . . . out of this purposeful design comes a beautiful tracery texture with everchanging light and shade."

20
See Bruno Taut's *Die Stadtkrone* (Jena: Eugen Diederichs, 1919).

21
Kahn, "Order in Architecture," p. 69. The reference to "Brutalist" in the previous sentence refers of course to the British New Brutalist movement, to which the art gallery was related by such critics as Reyner Banham. See Banham, *The New Brutalism* (New York: Reinhold, 1966); also his "The New Brutalism," *The Architectural Review*, December 1955, pp. 355–362. Important not only for Banham's critique of Kahn but also for his neo-Palladian analysis of the work of Peter and Alison Smithson.

22
Kahn, "Order in Architecture," p. 67.

23
William Huff, "Louis Kahn: Sorted Reflections and Lapses in Familiarities," *Little Journal* (Society of Architectural Historians, New York Chapter) 5, no. 1 (September 1981), p. 15.

24
Ibid., p. 12.

25
See Walter McQuade, "Architect Louis Kahn and His Strong-Boned Structures," *Architectural Forum* 107, no. 4 (October 1957), pp. 134–143. William Huff comments on the typical Kahnian use of the term "invade" in this comment. Clearly Kahn had in mind the column and (screen) wall arrangements in Mies's Barcelona Pavilion. See Huff's memoir in the *Little Journal* above.

26
Donald Appleyard, Kevin Lynch, and John R. Myer, *The View from the Road* (Cambridge: MIT, 1964).

27
In Romaldo Giurgola and Jaimini Mehta, *Louis I. Kahn* (Boulder, Colorado: Westview Press, 1975), p. 224.

28
Louis Kahn, "The Animal World," *Canadian Art* 19, no. 1 (January/February 1962), p. 51.

29
Heinz Ronner, Sharad Jhaveri, and Alessandro Vasella, *Louis I. Kahn: Complete Works, 1935–74* (Boulder, Colorado: Westview Press, 1977), pp. 31, 29.

30
Ibid., p. 29.

31
Kahn, "Toward a Plan for Midtown Philadelphia," p. 17.

32
Kahn, "Order in Architecture," p. 61.

33
Alexandra Tyng, *Beginnings: Louis I. Kahn's Philosophy of Architecture* (New York: Wiley & Sons, 1984), p. 79.

34
Giurgola and Mehta, *Louis I. Kahn*, p. 187.

35
Nell E. Johnson, ed., *Light Is the Theme: Louis I. Kahn and the Kimbell Art Museum* (Fort Worth, Texas, 1975), p. 38.

36
Architectural Forum, October 1957, quoted in McQuade, "Architect Louis Kahn and His Strong-Boned Structures," p. 142.

37
Louis Kahn, foreword to *Carlo Scarpa architetto poeta* (London: Royal Institute of British Architects, Heinz Gallery, 1974).

38
Frank Lloyd Wright, *An Autobiography* (London: Faber & Faber, 1945), pp. 409–410.

39
Kahn, "Form and Design," p. 151.

40
Ronner, Jhaveri, and Vasella, *Louis I. Kahn: Complete Works*, p. 111.

41
Ibid., p. 140.

42
Louis Kahn, "Louis Kahn," *Perspecta* 7 (1961), p. 11.

43
It is likely that this entry was made after receiving from Colin Rowe Rudolf Wittkower's book *Architectural Principles in the Age of Humanism* (1949). See David De Long, "The Mind Opens to Realizations," in *Louis I. Kahn: In the Realm of Architecture* (Los Angeles: Museum of Contemporary Art; New York: Rizzoli, 1991), p. 59.

44
Marcello Angrisani, "Louis Kahn e la storia," *Edilizia Moderna*, no. 86 (1965), pp. 83–93.

45
Kahn, "Louis Kahn," p. 18.

46
See August E. Kommendant, *18 Years with Architect Louis I. Kahn* (Englewood, N.J.: Aloray, 1975), pp. 41–73. It would seem that Kommendant played a major role in the evolution of the first section for the Salk labs, devising the 100-foot-span, prefabricated, prestressed, box-truss girders carrying 50-foot-span prestressed folded plates over the laboratories in the other direction. These trusses were 9 feet deep, as was the upper floor.

47
Alexandra Tyng, *Beginnings*, p. 171.

48
This original relationship to the landscape has recently become compromised by a rather bulky addition to the campus.

49
Martin Heidegger, "Building, Dwelling, Thinking," in *Poetry, Language, Thought* (New York: Harper & Row, 1971), p. 154. For an exposition on the relation between Kahn's architecture and Heidegger's thought see Christian Norberg-Schulz, "Kahn, Heidegger and the Language of Architecture," *Oppositions* 18 (1979), pp. 29–47.

50
Ronner, Jhaveri, and Vasella, *Louis I. Kahn: Complete Works*, p. 345.

51
Johnson, ed., *Light Is the Theme*, p. 34.

52
Ibid., p. 22.

53
Ibid., p. 22.

54
Huff, "Louis Kahn," p. 16. Kahn was particularly sensitive to the weathering of wall surfaces in his work. Thus in defending the blank brick facade to the Yale Art Gallery, he was to tell Klotz and Cook, "A wall is a wall. I considered rain as important to the wall, so I introduced those ledges to the wall at intervals. I could have left the wall bare just for monumentality." See Cook and Klotz, *Conversations with Architects*, p. 179.

55
Johnson, ed., *Light Is the Theme*, p. 44.

56
Huff, "Louis Kahn," p. 29.

57
See Patricia Cummings Loud, *The Art Museums of Louis I. Kahn* (Durham: Duke University Press, 1989), pp. 135–150.

58
Doug Suisman, "The Design of the Kimbell: Variations on a Sublime Archetype," *Design Book Review*, Winter 1987, p. 38.

第八章
约恩·伍重：跨文化形式与建构的意喻

约恩·伍重的建筑是一面旗帜，它标志着第三代现代主义建筑师用有机环境秩序取代第一代现代主义建筑师自命不凡的理性主义的一种转向。对于环境的创造而言，第一代现代主义建筑师日趋僵化的理性主义和不切实际的外在教条迫使伍重这一代建筑师改弦更张，另辟蹊径，探索更为自由和内在的秩序体系。从罗奇（Roche）到斯特林（Stirling），第三代现代主义建筑师都在不懈努力，寻求遵循环境旨意的有机形式，而不是将异想天开的结构蛮横地强加给环境。人们通常认为，赖特的建筑不过是一种与大自然挤眉弄眼的姿态，与 19 世纪的浪漫主义情调别无二致；但是赖特有机思想的核心却在于，他坚持认为设计者应该倾听环境的呼声。跟随古纳·阿斯泼伦德（Gunnar Asplund）和阿尔瓦·阿尔托（Alvar Aalto）（1945 年）的足迹，伍重于 1949 年来到东、西塔里埃森，在赖特那里待过一段为期不长的时光。他因此学会与自然合作。在建筑中排除自我意识，这是决心与环境结构的有机秩序重归于好的欧洲人所遵循的道路。1948 年的摩洛哥之行使伍重认识到一种类似分子结构生成模式的"单元复加建筑"（additive architecture）法则。……通过在设计中贯彻系统生成系统的思想，伍重力求做到在满足重复生产的标准化要求的同时，又不必牺牲对于解决人类功能的不确定性领域来说至关重要的灵活性。……伍重抛弃了放肆的个人表现，取而代之的是集体意识的无名氏表达，以及与自然景观的和睦相处。……伍重的建筑在飞舞翱翔的屋顶与紧紧拥抱大地的基座（platform）之间形成一种张力，限定了建筑空间。……基座边缘和屋顶底部标志着建筑向景观的过渡。在伍重的草图中，垂直结构被省略了，它唤起的是一种超凡的升华感和宇宙意识。

菲利浦·德鲁（Philip Drew）：《第三代现代主义建筑师》（The Third Generation），1972 年

毫无疑问，对于建构文化的发展而言，约恩·伍重（Jørn Utzon）最为杰出的贡献在于他对结构和建造表现性的不懈追求。如同曾经与他数度合作的挪威建筑师斯维勒·费恩（Sverre Fehn）一样，伍重的建筑是以现代运动的建构路线为基础的。就此而言，他可以被视为从奥古斯特·佩雷（Auguste Perret）到卡罗·斯卡帕（Carlo Scarpa）发展路线中的一部分。正如我们在本书中已经多次提到过的，现代运动的建构路线可以追溯到 19 世纪，尤其是亨利·拉布鲁斯特（Henri Labrouste）等人的建筑实践和欧仁·维奥莱-勒-迪克（Eugène Viollet-le-Duc）的理论著作。维奥莱-勒-迪克主张，只有紧扣"功能"（program）和"建造"（construction）这两个中心，我们才能把握建筑的真谛。按照这一传统，"建筑意欲如何"（"what the building wants to be"）① 就取决于如何在富有表现性的结构中体现建筑的社会机构形式（the embodiment of an institutional form within an expressive structure）。这一点对于路易·康来说是这样，对于伍重来说也同样如此。

跨文化意向（transcultural intention）是伍重建筑的显著特点，它在超越欧洲中心主义的过程中寻求设计的灵感。这是一种批判性的跨文化立场，它贯穿在伍重毕

---

① 路易·康著名的问题式格言。——译者注

生的建筑实践之中。在这一点上，伍重与他在 1949 年相知相遇、并深受其影响的赖特（Frank Lloyd Wright）颇有共同之处。伍重曾经在"基座与高原：一位丹麦建筑师的思想"（Platforms and Plateaus：The Ideas of a Danish Architect）一文中阐述了自己的建筑思想。该文是伍重为数不多的经典文献之一，于 1962 年在意大利杂志《佐迪亚克》（Zodiac）发表。它突破视觉主义的局限，展现了一系列以身体体验为特征的跨文化比较。

> 传统日本房屋的地面就是一个精制的桥式平台，宛如一个桌面，一件家具。在这里，地面散发着诱人的魅力，就像欧洲建筑中墙面的魅力不可抵挡一样。在欧洲建筑中，人们总倾向于坐在靠墙的地方，但是在日本建筑中，人们仅仅在地面上行走，而且喜欢席地而坐。坐、卧、爬等动作构成日本建筑中的生活特征。与墨西哥高原坚如磐石的气势迥然不同的是，日本建筑给人一种类似于站在小木桥上的感觉，其尺度非常适合人体的重量。日本建筑基座优雅的表现力还在于推拉门和屏风的水平运动，以及台基表面铺垫的草席边缘的黑色纹样。[1]

伍重正确地领悟到注重触觉感受的东方形式（tactile oriental forms）对人类身体的影响。很显然，他所谓的平台指的是日本传统居住建筑架空的轻木地板，它在人体重量的作用下产生弯曲，与远古的中美洲金字塔对人体产生的坚实的支撑感形成强烈的反差。确实，轻文化与重文化的对立在不同社会有不同的表现形式，有些社会趋向于完全的砌筑（stereotomic）文化，另一些社会则呈现出单一的构架（tectonic）文化。中美洲金字塔属于前者，而东南亚木构建筑则是第二种情况的典型代表。在包括中国在内的许多文化中，人们还会发现沉重砖石砌筑的基座与漂浮其上的轻型屋架之间的二元对立，它曾经被伍重那张著名的"基座与重檐"（podium/pagoda）的草图概括得淋漓尽致（图 8.1）。类似的观念在伍重的建筑构思中屡见不鲜，而且通常都以悬跨在基座平台（earthwork）之上的壳顶或折板结构为其表现形式。在《佐迪亚克》文章的另一处，伍重还提出我们的身体是以文化为条件的观点。他写道："西方文化对墙体厚爱有加，而东方文化则对地面情有独钟。"[2]除了来自东方的基座平台/重檐屋顶的概念之外，另一个重要的跨文化价值集中反映在伍重设计的居住建筑常常采用的内院式格局（patio house）上面。通常，它们都以 L 状的单体元素围合成半公共性的院落空间。在轻盈的单坡屋面的覆盖下，这些院落建筑往往集多种文化因素于一身，其中不仅有伊斯兰文化和中国文化，而且还有远古的地中海文化和发源在非洲的文化。

如前所述，对于维奥莱－勒－迪克来说，建筑跨度的成就乃是伟大文明的试金石。因此，尽管 19 世纪的结构技术已经取得长足进步，维奥莱－勒－迪克还是将中世纪教堂视为西方建构文化的顶峰。说伍重对大跨度建筑走火入魔也许并不恰当，但是他常常流露出对折板和壳形无柱大空间的情有独钟却是事实。在对结构连接为基本特征的剖面形式的特殊嗜好中，伍重最为钟爱的是有机形状的大跨结构。就此而言，他秉承了北欧的建筑传统，其波罗的海气质曾经以不同方式在阿尔瓦·阿尔托和汉斯·夏隆（Hans Scharoun）的建筑作品中得到精彩的演绎。几位大师的共同之处是他们似乎都不谋而合地从保尔·谢尔巴特（Paul Scheerbart）1914 年的散文诗《玻璃建筑》（Glasarchitektur）或者在更大程度上从无政府社会主义者（the anarcho-socilaist）布鲁诺·陶特（Bruno Taut）的神秘思想中获得某种启迪。我这里指的是陶特在 1919 年发表的"城市之冠"（Die Stadtkrone）一文。在这篇经典性文献中，陶特指出"城市之冠"不仅有益于健康的社会精神生活，而且对于城市生活

图 8.1
约恩·伍重，中国庙宇
建筑概念草图；屋顶与
基座

254

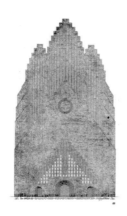

图 8.2
P. V. 严森 – 克林特，哥本哈根格鲁特威教堂，1920—1940 年。西立面

的社会文化建设也至关重要。陶特的思想是跨文化性的，因为他将"城市之冠"视为一种因时间地点不同而呈现不同表现形式的普遍现象，古希腊神庙、哥特教堂、印度和中国佛塔等都是其中具有代表性的范例。因此，在"城市之冠"的大约 60 幅插图中，30 幅与哥特和罗马风建筑有关，7 幅来自于伊斯兰建筑，还有 10 幅则是各式佛塔建筑。[3]伍重也许没有读过陶特的文章，但肯定从他在哥本哈根皇家美术学院的建筑理论老师斯坦·艾勒·拉斯姆森（Steen Eiler Rasmussen）的启蒙教育中听说过陶特。无论情况是否如此，在伍重的孩提时代，他的家乡就开始建造一座城市之冠，这就是由严森 – 克林特（P. V. Jensen-Klint）设计的格鲁特威大教堂（Grundtvig Church）。与周围的居住区一道，这座教堂直到 1940 年才算最终建成（图 8.2 和 8.3）。众所周知，拉斯姆森经常对这座教堂、尤其是它精湛的建造工艺和原汁原味的砖作工艺赞不绝口。

拉斯姆森的《体验建筑》（Experiencing Architecture）于 1959 年面世。在这本书中，他对严森 – 克林特推崇备至，主张建筑师应该努力挖掘砖作工艺、尤其是未加修饰的清水砖作的表现力。在这方面，格鲁特威大教堂不仅以其精湛的工艺、而且也在义无反顾地使用单一模数材料（single modular material）方面成为伍重建构思想的基本源泉。[4]有理由相信，伍重还受到克林特之子卡莱·克林特（Kaare Klint）的影响，其中又以小克林特为格鲁特威大教堂配套的建构意味十足的家具设计和 1930 年完成的托马斯·伯莱兹多夫（Thomas Bredsdorf）夫妇墓碑设计（图 8.4）的影响最大。伯莱兹多夫曾是哥本哈根弗兰斯堡（Flensborg）造船厂厂长，小克林特因此把一个正在建造中的船身的平面和剖面雕刻在墓碑上。这一主题也令人想起伍重的造船背景，因为他的父亲是一位船舶设计师。另一方面，木制船舶的骨架结构与斯堪的纳维亚木构教堂（stave church）的构造有许多相似之处。保罗·瓦莱里（Paul Valéry）曾经在 1922 年出版的《欧帕林诺》（Eupalinos）①一书中指出，造船和教堂建筑的关系源远流长，它在古典文化的发展中曾经发挥了重要的作用。另一方面，斯维勒·费恩曾经将教堂设计成一个反转的船只。造船和教堂的关系还可以在词源学中找到验证，因为船只的拉丁文词是纳维斯（navis），它曾经被人们用来指称教堂的主体部分。[5]

图 8.3
格鲁特威教堂，平面

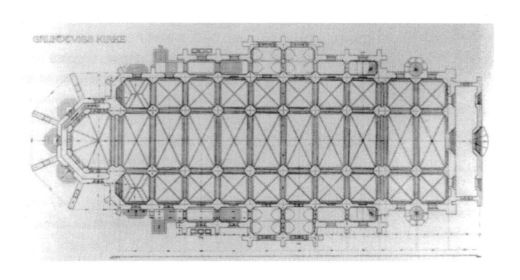

---

① 即本书前面曾经提及的《欧帕林诺，还是建筑师》（Eupalinos ou l'architecte）。——译者注

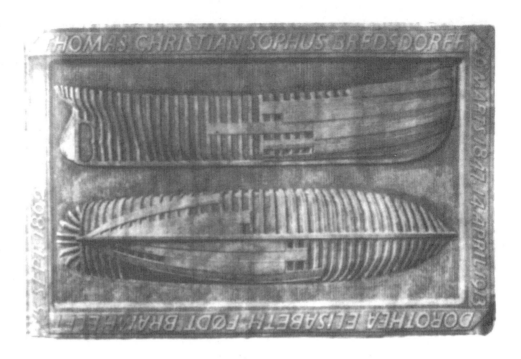

伍重在多大程度上是克林特学派的传人？关于这个问题人们往往认识不足。之所以这样说，是因为克林特留给后人的是一种态度，而决非仅仅那座建构纯净的宏伟教堂。对于民间建筑，严森 – 克林特的情感是格鲁特威式的（或者说基督教社会主义式的），这种情感曾经被他的儿子卡莱贯穿到哥本哈根皇家美院的教学体系中，后者在伍重进入皇家美院求学期间仍是该校的教员之一。丽丝柏特·巴斯莱夫·尤根森（Lisbeth Balslev Jørgensen）曾经对严森 – 克林特的哲学思想进行过深入的研究，从中可以看出伍重受克林特思想影响的程度。老克林特的思想充满着反学院派（anti-academic）和反古典主义（anticlassical）精神，他认为建筑系学生更应该接受建造训练，而非设计训练，他还主张建筑系学生"应该研究石墓、教堂、庄园宅第和农场建筑与自然景观的关系。在他看来，一旦学生们能够对前人的这些建筑遗产融会贯通，他们就不只是简单地模仿前人，而是重新创造，一种发自内心的创造。"尤根森还用"有机的天性，按照自然的法则生长"来概括 1896 年建成的霍尔姆别墅（Villa Holm），它是严森 – 克林特的第一个建筑作品。此后，她还阐述了严森 – 克林特的建造概念以及他的某些言行举止，比如他更愿意将自己视为房屋建造者（bygmester）、以及将自己的技艺称为"建造文化"（building culture）而非建筑学（architecture）等等。[6]

时刻对地形地貌、气候、时间、材料和建造工艺保持敏感，遵循自然法则，这些都是伍重的建筑原则。在一篇写于 1981 年的题为"约恩·伍重的作品与思想"（Jørn Utzon：His Works and Ideas）的文章中，罗伯特·巴瑟洛缪（Robert Bar-tholomew）列举许多例子来说明伍重的大自然情感的由来，其中提到伍重不仅从他的父亲、而且也从他度过孩提时代的赫尔辛厄（Helsingør）船坞厂那里继承了对制造工艺的崇敬之情。[7]说到伍重以大自然为师的问题，我们或许可以转引谢尔德·海尔姆 – 彼得森（Kjeld Helm-Petersen）论述伍重设计的金戈住宅（Kingo housing）的一段文字："对于这位艺术家来说，城市有机体与植物有机体之间并无本质区别。他从自然的构造中寻求生命的真谛，然后很快将他对这一问题的理解转化为人类住宅的设计草图。……他设计的住宅就像有机体一样，体现了自然生长的形式。它们不是人类生活的理论框架,而是生机盎然的有机体,其构造与居住在房屋中的人类一样,都遵循着共同的生物法则。"[8]在这里,我们需要补充一句,伍重毕生都对海洋和船舶怀有特殊的感情。曾经是伍重助手的麦克尔·托马柴夫斯基(Michael Tomaszewski)的话可以为证:"造船术赋予伍重更为自由的方法……与大多数建筑师不同,他摆脱了三角板和丁字尺的束缚。从孩提时代起,伍重就无数次亲眼目睹父亲用曲线板进行船舶设计。"[9]

伍重的上述背景使他和严森-克林特一样远离形式主义和学院派功能主义,转而向自然和民间工艺寻求设计灵感。在这方面,建构形式的建造逻辑(constructional logic of tectonic form)和几何形式的句法逻辑(syntactic logic of geometry)构成了伍重建筑中两个相辅相成的指导原则。这两个原则在悉尼歌剧院上合而为一,取得了非凡的结果。这座建筑的许多构件都是根据立体几何学确定的,然后在确保品质要求和尺寸精度的基础上批量生产。这样,到1961年,四年坚持不懈的探索终于使伍重认识到,悉尼歌剧院壳体屋面的形式可以从球体推导出来。这一创造性的发现不仅显示伍重早年接受的立体几何学训练的功底,而且再一次证实了幼年接触的造船经验对他的深远影响。

纳粹德国于1942年占领丹麦。也就在这一年,伍重结束了在皇家美术学院的学业,随即去了瑞典,在那里加入丹麦抵抗运动。[10]战争将近结束时,他到斯德哥尔摩的保尔·海德奎斯特(Paul Hedquist)事务所工作,之后又到赫尔辛基的阿尔托事务所实习。他于1945年初返回丹麦,与身为建筑师和建筑史学家的图比亚斯·法贝尔(Tobias Faber)合伙开业。[11]这是一次短暂但富有成果的合作,留下了一系列对伍重以后的建筑实践具有深远意义的设计方案,其中包括1947年与摩根斯·伊尔明(Morgens Irming)合作设计的伦敦水晶宫竞赛方案(图8.5)。这是一个不同凡响的设计,如同伍重早年的公墓设计一样,它已经相当明显地体现了叠层基座和壳形屋面的主题。然而更为重要的是,他们在这段时期发表了一篇题为"当代建筑趋势"(Trends in Contemporary Architecture)的宣言,对脱缰野马般的"现代主义"日趋堕落的发展进行了抨击。[12]在他们看来,1930年问世的题为"别无选择"(Acceptera)的瑞典功能主义宣言及其功能主义(funkis)思想和实践所代表的福利社会功能主义(welfare state functionalism)已经在二次大战的炮声中土崩瓦解。[13]换言之,相对于战后社会的发展而言,古纳·阿斯泼伦德(Gunnar Asplund)设计的1930年斯德哥尔摩世博会宣扬的乌托邦式的社会民主主义理想已经不复存在,就像哈克·坎普曼(Hack Kampmann)1918年的哥本哈根警察局总部(Copenhagen Police Headquarters)力图体现的新古典自由主义(neoclassical liberalism)或者克林特学派主张的基督教社会主义和新哥特主义意识形态(Christian Socialist,neo-Gothic ideology)已经寿终正寝一样。他们写道:

> 回顾建筑学的发展,直到世纪之交,建筑师的工作都是建立在技术和生活的缓慢进程基础之上,这也构成了建筑师工作的传统。20世纪30年代,由于技术的迅猛发展以及随之而来的技术狂热和生活方式的急变,建筑的功能主义思想崭露头角。20世纪40年代基本属于一个失控的时代。今天,一切都在日新月异的发展之中,我们时代的技术、艺术和生活方式都似乎还没有来得及找到恰当的表现形式;与20世纪30年代相比,我们的时代目标迷茫,同时又在一切问题上想入非非。

> 面对不确定性,许多建筑师试图在功能主义出现以前的传统形式中寻找安

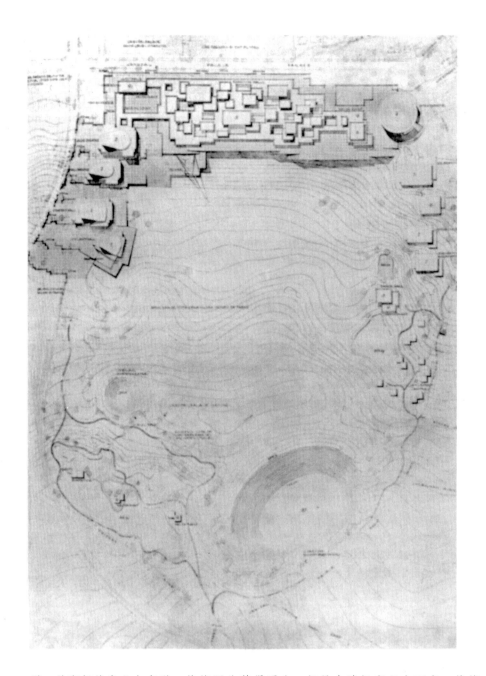

慰。从积极的意义上来说，传统因此获得再生；但是在消极意义上而言，传统变成了功能主义的替代品。还有些建筑师试图发展功能主义，但最终还是未能摆脱形式主义。人们也许可以将这些建筑师称为母题主义者（motivists），因为他们的建筑形式是用他们迷恋的母题拼凑而成的，尽管这些母题早已成为无源之水和无本之木了。他们的建筑含糊不清，就像没有章法的语言一样。

最后，还有一部分与当代生活方式休戚与共的建筑师，他们认为建筑应该体现时代的生活方式，也就是说建筑应该首先为人的生活服务。这类建筑师将自己的工作建立在人们对于建筑的基本情感之上；有史以来，一切真正的建筑都与这样的情感休戚相关。我们所谓的建筑情感具有双重含义，它使我们在体验建筑的同时又能够致力于建筑的创造。[14]

继承了达希·汤姆森（D'Arcy Thompson）1917 年出版的《生长与形式》（On

Growth and Form,图 8.6)一书的观点,[15]法贝尔—伍重小组摆脱精英文化,努力从自然和民居形式中寻求建筑发展的道路。因此,在他们 1947 年宣言的 28 幅插图中,有 11 幅涉及自然形式(菌类、晶体、地景等),9 幅与民居建筑有关,还有 5 幅来自赖特和阿尔托认可的有机建筑案例。事实上,早在伯纳德·鲁道夫斯基(Bernard Rudolfsky)《没有建筑师的建筑》(Architecture without Architects)一书发表之前,伍重和法贝尔就已经对无名氏建筑(anonymous architecture)表现出浓厚的兴趣。[16]他们力图效法自然生长的形式,探索一种可以根据具体条件和需求进行增减的组合建筑。有意思的是,该宣言的最后一个插图是高山背景衬托下的一座冰山,这不禁使我们想起陶特 1919 年发表的《高山建筑》(Alpine Architektur)中描绘的高山乌托邦(alpine utopias)和曾经让汉斯·夏隆一往情深地漂浮在波罗的海洋面上的冰山形象。[17]

伍重曾经于 1948 年在摩洛哥作短暂居住,这成为他毕生始终不渝的东方情结的滥觞。在摩洛哥,伍重参与了一座重力传输造纸厂(a gravity-fed paper mill)(图 8.7)和一个台阶式集合住宅方案(图 8.8)的设计,两者都从当地建筑中吸取了灵感。摩洛哥民居建筑"统一采用人地的泥土材料,村庄和自然景观水乳交融",[18]这一点深深打动了伍重。次年,他获得一笔去北美旅行的奖学金,在这次旅行中,他不仅到西塔里森拜访了赖特,而且也在芝加哥见到密斯·凡·德·罗。赖特对伍重显而易见的影响已经不用多说了,而密斯的影响同样也是至关重要的。尽管密斯对所谓的"有机建筑"思想似乎没有多少兴趣,但是密斯在伊利诺伊工学院(IIT)的早期作品给伍重留下的深刻印象却是多层面的:首先是密斯对材料内在品质的极端敏感;其次是他对精确细部的执著追求以及与之相关的理性模数组合;最后是密斯在运用标准轧钢断面过程中显示的制造逻辑,正是这种逻辑后来被伍重用到了三维曲面的创造中去。关于密斯孜孜不倦的建构追求,伍重曾经这样写道:"密斯告诉我,一旦确定了设计构思,他的全部努力就是确保这一构思能够在门、窗、隔墙等次级元素的设计中融会贯通。"[19]

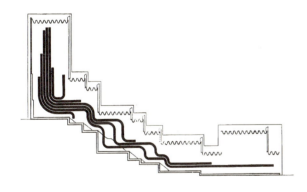

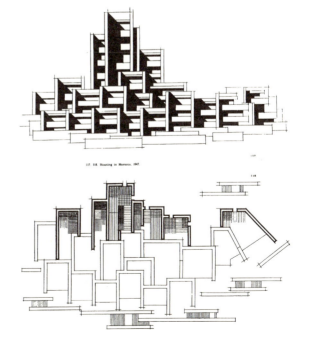

117, 118. Housing in Morocco, 1947.

在许多方面，1952 年在丹麦西兰岛北部（North Zealand）的赫勒贝克（Helle-baek）建成的伍重自宅可谓是他学习赖特和密斯建筑原则的集大成者（图 8.9），前者体现在类似赖特美国风住宅（Usonian houses）的低矮但出挑很大的平屋顶和水平窗墙上面，而后者则在类似密斯 1923 年设计的乡间砖宅（Brick Country House）的转轮状平面布局关系上（图 6.3 和 6.4）得到充分体现。来自密斯的范斯沃思住宅（Farnsworth House）的影响也不容忽视，这一点从该建筑采用的独立式服务核心就可以一目了然。就整体而言，该建筑是赖特美国风住宅和丹麦砖木建筑传统心心相应的产物。当然，密斯的抽象美学在该建筑室内的竖向松木壁板的设计上也依稀可辨。在这里，门与墙体等高，二者浑然一体，壁板的高度在即将到达吊顶前嘎然而止，在视觉上将吊顶和墙面区分开来，形成一种吊顶无限延伸的深远的空间感。

利用 1949 年北美之行的机会，伍重还去了一趟墨西哥，其间他在齐琛伊扎（Chichén Itzá）和乌西马尔（Uxmal）地区的马雅遗址的亲身体验对他的思想和作品产生了深远的影响（图 8.10）。在这里，置身于乌卡坦（Yucatán）丛林的台阶式金字塔之中，非凡的空间感油然而生，令他想起大海，还有斯堪的纳维亚一年四季的气候变化。他在"平台与高原"一文中写道：

图 8.9
约恩·伍重，西兰岛北部赫勒贝克的伍重自宅，1952 年。平面

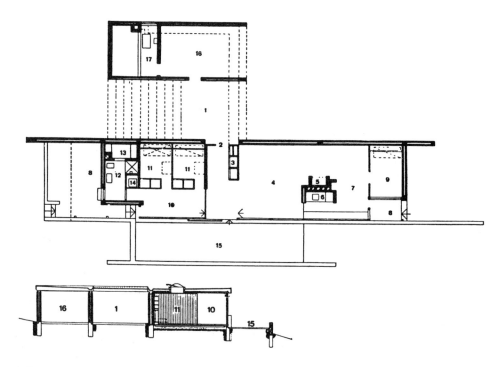

图 8.10
约恩·伍重，阿尔班山写生，1953 年

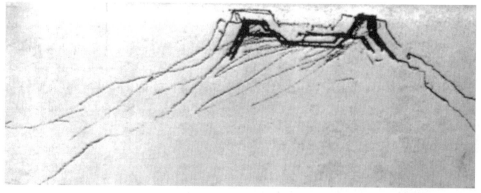

平台位于丛林之巅。它让人瞬间领悟到一种崭新的生命维度，一种来自上苍的启示。在高高的平台上——有些高达百米——人们建造了神庙。天空、云彩、微风拂面，丛林也在瞬间转化为开阔的绿色平原。通过平台的建造，人们完全改变了自然景观，创造出完全可与天神的伟大造化相媲美的视觉生命。

从茂密的丛林到开阔的平台，情感的转变是如此美妙，就像在斯堪的纳维亚，数周的阴雨连绵和乌云压顶之后，突然间阳光明媚，人们心中豁然开朗，充满喜悦。[20]

回到丹麦之后，伍重大胆创新，设计了富有赖特意味的兰格里尼塔楼（Langelinie Pavilion，1953 年）方案。此后，他还与瑞典建筑师艾瑞克和亨妮·安德松（Erik and Henny Anderson）合作参加了一系列瑞典建筑设计竞赛。这也是他与挪威建筑师阿纳·柯斯莫（Arne Kosmo）和斯维勒·费恩亲密合作的一段时期。安德松－伍重合作的项目中有一件建成的作品，这就是 1951 年在波罗的海伯恩荷尔姆（Bornholm）岛上竣工的斯万内克·西马克水塔（Svaneke Seamark watertower），此外还有 1954 年为瑞典赫尔辛堡市（Hälsingborg）埃林奈贝格（Elineberg）社区设计的一组高层连体住宅和城市中心方案（图 8.11），它是一个包括学校、购物中心、高层单身公寓的城市

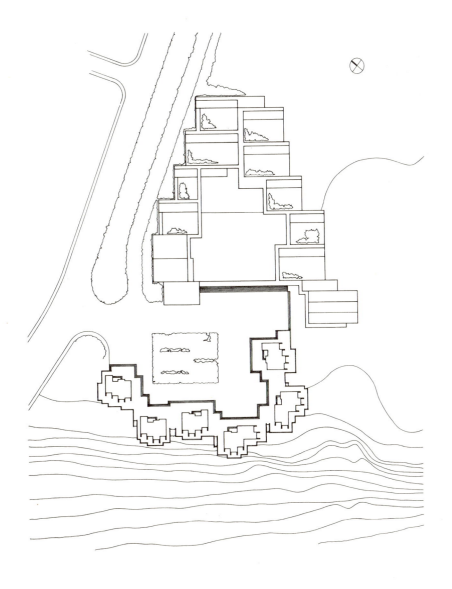

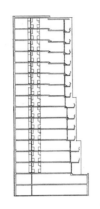

综合体,在很大程度上是从伍重早先设计的摩洛哥住宅方案发展演变而来。埃林奈贝格
方案在许多层面都可谓别具一格:首先,六座十四层高的塔楼围绕中庭形成一个整体,
中庭的下方是停车库;其次,这些塔楼都由同一种三面封闭、一面开敞的美加仑单元
(megaron unit)① 组合而成;第三,随着建筑层数的增加,单元进深反而越来越小,
形成建筑的退台式剖面。换言之,它以建筑北面的剪力墙为基准,在南侧形成台阶状的
大片玻璃窗立面 (图8.12)。关于这个别具一格的建筑形式,伍重自己曾经这样写道:

> 剖面形式的目的是为了让住户摆脱北欧阴沉的天空,看到更多的景色。……通
> 常,透过窗台上方的玻璃和阳台栏杆,住户只能看到北欧郁闷的天空。但是我们设计
> 的这些建筑呈台阶状,而且楼层越高,台阶越陡,这样人们站在第十四层楼上,将两
> 公里以外的美丽海景便尽收眼底。窗户是落地式的,通透的阳台栏杆也是落地式的。
> 在建筑的北侧、东侧和西侧,(滑模浇筑的)混凝土立面都较为封闭,而以阳台为主
> 的南立面则由振捣混凝土构件组成,宛如枝条编织的一样。……垂直构件有助于减少
> 楼层较高产生的心理恐惧,还可以成为爬藤植物生长的地方。[21]

随着楼层的递增,竖向构件的密度也逐步增加,既加强了阳台的围合性,又有
助于减少因楼层高度增加带来的恐惧感。就总体而言,这些塔楼的剖面与路易·康
设计的理查德实验大楼 (Richards Laboratories)(1959 年)最初方案中的递增形式
大有异曲同工之妙。随着距地高度的增加,两者都采用了越来越密的空中构件,尽
管埃林奈贝格是竖向格栅,而在费城则是通风管井。与此同时,相反的递增也在发
生:楼层的位置越低,支撑构件的强度也就越大。在埃林奈贝格,这一点主要反映
在室外阳台和结构墙体的关系上面,而在费城,挑梁断面的处理则更能说明问题。
同样重要的是,伍重将竖向格栅设计成一种藤架,在它的作用下,整个塔楼可以转
化为一个滚滚碧波倾泻而下的峭壁。在伍重的作品中,这是一种化解文化与自然分
界的方式。人们甚至还可以将密度不断递增的格栅视为一种装饰,它在一定程度上
弥补了阿道夫·路斯 (Adolf Loos)1908 年发表的 "装饰与罪恶" (Ornament und
Verbrechen)一文的不足。路斯写道:

> 我们的时代之所以重要,是因为它彻底断绝了装饰。装饰已经被我们扫地
> 出门。通过斗争,我们到达了一种无装饰的状态。……思想的力量战胜了装饰。
> 现代人小心翼翼地对待过去的装饰和异域文化,为的是将自己的聪明才智集中
> 在其他的创造发明上面。[22]

两年后,通过对现代社会文化断层的观察,路斯进一步指出:

> 人类历史从未像今天这样敢于抛弃一切文化。创造这样一种时代曾经是 19 世
> 纪下半叶都市人类的任务。直到那时,文化发展一直都处在徘徊不定的状态之中。
> 人们只知道屈从于眼前利益,对事物的认识缺少历史的视野。[23]

路斯也曾试图用自然形式取代装饰,比如,他在建筑室内常常使用大面积的大
理石墙面。路斯将石材视为一种饰面材料,还不无调侃地称它为廉价的墙纸。但是,
与伍重建筑中体现的人本有机主义 (benevolent organicism)相比,路斯的达达主
义立场 (pro-Dadaist stand)可谓南辕北辙,不可同日而语。

伍重与中国的缘分始于 1959 年,那一年他到远东研究中国建筑的营造方法,
首次接触到中国建筑法典《营造法式》。[24]这是一部对 12 世纪前的中国建筑法则进
行全面总结的著作。在伍重看来,这部法典特殊的普遍意义在于,它能够说明如

---

① 指一种类似古希腊美加仑建筑的建筑单元,也见本书第三章的相关论述。——译者注

何按照一定的木构法则将标准构件连接起来，形成变化丰富的建筑类型（图8.13）。吸引伍重的是，该体系的屋架并不像西方建筑那样呈三角形连接，而是完全由横梁叠加而成。在这种叠加结构中，横梁与具有悬挑作用的斗栱相结合，形成灵活多变的表现形式（图8.14）。中国建筑的屋面曲线正是借助于这种叠加方式才得以实现的（图8.15）。无疑，该组合方式对伍重的"加法原则"影响十分巨大，但是更大的影响也许还在于它使伍重认识到，同样的组合元件可以根据中国各地气候条件的不同，因地制宜地形成不同的屋面形式。此外，中国的木构体系还具有内在的抗震性能，屋面和榫头都能够很好地化解和吸收震波。据澳大利亚建筑师彼得·迈尔斯（Peter Myers）回顾，在1957年的悉尼歌剧院设计竞赛中胜出之后，伍重曾经在他的悉尼事务所里存放了一本《营造法式》，以便在悉尼歌剧院的深化设计中随时翻阅。[25]离开中国以后，伍重还到日本参观学习，接触到那些由中国建筑发

图 8.14
中国梁架和斗栱系统

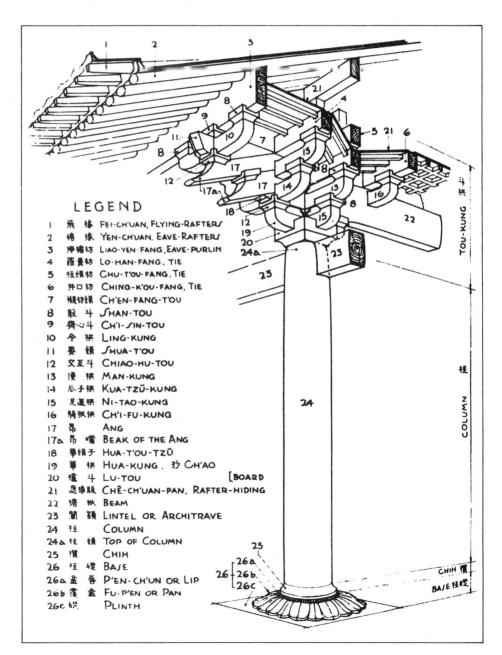

LEGEND

1	飛 椽	FEI-CH'UAN, FLYING-RAFTERS
2	檐 椽	YEN-CH'UAN, EAVE-RAFTERS
3	撩檐枋	LIAO-YEN-FANG, EAVE-PURLIN
4	罗漢枋	LO-HAN-FANG, TIE
5	柱頭枋	CHU-T'OU-FANG, TIE
6	井口枋	CHING-K'OU-FANG, TIE
7	槻枋頭	CH'EN-FANG-T'OU
8	散 斗	SHAN-TOU
9	齊心斗	CH'I-SIN-TOU
10	令 栱	LING-KUNG
11	耍 頭	SHUA-T'OU
12	交互斗	CHIAO-HU-TOU
13	慢 栱	MAN-KUNG
14	瓜子栱	KUA-TZŬ-KUNG
15	泥道栱	NI-TAO-KUNG
16	騎栿栱	CH'I-FU-KUNG
17	昂	ANG
17a	昂 嘴	BEAK OF THE ANG
18	攀間子	HUA-T'OU-TZŬ
19	華 栱	HUA-KUNG，抄 CH'AO
20	櫨 斗	LU-TOU
20a	遮椽版	CHÊ-CH'UAN-PAN, RAFTER-HIDING [BOARD
21		
22	墩 栿	BEAM
23	闌 額	LINTEL OR ARCHITRAVE
24	柱	COLUMN
24a	柱 頭	TOP OF COLUMN
25	櫍	CHIH
26	柱 礎	BASE
26a	盆 唇	P'EN-CH'UN OR LIP
26b	覆 盆	FU-P'EN OR PAN
26c	礩	PLINTH

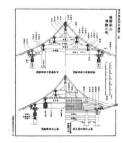

图 8.15
中国清式营造则例插图

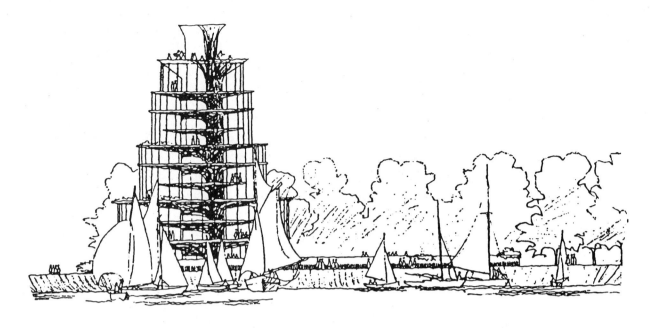

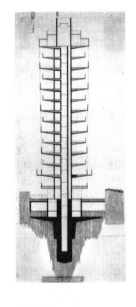

图 8.16

约恩·伍重，哥本哈根兰格里尼塔楼方案，1953 年

图 8.17

弗兰克·劳埃德·赖特，威斯康星州拉辛市强生制蜡公司研究中心大楼，1947 年。剖面

展而来、但又不尽相同的典型的日本建筑构件，如隔断、闭合窗、模数化地面等，在日本居住建筑中它们分别被称为障子（*shoji*）、木板窗（*amado*）、榻榻米（*tatami*）。次年，伍重周游印度、尼泊尔、西藏等地，这进一步拓展了他的东方视野。

伍重 1953 年设计的兰格里尼塔楼餐厅方案是对佛塔的一种诠释，它深受赖特的约翰逊制蜡公司（Johnson Wax）研究中心大楼（图 8.16 和 8.17）的影响，后者于 1947 年在美国威斯康星州拉辛市（Racine）建成。两者的基本结构如出一辙，都有一个圆柱形核心服务筒体，而且楼板也都是从核心筒体上悬挑而出（图 8.18）。在赖特的塔楼中，除了平面有方形和圆形等不同形式之外，楼面宽度基本保持不变；相比之下，伍重的楼面不仅有大小之分，而且就其总体而言，是随着楼层高度的增加而逐步减小的，这多少有些佛塔轮廓线的意思。在这里，楼板采取的是中空混凝土结构，正好形成空调管道需要的空间；就餐部分在剖面上错落有致，每个就餐位置都有开阔的视野，卫生间、传菜梯、客用电梯布置在结构核心筒体内，而高低错落的楼面外围采用的则是吊挂玻璃结构。所有这一切都显示出伍重丰富的建构想像力和将一个赖特式构思（a Wrightian paradigm）在性质完全不同的建筑上融会贯通的高超技巧。

对于伍重的建筑发展而言，无论怎样强调赖特的影响大概都不会过分，因为虽然在伍重的建筑中看不到任何赖特建筑的风格元素，但是赖特对建构的深刻关注却以这样或那样的方式始终伴随着这位丹麦建筑师的职业生涯。兰格里尼塔楼也许是这一影响表现得最为显著的一个案例。另一个案例是 1962 年设计的西尔克堡美术馆（Silkeborg Museum），这是一座为哥布拉国际小组（the international Cobra group）① 创始人之一的挪威艺术家阿斯格·约恩（Asger Jørn）设计的雕塑展馆。考虑到伍重本人的一贯立场，哥布拉运动反欧洲中心主义的文化态度无疑具有十分重要的意义。[26]

---

① 1941 年在巴黎形成的一个艺术家和评论家团体。由于该团体的成员均来自哥本哈根、布鲁塞尔和阿姆斯特丹，因此就以这三个城市开始的字母命名。哥布拉派艺术家热衷于把创造性的力量当作一部分现实直接表现在艺术之中。1951 年解散，但是却对北欧后来的艺术产生巨大的影响。——译者注

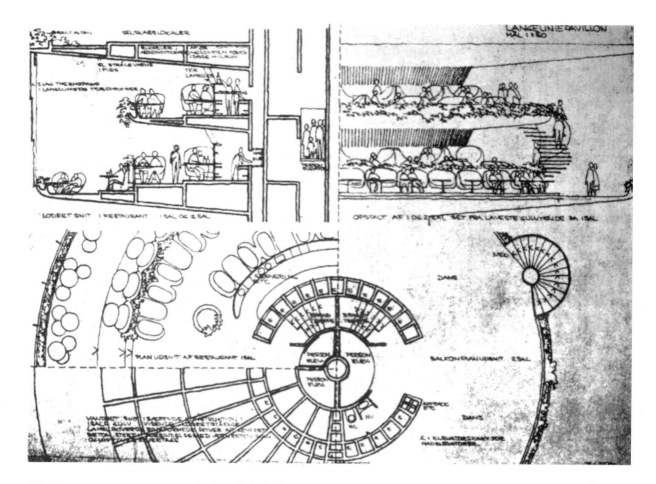

图 8.18
约恩·伍重，兰格里尼
塔楼方案，平面和剖面
详图

西尔克堡美术馆的平面构思来自伍重在中国的个人体验，其直接的灵感源泉是大同石窟，在那里他目睹了许多安放在洞穴中的佛像。在这里，伍重将他在大同的所见所闻转化为一个颇具极端意味、但与哥布拉小组充满原始主义精神的野性艺术（art brut）相得益彰的埋地式建筑。值得注意的是，西尔克堡美术馆向心式的圆形坡道（图 8.19）显然还带有赖特古根海姆美术馆（图 8.20）的烙印，而后者则又是古代亚述七阶神塔（Assyrian ziggurat）① 的反转变体。在赖特建筑的发展过程中，1924 年设计的戈敦·斯特朗汽车登高观象台（Gordon Strong Automobile Objective and Planetarium）是首个运用金字形神塔主题的项目（图 8.21），其上旋的实体形式与中空下旋的古根海姆美术馆正好构成某种反转关系。[27] 从类型学的角度而言，我们也许可以勾勒出一个承上启下的演变过程，它从极具纪念性、但又没有多少体量感（monumental but dematerializing）的戈敦·斯特朗螺旋体开始，经过古根海姆美术馆，最终到达西尔克堡美术馆碗状的埋地式建筑。在这一过程中，一直都是东方的形式在激发赖特和伍重的创作灵感。

西尔斯堡美术馆的形状宛如两个相互咬合的巨大的地下蓄水罐，其间穿插了一些圆弧形坡道，上方是网格状采光天棚，它应该算是伍重早期建筑中最为别具一格的作品之一。如果有机会实现一个未曾建成的伍重作品的话，那么西尔斯堡美术馆应该属于首选。就其本质而言，西尔斯堡美术馆是一个基座式建筑，它与兰格里尼

图 8.19
约恩·伍重，西尔克堡
美术馆，1962 年。展厅
平面和剖面

① 古代亚述和巴比伦人创造的一种供祭司"登天"参拜神明的阶梯型神塔，通常有七部大台阶通往顶部，高者据说可达 90 米。——译者注

图 8.20
弗兰克·劳埃德·赖特，
纽约古根海姆美术馆，
1946—1959 年。剖面

图 8.21
弗兰克·劳埃德·赖特，
马里兰州苏加罗浮山戈
敦·斯特朗汽车登高观
象台，1924 年

图 8.22
约恩·伍重，西尔克堡
美术馆。剖面、西立面
和北立面。按照设计，
整个建筑应为预制钢筋
混凝土结构

图 8.23
约恩·伍重，丹麦赫尔
辛厄郊区的金戈住宅小
区，1956 年。总平面。
这是一个拉德伯恩布局
原则的变体

塔楼正好构成完全相反的范畴：前者营造的是洞穴世界（*cavernous mundus*），[28] 而后者则属于空中之塔。此外，我们还应该提及该设计的另外两个重要特点：首先，它再现了赖特古根海姆美术馆汽车坡道般的建筑元素（从戈敦·斯特朗观象台转化而来），尽管这种再现是以引导参观者进入美术馆碗状空间的圆弧形坡道表现出来的（图 8.22）；其次，伍重创造性地在颇具有机意味的圆形展览空间旁边设置了一个半透明采光天棚，它的瓦楞状剖面结构跨度与地面层空间正好相吻合（在这一点上人们不妨将它与斯维勒·费恩 1967 年设计的威尼斯双年展挪威馆作一个比较）。类似的条肋结构（ribbed and striated structure）也在反转的拱券上得到运用，为的是支撑位于地面层和埋地罐体之间的夹层空间（mezzanines）。

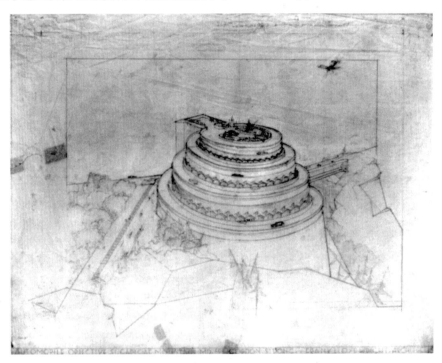

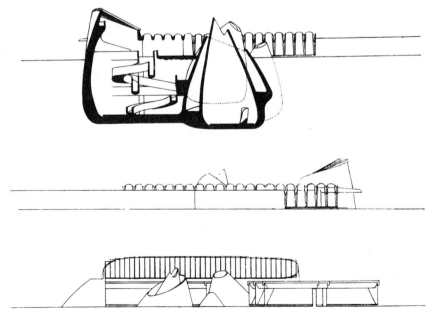

266

正如我在前面已经指出过的，我们完全可以用森佩尔基座与屋盖的二元对立公式（the Semperian formula of the earthwork versus the roofwork）来解读伍重的建筑。一般说来，相辅相成的对立因素在伍重建筑中有三种不同的表现类型，它们的复杂程度越来越高，但是每一类型都在很大程度上取决于屋盖的变化形式。因此，我们既可以看到伍重院落式住宅（domestic atrium）的单坡屋顶，也可以看到他惯用的公共空间的折板屋盖，还可以看到他在更大尺度的集会空间中使用的多重壳体形式（shell-pagoda form）。此外，每一种类型都有十分独特的、介于基座和屋面之间的墙体出现。在第一种类型中，周边式承重墙体成为围合建筑和院落空间的主体（尽管室内隔墙常常是轻质的），同时将基座简化为一个位于单坡屋面覆盖下的薄薄的平台。在第二种类型中，折板状的混凝土屋盖跨越在高架的基座上面；而第三种类型的屋盖则呈现为坐落在阶梯形基座上面的壳体形式。如果说后面两种类型的建筑外围采用的都是幕墙形式的话，那么西尔克堡美术馆应该属于一个例外，因为它的基座部分完全沉浸在地下，而屋盖则由折板形式和壳体形式混合而成。

伍重职业生涯早期建成的两个相互关联的住宅小区设计就体现了上述第一种类型的院落空间，它们分别是1958年的金戈（Kingo）小区和1963年的弗雷登斯堡（Fredensborg）小区。同样的类型也出现在1963年为丹麦欧登塞（Odense）市设计的新区方案之中。以折板屋盖为主要特征的第二种类型又分为居住建筑（domestic）和公共建筑（civic）两种变化形式，前者在1964—1965年间建成的位于悉尼湾景地区（Bayview）的伍重自宅上付诸实施，而后者则在1963年设计的位于赫尔辛厄（Helsingø）市的一座学校和苏黎世歌剧院的方案之中大显身手。跨越在基座之上的多重壳体是第三种类型的代表，它曾经在伍重建筑生涯最初15年的方案中反复出现，但只有悉尼歌剧院才是它最为完美的结晶。

如果说某种形式的重檐屋顶构成伍重的公共建筑中一再重复出现的主题的话，那么在他的居住建筑中出现最多的主题则是院落空间。它具有因地制宜的特点，周边式围合墙体将基座和屋面连接起来，形成居住的形态。尽管位于赫勒贝克的伍重自宅已经以一种相当隐晦的方式表达了这一主题，但是首先采用周边式墙体的应该是1953年为瑞典南部的斯科纳（Skåne）地区设计的具有扩建可能的斯科纳小住宅系列单元（skåneske hustyper）。[29]同样的概念后来也在1956年出现在赫尔辛厄埃尔辛诺雷（Elsinore）地区的金戈住宅方案之中。这是一个由63幢单层院落建筑组成的住宅小区，分成11个大小不一的组团坐落在高低起伏的地形上面（图8.23）。所有院落都朝向正南、西南或东南，而北侧的封闭式立面则将位于组团外围的车库和入口连接起来。总平面布局是新拉德伯恩式的（neo-Radburn）[①]，它放弃了四合的天井格局，用建筑的两翼与院墙为居住者围合出一个可以自由活动的内向的绿色院落空间。

与1962—1963年间设计的弗雷登斯堡小区（图8.24）不同，金戈小区的建筑组合较为松散，院落形式也显得简单划一。伍重曾经为该小区提出过一系列不同的布局方案，他甚至提出在墙体围合的范围之内，居住单元应该像斯科纳住宅那样，可以根据未来使用的要求进行扩建（图8.25，8.26，8.27）。伍重提出的不同平面

---

① 1928—1933年间在美国新泽西州建造的拉德伯恩（Radburn）花园城市，将邻里单位概念与等级分明的道路和绿地系统结合起来，是花园郊区居住类型的试验性产品，对后来的城市规划尤其是居住小区建设产生了广泛影响。——译者注

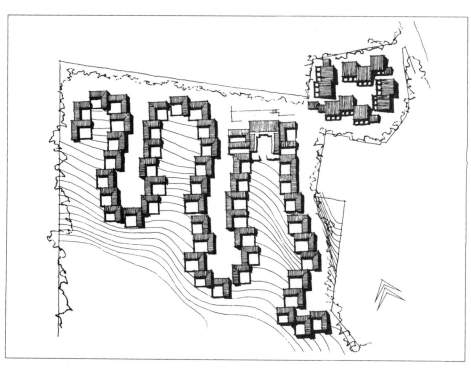

图 8.24
约恩·伍重，弗雷登斯堡住宅小区，1962—1963 年。总平面

方案其实是在标准的 L 形三居室单元基础上变化而来的。在某些情况下，只有屋面保持 L 形，而居住空间则被隔成单独的书房或者与主体建筑分离的老人用房。但是无论怎样变化，车库入口都以某种方式纳入屋盖的范围之中，同时允许花园有不同的处理。有些单元配置的是玻璃花房，另一些单元则带有游戏室，还有些单元甚至配备了游艇修理车间。如前所述，赖特的美国风住宅对金戈和弗雷登斯堡这类院落住宅有着无可置疑的影响，比如，弗雷登斯堡住宅就用北美印第安红（cherokee red）作为木窗油漆的颜色。当然，美国风住宅也并非是伍重设计的惟一灵感来源。

图 8.25
约恩·伍重，金戈住宅小区，可供选择的矩形或正方形平面单元，便于增建

图 8.26
约恩·伍重，金戈住宅小区，住宅平面变化形式之一

图 8.27
约恩·伍重，瑞典南部住宅户型竞赛，1950年，一等奖方案轴测图。这种类型在1956年的金戈住宅小区中得到使用

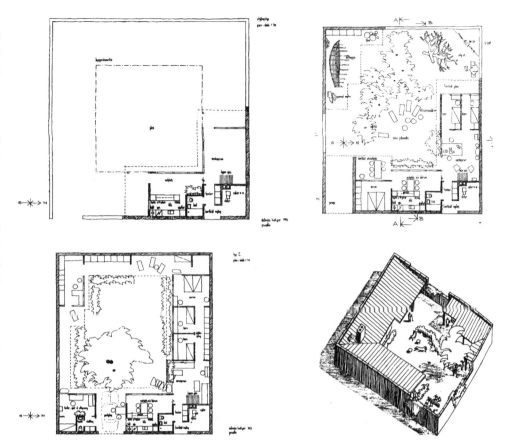

事实上，在这两组住宅建筑中，墙头瓦作是中国式的，烟囱的外形似乎参照了中东建筑的通风柱，或者说是用丹麦的砖作语言演绎了伊朗的风塔建筑〔参见位于亚兹的巴德－基尔风塔（the Bad-Ghir of Yazd）〕（图8.28，8.29）。此外，屋顶的西班牙瓦和窗洞上的木格栅也流露出古西班牙（Iberian）文化的痕迹。在一篇回顾弗雷登斯堡住宅的文章中，图比亚斯·法贝尔还提到法国南部瓦克鲁斯（Vaucluse）地

图 8.28
约恩·伍重，弗雷登斯堡住宅，剖面

区的院落式农宅和奥地利建筑师罗兰·莱纳(Roland Rainer)对伍重的深远影响。[30]
在景观设计方面,伍重常常使用石头元素,这也在一定程度上体现了日本枯山水
(rock gardens)和斯堪的纳维亚古石器文化的影响。

在欧登塞居住区规划方案中,伍重将毯式住宅概念(carpet housing paradigm)
与更大范围的城市整体融合在一起(图8.30)。这个住宅小区总共有大约200幢院
落住宅,它们以一种拉德伯恩方式(Radburn style)从市中心的"城市之冠"向外
延伸,其私密性院落空间肌理与混凝土壳体屋顶覆盖下的市政厅等公共建筑形成鲜
明对照。在这里,院落之间彼此相接,酷似传统伊斯兰城市的连续肌理。这是一种
模块形态学方法,它始终贯穿在伍重的城市研究中,其基本单元有宅院单元或美加
仑开间格局(cross-walled megaron)等不同形式,后者在1945年设计的埃利奈贝
格高层住宅方案和1960年设计的比尔克赫伊(Birkehøj)城市规划方案中都曾有所
体现。在这些方案中,作为基本单元的三联式高层塔楼和阶梯式住宅(terrace hou-
ses)相辅相成,共同构成城市的肌理(图8.31)。此外,在比尔克赫伊住宅中,三
个一组的建筑单元呈扇状坐落在起伏变化的山坡上,这不仅受到阿尔托设计的考图
瓦住宅(Kauttua housing)(1937年)(图8.32)和苏尼拉(Sunila)(图8.33)
地区阶梯式住宅的启发,而且也留下了美国西南部土坯建筑的烙印。关于比尔克赫
伊住宅的总体布局,伍重写道:

小户型老年公寓坐落在山坡上,形成小型广场,在开阔的自然景观中创造出
一片相对宁静和围合感的环境,真还有一点意大利小山村的意思。与此同时,也
充分考虑了如何利用基地周围景观环境的问题。无论公寓还是独立住宅,……标
准建筑元素的组合方式都力求避免现代住宅通常出现的可怕的刻板和僵化。即使
书架的方式也应该多种多样。在我看来,现代住宅设计无视千变万化的使用要求、
将住宅千篇一律地并置或者叠加在一起的做法是可悲而且完全没有道理的。[31]

图 8.30
约恩·伍重，奥登塞规划
方案，1967 年。总平面及
公共建筑剖面和平面

正如西格弗里德·吉迪恩（Sigfried Giedion）等人曾经指出过的，伍重的建筑具有一种罕见的能力，不仅善于将有机形式与几何形式相结合，而且在将几何形式发展成为有机形式方面也有独到之处。无论金戈小区和弗雷登斯堡小区，还是欧登

271

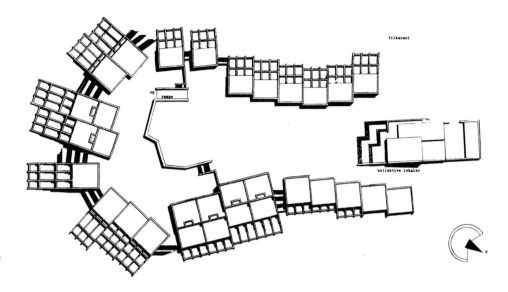

图 8.31
约恩·伍重,北西兰岛
比尔克赫伊小区,1960
年。小区总平面

塞和比尔克赫伊的设计方案,都很好地说明了这一点。类似的方法也出现在 1960 年
为西班牙的艾尔维利亚(Elviria)地区设计的气势磅礴的巨构方案之中,尽管我们必
须承认,这一方案的单元性并不很强。

  如同赖特一样,伍重对结构形式的关注程度在建筑师中很少有人能够或者愿意
做到。建筑师通常在大跨度问题上求助于结构工程师,很少想到将折板结构的大跨
能力作为建筑固有表现性的基础。我这里指的不仅是悉尼歌剧院对预应力钢筋混凝

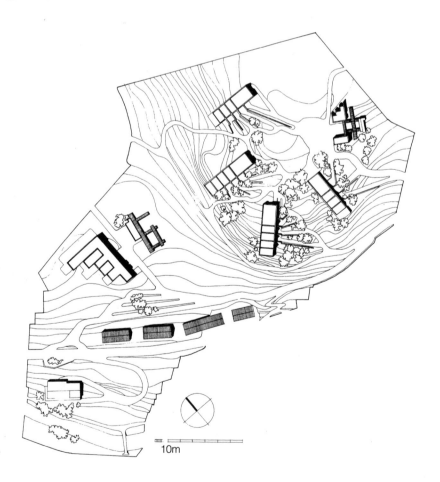

10m

图 8.32
阿尔瓦–阿尔托,芬兰
考图瓦住宅,1937—
1940 年。总平面

图 8.33
阿尔瓦 – 阿尔托，芬兰
苏尼拉住宅，1936 年。
轴测图和剖面

土壳体结构的运用，而且也包括那些后张式大跨度预应力钢筋混凝土折板屋盖设计。除了欧仁·弗雷西内（Eugène Freyssinet）和皮埃尔·路易吉·奈尔维（Pier Luigi Nervi）的工程项目之外，采用这种别具一格的屋面结构的建筑实在是屈指可数。伍重是在 1960 年的哥本哈根世界展览中心方案中首次采用大跨屋面结构的（图 8.34）。在这里，我们看到的是悬挑达 80 英尺和净跨达 240 英尺的折板结构。要知道，在伍重提出这一大胆新颖的设计方案时，已经建成的钢筋混凝土折板结构的最大跨度还只有 164 英尺，它出现在 1956 年在巴黎落成的联合国科教文组织会议大厅上面（图 8.35），该建筑由马塞尔·布劳耶尔（Marcel Breuer）和伯纳德·泽尔夫斯（Bernard Zehrfuss）担任建筑设计，奈维任结构工程师。

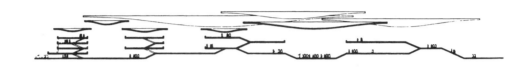

图 8.34
约恩·伍重，哥本哈根
世博会竞赛方案，1959
年。剖面

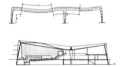

图 8.35
皮埃尔·路易吉·奈尔
维、马歇尔·布劳耶尔
（Marcel Breuer）与伯
纳德·泽尔夫斯（Ber-
nard Zehrfuss），巴黎联
合国教科文组织总部，
1953—1956 年。扭矩、
拉力、压力和挠曲的结
构图解及讲演厅剖面

相比之下，伍重在赫伊斯特罗普（Højstrup）学院设计竞赛方案中采用的折板屋盖则较为节制。该学院是丹麦总工会下属的成人教育学院，原定于 1958 年在赫尔辛厄开工建造（图 8.36）。[32] 虽然从有关的出版资料上看不到该方案的地下室平面，人们还是可以猜想它的地下部分应该是停车库。上部结构的布局类似于一座微型城市，

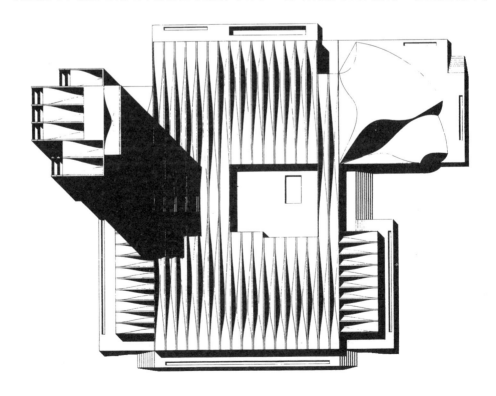

图 8.36
约恩·伍重，丹麦赫尔
辛厄赫伊斯特罗普成人
教育学院，1958 年。屋
顶平面

横平竖直的几何性和富有韵律的尺度感令人想起伍重9年前参观过的马雅遗址（图8.37）。当然，这里并没有神庙建筑，裙房部分由一系列教室空间组成，它们围绕一个颇似古希腊式"市民广场"（agora）的下沉式中央广场布置。在某种意义上，我们或许可以将这些折板屋面覆盖下的教室理解为一种城市肌理，同时将壳体屋盖的会议大厅视为与教堂或者市政厅具有同等地位的城市中心。除了壳体形式与折板结构的组合之外，该方案还包含一幢高层住宅塔楼，其基本原型似乎还是1954年设计的14层高的埃林奈堡塔楼（图8.38）。尽管这个塔楼与周围的低层学校很不相称，它还是有助于人们将整个综合体作为一座微型城市进行解读。类似的折板结构还出

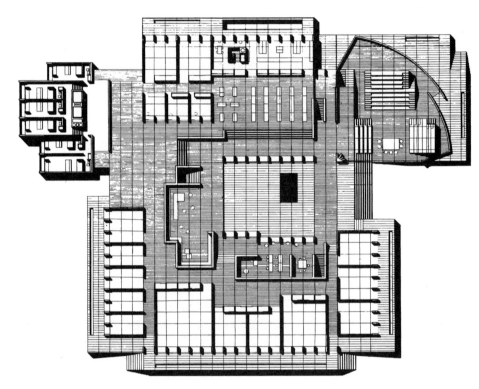

图8.37
约恩·伍重，赫伊斯特罗普学院平面。按照城市公共区域的观念，学院教室围绕公共庭院布置，庭院下方为停车库

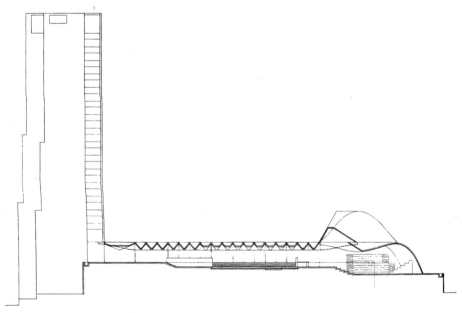

图8.38
约恩·伍重，赫伊斯特罗普学院剖面

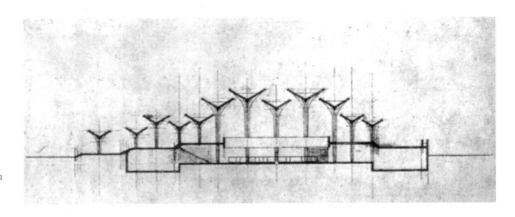

现在伍重差不多同时期设计的一个购物中心方案中，它通过 V 形钢筋混凝土构件在主要购物大厅上方形成一个跨度为 120 英尺的屋盖，其中每一构件的悬挑跨度达 40 英尺（图 8.39）。

在位于悉尼湾景地区的伍重自宅中，折板概念以完全不同的尺度再次出现。该建筑坐落在俯视壁水湾（Pittwater）的一块坡地上面，设计建造是在 1961—1966 年间断断续续进行的，光是设计就经过四轮方案才得到当地有关部门的批准。湾景住宅在概念上与西尔克堡美术馆不无相似之处，再次囊括了基座和屋盖两个显著特征。如同赖特的许多住宅建筑一样，湾景住宅曲折的外墙在水平方向展开，与基地特点紧密结合在一起（图 8.40，8.41）。这样做不仅扩大了建筑面积，同时也使住宅本身成为整个地形的一部分，而不是一个仅仅满足功能需要的孤零零的物体。与西尔克堡美术馆一样，湾景住宅的神韵都凸现在折板形的屋顶轮廓上面，看上去就好像远在天边的海市蜃楼。有意思的是，伍重最初曾将该建筑的屋顶设计为一个叶状的骨架，它以 50 英尺的跨度覆盖在由阶梯式平台和墙体组成的基座上面（图 8.42）。该方案早先一张草图上的文字是这样写的：

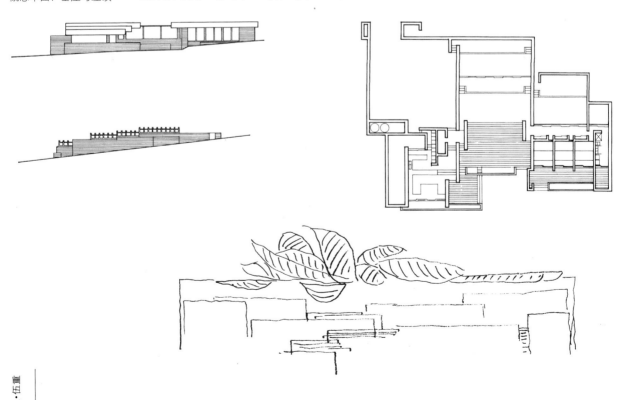

建筑的屋顶宛如横空出世，可以是一个巨大的单跨，也可以由许多小跨组成。关键是在通过批量生产的构件的不同组合产生不同屋顶形式的过程，必须很好地解决防水、结构和隔热等问题，这是一个富有挑战性的问题。这个平台般的院落住宅可以证明，单元组合能够创造生动活泼的屋顶形式。[33]

与伍重以往采用的折板屋盖不同，湾景住宅的屋面结构由 U 形热压胶合木板叠合而成，然后用反向的 U 形胶合板封边，最后再在外面包一层铝板，以满足防水要求。结构做法是将这些胶合板构件搁置在空心混凝土墙板上，再通过钢索将墙板和屋面与现浇混凝土基础拉结起来。由于墙面和地面使用同一种预制混凝土板，所以基座部分看起来相当统一。显然，无论胶合板材屋盖，还是钢筋混凝土基座的内部和外部，都没有施加任何饰面处理。这种建造伦理后来也成为伍重 1974 年为自己设计建造的位于西班牙马略卡岛（Majorca）佩特罗港（Porto Petro）的坎·利斯住宅（Can Lis house）的宗旨。湾景住宅最初的设计方案由主房、客房和工作室等三个相互独立的部分组成，到第四个方案也是最终方案时，独立客房被取消了，而主体建筑则根据地形分解为单独的起居和卧室单元。这也正是佩德罗港坎·利斯住宅总体布局的雏形。坎·利斯住宅用钢筋混凝土扁拱取代悉尼湾景住宅的胶合板屋面构架，但是在其他许多方面，它努力将伍重在湾景住宅中提出的种种设想再次付诸实施（图 8.43，8.44，8.45，8.46，8.47）。

折板结构在伍重 1964 年参加苏黎世歌剧院设计竞赛的获胜方案中也发挥了关键作用（图 8.48，8.49）。在这里，折板不仅构成主要演出大厅的屋盖，而且也将侧台、后台、餐厅、酒吧、休息大厅等辅助设施涵盖其中。在赫尔辛厄成人学校方案波浪起伏的木舟状拱形结构体系基础上，该方案将柱子的位置略加调整，或置于跨中，或置于端头。前厅部分的柱子也有移位，同时将折板屋盖伸向室外，形成悬挑空间。与赫尔辛厄成人学校的方案颇为相似的是，苏黎世歌剧院波浪状的折板屋盖与建筑基座之间也形成某种意义上的微型城市，令人想起 1785 年落成的巴黎王宫剧院（Palais Royale），或者赖特 1914 年设计建成的芝加哥米德威花园建筑群体（Midway Gardens）。应该看到，该方案的主题是一座歌剧院，而不是一座纪念性的独立式政府机构，相信这也是伍重苏黎世歌剧院方案含蓄的内向品质的原因所在

图 8.43
约恩·伍重，湾景自宅，第四次修改方案（1965年6月），屋顶平面

图 8.44
约恩·伍重，湾景自宅，第四次修改方案，起居区和卧室区平面：
1. 起居室
2. 露台
3. 庭院
4. 餐厅
5. 厨房
6. 储藏室
7. 入口
8. 卫生间
9. 走廊
10. 封闭连廊
11. 花园
12. 晾晒庭院
13. 浴室
14. 卧室
15. 洗衣房

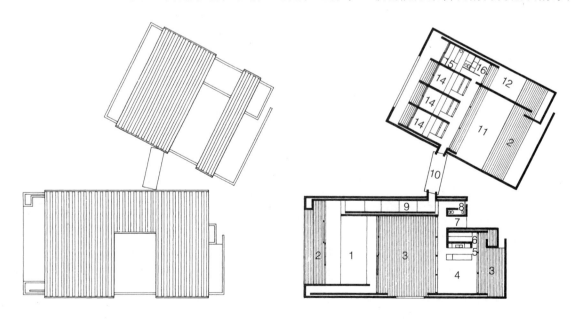

（图 8.50，8.51）。同样，建筑内部的空间类型也处理得恰到好处，演出大厅采用了半圆形剧场形式，而不是通常使用的镜框式舞台。

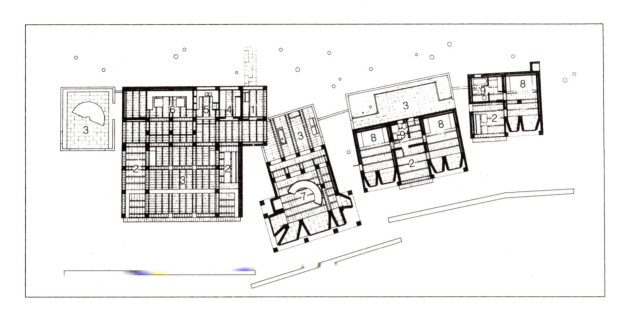

图 8.45
约恩·伍重，马略卡岛佩特罗港伍重自宅，1947 年。平面：

1. 入口
2. 有覆盖的室外
3. 庭院
4. 备餐室
5. 厨房
6. 餐厅
7. 起居室
8. 卧室
9. 浴室

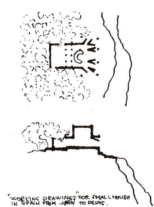

图 8.46
约恩·伍重，佩特罗港自宅，概念草图

图 8.47
约恩·伍重，佩特罗港自宅，剖面

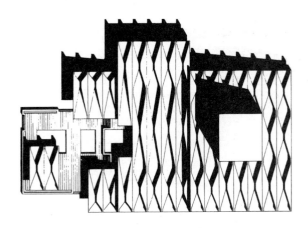

图 8.48
约恩·伍重，苏黎世歌剧院，
1964 年。屋顶平面

图 8.49
约恩·伍重，苏黎世歌剧院，平
面和剖面。底层平面：
　1. 车库出口
　2. 车库入口
　3. 入口庭院
　4. 上层入口
　5. 票务处
　6. 休息大厅
　7. 通往衣帽间和洗手间的楼梯
　8. 办公室
　9. 员工入口
　10. 舞台经理室
　11. 木工房
　12. 展厅
　13. 侧台
　14. 主要舞台
　15. 后台
　16. 布景室
　17. 储藏室
　18. 实验剧场
上层平面：
　1. 艺术中心
　2. 入口庭院
　3. 门厅
　4. 自助餐厅
　5. 服务空间
　6. 餐厅
　7. 办公室
　8. 图书馆和档案室
　9. 工作人员宿舍
　10. 木工室
　11. 展厅
　12. 侧台
　13. 舞台
　14. 后台
　15. 布景室
　16. 储藏室
　17. 实验舞台
　18. 报告厅

图 8.50
约恩·伍重，苏黎世歌剧院，
模型

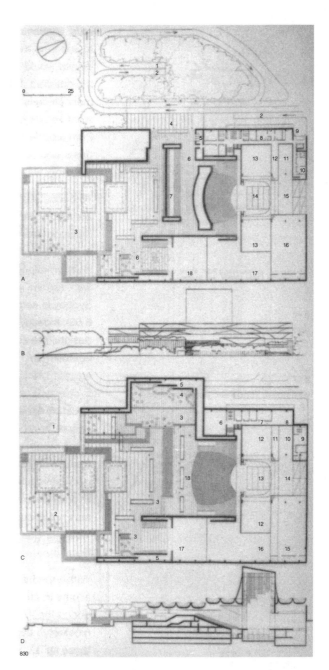

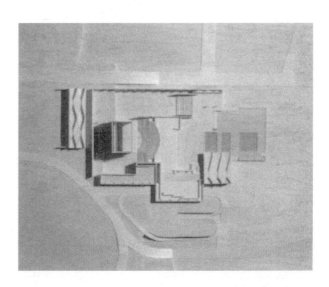

双层墙体是该方案的一大特点，由此产生的许多厚度不一的夹层空间与"服侍性"空间（"servant" space）相结合，容纳了一系列辅助性设施，如通风管道、空调机房、酒吧、厨房、控制室、洗手间、备餐间等。休息大厅外侧使用的是透明玻璃幕墙，位于休息大厅内侧的半圆形演出大厅可容纳 1200 名观众，另外还有一个可容纳 400 名观众的试验剧场。主要演出大厅不仅是古希腊式的，而且也带有前哥伦布时期的美洲文化特征，仿佛是镶嵌在建筑的基座内的一颗明珠，服务设施沿基座周边布置，车辆从位于主体建筑一侧的雨棚入口进入地下车库（图 8.52）。伍重的苏黎世剧院与城市肌理的结合精妙绝伦，可惜它最终未能付诸实施，这对苏黎世和 20 世纪建筑文化而言，不能不说是一大损失。[34]

在伍重的建筑中，壳形屋盖属于某种意义上的公共元素和象征元素，其性质与次一等级的折板屋盖以及屋盖下方的基座有着显著的区别。毫无疑问，最能说明这一点的伍重建筑应该非悉尼歌剧院莫属。该建筑的最初设计来自 1957 年国际竞赛中伍重的获胜方案，16 年之后，在没有伍重的情况于 1973 年建成（图 8.53，8.54）。在屋盖和基座这一对元素中间，悉尼歌剧院的基座设计属于相对容易的问题（图 8.55）。事实上，该建筑的基座形式从竞赛方案到最终建成都没有什么改变。相比之下，壳形屋盖无论在概念层面还是在力学计算层面则逐步演变为一个十分棘手的问题，更不要说建造过程中碰到的技术难度了。在伍重最初的设计方案中，壳体屋顶只是一个姿态，而非深思熟虑的想法。事实上，在随后近四年的时间里，伍重都未能找到解决壳体屋顶几何结构的方法，直至一个偶然的机会，他发现用预制混凝土模块形成曲率不同的拱肋片段或许是一个不错的办法（图 8.56）。悉尼歌剧院的钢筋混凝土壳形屋面最终是从球体表面切割出来的三边形拼接而成，或者说是从球体获得的具有一定弧度的表面拼接而成的（图 8.57）。伍重的悉尼歌剧院说明，建构观念（a tectonic concept）与结构理性（a structurally rational work）并非必然是一回事，这令人想起达米希（Damisch）在评述维奥莱－勒－迪克时指出的，在结构手段（constructional means）与建筑结果（architectural result）之间，永远不可避免地存在着差异（参见本书第二章）。

图 8.51
约恩·伍重，苏黎世歌剧院，模型

图 8.52
约恩·伍重，苏黎世歌剧院，模型

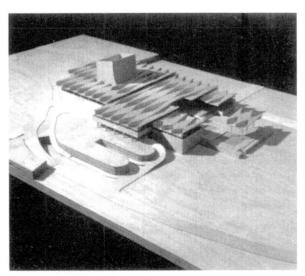

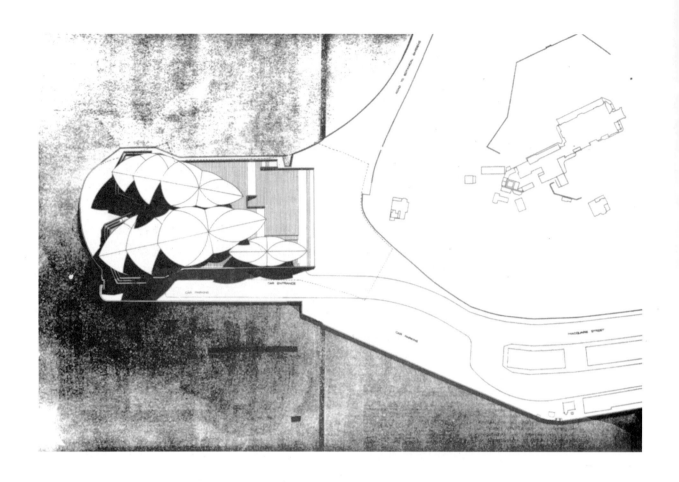

图 8.53
约恩·伍重，悉尼歌剧院，1957—1973 年。总平面图

图 8.54
约恩·伍重，悉尼歌剧院，从港口看悉尼歌剧院和背后的悉尼港湾大桥

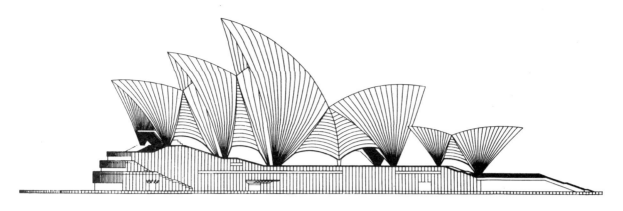

图 8.55
约恩·伍重，悉尼歌剧院，西立面

图 8.56
约恩·伍重，悉尼歌剧院：剧院主体西立面、结构设计最终方案、预制混凝土肋板及赫加奈斯瓷砖贴面方案

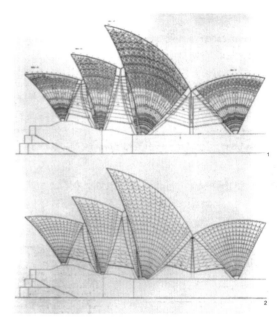

图 8.57
约恩·伍重，悉尼歌剧院，所有壳体都从同一个球面模型获得

在欧洲建筑史上，上述矛盾（aporia）曾经有两次似乎有望得到解决。第一次是哥特建筑盛期，第二次则发生在 19 世纪下半叶铸铁玻璃结构（ferro-vitreous construction）成熟的时期。但是，即使在这两个时期，结构的力学逻辑（the statical logic of the structure）与物质形态的形式逻辑或建造逻辑（the formal or constructional logic of its physical form）都远没有达到完美统一。众所周知，哥特教堂基本是以结构直觉为基础的，它来自于数代人的经验积累，因此，正如波尔·阿伯拉罕（Pol Abraham）在 1933 年指出过的，典型的哥特交叉拱顶就有一些从结构角度来说多余的肋架。[35]这些肋架一方面是为了拱顶的建造而设，另一方面则出于对称的形式考虑。在铸铁玻璃结构中，问题不是那么明显，但我们在 1851 年建成的伦敦水晶宫中还是可以发现，为了使构件的装配更加简便，铸铁柱采用了统一柱径，未能反映这些柱子实际承受的荷载的变化。这一点与悉尼歌剧院建造过程中拱顶的起拱点承受的压力与它的建造形式之间存在的矛盾十分相似。超大的尺度使原本已经存在的问题变得更为复杂。从基座部分开始算起，悉尼歌剧院主要演出大厅的顶部高达 179 英尺，这比悉尼港湾大桥桥面还要高出 29 英尺。与此同时，壳体的跨度也十分巨大；主要演出大厅长 400 英尺，宽 176 英尺，即使小型演出厅的长与宽也有 352 英

尺和128英尺之巨。

伍重的想法是从悉尼歌剧院所在的贝尼隆尖角地带（Bennelong Point）出发进行整个建筑的构思。这意味着需要考虑周围环境的一系列特点，其中包括城市本身、港口、以及跨度达1650英尺的悉尼港大桥的轮廓线和尺度等，后者还包括一对塔墩和一个由铆接钢架构成的巨大的桥拱。面对如此挑战，伍重胸有成竹，深知应该怎样做才能在创造建筑形式的同时，重新塑造整个基地，最终将两个彼此相邻的庞然大物整合为一个壮观的统一体。伍重甚至从组成周围环境的光线的角度考虑壳体的体形特征。

悉尼是一个光线并不充足的港口，岸边色彩昏黯，建筑多为红砖。与地中海或者南美洲等阳光明媚的国度不同，这里没有在阳光下闪烁的白色建筑。因此，在设计悉尼歌剧院的时候，白色总是浮现在我的脑海之中。悉尼歌剧院的屋面应该像晴空下的白色船帆一样迎风招展，随着太阳从东方升起到正午时分，整个建筑越发精神焕发。烈日当头，悉尼歌剧院被港口蔚蓝的海水衬托得格外醒目，银光闪烁，洁白无暇，令人赏心悦目，叹为观止。进入夜晚，泛光灯照耀下的壳体又是另一番景色，散发出柔和壮丽的光辉。……说到底，它将有一种类似阿尔卑斯光芒（*Alpenglochen*）的效果——一种山顶的皑皑白雪在阳光照耀下，通过吸收光线的白雪与晶莹的冰粒的共同作用，呈现粉紫色折射的美轮美奂的效果。这是一个魅力四射的屋面。与一般建筑的光影效果不同，悉尼歌剧院必将生气盎然，周而复始，变幻无穷。[36]

在伦敦开业的丹麦结构工程师奥韦·阿鲁普（Ove Arup）曾于1965年撰文，论述悉尼歌剧院建造过程中遇到的困难。在他看来，问题不仅来自伍重超乎寻常的建筑构思，而且也由于贝尼隆尖角地带的形状过于狭窄。[37]通过将两个演出大厅并列布置，同时将观众人流安排从舞台背后进入剧院，伍重成功地解决了基地一边是城市滨水地带、另一边是海角和港口的令人左右为难的问题（图8.58）。与此同时，他也成功地将体量可观的休息大厅和餐厅空间与高耸入云的演出大厅屋面结合在一个

图8.58
约恩·伍重，悉尼歌剧院，平面

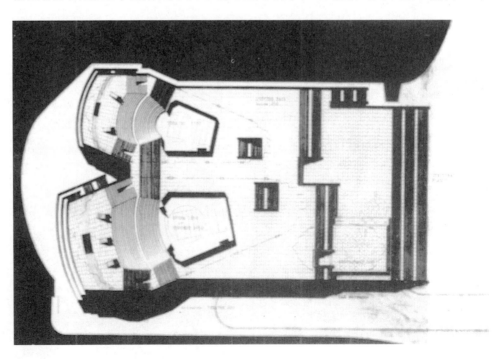

整体之中，最终创造出一个与邻近的抛物拱状的悉尼大桥相得益彰的颇具震撼力的塑性形体。悉尼歌剧院的塑性特征使我们想起伍重与法国雕塑家亨利·洛朗斯（Henri Laurens）的关系，具体说来就是洛朗斯1924年为一位遇难的飞行员设计的、位于蒙帕纳斯公墓（the cemetery of Montparnasse）的充满塑性魅力的墓碑（图8.59）。

除了需要解决跨越在演出大厅上方的壳形屋面的塑性逻辑和结构逻辑的矛盾，伍重的总体构思还要面对许多其他困难。首先，由于观众进入剧院的方式和基地过于狭窄，侧台被迫取消，从而不得不采用一种置于基座地下部分的液压式舞台；其次，壳形屋面的塑性结构形象缺少力学稳定性，而且无论建筑师还是结构工程师都无法解决壳体的肋架形式与总体造型受力不稳的矛盾。从力学角度而言，每个壳体需要四个支点，而不是伍重设想的两个支点，加之伍重决定采用预制混凝土模块组成壳体，已有的问题就变得更为复杂。这些模块好比放大了的伦敦水晶宫铸铁构件，只是这回它面临着完全不同的技术和建构条件。伍重倾向于像严森－克林特的格鲁特威教堂那样，创造一个单元复加结构（additive structure）的建筑，这大大推迟了设计者们找到解决方案的进程，因为正如阿鲁普指出的，如果采用钢混结构，将预制混凝土壳形表面覆盖在抛物状钢结构上面，悉尼歌剧院壳形屋面的结构关系将更为合理。鉴于阿鲁普的文字已经十分清晰地说明了问题，我们不妨长篇大论地引用如下：

伍重为每一个演出大厅设计的屋盖由四对三角形壳体组成，每一个壳体以三角形中的一角作为支点，同时每对壳体又对称地相互依撑在一起，就像一对手掌或一对扇子合在一起一样。因此，每一对壳体的两个支点形成的哥特式尖拱与侧向压力的方向并不一致（也就是说拱的顶部不应该是尖的），结果就是即使在静荷载的情况下，也可能导致结构产生剧烈晃动。如果我们指望壳体能够通过这样的支点固定的话，那么我们面临的悖论就是，强度应该最大的地方恰恰是壳体宽度最小的地方。此外，每一对壳体本身在纵向也缺少平衡，因此不

图8.59
亨利·劳伦斯，巴黎蒙帕纳斯公墓的飞行员墓碑，1924年

得不将力传向下一对壳体。这样，纵向的稳定性只有通过将四对壳体作为一个整体考虑才有可能。这些成双成对的壳体由八个辅助壳体（side-shells）连接起来，辅助壳体的作用有些类似拱券，它们将前后相邻的两对壳体连接在一起。连接壳体的还有类似横墙（cross-walls）作用的巨型格栅，它们将壳体之间的开口闭合起来，从结构的角度来说，这并不是一种令人十分满意的解决方案。

不久，问题就变得清楚了，为消除自重产生的剧烈晃动，就必须对建筑的横断面进行修改，但是这样一来，就会彻底破坏该建筑的特点，令建筑挺括分明的轮廓和船帆般的结构特征毁于一旦。对于该建筑来说，用兔耳形象取代帆船形象将是毁灭性的。用类似穹顶的结构覆盖单个演出大厅或者两个演出大厅也许在结构上较为容易，但是这个想法当然也被排除了。最终我们决定，结构设计基本上还必须按照伍重的构思进行。这是一个最佳建筑形式与最佳结构形式适得其反的典型案例。当然，这样的案例在建筑史上并非绝无仅有。

如果当时我们知道自己接下来将面临怎样艰巨的任务，我们也许会犹豫是否真的要那样去做。我们低估了结构的尺度对设计的影响。麻烦在于事物的恶性循环——为解决晃动问题需要使用更多材料，而更多材料又导致更大的晃动。众所周知，在将某一受力体系从一种尺度转化为另一种尺度的时候，人们必须十分慎重。对于这一点，我们当然也十分清楚，但是我们寄希望于纵向的连续性能够提供一种潜在的力量，并且可以利用巨型格栅或者其他方式将舞台塔楼与屋盖联成一个整体。我们不得不在向业主说明这一方案时据理力争，一旦有半点犹豫，相反的方案就会占据上风。我们喜欢这一方案，它也颇受建筑师和业主的青睐，我们感到有办法实现这一方案——所以我们就朝着这个方向努力。……到1961年，我们终于搞清楚，此前一直努力与支点保持垂直关系的壳体应该有一些倾斜才好，我们还认识到对于结构的稳定性来说，巨型格栅发挥的作用要比原先设想的大得多。另外，为了减少结构自重，我们曾经倾向于钢肋结构的解决方案。根据声学专家的意见，在钢肋结构的内外两侧还要加混凝土板，但是伍重打心底里不喜欢声学专家的意见，我对这样的意见也没有多少好感。我开始感到也许还有更为简单的方法，即使不是更好的方法的话。[38]

到1961年，伍重认识到他想要的壳体可以在一个直径为246英尺的球体上产生，悉尼歌剧院的壳形屋面的最终形式因此也开始浮出水面。这意味着所有肋架的断面将保持一致，只是长度以及与每个壳体轴线之间的角度不同而已。受中国瓷器的启迪，伍重决定在壳体表面采用一种产于瑞典赫加奈斯（Högandäs）地区的米白色面砖，以便增加壳体表面的光泽，同时将面砖之间的接缝处理成粗糙无光的效果。伍重认识到，要使这一具有编织肌理的表面材料达到最佳效果，面砖与预制混凝土壳体块件之间就必须成为一个整体。最终的做法是将面砖和预制混凝土壳盖浇筑在一起，然后再将壳盖与肋架结构固定在一起。总数超过一百万块的赫加奈斯面砖就这样在悉尼歌剧院上各就各位（图8.60）。澳大利亚建筑师比尔·惠特兰（Bill Wheatland）曾是伍重在悉尼歌剧院施工现场的高级助手，他对上述两阶段完成的屋面施工过程的缘由作过很好的阐述。

约恩首先进行了一些试验，以检验工人们能否在壳体的高空脚手架上将面砖有效地铺贴到位。他的结论是，要想叫工人们攀登在数百英尺高的脚手架上按照他要求的标准铺放这些面砖、并且还要将它们与壳体的混凝土板牢固地粘结起来，简直就是天方夜谭。如果工人饮酒过度或者因为头痛脑热而草率行事的

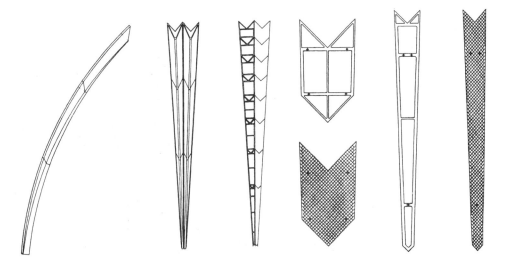

图8.60

约恩·伍重,悉尼歌剧院,肋拱和预制盖板详图。此图显示瓷砖的铺装方式和预制混凝土盖板的关系。壳顶立面的暗色羽状图案体现了预制板之间的毛面勾缝与反光瓷砖的差异

话,情况就会更糟。约恩于是决定,我们必须使用欧洲技术,将面砖在安装前就与混凝土板粘结好。按照这一想法,悉尼歌剧院的面砖被预先粘贴到巨大的混凝土托板(我们称它们为盖板)上面,然后再将这些盖板吊装到肋架上的位置,并且通过托架和螺栓与肋架固定在一起。约恩总是说,人眼对重复性工艺中的偏差是十分敏锐的,即使是观察高空墙面的时候也是如此。在他看来,预制方法未必能够降低造价或者加快建造速度,但却不失为一种获取一流工艺结果的手段。[39]

但是,正如阿鲁普阐述的那样,将沉重的肋架构件安装到距地面200多英尺高的位置并非易事(图8.61,8.62):

重达10吨的构件在百米的高空进行安装,需要临时固定在可调节的钢拱和已经施工完毕的肋架上面,这些都还没有与壳体的其他部分坚固地合为一个整体,这就带来一系列复杂的问题,如钢拱的弹性、肋架的不稳定性、临时应变导致的张力、温差的变化等。我们必须对情况了如指掌。在这里,整个结构就像一个由可滑动的节点与可调节的螺栓等构件连接而成的巨型机械装置。[40]

图8.61

约恩·伍重,悉尼歌剧院,施工照片

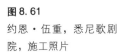
约恩·伍重

285

图 8.62
约恩·伍重，悉尼歌剧
院，进行结构装配的塔
吊系统轴测图

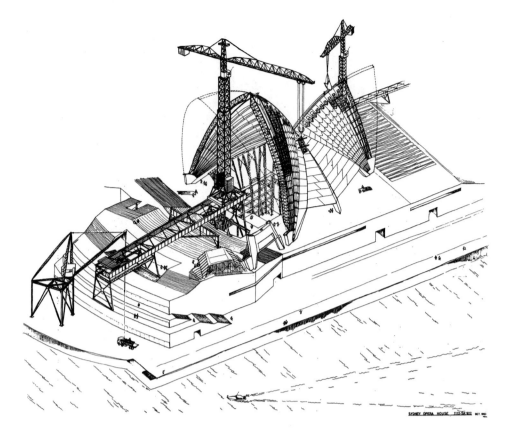

在悉尼歌剧院基座部分的设计中，伍重念念不忘的折板结构再次出现。在这里，伍重和阿鲁普共同决定，用折板结构解决基座顶板 164 英尺的跨度问题。[41]折板断面几乎横跨了整个贝尼隆尖角地带，宽度达 280 英尺之巨（图 8.63，8.64）。伍重坚持要求，在这个巨大的基座停车门廊中间不设柱子，这样做一方面是为了从这里进入歌剧院地下车库的大小客车能够有自由的转弯空间，另一方面也是为了创造一个雄伟的入口体量。如同赫尔辛厄和苏黎世剧院方案一样，这一空间顶部采用的也是现浇混凝土折板结构，随着有效弯矩至下而上地从正值向负值转变，折板结构的断面形状也发生变化（图 8.62）。折板弯度与室外大楼梯坡度相一致，在一定程度上发挥了拱券的作用。

伍重坚持用组合式预制混凝土构件建造悉尼歌剧院壳体。归根结底，这是一种哥特情感的流露。因此，他用一种哥特方式论证悉尼歌剧院的总体形式就不是什么值得大惊小怪的事情了：

想一想哥特教堂，人们差不多就能够知道我一直努力追求的目标是什么了。面对哥特教堂，人们总是饶有兴趣，百看不厌。每当漫步在它的周围，观看苍穹衬托下的哥特教堂，人们总会有一些新的发现。这一点再重要不过了——正是阳光、日照和云层的作用使哥特教堂千变万化，充满活力。[42]

如果说我们可以轻而易举地将悉尼歌剧院分解为森佩尔意义上的基座和屋盖的话，那么在亲吻大地的基座与迎风招展的壳体屋盖之间，还存在着一种森佩尔意义上的围合墙面（图 8.65）。由于围绕悉尼歌剧院发生的政治风波，伍重未能完成后一种元素的最终设计，因为在所有与幕墙相关的外观和细部设计完成之前，伍重已经挂冠而去。好在他在此之前就已经为玻璃幕墙设计确定了基本原则。[43]按照伍重的

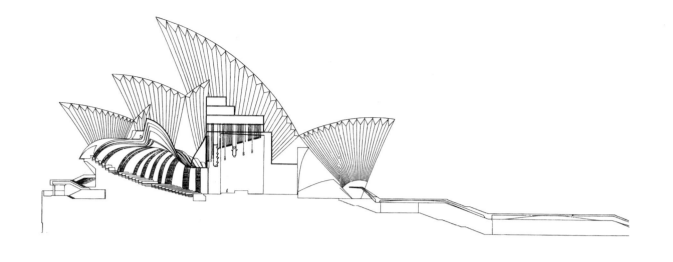

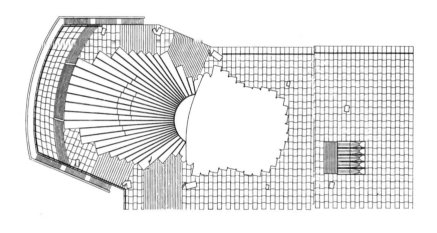

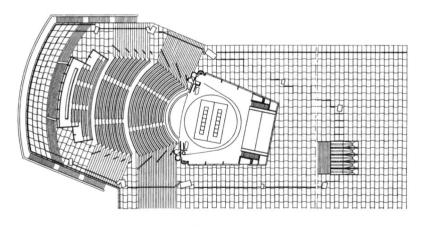

图 8.63
约恩·伍重，悉尼歌剧
院，小音乐厅的纵向剖
面、屋顶平面及一层平面

要求，玻璃幕墙应附着在壳体屋盖的主要边缘上，支撑玻璃的竖向挂件将由不同长
度和断面的构件组成，以便在宽厚的直楞之间产生富于变化的三维造型。在这里，
玻璃就像一块块平整的鱼鳞片固定在挂件上面，而这些挂件本身则由热压胶合板制
成，内部有一个铝合金结构核心，最后再用铜皮包在胶合板的表面。很难想像这一
鳞甲状的幕墙建造起来后会是怎样一个多重效果。与伍重最初的设计概念相比，实
际建造的玻璃盒子版本的造价显然要低得多。就伍重的设计概念而言，幕墙的作用

还在于协调基座的铺地网格与壳体屋盖的三维曲面之间的关系，最终将它们连接成一个完美的整体。与此同时，他努力避免使用竖向长条玻璃，因为这种形式容易让人产生错觉，误以为玻璃也是一个承重构件（图8.66）。整个概念的复杂性从巴瑟罗缪对最终方案的描述中可见一斑：

在伍重的最终方案中，每一个直梃都是三个U形胶合板压制而成的组合构件，它们形成基本的中空结构体系，外表再通过加热粘合包裹一层铜皮。U形中空构件有三种尺寸，以便与直梃的角度变化导致的三种倾斜面保持一致。

在垂直方向，不同的倾斜度在建筑表面形成波浪效果。这一点最为显著地体现在建筑南端两个休息大厅的玻璃幕墙面上面，其中壳顶轴线的走向和直梃的平面位置直接受控于基座顶部平台上模数为4英尺的铺地系统（直梃将4英尺模数网格竖向传递到壳顶上面）。南端幕墙的玻璃水平交错，以便与直梃平面和壳顶轴线形成某种呼应关系，同时也与突出壳肋的连续玻璃带保持一致。相比之下，北端幕墙上的直梃与壳顶轴线则处于一种平行关系。

构件的组装体现了极大的灵活性。直梃骨架由五层0.5英尺厚的胶合板粘合而成，在弯曲部位再另加两层。这种夹心系统相当灵活，能够适应折迭的大幅变化、玻璃板的错位以及其他误差。基本的中心夹层上还增加了两侧长度各不相同的U形槽口构件，目的是在相邻的直梃之间形成重叠，从而将玻璃安装在重叠部分，并始终保持顶端和底端与基座平台铺地几何网格系统的平行关系。[44]

这一最终未能实现的幕墙设计在许多层面上集中体现了贯穿整个歌剧院建筑的建构思想（图8.67）。由于深受赖特的影响，伍重将悉尼歌剧院的设计视为拓展赖特有机建筑观的试验过程，其中结构性重复是伍重重点尝试的内容之一。就此而言，悉尼歌剧院的幕墙设计可以追溯到兰格里尼塔楼餐厅的吊挂玻璃方案，进而也可以

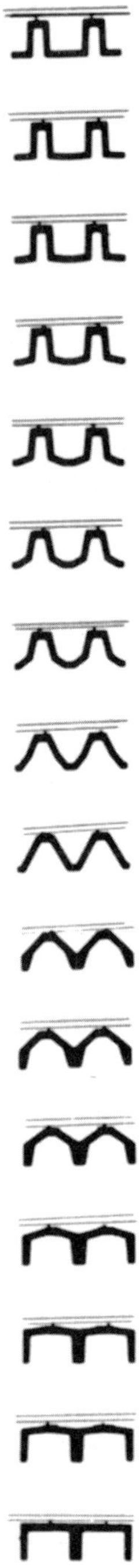

图8.64
约恩·伍重，悉尼歌剧院，构成基座平台的折板结构变截面图

图8.65
约恩·伍重，悉尼歌剧院，剖面显示支撑幕墙的胶合木支架

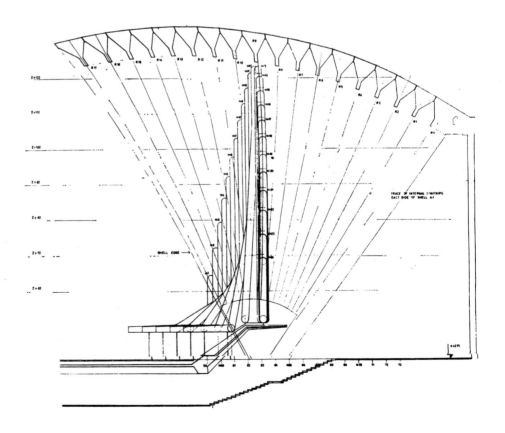

288

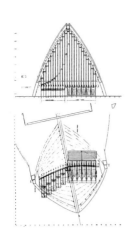

图 8.66

约恩·伍重，悉尼歌剧
院。上图：立面显示胶
合木支架支撑幕墙的系
统。下图：平面显示入
口雨棚和幕墙支架的几
何交接关系

图 8.67

约恩·伍重，悉尼歌剧
院，与壳体吻合的胶合
木直棂变化曲线

追溯到赖特在 1936 年的约翰逊制蜡公司行政大楼上使用的编织意味的管状玻璃幕墙设计（图 4.29）。

继悉尼歌剧院之后，1977 年在哥本哈根郊外落成的巴格斯韦德教堂（Bagsvaerd Church）可谓是伍重建构新思维的最高代表，因此也是一个集大成者。一方面，它可以被视为是北欧哥特复兴的延伸，是继承严森-克林特格鲁特威教堂传统的伟大成就；另一方面，该建筑的剖面又流露出伍重念念不忘的重檐建筑的痕迹。它是东西方文化的综合，也再次体现了赖特经久不衰的影响。它特别令人想起赖特1904 年设计的合一教堂（Unity Temple）的平面布局（图 8.68），因为看上去不无巧合的是，巴格斯韦德教堂的平面也在纵向一分为二，这与合一教堂的平面形式简直就是如出一辙。当然，两者都有路德教（Protestant）的共同基础（合一教堂遵循的是上帝一位论的思想，而巴格斯韦德教堂则信奉自由的路德主义），这无疑导致了礼拜仪式上的某些相似之处。此外，两者都试图在一个连续体内将神圣空间与世俗空间合而为一，而且都选择将宗教空间容纳在一个中心化的方形体量之中。两个建筑都在内部组织上采用了方格分隔系统，也都在建筑的周边用双层墙体作为辅助通道。在合一教堂中，这些窄长空间内设有楼梯和浅浅的楼座，而巴格斯韦德教堂的双层墙体内除了放置管风琴之外，基本上是作为采光带和走道使用的（图 8.69）。但是，就其排列、宽度和总体布局而言，与伍重的狭长通道更有可比性的也许不是赖特的"厚墙"，而是传统教堂的侧廊。最后需要指出的是，尽管存在着种种差异，这两个建筑的形式都受到异域文化的影响：在赖特的案例中，影响来自深受中美洲文化，而伍重的灵感源泉则是中国文化。在具体的建构方面，巴格斯韦德教堂显得更加精湛一些；这一点也许连赖特自己也不会有什么异议，因为在他看来，钢筋混凝土本质上是一种不幸的混合材料。就此而言，巴格斯韦德教堂的理性建造逻辑应该更接近于赖特 20 年代设计的编织性砌块建筑，而不是更早时期的草原住宅的精神特质。

巴格斯韦德教堂与北欧木构教堂（stave church）有着千丝万缕的关系。如同北欧木构教堂一样，巴格斯韦德教堂采用的也是框架式结构，尽管它的主要材料是没有接头的整体钢筋混凝土。这一特别之处令人想起奥古斯特·佩雷将木梁结构向钢筋混凝土框架结构转化的种种努力。换言之，佩雷和伍重都以各自的方式实践了森佩尔的"材料转换理论"（Stoffwechseltheorie），根据这一理论，一种既定的材料和结构方法在另一种不同的构造方式中可以保留自己最初的建构特征。由于巴格斯韦德教堂只部分地采用了框架结构，它对材料进行转换的层面也有所不同，并且由于这种不同，该教堂的结构连接方式颇具象征特点。我指的是，在巴格斯韦德教堂中，混凝土框架结构在有些地方让位于同样需要整体浇筑的波浪形拱壳（shell vaulting）结构。巴格斯韦德教堂是一个由外向内展开的框架结构，它有四排 30 厘米见方的钢筋混凝土柱子，分两组位于教堂的两翼，并且在由外向内的过渡进程之中，这些柱子的特征和功能都发生了变化。外排柱子从上到下都作为竖向框架构件与建筑的其他部分相连接，而内排柱子则在步廊层上方与隔板整浇为一体。从连接性框架到整体性隔板，这一变化为中殿上方 18 米跨度的钢筋混凝土拱壳提供了必要的支撑条件。巴格斯韦德教堂的拱壳是将一种特殊混凝土喷入钢筋网后浇筑而成的，浇筑使用的模板相当粗糙，最终完成的拱壳也清晰地留下了这些模板的痕迹。如同悉尼歌剧院的情况一样，整个跨度的问题原本可以用造价更为经济的钢桁架来解决，但是材料的一致性显然具有一定的象征含义，也就是说，它代表着一种从半世俗性的侧廊向中殿的神圣空间的过渡。

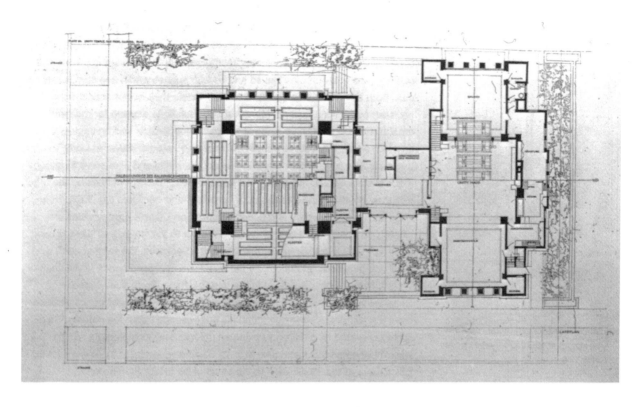

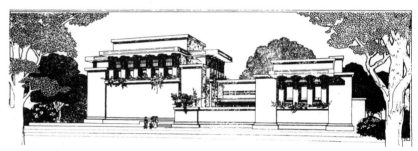

　　除了半世俗空间与神圣空间的差异之外，拱壳本身的象征意义也可以说是不言而喻的；事实上，它以一种传统的方式让人联想起天国的穹顶，进而也联想起基督教传统中无穷无尽的拱顶空间。伍重在设计巴格斯韦德教堂之初画的两张草图就很能说明问题。在这两张草图中，第一张描绘的是笛卡儿式的平坦大地，天空积云翻滚（图 8.70）。画面的透视感极强，理性而又平整的大地与光怪陆离、变化万千的苍穹形成鲜明的对照。二者都涉及无限的问题，但是如果说前者代表的是规整的人工秩序的话，那么后者表现的则是苍穹捉摸不定的形式和无法度量的深度。苍穹的对立面是现世的理性视域，在这一点上，伍重似乎不自觉地运用了海德格尔的天、地、人、神"四重"概念（the Heideggerian *Geviert*）。[45]在第二张草图中，上述两个层面的内容已经转化为教堂的建筑形式（图 8.71）。一方面，天空的积云演变为沿中殿轴线透视方向形成的纵向拱壳；另一方面，人们在拱壳下方情不自禁地聚集为一个群体，充分体现了教堂作为一种社会凝聚机构的思想，同时也在一定程度上成为希腊语"教堂"（*ecclesia*）一词作为"聚集场所"（house of assembly）的词源学回应。第二张草图上还有一个幻象般的十字架，其横杆与拱壳的跨宽相平行，而直立杆则与透视中轴重合在一起。该草图表达的二元对立主题在后来实际建成后

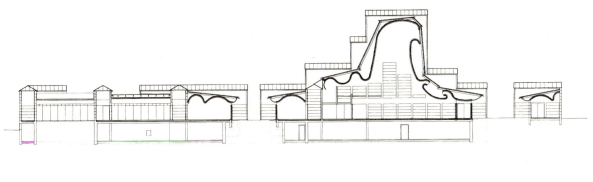

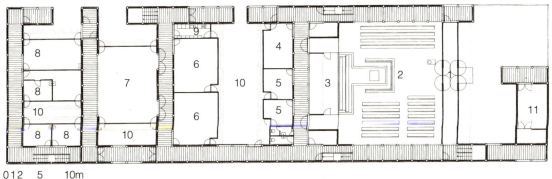

图 8.69

约恩·伍重，哥本哈根
巴格斯韦德教堂，1976
年。剖面和平面

平面标注：

1. 入口
2. 礼拜堂
3. 圣具收藏室
4. 休息室
5. 办公室
6. 代表室
7. 教区接待厅
8. 会议室
9. 厨房
10. 内庭院
11. 葬礼堂

图 8.70

约恩·伍重，巴格斯韦
德教堂，概念草图

图 8.71

约恩·伍重，巴格斯韦
德教堂，概念草图

的教堂中转化为更为复杂和含混的形式，导致这一结果的原因很多，其中伍重跨文化特征的重檐拱壳（pagoda-vault）观念所起的作用肯定不是无关紧要，它试图在狭隘的基督教欧洲中心主义以外寻求教堂的神圣意义。

因此，沿巴格斯韦德教堂中殿的纵向剖面形成的多重壳拱实际上是一种重檐建筑的模拟形式。尽管这一似是而非的轮廓并非直接参照东方的形式，但却赋予教堂空间一种中国传统意味的氛围和光线品质。跨文化痕迹在该建筑纵向的阶梯形外立面上也比比皆是，因为它的屋檐轮廓不仅带有东北欧汉萨同盟时期（Hanseatic）①

① 13 世纪，由德国北部贸易诸镇组成保卫其海外经济利益的同盟，到 14 世纪中叶，该同盟包括了上百个城镇，成为东北欧强大的贸易垄断集团，曾经遭到丹麦和英国的反对，并爆发数次贸易战争。15 — 16 世纪期间，非日耳曼巴尔干国家的兴盛以及贸易路线的变化使得该同盟的影响日渐衰退，1669 年终于解体。——译者注

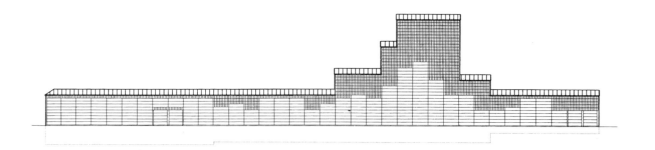

建筑的意味，而且也很有些中国建筑的情调，其原型应该是中国江南民居的阶梯形封火墙。[46]正如 19 世纪末和 20 世纪初欧洲人对东方的迷恋一样，巴格斯韦德教堂与东方文化的关系十分隐晦，充满潜意识的性质，因而也显得分外错综复杂，令人难以捉摸。说到这里，人们不禁会想起路易斯·沙利文（Louis Sullivan）的建筑与古希腊后期和罗马帝国时代叙利亚和阿拉伯沙漠萨拉森（Saracenic）游牧民族装饰艺术形式的关系，当然还有赖特对日本文化的敬仰；人们还会想到布鲁诺·陶特对中国文化的憧憬，以及汉斯·波尔泽西（Hans Poelzig）对伊斯兰建筑十分繁复的建构形式的迷恋。现代建筑中一再出现的东方情结也曾进一步转化为阿尔多·凡·艾克（Aldo van Eyck）和赫尔曼·赫兹伯格（Hermann Hertzberger）结构主义作品蕴含的非欧洲中心主义和人类学意义，这两位建筑师无论在年龄上还是在文化取向上都与伍重属于同代人。一种矛头直指西方世界精神衰落的斯宾格勒意识（Spenglerian awareness）[①] 构成了他们众多作品的反思特点，而当设计对象是一个教堂的时候，这种反思就必须更加具有说服力。这是一种两难的状况，其本质是历史性的（diachronic）而非结构性的（synchronic）。就此而言，巴格斯韦德教堂设计建造的社会状况就不可忽视，因为如果说严森－克林特还能够依靠他的基督教社会主义小组奉行的精神信仰的话，那么伍重就不得不在与我们这个已经基本世俗化的消费社会及其怀疑主义世界观展开拼搏的过程中进行他的教堂设计和建造。

虽然说巴格斯韦德教堂拱壳与重檐建筑具有某种关联，但是它在建构意义上却完全脱离了中国式大屋顶的结构方式。就拱壳处理光线的方式而言，它的氛围毋宁说是巴洛克式的。与柯布西耶的朗香教堂有异曲同工之妙的是，光线在这里迷漫地照射在粗糙的素混凝土拱壳表面，形成中殿的光影效果，而且这种效果还会随每日时间的不同、气候和季节的变化呈现多姿多彩的面貌。此外，虽然拱壳形式没有在建筑外观上直接反映出来，但是随着建筑外墙的表面材料从板块（plank）向砌块（block）的过渡，波浪形拱壳的剖面组织还是通过预制混凝土构件形成的阶梯形拼缝图案简略地在外墙上得到某种暗示（图 8.72）。为区分建筑的前后，高低起伏的直线拼缝图案的轮廓造型也在南北立面上略有不同。

与佩雷 1923 年完成的兰西圣母大教堂（Notre-Dame du Raincy）一样，巴格斯韦德教堂的主体屋面也是双层的，其中内层为拱壳本身，外层则是由防水性能较好的轻质瓦楞状石棉板构成的斜坡屋面。但是，与通常反映内部体量的巴洛克穹顶不同，巴格斯韦德教堂的外层屋面将内部空间充满动感的拱壳形状隐藏了起来。在这

---

① 指一种深受德国 20 世纪初期哲学家奥斯瓦尔德·斯宾格勒（Oswald Spengler，1880—1936 年）《西方的没落》一书观念影响的思想意识。——译者注

一点上，巴格斯韦德教堂与佩雷兰西圣母大教堂的做法真可谓不谋而合。它的斜坡屋面并无装饰性可言，事实上，充满实用精神的形式看上去更像一幢普通的乡村建筑，而非一幢神圣的公共建筑。石棉水泥板以及标准花房式玻璃的使用也进一步强化了上述感觉。在这里，除了造价的考虑之外，乡村建筑元素的表现也许还有三重动机：首先，创造一种与斯堪的纳维亚木构教堂传统谷仓形式相关联的神圣仓屋（sacred barn）形象（图 8.73）；其次，表现一种宗教机构的原型，但又避免落入假哥特的形式俗套；第三，促使一个远郊社区重温自己的前工业社会历史，那是一个更为生态也更为稳定的时代，农业仍然是社会的主要生产方式，工业革命导致的价值危机和信仰危机还未产生。

　　教堂四周的景观设计也使上述隐秘的农耕寓意（cryptic agrarian metaphor）得到进一步加强。如同弗雷登斯堡住宅小区的情况一样，教堂四周的绿地上随意摆放了一些岩石，[47] 形成教堂与自然之间的过渡，而周围种植的桦树苗似乎又为教堂的体量限定了一个范围，同时也为邻近的两个停车场提供了一定的遮挡作用（图 8.74）。桦树苗的种植方式甚至还考虑了长大以后对建筑的影响，这一点足以说明伍重对建筑形式的持久性是抱有信心的。[48] 就此而言，在四周的桦树完全长高以前，巴格斯韦德教堂还不能算是一个完整的教堂。伍重对持久性（long durée）的信仰本质上是北欧特点的体现，在这一点上，巴格斯韦德教堂与古纳·阿斯泼伦德充满忧伤情调的斯德哥尔摩林区墓地教堂（Woodland Cemetery Chapel）（建于 1923 年）以及阿尔瓦·阿尔托设计的更为公共性的赛奈察洛市政厅（Säynätsalo City Hall）（建于 1949 年）都有千丝万缕的关系。[49] 伍重曾经在与佩尔·严森（Per Jensen）的一次访谈中证实："无论建造什么房子，我们都不会……只对 25 年左右的事物感兴趣。事实上，对我们来说有趣的是，即使挖掘到两千年以前，人们也会发现那个时代事物特有的力度和纯度。"[50]

　　与赖特的合一教堂一样，巴格斯韦德教堂几乎完全依靠顶部采光，它在清晰区分框架结构与填充墙体的同时，保持了完全封闭的立面。外墙板块的分层缝以及暗示内部波浪形拱壳的接缝处理都在屏风状的墙体表皮上形成一种编织肌理。与此同时，这些墙板还赋予该建筑某种简单的"农耕"建造特质，石棉墙板以及侧廊上方

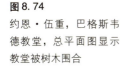

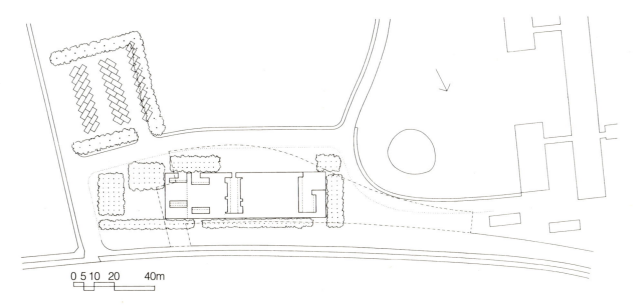

0 5 10　20　　40m

的型材边框玻璃采光槽也都凸显了系统组合的简单原则。从围合入口大厅的木格栅到室内淡雅的固定木家具，一切都遵循建造的经济性和准确性理念。但是，虽然建筑的内部和外部都始终如一地使用了预制混凝土构件，巴格斯韦德教堂看起来并没有过分强调实用性。从人们进入教堂开始，一方面是淡雅纯净的木头元素，另一方面则是从中殿上方的拱壳和侧廊顶部吊灯散发出来的不同层次的光线，它们共同打造出一种变化丰富而又极其微妙的色调。在这里，如同在路易·康的建筑作品中一样，光线与结构的融合起着十分重要的作用。

至此，我们不禁要对伍重、康和佩雷作一番比较。首先，他们三人都坚持建构形式的本体真实性。如同康 1959 年设计的论坛报大楼（Tribune Newspaper Building）一样，巴格斯韦德教堂小心翼翼地在现浇混凝土框架和预制混凝土填充构件之间保持区别；这一区别不仅取决于建筑表皮的品质，而且也取决于整浇构造（monolithic construction）与镶嵌构造（tessellated construction）在建构性质上的差异。路易·康的金贝尔美术馆充分表现了混凝土与灰岩大理石的微妙差异，类似的对比关系也出现在巴格斯韦德教堂中，比如预制混凝土构件的白色乳胶表面与泛着淡淡的洗水白光泽的木构元素之间交相辉映的关系，还有开敞的圣坛背后用弗伦斯堡砖块（Flensborg bricks）砌成花窗样式的屏风，虽然被刷成白色，但是却别开生面。正是通过同一和差异的相互关系，该建筑在保持同一性的基础上将不同的组成部分连接起来。这与严森－克林特在建筑内部和外部使用同一种材料的做法十分接近。如同人们可以用许多不同的方式对它的外部进行解读一样，人们对巴格斯韦德教堂室内设计的解读也可以是多种多样的。因此，我们一方面可以认为它的室内精致的预制混凝土构件和木质家具是在刻意提示震颤教派（Shaker）① 或日本神道教（shinto）建筑的纯粹性；另一方面我们又看到它保持着某种程度的舞台特性。所谓舞台性首先体现在圣坛背后花窗式的屏风上面，它与佩雷的兰西圣母大教堂的共同之处不仅在于花窗的样式，而且也在于三联式的舞台格局（图 8.75）。此外，伍重在巴格斯韦德教堂没有使用任何粉刷，这与佩雷致力于在公共建筑内部避免粉刷的做法一脉相承。

还有许多元素进一步强化了教堂作为礼拜空间的特征，比如中殿两侧走道舞台效果般的灯光吊杆，以及琳·伍重（Lin Utzon）为不同季节设计的不同主题色彩的教堂服饰等。与之相比，管风琴裸露在外的白色金属管和木质琴箱在礼仪和建构方面的作用也毫不逊色（图 8.76）。作为一种无声的装饰点缀，管风琴无疑已经成为公众认可教堂宗教空间的关键元素。尽管如此，巴格斯韦德教堂的内部处处流露出伍重对克林特严谨建构作风忠贞不渝的态度，其中最能体现这一点的也许是它的木作做法，在这里，钉头甚至故意轻微地突出在木头表面。

如同伍重的其他公共建筑一样，巴格斯韦德教堂也可以用森佩尔的概念进行分析。虽然该建筑并没有基座，但它的主体还是可以分为基础、火炉（圣坛）、屋盖和填充墙等四种形式。在这里，教堂的室内外地平基本没有什么高差，不过伍重还是明确采用了某种基座处理的手法：首先，使用预制混凝土板覆盖在钢筋混凝土地下室顶部；其次，使用类似地面的混凝土空心板铺设布道讲台。悉尼歌剧院和苏黎世歌剧院方案都曾以各自的方式演绎过森佩尔意义上的轻质围合墙体（screen wall），

① 1747 年在英国曼彻斯特成立的教派，属基督教禁欲教派，反因遭到迫害而移居美国，由于此教派做礼拜时常因心灵激动而剧烈地摇动身体，故被称为震颤派。在对待建筑和日常用品的态度上，震颤派崇尚简单性、功能性和精确性，摈弃装饰，曾经对功能主义和极少主义有很大的影响。——译者注

图8.75
约恩·伍重，巴格斯韦德教堂，
圣坛屏风

图8.76
约恩·伍重，巴格斯韦德教堂，
室内

在巴格斯韦德教堂上，这一问题是通过框架结构与挂满在建筑外壳上的墙板的连续性处理来解决的。由于框架呈现为一种连续的节奏，所以轻质墙板就很容易与屋面和框架融为一体。在其他部位，比如说富于象征意义的西立面，木格栅窗在最低一层水平拱壳的挑檐下方形成连续界面。此外，横向轻质围合元素的做法，如直棂的密度、木头与玻璃面积的比例关系、横槛的位置以及拱壳出挑部分上方带肋的预制檐沟等，看上去都颇具中国建筑的意味，进一步增添了巴格斯韦德教堂的东方色彩。控制拱壳屋顶剖面曲线的几何圆弧显然与悉尼歌剧院通过球体生成壳顶断面的想法有关。无论悉尼歌剧院还是巴格斯韦德教堂，富有韵律的几何生成形式都是调整结构总体构图的有效手段（图8.77）。

　　巴格斯韦德教堂是在伍重完全掌控之下建成的最后一个公共建筑作品。它不仅是伍重建筑思想的成熟代表，而且毫不夸张地说，也是伍重跨文化建筑实践的集大成者。伍重坚持走合理经济的建造之路（rational economic construction），这一思想贯穿在他的建筑的每一个部位。伍重的建筑体现了对预制结构的把握能力，经过他的不懈努力，预制组装式生产体系不再是设计的桎梏，反而成为设计的灵感之源。如同赖特一样，伍重坚信诗意的建筑形式（the poetics of built form）必须通过整体的建构品质（the totality of its tectonic presence）才能实现。正是这种整体的建构品质，加之对每一个正在进行的设计工作的批判性反思，建筑形式才有其产生的动因。此外，虽然人们在伍重的建筑中能够发现许多丹麦建筑的特点，这些特点包括与哥特建筑千丝万缕的联系、对施工工艺的激情、以及对气候和环境特有的敏感等，但是他致力发展的还是一种正在兴起的世界文化，也就是说，从地域条件出发，同时又超越地域条件，在文化嫁接的过程中融合和振兴不同的传统。[51]

　　伍重对单元复加建筑的执著追求始于1966年设计的丹麦法鲁姆市政中心（Farum Town Center）。在这个设计中，伍重以一系列预制混凝土模数构件组合而成的空间单元为基础，造就了一片广阔的城市肌体（图8.78）。有两种不同的文化范式在这里合而为一：一方面是中东街市固有的同质内向的微型城市特质，另一方面则是通过数量有限的组合单元造就建筑形式的中国建筑传统。用重复性的预制体系将两种完全不同的概念融合在一起，伍重面临的风险在于有可能将组合单元的重复扩大到不可收拾的尺度，因为用标准砖或者砌块作为基本模数进行单元组合是一回事，而将建筑本身作为空间细胞进行单元组合则又完全是另一回事。尽管如此，通过伍重在1970年的丹麦《建筑》（Arkitektur）杂志上刊登的有关单元复加原则的思考，我们还是可以看出这一构想的有效性。

　　　工业化生产的建筑组件必须具备可添加的功能，同时又不必为适应不同情况改变组件的规格，只有这样，我们才能够一以贯之地使用这些组件。
　　　新的建筑形式可以从这种纯粹的单元复加原则中诞生……就如在一片森林

图8.77
约恩·伍重，巴格斯韦德教堂，剖面的几何关系

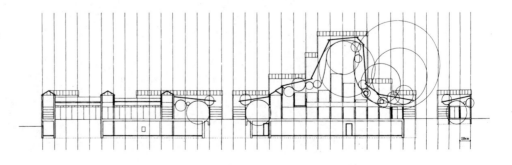

中多了几棵树、在一组鹿群中多了几只鹿、在一个卵石海滨多了几个石头、或者在一列车队中多了几辆车一样；一切取决于如何添加。就像手套应该适合手掌一样，我们的时代需要更多自由的建筑设计，远离方盒子建筑……

以单元复加原则为基础，人们不仅可以满足设计和规划方面的要求，而且也可以满足扩建和调整的要求。原因就在于建筑的特点来自组合构件的总和，而非构图或者立面造型。……建筑图纸并不是一些没有意义和缺少尺度的开间轴线；线条可以代表墙体的厚度，也可以形成建筑物的轮廓。这些项目说明，单元复加原则具有很强的灵活性。……它们也很好地显示了那些与单元组合设计相关的重要问题。与纯粹根据艺术要求设计的建筑相比，单元复加原则（比如在体育场项目中）在产品控制、造价和施工时间等诸多问题都有独到的优点。[52]

如果说上述听起来有些似曾相识的论点力图证明理性化工业生产的优点的话，那么它也表明建构品质从一开始就与组合构件及其连接的问题息息相关。与帕克斯顿的伦敦水晶宫或者马克斯·比尔（Max Bill）设计的 1963 年瑞士国际展览馆（Swiss Landesausstellung）的机械交接方式相比，伍重建筑的节点常常有一种内在的形态学特征。伍重努力挖掘建造的生产逻辑（the productive logic of the construction），但是他这样做的动因在于建构，而不是为了炫耀技术。

传统东方街市中重复出现的穹顶式单元开间开启了伍重单元复加建筑的经典原型，这一点并非偶然。我们已经说过，伍重毕生都在为超越欧洲中心主义不懈努力，但是我们不应该忘记的是，伍重对哥特建筑的拱形细胞单元一直抱有深厚的感情。事实上，对于伍重建筑而言，后者的重要性完全可与曾经在他的早期住宅建筑中发挥关键作用的院落元素相提并论。因此，伍重能够在为中东设计的一系列项目中在运用单元复加原则方面中取得更加令人信服的表现就是一件水到渠成的事情了。这些项目包括 1969 年的沙特阿拉伯吉达体育场（the Jeddah Stadium）设计方案和1982 年落成的科威特议会大厦。在吉达体育场设计方案中，伍重根据单元体在整个结构构成中发挥的作用设计了五种通用结构单元，然后将它们按照不同方式排列组合起来。这些结构单元包括两层高的街市单元、圆柱形屋面单元、作为餐厅和更衣室等空间使用的圆柱形拱顶单元、以及具有一系列不同弯度的看台单元等。除了支撑功能之外，看台单元还可以作为建筑立面上的遮阳板来使用（图 8.79）。上述最后一种单元还有一个变化形式（第五结构单元），是专门为大跨度体育设施的屋面设计的。有趣的是，几乎所有这些单元都贯穿了折板结构的原则。

在科威特议会大厦中，伍重将预制构件的单元复加原则与整体现浇结构融为一体，成为相辅相成的两个方面（图 8.80，8.81）。但是，如果说法鲁姆市政中心是一个迷宫般的中世纪小镇内核的话，那么科威特议会大厦就是一个微型城市般的大型国家机构，两者都包含中东文化特有的"露天市场"（souk）。因此，在伍重对科威特议会大厦的论述中，我们可以看到以下文字：

科威特议会大厦反映了伊斯兰结构的纯粹性。该建筑是一个预制混凝土结构，所有元素都是从结构角度设计的。它们不仅需要表现荷载的情况，还要能够表现它们的空间，因为不同空间需要不同的结构元素。所有结构元素都能成为建筑表现的内容，这与当今大多数"卡纸般"的现代办公行政建筑迥然不同。在"卡纸板建筑"中，结构被隐藏起来，吊顶和石膏板墙面让人觉得仿佛置身在卡纸板盒子之中。

在科威特议会大厦中，你可以清楚看到什么是支撑构件，什么是被支撑构件。

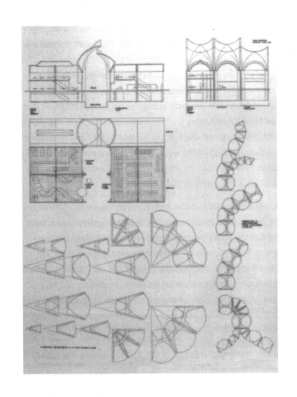

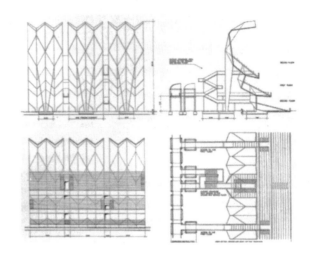

你可以感到这是一个实实在在建造起来的建筑物，而不仅仅是一个停留在设计阶段的图纸。

议会各部门之间需要频繁联系，双层建筑布局有助于增进这种联系。在这里，人们很容易找到方向，这与那些依赖电梯解决交通问题的多层建筑令人晕头转向的感觉形成鲜明对照。

当你进入中央大道的时候，各部门入口便一目了然。你可以轻松地找到方向，就像在一本书的目录上看到所有章节的标题一样简单明了。中央大道通向大海的方向，其终点是一个高大而又开敞的殿堂，同时也是一个有遮阳效果的大型广场，它是民众与领袖聚会的场所。领袖与民众之间亲密无间的接触是阿拉伯国家的传统。

科威特的炎炎烈日宛如杀手，人们有必要通过阴影保护自己，在这里，阴影对于生存至关重要，也许我们应该这样认为，为公众聚会提供遮阳保护的殿堂象征着领袖对人民的保护。有一句阿拉伯谚语说道："领袖谢世之日，就是其阴影消失之时。"

这个高大而又开敞的殿堂介于紧凑封闭的建筑和一望无际的海洋之间，它是一个覆有屋顶的广场。作为特殊条件下顺理成章的产物——也就是说它的形式是由该建筑坐落在海滩上的位置产生的，它将建筑群体与场地完全结合起来。它向人们表明，建筑是整个景观不可分隔的组成部分，建筑需要在场所中安身立命。在这里，殿堂既属于辽阔的海洋，又成为建筑群体不可分割的组成部分。殿堂是大海与建筑自然相遇的产物，就像拍岸的浪花是海水与海滩自然相遇的结果一样，它是两者共同的结晶。[53]

与法鲁姆和吉达的情况不同，科威特议会大厦的单元复加秩序被两个纪念性极强的壳面屋顶统一起来，它们分别覆盖着开敞的海洋广场和议事大厦本身（图8.82，8.83，8.84）。[54]另一方面，与吉达体育场方案一样，科威特议会大厦不仅证

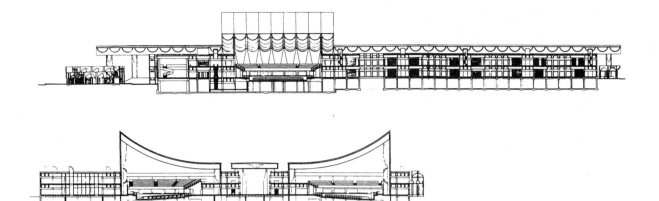

图 8.80
约恩·伍重，科威特议会大厦，1982 年。横剖面和纵剖面

图 8.81
约恩·伍重，科威特议会大厦，草图表达议会大厦作为一种微型城市的概念

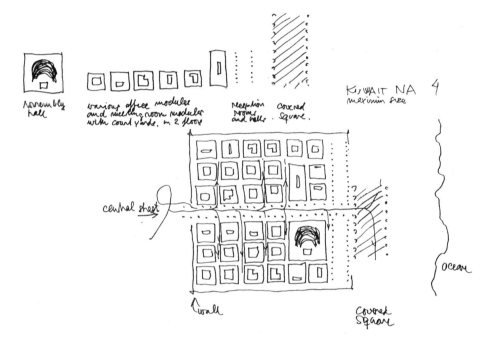

图 8.82
约恩·伍重，科威特议会大厦，初步方案平面；位于主要入口部位的清真寺和一个会议厅在后来的方案中被取消

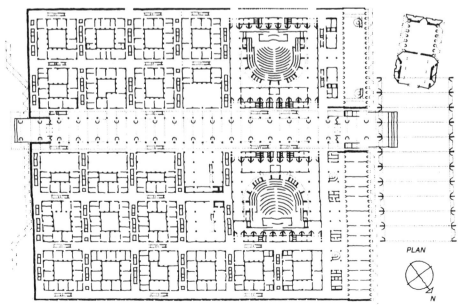

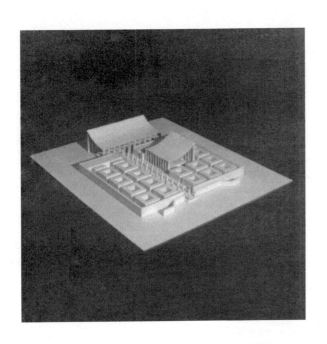

图 8.83
约恩·伍重，科威特议会大厦，
模型

图 8.84
约恩·伍重，科威特议会大厦

实了单元复加原则的优点，而且也暴露了该原则的弱点，因为倘若没有壳顶形式的统领作用的话，单元复加就会变成细小单元的无尺度重复，无法呈现等级秩序的力量。

回顾伍重的建筑成就，悉尼歌剧院的地位实属无与伦比。这种地位一方面是针对伍重自己的职业生涯而言的，另一方面还必须联系到该建筑作为澳洲文化生活的代表这样一个事实才能充分理解。无论这一作品的建造过程经历了怎样的磨难，也无论结果与伍重的最初构想有多少距离，悉尼歌剧院仍然是他期望的悉尼歌剧院，这就是，成为一个年轻大陆通向自己全部潜能的"门户"，或者用伍重自己的话来说，"在世界艺术之林中代表澳大利亚面貌的独树一帜的创举。"

但是，这一成就的建构意义更为深刻，因为在经过变异的东方重檐建筑形式中，伍重不仅将一个特殊场地的潜力发挥得淋漓尽致,而且也为一个国家创造了一个独一无二的形象。正如埃菲尔铁塔成为法兰西的象征一样,悉尼歌剧院也已经成为整个澳洲大陆的标志。导致这一结果的原因很多,其中我们必须强调的仍然是建筑的场所性。换言之,悉尼歌剧院是一颗镶嵌在繁忙喧闹的海港岬角上的明珠,其形象的感染力源自它与周围景色之间不断变幻和充满活力的互动关系。就此而言,它完全可以与赫尔辛厄的科隆博格城堡(Kronborg Castle)①,或者更恰当地说,与威尼斯的莎留特圣母教堂(Santa Maria della Salute)② 相媲美。悉尼歌剧院的壳拱屋面坚固地植扎在建筑的基座之中,其双重寓意不言而喻:一方面,它像一组引吭高歌的风帆;另一方面,它又是一座屹立在流光溢彩的悉尼海港中的璀璨夺目的城市之冠,一个由场地的历史沉积、岛屿、灯塔、海港、悉尼大桥、来往船只共同组成的交响曲中优美动人的乐章。

---

① 位于丹麦城市赫尔辛厄海边的皇家城堡,也是一个重要的战略要塞,居高临下面对丹麦和瑞典两国交界的海峡。对丹麦人来说,它具有巨大的象征价值,在 16 ~ 18 世纪的北欧历史中它扮演了一个重要角色。该城堡始建于 1574 年,至今仍保存完好,曾因是莎士比亚《哈姆雷特》的场景所在地而闻名遐迩。——译者注

② 位于威尼斯大运河口的标志性建筑,建于 1631—1682 年间,建筑师是巴尔达萨勒·隆格纳(Baldassare Longhena,1598—1682 年)。——译者注

8　Jørn Utzon: Transcultural Form and the Tectonic Metaphor

Epigraph: Philip Drew, *The Third Generation: The Changing Meaning of Architecture* (New York: Praeger, 1972), pp. 44–46.

1
Jørn Utzon, "Platforms and Plateaus: The Ideas of a Danish Architect," *Zodiac* 10 (1962), p. 116. It is interesting to note in this regard the early influence of the Danish painter Carl Kylberg on Utzon and the fact that Kylberg was involved with Indian philosophy. See Henrik Sten Møller's "Jørn Utzon on Architecture," *Living Architecture* (Copenhagen) no. 8 (1989), ed. Per Nagel. This being a conversation between Sten Møller and the architect. In this interview Utzon also reveals his strong affinity for the architecture of Luis Barragán.

2
Utzon, "Platforms and Plateaus," p. 116.

3
Bruno Taut, *Die Stadtkrone* (Jena: Eugen Diederichs, 1919).

4
Steen Eiler Rasmussen, *Experiencing Architecture* (London: Chapman and Hall, 1959), p. 169. "Use few or no shaped bricks. Do not copy details, make them yourself from the material . . . the style is created by the material, the subject, the time and the man."

5
Sverre Fehn and Per Feld, *The Thought of Construction* (New York: Rizzoli, 1983), pp. 36–43.

6
See Lisbeth Balslev Jørgensen's entry on P. V. Jensen-Klint in *Macmillan Encyclopedia of Architects,* vol. 2 (New York: Free Press, 1982), p. 497.

7
Robert Bartholomew, "Jørn Utzon: His Work and Ideas" (unpublished thesis, University of New South Wales, Australia, 1981), p. 92. See also Jørn Utzon, Royal Gold Medal address, *RIBA Journal,* October 1978, p. 427.

8
Kjeld Helm-Petersen, "Jørn Utzon: A New Personality," *Zodiac* 5 (1959), pp. 70–105.

9
Bartholomew, "Jørn Utzon," p. 92: Michael Tomaszewski in an interview with Robert Bartholomew. See also the interview with Richard Le Plastrier in the same text, p. 93: "If you look at the beams in the Opera House over the concourse and see the change in section you start to understand that they are like the hulls of the boats."

10
Utzon was in Stockholm from 1942 to 1945, where he encountered Osvald Sirén's books on Chinese architecture. See Tobias Faber's essay in *Jørn Utzon: Houses in Fredensborg* (Berlin: Ernst & Sohn, 1991), p. 7.

11
Ibid. Faber cites two early housing schemes that he designed together with Utzon in 1945 and 1948 respectively; one for Bellahøj in Copenhagen and the other for Boras in Sweden.

12
Jørn Utzon and Tobias Faber, "Tendenze: Notidens Arkitektur," *Arkitekten* (Copenhagen, 1947), pp. 63–69.

13
Acceptera (Stockholm: Tidem, 1931; reprinted 1980). This was an anonymously authored polemical statement arising out of the 1930 Stockholm exhibition. Written by E. G. Asplund, Gregor Paulson, et al.,

it was in fact a series of militant position papers in relation to an emerging welfare state policy on architecture and design.

14
Utzon and Faber, "Tendenze."

15
D'Arcy Wentworth Thompson, *On Growth and Form,* ed. J. T. Bonner (Cambridge: Cambridge University Press, 1971). First published in 1917, the book was expanded and revised in 1942.

16
Bernard Rudolfsky, *Architecture without Architects* (New York: Museum of Modern Art, 1965).

17
See Margit Staber, "Hans Scharoun: ein Beitrag zum organischen Bauen," *Zodiac* 10 (1963). Scharoun was born and brought up in Bremen. While icebergs are not cited in this piece, Scharoun nonetheless refers to his Philharmonie in Berlin as his "Nordic" theater.

18
Bartholomew, "Jørn Utzon," p. 8.

19
Jørn Utzon, "Own Home at Hellebaek, Denmark," *Byggekunst* 5 (1952), p. 83. "When some clients of Mies objected to the doors continuing to the ceiling, on the grounds of their warping, Mies retorted, 'Then I won't build.' Here, an essential principle of the structure had been put into question and in such a case he wouldn't budge." Utzon as cited in Bartholomew, "Jørn Utzon."

20
Utzon, "Platforms and Plateaus," p. 114.

21
Jørn Utzon, "Elineberg," *Zodiac* 5 (1959), p. 86.

22
Adolf Loos, "Ornament and Crime" (1908), in *The Architecture of Adolf Loos* (London: Arts Council of Great Britain, 1985), p. 100.

23
Adolf Loos, "Architecture" (1910), in *The Architecture of Adolf Loos.*

24
See Else Glahn, "Chinese Building Standards in the 12th Century," *Scientific American,* May 1981, pp. 162–173. See also by the same author, "Yingzao Fashi: Chinese Building Standards in the Song Dynasty," in Paula Behrens and Anthony Fisher, eds., *The Building of Architecture,* Via, no. 7 (Philadelphia: University of Pennsylvania; Cambridge: MIT Press, 1984), pp. 89–101.

25
Peter Meyers, in Bartholomew, "Jørn Utzon," p. 112. Utzon was introduced to the *Yingzao fashi* by Professor Liang, whom he met in the Danish Academy in Peking (Utzon, interview with Robert Bartholomew, ibid., p. 44).

26
Cobra, founded in 1948, saw itself as a continuation of the prewar international Surrealist movement. As such it rejected rational Western culture, which it associated with the nightmare of the Second World War. Led by Dutch and Danish artists, the movement drew participants from Belgium, France, England, Germany, and Sweden. While the name Cobra was derived from the first letters of the capital cities in which its major members lived and worked, Copenhagen, Brussels, and Amsterdam, the acronym Cobra had other connotations, to wit the reference to a snake that was both deadly and holy. As Willemijn Stokvis has written in his 1987 study of Cobra, *An International Movement in Art after the Second World War:* "Wishing to reach the very source of human creativity, they took their examples from those forms of art which appeared not to have been tainted with the rules and conventions of the Western World: from, for example, primitive peoples with their totems and their magic signs, from Eastern calligraphy, from prehistoric art and from the art of the Middle Ages." Intimations of this interest and work can be found in the prewar work of the Danish sculptor Ejer Bille, such as his *Mask Fortegn* (Mask, Sign) of 1936. Aside from Jørn, the Danes Henry Heerup and Carl-Henning Pederson played major roles in this movement. A number of architects were, as it were, on the fringes, including Thone and Erik Ahlsen of Sweden and the Dutch architect Aldo van Eyck. See also *Cobra 1948–51,* ed. Christian Dotremont (Paris: Jean-Michel Place, 1980).

27
One of Wright's early sectional sketches for the Guggenheim Museum is inscribed with the title ziggurat. On one drawing, however, Wright will also employ the term Taruggiz, to indicate that the form had indeed been derived from an inversion of a ziggurat.

28
See Mircea Eliade's *The Sacred and the Profane* (New York: Harcourt, Brace & World, 1959). Eliade illustrates the concept of the *axis mundi* with the sacred pole of the Kwakiutl tribe of British Columbia, for whom the *axis mundi* is "the trunk of a cedar tree, thirty to thirty-five feet high, over half of which projects through the roof. This pillar plays a primary part in the ceremonies; it confers a cosmic structure on the house" (p. 36). Elsewhere he writes, "The historian of religion encounters other homologies that presuppose more developed symbolism . . . such, for example, is the assimilation of the belly on the womb to a cave, of the intestines to a labyrinth, of breathing to weaving, of veins and arteries to the sun and moon, of the backbone to the *axis mundi*" (p. 169). See also Joseph Rykwert, *The Idea of a Town* (Cambridge: MIT Press, 1988).

29
See Faber's essay in *Jørn Utzon: Houses in Fredensborg,* p. 6.

30
Ibid., p. 7.

31
Utzon, "Elineberg," p. 90.

32
One should note that the Danish engineer Pove Ahm of the Ove Arup Partnership served as the structural consultant on the Højstrup High School and also on the Bank Melli and to some extent even the Sydney Opera House. Ahm was also a close personal friend of Utzon.

33
Utzon, "Platforms and Plateaus," p. 131.

34
Utzon will return to his parti for the Zurich Opera House in his 1965 entry for the Wolfsburg Theater competition.

35
Pol Abraham, *Viollet-le-Duc et le rationalisme médiéval* (Paris: Vincent Fréal & Cie., 1934).

36
See Bartholomew, "Jørn Utzon," p. 168. See also Pat Westcott, *The Sydney Opera House* (Sydney: Ure Smith, 1968), p. 132.

37
Robin Boyd, "A Night at the Opera House," *Architecture Plus,* August 1973, pp. 49–54. This text, written just before Boyd's untimely death in 1972, reasserts the argument that the point was too narrow to place the two halls side by side.

38
Ove Arup, "Sydney Opera House," in *Architectural Design,* March 1965, p. 140. Between 1959 and 1965 the shell structure of the opera house went through ten different versions. See *Sydney Opera House* (Sydney: Sydney Opera House Trust, 1988), a reprint of the technical report by Ove Arup & Partners that first appeared in *The Structural Engineer* in March 1969.

39
John Yeomans, *The Other Taj Mahal* (London, 1968), p. 58. See also Shelly Indyk and Susan Rich, "The Sydney Opera House as Envisaged by Jørn Utzon," unpublished thesis.

40
Arup, "Sydney Opera House," p. 142.

41
Ove Arup & Partners clearly played a major role in the design and real-

ization of the entire structure, not only Arup himself but also such serious engineers as Pove Ahm, Jack Zunz, and the then tyro engineer Peter Rice. In a letter to the author (October 3, 1990) Sir Jack Zunz of the Ove Arup partnership writes: "Utzon was a most inspiring man to work with. He was probably the most inspirational architect I have met. Walking down a street with him was like seeing the world anew. His visual perception and sensitivity is unique and astounding. He always joked about his shortcomings in the use of the English language, yet he used words to conjure up visual images in the most inventive and evocative ways. While my admiration for his gifts are unbounded, there are *buts*. . . . "

As far as Zunz is concerned, Utzon, contrary to his claims, never solved the problem of converting a 3,000-seat concert hall into a 2,000-seat opera house, and his overingenious unrealized curtain wall devised for the space beneath the shell vaults would remain for Zunz unbuildable. For a more generous assessment of Zunz's experience of working on Sydney, see his "Sydney Opera House Revisited," a lecture given at the Royal College of Art, London, in 1988.

42
Jørn Utzon, "The Sydney Opera House," *Zodiac* 14 (1965), p. 49.

43
It is important to note, as Alex Popov does in a letter to the author (May 25, 1992), that Utzon's "retreat" from Sydney was accompanied by an intensity of output in the tectonic sense not seen since Nervi. To prove his point Popov cites the Kuwait parliament, Farum Town Center, Bagsvaerd Church, the Zurich Opera, and the project for a theater in Beirut. He writes: "I think that after the opera house debacle an intensely feverish period of creative activity ensued which was to reveal that he really did have all the solutions to the opera house, contrary to commonly held opinion in Sydney that he did not know how to solve the acoustics or the glass or that he was naive in structure."

44
Bartholomew, "Jørn Utzon," p. 207.

45
For a detailed gloss of Heidegger's concept of the Fourfold see Vincent Vycinas, *Earth and Gods: An Introduction to the Philosophy of Martin Heidegger* (The Hague: Martinus Nijhoff, 1969), in particular pp. 224–237. Vycinas writes: "The foursome (Geviert) is the interplay of earth, sky, god and men as mortals. In this interplay the world as openness is stirred up in the sense of being opened. World is not something which is dynamic, but is dynamism itself. This dynamism is the coming-forward from concealment into revelation—it is an event of truth. Event, again, indicated not merely a taking place in time, but the becoming what one is, the entering into one's own self. In German 'eigen' is 'our' and 'Er-eignis' is not only an 'event' but also the 'entering-into-one's-own-self' by gathering oneself into unity of self-possession."

46
The author is indebted to Shun-Xun Nan of Beijing University for this information. In a letter to the author (February 10, 1993) he writes: "The stepped gable wall and pitched roof of the Bagsvaerd Church and its wall/opening relationship is reminiscent of those in South China. . . . These are popular in Anhui, Zhejiang and Jiangsu provinces. . . . The grand open shed of the National Assembly building in Kuwait reminds me of the open shed or pavilion type of open hall which is the center of the house in the South, where ancestral worship takes place and where the elders meet friends and the younger generation."

47
It is interesting to note in this context the mythical role played by boating in Viking society, reflected in the archaic stone ships staked out in rocks in various parts of Denmark, at Lindholm Hoje near Nørresundby, at Hojlyngen near Ehesbjerg, and at Glarendrup in North Funen. See P. V. Glob, *Denmark: An Archaeological History from the Stone Age to the Vikings* (Ithaca: Cornell University Press, 1971).

48
These saplings were in fact planted by Utzon himself at his own personal expense.

49
Mention should also be made in this regard of Sigurd Lewerentz's Malmö Cemetery chapel, completed in 1945. A very comparable, dryly constructed tectonic is evident in this work, with its tiled monopitched roofs and trabeated portico. See G. E. Kidder Smith's *Sweden Builds: Its Modern Architecture and Land Policy: Background, Development and Contribution* (New York: A. Bonnier, 1950), pp. 174–175, and Janne Ahlin's *Sigurd Lewerentz, Architect* (Cambridge: MIT Press, 1987).

50
See Bartholomew, "Jørn Utzon," p. 422. See also Svend Simonsen, *Bagsvaerd Church* (Bagsvaerd Parochial Church Council, 1978). This pamphlet, edited by the pastor of the church, carries an interview between Jørn Utzon and Per Jensen in which Utzon makes a number of revealing statements about his approach to the design, including the following: "We discussed back and forth whether to place our altar in the middle of the floor, but we got afraid of that—[of] people looking in each other's eyes, while centering their thoughts on, for example, a funeral. We gave that up. We chose a certain broad angle toward a place which is not so stagelike, but where what's going on happens lengthwise. That's why we ended up with a broad room."

This text also gives certain dimensions and technical details. The concrete frames vary in height from 4.5 to 7.56 meters while the aisles between them are 2.45 meters wide. The shell vaults, spanning 17.35 meters, are made of special concrete sprayed onto wire mesh yielding a thickness that varies from 80 to 100 millimeters. These rough-cast, timber-boarded shells are asphalted on the outside and covered with rock wool insulation. The earthwork and altar flagstones are of precast white concrete, while the altar screen is made of Flensborg bricks placed edgewise in a triangular pattern so as to symbolize the Trinity.

51
Of Utzon's direct influence mention needs to be made of Rafael Moneo, who assisted Utzon on the initial designs for the Sydney Opera House. Others of a slightly younger generation include Rick Le Plastrier, who aside from practicing on his own account now teaches at the University of Hobart in Tasmania, and Alex Popov, Utzon's direct pupil and one time son-in-law who now works for himself in Sydney. Popov worked on the detailing of Bagsvaerd when he was in Utzon's office. His most recent work, a house built in the Walter Burley Griffin suburb of Castlecrag, displays something of Utzon's influence. See *Vogue Living,* April 1990. For Le Plastrier's work as a "tectonic" teacher see Rory Spence, "Constructive Education," *The Architectural Review,* July 1989, pp. 27–33.

52
Jørn Utzon, "Additive Arkitektur," *Arkitektur* (Copenhagen) 14, no. 1. (1970).

53
Jørn Utzon, "The Importance of Architects," in Denys Lasdun, *Architecture in an Age of Skepticism* (New York: Oxford University Press, 1984), p. 222.

54
There is an uncanny resemblance between the roof of the Kuwait National Assembly (1980) and Boris Podrecca's Kika supermarket built in Wiener Neustadt, Vienna, in 1985. See *Parametro,* March 1987, pp. 44–47.

第九章
卡洛·斯卡帕与节点崇拜

这些只是由哲学和建筑的结合引发的思想，说它们是诠释也行。我认识到它们只是些不连贯的线索和有感而发的思绪而已。也许有必要对其他问题进行思考，也就是说，应该思考教化（edification）的两个基本含义——建造和道德升华。两者都与当代建筑和哲学令人眼花缭乱的走马灯式的状况有关，当然两者的相似在很早以前就已经开始了。换言之，教化必须是伦理性的，它应该使价值选择的交流成为可能。现在，一方面是思想领域的问题，另一方面又有建筑体验的问题（我们把这样的区分视为临时性的和有限的），在这样的情况下，建筑教化的惟一可能就是"伦理的艺术处理"（"rendering ethical"），也就是说，它鼓励这样一种道德生活：努力回顾传统，寻求历史的踪迹，展望未来的意义，而且对于这一切来说，已经没有什么绝对理性的推论可言。这意味着教化是一种情感和道德呈现的培养，也许，这也可以构成一种建筑的基础，在这里，决定建筑的不是整体而是局部。

吉亚尼·瓦蒂默（Gianni Vattimo），1987 年

卡洛·斯卡帕（1906—1978 年）的建筑可以作为 20 世纪建筑发展中的一道分水岭，这一方面是因为斯卡帕一贯注重节点的表现，另一方面也在于他独树一帜地将蒙太奇手法作为整合异质元素的有效策略。节点是斯卡帕毕生建构追求的集中体现。在他的建筑中，节点承载着整体与局部的连接，其表现形式可以是一种纯构造性的组合方式，也可以是结构层面上的构件，或者干脆就是一个较大的建筑元素，如楼梯和桥梁等。从斯卡帕的第一个建筑作品开始，也就是 1963 年完成的威尼斯凯里尼·斯坦帕利亚基金会大楼（Fondazione Querini Stampalia）的修复和改造工程，上述特点就已经彰明较著了。改造之后，人们可以通过一个轻质结构的小桥进入这个 16 世纪宫殿底层中的砌体基座部分。在这里，小桥成为建筑对面的广场铺地与立面外壳之间的一种固定节点（图 9.1）。

与坐落在石墩上的扁平的轻质拱桥形成鲜明对照的是，斯卡帕将整个建筑的基座设计成一个整体的混凝土托盘（图 9.2）。托盘与原先的墙体分开，不仅具有承载四季潮汐变化的实用功能，而且也体现了某种再现意义。这是一个浅浅的混凝土通道，其中有一部分地面铺设了地砖。它在两个层面体现了威尼斯建筑传统：首先，它让潮汐的海水（aqua alta）进入建筑内部成为可能；其次，它利用原先的门廊（portego）作为贡多拉划船到达建筑的直接入口。[1]该入口的仪式性非常强烈，不仅包括通往运河的转折形台阶，而且还在原先的圆形拱廊内用金属条形成布满镂空装饰图案的大门（图 9.3）。换言之，斯卡帕为改造后的建筑安排了两个相辅相成的入口：一个是由精巧构件组合而成的拱桥入口，供人们从城市小广场进入建筑时使用；另一个则是较为壮观的水路入口，虽然使用功能已经大大退化，但是该入口的象征性意义在于提醒人们进入这座宫殿的最初方式。诚如玛丽娅·安东妮艾塔·柯里帕（Maria Antonietta Crippa）所言，整个入口序列将一种新旧建筑的三维嫁接栩栩如生地呈现在人们面前。

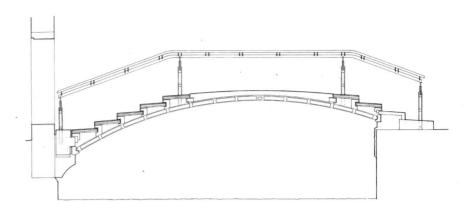

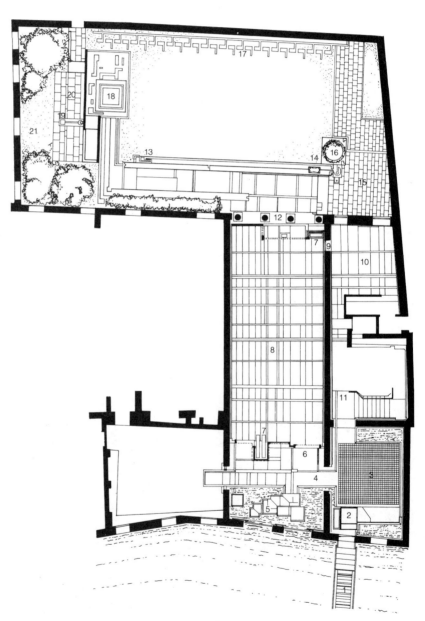

图 9.1
卡洛·斯卡帕，威尼斯
凯里尼·斯坦帕利亚基
金会大楼，1963 年。步
行桥

图 9.2
卡洛·斯卡帕，凯里
尼·斯坦帕利亚基金会
大楼，底层平面

1. 木桥
2. 入口
3. 门厅
4. 混凝土过道
5. 通向运河入口的
   台阶
6. 展厅入口
7. 散热器
8. 主要展厅
9. 暗门
10. 小展厅
11. 通向图书馆的楼梯
12. 花园门廊
13. 喷泉
14. 石狮
15. 集水池
16. 古井
17. 小路
18. 荷花池
19. 出水处
20. 值班室后院
21. 花园

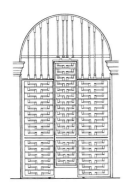

入口部分的小型门厅铺设着马赛克地面，令人想起斯卡帕在最初的方案中刻意复制的约瑟夫·阿尔伯斯（Joseph Albers）的一个设计。从门厅经过大理石楼梯可以到达二楼的图书馆，同时也可以经过门厅上方的一个通道进入位于船只入口对面的底层大厅。跨越在船只入口上方的石头通道宛如一座居高临下的桥梁，俯视着潮起潮落的水面，感受海水拍打高低错落的蓄水池的节奏。石头通道与大厅之间是大片玻璃。大厅的空调装置隐藏在金色圆管和玻璃板组合而成的格栅后面，而格栅的图案又与入口门厅马赛克铺地的图案遥相呼应。在这座建筑中，17 世纪的建筑线脚和墙体残段与现代元素的对比和并置比比皆是。[2]

斯卡帕擅长发挥墙体覆面的特点，这在展览大厅的灰岩大理石衬里墙面上可谓表露无疑。在这里，除了传统的石头饰面以外，木头和砌体的二元对话也是一个重要的主题，比如小桥的木质桥面和栏杆扶手与展厅的灰岩大理石墙面的对话关系（图 9.4）等。此外，石头的使用还有两层含义，一是作为简单的墙体饰面，二是作为另类"木材"，就好像石材也是木板，可以任意切割、镶嵌、再用铰链来安装。为

了挂画的方便，斯卡帕在石材饰面上位于人眼的高度镶嵌了黄铜凹槽条，这更进一步强化了材质变异的感觉。此外，平镶在灰岩大理石墙面上的 10 厘米宽的玻璃板也突现了不同材料之间的互动关系。这是一些半透明的玻璃板，背后装有霓虹灯管，在墙面上形成一条条光带，与水刷石地面镶嵌的同等宽度的伊斯特里亚大理石（Istrian stone）石条形成一定的呼应关系。伴随着空间的进展，半透明玻璃板构成的竖向光带错落有致地分布在墙面上。斯卡帕的切分式（syncopated）光带布局的设计灵感有可能来自两个不同方面：一个是特奥·凡·杜斯堡（Theo van Doesburg）在1926 年的奥贝特咖啡馆（Café Aubette）设计的新柏拉图主义式的浮雕墙面（图9.5），另一个是柯布西耶很早就已经提出、但是直到 20 年后才在他的《模度》中发表的比例系统（图 9.6）。

　　将石材当作木板使用的做法也出现在通往小型展厅的铰链门的设计上。这扇门由一整片大理石制成，正面的处理与墙面完全一致，反面则经过特别的雕琢（图9.7）。在石材与木材的置换使用过程中，贯穿整个展厅的黄铜挂槽是一个关键元素，它与桥梁栏杆扶手上的连接构件属于同一类材料。这类构件不仅令人想起船只上的细部设计，而且也暗示了与 19 世纪男用梳妆家具（gentleman's furniture）的某种关联（图 9.8）。

　　如同斯卡帕设计的其他桥梁一样，凯里尼·斯坦帕利亚基金会大楼前的步行桥（passerelle）也以支撑和跨越为主题。或许，这就是该桥刻意追求非对称设计的原因所在。这是一个人们通常忽视的特点，但是如果我们考虑到该桥两侧的做法基本相同的话，我们就不得不认为其中另有喻意（见图 9.1）。[3]应该说，该桥的非对称性是为了满足两种不同的使用要求而产生的：一方面，桥身必须有足够的高度，以便贡多拉小船在桥下通过，到达位于桥梁一侧的小广场；另一方面，它又必须尽可能地低矮，这样行人在进入基金会大楼新入口时才不至于与入口上方的横梁碰头。因此，通过上部结构荷载的错位，广场一侧的铰接支点比另一侧高了 70 厘米。从桥墩部分开始，行人首先得经过两级石头台阶和两级木头台阶，然后走上拱形的木头桥面；而当人们在小桥的另一侧开始往下走的时候，则需要走过五级台阶，其中最后一级的高度与基金会建筑的石头门槛平齐。在小桥的七级木头台阶之中，只有三级与相邻的界面平齐。这是一个处心积虑的设计，在木头桥面划分方式的共同作用下，小桥的功能变得含糊不清了，不知应该作为跨越河面的桥梁，还是进入建筑的门槛。在这里，桥面成为一种省略性的建构过渡（tectonic elision），它在拓展人们的跨越体

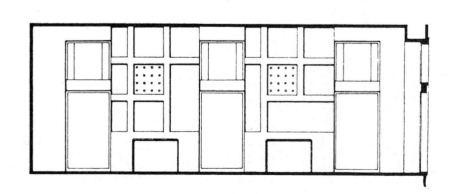

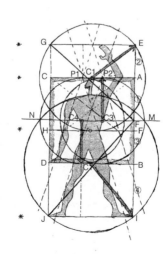

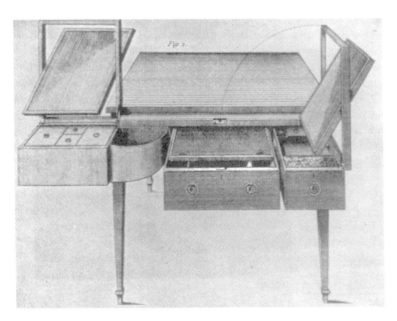

图 9.7
卡洛·斯卡帕，凯里尼·斯坦帕利亚基金会大楼，通向展厅旁小房间的门扇

图 9.8
可以翻转的梳妆台，又称鲁德台，1788 年

验的同时，也削弱了这种体验。桥身的非对称性同样反映在栏杆的设计上，其中靠近小广场一侧的栏杆较短，而靠近建筑的一侧较长。由此产生的立杆距离的差异使双层栏杆扶手成为一种必然，因为相对于桥身的跨度来说，一个松弛的栏杆结构的强度是不够的。在两层栏杆中，下层栏杆由圆钢构件组合而成，上层则是柚木扶手。这一组合充分体现了斯卡帕将结构的经济性与人体工程学相结合的设计特点。

在入口部分的混凝土立柱上有一个标志，它代表潮汐的最高水位。该水位在展览大厅的墙面处理上也有所反映。在这里，墙面的大理石饰面在水位线处结束，水位线以下变成与地面一样的粗糙的混凝土材料。与此同时，地面上的伊斯特利安大理石嵌条一方面赋予相对而言缺少表现性的混凝土地面一个编织状的表面，另一方面也有助于地面形成一个统一的整体。大理石嵌条的布局没有什么规律性可言，在一定程度上，它与墙面的切分式布局设计有一定的呼应关系，但又没有完全雷同（见图9.2）。此外，大理石嵌条的相互关系也有细微调整，以便与建筑平面格局的变化保持一致。换言之，如果说展厅入口部分的三根横向的大理石嵌条与墙体保持着直角关系的话，那么其余的九根嵌条（其中五根单线、两组双线）则与楼梯厅保持平行。[4]与此同时，在通向后花园的进程中，展厅空间也有从左到右的对角变化。为强调这种变化，前后两个散热器摆放的方式也有所不同。在展厅入口部位，盒式散热器是竖向摆放的，而在面向花园的大玻璃窗旁出现的独立式水平散热器则被搁置在铁架上面。通往花园的防火玻璃门两侧的混凝土柱也成为新柏拉图主义的构图元素，其中一根柱子上的轴线凹槽与展厅的横向轴线平行，而另一根柱子上的轴线凹槽则出现在柱身的侧面，两个凹槽的底面都涂了金色（图9.9）。玻璃本身的处理反映的是这样的构图需要：由于固定玻璃的两根混凝土支柱有一根装有10厘米宽的磨砂玻璃光带，为了构图平衡，落地玻璃窗上就出现了两条5厘米宽的防撞提示条。类似的非对称性处理方式也出现在分隔展厅和休息厅的玻璃墙面上。

花园的水槽布局也是非对称性的。它由两个不同的螺旋元素组成，其中一个是阿普安大理石（Apuan marble）雕琢而成的直角形喷泉水槽，另一个是圆形的混凝土排水槽，分别代表水流的出水处和排水处。水流由西向东，绕过一个威尼斯石狮，在水道中潺潺流过（图9.10）。值得注意的是，该设计中芬芳馥郁的伊斯兰情调不仅向提醒人们威尼斯与东方的关系，而且也折射出斯卡帕自己的历史背景——诚如他自己所言，他是"一个经由希腊来到威尼斯的拜占庭人。"另一方面，水槽也是生命周期的一种象征。朱塞佩·萨博尼尼（Giuseppe Zambonini）写道：

> 在这里，水是作为底层设计的对立元素出现的。水从大理石雕琢而成的迷宫般的水槽中流出，象征着生命在诞生过程中必须经历的痛苦。然后水流就像威尼斯城内的运河那样，沿着花园中蜿蜒曲折的水道缓缓流淌。最终，在经过一个面向出水处站立的小石狮后，进入象征万物归一的排水槽。[5]

中国文化对斯卡帕的影响也非同小可，这一点在凯里尼·斯坦帕利亚基金会大楼的围合式庭院设计和位于圣维托·达尔蒂沃勒（San Vito d'Altivole）的布里翁家族墓园（the Brion Cemetery）的设计中表现得尤为明显。[6]在这两个案例中，围墙的某个部位都出现了彩色瓷砖饰带形成的别具一格的水平元素。斯坦帕利亚基金会大楼的庭院还有一个与之相呼应的百合花水池，内部的彩色瓷砖图案是画家马里奥·德·路易吉（Mario de Luigi）的作品（图9.11）。正如阿尔伯蒂尼（Albertini）和巴尼奥里（Bagnoli）曾经指出的，由莫拉诺彩色玻璃瓷砖（Murano glass）形成的装饰元素为人们在院中的闲庭信步平添了许多趣味。

图 9.9
卡洛·斯卡帕，凯里尼·
斯坦帕利亚基金会大楼，
通向花园的玻璃门

图 9.9
卡洛·斯卡帕，凯里尼·
斯坦帕利亚基金会大楼，
通向花园的玻璃门

图 9.10
卡 洛 · 斯 卡 帕，凯 里
尼·斯坦帕利亚基金会
大楼，花园中的水池

图 9.11
卡洛·斯卡帕，凯里尼·斯坦帕利亚基金会大楼，荷花池

　　花园的平面形状由两个边长约为 12 米的正方形组合而成，其中还有一堵用于空间分隔的混凝土墙面。植物以草皮和灌木为主。紧挨着混凝土墙体，有一个内壁为马赛克瓷砖的较大的水池，水池中央的水生植物池用铜皮包裹起来；水在池中汇集后沿水道流淌。此外，还有一个由阿普安大理石雕刻抛光而成的小型水池（长 75 厘米，宽 33.5 厘米，高 4.5～6 厘米），它将水管中流出的水收集在一起，然后沿着微型迷宫般的水槽和一系列凹形池面流淌，最后进入又长又深、漂浮着睡莲的水道。位于水道一端的小水池也成了栖居在花园中的鸟类的洗浴场所，而在水道的另一端则是由于落差而形成的小型瀑布，并最终将水流引向一口已经干涸的古井。门廊下方有一堵对着花园的玻璃墙面，从这里出发，人们可以在经过一段台阶小径后到达水生植物池，或者往另一个方向走向那口古老的水井。[7]

在斯卡帕的建筑中，节点是设计的关键。事实上，节点在斯卡帕的建筑中是如此至关重要，以至如果我们借用柯布西耶的语言来阐述这个问题的话，就是节点已经取代平面成为设计生成的动因（generator）。① 这一点不仅对于斯卡帕建筑的整体而言是如此，而且对于任何特定部分可能产生的不同设计方案而言也是如此（图9.12）。斯卡帕做设计时通常是用炭笔在卡纸板上勾画草图，也就是他所谓的"卡纸板草图"（cartoni），然后在上面不断修改，画了擦，擦了再画，甚至将草图完全擦掉后重新构思。这是一个在反复涂改中对节点设计进行精雕细琢的循环过程，而且无论方案怎样发展，最初的构思往往总是若隐若现。这样，正如马可·弗拉斯卡里（Marco Frascari）曾经指出过的，斯卡帕的卡纸板草图就成了后人研究斯卡帕的考古学样本："在斯卡帕的建筑产品中，不仅整体与部分血肉相连，而且制作工艺和绘图工艺也息息相关。在这里，感知（perception）与制作（production）、构造（the construction）与构思（the construing）都是水乳交融的亲密关系。"[8]

弗拉斯卡里还强调指出，斯卡帕的设计方法包含两个至关重要的层面：首先，从草图到制作，两者的身体动作几乎别无二致（the gestural impulse passing almost without a break from the act of drafting to the act of making）；其次，它是一个弗拉斯卡里称之为"技艺的逻辑"与"逻辑的技艺"相辅相成的过程，或者说，形式构思与形式实施（between construing a particular form and constructing its realization）相互依存、相得益彰的过程（当然，在以后的使用中还有使用者将意义赋予建筑的过程）。在这里，我们已经十分接近詹巴蒂斯塔·维柯（Giambattista Vico）的思想。这种思想与笛卡儿主义分庭抗礼，十分强调身体性想像的重要性。斯卡帕自己曾经直言不讳地谈到自己与维柯思想的师承关系，并且在就任威尼斯大学建筑学

图9.12
卡洛·斯卡帕，圣维托–达尔提沃勒的布里翁墓地，1969年。详细地图

---

① 在《走向新建筑》中，柯布西耶将平面和体块和表面作为设计生成的三个动因，或者说"给建筑师先生们的三项备忘"。与之不同，本书作者借助斯卡帕指出，节点也是设计生成的动因。——译者注

院（the Istituto Universitario di Architettura di Venezia）院长以后，将维柯的至理名言"真理就是创造"（*Verum Ipsum Factum*）① 印在学生的毕业证书上，后来更刻写在由他亲自设计的建筑学院大门上面。在斯卡帕看来，建筑师应该像维柯要求的那样，"在创造中追求真理"（the Viconian pursuit of "truth through making"）。

斯卡帕可能是在阅读贝纳蒂托·克罗齐（Benedetto Croce）1909 年出版的《美学》（*Aesthetica*）之后才开始接触维柯思想的。此外，让斯卡帕了解维柯思想的另一个渠道应该是 18 世纪的威尼斯建筑师卡罗·洛多利（Carlo Lodoli），后者是维柯的同时代人，也是维柯思想的热烈拥护者。⁹对于斯卡帕来说，维柯"真理就是创造"的思想的重要意义在于它一方面为斯卡帕自己的建筑活动提供了认识论依据，另一方面也在更广泛的意义上建立了建筑学教育的哲学基础。在维柯看来，知识不能在被动的接受中产生，而必须依靠积极的表达才能获得，因为只有在积极表达的过程中，主体才能真正掌握知识。在斯卡帕那里，就如同在许多其他建筑师那里表明的一样，积极表达过程的首先是对待建事物进行描绘，然后则是在建造场地将建筑付诸实施。诚如胡伯特·达米希（Hubert Damisch）所言：

> 对于斯卡帕来说，建筑草图即使不是一种试验，也是他对设计问题进行思考的一种求证，其中应该包含一切必要的疑虑。比如，一幅楼梯的透视草图显然无法显示踏步的精确数量和高度，更不要说表达它的细部节点了——节点是表达"塞尚的困惑"（Cézanne's doubt）② 的关键所在。

> 在我们这样一个时代，人们通常将建筑简化为单一维度的形象（single dimension of an image），从而忽略建筑的象征意义和真实维度。就此而言，斯卡帕用草图思考建筑，其意义实在是非同小可。斯卡帕的思想并不矛盾：一方面他充分探索了博物馆建筑的可能性，另一方面他又与那些层出不穷的、将建筑与布景形象混为一谈的错误观念划清界限。¹⁰

塞吉奥·洛斯（Sergio Los）对斯卡帕建筑绘图方法的分析也许更为准确。他区分了三种不同类型的斯卡帕建筑绘图。第一种是卡纸板草图（*cartone*），这是斯卡帕每次做设计最初的草图，它画在锗色的卡纸板上，然后再在上面叠加各种透明草图纸进行细部推敲；一旦构思相对成熟，斯卡帕便将这些在透明纸上推敲的方案落实到卡纸板上，设计也随之逐步成形。偶尔也会有一些铅笔画，或者用淡淡的黑色和红色墨水画的修改和标注。这是一种循序渐进的设计方法，它能够将最初的设计构思以及此后的整个设计过程好好地记录下来。因此，正如我们已经注意到的，透明草图纸上的铅笔图以及用彩色水笔标注出的不同层面的平面和剖面关系就构成了

---

① 维柯名言的拉丁原文为"*Verum esse ipsum factum*"，意思可解释为"真理在于自己的显明"、"真理在于自我执行"、"真理在于自己的行动"等。在这里，我们将它译为"真理就是创造"，以便利于从建筑设计的角度进行理解。此外，斯卡帕在将维柯的这句名言刻写在威尼斯大学建筑学院入口处时，还巧妙地将学院名称（Istituto Universitario di Architettura di Venezia）的缩写溶合在其中（Verum I. psV. m fA. ctV. m）。——译者注

② 保罗·塞尚（Paul Cézanne，1839—1906 年），法国早期现代主义画家。他与印象主义画家属于同一代人，而且曾经与印象主义画家有过密切的接触，但是他在绘画领域中取得的成就却远远超越了印象主义画家。塞尚的贡献在于，他超越了经验主义对自然的表面性认识，致力于"由色彩构成的空间"的表现，从而建立了一种与自然物象有着密切关系但又具有内在自足性的视觉模式，对 20 世纪艺术家进行更深入的形式探讨提供了观念和实践上的重要启示。1945 年，法国 20 世纪现象学哲学家梅洛－庞蒂（Maurice Merleau-Ponty，1908—1961 年）发表《塞尚的困惑》一文，对塞尚及其后人贾克梅蒂（Alberto Giacometti，1901—1966 年）的艺术探索进行了富有洞见的分析。——译者注

斯卡帕第二类型的建筑绘图的主要形式。当然，最后一种就是在上述基础上完成的、能够作为施工依据的施工图纸。[11]

斯卡帕十分尊重建造工艺，在某些情况下他甚至根据建造工艺的程序来设计细节。在斯卡帕喜欢使用的钢板制成 L 形支架中，有一个细部处理就很能说明问题。他要求两个方向的钢板切割完全成直角相交于一点，于是他先在交接处打一个小小的洞眼，这样工人在锯到洞眼的时候自然会停顿下来，以免锯过头。待一切工序完成以后，斯卡帕再用一个小小的黄铜垫片将洞眼盖住。[12]

斯卡帕对古朴的建造方式情有独钟，这一点不仅反映在他设计的简单的结构形式之中，也反映在朴素无华的节点上面。如前所述，斯卡帕的建筑并不只是将荷载构件与支撑构件（*Stütze und Last*）简单地并置在一起，而是总是设法对支撑构件的末端进行某种"缓冲"处理。这方面的例子包括 1975 年为费尔特勒考古遗址（the archaeological remains at Feltre）设计的一座桥梁（图 9.13）以及随后几年中完成的各种柱头设计。类似的手法也出现在维罗纳旧城堡博物馆（the Museo di Castelvecchio in Verona）的底层设计之中。在这里，横向的混凝土梁在中间部位被一系列铆接组合而成的纵向钢梁托住（图 9.14），其荷载缓冲用斯卡帕自己的话来说，就是空间上连续在一起的底层展览大厅的五个立方形展室。在这些立方体量的展室中，纵向钢梁沿建筑的东西轴线贯穿而过，形成统一的整体。斯卡帕写道：

> 我力求保留每一个展室的独特性，但是我并不想采用早先建筑修复中曾经出现过的梁的形式。鉴于展室的方形平面，我在两根混凝土梁交叉的部位加了一对钢梁，以便显示建筑的主要形式结构。梁与梁的交叉部位也是方形平面的中心部位，在交叉的位置上通常应该有一根限定空间的柱子。我试图把这种视觉逻辑作为设计的依据。梁的组合方式也有某种视觉逻辑，但是只表现在细节的处理上面。市场上已有的型钢都可以用来做钢梁，但是我没有那样做。[13]

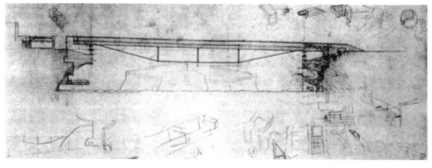

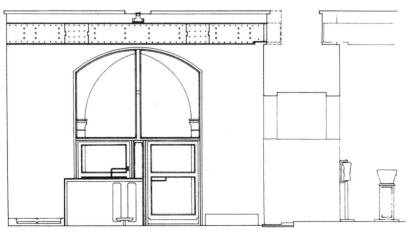

图 9.13
卡洛·斯卡帕，费尔特勒罗马遗迹展示设计，1975—1978 年。剖面

图 9.14
卡洛·斯卡帕，维罗纳古城堡博物馆，1953—1965 年。入口大厅部分的剖面

在那根其实并不存在的柱子的位置，混凝土梁和钢梁之间采用了圆柱形铰接，以满足结构之间可能产生的细微错动。事实上，无论对于空间的形成还是对于钢梁的组合特征来说，这一节点都具有十分关键的意义。诚如阿尔伯蒂尼（Albertini）和巴尼奥里（Bagnoli）所言，上述表现结构支撑关系的热情也反映在1978年建成的维罗纳大众银行（the Banca Populare di Verona）顶部柱廊上面（图9.15）。

维罗纳大众银行的顶层有一个相当复杂的建筑体系，一个现代版的古典主义柱式体系：柱子和柱顶过梁都是钢的，饰带是马赛克的，而檐饰则用白色波提契诺石材（Botticino stone）制成。铆接钢板将两个尺寸各异的角钢（较大的为60厘米高，较小的为18厘米高）连接成长长的柱顶过梁。过梁下面有一排间距呈某种规律性变化的钢管双柱（其直径为16.6厘米），与斯卡帕早先设计的钢柱断面相比，它们的断面形式又有新的变化。

柱子的顶部和础部都用蒙兹合金（muntzmetal）① 进行了处理，形成与柱顶过梁和柱础的连接关系。柱础是厚扁钢经过切割和打磨以后形成的，然后再与砌体上预埋的钢板（厚度为2.2厘米）铆接在一起。相比之下，上部屋顶平台前面的一对高大双柱的蒙兹合金柱础显得更为复杂，它采用了斯卡帕惯常使用的印第安建筑的典型主题，包含着一系列复杂的体量转换。具体来说，就是先将方形体量转化为八边形体量，然后转化为十六边形体量，最后再变为圆柱形体量。每对双柱都有两个稍稍凹进柱身的圆环构成的蒙兹合金柱头，它们在灰暗的金属柱廊中闪闪发光。同样的材料也出现在柱头和柱础部分，形成单一的支撑构件。它们都是一些小型元素和连接构件，通过螺帽的固定与柱身钢管连接在一起，造就整体的比例关系。[14]

应该说，斯卡帕精雕细琢的节点处理是对我们这个惟利是图的实用主义时代的一种批判。另一方面，当我们在古典建筑诗意盎然的形式权威面前自惭形秽的时候，斯卡帕的设计又好像是一种欲与古人试比高的壮举。斯卡帕曾经写道：

图9.15
卡洛·斯卡帕，维罗纳大众银行，1973—1981年。柱廊

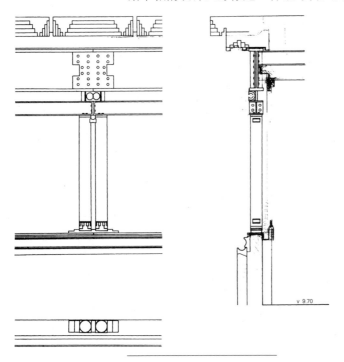

① 英国19世纪冶金学家蒙兹（G. F. Muntz，1794—1857年）发明的一种合金材料，含60%铜40%锌，硬度和强度都较大，室温下不易加工，通常在高温或者经铸造成型。——译者注

现代语言应该像古典形式一样具有自己的词汇和语法。我们应该像使用古典柱式那样使用现代形式和结构。……我希望评论家们在我的建筑中发现我始终贯彻的意图,这就是既遵循建筑的传统,但又不是简单地复制传统柱式的做法,因为古代柱式的建造条件已经不复存在了。在今天的条件下,即使上帝也无法创造雅典人的柱础(Attic base),尽管它的优美无与伦比。相比之下,其他的柱础形式都只能是相形见绌,即使帕拉第奥的柱式也难免黯然失色。只有希腊人的柱式和檐部形式才是登峰造极的成就。只有在帕提农神庙上面,建筑形式才能够像音乐一般充满活力。[15]

斯卡帕深深植根在威尼斯工艺的创造性土壤之中,[16]孜孜不倦地探索一条艰难的建筑之路。他的设计一方面继承了新艺术运动(Art Nouveau)的传统,在这方面人们自然会想起赫尔曼·奥布里斯特(Hermann Obrist)设计的埃及式柱子(图9.16),或者佩雷在市政建设博物馆(the Musée des Travaux Publics)上使用的新式混凝土柱头(图5.42)。另一方面,斯卡帕的设计又体现了对钢结构铰接设计的更为客观的思考,与彼得·贝伦斯1909年的德国通用电气公司透平机车间(图9.17)或者密斯·凡·德·罗1968年的柏林国家美术馆新馆(Neue Nationalgalerie)(图9.18)的相关设计可谓殊途同归。对于斯卡帕来说,节点并不仅仅是为了满足连接功能而设计的。相反,节点本身就是工艺品质的最终体现,需要精雕细琢地推敲。用海德格尔的话来说,这是一种对事物"近在"("nearness")的追求。斯卡帕不仅在节点设计上倾注了全部心血,而且也常常煞费苦心地利用技术要求极高的铜绿对建筑表面进行精湛的色彩处理。特别应该指出的是,

图9.16
赫尔曼·奥布里斯特,
柱子纪念碑,1898年

图9.17
彼得·贝伦斯,柏林德
国通用电气公司透平机
车间,1909年。细部

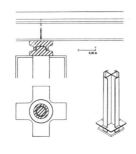

图 9.18
密斯·凡·德·罗，柏林国家美术馆新馆，1968 年。柱子细部

图 9.19
卡洛·斯卡帕，威尼斯圣马可广场奥利维蒂展示厅，1957—1958 年。底层平面

图 9.20
卡洛·斯卡帕，圣马可广场奥利维蒂展示厅，剖面

斯卡帕重新挖掘了高光抹灰（*stucco lucido*）技术，这是一种将颜料与大理石粉与石灰膏等材料混合，形成类似抛光石材或者漆面光泽的传统技术。[17]如同绘画中的蛋彩技法（the tempera technique）[①]一样，高光抹灰的色彩看起来是从材料的内部透射出来的。类似的追求也出现在斯卡帕色彩技法的其他方面，从 1966 年在威尼斯圣马可广场（the Piazza San Marco）落成的奥利维蒂产品展示中心（Olivetti store）别具一格的莫拉诺彩色玻璃瓷砖地面，到多重饰面处理中瓷砖、大理石、金属以及木头等材料之间的交相辉映，这样的例子可谓不胜枚举。

除了经典性的节点设计及其相关的表皮处理之外，斯卡帕还经常在自己的建筑作品中设置一些形象化的视觉焦点。这方面的例子也很多，在圣马可广场奥利维蒂展示中心中，一件由阿尔贝托·维亚尼（Alberto Viani）创作的抽象金属雕塑作品被斯卡帕安置在一片衬托在黑色池底的水面上面，成为整个展示厅空间组织中画龙点睛的元素（图 9.19，9.20）。此外，维罗纳古城堡博物馆引人注目的"大阇骑马像"（the Cangrande statue）[②]（图 9.21）[18]，或者斯卡帕建筑中经常出现的双交圆主题（double circle motif），都属于这方面的典型案例。双交圆主题有许多不同的来源，其一就是西方传统中颇具神秘含义的"鱼鳔"（图 9.22）（*vesica piscis*）符号[③]。[19]当然，这一主题也在一定程度上令人想起东方的阴阳相交，以及强势的普遍主义（solar universality）与弱势的经验主义（lunar empiricism）的二元对立。据说，斯卡帕是在一个中国的香烟盒上第一次看到双交圆符号的，即便如此，他也肯定深知

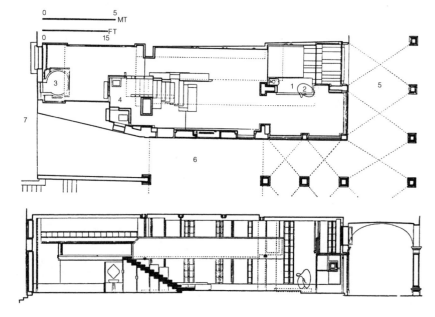

---

① 一种以不透明的水性颜料与蛋黄和醋水进行调和、然后再用油和树脂使色彩固定并保持光泽的绘画技法，盛行于油画颜料发明之前。——译者注

② 即斯卡拉一世（Cangrande della Scala）骑马像。这座雕像记忆了维罗纳城重要的历史，因为斯卡拉杰家族（Scaligeri）就像对于许多意大利城市来说具有重要意义的家族一样，曾在 13—14 世纪的大约 150 年间统治着整个维罗纳地区。——译者注

③ 在西方传统文化中，双交圆既是炼金术中"蛇吞蛇"的符号，也是古希腊数字 $\sqrt{2}$、$\sqrt{3}$、$\sqrt{5}$ 的几何图形"原型"，是古希腊时期用以象征宇宙永恒力量的符号，因为它同时包含着"方"与"圆"这两个比较单纯图形的宇宙符号。此外，在拜占庭和哥特艺术作品中，常有一种用于圣像背后之光环的尖形椭圆装饰，很像鱼鳔，固得此拉丁文名，也称"曼朵拉"（Mandorla），即橄榄形光环，其实就是从双交圆交界出来的双弧形，在传统基督教图形学中，它象征着生命起源的光芒。——译者注

图 9.21
卡洛·斯卡帕，古城堡博物馆，局部剖面，通过"大阙骑马像"空间向北看去

图 9.22
卡洛·斯卡帕，鱼鳔图

图 9.23
吉安劳伦佐·贝尼尼，罗马奎里纳圣安德烈教堂，1658—1670 年。平面

图 9.24
鱼鳔图。其中的短轴与长轴的交替扩大显示了一种不断扩展几何关系：轴1/轴2：轴2/轴3：轴3/轴4 $=1/\sqrt{3}:\sqrt{3}/3:3(3\sqrt{3})$

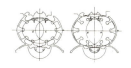

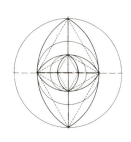

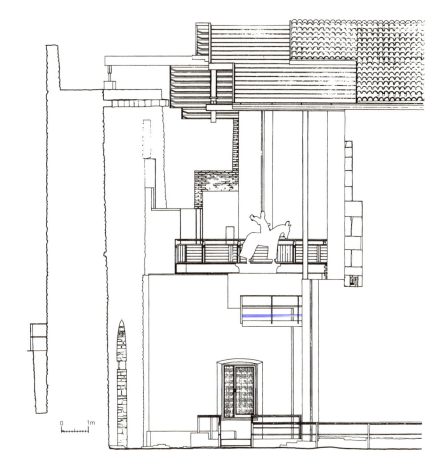

这一符号在欧洲传统中的地位及其内在的宇宙学含义。斯卡帕后来还进一步指出双交圆形式与某些教堂平面设计的关系，比如贝尼尼的罗马奎里纳圣安德烈教堂 (Sant' Andrea al Quirinale)① （图 9.23），[20]他甚至还从鱼鳔形式发展出一系列等边三角形关系（图 9.24）。

无论如何，如果我们将双交圆主题视为理解布里翁家族墓园的关键主题大概不会有什么错。这是斯卡帕的最后一个建筑作品，直到他去世后的 1979 年才最终建成，事实上也成为斯卡帕自己的安息之地。在这里，如果说"鱼鳔"双交圆最终是否象征太阳与月亮、男人与女人、爱神与死神（Eros/Thantos）的对话还是一个值得商榷的问题的话，那么红、蓝两种瓷砖形成的色彩关系体现着某种更为现代的文化资源应该是较为显而易见的，其中我们很容易就想起荷兰新塑性主义原色体系中蕴含的宇宙学价值，或者柯布西耶在《模度》中涉及的红蓝比例序列问题。[21]此外，斯卡帕在设计中采用了圆形和方形的组合，这一事实足以说明他对这个奥秘的问题有更为深刻的理解（图 9.25）。在奥利维蒂展示中心二层出现的一系列"窗眼"（oculi）中，用柚木和黑黄檀木制成的可滑动格栅窗很像日本传统建筑中的障子（shoji），它们的移动似乎是在象征性地打开或关闭每一个窗眼（图 9.26）。[22]可以说，从 1963 年在波洛尼亚（Bologna）建成的加文纳店面设计（the Gavina shopfront）开始（图 9.27），到斯卡帕去世后建成的维罗纳大众银行（图 9.28），作为一种建构标志的"鱼鳔"双交圆主

---

① 奎里纳圣安德烈教堂是贝尼尼重要的教堂作品，建成于 1678 年。通常认为该教堂的平面是一个横向的椭圆形，但是据斯卡帕分析，它是由双交圆演变而成的。——译者注

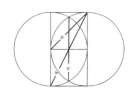

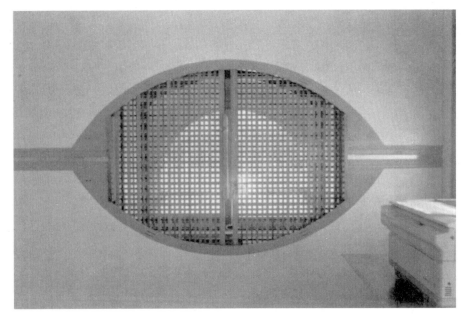

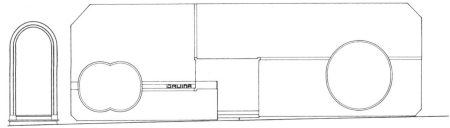

题一直以不同形式和不同尺度在斯卡帕建筑中得到了淋漓尽致的发挥。

虽然"鱼鳔"双交圆中隐含的 $\sqrt{3}$ 矩形关系很少在斯卡帕建筑中出现，但是只要可能，他都设法使用与 11 相关的模数。在一定意义上，11 表示了鱼鳔双交圆内在的稳定关系，尤其在该数字相加后得出 22、33、44 或者 11 减半得到 5.5 等数字时，情况就更是如此。关于斯卡帕念念不忘的双数模式及其与传统度量的渊源，弗拉斯卡里（Frascari）曾经这样写道：

> 在中国文化中，11 是道家思想中"全道"的数字，但是它并不能简单地理解为 10 与 1 相加，而是以 10 年为单位的统一体。对于罗马帝国的度量体系来说，11 是因数，也是倍数，尽管 11 本身并不能构成倍数关系。5.5 码等于 1 杆，4 杆等于 22 码，也就是 1 测链，220 码等于 1 弗隆，1760（11×160）码等于 1 哩……。

11 在斯卡帕建筑中占有如此重要的地位，这多少有些匪夷所思，但是要理解这一点我们就必须从两个与拜占庭相关的内容说起。一方面，卡罗·斯卡帕的名字恰好是 11 个字母的组合，另一方面，在古罗马建筑传统中，标准中空隔墙的厚度大约为 11 公分左右，虽然从理论上来说，墙体的厚度应该是 10 公分（9 公分厚的砖块加上两侧各有 0.5 公分的抹灰厚度），但是在实际建造中，由于墙体的砌筑并不能完全准确无误，所以就必须通过加厚抹灰层调整墙体的平整度，这样一来，隔墙最终的实际厚度就变成 11 公分了。[23]

斯卡帕毕生都有强烈的两分（duality）情节，这一点尤其显著地体现在他设计的墓地建筑之中。从 1944 年的威尼斯圣米凯勒墓地（the San Michele Cemetery）卡普韦拉纪念碑（the Capovilla monument），到 1978 年在热那亚（Genoa）落成的

图 9.28
卡洛·斯卡帕，维罗纳
大众银行，楼梯大厅

加里家族之墓（the Galli tomb），再到布里翁家族墓园，情况无不如此。布里翁家族墓园是斯卡帕设计的最后一个墓地作品，建筑群体呈 L 形布局（图 9.29）。从通向围墙内部的"鱼鳔"双交圆形的入口开始，它就分为两个不同的区域：右边的蓝色圆圈一侧以水池为主题，而左边的红色圆圈则将人们引向覆盖着大片草皮的开敞墓园（图 9.30）。红蓝两色也令人想起炼金术蛇体符号（the alchemical ouroboros）上的两种颜色，其中自食其尾的蛇体头部的红色代表火，尾部的绿色代表水。[24]

继承洛多利（Lodoli）[①] 走过的道路，斯卡帕力求在建筑的每一个层面贯彻平行

[①] 指 18 世纪威尼斯天主教方济各会修士和建筑理论家卡罗·洛多利（Carlo Lodoli，1690—1761 年）。——译者注

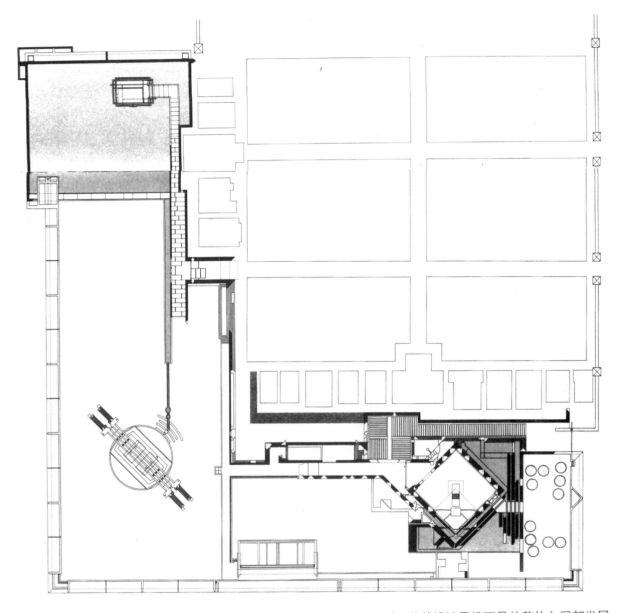

图 9.29
卡洛·斯卡帕，特莱维索圣维托 - 达尔提沃勒的布里翁墓地，平面，1969—1978 年

设计的思想（the idea of analogy），这就是说，他的设计思维不是从整体向局部发展，而是从局部向局部平行移动。也许，没有其他案例能够比布里翁墓园中意义含糊不清的水面更能说明这一原则了。从表面上说，缓慢流淌的水面是生命的象征，它与水泥板覆盖的长长的沟槽形成鲜明对照。另一方面，它又以一种令人畏惧的形式将我们从布里翁墓园的入口引向一个沉思池（meditation pool）。诚如古伊多·皮埃特罗波里（Guido Pietropoli）所言，在走向那扇看似透明、但却十分封闭的玻璃门扇的进程中，伴随着脚步声在空中回荡，这样的路线设计（图 9.31）是在向人们提示俄耳浦斯（Orpheus）走向冥界的道路①，从而进一步领悟到整个墓园设计的俄耳浦斯内涵。[25]

---

① 俄耳浦斯，希腊神话中的诗人和歌手，能弹奏出美妙的竖琴声，弹奏时猛兽俯首，顽石点头。他为了追随死去的妻子尤瑞蒂丝而下降到冥界，试图以音乐迷惑冥王普鲁图使妻子得以重返人间，但是因为违反在回到阳界之前不能回头看的约定而永久失去了妻子。16 世纪意大利威尼斯画派的代表人物提香曾经有一幅题为《俄耳浦斯与尤瑞蒂丝》的著名绘画作品，描述徘徊在冥界的俄耳浦斯和尤瑞蒂丝相见的情形。——译者注

图 9.30

卡洛·斯卡帕，布里翁
墓地，入口

图 9.31

卡洛·斯卡帕，布里翁
墓地，走廊

卡洛·斯卡帕与节点崇拜

图 9.32
卡洛·斯卡帕，布里翁
墓地，栏杆

图 9.33
卡洛·斯卡帕，布里翁
墓地，控制玻璃门开启
的机械装置

在这里，斯卡帕的设计体现了一种典型的威尼斯水面与地面的关系。它传递的信息有些模糊不清，似乎是在强调水代表着生命，同时也意味着死亡。一方面，从沉思池延伸出来的水道日夜不停地浇灌着下沉的夫妻墓位；另一方面，从入口部分到达水池区域的惟一途径则是那个闸刀似的玻璃门扇。水面本身的设计看起来也是为了进一步强化上述两分法的构思，因为有两个不同的主题体现在水池的设计之中，一个是漂浮在沉思池水面上的睡莲主题，另一个则是典型的斯卡帕锯齿形线脚向水面下方消失的淹没主题，象征着人类文明正在一步步走向灭顶之灾。

还有两个细节进一步强化了沉思池含义的不确定性：一个是由钢索构成的栏干，象征着来访者不可逾越的界限（图 9.32）；另一个是控制玻璃门扇开启的机械装置，代表着我们无法摆脱的时间机制。向下开启的门扇的操作就像一个形而上学的闸门，必须依靠墙外复杂的滑轮机组才能够将玻璃门扇下沉到池底或者提升上来后关闭（图 9.33）。这种杜尚式装置（Duchampian device）①26构成了特定的生死之界，因为当玻璃门扇沉到水下处于开启位置的时候，它也就离开了空气；反过来，只有当它关闭的时候，才重新获得空气。更为奥妙的是，它宛如一种炼金术装置，将水从

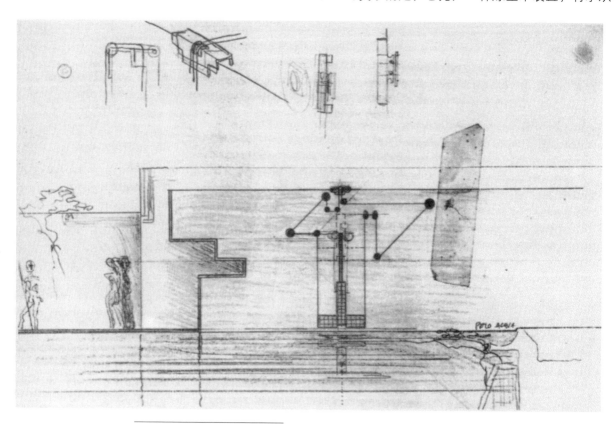

① 指法国艺术家马塞尔·杜尚（Marcel Duchamp，1887—1968 年，1955 年加入美国籍）。1912 年创作油画《下楼的裸女》，1913 年以现成品艺术《泉》参加纽约军械库展览，1915 年后主要在纽约从事艺术活动，有"纽约达达"之称。杜尚不断寻求艺术规则和社会规则的突破，这当然也包括艺术观念、材料以及制作技巧的突破。因此，当现代主义许多艺术家还热衷于在画布上搞革命的时代，他却宣布放弃绘画。在此后的岁月中，他创作了大量具有装置性质的作品。如《新娘、甚至被光棍剥光了衣服》（亦称《大玻璃》）、《为什么不打喷嚏》、《箱中之盒》、《新寡》、《给予：1. 瀑布；2. 燃烧的气体》等。关于这里所谓的"杜尚式装置"，特别值得一提的也许是杜尚 1927 年在自己的巴黎寓所中设计的一个可以同时既开又关的作品"门"，它有一个门扇，处在两面墙壁直角相交的地方，两面墙上各有一个门框，如果其中一个门框被门扇关上了，那么另一个门框所代表的门必然处于开启的状态。——译者注

图 9.34
卡洛·斯卡帕，布里翁
墓地，石棺

夫妻墓位（arcosolium）回抽到沉思池中（图9.34）。[27]保罗·波托各希（Paolo Portoghesi）曾经在一篇情感四溢的论文中深刻阐述了布里翁夫妻墓位整体构造物中包含的多重意义：

> 拱、桥、顶棚、船只，所有这些字眼都赋予作为死亡象征的墓位另一种价值含义，因为它们都是生命的象征，这意味着死亡并不是一成不变的，而是在否定和否定之否定中达到与生命的辩证关系。……斯卡帕热爱婉转曲折更甚于直截了当；热爱间接引用的词汇，而不是古典语言的复制。或许我们可以用德勒兹①的话来说，差异并非来自于重复，而是来自于在无尽的质疑中获得的基本偏移。[28]

布里翁家族墓园的夫妻墓位也分为架空的上部结构和下沉的墓位两个部分。在许多方面，我们可以认为它体现了一种对死亡的东方态度，而且我们也很难发现还有其他当代墓地设计能够如此成功地与西方人在死亡问题上的病态情感一刀两断。换言之，通过一种跨文化的平凡表现，斯卡帕成功地超越了基督教宣扬的罪恶和救赎观念。他巧妙地运用了汉字中的"双喜"字样，将这个在中国传统中代表婚庆的图案转变为墓园围墙转角处的现浇混凝土花窗，以表达撒手人寰的夫妇在阴曹地府喜悦重逢、共浴爱河的设计思想。[29]

斯卡帕的建筑总是体现着神秘莫测的置换原则。在这一点上，布里翁家族墓园也是一个杰出的范例。在这里，轻质的与厚重的建造模式常常以一种有悖常理的方式混合在一起。比如，小教堂门扇以及相邻储藏间门扇的关系就是这样。前者的门

---

① 指法国20世纪哲学家吉尔·德勒兹（Gilles Deleuze，1925—1995年）。著有《千高原》、《反俄狄浦斯》、《差异与重复》、《电影1—画面运动》、《电影2—画面时间》等，其中《差异与重复》是他的博士论文，1968年出版。在这部著作中，作者透辟地阐述了"差异"和"重复"这两个概念及其相互关联性，指出"差异"与"重复"这两个概念相结合，不能再从一开始就被确定，但应该借助两条路线（一条涉及重复的本质，一条涉及差异观念）间的相互影响和相互交织而出现。——译者注

体框架使用了白色的油性灰泥面板，后者则因为自身的现浇石渣混凝土材料而显得分外沉重。前者显然更适合于一种正式的入口设计，而后者对于一个实用性很强的门扇来说则属于一种不同寻常的材料。两者的设计灵感都来自日本轻质墙体的做法，但是与前者的轻盈和非物质化相比，后者就显得格外沉闷。在这里，人们可能会不由自主地想起森佩尔的材料置换理论（Stoffwechseltheorie），尽管上述例子中轻与重的转换与森佩尔材料置换理论强调的象征形式的延续并无任何关系。类似的情况也出现在分隔布里翁家族墓园和原有墓地的巨大的横向混凝土围墙上面。围墙的主要材料是脱模混凝土板，同时在主要部位表面夹杂着一些米灰色灰泥板。但是由于这些灰泥板并没有布满整个墙面高度，它们的实际效果倒像一些光秃秃的饰带，如果不是每块灰泥板四个角落上不无隐晦意义的装饰性金属圆盘的话，人们也许很难意识到其中的建构含义正是在于混凝土表面形成的一种石化的森佩尔式肌理。[30]

边界、场地标高、尺寸和装饰，这些都是人们在斯卡帕建筑中反复体验到的主题，而布里翁家族墓园和维罗纳大众银行又比斯卡帕的其他作品更加显著地体现了这些主题。如同凯里尼·斯坦帕利亚基金会大楼的后花园一样，布里翁家族墓园的场地也被刻意加高了，这是斯卡帕创造开阔的独立空间的主要手段（图9.35）。在上述两个例子中，我们从中轴线进入的时候，会看到站在院中的人们就仿佛站在遥远的天国一样，但事实上又并非可望而不可及。诚如弗朗西斯科·达尔·科（Francesco Dal Co）在论述布里翁家族墓园设计时所言，当人眼处于一个新的场地标高的时候，会产生一种仿佛离开凡世的感觉。

"扶壁柱般的支墩加固着倾斜的围墙，界定出一个范围。围墙外平坦的乡村环境与围墙内的墓园草坪落差很大，而草坪上的墓园建筑地坪标高又各不相同。对于墓园外侧的人来说，围墙无异于一道屏障，上面露出墓园教堂的顶部和苍松翠柏的轮廓；但是从墓园内部看，这个围墙就不那么高了，除了标示出地坪标高的变化之外似乎别无他用。"[31]

由此可见，斯卡帕观念中的建筑底层并不仅仅是一个放在抽象层面上的覆盖物，而是一种抬高的人工地坪，一幅由人体感知书写的画卷（图9.36）。与此同时，诚如达尔·科所言，尺寸也不再仅仅是一种界定物体大小的实用手段，而是与形式创造息息相关的组成部分。达尔·科还根据库马拉斯瓦密（Coomaraswamy）的研究指出，梵文"马特拉"（matra）在词源学意义上具有"尺寸"（measure）和"物质"（matter）的双重含义。[32]因此人们或许可以说尺寸的基本功能就是将物体显现，或者说，这就是通过几何和节点建造从混沌的自然状况中创造人工秩序的过程。就此而言，将设计付诸实施的行为就是通过尺寸揭示材料和揭示尺寸自身的双向行动。西诺·英格尔（Heino Engel）对传统日本建筑的研究也曾提出过类似的观点：

"对于建筑而言，总是先有尺寸，然后才有建造（construction）。在人们学会建造以前，他必须首先学会建立尺寸体系。尺寸是人类最先创造的智慧的成就之一；它是人类建筑与动物巢穴的区别所在……。因此，……尺寸就是人类把握基本建筑结构的工具。通过"尺寸"，人类将建筑元素组织为一个整体。"[33]

在这里，法文的"边框"（encadrement）一词也许能够说明一些问题，因为它的词源学发展告诉我们，边框并非一种可有可无的东西，而是在尺寸中显现的材料的本质边界。这就证实了达尔·科的论点："如果不表明尺寸，或者说如果不将相关的装饰验明正身的话，秩序就无法显现，也无法得到描述。"[34]但是，尽管斯卡帕对构造性装饰（constructed ornament）情有独钟，他并非对功能问题麻木不仁。相反，

图9.35

卡洛·斯卡帕，布里翁墓地，围墙拐角的细部处理

图 9.36
卡洛·斯卡帕，布里翁
墓地，平面几何关系
分析

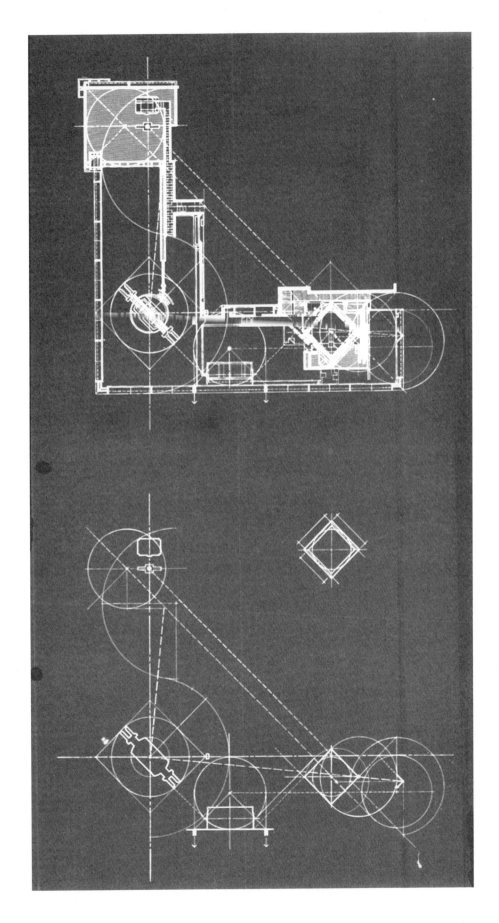

在他的建筑中，功能的目的性永远是设计首先必须满足的要求。因此，他的建构表现总是在功能的工具意义（the instrumentality of function）和装饰的感官意义（the sensuality of ornament）之间寻求平衡，其结果就如同皮埃尔·夏洛（Pierre Chareau）1932 年建成的"玻璃之家"（Maison de Verre）所显示的那样，人们无法在两者之间作出黑白分明的区分。[35]

马可·弗拉斯卡里（Marco Frascari）和曼弗雷多·塔夫里（Manfredo Tafuri）都曾经强调指出，斯卡帕的建筑有一种片段化（fragmentary）特点。弗拉斯卡里的结论来自于他将斯卡帕的建筑与巴黎美院的构图训练（*analytique*）进行的比较，因为这种构图训练试图将建筑的整体构图与细部以不同的尺度统一在一张建筑图纸的版面之中；[36]而塔夫里则将斯卡帕建筑的片段化特点视为"一种介于形式游戏和局部的分崩离析之间的有悖常理的辩证关系"（a perverse dialectic between the celebration of the form and the scattering of its parts）。斯卡帕的建筑还可以从一种认识论和批判性思维的角度进行理解。1953—1965 年之间断断续续完成的维罗纳古城堡博物馆设计对该古城堡的改造利用就非常能够说明问题。在这里，斯卡帕小心翼翼地从不同元素的连接入手，将整个建筑处理成为一个连续展开的空间画卷。从前院的装饰性水池中潺潺细流产生的几乎难以察觉的水面运动，到凯里尼·斯坦帕利亚基金会大楼中为了加快空气循环而采用的独立式散热装置（图 9.37），斯卡帕将自己的诗意建造能力发挥得淋漓尽致。

维罗纳古城堡博物馆的室内空间设计可谓精彩纷呈，它充分体现了斯卡帕对材料表面品质的追求，同时也是他一贯注重材质表现与整体空间进程中偶尔出现的接缝、台阶、边界和门窗侧墙等元素的相互关系的结果。在不断变化的节奏之下，尺

图 9.37

卡洛·斯卡帕，古城堡博物馆，平面：

1. 平行的树篱
2. 草坪：大庭院
3. 入口
4. 门厅
5. 图书馆
6. 东北翼塔
7. 雕塑展厅
8. 大阙空间及其骑马像

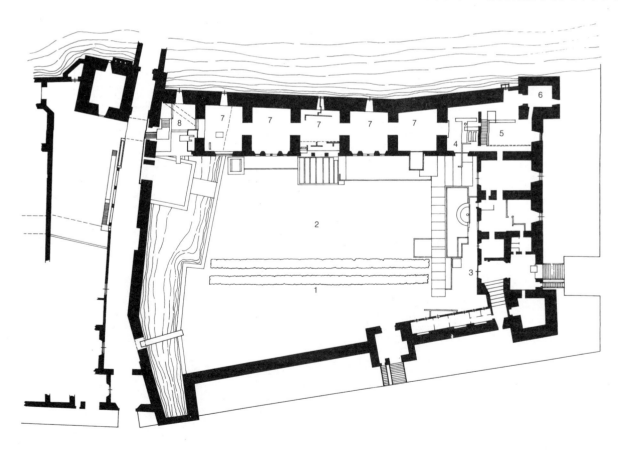

度不尽相同的跨度、支撑、交接、铰接就像一首交响乐曲中的强音此起彼伏。斯卡帕总是将工程形式（engineered form）作为句法结构中的关键元素反复使用，并以此为其他元素的连接提供参照标准，这些元素可以是一个铰接点或一个支点，也可以是一个基座或者一个固定的支架等。该建筑一楼考古展厅各种展品的陈列方式也充分说明了这一点，其中每种陈列方式都与特定的展品构成相辅相成的建构元素（图9.38）。此外，斯卡帕还十分注重雕塑作品与基座的关系，努力将它们作为不可分割的造型整体进行设计，这在很大程度上应该是受到了罗马尼亚雕塑艺术家康斯坦丁·布朗库西（Constantin Brancusi）的影响。

在上述问题上，斯卡帕的处理手法很多，比如根据自然光线调整雕塑和基座的平面位置，或者将大型展品的基座根据展品本身的形式韵律进行设计（图9.39）。

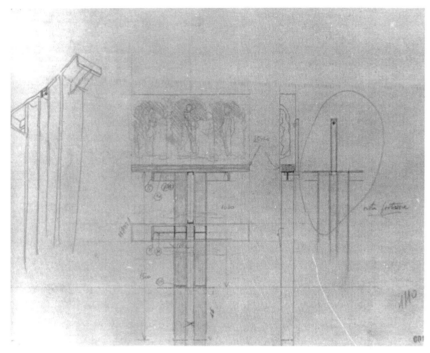

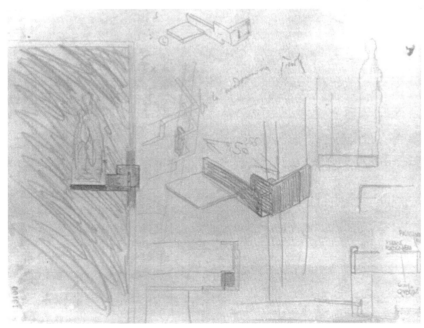

图 9.38
卡洛·斯卡帕,古城堡
博物馆,雕塑基座

图 9.39
卡洛·斯卡帕,古城堡
博物馆,雕像托架

但是,正如塞吉奥·洛斯(Sergio Los)曾经观察过的,在将展示主题转化为建构主题的过程中,备受斯卡帕关注的已经不是陈列方式本身是否恰当的问题,而是对整个博物馆空间序列及其展品关系全面思考的问题。据此,斯卡帕试图重新寻求在那些支离破碎的展品中已经不复存在的精神意义。这也在一定程度上帮助我们理解为什么斯卡帕有时会选择将绘画展品陈列在展架上面,而不是像通常那样,一丝不苟地悬挂在画框中的原因。显然,斯卡帕希望在这样的展示方式中提醒参观者注意绘画的工艺品质(图 9.40)。人们也许可以将斯卡帕的上述做法视为一种“间离效果”(a Verfremdung effect)① 的绝妙手段,目的是为了克服我们已经习以为常的拙劣的艺术欣赏方式。除了展品的陈列方式,展品与建筑的结合也都说明,再也没有其他什么能够比这种对“物性”(thingness)② 的回归更具建构意义的了。正如斯卡帕的建筑在其他方面表明的一样,材料的处理在这里成为语义变化的载体。呈现在我们面前的是以材料质感为内容的表现章法(a tactile syntax),它以差异为基础,粗糙的与光滑的、打磨的与非打磨的、加工的与非加工的,不同材质的对比比比皆是(图 9.41)。此外,底层展厅的组合式钢梁在中间位置支撑着展厅上方裸露的混凝土横梁,而横梁与展厅的现浇混凝土地板又呈现出一种建立在差异基础上的相得益彰的关系(图 9.42,9.43)。前者展现了粗糙的混凝土表面和历历在目的木模板痕迹;而后者则是平整的混凝土地面,在传统威尼斯水泥石(pastellone veneziano)的制作工艺中彰显现浇混凝土板表面石材般的颗粒效果。伊斯特里亚石条的使用也进一步加强了混凝土板与石材的关联性。当然,上述两种做法的目的只是为了在一种材料中创造另一种材料的喻意,而不是对这种材料进行模仿。值得注意的是,在地面和周边粗糙的抹灰墙面之间还有一些浅浅的凹槽,这有助于将整个混凝土板地面作为一个抬高的地坪进行表现。如同凯里尼·斯坦帕利亚基金会大楼一样,我们在这里再次看到了威尼斯建筑传统的基座处理方法,或者说一种原本为应对潮汐带来的大量海水而在建筑周边设立水道的措施。此外,正如弗兰科·冯纳蒂(Franco Fonatti)指出的,展厅地面的划分方式也令我们想起圣马可广场的地面图案。[37]

图 9.40
卡洛·斯卡帕,古城堡
博物馆,绘画陈列框架

图 9.41
卡洛·斯卡帕,古城堡
博物馆

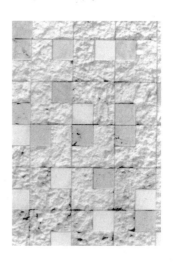

---

① 所谓“间离效果”也称“陌生化效果”,是德国 20 世纪著名的戏剧家和诗人贝托尔特·布莱希特(Bertolt Brecht,1898—1956 年)提出的一种戏剧观念。在布莱希特看来,人们之所以对于熟知的事物反而不能认识,就在于它是熟知的缘故,所以他主张通过“间离效果”去掉艺术品所描写事物的“熟记”的印记,赋予它使观众感到陌生、惊异、新奇的特点。——译者注
② 20 世纪德国哲学家海德格尔的概念之一。——译者注

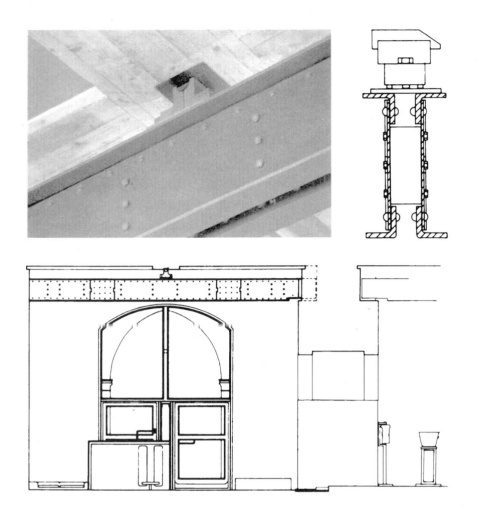

图 9.42
卡洛·斯卡帕，古城堡
博物馆，底层展厅混凝
土梁和钢梁交接关系
细部

图 9.43
卡洛·斯卡帕，古城堡
博物馆，底层地面处理
显示周边的凹槽以及与
粉刷墙面的关系

斯卡帕对节点处理的强烈兴趣在维罗纳大众银行（Babca Populare di Verona）的设计中达到登峰造极的地步。该建筑是斯卡帕设计的倒数第二个建筑，始建于1973年，但是直到1981年，也就是斯卡帕去世后三年，才在他的助手阿里戈·鲁迪（Arrigo Rudi）的指导下最终完成（图9.44，9.45）。在这个复杂而又紧凑的建

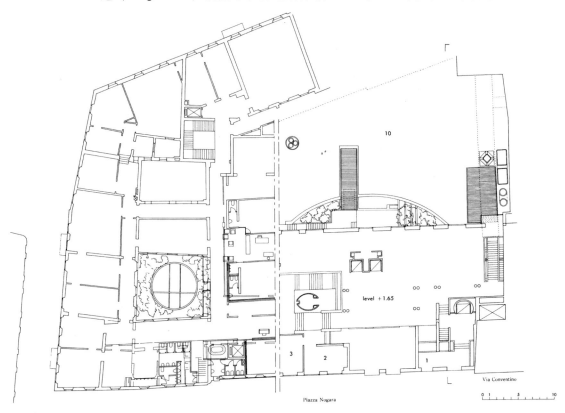

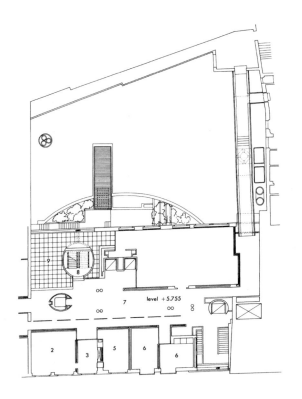

图9.44
卡洛·斯卡帕，维罗纳
大众银行，底层平面和
二层平面：

1. 从孔凡提诺大街进
   入的入口
2. 行长办公室
3. 秘书办公室
4. 兑换
5. 副行长办公室
6. 接待台
7. 中央走道
8. 楼梯间
9. 露台
10. 内庭院

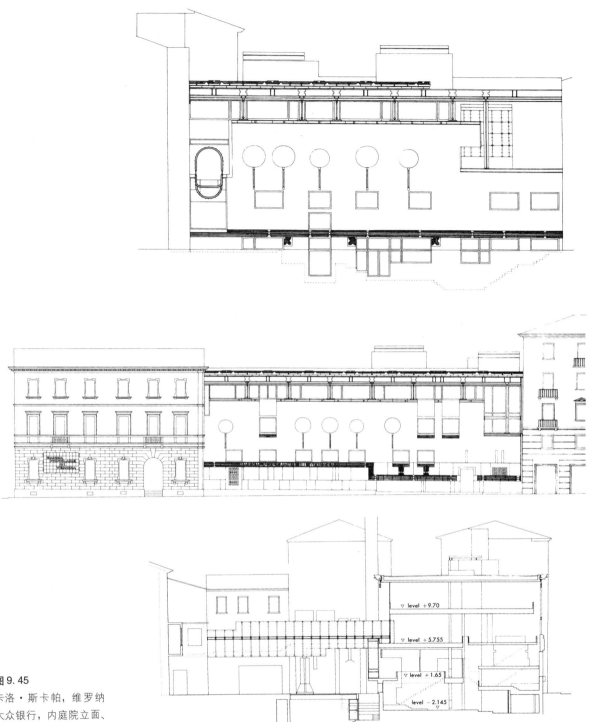

图 9.45
卡洛·斯卡帕，维罗纳
大众银行，内庭院立面、
正立面和剖面

筑中，典型的斯卡帕锯齿线脚造型俯拾皆是，不仅出现在建筑顶层柱廊的檐部，而
且也被用在石头基座的上方。在基座的烘托下，城廓般的建筑形象上结实的石质窗
套及其充满砌筑秩序的节点到处可见（图 9.46）。在其他部位，节点则成为一种提
升和调节立面比例的手段。就此而言，正如阿尔伯蒂尼和巴尼奥里试图论证的那样，
立面的韵律关系就与整体构图的切分秩序（the syncopated order of the overall com-
position）紧密联系在一起。

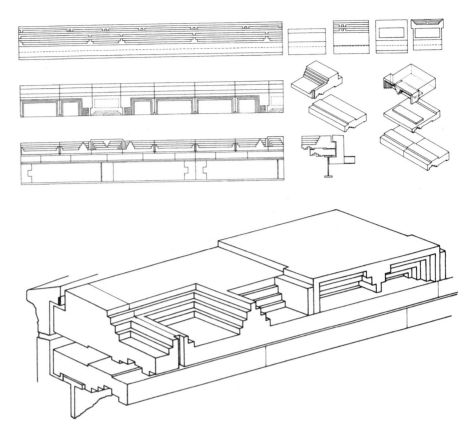

　　第一个对称轴线出现在顶层柱廊左边第一跨的跨中部位，同时也与檐部凹
线脚的中心线正好吻合。随着人们的视线向下移动，轴线关系经过那根巨型钢
梁的中心部位传承至圆窗及其滴水石条，最后与矩形窗户的左侧线脚合而为一。
第二根轴线位于柱廊第二跨的中心线上，沿着这根轴线，从上到下依次分布的
是一个小型阳台、凸窗和一个普通窗户。第三根轴线的情况有所不同，它出现
在第三组双柱的中心部位，穿过檐部两个石块的交接处，这根轴线又与钢梁铆
固板以及镀金球体主题的轴线吻合在一起，最后再次从圆窗和滴水石条以及矩
形窗的中心线穿流而过。

　　继续向右，第五跨的情况与第一跨基本相同。接下来，下一组双柱的轴线
在两个凸窗之间有力地穿过。

　　……在这里，因为跨度更大，所以位于檐部下方的石块和钢梁在轴线的两侧
彼此对称。接下来，在轴线两侧对称布局的是两个浅浅的阳台和阳台下方的两个
矩形凸窗，其中左边的凸窗又与下方两个凸窗中位于右边的一个竖向对齐。[38]

　　有理由认为，维罗纳大众银行的主立面（图 9.47）与森佩尔的四要素理论有一
定的吻合关系，因为在这个立面上，我们不仅可以看到石砌基座和抹灰幕墙，而且
还可以看到建筑顶部柱廊的钢框架构件。锯齿形线脚有助于我们根据这几个特定的
要素对建筑主体进行划分，其中三块无框玻璃凸窗的非物质化特质与 T 形锯齿状窗
下座形成了强烈的对比①。类似的情况也出现在面向诺加拉广场（the Piazza Noga-
ra）的员工入口处厚重的大理石门框上面。门框非常具有雕塑感，这是大理石材的超

---

　　① 原文此处似有误。从该建筑的相关立面上看，窗下有 T 形锯齿状窗下座的无框玻璃凸窗应为两个，
而不是三个。——译者注

图 9. 47

卡洛·斯卡帕，维罗纳
大众银行，正面

大厚度以及门框上的水平凹槽导致的结果。当然，对于上述效果而言，位于门框过梁上方的那个射击眼般的斜边开口也并非无关紧要（图 9. 48）。这使我们再次想起布朗库西，尤其是他 1937 年在罗马尼亚塔古久（Targu-Jiu）完成的名为"吻之门"（The Gate of the Kiss）的雕塑作品。维罗纳大众银行主立面设计充满材质的表现，尤其值得一提的是粗糙的捣浆灰泥（cocciopesto）墙面与光滑的波提契诺大理石（the Botticino marble）表面形成的强烈对比。

在维罗纳大众银行的立面设计中，差异不仅存在于平整的墙体表面和粗糙的墙体表面之间，而且也体现在灰泥墙面与五块石材组成的圆形窗户的抛光石材边框的对比之中。在每个大理石圆形窗框下面，都有一根红色的维罗纳大理石形成的细细的线条，墙体夹层中的雨水管从这里伸出墙面。由于这些线条的存在，建筑立面不仅能够更好地经受风吹雨打，而且从一开始就将雨水流淌的痕迹作为建筑在时光流逝的过程中不可避免发生变化的表现手段（图 9. 49，9. 50）。幕墙后面是方形的木质窗框，它们镶嵌在内层墙体上面，与横平竖直的木质窗框和外层墙体上的圆形窗眼形成一种东方式的互动关系（图 9. 51）。[39]

从光泽各不相同的光亮灰泥（stucco lucido）到半透明的玛瑙板，维罗纳大众银行的表面材质处理可谓美不胜收，这构成了该建筑的一大特色。除此之外，该建筑最为显著的建构特点应该是营业大厅的设计。在这里，斯卡帕虽然使用了吊顶，但是并没有牺牲对建筑结构关系的表现。事实上，除了柱子底部使用了 1. 5 米高的钢皮包裹之外，其他的现浇脱模混凝土梁柱关系都原汁原味地呈现在人们的眼前（图 9. 52）。石膏板吊顶的性质是通过大尺度的划分线条来体现的，这不仅有助于表现吊顶的尺度感，而且也有助于强调混凝土柱子穿越石膏板时与吊顶相接部位的关系。[40]

柱子本身的处理也独具匠心。双柱的顶部在距吊顶 27. 5 厘米的部位有一道金色的装饰性凹槽，而在柱子与梁的交接处，我们再次看到一个涂金的小型"鱼鳔"符号，它铸刻在蒙兹合金板上，然后镶嵌在两个柱子顶端的中间部位（图 9. 53）。如同维罗纳古城堡博物馆的情况一样，维罗纳大众银行室内巨大的日本榻榻米地席式的吊顶板划分在经过韵律处理后，很有一种新塑性主义的效果。这也在一定程度上引

图 9.48
卡洛·斯卡帕，维罗纳
大众银行，诺加拉广场
上的入口

图 9.49
卡洛·斯卡帕，维罗纳
大众银行，窗户细部

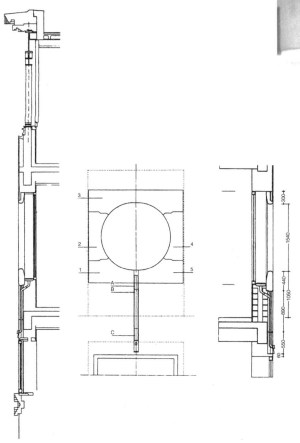

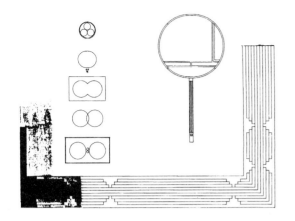

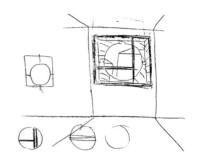

图 9.50

卡洛·斯卡帕,维罗纳
大众银行,装饰体系
分析

图 9.51

卡洛·斯卡帕,维罗纳
大众银行,圆形窗户设
计草图

图 9.52

卡洛·斯卡帕,维罗纳
大众银行,二层大厅

图 9.53

卡洛·斯卡帕,维罗纳
大众银行,柱子与顶棚
的连接关系

发了不同建筑元素间的风轮动感关系,这些元素包括玛瑙板材的楼梯间、红色的电
梯井道以及通向建筑顶部的闪闪发光的圆柱形钢楼梯等(图 9.54)。诚如皮埃
尔·路易吉·尼柯林(Pier Luigi Nicolin)所言,所有这一切都没有拘泥于银行建筑
的传统表现方式。

斯卡帕并不在意银行作为社会机构的空间关系。在维罗纳大众银行的设计
中,他将自己仅仅限定于用豪华的陈设材料来表达银行的富贵性质。在这里,
没有路易·康意义上的对建筑社会机构性质的强调,也没有任何借助"企业形
象"表达公司哲理的企求;作为一个精致而又复杂的建筑,它也没有凡·艾克
(Van Eyck)追求的错综复杂的人性化交流空间。

维罗纳大众银行的复杂空间更像是一种个人化的建筑语言,或者说是一种
在处理建筑复杂功能的过程中自得其乐的享受,一种挥之不去的追求建筑复杂
性的欲望的体现。这是一种来之不易的自由,它只有在"透明"空间中才实现
自身的表现,其中材料、机械设备、连接、饰面的处理处处流露出设计者精湛
的技巧。面对这样一个举世无双的作品,人们在叹为观止的同时,也不禁会为
它的绝无仅有而感到几分惆怅呢。[41]

斯卡帕热爱建筑基本结构的率直表现。这一点与路易·康不无相似之处,它十
分显著地体现在威尼斯大运河畔的马西埃里基金会大楼(Masieri Fondazione)的设
计上面。这是斯卡帕的晚期作品之一,其裸露的钢筋混凝土楼面直接坐落在没有任何

337

图 9.54
卡洛·斯卡帕，维罗纳
大众银行，室外楼梯

修饰的钢框架上面。钢架托梁与裸露现浇混凝土楼板的底面直接相接，并且每隔一定间距就有圆形钢双柱来支撑钢架托梁。为防止锈蚀，整个钢结构表面都做了特殊处理。

　　要对斯卡帕的建筑做系统阐述并非易事，因为归根结底，斯卡帕建筑成就的精妙之处是以非连续性为特征的（can only be comprehended as a continuum）。这也许恰恰是斯卡帕与主流建筑的区别所在。在他的建筑生涯中，斯卡帕从未试图勾画

338

一种人文主义的或者有机形式意义上的理想整体。他孜孜以求的只是"物体的近在"（the "nearness of things"）以及从设计的局部到局部、或者说从节点到节点逐步呈现这种近在。空间化的建筑观念在他的建筑中可谓寥若晨星。相比之下，场所因素仍然依稀可辨，但是仅仅作为一种伴随运动和光线的强弱变化而跌荡起伏的瞬间的地点因素在发挥作用。斯卡帕的建筑首先是对时间的思考，它必须同时面对物体的持久性和脆弱性，因此本质上又充满伤感，如梦似幻。此外，斯卡帕的建筑不仅可以作为本真建构（tectonic authenticity）的一种范本，而且也是对赖特的有机主义乌托邦和现代功能主义的技术乌托邦这两个我们时代主要的乌托邦思想的批判。尽管斯卡帕毕生都对赖特充满敬仰，而且也热衷于工业设计，但是与乌托邦思想的分道扬镳已经说明他清楚地感悟到人类知识的极限，同时也是他善于运用反讽方式谨慎处理某种特定准则的最好验证。反乌托邦是斯卡帕建筑的核心。他总是在捕获瞬间的特性和场地的界限，但是却从未因为考虑时间和地点因素被前人束缚了自己的想像。

如同阿尔瓦·阿尔托一样，斯卡帕深知建筑不是人类的救命稻草，福利社会也不是万能的上帝。因此，他创造了一种断裂式的叙事建筑（an architecture of disjunctive narrative），其中一切正在进行的事物都与曾经发生或者可能曾经发生的事物有着千丝万缕的联系。在斯卡帕的不懈努力中，地方工艺的发展是一个关键因素，尽管他在形式创造的问题上一直拒绝接受任何先验意义上的类型学方法。与此同时，虽然他对工艺和尺寸精益求精，但是他从未试图发展任何形式的模数生产体系。他深受"维也纳克劳斯文人小组"（the Vienna Krausian circle）伦理思想的影响，其中尤以卡尔·克劳斯（Karl Kraus）①和阿道夫·路斯（Adolf Loos）的影响为甚，不过他又力图用一种扑朔迷离的书写性装饰语言（an ornament that was a kind of impenetrable writing）来回应路斯对装饰的否定。在这一意义上，正如斯卡帕自己坦言的那样，他更接近于路斯的同代人约瑟夫·霍夫曼（Josef Hoffmann）。光阴荏苒，逝者如斯，面对大千世界的变幻莫测，斯卡帕以其特有的若即若离的态度开辟了一条隐秘的微观建构学之路。就此而言，我们或许可以用"失魅中的返魅"（an enchanted disenchantment）②来形容斯卡帕的建筑。

---

① 犹太裔文化评论家、作家（1874—1936年），一生主要在奥地利首都维也纳从事文化批评活动。1899年创建杂志《火炬》（Die Fackel），是当时最有影响的文学、文化、政治和社会批评杂志，形成所谓的"克劳斯文人小组"，其成员包括建筑师路斯。1917年完成反对第一次世界大战的长篇戏剧《人类的末日》（Die letzten Tage der Menschheit）。——译者注

② 现代性，用德国社会学家韦伯的观点来说，就是"世界失魅"（disenchantment of the world）的理性化过程，它在消除世界的神性和超自然意义的同时，也使人类社会陷入了以追求效率为唯一目的的工具理性主义的价值体系。因此，"返魅"就是反对工具理性主义，为人类社会的道德复归寻求新的价值基础。——译者注

9 Carlo Scarpa and the Adoration of the Joint

Epigraph: Gianni Vattimo, Turin Conference with Pietro di Rossi, c. 1987.

1
For the parameters of Scarpa's brief, given to him by Giuseppe Mazzariol who was then the director of the foundation, see Giuseppe Mazzariol, "A Work of Carlo Scarpa: The Restoration of an Ancient Venetian Palace," *Zodiac* 13 (1964), pp. 218–219. The relevant passage reads: "The ground floor of the seventeenth-century Querini Stampalia palace had been devastated in the last century by a vaguely neoclassic scenic arrangement with ornamental colonnades which completely spoiled the fundamental and original passages of the buildings. The first research work carried out by Scarpa aimed at discovering the location of the old foundations through tests, so as to restore to their original sites a few works which had been dug up and placed elsewhere for purely ornamental reasons. The result of this first and fundamental rearrangement was the shape of the 'portego' (portico). With the reconstruction of this central nucleus—the only one which could be recovered with some iconological legitimacy—there began the work of general rearrangement which, paying due attention to certain very precise functional needs, has been articulated into four fundamental themes: the bridge accessible by way of the small square; the entrance with the embankment against high tides; the 'portego' hall; and the garden. . . . [The *acqua alta*] ruined the practicability of the land-zone of the palace, where a big public library, a famous gallery, and an important state institute were housed. The remedy to this limited access would be a direct entrance from the square, as a substitute for the entrance used since the end of the century, a doorway situated in a poorly lit and not easily accessible side lane. The client also commissioned two halls, for meetings and exhibits; one situated inside, the other outside, in the area of an abandoned and impracticable rear courtyard. The artist was then faced with two associated problems: 1) the elevation of the whole pavement area of the zone overlooking the canal to a level corresponding to the highest levels reached by the high tides in the last ten years, and 2) a system for lining ceilings and walls so as to offset the effects of humidity. In fact, the absorption of humidity very quickly corrodes any plaster or marble facing. To eliminate this serious drawback, Scarpa used panels fastened with wall clamps so as to ensure the complete and continuous ventilation of *all* the walling."

2
Maria Antonietta Crippa, *Carlo Scarpa* (Cambridge: MIT Press, 1986), p. 157.

3
Here as elsewhere I am indebted to the recent work of Richard Murphy, who points out that there is in fact a difference in level despite the fact that one of Scarpa's drawings suggests the two levels are virtually the same. See Richard Murphy's analytical essay in *Querini Stampalia Foundation/Carlo Scarpa*, Architecture in Detail Series (London: Phaidon, 1993).

4
A similar distortion occurs in the planning of the Banca Popolare di Verona, where a seemingly orthogonal plan is actually out of rectangular alignment by 1.5 degrees in order to conform to the inclination of the party walls in the adjacent buildings.

5
Giuseppe Zambonini, "Process and Theme in the Work of Carlo Scarpa," *Perspecta* 20 (1983), p. 31. One should note, after Richard Murphy (see note 3 above), that this water channel is stocked with fish and that Scarpa had apparently once remarked, "Let's have some trout here!"

6

A number of books on Chinese gardening were held in Scarpa's library including Osvald Sirén, *Gardens of China* (New York: Ronald Press, 1949), and Henry Inn, ed., *Chinese Houses and Gardens* (New York, 1940).

7

Bianca Albertini and Sandro Bagnoli, *Carlo Scarpa* (Cambridge: MIT Press, 1988), p. 221. It is interesting to note that, as Murphy points out, the papyrus basin had been previously used in Scarpa's Turin pavilion of 1961.

8

Marco Frascari, "The Tell-the-Tale Detail," in Paula Behrens and Anthony Fisher, eds., *The Building of Architecture, Via*, no. 7 (Philadelphia: University of Pennsylvania; Cambridge: MIT Press, 1984), p. 24. Frascari has written a whole series of insightful articles on the work of Scarpa including "A Heroic and Admirable Machine: The Theatre of the Architecture of Carlo Scarpa, Architetto Veneto," *Poetics Today* 10 (Spring 1989), pp. 103–124; and "Italian Facadism and Carlo Scarpa," *Daidalos* 6 (December 1982), pp. 37–46.

9

Lodoli entertained very similar anti-Cartesian views to Vico's. In his essay "Lodoli on Function and Representation," from his anthology *The Necessity of Artifice* (New York: Rizzoli, 1982), pp. 115–122, Joseph Rykwert writes that Lodoli was closely related to "Giambattista Vico, the Neapolitan philosopher, lawyer and rhetorician, to whom the *verum* and *factum* of Baconian experimental philosophy had an important corollary: that the touchstone of the verifiable or knowable was what we and our like had made. And that therefore historical and not geometrical knowledge could provide us with the only real certitude. . . . Moreover Lodoli taught his pupils the independence of Italic and Etruscan institutions of Greek precept—an idea to which Vico had given great force in his book *On the Ancient Wisdom of the Italians* and which he was to refine through the various editions of his major work, the *New Science.*"

10

See Hubert Damisch, "The Drawings of Carlo Scarpa," in Francesco Dal Co and Giuseppe Mazzariol, eds., *Carlo Scarpa: The Complete Works* (Milan: Electa; New York: Rizzoli, 1985), pp. 209, 212. Damisch writes: "Scarpa's approach was completely dominated by the problem of *realization*. From this viewpoint, it seems that the Venetian architect's attitude has curious similarity to Cézanne. Scarpa harbored the same doubt as Cézanne, if we believe what Merleau-Ponty tells us. And it is this doubt, clearly methodological, which gives his work, seemingly so modest, a historical incisiveness that some consider extraordinary. Now this doubt can be grasped best of all by examining his practice as a draftsman." Damisch is alluding here to Maurice Merleau-Ponty's essay "Le Doute de Cézanne," first published in 1945 and translated into English in *Sense and Non-sense* (Evanston: Northwestern University Press, 1964). Merleau-Ponty wrote that "the work itself completed and understood, is proof that there was *something* rather than *nothing* to be said" (p. 19).

In their essay dealing with the life of Carlo Scarpa in *Carlo Scarpa: The Complete Works*, Giuseppe Mazzariol and Giuseppe Barbieri note that for Scarpa the drafting materials were of the utmost importance; hence a given pencil, ink, and paper were recognized in every case as being capable only of certain tasks, just as the results produced with specific building materials differ one from another. They also quote Mamolio Brusatin to the effect that "every object manipulated and laid open by his draftsmanship is virtually a geological record, a convincing explanation that the objects and appurtenances of the city are not just remote reproductions of the present and of the things of today, but also tell us everything about their having really lived and having really died."

11

See Sergio Los, "The Design for the Central Pavilion of the Biennale," in Dal Co and Mazzariol, eds., *Carlo Scarpa: The Complete Works*, pp. 164, 165. See also Los's essay "Carlo Scarpa, Architect," in *Carlo Scarpa* (Cologne: Taschen, 1993), pp. 44, 48.

12

See Stephen Groak, *The Idea of Building* (London: Spon, 1992), pp. 151, 152.

13

Cited in Richard Murphy, *Carlo Scarpa and the Castelvecchio* (London: Butterworth, 1990), p. 56. Murphy's detailed analysis and documentation of the Castelvecchio is without parallel.

14

Albertini and Bagnoli, *Carlo Scarpa*, p. 205.

15

Sergio Los, *Carlo Scarpa: architetto poeta* (Venice: Edizioni Cluva, 1967). At the end of this text Los gives a brief account of his posthumous realization of Scarpa's gate for the school of architecture in Venice. A somewhat different version of the same text is given in the transcript of a lecture that Scarpa delivered in Madrid in 1978. See Carlo Scarpa, "A Thousand Cypresses" in Dal Co and Mazzariol, eds., *Carlo Scarpa: The Complete Works*, p. 287.

16

In his study of the Querini Stampalia, Richard Murphy records the names of leading members of Scarpa's regular production team who traveled with him, much as Frank Lloyd Wright had developed such a team for the realization of his Prairie Style. Murphy lists Servevio Anfodillo (joinery), Paolo Zanon (steel), Silvio Fassio (concrete), Eugenio de Luigi (stucco), as well as the engineer Maschietto and the draftsman Luciano Zinatto. We are close here to Ruskin's culture of craftsmen.

17

Scarpa was perhaps more familiar with the lore of Italian plaster finishes than any other Italian architect of his generation, and the revival and popularity of polished plaster is due in no small measure to his efforts. Some sense of the degree to which this technique has been elaborated in Italy may be gleaned from the fact that traditional Roman plastering comprises seven successive layers of plaster finish. Something of the scope of this technique with all its regional variations, may be gleaned from a study commissioned by the Comune di Verona. See Giorgio Forte, *Antiche ricette di pittura murale* (Venice: Noale, 1984). I am indebted to Sergio Los for providing me with this information.

18

As Licisco Magagnato has informed us, it took Scarpa five years to finally resolve the positioning of the Cangrande statue that was the ultimate symbolic "joint" of the museum.

See Licisco Magagnato, "The Castelvecchio Museum," in Dal Co and Mazzariol, eds., *Carlo Scarpa: The Complete Works*, p. 160.

19

See Robert Lawlor, *Sacred Geometry* (London: Thames and Hudson, 1982), p. 31.

20

See Guido Pietropoli, "L'invitation au voyage," *Spazio e Società*, June 1990, pp. 90–98. Pietropoli confirms that Scarpa was also well aware of the use of the *vesica piscis* figure by Borromini, but only after he had already built the intersecting circles at Brion. He writes: "It was obvious that he wasn't so much upset about the aesthetic effect of his design, but more because Borromini's geometric construction was more accurate, more true, from a strictly symbolic point of view. According to the strict law of analogy ruling the relationship and harmony between material form and spiritual significance, all possible harmonies within a symbolic theme must be highlighted. Borromini's design adds the so-called 'AURA' or 'MANDOLA' to the eros expressed by the two intersecting circles. The 'Mandola' consists of two facing equilateral triangles which, metaphorically, refer to King Soloman's seal. In my opinion this is one of the symbols of the 'Mandola' which can also be interpreted as the expression of balance acquired between lay and sacred love."

21

Le Corbusier, *The Modulor* (1950; first English edition 1954). It is interesting to note that Le Corbusier's choice of his standard height of 2.20 meters (the height of a man with his arms upraised) should correspond to Scarpa's modular system based on permutations of the number 11. Le Corbusier would also entertain the double-circular theme, particularly in the regulating lines used to control the composition of the enameled doors in Ronchamp. See Le Corbusier, *The Chapel at Ronchamp* (New York: Praeger, 1957), pp. 124–125. See note 23.

22

Japanese culture was as omnipresent in Scarpa's work as the art and architecture of China. What is less well known perhaps was the way in which his architecture was appreciated by contemporary Japanese practitioners. Typical in this regard is Fumihiko Maki's insightful comment about the *suki* aspect of Scarpa's work: "A generalization that might be made about superior architectural works whether past or present, East or West, is that they reveal at a stroke 'something' that many architects and non-architects of the time had unconsciously wanted to express. Architectural creation is not invention but discovery; it is not a pursuit of something beyond the imagination of an age. These few works of Scarpa are attractive in that they also respond in this sense to the latent desire we share. However, unlike Mies's Barcelona Pavilion or Le Corbusier's Savoye, they do not represent the prototypes of the 'age'. Although they belong to the impregnative world of the same period, Scarpa's works have been developed in the still imagination of a private world. Scarpa believed only in seeing and created so that the creation could be seen. The ability to choose and reconstruct, based on a superior power of appreciation and a still, private hedonism—this is truly the art of *suki*, and in this I sense the true value and limitations of the designs of Carlo Scarpa." Cited by Gianpiero Destro Bisol in "L'antimetodo di Carlo Scarpa," *Ricerca Progretto* (Bulletin of the Department of Architecture and Urbanism in the University of Rome), no. 15 (July 1991), pp. 6–12.

23

Marco Frascari, "A Deciphering of a Wonderful Cipher: Eleven in the Architecture of Carlo Scarpa," *Oz* 13 (1991). One may add to Frascari's list of somewhat arcane dimensions the equally odd fact that there are 22 books in the Old Testament, 22 generations from Adam to Jacob, and that God is supposed to have made 22 works. Frascari's account of this numerical obsession parallels almost to the letter that given by Scarpa himself in "A Thousand Cypresses," p. 286. In both instances, however, we are confronted with a description of a system that fails to account for its origin. The esoteric character of this obsession with the double numbers leads one to wonder whether Scarpa was familiar with René Schwaller de Lubicz's alchemical study *The Temple in Man* that first appeared in French in 1949. In a parallel text published in 1957, Schwaller de Lubicz writes: "In considering the esoteric meaning of Number, we must avoid the following mistake: Two is not One and One; it is not a *composite*. It is the multiplying *Work*; it is the notion of the plus in relation to the minus; it is a new *Unity*; it is sexuality; it is the origin of Nature, *Physis*, the *Neter* Two." See Robert Lawlor's introduction to the *The Temple in Man* (Rochester, Vermont, 1981), p. 10.

Other elements in Scarpa's work suggest familiarity with the writings of Schwaller de Lubicz. This is particularly true of chapter 4 in *The Temple in Man* where Schwaller de Lubicz describes the rebuilding of temples on preexisting foundations as symbolizing "water, that is to say the mud of the waters." He also remarks on the fact that the Egyptians (like Scarpa) were in the habit of introducing subtle distortions of the orthogonal into their plan forms, so that, as he puts it, "certain chambers apparently square or rectangular in plan will be slightly rhomboidal or trapezoidal. One need only examine, in their angles, the cut of the stones to establish that for this distortion, an exceptional effort was required to give these angles a few degrees more or less than a right angle" (*The Temple in Man*, pp. 69, 71).

24

It is more than likely that Scarpa was cognizant of the alchemical wheels of Ezekiel that resemble the *vesica pisci*. A similar duality also appears in the icon of the philosopher's egg from which a double-headed eagle is hatched wearing spiritual and temporal crowns. Moreover Scarpa's identification of himself as a man of Byzantium who came to Venice by way of Greece may be seen as an allusion to the two great alchemical traditions; the Pythagorean school of South Italy that sought to structure the world in terms of number and the Ionian school that sought the secret of reality in the analysis and synthesis of substances. See Jack Lindsay, *The Origins of Alchemy in Greco-Roman Egypt* (London: Muller, 1970). The dragon or snake biting its own tail is of alchemical and Gnostic origin. In some versions, it is

shown as half light and half dark and in this respect resembles the Chinese yang-yin principle, depicting the continual transition of one value into its opposite. Assimilated to Mercury, the ouroboros is symbolic of self-fecundation, of the primitive idea of a self-sufficient nature that continually returns to its own beginning. See J. E. Cirlot, *A Dictionary of Symbols* (New York: 1962), p. 235.

25

Pietropoli, "L'invitation en voyage," p. 12. Of the latent Orphic mythology in the Brion assembly, Pietropoli writes (p. 12):
On the other side of the cemetery, permanently against the light except during the semi-darkness of dawn and dusk, there is a large pond of black water, the lake of our hearts. In order to reach the island we must turn right going through the tunnel/Orphic flute; our footsteps are noisy and heavy because the ground is hollow and water flows underneath; to enter we must use all our strength and body weight to lower a glass door; in doing this we have to bend over, like a kind of dive and a return to the fetal position. When we have passed through the opening, if we glance back we can see our image reflected in the glass pane as it swings upward. In front of us there is a concrete wall with a line of mosaic tiles and a sign to turn left, once again toward the heart, and bowing our heads we can enter the water pavilion.

This is a strange rectangular building supported on four iron pillars placed in the form of a vortex. The upper part is made with fir-wood planks, which have turned silver-grey in the sun, arranged so as to give the impression of a pathway with a labyrinth-like perspective, evoking the idea of convolutions of the brain; coverings of green marine plywood patterned with copper nails stoop downward allowing us to see only the pond.

A series of hastily drawn designs, time had almost run out (we were about to leave for Sendai in Japan where Scarpa died on November 28, 1978), show four virtual areas, a sort of disassembling of the "lake of my heart" into atriums and ventricles: the poet (the pavilion), and the ancient fairy tales (the cross with the water jet and the hibiscus, the desert rose), the man (the pond with the bamboo canes) and, once again, the interlocking circles (the eros).

In the center of the pavilion a vertical crack with a deliberate viewpoint allows us to see only the "arco solio" with the tombs of the father and mother: this is the only link with society that, even in our self-conceit, we cannot deny.

26

This whole "alchemical" contraption recalls Marcel Duchamp's Large Glass or Bachelor Machine, *La Mariée mise à nu par ses célibataires mêmes.* It is thus a double metaphor; on the one hand, a heart, that is to say a pump; on the other, it appears to be the related act of coitus.

27

With a certain artistic license, Francesco Dal Co writes: "Significantly, the water flows towards the great basin, gushing out from the very spot where the 'arks' rest, under the protection of the 'arcosolium.' Springing out from the place of death, it flows around the 'isle of meditation' on which stands the pavilion that Scarpa designed while imagining it haunted by the full-bodied forms of youthful women." See Dal Co, "The Architecture of Carlo Scarpa," in Dal Co and Mazzariol, eds., *Carlo Scarpa: The Complete Works*, p. 68.

28

See Paolo Portoghesi, "The Brion Cemetery by Carlo Scarpa," *Global Architecture*, no. 50 (1979): *Carlo Scarpa Cemetery Brion-Vega, S. Vito, Treviso, Italy 1970–72.* Portoghesi writes first of Scarpa's alchemical understanding of Venice and then of the arcosolium that constitutes the fulcrum of the Brion Cemetery. Thus we read: "For Scarpa, then, Venice was a way of seeing and using, a way of connecting things in function of the values of light, texture, color, capable of being grasped only by an eye used to observing . . . water, glass, together with stones and bricks exposed to an inclement atmosphere which doesn't allow the material to hide its structure, but continually forces it to discover, by consuming itself, its most hidden qualities." Later of the double tomb we read: "It could be said that Scarpa reflected at length on the word *arca* (in Italian *arca* means both ark and sarcophagus) and its historical meanings, on the Latin origin which defines its sense, close to that of coffin or monumental sarcophagus, on the transformations undergone in the Christian world. . . . From the arch of the catacomb niches we pass to the Romanesque and Gothic tomb which in the Po area assumes the form of an architectural casket, a shrine in scale. . . . The tomb of the Brion family is thus contemporaneously 'arch', 'bridge', 'roof', 'overturned boat' . . . each of these connotations, these words, projects a symbolic value onto the place, symbols of death in that they are symbols of life, since death isn't given except dialectically, as life which bears within itself its negation and the negation of its negation."

29
Needless to say it also refers to Scarpa's obsession with the "double" throughout his work.

30
Sergio Los arrives at parallel Semperian interpretations of Scarpa's work through Konrad Fiedler's "Essay on Architecture," with which Scarpa was apparently familiar. See Sergio Los, "Carlo Scarpa Architect," p. 38.

31
Francesco Dal Co, "The Architecture of Carlo Scarpa," p. 63.

32
See A. K. Coomaraswamy, "Ornament" (1939), in *Selected Papers,* ed. R. Lipsey, vol. 1 (Princeton: Princeton University Press, 1977), pp. 32–33. For Coomaraswamy the articulation of order out of chaos requires the appearance of decoration as a way of both measuring and joining at the same time.

33
Heino Engel, *The Japanese House* (Rutland/Tokyo: Tuttle, 1964), p. 48. The importance of measure and the intimate relation between craft dimension and proportion has been commented on by P. H. Schofield in his study of proportional systems in architecture: "Architecture, much more than painting, pottery or sculpture, is a co-operative art, the work of many men. In order that men can co-operate in this art, in order, for instance, that the joiner can make a window frame to fill the opening left by the mason, and that both can work to the design of the architect, they need a language of size, a system of measures. Logically only one measure is required, such as a foot or a meter, used in conjunction with an effective system of numeration. This, however, presupposes the existence of simple methods of arithmetical calculation, and on the other hand of a reasonably high general level of mathematical education. To the Egyptian, burdened by a clumsy method of arithmetic and a low standard of mathematical literacy, outside the priestly class, such a method would be impracticable."

The earliest tendency would be to develop a system of many measures, each one with a name of its own. And, as Vitruvius points out, such a system was ready to hand in the measures of the human body. "Making a large number of not very widely separated measures commensurable would automatically lead to the repeated use of rather small whole numbers. It would in fact lead quite automatically to the establishment in some degree of a pattern of proportional relationships between the measures." See P. H. Schofield, *The Theory of Proportion in Architecture* (Cambridge: Cambridge University Press, 1958), pp. 27–28.

34
Dal Co, "The Architecture of Carlo Scarpa," p. 56.

35
Portoghesi, "The Brion Cemetery by Carlo Scarpa": "If decoration can be talked about with regard to Scarpa, it is still in the utopia of 'organic decoration', born from things instead of superimposing itself on them. The crystallographic decoration of the Brion cemetery seems to be a result of the 'natural' flaking of the crystalline blocks, of the revelation of a hypothetical structure of every prismatic block or of every slab, considered as products of successive crystalline layers sedimented around an ideal geometric matrix, a translation in 'mineral' terms of the system of growth through the concentric wind typical of the vegetal trunk."

36
Marco Frascari, "The Tell-the-Tale Detail," p. 24. Sergio Los employs the terms *hypotactic* and *paratatic* to distinguish between Scarpa's no-

tion of an underlying whole as determined by the geometry or the "enfilade" and the *paratactic* type forms in which it was invariably broken down. Los, "Carlo Scarpa Architect," p. 46.

37
Franco Fonatti, *Elemente des Bauens bei Carlo Scarpa* (Vienna: Wiene Akademiereihe, 1988), p. 59.

38
Albertini and Bagnoli, *Carlo Scarpa,* pp. 21–22.

39
Scarpa was exceptionally sensitive to the size and deportment of any window and the light that must of necessity emanate from its form. Thus as Carlo Betelli has written: "The range of solutions explored, discarded, and finally adopted is one of the most exciting testimonies to Scarpa's approach to architectural design. They reveal, first of all, that no window is the same as any other not only because the orientation is different, but also because its age and the size and the shape of the room it illuminates vary. Second, the various systems of grilles and the asymmetrical combinations of vertical and horizontal elements are all ways of designing with light and turning it into an event." Carlo Betelli, "Light and Design," in Dal Co and Mazzariol, eds., *Carlo Scarpa: The Complete Works.*

40
A similar treatment of the suspending ceiling also occurs in the first-floor gallery sequence of the Castelvecchio, where the subdivision of its cobalt lacquered surface is played against a central gridded ventilation grill, framed out in wood, and set flush with the ceiling. The subdividing wooden strips between the panels assume a slightly different pattern in each gallery.

41
Pierluigi Nicolin, "La Banca di Carlo Scarpa a Verona," *Lotus* 28 (1981), p. 51.

第十章
后记：1903—1994 年间的建构之路

优秀的建筑总是始于有效的建造（construction），没有建造便没有建筑。建造使材料和材料的使用更加符合材料的特性。换言之，石头建筑的建造与钢铁或混凝土建筑的建造是迥然不同的。

我相信，我们能够用一切材料——一切我们能够恰如其分地根据其特性使用的材料——来创造我们今天的建筑。在一个除了石头之外一无所有的地区，我们就用石头——当地的石头——建造。如果一个地区有其他材料（钢铁、混凝土、木头），我们同样可以用它们来创造当代建筑。关键在于，我们始终要发扬建造的精神（the spirit of construction），因地制宜，而不是将格格不入的思想强加于建造的地点。……特定的位置、气候、地形以及每个地区能够拥有的材料决定建筑的建造方法、功能布局和最终的建筑形式。建筑不能脱离自然环境、气候、大地和风俗习惯等因素自成一体。这就是为什么我们时常会发现古老的建筑看起来也很现代的原因。同样，我们也可以像古人一样建造当代的建筑。从古到今，人类休养生息，周而复始，生活方式也许并没有发生根本的改变。……即使用最现代的材料（钢铁、混凝土和一切当代建筑技术能够发明的人工材料）进行建造，也应该保持建筑与自然环境的特点和谐一致。在这方面，我必须锲而不舍，坚持不懈地挑战自我的创造能力。我必须这样做，因为我想证明真正的建筑应该因地制宜，使用当地的材料。但是，情感的因素也不可忽视，建造应该揭示情感，否则会变得呆滞和缺少人情……。因此，我们在选择材料的时候就不应该仅仅考虑造价和纯粹技术的因素，而应该包括情感和艺术想像的精神。这样，建筑才能超越纯粹的功利，超越逻辑思维和冷冰冰的计算，取得更加伟大的成就。

亚里斯·康斯坦丁尼蒂斯（Aris Kanstantinidis）：《建筑学》（Architecture），1964 年

虽然正如康斯坦丁尼蒂斯坚持认为的，建构必须超越计算的逻辑，但是不可否认的是，任何对现代建筑文化的思考都必须承认结构工程的关键作用。本世纪众多杰出的工程师们对建筑发展的创造性贡献就是上述观点的最好说明，这些工程师包括奥特马·阿曼（Othmar Ammann）、奥韦·阿鲁普（Ove Arup）、圣地亚哥·卡拉特拉瓦（Santiago Calatrava）、菲里克斯·坎代拉（Felix Candela）、艾拉迪奥·蒂埃斯特（Eladio Dieste）、欧仁·弗雷西内（Eugène Freyssinet）、弗朗索瓦·埃纳比克（François Hennebique）、阿尔伯特·康（Albert Kahn）、奥古斯特·科门丹特（August Kommendant）、弗里兹·里昂哈特（Fritz Leonhardt）、罗伯特·马亚尔（Robert Maillart）、克里斯蒂安·曼（Christian Menn）、里卡多·莫兰迪（Ricardo Morandi）、皮埃·路易吉·奈尔维（Pier Luigi Nervi）、菲里克斯·萨穆埃利（Félix Samuely）、爱德华多·托罗华（Eduardo Torroja）以及 E·欧文·威廉姆斯（E. Owen Williams）等。显然，这只是一份随意列举出来的卓越超群的结构工程师名单，他们当中有些人自己就是伟大形式的创造者（如卡拉特拉瓦和坎代拉，图10.1），有些则通过与建筑师的合作创造了伟大的作品（如阿鲁普、科门丹特和萨穆埃利等）。介于上述两类不同的实践方式之间，还有一些独树一帜的人物如罗伯特·

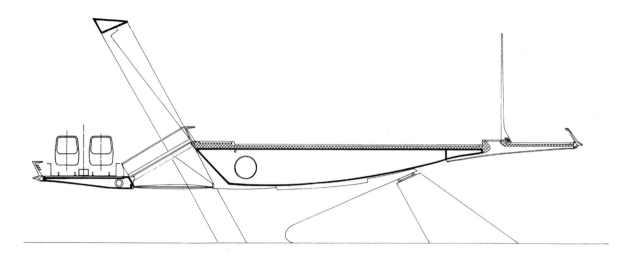

图 10.1
圣地亚哥·卡拉特拉瓦，
巴黎让蒂尔大桥设计方
案，1988 年

勒·里科莱斯（Robert Le Ricolais）、弗赖·奥托（Frei Otto）和乌拉蒂米尔·苏考夫（Vladimir Suchov）等，他们主要从事悬索网架结构（network suspension structures）的创造，或者像康拉德·瓦赫斯曼（Konrad Wachsmann）、理查德·巴克敏斯特·富勒（Richard Buckminster Fuller）和让·普罗维（Jean Prouvé）等属于特殊的工匠式建造者（craftsman-constructor）。在这样一个星光璀璨的群体之中，欧文·威廉姆斯的贡献对于 1930—1954 年间的一系列杰出的预应力混凝土建筑作品的设计和实施无疑有着关键性的意义。威廉姆斯充满塑性美感的结构发明与同时期的奥古斯特·佩雷等在预应力混凝土建筑方面的成就完全可以等量齐观。事实上，尽管已经完全脱离了古典主义传统，威廉姆斯 1932 年的诺丁汉博茨医药厂（Boots pharmaceutical plant）中的蘑菇柱和现浇混凝土结构仍然可与佩雷最优秀的作品相提并论（图 10.2）。

在上述的结构工程师之中，奈尔维也许是对结构形式的建构潜能最为敏感的一位。据说，奈尔维曾经敏锐地将古埃及庙宇间距很近的列柱视为建构意图的刻意表现，而不是结构限制下的无奈之举。此外，在理解结构分析（structural analysis）和结构形式（constructional form）的关系方面，也没有任何其他现代结构工程师能出其右。1961 年，奈尔维在他的古稀之年这样写道：

基于结构设计领域近 50 年的经验，我敢乐观地宣称：结构的科学理论将为建筑设计提供无限可能。借助于新型建材和当代技术，一切新的结构方案都有可能，真可谓不怕做不到，就怕想不到。随着社会和经济的发展，建筑日益复杂庞大，它为结构设计开辟了人类历史上前所未有的广阔天地。

然而，如果不从实用（fuctionality）、坚固（solidity）和美观（beauty）的要求出发，如果不对建筑概念（the architectural concept）、结构分析（the structural analysis）……和正确的实施方案（the correct solution of the problems of execution）这三个与结构（construction）密切相关的基本因素进行综合思考的话，那么一切美妙的可能都将化为乌有。[1]

本书在论述建构文化发展进程的时候曾经省略了一些材料，其中荷兰建筑师亨德里克·佩特罗斯·贝尔拉赫的相关内容应该是最为璀璨夺目的。作为森佩尔 1855 年创建的综合技术学院（the Polytechnikum）[苏黎世瑞士联邦高等工业大学（ETH）的前身]的早期毕业生，贝尔拉赫曾经受到森佩尔最为直接的影响。另一方面，贝尔拉赫继承的建构传统并非森佩尔一家，因为对 19 世纪 80 年代的荷兰建筑

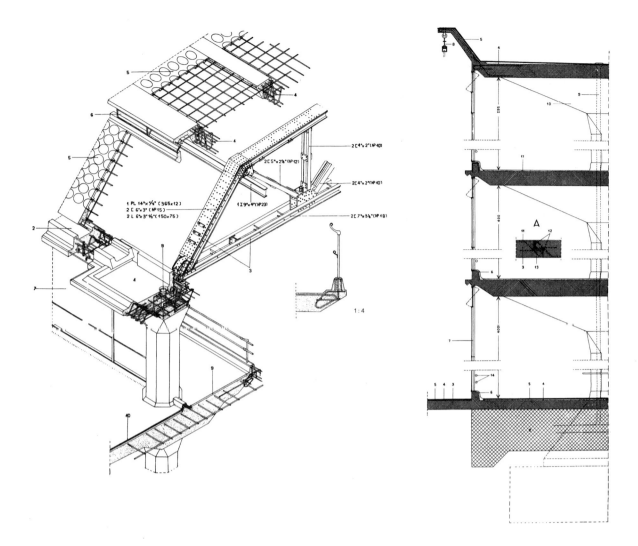

图 10.2
欧文·威廉姆斯，诺丁汉博茨制药厂厂房，1932 年

影响至深的还有结构理性主义者苏培斯（P. J. H. Cuypers），后者也是荷兰国家美术馆（Rejksmuseum：1885 年）和阿姆斯特丹火车站（1889 年）的设计者。苏培斯本人深受维奥莱－勒－迪克的影响，并将这一影响传承给了包括德巴泽尔（K. P. C. de Bazel）、劳维里克（J. C. M. Lauwerik）和贝尔拉赫在内的年轻一代。就此而言，贝尔拉赫可以被视为法、德建构传统的集大成者。贝尔拉赫的旷世之作、1903 年建成的阿姆斯特丹证券交易所（the Stock Exchange in Amsterdam）就是最好的例证，它直截了当地将维奥莱－勒－迪克在 1872 年出版的《论建筑》一书中的思想付诸实施。该书也为贝尔拉赫提供了一种以等腰三角形（即所谓的埃及三角形）比例网格为基础的确立建筑元素位置和尺寸大小的设计方法。无论它的作用多么微不足道，上述设计方法不仅在阿姆斯特丹证券交易所上一展身手，而且也在贝尔拉赫后来的建筑中反复出现。此外，贝尔拉赫受森佩尔饰面理论影响的案例也俯拾皆是，其中证券交易所大厅上部空间的多彩砖砌镶嵌图案和悬挂在墙体上的堡垒般的浮雕作品则将这一影响表现得最为淋漓尽致（图 10.3）。贝尔拉赫的理论著作还表明，他十分清楚森佩尔的影响力不仅来自他的饰面理论，而且也包括他的社会人类学观点和政治思想。[2]

正如他的后人路易·康一样，贝尔拉赫将建筑墙体围合而成的环境视为社会空间的具体体现，它是社会赖以形成的基体。就此而言，阿姆斯特丹证券交易所的建筑体量必须以特定的社区或者说社会团体（Gemeinschaft）为前提条件。因此，如

后记

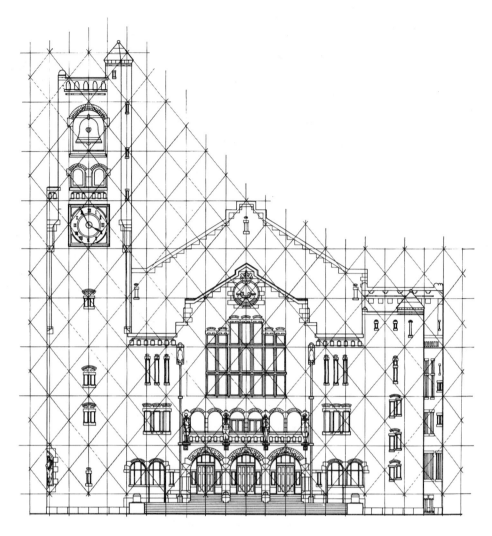

图 10.3

H. P. 贝尔拉赫，阿姆斯特丹证券交易所，1897—1903 年。南立面及其比例分析

同建筑内部的围合墙体和玻璃屋顶在一定程度上决定着交易大厅的空间品质一样，证券交易所的建筑外墙对周围城市街道空间也发挥着不同凡响的修饰和界定作用。在这个建筑中，贝尔拉赫不仅充分展示了结构的等级秩序，而且也通过砖柱和石头贴面进一步强化和丰富砖石建筑的特点，表明这样的建筑仍然符合基尔特自治行会的价值取向（the guild and burgher values）①。这种价值取向可以追溯到中世纪，直到 19 世纪晚期都还是荷兰社会的一种生活方式（modus vivendi）。在贝尔拉赫看来，无论是钻石切割工艺，还是他自己 1903 年完成的钻石手工艺者协会大厦（Diamond Workers' Union Building）精细复杂的清水砖作，都是久经考验的荷兰工艺水准的结晶（图 10.4）。尽管对于同时代的马克思主义者来说，贝尔拉赫信奉的社会主义也许是痴人说梦，但事实上它却更具现实可行性（它有别于威廉·莫里斯（William Morris）的乌托邦思想），这多少应该归因于荷兰工业化过程中的前工业化文化（preindustrial

---

① 中世纪在欧洲组织的行会，旨在增进会员的共同利益。原先具有宗教性质或社会特色，最早的基尔特见于 9 世纪的记载，11 世纪建立商业基尔特，旨在组织地方贸易，在地方政府中成为一股强大的势力。手工业基尔特自 12 世纪开始建立，仅限于从事专门手工业和贸易，后来势力变得十分强大。中世纪晚期开始，其活动基本被资本主义的发展所取代。但是在 20 世纪初期的欧洲，曾经出现一种"基尔特社会主义"运动，宗旨是废除资本主义，建立工人基尔特，以便在政府制定的一般政策的框架内管理工业。不过这一运动并没有持续多久便宣告终止。——译者注

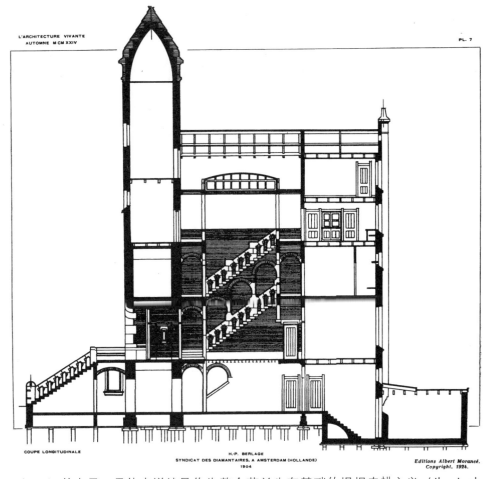

culture）的力量，具体来说就是作为整个荷兰生存基础的堤坝农耕主义（the tech-no-agarianism of the dike）的社区根基力量。就贝尔拉赫的建构发展而言，他只是在建筑生涯的最后十年才开始采用预应力混凝土技术的，其始点是 1920—1927 年间在海牙设计建造的著名的 1845 荷兰保险公司（De Nederlanden van 1845）大楼。该建筑采用了叠层挑檐的形式，因此呈现出微妙的东方情调。另一方面，它的叠层挑檐形式并非来自材料的构造需要，因为它是一幢现浇钢筋混凝土建筑，同时也是贝尔拉赫惟一采用预应力素混凝土结构的作品（图 10.5）。与佩雷的晚期作品相似，这座建筑的混凝土框架表面也经过凿毛处理（bush-hammered），同时在框架内填充砖头和玻璃等建筑元素。由此我们看到贝尔拉赫和佩雷一样，都曾试图将混凝土作为一种人工石材来使用。除了 1925 年在海牙完成的一个采用了玻璃砖的小型玻璃和混凝土花亭（图 10.6）外，贝尔拉赫此后似乎再也没有涉足全素混凝土建筑。但是从 1925 年至 1934 年逝世，贝尔拉赫对混凝土材料的兼收并蓄还是对荷兰建筑的建构形式发展产生了重要影响。1927—1935 年间在海牙建成的格门特美术馆（Ge-meentemuseum）是他的最后一件作品，该建筑采用了预应力混凝土框架结构，外部为砖面，而内部则基本保持了素混凝土表面。如果说建筑外部的砖层有效地将混凝土框架遮盖起来的话，那么建筑内部的瓷砖贴面则呈现为一种填充性的饰面。有三种特定的元素决定了该建筑的建构特征：首先是混凝土框架本身，它宛如一个一统全局的支架，外部被非承重性的砖层所覆盖；其次，建筑内部分隔墙体上瓷砖贴面凸现了此类墙体的非承重特征；最后，为表现连成一串的展厅空间在体量上的持

图 10.6

H. P. 贝尔拉赫，海牙花
卉销售亭，1825 年

续变化，砖层表皮、凸窗和坡屋顶天窗依次突出和退后，就好像是在以赋格方式
（fugal fashion）形成一种对位形式（contrapuntal form）①。克里斯·巴罗斯（Chris
Burrows）曾经写道：

> 对贝尔拉赫来说，"饰面"必须是砖头。为了克服这一材料作为承重元素的
> 传统关联，……就必须显示它的表皮作用。在这里，双层顺砖与单层丁砖交替
> 出现，表达了一种明确的非结构性品质，甚至隐喻地唤起了对森佩尔式墙席的
> 联想。值得注意的是，该建筑没有采用屋角石（quoins）等承重砖石砌体结构特
> 有的建筑元素。
>
> 该建筑的内部设计说明，贝尔拉赫已经认识到整体框架（monolithic frame）
> 具有一定的空间生成性。在这里，空间是由垂直相交的构件勾画出来的，而不
> 是采用承重墙体明确地围合出来的。彼此相邻的空间既各自独立，又作为整个
> 建筑巨大的流通空间中彼此关联的组成部分，它在空间概念上与阿姆斯特丹证
> 券交易所那种砖石砌体结构固有的小空间格局形成鲜明的对照。3

贝尔拉赫探索的微妙的建构差异在此后 30 多年的荷兰建筑中一直处于休眠状
态，直到赫尔曼·赫兹伯格（Hermann Hertzberger）的建筑作品才再次引起世人的
注意。在赫兹伯格的建筑中，框架和体量的相互作用以一种极其精湛的方式在建筑
的外部和内部同时得到了表现。4

到目前为止，本书忽略的另一位重要建筑师是奥地利人奥托·瓦格纳（Otto
Wagner）。与贝尔拉赫不同，瓦格纳的建筑成就一直在结构的建构表现（the tecton-
ic of the structure）和表皮的非建构表现（the largely atectonic veil of the skin）之
间徘徊，而 1904—1912 年间建成的维也纳邮政储蓄银行（Postsparkassenamt）
（图 10.7）则是上述冲突最为突出的体现。但是，如果说森佩尔的饰面理论在瓦格
纳的维也纳邮政储蓄银行中再次展现了它的魅力的话，那么人们也可以从该建筑中
辨认出卡尔·博迪舍理论的影响。在这里，后者有关核心形式和艺术形式的理论被

---

① 赋格与对位都是音乐的概念，前者为一种复调音乐，通常包括三四个声部，每个声部依次进入以
表现主题；后者则是乐谱中将两行或两行以上的旋律同时结合起来的技术，一直到复调音乐时期结束以
后，包括斯特拉文斯基等作曲家都运用过对位技术。——译者注

图 10.7
奥托·瓦格纳，维也纳
邮政储蓄银行，1904—
1912 年

转化为基层的结构形式和外在的表膜之间持续不断相互渗透的交换关系。表膜方面尤为突出的是斯台尔辛大理石面板（the Sterzing marble revetment）的表现，它通过铁栓干挂在基层结构上面，而铁栓本身又通过铅片和铝铆覆盖构件暴露在建筑立面上。尽管这些铁栓并非是加固砖石结构的惟一手段，但是它们却能够在加固和再现的双重作用中赋予建筑表皮一种织理的形式（a form of textile）。就此而言，它们与盔甲上的扣件或者毛线服装上的扎扣并无二致。此外，铁栓的金属材质也与在该建筑其他部位出现的半结构性轻型金属装饰产生某种呼应关系，这些装饰包括大厅（the *piano nobile*）的水平金属栏杆、金属的入口大门以及入口部位的铁架玻璃雨棚等。

如同密斯·凡·德·罗 1958 年的西格拉姆大厦（Seagram Building）一样，瓦格纳也喜欢用一种材料来表现另一种材料的特性。在密斯的西格拉姆大厦中，由于茶色玻璃和阳极氧化的古铜色窗格的差异看起来已经微乎其微，玻璃幕墙似乎被金属化了。相比之下，瓦格纳的维也纳邮政储蓄银行和 1907 年落成的斯坦因霍夫疗养院（Steinhof Sanatorium）的圣列奥波尔特教堂（St. Leopold Church，图 10.8）则属于将石头材料金属化的案例。它们都给人这样的印象，好像建筑上包裹的是金属制成的石材。这种效果在圣列奥波尔特教室内部尤为明显，看上去所有墙面似乎都是由金属渗透过的石膜拼接而成的。作为一种对比，人们也许应该回忆一下，在亨利·拉布鲁斯特（Henri Labrouste）的建构手法中，建筑内部的铁框玻璃构架与建

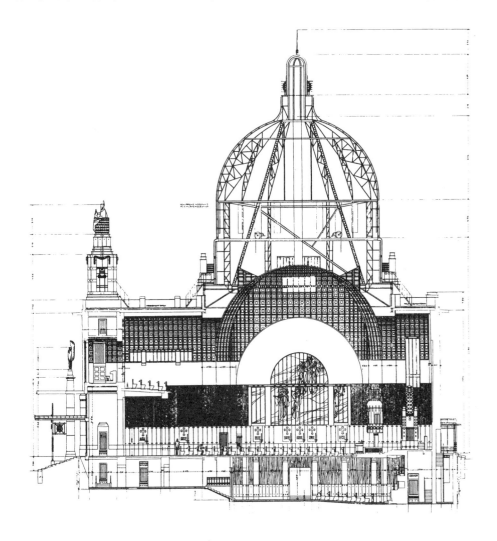

图 10.8
奥托·瓦格纳，维也纳
圣列奥波尔特教堂，
1907 年。纵剖面

图 10.9
奥托·瓦格纳, 斯坦因
霍夫圣列奥波尔特教堂,
圣坛细部设计

筑外围的石头砌体盒套属于两个截然不同的范畴。而瓦格纳的处理正好相反, 支撑穹顶的轻钢桁架在固定到位后被吊顶遮盖起来了。与此同时, 小尺度的微型盔甲装饰却作为一种建构的隐喻布满整个建筑内部, 包括华盖吊顶、祭坛、十字架以及烛台在内的各式元素都未能幸免 (图 10.9)。尽管这是一种自相矛盾的做法, 但是不仅建筑内部的石材贴面上布满钉饰, 而且具有空间构成作用的栏杆、门、浮雕、灯具等装置都在钉饰的作用下形成整体的印象, 似乎整个建筑肌体都被笼罩在一个巨大的金属网格之中。

同样, 瓦格纳的市政工程作品也将石材的受压特性和金属材料的受拉特性之间的综合反差表现得淋漓尽致, 其中特别值得一提的是市区高架轻轨 (Stadtbahn) 站的设计。在这个建筑中, 正如 1898 年完成的齐勒高架轻轨站 (Zeile Viaduct) 一样, 金属不仅是一种实现跨度的结构材料, 而且也被用在轻轨站两侧石塔的装饰性花环上面。在这里, 石塔一方面扮演着传统砌体结构的角色, 另一方面也成为国家繁荣昌盛的象征性支柱。可以说, 在这个案例中, 无论金属材料还是石材都是作为象征性元素来使用的。此外, 在 1894—1907 年间建成的达努贝调压站新站 (the new Danube regulation work) 以及努斯道夫和凯撒巴德 (Nussdorf and Kaiserbad dams) 水坝 (图 10.10、10.11) 项目中, 建筑的纪念性和工具性的差异也都得到了充分的演绎。如果说努斯道夫水坝将 "艺术形式" (Kunstform) 与建造形式 (Werkform) 的二元对立清晰地呈现在人们的面前的话, 那么凯撒巴德水坝则采取了另一种策略, 它将可以上下滑动的闸门放置在一个金属板包裹的舱房中。金属花环是后来才加上去的, 似乎是为了在闸门的工具性和砖石基台的纪念性之间形成某种过渡。

纵观 20 世纪建筑历史, 勒·柯布西耶作品中的建构形式也许是人们最缺乏认识的。事实上, 相对于众所周知的柯布西耶在 20 世纪 20 年代晚期的非建构性的纯粹主义别墅作品 (atectonic Purist villas) 以及他在 30 年代设计的那些用今天的眼光看起来纯属技术 "生产至上" (technologically "productivist") 的机械主义玻璃幕墙作品而言, 人们对柯布西耶建构形式认识的匮乏就显得尤为突出。尽管某些建构特征已经在 1932—1935 年间建成的机械主义作品之中初现端倪, 比如日内瓦的克拉台住宅 (Maison Clarté) 的玻璃幕墙立面以及巴黎的波特·莫里特公寓 (Porte Molitor

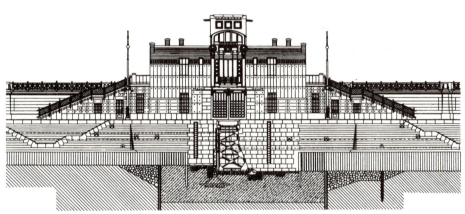

图 10.10
奥托·瓦格纳，维也纳努斯道夫水坝，1894—1898 年。剖面显示该水坝桥墩中的一个桥墩

图 10.11
奥托·瓦格纳，维也纳凯撒巴德水坝，1904—1907 年。水闸剖面显示面向运河的控制室建筑立面

apartments）的钢框架和玻璃砖等，但是直到 1935 年建成的周末住宅（Maison Weekend），建筑语言的结构句法（constructional syntax）才开始在柯布西耶的建筑中发挥诗意化的重要作用（图 10. 12）。与这幢小住宅同时建成的还有三件作品，它们是图隆（Toulon）附近的蒙德罗住宅（the Mandrot House，建于 1931 年）、位于马特（Mathes）的一幢住宅（图 10. 13）以及为 1937 年巴黎世博会设计的富有开创意义的帐篷结构（tented structure）。在这几件作品中，建构关系都决定着建筑的整体特征。

周末住宅建于巴黎附近的圣克劳德（St. ‒Cloud），是一个里程碑式的作品，标志着柯布西耶与纯粹主义意识形态和新客观主义（Neue Sachlichkeit）功能思想分道扬镳的新起点。之所以这样说是因为该建筑在运用预应力混凝土、钢架平板玻璃、玻璃砖（glass lenses）、胶合板、工业瓦等现代技术的同时，还使用了古老的建造方法，其中尤为突出的是支撑预应力混凝土拱顶的毛石墙体。无疑，这座住宅在一

图 10.12
勒·柯布西耶，巴黎近
郊圣克劳德的周末住宅，
1934—1935 年。轴测图

图 10.13
勒·柯布西耶，马特的
某度假住宅，1935 年。
西立面和东立面

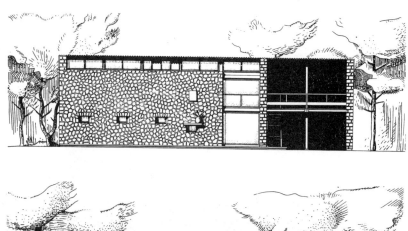

定程度上体现了地中海地区民居的形式起源，屋顶采用的也是鲁西隆（Roussilon）和加泰罗尼亚（Catalan）地区常有的拱顶形式。用今天的眼光来看，如果说瓦格纳的维也纳邮政储蓄银行内部的玻璃顶棚大厅也可以被视为一种建构热情的表现——并且这种热情在 1970 年代所谓高技派建筑师，比如诺曼·福斯特（Norman Foster）和伦佐·皮亚诺（Renzo Piano）的"产品形式"（Produktform）中达到了无以复加的地步的话，那么我们则可以将具有经典意义的周末住宅视为一种与上述趋势分庭抗礼的努力，它坚信必须用更加人性化的态度对待现代技术，避免现代化进程误入歧途。

　　周末住宅带给我们的是一种永恒意义的复归。在这里，无论过去还是现代都不占绝对的主导地位，而是体现了一种尼采意义上的可征服的历史状态（vanquished historical states）。它努力跨越历史条件，远离无休无止的花样翻新。决非偶然的是，该建筑局部采用了半地下式，宛如一个考古学展场，呼唤着扎根大地（going-to-

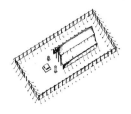

图 10.14

勒·柯布西耶，希伯莱神庙复原图，《走向新建筑》，1923 年

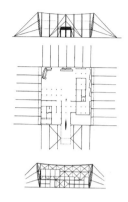

图 10.15

勒·柯布西耶，巴黎新时代展馆，1937 年。主立面，底层平面和横剖面

ground）的感觉；它又宛如一个隐居者的"掇拾之物"（*objet trouvé*）①，虽然不可避免地与现代技术发生关系，却仍然不思悔改，力求保持建筑古老的特征。在这方面，柯布西耶 1912 年的"东方之旅"（*Voyage d'Orient*）② 以及后来的北非体验显然都起着决定性的作用。就其浅拱屋顶而言，周末住宅简直就是一座地道的基克拉迪群岛建筑③，而现代技术倒似乎是被偷偷搭配进去的。

周末住宅是一个蒙太奇式的建构作品。穿过白灰粉刷的毛石墙室内，目睹着拱顶下方的胶合板衬里，我们来到一片钢框的落地玻璃窗前，玻璃窗布满整个开间，让视线直接看到户外的一个独立式混凝土拱顶凉亭。该凉亭宛如一个户外的原始小屋，薄薄的拱顶支撑在细小的混凝土柱上。然而，整个建筑组合完美的建构形式几乎被原始建造技术的粗糙建构能力淹没和化解，不仅未能发挥拱顶统领整个结构组合的作用，而且也使无力的柱子显得有些多余，其承重作用完全可以用毛石墙代替。此外，潜在的结构网格被刻意瓦解了，取而代之的是富有表现力的细部在整个形式表现中发挥着举足轻重的作用。柯布西耶写道：

> 这类住宅的设计需要细致入微，因为结构元素是设计者惟一可以运用的建筑手段。拱顶结构是该住宅的建筑主题，它一直延伸到院中的凉亭。在这里，室外是裸露的天然石墙，而建筑内部的墙面和顶棚则覆盖着木板，烟囱用粗糙的砖头砌筑，地面上是白色地砖。此外，还有内华达玻璃砖（Nevada glass block）墙和一张云母大理石（Clippolino marble）的桌子。[5]

如果说周末住宅是对地中海美加仑式建筑（the Mediterranean megaron）④ 的回归的话，那么 1937 年的巴黎世博会新时代展馆（Pavillon des Temps Nouveaux）则重新挖掘了游牧文化特有的帐篷形式的建筑潜能。对于帐篷形式而言，屋顶既是围合元素又是结构元素，它的整体稳定性取决于材料表面的张力。早在 1923 年出版的《走向新建筑》（*Vers une architecture*）中，柯布西耶就已经流露出他对建筑永恒精神的无限向往，尤其能够说明这一点的是该书将处于荒野中的希伯莱庙宇（the Hebrew temple）描绘成栅栏围合的圣区（图 10.14）。在这个例子中，模数秩序的建构意义在于结构、围合和比例等因素全部被统一在充满张力的表膜上面。新时代展馆采用了犹太庙宇的模式，其模数秩序与支持其帐篷形式的拉索结构完全一致。

新时代展馆有一个"外骨骼"结构（"exoskeletonal" structure），它在一个方向为六跨，而在另一个方向则为七跨（图 10.15）。正是在这一游牧式的建筑中，一个典型的柯布西耶反转（a typical Corbusian inversion）诞生了，它将支柱置于帐篷的外侧，同时将帐篷顶部呈悬链状向内倾斜，而不是像坡屋顶那样向外倾斜。如同周末住宅一样，新时代展馆是古代与现代的和谐统一，其结构稳定性来自于它的拉索体系以及反转式钢构纵杆体系（图 10.16）。另一方面，新时代展馆又与周末住宅形成截然相反的状态，因为如果说永久性和厚重感是周末住宅的特点的话，那么新

---

① 法文名词，原指无生命的物体，如漂浮的木头或石头，也包括废旧零碎的人工制品。超现实主义和达达派之后，常指艺术家在自己生活环境中发现的物品，未经修饰或稍加修饰就被用作艺术品或艺术品的一部分。——译者注

② 1911—1912 年间，柯布西耶与他的德国作家朋友奥古斯特·克里泼斯坦因（August Klipstein）一起到南欧和地中海地区游历，其间他们考察了巴尔干地区、君士坦丁堡、圣山、希腊和意大利中部。后来，柯布西耶将他的旅行感受和思考配以大量的旅行速写以《东方之旅》的名称出版。——译者注

③ 基克拉迪群岛，位于希腊爱琴海南部。——译者注

④ 古代希腊和地中海地区的一种建筑类型，也见本书第三章和第八章的相关论述。——译者注

时代展馆则是一个轻盈的临时性建筑；周末住宅有着严谨的拱顶屋顶，而覆盖新时代展馆的则是柔韧的表皮。此外，两种不同的结构范式还暗示了不同的建筑类型（institutional types），前者属于一种扎根大地的美加仑式建筑，而设有讲坛的帐篷则更像一个鲲鹏展翅的庙宇原型（templum）。20 年后，这种建构形式与建筑类型的完美结合在柯布西耶的朗香教堂（建于 1956 年）中再次得到精彩的演绎。在这里，帐篷式的朗香教堂与旁边的加迪安住宅（Maison du Gardien）和培莱林住宅（Maison des Pelerins）的美加仑形式形成鲜明的对照。与周末住宅一样，上述两个住宅采用的也是承重横墙混合结构（attendant，load-bearing cross-wall structures）（10. 17）。

图 10. 16
勒·柯布西耶，新时代展馆，结构细部

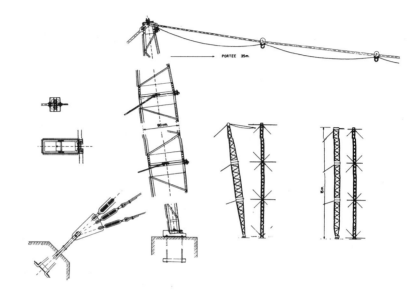

图 10. 17
勒·柯布西耶，朗香教堂，1950—1956 年。总平面

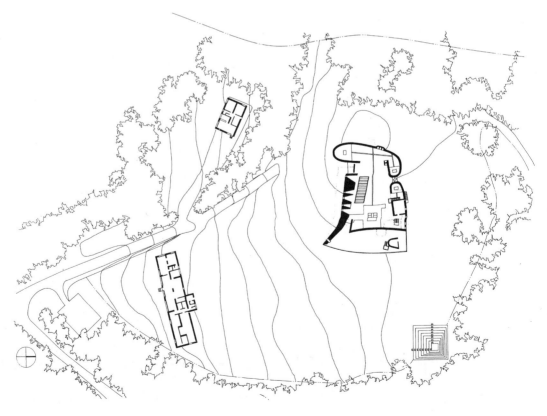

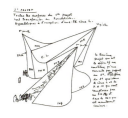

图 10.18
勒·柯布西耶和亚尼斯·西纳基斯，布鲁塞尔世博会菲利普展馆，1957—1958 年

1958 年，布鲁塞尔世博会（the Brussels World's Fair）的菲利普展馆（the Philips Pavilion）是柯布西耶与作曲家兼建筑师亚尼斯·西纳基斯（Iannis Xenakis）合作设计的作品，它标志着一条建构道路的最终形成。在这座建筑中，柯布西耶试图将帐篷结构和拱顶结构合而为一，其结果是一个复杂而又略显夸张的斜拉体形（图 10.18）。它的外表是盔甲般的镶嵌金属板，再次令我们想起瓦格纳和森佩尔，尽管柯布西耶本人也许根本就不想与他们二人有染。从新时代展馆的鞍马式剖面，到菲利普展馆的错综复杂的麦比乌斯形式（Möbius form）①，我们目睹的是一条建构道路的连续发展，其组成部分不仅应该包括朗香教堂，而且也不能不提及柯布西耶 1939 年为比利时东部城市列日（Liège）和美国旧金山设计的顶蓬式展馆建筑（图 10.19）。如果仅以建成的作品为例的话，上述建构道路的延续发展最终在柯布西耶设计的海德·韦伯展馆（Heide Weber Pavilion）②的钢板屋面结构中完美结局，该建筑于柯布西耶逝世后的 1967 年在苏黎世落成。

如果说柯布西耶 14 年的巴黎生涯属于偏离建构的 14 年的话，那么他后来对建筑结构的复归却并不那么出人预料，因为他在 1925 年提出的"新建筑五点"就已经从结构的角度对希腊哥特主义传统进行了批判。受预应力混凝土塑性结构的启发，柯布西耶逐步将自己从纯粹主义时期的新古典主义向一种古朴主义（archaism）转化。在这方面，早期纯粹主义时期的圆柱被一种埃及式鸡腿柱（the Egyptoid pilotis）[6]取而代之就是一个最为典型的实例。正是在向古朴建筑的回归中，柯布西耶最终成功地超越了以纯粹主义为特征的先锋派路线和希腊哥特主义的金科玉律（idées reçues）。

拱顶空间单元是 20 世纪下半叶建构之路上反复出现的主题。在这方面，荷兰建筑师阿尔多·凡·艾克（Aldo van Eyck）在 20 世纪中叶对前古典主义时期建筑形式的重新挖掘也发挥了至关重要的作用。这首先得力于他对北非原始建筑文化的人类学研究，其次表现在 1960 年建成的阿姆斯特丹孤儿院（the orphanage in Amsterdam）对非欧洲中心主义文化形式的自觉运用。后者是一座寄宿性质的学校建筑，设计概念源自凡·艾克称之为"在迷津中寻求清晰"（labyrinthine clarity）的思想。在它的等级组合中，有两种混凝土拱顶重复出现，拱顶的下面分别对应两种不同尺度的方形空间单元。说起来，虽然路易·康最初曾经试图回避凡·艾克式的拱顶，但他的早期作品还是与凡·艾克有某些相似之处。与凡·艾克相比，康的建筑带有更多的金字塔形式元素，这一点可以从 1954 年的特兰顿社区洗浴中心（Trenton Bath House）得到验证。

图 10.19
勒·柯布西耶，为列日和旧金山设计的展览馆方案，1939 年

---

① 拓扑学中一种单边单侧曲面，由德国天文学家 A·F·麦比乌斯（1780—1868 年）发现。——译者注

② 即所谓的"人类馆"（La Maision de l'Homme）。——译者注

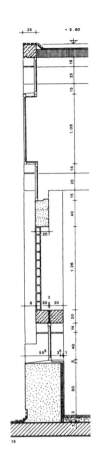

在凡·艾克的空间创造的原则基础上进行更为建构的思考，这个工作还有待于荷兰建筑师海尔曼·赫兹伯格来完成。作为凡·艾克门下最具创造性的一位学生，赫兹伯格将凡·艾克的人类学思想与贝尔拉赫和约翰内斯·杜伊克（Johannes Duiker）的结构理性主义相结合。1964年在阿姆斯特丹－斯洛特代克（Amsterdam-Sloterdijk）地区建成的机械化洗涤厂（industrial laundry）是赫兹伯格在这方面的首次尝试。该建筑的建构品质不仅来自结构设计和窗户设计的完美结合（图10.20），而且也取决于预制结构元素的连续性组合（图10.21）。就此而言，它与贝尔拉赫1927年在海牙建造的1845荷兰保险公司大楼非常相似。两者的外部表现力都来自于混凝土框架的连接方式以及一系列填充元素小心翼翼的组合。赫兹伯格对阳台、长凳、窗下槛、扶手和门槛等微型建构元素的关注应该得益于贝尔拉赫的影响。这一点至少可以从1966年在代尔夫特（Delft）建成的蒙特索里学校（the Montessori School）的主入口得到验证。在这里，"萨库"（saku）[7]发挥着十分突出的作用，我们可以将它视为阿姆斯特丹证券交易所纪念性的花岗岩入口栏杆的小型翻版（图10.22）。

蒙特索里学校是一个充满原创精神的设计，它将赫兹伯格的构架句法（tectonic syntax）拓宽和延展到微型空间的层面，同时体现了微妙的社会文化含义。从该建筑典型的教室平面和剖面中可以看出，结构的表现性完全融合在一系列承载和表现空间进展的部件之中，这些部件包括衣柜、门槛、湿作业间（wet room）、干作业间（dry room）、窗户、平台等（图10.23）。加之窗下槛、窗台、休息室、壁架等各种过渡性微型空间元素的作用，人们仿佛置身于一部序列交响曲之中。在赫兹伯格看来，建构元素只有在人的使用中才显露出它的意义，也就是说，一部建筑作品的最终意义要取决于它的使用才能确定。该学校1970年扩建部分的下沉式坐池就清楚地表达了在使用中转化作品意义的思想（图10.24）。赫兹伯格曾经在论述大厅下沉式坐池中的16只空心木质填块的时候这样写道：

> 在这些木块被拿走之后，方形的下沉式坐池便产生了。拿走多少木块以及形成多大的凹坑都必须根据使用要求来定，这就是说，要恰到好处地使孩子们坐进去后围成一圈谈话或讲故事。在某种意义上来说，凹坑是一期建筑石台的反转形式（negative form）。如果说石台让人产生山丘和景点的联想的话，那么凹坑带给人们的则是某种保护感，它是一个可以退守的地方，一个类似山谷和盆

图10.20
赫尔曼·赫兹伯格，阿姆斯特丹－斯洛特代克洗涤厂加建，1962—1964年。细部立面和细部剖面

图10.21
赫尔曼·赫兹伯格，阿姆斯特丹－斯洛特代克洗涤厂加建

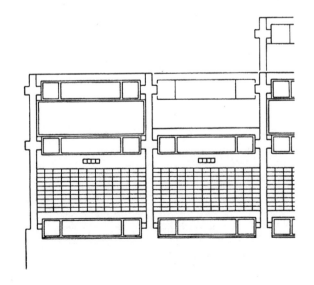

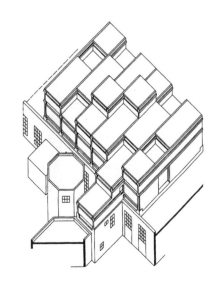

图 10.22
赫尔曼·赫兹伯格，代
尔夫特蒙特索里学校，
1966 年，主入口

地的地方。石台类似海洋中的孤岛，凹坑则是池塘，加上一块跳板以后，孩子
们甚至可以像在泳池里一样嬉戏玩耍。[8]

赫兹伯格历来十分关注结构形式与身体的关系，而 1973 年在阿佩尔多恩
（Apeldoorn）建成的中央管理保险公司（Centraal Beheer）大楼则是他在这方面创
造的第一个具有公共尺度的作品。这座建筑也许并不十分壮观，但却是从森佩尔和
维奥莱－勒－迪克到赖特的拉金大厦（Larkin Building）再到贝尔拉赫的一系列建构
传统的集大成者。它的剖面详图显示，在整个建筑的交响奏鸣曲中，预制梁、板、
柱、混凝土砌块、玻璃砖、窗棂的设计都可谓恰到好处（图 10.25）。与此同时，在
这一复杂的结构组合体中，地下车库的蘑菇柱支撑与办公部分的框架之间的不同处
理也一目了然。此外，赫兹伯格还采用了路易·康设计的理查德实验大楼的组合系

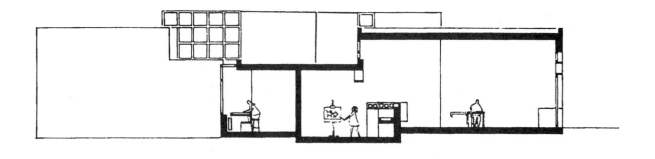

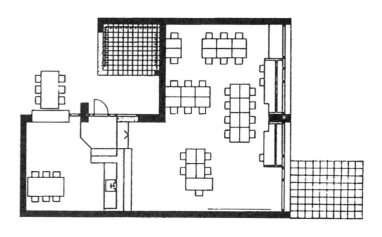

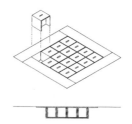

图 10. 23
赫尔曼·赫兹伯格，代
尔夫特学校，教室平面
和剖面

图 10. 24
赫尔曼·赫兹伯格，代
尔夫特学校，下沉式
坐池

统，这也进一步表明了二者共同的建构传统。正如康的实验大楼一样，这座建筑的办公区域由典型的方形平台构成，每个平台的角部各有八根支柱。结构体系的方形网格将基本的方形平台划分为四个角落区域，其中每一个区域都可以根据不同使用要求进行不同布置（图 10. 26）。赫兹伯格写道：

> 这些区域的特点在很大程度上取决于使用者如何布置、装饰、打点以及管理这些空间。……空间形式本身必须具有这样的应变能力，也就是说能够满足设施的安排，让使用者根据个人的需求和愿望布置空间。[9]

不可否认，以上文字有着十分显著的社会无政府主义本质（socio-anarchic nature），但是人们不应该忘记的是，该建筑的开放空间总是与建筑的总体体量交织在一起的。不仅如此，它的空间形状和品质还是对赖特拉金大厦织理建构（textile tectonic）原则的重新创造。顺便说一下，无论就结构体系而言，还是对于服务空间和被服务空间的划分来说（其中服务空间用于布置管道设备和楼梯），路易·康的理查德实验大楼应该是这一建构传统不可分割的组成部分。同样，赫兹伯格的中央管理保险公司大楼也体现了服务与被服务的二重关系，模数组合体系也与康的理查德实验大楼十分相似（图 10. 27）。不过，尽管体现了与路易·康的种种相似之处，荷兰结构主义在建构表现和社会文化反响方面都属于一个区域性乃至民族性的运动。确实，虽然赫兹伯格不像贝尔拉赫那样喜欢沉重的体块形式（mass form），他的建筑生涯还是在不知不觉之中保持着与贝尔拉赫的传承关系，而 1990 年在埃顿胡特（aerdenhout）建成的一个学校扩建工程也进一步拉近了赫兹伯格与贝尔拉赫的关系。如同贝尔拉赫的建筑一样，埃顿胡特学校也对建筑整体边界给予了特别强调。

与赫兹伯格的中央管理保险公司大楼相比，福斯特事物所（Foster Associates）

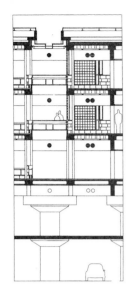

图 10.25
赫尔曼·赫兹伯格,阿佩尔多恩中央管理保险公司大楼,1970—1973年。剖面

图 10.26
赫尔曼·赫兹伯格,中央管理保险公司大楼,楼层局部平面和吊顶平面

图 10.27
赫尔曼·赫兹伯格,中央管理保险公司大楼,结构图式

1974 年在英国伊普斯威奇(Ipswich)设计的威利斯·法贝尔和杜马斯(Willis Faber and Dumas)保险公司玻璃幕墙办公大楼可谓是另一番天地(图 10.28),因为它着重追求的是对生产体系的优雅性和经济性的表现。换言之,它关注的是瑞士建筑师马克斯·比尔(Max Bill)所谓的"产品形式"(*Produktform*)。[10]福斯特本人曾经坦言,他深受马克斯·比尔 1963 年在洛桑建造的瑞士国家展览馆(Swiss National Exhibition Pavilion,图 10.29)的影响,该建筑试图从全新的角度对伦敦水晶宫进行诠释。[11]此外,如果说赫兹伯格中央管理保险公司大楼的建构概念是向社会敞开建筑体量的话,那么典型的福斯特组合几乎都集中在两个非物质化的因素之上:首先是空间生成结构(spatially generative structure)(无论这一结构表现为清晰的跨度还是重复的框架),其次是包裹在结构上的封闭表膜(a gasketed or caulked skin)。到目前为止,最能体现上述特点的福斯特建筑或许是 1977 年在英国诺维奇大学(the University of Norwich)落成的塞恩斯伯里视觉艺术中心(Sainsbury Centre for the Visual Arts,图 10.30)。[12]从纵剖面看,该建筑也严格区分了服务性空间和被服务性空间,其中供机械管线使用的服务性空间被设置在加厚的轻质墙体夹层之中,而被服务性空间则是建筑的主体空间本身。在这一点上,路易·康的影响似乎不言而喻,但是同样都是艺术展览建筑,福斯特的塞恩斯伯里中心与康的金贝尔美术馆的差异之大也许出乎人们的想像。不过这些差异却很能说明问题,因为它们代表着建构与非建构的不同的文化取向。说到底,二者的差异还在于如何把握技术的内在本质(the intrinsic nature of technology),以及建筑空间怎样才能承载传统社会文化机构的价值(traditional institutional values)。

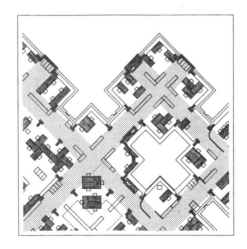

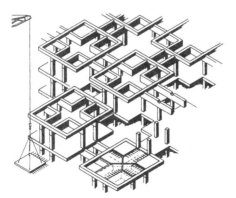

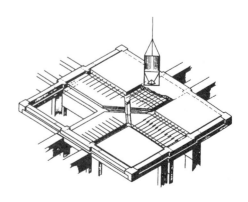

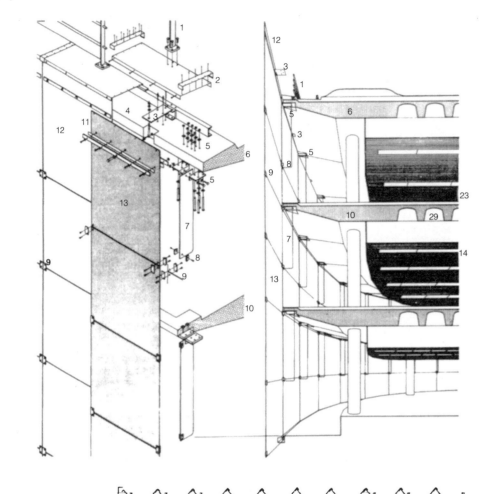

图 10.28

福斯特事务所，位于英国伊普斯威奇的威利斯·法贝尔和杜马斯保险公司大楼，1974 年。玻璃幕墙细部和剖面

图 10.29

马克斯·比尔，洛桑瑞士国家展览馆，1963 年

1. 基础
2. 砂石沥青地面
3 和 5. 有顶部支撑构件的钢管立柱
4. 顶部有两个支撑构件的钢管立柱
6. 顶部支撑构件
7. 槽形支撑构件
8. 石棉水泥屋檐构件
9. 石棉水泥屋面构件
10. 白色乙烯墙板
11. 透明聚酯板
12. 镍铬钢型材
13. 双扇门

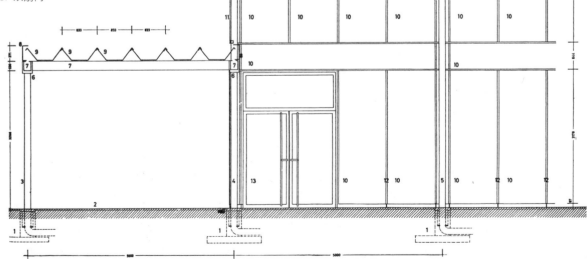

图 10.30
福斯特事务所，圣斯伯里
视觉艺术中心，1977 年

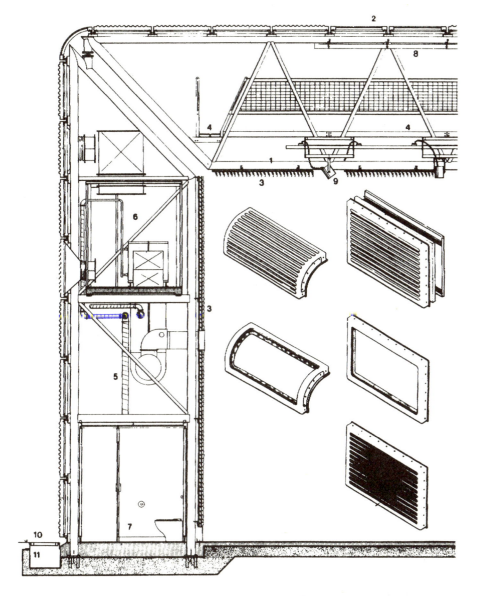

　　看上去不无矛盾的是，尽管塞恩斯伯里中心重复使用的空间桁架和金贝尔美术馆的折板体系都属于工业化大跨结构的标准形式，但是二者在纪念性表现方面的成就却可以用天壤之别来形容。在圣斯伯里中心，人们必须通过一个高架的步行天桥（*passerelle*）进入建筑，而且步行天桥与飞机修理库般的封闭建筑体量交接的位置也显得相当随意；而在金贝尔美术馆，钢筋混凝土拱顶的折板结构经过平面上的错位以后，为整个建筑创造了一个气势辉煌的入口门廊空间。截然不同的价值趋向在这两个建筑中还有许多：在塞恩斯伯里巨型办公室般的空间（the *Bürolandschaft space*）中，艺术展品看上去居无定所，背景也可以随意移来移去，而金贝尔美术馆的摆线拱顶则为艺术展品提供了一个体量感十足的限定空间；塞恩斯伯里中心的建筑表皮使用的是工业化产品，而金贝尔美术馆则向人们展现了混凝土材料和灰岩大理石材料的建构二重奏；前者接近一种飞机工业产品，其本质与耐压机身密封式的表面处理已经相差无几，而后者着力表现的不仅是混凝土基座的体量特征与混凝土框架之间的差异，而且也是混凝土框架与覆盖着灰岩大理石的填充墙体之间的差异。

　　正如人们从这两个建筑的比较中可以看到的，建筑的基本品质与建筑肌体的可塑性（the body of a building and its capacity for modulation）有关，它直接取决于结构的性质、特别是蕴含在相应结构技术中的价值取向。不用说，我在这里说的是框架结构开敞的空间含义与重复的单元细胞形式固有的传统性闭合体量的差异，或者说钢筋混凝土框架柱间空间系统与传统横墙承重结构的差异。在建筑表皮的层面上来说，这也可以表现为密封硅胶玻璃幕墙的密闭表面与清水砖墙肌理在材质感上的巨大差异。

技术、建构句法以及体块形式之间的互动关系，这些都是赫兹伯格和福斯特建筑中发人深省的主题。也许，最能说明这一点的是他们在 20 世纪 70 年代中期分别完成的保险公司大楼。两者的建筑体块形式（the mass form of the building）都存在着这样或那样的问题，尽管这些问题产生的原因不尽相同，而且两者在表现章法上采用的建筑技术和遵循的建构用意也大异其趣。与此同时，它们都具有赖特的拉金大厦的反城市化特点，因为它们都将办公空间设计成为一种内向性质的空间，从而将建筑的城市内涵（civic potential）置于建筑的内部而不是外部。换言之，它们着重表现的是建筑的内部空间（虽然空间构成的方式不尽相同），而不是与周围环境的互动关系。尽管如此，两者的思想基础仍然是迥然不同。福斯特的威利斯·法贝尔大楼将建筑外表简化为一种哑口无言的、打着密封硅胶的玻璃幕墙，宛如一个巨大的盔甲，波浪形的表面光滑无框；而赫兹伯格的中央管理保险公司大楼则将建筑的体块形式组合成堡垒式的金字塔状，同时将结构的重复单元转变为建筑表现的主题。福斯特的威利斯·法贝尔是一个服务设施装备精良的包裹体，象征着技术的完美无缺；而赫兹伯格的中央管理大楼则将一个充满材料质感的建筑形式呈现在人们面前。有趣的是，这两个建筑的主入口都十分难找，导致这一缺陷的原因也都在于各自一成不变的建筑句法体系。

其实，上文所涉及的问题早在 1851 年的伦敦水晶宫上就已经表露无疑了，并且也在漫长的历程之后伴随着富勒（Fuller）和瓦克斯曼（Wachsmann）的技术主义设想一再出现。根据他们的设想，形式的基本动因在于建筑生产的几何手段（productive and geometrical means），而非建筑作为社会文化机构的目标（institutional ends）。除此之外，虽然斯卡帕和康拉德·瓦克斯曼都专注于节点本质的探讨，但是在对建筑文化的理解方面，瓦克斯曼却完全不能与斯卡帕相提并论。瓦克斯曼在 1959 年提出的飞机棚原型设计（图 10.31）就特别能够说明问题，因为他将这个设计描述为一种非物质化的结构和空间，它"必须以一种连接构件为基础，根据三位模数的秩序进行分布和有节奏的重复。"[13]

最近几年，福斯特和赫兹伯格都对自己早年作品独有的生产特征（productive character）进行了调整。为此，福斯特放弃了毫无个性的光秃秃的建筑外表，转而将建筑的基本结构作为首要的表现手段，这方面的案例包括 1983 年在斯韦顿（Swindon）郊外落成的雷诺汽车中心（the Renault Centre）（图 10.32）和 1985 年建成的香港汇丰银行大厦（the Hong Kong and Shanghai Bank）（图 10.33）。相比之下，赫兹伯格则力图扩大建筑模数单元的尺度和空间性，就像 1990 年在海牙落成的荷兰社会保障部大楼（the Ministry of Social Affairs）表明的那样（图 10.34）。与此同时，他还在阿姆斯特丹安邦广场学校（the Ambonplein School，1983—1986年）等公共建筑设计中采用了一种非承重性的围合墙体，将它固定在框架结构的外侧，形成建筑体块的统一处理。

虽然上述问题的深入研究必然会涉及其他很多建筑师，我还是只想对那些在

图 10.31
康拉德·瓦克斯曼，飞
机棚原型，1959 年

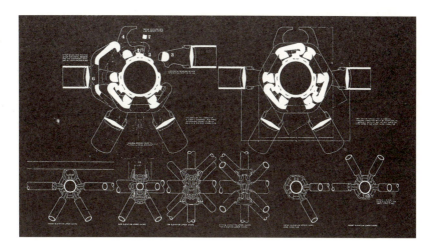

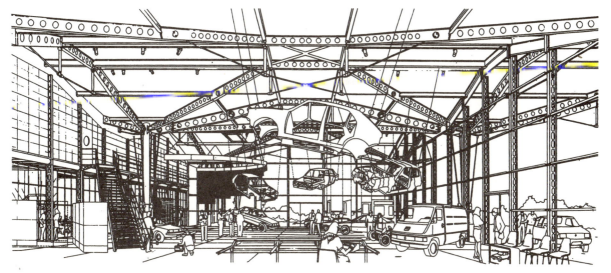

图 10.32
福斯特事务所，位于斯
文顿的雷诺汽车仓储配
送中心，1983 年，展示
厅透视

"结构诗学"（poetics of construction）方面卓有成就的作品进行论述。如果用勒·柯布西耶的例子来说明问题的话，就是只对那些以建构表现为主的作品进行论述。但是，即使按照这样一种排他性很强的标准，也还有其他许多建筑师的作品没法排除在本书应该论述的范围之外。斯堪的纳维亚国家的情况尤其如此，其中有两位建筑师还没有在本书中被专门论述过，但是值得在这里特别提及一下，他们是芬兰建筑大师阿尔瓦·阿尔托和挪威人斯维勒·费恩（Sverre Fehn）。尽管在阿尔托的建筑中，建构形式作为一种始终如一的建筑构成只得到十分有限的表现，但是他的家具设计和木构建筑却充分体现了建构的精神。这类建筑包括 1937 年巴黎世博会的芬兰馆以及 1952 年在芬兰奥塔涅米（Otaniemi）建成的一个体育馆建筑（图 10.35）。阿尔托对建构的关注也体现在他设计的小型实用建筑上面，比如 1949 年为卡尔胡拉玻璃公司（the Karhula glass company）设计的库房建筑，其中将室内空间分为三个平行跨距的混凝土柱和坐落在柱子上的组合式木构屋面桁架尤为引人注目（图 10.36）。此外，阿尔托还创造性地将屋面设计成为具有特定方向的结构。为此，他一方面通过木桁架将空间划分为三个等距开间，另一方面又将每个木桁架本身划分为三个片段，形成主次分明的坡屋顶形式。

　　1953 年设计的维也纳体育馆方案的悬索屋面也以更富塑性的方式和更大的尺度再现了一种方向感极强的形式。一般来说，阿尔托非常善于将地形特征与建构形式

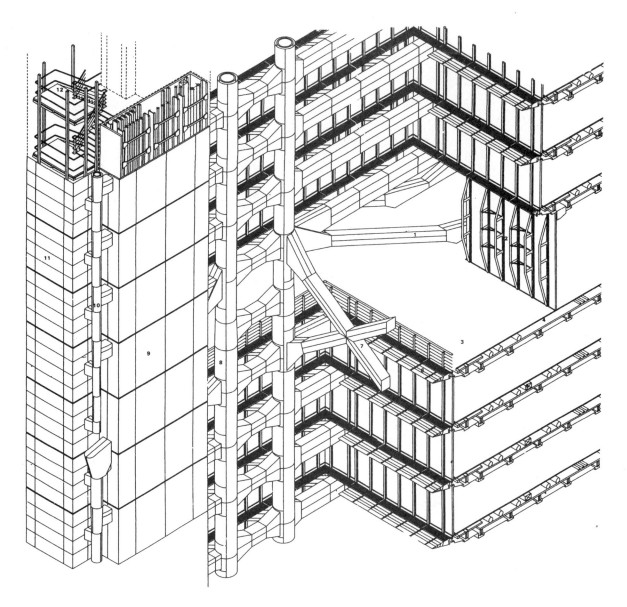

图 10. 33
福斯特事务所，香港汇
丰 银 行， 1979—1985
年。塔楼中部轴测图

融为一体。事实上，该特点是始终如一地贯穿在阿尔托的建筑之中，以至我们可以认为他的建筑与场地完全是相辅相成的，它构成了阿尔托建筑特有的地质学隐喻（geological metaphor）的基础。阿尔托的建筑总是倾向于将基地（the earthwork）处理成建筑的组成部分，同时将屋顶处理成整个场地形式（the landform）的延伸。这一点在阿尔托设计的讲堂或者会议厅建筑中表现得尤为突出，因为这些建筑无论使用砖头还是石材，都会有整片的实墙面宛如峭壁一样冲天而起。

相比之下，费恩更善于将整个建筑结构转化为一种建构主题，这方面的例子包括 1962 年威尼斯双年展才华横溢的北欧馆（图 10.37）和 1978 年设计的特隆德海姆（Trondheim）市图书馆方案（图 10.38）。费恩十分认同斯卡帕建筑中的节点设计，这一点从奥斯陆民俗博物馆（the Oslo Ethnographic Museum）的展览设计（1980 年完成）就能得到很好的说明。1983 年，费恩与佩尔·弗耶尔特（Per Fjeld）合作出版《关于结构的思考》（The Thought of Construction），其理论立场表明结构在费恩的建筑中发挥的完全是一种看得见摸得着的作用（a phenomenological role）。在该书的书名篇中，有一段对结构形式的表现范围（the expressive

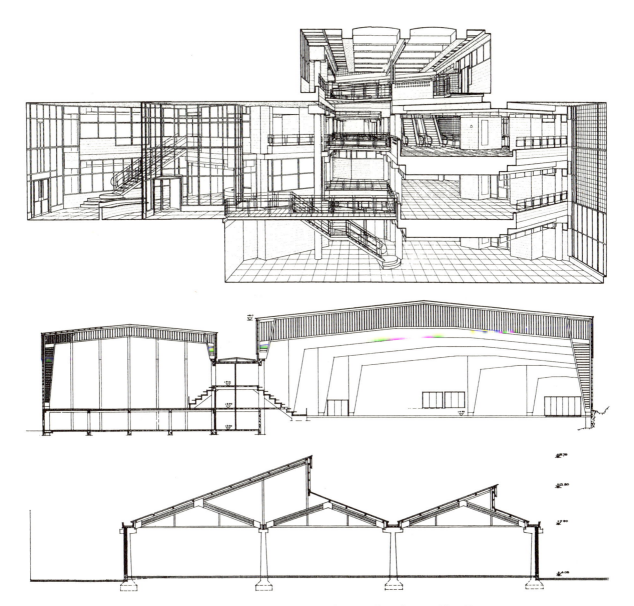

range of constructional form）进行反思的文字是这样写的：

材料的使用从来都不是理性选择和计算的结果，而是直觉和欲望的产物。结构必须与材料的要求相一致，让材料呈现在光线的沐浴之中，表现材料的固有色彩。但是，如果没有结构，任何材料的色彩都无法真正呈现。作为一种材料，石头的形式必须寄予在形状之中，就像拱顶石（keystone）需要通过精确的形状来确定一样。当石头与石头相互叠加的时候，其形式就在它们的连接之中。

……通过结构计算确定的柱子除了表达某个数据之外什么也不能表现。……没有语言，也没有文字，情感的世界是一个无言的世界。计算数据恰恰是情感的空白和贫瘠所在。……在一个计算决定一切的世界，材料也就失去了表达结构思想的能力。

对于年轻建筑师来说，材料就是强度的标尺。最大程度地使用材料的强度是年轻人的天性。材料固有的表现能力造就了自然的活力。对材料的准确感知产生对材料的信念，青春的力量带来结构的完美。随着时间的流逝，材料也不断老去，但是老自有老的魅力，它赋予未经加工的材料一种生命和智慧的维度。认可岁月

图 10.37
斯维勒·费恩，威尼斯
双年展北欧馆，1962 年

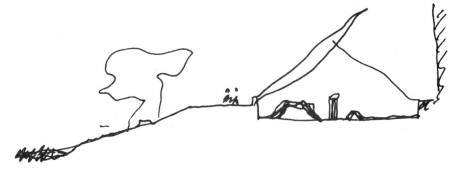

图 10.38
斯维勒·费恩，特隆德
海姆国家图书馆方案，
1978 年，草图

就是认可成熟，它是个人成长的标志。在简单中，一切都不足为训了。[14]

在一定意义上，这段反思性的真知灼见正是威尼斯北欧馆的完美写照。这个钢筋混凝土大跨结构的建构杰作是费恩 28 岁时的作品，它的结构体系主要由一个跨度为 25 米的矩形梁构成，但是为避让基地上的一棵大树，这根大梁又被分为两部分，其中一部分从 V 字形的柱子上悬挑出去。为了与这一动感造型相配合，费恩设计的一个双层混凝土方形格栅屋顶，格栅上方是玻璃钢悬挂顶棚。顶棚是一个单方向悬挑的半透明的薄膜结构，断面呈 U 形，令人想起差不多同时期设计的悉尼湾景地区伍重自宅方案的屋顶形式。深受斯卡帕对威尼斯解读的影响，费恩的北欧馆还从贡多拉小船获得某种灵感，正是这种小船构成了整个威尼斯城市生活的基础。

北欧馆与威尼斯血肉相连。这是一座水的城市，从水中吸取灵感。与此同时，展馆场地上枝繁叶茂，与水面形成强烈的反差。对于威尼斯来说，草坪和树木实属稀世珍宝。通过我们的设计，场地上现有的树木得以在展馆内部无拘无束地生长，自由地穿过屋面。尤其是那棵高大的树木，作为一个占主导地位的结构，它为自己的参与创造了空间，建筑与自然达到了高度的统一。

屋面的透明顶棚是雨水情感的流露。就像威尼斯城的水流一样，雨水沿着特定的方向流淌，滋润着室内室外的植物，使展馆建筑成为公园中的自然循环

图 10. 39
西格德・列沃伦茨，马尔默墓地葬礼堂，1945 年

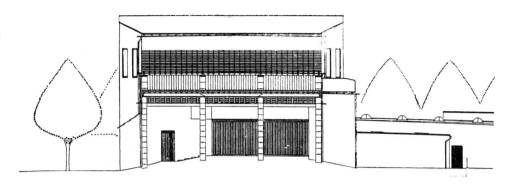

的组成部分。枝叶在阳光的照射下折射出建筑的季节变化。高唱着阳光和雨水的赞歌，威尼斯北欧馆在超越理性的世界中寻求建筑秩序的更高起点。[15]

20 世纪 50 年代和 60 年代出现的建构价值回归虽然不是当时的建筑主流，但也已经初具规模。在这段时期中，不仅有费恩设计的威尼斯双年展北欧馆，而且还出现了阿根廷的阿芒西奥・威廉姆斯（Amancio Williams）、瑞士的多尔夫・施耐布利（Dolf Schnebli）、瑞典的西格德・列沃伦茨（Sigurd Lewerentz）等一批建筑师，以及在这段时期中崭露头角的意大利现代主义运动的各种富有地域特点的分支，其中又以恩尼斯托・罗杰斯（Ernesto Rogers）、安吉罗・马尼亚罗蒂（Angelo Mangiarotti）、弗兰科・阿尔比尼（Franco Albini）和基诺・瓦莱（Gino Valle）等人的作品最为杰出。[16]虽然"新粗野主义"（New Brutalism）是艾莉森和彼得・史密森夫妇（Alison and Peter Smithson）首先提出来的，但是正如雷纳・班纳姆（Reyner Banham）在 1966 年的题为《新粗野主义》（The New Brutalism）的评论中指出的那样，它逐步变成了一个在概括上述建筑发展时使用起来十分方便的标签。说到这段时期寻求结构、构造和管线设施的建筑表现力的种种努力，我们不仅应该提及艾莉森和彼得・史密森夫妇 1954 年在诺福克（Norfolk）设计建造的新密斯主义的亨斯坦顿中学（the Hunstanton School），而且也不应该忘记此前 9 年在马德普拉塔（Mar del Plata）建成的由威廉姆斯设计的马亚尔式（Mailart-like）①的桥上建筑。[17]

建构表现的探索也出现在砌体建筑中，这方面的例子虽然精彩纷呈，但也是万变不离其宗，比如勒・柯布西耶设计的巴黎扎乌勒住宅（Maison Jaoul）（1956 年建成）、斯特林（Stirling）和戈温（Gowan）设计的伦敦汉姆公共住宅（Ham Common Housing）（1958 年建成）、施耐布利（Schnebli）设计的"小意大利"（Campione d'Italia）②卡斯蒂奥里住宅（Castioli House）（1960 年建成），以及列沃伦茨同年在斯德哥尔摩近郊建成的圣马克教堂（St. Mark's Church）等。[18]在这些作品中，清水承重砖墙结构呼唤着大地情怀，而且似乎为了验证砖头的本真存在，它们都采用了砖拱结构。在这里，列沃伦茨对建构形式的不懈追求、尤其是 1945 年在马尔默（Malmö）建成的一系列砖结构墓地教堂（图 10. 39）值得我们特别多说几句。列沃伦茨对砖结构的建构探索正是从这些教堂开始的，并最终在圣马克教堂更为粗野的承重形式中达到顶峰。1966 年在克利潘（Klippan）建成的圣彼得教堂（St. Peter's Church）将砌筑粗犷的"仓库美学"（warehouse aesthetic）提高到一个新的层面。在这个建筑中，大小不一的扁平拱顶坐落在一个低矮的钢结构体系上面，将整个教

---

① 指瑞士桥梁工程师罗伯特・马亚尔（Robert Mailart，1872—1940 年）。——译者注
② 位于瑞士南部境内卢加诺湖畔的意大利飞地。——译者注

堂包裹在一个墓穴般的空间之中。柯林·圣约翰·威尔森（Colin St. John Wilson）曾经满怀赞赏地写道：

> 一个方形平面似乎再简单不过了；但是在这个方形平面中，地面高低不平，在坡向圣坛的过程中形成突兀的圆包，还有供洗礼仪式使用的水井；与此同时，裸露的钢柱与其顶部的大梁形成一个巨大的十字架，成为整个空间中除布道坛和圣坛以外的另一个戏剧性的重心。
>
> 这根钢柱的实际情况与它的面貌并不完全一致：它被分为上下两半，与顶部的大梁形成两个并不十分对称的十字架，而十字架横向构件的两个端部又分别支撑着同样分成两半的大梁。在这两根大梁上方有一些钢桁架，它们的作用是支撑那些分别固定在教堂砖拱顶的起拱部位和拱顶部位的金属肋条。但是，这些肋条没有一根是完全水平的，彼此之间也不是十分平行，歪歪扭扭地从教堂的一边跨越到另一边。在列沃伦茨看来，拱顶能够带给人们关于古代天空的无限遐想，而他自己对拱顶的处理也是恰到好处，仿佛在高低起伏和阴阳交替中获得了一种生命的气息。在该项目中，列沃伦茨（一个当之无愧的建筑工程师）与结构工程师紧密合作，他主张使用断面较小的组合钢构件，而不是断面较大的单一构件，为的是在组合的结构构件中还能有光线的透射。至于说这些转换和断裂究竟在多大程度上是出于视觉的考虑，还是为了弥补钢构件和拱顶物质表现的差异，我倒是无可奉告。列沃伦茨的设计善于将技术要求转化为一种神秘莫测的创造，但是这一转化究竟是如何产生的却无人能够真正破解。[19]

与此同时，意大利建筑出现了一些同样引人注目，但是在建造方法上迥然不同的作品。首先是斯卡帕设计的私密性很强的作品中，其蒙太奇手法完全超越于建筑主流之外。此外，还有出自阿尔比尼和弗朗卡·赫尔格（Franca Helg）之手的更具结构表现力的作品，当然更不要说罗杰斯 1958 年在米兰建成的维拉斯卡塔楼（Torre Velasca）了。阿尔比尼 1951 年在热那亚（Genoa）白色大厦（the Palazzo Bianco）中的展览设计与斯卡帕的微观建构实践有不少相似之处，而 1961 年和赫尔格合作设计的罗马百货大楼（图 10.40）则以更为公众化和综合性的尺度出现在建筑舞台上。该建筑令我们想起瓦格纳在维也纳邮政储蓄银行（Postsparkassenamt）上使用的织理手法（plaited discourse），但是与后者不同，罗马百货大楼的建筑表皮是和结构体系以及建筑周边的管线系统交织在一起。通过以下的描述性文字中，我们可以对该设计中的复杂思想有一个较为清楚的了解。

> 拉林纳森特大厦（the La Rinascente building）的结构组合是形式和技术水乳交融的结果，其建筑特点来自于一系列大胆创新的设计创意，比如将竖向设备管井设置在建筑外部，这样就可以根据管线的方向调整幕墙板的形状。另一个创意是暴露外墙的金属结构，以便在檐部的钢梁中布置水平向服务管线，同时将辅助钢梁的梁头也暴露在外。第三个创意是利用顶层钢架作为建筑顶部的处理手段，一直到与亚尼内大街（the Via Aniene）交汇的转角处结束。波形的外墙板设计虽然受到空调管线技术要求的影响，但却很符合我们的审美想法，它令人回忆起古罗马建筑典型的表面特征。……主体结构与幕墙结构（的对比）具有丰富的色彩和塑性的造型。建筑外部使用的是水泥、花岗岩粉和红色大理石混合研磨之后生产的预制墙板；每块墙板都有四部分构成，其中最下面的三部分较窄，而且呈淡淡的象牙色。立面构图也采用了对比手法，包含主要管线的墙板看上去类似凸窗，其表面效果随着光线强度的不同不断变化。[20]

图 10.40
弗朗哥·阿尔比尼和弗
朗卡·黑尔格，罗马弗
洛姆广场拉林纳森特大
厦，1957—1961 年。轴
测剖面

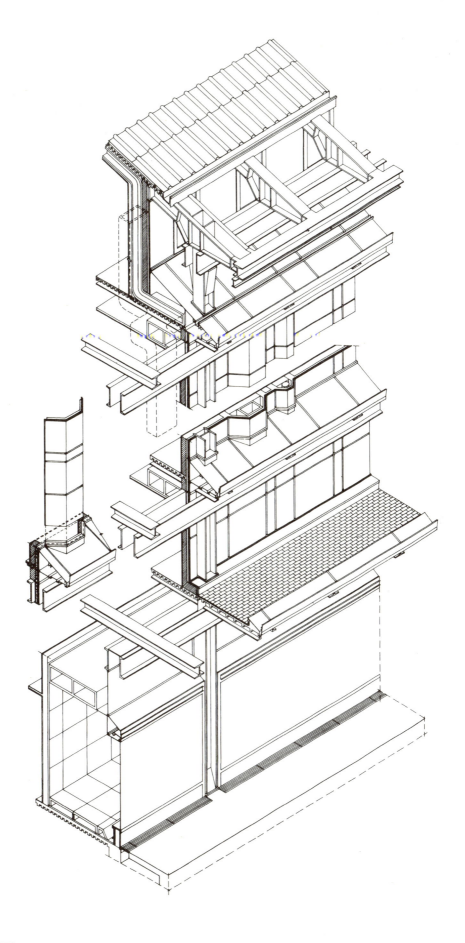

图 10.41
安吉罗·马尼亚罗蒂和
B·莫拉苏蒂，位于米
兰－维尔巴的巴兰萨特
教堂，1959 年

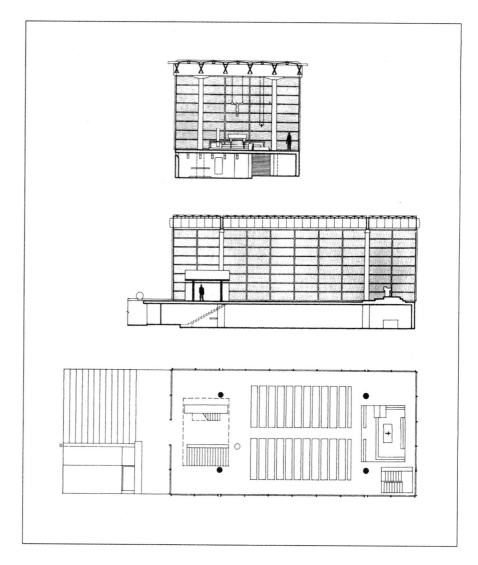

　　受奈尔维（Nervi）和莫兰蒂（Morandi）巨型混凝土结构的影响，一些意大利
建筑师开始尝试组装式钢筋混凝土结构。在这些尝试中有一些属于建构极少主义
（tectonic minimalism）的作品，比较有代表性的是马尼亚罗蒂和莫拉苏蒂（Mora-
sutti）1959 年在米兰近郊建成的巴兰萨特教堂（Baranzate Church）（图 10.41）。
这是一个主跨与侧跨高度相等的厅堂式教堂建筑（Hallenkirche），完全由钢筋混凝
土材料建成。中殿采用四分结构（the quadripartite structure），由坐落在六根纵向
大梁上的斜交格构屋顶与两根横向大梁和四根圆柱形柱子共同组成。从外部看，整
个建筑被一个半透明的双层玻璃表皮包裹起来，俨然是佩雷兰西圣母教堂在 20 世纪
中期的翻版。

　　同样的建构追求在基诺·瓦莱和纳尼·瓦莱（Gino and Nani Valle）那里获得了
更为显著的地域特征。这一点在他们的早期建筑中表现得最为突出，比如 1956 年在
拉提桑那（Latisana）建成的某银行建筑和 1953—1954 年间在乌迪内（Udine）附
近的苏特里奥（Sutrio）建成的瓜格里亚住宅（Casa Quaglia）。从结构的角度来看，
无论拉提桑那的银行建筑还是苏特里奥的住宅建筑都采用了一种近似于路易·康式
的承重砖柱结构（load-bearing brick piers），平面呈方形，每个建筑有八根柱子。

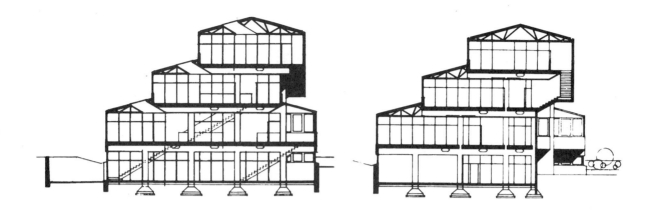

图 10.42
基诺·瓦莱，位于波代诺内的萨诺西·雷克斯工厂，1961 年

在拉提桑那的银行建筑中，坐落在砖柱上面的是一个 15 米见方的鱼腹式金属屋顶，而在苏特里奥的住宅建筑中，砖柱支撑的则是一个 15 米见方的沉重的传统式木桁架屋顶［试比较路易·康 1954 年的阿德勒住宅（Adler House）设计方案］。但是无论具体形式如何，主要的建筑表现都来自于承重与被承重的相互作用关系。这一主题始终贯穿在瓦莱的建筑之中，尽管此后他再也没有达到同样简洁明了的表现成就。毫无疑问，瓦勒在这段时期中的杰作是 1961 年在波代诺内（Pordenone）建成的萨诺西·雷克斯办公大楼（Zanussi Rex offices）（图 10.42）。[21] 该建筑的不同凡响之处就在于它将分层设置的混凝土悬挑构件和混凝土垂直构件有节奏地组合在一起，并且在此基础上设计了一个台阶式的轻钢桁架屋顶，屋顶上铺设石棉板。

　　毫无疑问，在过去 40 年中对密斯意义上的"建造艺术"（Baukunst）作出贡献的意大利建筑师之中，维托里奥·戈里高蒂（Vittorio Gregotti）是一个不可或缺的名字。无论是在理论方面，还是实践方面，戈里高蒂都始终如一地探索建筑的结构形式（constructional form）。在这方面，最著名的案例有 1962 年在诺瓦拉（Novara）和米兰建成的属于他早期作品的住宅建筑、为巴勒莫大学（1969 年）和卡拉布里亚大学（1973 年）设计的系馆建筑、以及近年来设计的一系列体育建筑，包括 1992 年落成的巴塞罗那奥体中心主体育场（图 10.43）等。在所有这些作品中，日本建筑师松井宏方（Hiromichi Matsui）可谓功不可没，因为从 20 世纪 60 年代下半叶到 70 年初期，松井一直都是戈里高蒂事务所的骨干力量。

图 10.43

戈里高蒂事务所，1992
年巴塞罗那奥运会主会
场，1983 年

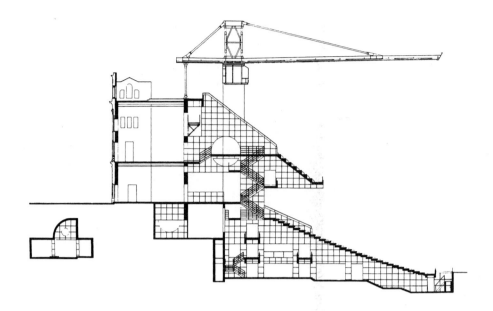

艾莉森和彼得·史密森夫妇 1964 年完成的《经济学人》杂志总部大楼（the Economist Building）为英国粗野主义运动划上了一个圆满的句号（图 10.44，10.45）。从某种意义上说，该建筑是史密森夫妇的"首都柏林规划"（Berlin Hauptstadt）（作于 1958 年）方案的一个片段作品，也可作为美国式高层建筑的小型翻版，而且它还试图将辛克尔学派（the *Schinkelschule*）的浪漫古典主义与它的哥特根源重新结合起来。但是，在密斯试图用型钢面层表现耐火钢框架结构的同时（试比较芝加哥湖滨路 860 号公寓），史密森夫妇则在混凝土框架上使用了波特兰大理石饰面，在柱子侧面上下贯通铝合金型条，还将这种型条用在窗户部位，形成阳极氧化铝合金窗框的幕墙玻璃墙面。该建筑中的哥特精神主要体现在石材饰面的竖向结构杆件是随建筑高度的增加逐步后退的，这显然是从密斯的芝加哥海角公寓（the Promontory Apartment）那里学来的一种手法。经济学人总部大楼属于少数几个经得起时间考验的现代建筑实例之一，因为随着时间的流逝它的品质非但没有减弱，反而与日俱增了。[22] 回顾起来看，该建筑其实与彼得·史密森的建筑考古学思想关系相当密切。根据这一思想，一个建筑总是会在不久的将来从它的废墟中重新诞生。该思想也很接近森佩尔的"材料置换理论"（*Stoffwechseltheorie*），它最初是由彼得·史密森在 1966 年的一篇独具慧眼的论文中提出来的。在这篇论文中，史密森甚至将古希腊多立克柱式从木构转变而来的特征与日本伊势神宫内宫与外宫的类似情况相提并论。

多立克建筑的特点在于它的矩形平台和超浓缩语言（an unusually densely formulated language）。所谓"浓缩"并不涉及内在一致性的问题，而在于它有可能产生多种内在解释，告诉我们应该期望从中获得什么；比如，一个十分显著的问题，（但是也在过去的 25 年中让我着迷的问题），就是我们从古典建筑檐部底面的斜度可以知道山花墙顶部的坡度，而不必走到建筑的侧面看到山花墙后才明白这一点。如果墙上有条凹槽，或者有一个小小的凸面，那么我们就会期待转过墙角会看到一根柱子。甚至地面的坡度也会表明室内是从什么地方开始的，因为一个不言自明的道理是，水总是往外流的，而我们的双脚也可以取代眼睛，通过地面曲率的变化感知建筑的结构。可以毫不夸张地说，只要有希腊

图 10.44
彼得和艾莉森·史密森，
伦敦圣詹姆斯大街《经
济学人》杂志总部大楼，
1964年。轴测图

图 10.45
彼得和艾莉森·史密森，
《经济学人》杂志总部
大楼，显示建筑周边构
造的轴测图

神庙的局部，我们就能够通过我们的双眼和双脚甚至皮肤的感知了解建筑的整体形式。这并不是什么形而上学的无稽之谈，因为局部确实蕴含着整体的尺度、角度和比例。这里所谓的局部并不是文艺复兴时期所谓的绝对意义上的局部，而是原始意义上的能够说明问题的局部。正是在这一点上，我们看到古希腊柱式与日本伊势神社的相似关系是如此精妙。伊势神社的局部，比如说一段栅栏，就反映了它的整体，但是当古希腊柱式完全脱离真正的结构—隐喻角色（explanatory-metaphor role）之后，我们也会有一种冒犯的感觉——一种意义的丧失和亵渎的感觉……。我们不禁要将上述结论推而广之，主张建筑就是结构的隐喻，比如说认为英雄主义时期的现代建筑（the Modern Architecture of the Heroic Period）乃是还未出现的机械建造的结构的隐喻，而罗马风建筑和哥特建筑则是真实结构的隐喻……，路易·康的理查德实验大楼就是这样一种隐喻。它是一种预制混凝土建筑。[23]

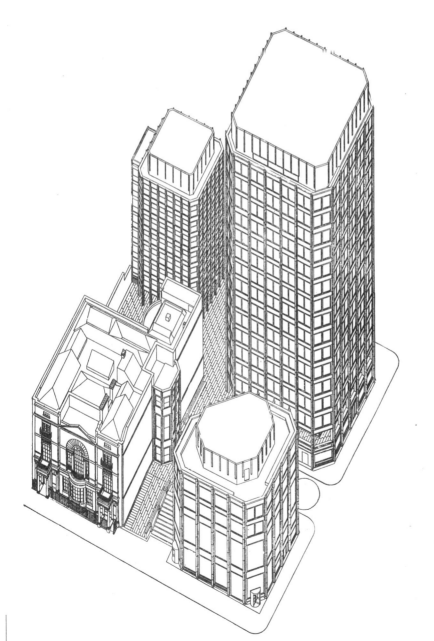

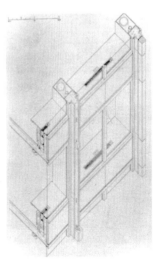

375

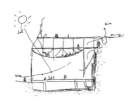

图 10.46

亚历杭德罗·德·拉·索塔，马德里马拉维亚斯中学，1962 年

《经济学人》总部大楼落成之后，英国建构路线的火炬便传递给了那些人们称之为高技派的建筑师们，其代表人物不仅有福斯特建筑事务所（他们的作品在本书中已经有所论及），而且也有理查德·罗杰斯合伙人事务所（the Richards Rogers Partnership）。后者对该领域建筑发展的贡献同样至关重要，其作品特别值得一提的是 1984 年在伦敦落成的作为超级结构办公综合体的劳埃德（Lloyds）保险公司总部大楼新楼。

西班牙建筑是最近几年中始终如一坚持建构路线的案例之一。在这方面，影响最为深远的西班牙建筑师当属亚历杭德罗·德·拉·索塔（Alejandro de la Sota）。索塔简单明了但又灵活多变的新构成主义设计方法早在 1962 年建成的位于马德里中心区的马拉维亚斯中学（the Maravillas gymnasium）就已经一目了然了（图 10.46）。德·拉·索塔充分利用地形高差，在现有学校建筑的基础上加建。他采用了裸露钢框架和普通幕墙体系，用铁丝网围栏将屋顶运动场围合起来，同时用下挂式钢桁架体系解决了整个建筑的结构问题。在这里，德·拉·索塔成功创造了一种富有表现力的结构，不仅符合模数，具有良好的细部设计，而且也非常灵活。它表明，在挖掘重复性生产和轻质技术的时候，建筑并非一定要以牺牲建构表现为代价。

在过去的 30 年中，有一大批西班牙建筑师深受德·拉·索塔的影响，其中包括科拉莱斯（Corrales）和莫莱左（Molezun），他们设计的 1958 年布鲁塞尔世博会（the Brussels World's Fair）西班牙馆成为西班牙建筑复兴的标志。在许多方面受德·拉·索塔影响的还有拉斐尔·莫尼欧（Rafael Moneo）、来自塞维利亚[1]的建筑师克鲁斯（Cruz）和奥尔蒂斯（Ortiz）、以及加泰罗尼亚建筑师何塞普·林纳斯（Josep Llinas），他最近还和德·拉·索塔有过合作。[24]加泰罗尼亚建筑师埃斯特威·博内尔（Esteve Bonell）和弗朗西斯克·里乌斯（Francesc Rius）成功地在两个不同凡响的体育场建筑中延续了伊比利亚建构传统（the Iberian tectonic tradition）[2]：一个是 1985 年在巴塞罗那瓦尔·德布隆区（the Vall d'Hebron district）建造的自行车赛场（图 10.47），另一个是 1991 年在巴达罗纳（Badalona）近郊建成的篮球馆（图 10.48，10.49，10.50）。在自行车赛场的案例中，两位建筑师成功展现了一种建构简洁明了的结构形式。

> 两种不同的视角导致两种不同的建筑尺度，一种是远距离的，另一种是近距离的。另一方面，我们的目标是要创造一个形象清晰的建筑，一个具有统一建筑观念的建筑，一个能够对周围环境进行组织的建筑。……如果要用简单几个字定义自行车赛场的话，那就是它在一定意义上是古典主义的，但同时又不乏深思熟虑的现代主义。所谓"古典主义"指的是它置身于景观中的方式及其概念的圆满；而"现代主义"则是因为它有实用和现实的面貌，因为它的简单性以及结构与材料融为一体的方式。[25]

该建筑的情况令人想起勒·柯布西耶建筑中理想形式与经验形式的对立。在这里，倾斜的椭圆状自行车道外侧有一圈环状空间，其中设置了各种不同的服务设施，包括赛场主要入口、洗手间、酒吧和楼梯等。该建筑的尺度和比例巨大，含有各种服务设施的混凝土基座与现浇混凝土框架上部结构之间形成一种等级性的互动关系，

---

① 西班牙西南部港市，也是塞维利亚省省名。——译者注
② 欧洲西南部包括西班牙和葡萄牙在内的半岛称为伊比利亚半岛，因公元前第一个千年青铜器时代生活在西班牙东部和南部的伊比利亚人而得名。——译者注

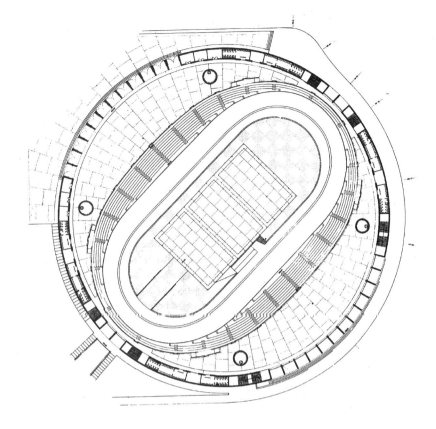

图 10.47
埃斯特威·博内尔和弗朗西斯克·里乌斯，位于巴塞罗那瓦尔·德布隆区的自行车赛场，1985 年

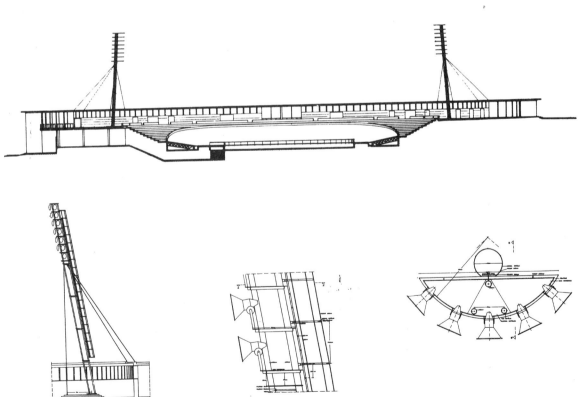

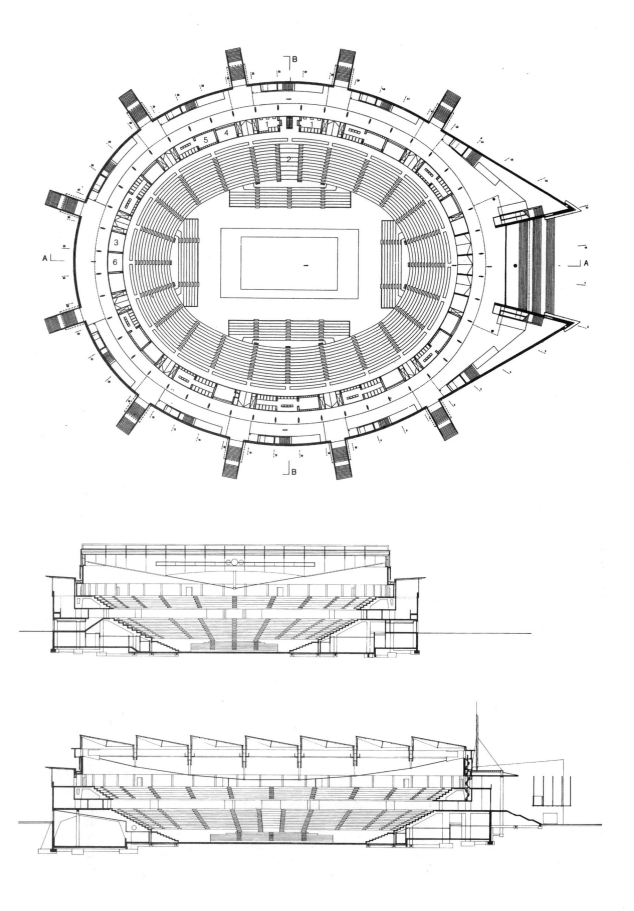

378

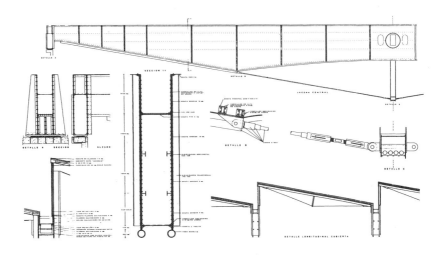

图 10.48
埃斯特威·博内尔和弗
朗西斯克·里乌斯，巴
达罗纳篮球馆，1991
年。平面和剖面

图 10.49
博内尔和里乌斯，巴达
罗纳篮球馆细部

图 10.50
博内尔和里乌斯，巴达
罗纳篮球馆室内

同时也为该建筑提供了强烈的纪念特征。现浇钢筋混凝土框架上部结构有一些混凝土犁片墙（blade walls），用于支撑上方的圆形混凝土顶棚，犁片墙之间填充了砖头和水泥砌块。顶棚内侧和外侧的边缘处理看起来就像刻意弱化的建筑檐部，加上姿态优美的钢管灯柱，整个建筑的轮廓造型优雅别致。在外环空间和围绕自行车道椭圆形倾斜布置的观众席之间，还有一个供观众在比赛休息时使用的硬地空间。两位建筑师曾经用充满实用主义精神的文字描述了他们在整体设计中的结构方法：

> 由于设计和施工工期都很紧张，总共只有十个月的时间，所以材料和建造技术都经过特别筛选，以避免任何措手不及的问题。外环空间结构、更衣室顶棚和观众席支座都是由板、墩、柱、墙等钢筋混凝土构件组成的。观众席基层也是钢筋混凝土的，它们是整个建筑中惟一采取预制的部分。[26]

如同瓦尔·德布隆自行车赛场一样，巴达罗纳篮球馆也是根据古代半圆形露天剧院原型设计的。整体结构与传统形制十分吻合，赛场在上面，服务设施在下面。与此同时，两位建筑师对有关的建筑类型进行了重新诠释，使整个建筑俨然成为教堂的化身，一个"社会凝聚器"（social condenser）。[27]为此，建筑的雪茄状体块形式与主要街道之间形成了一定夹角，从而强调出建筑自身在城市肌理中的独立地位。整个椭圆形体育馆建筑能够容纳13000名观众，它的柱网结构在观众席的上方延伸出来，用于支撑环形的混凝土大梁以及固定在梁上的轻钢锯齿形天窗屋顶。锯齿形天窗屋顶下面还有一些起结构作用的斜拉式桁架结构，在它们的中跨部位有一根直径达2米的钢管大梁横跨在整个体育馆120米跨度的中轴线上。这是一个优雅的钢板组合建筑，由罗伯特·布鲁方（Robert Brufan）和奥古斯蒂·欧毕奥尔（Agusti Obiol）担任结构设计，其成就完全可与19世纪管钢结构的开创性建筑作品相提并论。[28]

最后应该提及的是瑞士的"提契诺学派"（the Ticino school）①。自从利诺·塔米（Rino Tami）20世纪60年代早期设计的一系列新赖特主义的高速公路（neo-Wrightian *autostrada*）桥梁之后，该学派就一直热衷于诗意化结构（the poetics of structure）的探索。不用说，我在这里想到的不仅有马里奥·博塔（Mario Botta）建筑生涯最初一段时期设计的几件作品，因为在这些作品中，博塔成功地展现了他的工艺才能，而且也有1985年在卢加诺（Lugano）建造的更加注重建构手法的兰西拉办公大楼（Ransila offices），后者可谓是砖饰面表现形式的范例（图10.51）。相比之下，建筑表现与建构的整体结合就属于建构视野中另一种完全不同的做法。在这方面，我们不能不提及由利维奥·瓦契尼（Livio Vacchini）与阿尔贝托·蒂比莱蒂（Alberto Tibiletti）合作设计的一个早期作品，也就是卢加诺的马科尼大厦（the Macconi Building），它比博塔的拉西拉办公大楼早十年建成。该建筑无疑属于20世纪最后25年最为杰出的裸露钢框架结构建筑之一，完全可以与密斯设计的框架建筑（*Fachbauwerk*）的最优秀作品相媲美（图10.52）。但是，这个在框架结构中使用了玻璃、玻璃砖、砌块以及干挂石材的建筑不仅让我们想起密斯，而且也使我们看到了奥托·瓦格纳的影子，以及佩雷的柱顶横檐梁式建筑中的线脚处理手法（*modénature*）。

---

① 提契诺是瑞士联邦的一个州，位于阿尔卑斯山南麓的意大利语区。"提契诺学派"主要指20世纪60年代开始在这里从事建筑实践的一部分建筑师的工作，其主要成员有塔米、加尔费蒂、斯诺兹、瓦契尼、博塔、坎培、卡诺尼等。1975年，在苏黎世瑞士联邦高等工业大学举办的题为"提契诺建筑新趋势"（Tendenzen Neuere Architektur im Tessin）的展览，标志着"提契诺学派"概念的正式形成。——译者注

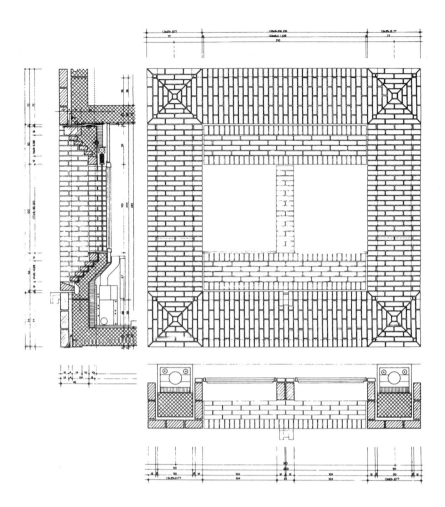

图 10.51
马里奥·博塔，位于卢加诺的兰西拉办公大楼，1981—1985 年。外墙细部和窗户

我愿意再次回到本章章头部分引用文字的有关内容，借以结束我对 20 世纪下半叶建构传统的简要回顾。除了季米特里斯·皮基奥尼斯（Dimitris Pikionis）之外，亚里斯·康斯坦丁尼蒂斯（Aris Konstantinidis）可谓是他那一代人中真正能够从希腊的自然景观中吸取养分的一位希腊建筑师，正因为如此，他也是一位具有批判精神的现代主义建筑师，致力于时间和场所的统一。1938 年在埃留西斯（Eliusis）建成的小型石头住宅是他职业生涯的开山之作，相比之下，1951 年在西基亚（Sikia）落成的用当地石材建造的住宅虽然与前者大同小异，却显示出更加精湛的技艺（图 10.53）。1959 年在卡拉姆巴卡（Kalambaka）的米特奥拉山区（the mountain of Meteora）附近建成的钢筋混凝土结构的旅馆建筑也成功地与地形环境融为一体（图 10.54）。

1975 年已经是康斯坦丁尼蒂斯的晚年，这一年，他出版了一本研究希腊民居建筑的小册子。在康斯坦丁尼蒂斯看来，希腊民居建筑来自自然而又植根自然。该书取名《自我认知的元素》（Elements of Self-Knowledge），由照片、草图、笔记和格言组成，表达了作者对建筑形式的本体起源（the ontological limits of all architectural form）的认识。对于康斯坦丁尼蒂斯来说，民居建筑是超越时间概念的，因为没有人能够确切地知道它的年代。即使今天，这种建筑仍然可以在安德罗斯（Andros）地区的石头墙体或者西弗诺斯（Sifnos）地区的阶地中看到，它们的永恒性准确地验证了费尔南德·莱热（Fernand Léger）的论断："建筑不是艺术，而是一种自然功能。它像动物和植物一样，从大地中生长。"[29] 这是一种文化与生命水乳交融的状态。

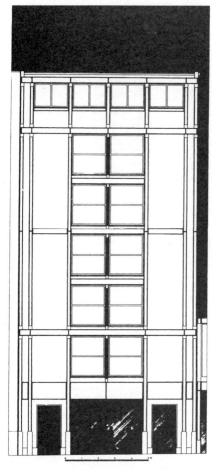

图 10.52
利维奥·瓦契尼和阿尔贝托·蒂比莱蒂，位于卢加诺的马科尼大厦，1975 年

图 10.53
亚里斯·康斯坦丁尼蒂斯，位于西基亚的住宅，1951 年。平面和细部

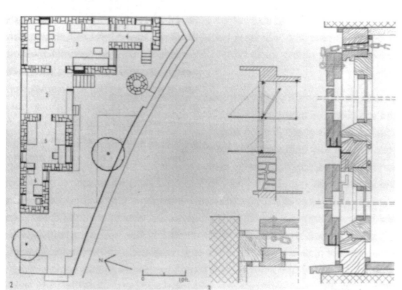

与之相比，康斯坦丁尼蒂斯对那些花样翻新的、或者说为新而新的建筑发表了自己的看法。

"新新"建筑梦寐以求的是前所未有的创造（必须承认，现代主义时代确实发现了某些"全新的"真理——事实上，这类发现是如此之多，以至马蒂斯曾经不得不高呼："不要再来什么新真理！"），但是让我们首先明确一点，真正前所未有的创造并不属于那些表面上光彩夺目、实际上只是昙花一现、哗众取宠的建筑，也不属于那些使尽浑身解数争奇斗艳、随波逐流的建筑。真正前所未有的创造应该属于在生生不息、富有活力的传统中成长起来的建筑，这种传统延绵不断，历千年而不衰，因为它久经时间和场所的考验，能够表达人类不断更新的内在体验和精神要求，从而铸就出薪火相传的形式。我们每天耳闻目睹的日常事物并不等于就是现实，所谓现实在很大程度上应该来自于我们的梦想，那些我们共同拥有的梦想，单独营造的梦想，在诗意中创造新生活的梦想——我说的是真正意义上的新生活。[30]

不可否认，过去的一个世纪中发展起来的建构文化，形式精彩纷呈，其意义也随着具体情况的不同千差万别。但是，无数事实已经证明，建构之路有一点始终保持不变，那就是，对于一个有血有肉的建筑作品及其形式而言，将建筑作为一种建造物（a constructed thing）进行表现和再现都是一个至关重要的主题。或许，正是因为这一点，建筑才能够立足于超越个体的基础之上；或者说，也正是因为这一点，建筑才能够通过建造和场所营造（in a way of building and place making）牢牢扎根在人类物质文明的历史之中。诚然，随着本世纪工业化和后工业化的飞速发展，已经有太多文化和生态遗产遭到破坏，但是这一事实并不能抹煞上述观点的深刻性和有效性。必须看到，过去两个多世纪以来一直奄奄一息的民居建筑在很大程度上是传统农业文化日趋没落的必然结果，因为传统农业文化一直是民居形式赖以生存的基础。同样，建构价值的兴起最初是与19世纪的城市工业文明息息相关的，但是这种城市工业文明现在似乎也已经处在穷途末路之中了。

应该说，建构的观念从来都是与世界的可复制性（the fungibility of the world）格格不入的。建构的传统就是坚持不懈地在创新的同时重新诠释古老的事物。尽管每一个建筑师都有自己的特点，建构文化在本质上是反个体主义的，因为与绘画和雕塑不同，建构不能屈从于主观形象创造的需要。就此而言，无论在主观层面还是在客观层面，建筑都与图像创造（the figurative）风马牛不相及；另一方面，尽管建筑不可避免地具有雕塑的性质，但建筑并非就能等同于雕塑。在这一点上，恩里克·米拉雷斯（Enric Miralles）和卡尔梅·皮诺斯（Carme Pinós）的作品就显得有些模棱两可，因为与眼下出现的许多建筑一样，它们时常在雕塑和建筑之间动摇不

图 10. 54
亚里斯·康斯坦丁尼蒂斯，卡拉姆巴卡旅馆，1959 年

定。就此而言，米拉雷斯和皮诺斯建筑的最可贵之处反倒是与大地的切入关系，比如在 1992 年建成的巴塞罗那奥林匹克射箭馆（图 10.55）和位于伊瓜拉达（Iguala-da）的墓地建筑，它们在扎根大地的同时，又仿佛是在蓄势待发。尤其值得一提的是奥林匹克射箭馆支撑结构的混凝土折板不仅与砌筑性基座形成两分关系，而且也构成了该建筑错综复杂和变化多端的薄板屋顶。该建筑既扎根传统又勇于创新，它使建筑再次回到安东尼·高迪（Antoni Gaudi）意义上的建构文化，并且通过高迪重返一条可以追溯到维奥莱-勒-迪克的思想路线。与此同时，伊瓜拉达墓地再次使我们看到了路易·康"空心石头"（hollow stones）观念的最新形式，具体来说就是该墓地使用的预制混凝土石棺，并且这些石棺也系统地构成了墓地的挡土墙结构。整个墓地建造在一个废弃的采石场上，其砌筑方法与加固高速公路路边高坡的技术颇为相似。但是，一旦米拉雷斯和皮诺斯的建筑不再以坡道或者切入地下的方式出现，就往往趋于轻浮松散和杂乱无章，缺少与大地的连接关系，甚至成为一种空洞的结构炫耀。1992 年建成的奥斯塔勒茨（Hostalets）市政中心和 1994 年的韦斯卡（Huesca）体育馆就是两个较能说明问题的案例。

简言之，我们面临的是一个普遍存在的古老挑战，一个曾经被保罗·利科（Paul Ricoeur）① 概括为"如何成为现代又回归本源"（how to becaome modern and return to sources）[31]的挑战，一个在被后工业文明简化为巨大商品的世界中坚持走建构之路的挑战。

图 10.55
恩里克·米拉雷斯和卡尔梅·皮诺斯，巴塞罗那奥林匹克射箭训练场

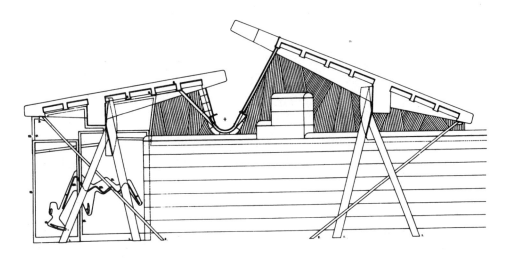

---

① 法国当代哲学家。——译者注

10 Postscriptum: The Tectonic Trajectory, 1903–1994

Epigraph: Aris Konstantinidis, "Architecture," translated by Marina Adams, in *Architectural Design,* May 1964, p. 212.

1
See the statement by Pier Luigi Nervi published in *Nervi: Space and Structural Integrity,* exhibition catalog (San Francisco: Museum of Art May/June 1961).

2
See Pieter Singelenberg, *H. P. Berlage: Idea and Style* (Utrecht: Haentjens Dekker & Gumbert, 1972), p. 11. Singelenberg writes of Berlage: "In 1905, roughly half a century after Semper's London publication, he wrote similarly in *Gedanken über Stil* that one could not talk about the evolution of the arts without involving political and economic relations. He too thought in terms of a hopeless state of affairs, saw the cause of the situation in the rule of capital and found the reaction to this, social democracy, the greatest movement ever known to history. Like Semper he worried about human freedom, but in a socialist society the danger would no longer lie in capitalism, but in the misuse of possibilities."

Berlage upheld Semper's theory that the "technical arts" preceded architecture, and his *Over Stijl in Bouw en Meubelkunst* (On Style in Architectural and Furniture Design), published in 1904, is a Semperian argument for the unity of style emerging out of a long period of evolution.

3
Chris Burrows, "H. P. Berlage: Structure, Skin, Space" (unpublished PTGD4 Architecture thesis, Polytechnic of the South Bank, London, 1989), p. 80.

4
However, the case may, of course, be made that Johannes Duiker also developed this tradition of the expressive skeleton frame in Dutch architecture beginning with his Zonnestraal Sanatorium, Hilversum, of 1926.

5
Le Corbusier and P. Jeanneret, *Oeuvre Complète 1934–1938,* 6th ed. (Zurich: Girsberger, 1958), p. 125.

6
I am thinking in particular of the *pilotis* of the Unité d'Habitation, Marseilles, of 1952, which may be seen as Egyptoid on account of the battered profile, tapering upward.

7
The term *saku* is taken from Islamic architecture and refers to the recessed bench that establishes, as it were, the threshold of the typical Arabic urban dwelling.

8
Herman Hertzberger, in Arnulf Luchinger, ed., *Herman Hertzberger, Buildings and Projects 1959–1986* (The Hague: Arch-Edition, 1987), p. 62.

9
Ibid., p. 119.

10
Max Bill, *Form* (Basel: Karl Verner, 1952), p. 11.

11
See "Swiss National Exhibition, Lausanne," *Architectural Design,* November 1963, pp. 526–529.

12
See Andrew Peckham, "This Is the Modern World," *Architectural Design,* February 1979, pp. 2–26.

13
Konrad Wachsmann, *The Turning Point of Building: Structure and Design* (New York: Reinhold, 1961), p. 187.

14
Per Olaf Fjeld, *Sverre Fehn: The Thought of Construction* (New York: Rizzoli, 1983), pp. 46–47.

15
Ibid., p. 112.

16
While architects such as Ernesto Rogers sought a subtle reinterpretation of historical type form—even if only at the level of structure and silhouette, as in his twenty-nine-story Torre Velasca, built in Milan in 1957, a work that consciously attempted to echo the medieval fortress towers of Lombardy—others such as the Argentine Amancio Williams attempted to create an architecture in which structural invention was inseparable from spatial form and vice versa. In general, Italian work during this period tended toward a kind of "tectonic historicism," as in Franco Albini and Franca Helg's Treasury Museum of San Lorenzo, Genoa (1952–1956), or Ignazio Gardella's Zattere building completed in Venice between 1954 and 1958. Of the Torre Velasca, Manfredo Tafuri has written: "Rolled up in its materiality, the tower expanded toward the sky like an energized volcano, assuming the appearance of a medieval tower paradoxically magnified. It stands as a 'homage to Milan,' achieved through means that could not yet be accused of historicism. The Velasca took its place in the city, commenting lyrically on an urban corpus about to disappear. Once again, the expectation was that a catharsis would emerge from intentions hidden in the recesses of a single object." Elsewhere in the same passage he writes of Albini's "buried architecture" as possessing its own language. "Isolated from the external world, it elicits a dialogue between technical elegance—a further tool for achieving supreme detachment-forms." In a similar vein Tafuri would see Gardella's Zattere as a kind of coda to the Torre Velasca, one that was greeted at the time as indicative of a dangerously evasive historicist climate. See Tafuri, *History of Italian Architecture 1944–1985* (Cambridge: MIT Press, 1989), pp. 50–52.

While militant left-wing critics such as G. C. Argan would dub Gardella's Zattere the Ca'd'Oro of modern architecture, and others of more liberal Brutalist persuasion such as Reyner Banham would generally deplore the Italian "retreat" from the modern movement, the gap separating Italian contextualism of the 1950s from the ethical British Brutalist line hardly seems as great as it once was. Both positions were in any event equally committed to the tectonic.

17
Son of the Argentine composer Alberto Williams, Amancio Williams has been one of the most brilliant "theoretical" architects of this century, in the sense that very few of his works have been realized. In almost all of his work, including the house over a stream built for his parents in Mar del Plata in 1945, the fundamental structural idea of the work is inseparable from the tectonic and spatial concept. This is very evident in such works as the suspended office building (1946) or the canopied exhibition building erected in Palermo (1963). See Pablo and Claudio Williams et al., *Amancio Williams* (Buenos Aires, 1990), the complete works of Amancio Williams as published by Archivo Amancio Williams.

18
The fact that Lewerentz visited the site every day for two years during construction, from 1958 to 1960, surely testifies to his commitment to the actual act of construction. See Janne Ahlin's monograph *Sigurd Lewerentz Architect 1885–1975* (Stockholm: Bygförlaget, 1987), pp. 154–156.

19
See Colin St. John Wilson, "Sigurd Lewerentz and the Dilemma of the Classical," *Perspecta 24* (1988), pp. 72–73. Jon Hendrikson of Stockholm has suggested that a Greek architect, Michael Papadopoulos, who had previously worked with Dimitris Pikionis on the Philopapon Hill site adjacent to the Acropolis in Athens, also assisted Lewerentz at Klippan.

20
See Leonardo Fiori and Massimo Prizzon, eds., *La Rinascente: il pro-getto di architettura* (Milan: Abitare Segesta, 1982), pp. 39, 47.

21
Joseph Rykwert, "The Work of Gino Valle," *Architectural Design,* March 1964, p. 128.

22
See Eduard Sekler, "Architecture and the Flow of Time," *Tulane School of Architecture Review,* no. 9 (1990).

23
Peter Smithson, "A Parallel of the Orders," *Architectural Design,* November 1966, pp. 561–563.

24
Where they happen to be graduates of the school of Madrid, many of these architects have been equally influenced by both de la Sota and Javier Sáenz de Oiza, above all Moneo, who, after he returned from the Utzon atelier in Copenhagen, worked on Sáenz de Oiza's Torres Blancas apartments completed just outside Madrid in 1966. See Pauline Saliga and Martha Thorne, eds., *Building in a New Spain* (Barcelona: Gustavo Gili; Chicago: Art Institute of Chicago, 1992).

25
Esteve Bonell and Francesc Rius, source unknown.

26
Esteve Bonell and Francesc Rius, "Velodrome of Barcelona," *Casabella* 49 (December 1985), p. 62.

27
This scientistic term was coined by the Soviet avant-garde in the early 1920s in order to refer to the newly invented socialist workers' club as an institution that was hypothetically capable of unifying and transforming the society. Using a more industrial electrical metaphor, El Lissitzky characterized the workers' club as a *soziales Kraftwerk.* See Anatole Kopp, *Town and Revolution* (New York: Braziller, 1970), pp. 115–126.

28
The reappearance of Brunel's technology here would appear to relate to a passing remark made by the engineer Peter Rice in his 1991 RIBA Gold Medal address: "The Victorians succeeded where we do not. Industry and its power and capacity were new to them. Designers enjoyed the freedom to experiment, to enjoy themselves, to innovate, to explore the possibilities of this new power to manufacture and create."

29
See Aris Konstantinidis, *Elements for Self-Knowledge: Towards a True Architecture* (Athens, 1975), p. 290.

30
Ibid., p. 313.

31
Paul Ricoeur, "Universal Civilization and National Cultures," in *History and Truth* (Evanston: Northwestern University Press, 1965).

密涅瓦的猫头鹰①：
尾声

就在商品语言横行霸道、所向披靡的时候，人类社会的迫切问题偏偏出现了，这真是不幸；这一时刻也是奇观社会认为无需对自己支离破碎和丧心病狂的决定和判断承担任何责任、无需对问题进行思考而且也根本无法思考的时刻。

有人说，今天的科学完全屈从于利润，这并不是什么新发现。真正的新发现在于这样一种情形，现在经济已经向人类公开宣战，它不仅威胁生活的多种性，而且也直接威胁到人类生存的机会。正是在这一意义上，曾经宣称与奴役制度势不两立的科学——其实奴役制度也是科学自身历史的重要组成部分——已经向景象社会的统治俯首称臣。

崇尚虚伪的趣味目空一切，将真实打入冷宫，四处扩张地盘。即使原本真实的事物也在快速的复制之中成为赝品……

费尔巴哈（Feuerbach）②曾经指出，在他那个时代"符号胜于物体、副本胜于原本、幻想胜于现实"。然而，在我们这个奇观社会的时代，在这个早在19世纪就遭遇抵制、但仍然不断发展壮大的工业资本主义时代，费尔巴哈的论断已经完全得到验证。资产阶级曾经提出严格意义上的博物馆概念，它崇尚历史原件和精确的历史批评。然而，在我们今天这个时代，赝品无处不在。就此而言，交通废气污染迫使人们用塑料的复制品替代巴黎协和广场（Place de la Concorde）的马尔利战马（Marly Horses）或者阿尔勒（Arles）③圣特罗菲姆教堂（Saint-Trophime）门前的古罗马雕塑倒还是值得庆幸的事情。对于旅游者的相机来说，一切都会比过去更加美丽。

居伊·德波尔（Guy Debord）：《关于景象社会的评论》（*Commentaires sur la société du spectacle*），1988年④

无论处在怎样一种边缘的状态，建构文化依然执著地固守着自己的阵地。它努力超越视觉主义，寻求来自身体的其他感知力量，与史无前例的全球商业化进程和资本主义的无限扩张进行抗争。在这样的情况下，人们遗憾地看到欧洲共同体（the European Community）⑤一方面俨然摆出一副建筑保护神的姿态，'另一方面又在无

---

① 密涅瓦，古罗马神话中司智慧、艺术、发明和武艺的女神，相当于古希腊神话中的雅典娜。作为密涅瓦钟爱的动物之一，猫头鹰是智慧的象征，因此也成为一种哲学的比喻。黑格尔曾经在《法哲学原理》的前言中有一句著名的论断："密涅瓦的猫头鹰只在黄昏降临时才开始它的飞翔"，意思是说思想对现实的理解只有在现实的历史过程完成之后才能完成，它无法预先设定世界应该如何。——译者注

② 德国19世纪哲学家。——译者注

③ 法国普罗旺斯地区罗纳河口的小城，以数量众多的罗马古迹闻名于世，是联合国确定的世界遗产之一。——译者注

④ 居伊·德波尔（1931—1994年），法国20世纪思想家，"国际情境主义"创始人。《景象社会》（也有译为"景观社会"和"奇观社会"的。鉴于"景观"在建筑术语中的常用性而可能导致的意义上的混淆，以及"奇观"一词过于强调奇异性而不符合德波尔原意中的无处不在性和不知不觉的奴役性，笔者在本书中选择了"景象社会"的译法）是德波尔的代表著作，1967年在巴黎首版。作为一种文化批评的概念，"景象社会"旨在剖析一个围绕着形象、商品组织起来的媒体和消费社会。——译者注

⑤ 旨在促进欧洲各国一体化发展的经济和政治组织，成立于1967年。最初成员国有比利时、法国、意大利、卢森堡、荷兰和联邦德国，1973年丹麦、爱尔兰、联合王国加入，1981年希腊加入，1986年西班牙和葡萄牙加入。欧共体达成协议，取消成员国之间的关税，取消成员国之间劳动力、劳务及资本自由流通的障碍。1992年签署《马斯特里赫特条约》后，欧共体成员国进一步走向政治、经济和社会的一体化，并最终导致1993年欧洲联盟的成立。——译者注

视文化代价、苛求统一市场的进程中损害着建筑的利益。事实上，在市场的冲击下，现在已经有一些欧共体成员国着手削弱建筑师的权益，同时也就不可避免地削弱整个建筑师行业创造公共形式（civic form）的能力。就此而言，欧共体建筑政策的恶果甚至超过美国20世纪70年代通过的反垄断法案（antitrust laws），该法案最终导致美国建筑师学会（the American Institute of Architects）拱手让出决定设计收费标准的权力。欧共体还对自己的成员国施加压力，要求它们通过国家立法，降低建筑师职业的准入标准，这不仅会动摇建筑师职业的法律地位，而且也将间接地破坏建筑师职业的稳定性。到目前为止，西班牙、英国和奥地利已经在不同程度上将上述政策付诸实施。[2] 可以预期的是，其他欧共体成员国不久也将不得不步这三个国家的后尘。

欧共体新政对西班牙建筑的冲击最为明显，这主要有以下几个原因：首先，在过去的20多年中，西班牙建筑文化的非商业化程度最高；其次，西班牙建筑师一直都享有比欧洲其他国家的建筑师更高的社会地位；第三，西班牙建筑师的职业组织比其他任何国家都更为完善。如同西班牙的其他自由职业一样，每个西班牙大城市都有自己的建筑师协会（*collegio de arquitectos*），但是自从西班牙议会根据欧共体协议向外国建筑师开放市场、并在1992年10月通过立法提案以后，这些协会的权力就名存实亡了。事实表明，欧共体政策的影响并不仅于此，因为它的背后有着更深刻的经济谋略在作祟。毫无疑问，欧共体政策的实施将有损西班牙建筑的发展，因为遍布西班牙各地的建筑师协会不仅承担着监守当地建筑品质的"行会"（guild）作用，而且对保持建筑的地域特征也至关重要。这些协会拥有建筑项目的审批权，或者说直到不久前，西班牙的所有建筑项目不仅需要经过政府部门的审批，而且也必须获得当地建筑师协会的审批。此外，由于建筑师的设计费主要是通过各地的建筑师协会收取的（当然建筑师协会也会因此提取一定比例的服务费），所以这些协会也就在一定程度上成为建筑师保护自身利益、防止客户欺诈和赖账的保证。这种经济方面的权力也为建筑师协会成为独立的文化机构提供了某种基础。它们组织建筑展览和讲座，赞助建筑杂志和其他出版物。西班牙建筑师协会能否继续维续这些活动还不得而知。

欧共体政策的另一个后果是它试图改变和缩短欧洲建筑教育。诚然，该政策有助于统一欧洲建筑教育课程，就如欧洲各国在维护人权方面必须采取统一标准一样，但是这种理性化趋势的实质却是建筑教育的速成化。在我看来，这也是利润最大化的思想在作怪。我反对的不是在建筑教育中加强计算机辅助设计的合理做法（尽管这种做法也有一定的速成化倾向），我反对的是丧失批判性思维的建筑教育，以及近年来设计课教学满足技巧的简单运用、纵容时髦建筑形象的倾向。与此同时，也存在着一种将技术奉若神明的倾向，就好像除了技术，建筑教育就没有其他内容可言。[3] 晚期现代社会（late modern society）的文化产业也在发挥着一定的消极作用，因为正如我已经指出的，建筑并不比其他行业更具有抵御媒体影响的能力。这就是近年来建筑实践十分注重照片效果的原因，它有意无意地导致了一种建筑形式图片化的趋势。但是与其他造型艺术不同的是，建筑往往根本就无法用照片加以正常的表达，尽管无论对于专业人士还是对于公众来说，照片都是传播建筑的有效方法。就此而言，建筑已经形象化和画面化，不再是身体感知的对象和空间。

为提高效率和减少费用，欧共体大力推行建筑教育的瘦身计划，完全无视究竟需要多长时间才能使一名建筑学生达到成熟、或者说究竟需要多长时间才能够将必要的专业知识传授给学生的问题。作为该计划的一部分，西班牙也进行了建筑教育体制的改革。西班牙建筑师拉斐尔·德·拉·霍兹（Rafael de la Hoz）曾经在1993年7月的一份评估报告中这样写道：

> 由于根本无法在现有的教学时间中完成课程规定的教学内容，教员们开始将自己分为"人文组"和"技术组"，彼此之间明争暗斗。……利奥泰（Lyautey）曾经说过："当我必须在 A 与 B 之间作出选择的时候，我实际应该做的是同时选择 A 和 B。"事实上，如果教学时间充足的话，二者必择其一的两难就不会产生。可是情况非但没有好转，而是在某些主张建筑职业"一体化"的权威人士的干预下日趋恶化；在这些技术官僚们看来，建筑与其他商品别无二致。对于他们来说，要紧的是进一步缩短建筑教育的时间，尽快使建筑师在市场上供过于求，这样就能够降低建筑设计的收费标准。……在欧洲建筑教育的历史上，第一次出现大学毕业的建筑师质量每况愈下的情况。……不无矛盾的是，在造就更多具有竞争能力的建筑师的名义之下，建筑教育培养的称职建筑师却越来越少。[4]

正如德·拉·霍兹指出的，决定建筑教育体制改革的主要因素是向金融资本卑躬屈膝、欲将公共领域私有化而后快的全球化政策，当然更不要说为满足建筑开发商对利润的最大追求而削弱建筑师权益的种种企图了。与此同时，建筑企业的兼并使得建筑生产的规模越来越大，加之国际资本的流动，建筑形式的批判性创造就越发举步维艰了。相当一段时期以来，建筑企业推出的设计和施工的"一条龙服务"（the "package deal"）就很能说明这一点。当然，我们也不得不承认，设计单位与施工单位的一体化在某些情况下是有助于提升建筑品质的。日本的情况就特别明显，在那里，品质精美的建筑常常出自大型建筑企业之手。

但是，面对建筑企业的合并重组，独立建筑师仍然有其用武之地，尤其在中小型项目上，他们常常可以以设计者和总承包商或项目经理的身份同时出现。[5]瑞士的情况尤其如此，在那里，建筑师一直都是建造组织过程的一部分，建筑师不仅需要到施工现场视察和监督，而且还要参与施工的招标，对建造过程进行掌控。在所有这些方面，建筑师的成就不仅取决于专业厂商的能力，而且更取决于建筑师协调各种相关行业和组合因素的能力。这种能力也是技高一筹的"高技派"建筑的特点，因为这些建筑需要在传统建筑工业以外寻求通常情况下无法获得的建筑表现方式。[6]

无论从建筑师职业的角度来说，还是从建筑施工的角度而言，上述两种截然不同的建筑程序与晚期现代经济中两种相互对立的趋势是大体吻合的：一方面，福特主义（Fordism）主张通过大量投资保证市场，这是一种难以为继的发展模式；[7]另一方面则是建立在相对灵活的资本和资源积累基础上的多样化的生产方式。应该说，前者以满足那些似乎是从消费主义与官僚规范的"自发"产生的市场需求为己任，而后者则试图超越这些约束，力求以更为敏感和灵活的方式满足各种特殊的需求和地域条件。此外，如果说前者关注的是投资回报而忽视可持续性发展的话，那么后者则致力于作品的持久性，挖掘作品随着时间的进程不断成熟的潜力。[8]一言以蔽之，前者追求的是利润的最大化，而后者则努力抵制这种做法。

为认识后现代条件的总体尺度，同时也认识过去一个半世纪以来建筑生产过程发生剧变的方式，我们需要在一个更为广泛的历史背景下进一步阐述这个问题。但是我们首先必须看到的是，包括曾经风靡一时的"全新世界"的乌托邦传统（the u-topian tradition of the "new"）在内的人类思想的基本参照体系从20世纪下半叶开始已经分崩离析，其后果之一就是福利社会的摇摇欲坠和跨国资本的日益扩张。事实上，这还只是普遍存在的价值危机的冰山一角。在这里，我们只需回顾一下原教旨主义宗教（fundamentalist religion）的倒行逆施以及此起彼伏的宗教冲突就足以理解这一点了。进步的思想不再像20世纪最初25年中那样被认为是确凿无疑的，随之而来的是所有进步价值的土崩瓦解。在一个技术变化的速度已经完全超出人们的吸收能力的时代，我们似乎很难继续保持人类状况可以不断改善的信念。最明显的例子就是技术对自然的破坏已经到了如此严重的程度，以至人类自身的存在第一次真正处在岌岌可危之中。因此，虽然现代化进程仍然在继续加速发展，作为一种理想的现代性概念却已经不复存在。在一个花样翻新层出不穷的时代，马拉梅（Mallarmé）"必须绝对地现代"（Il faut être absolument moderne）的口号已经相形失色①。此外，尽管科技进步正在许多不同领域造福于人类，我们仍然无法否认技术正在成为一种无所不在的新的自然。在这样的趋势下，建筑的落伍倒反而未必是一件坏事，因为如同农业一样，建筑也是一种需要有时间积累的古老行业。

另一方面，我们也应该认识到技术的发明创造对建筑环境的积极意义。18世纪末叶以来，建筑形式的非物质化发展（dematerialization）以及建筑在机械化和电气化方面的日趋完善在很大程度上都应归功于技术的进步。此外，正是通过电气机械技术（electromechanical technique）向建构形式的渗透，一些众所周知的建造技术和建筑设备的进步才得以产生，从1834年发明的轻型木构架结构（balloon frame）等单项技术，到更为综合性的电气与机械技术的结合，如上下水系统（plumbing）、集中供暖系统、电力照明系统、中央空调系统、以及近来出现的日新月异的通信技术系统等，范围十分广泛。正如格里高利·特纳（R. Gregory Turner）在《建造经济与建筑设计：一种历史方法》（Construction Economics and Building Design: A Historical Approach）中指出的，这些发明创造与钢结构和钢筋混凝土结构带来的建筑技术的变革相结合，将人们对建筑问题的认识从传统砌体结构单一的建筑体量中解放出来，进而拓展到森佩尔意义上的基座、"火炉"、构架和表皮等元素共同作用下的多元形式。特纳指出，在过去的35年之中，这些元素都经历了各自独立的发展，产生了自己的经济标准。正如他所说的那样："各种不同的设计专业、顾问公司、工匠以及制定规范的政府官员各自为政，间或由于业主的关系有所接触。现在所谓的建筑设计就是由建筑师设计一个外壳，然后在外壳中填充各种内容，最后将结构、设备、电气和管线工程师的工作通通遮盖起来。"[9]

特纳并没有谈到日益加剧的劳动分工给人类文化带来的后果，但不可否认的是，直到巴洛克时代，砌体承重结构都是围合空间的主要手段，而巴洛克以后的建筑就开始大大减少墙体的厚度，最终转变为一种轻盈剔透的表皮，要么包裹在建筑体量的外围，要么对建筑体量进行进一步划分。正是出于这样的意识，帕克斯顿曾经将水晶宫形容为一张覆盖着台布的桌子，而爱德华·福特（Edward Ford）则将这一发展概括为建筑的整一性（the monolithic）让位于肌理层次（layered fabric）的过程，

---

① 原文此处似有误。提出该口号的应该是兰波（Arthur Rimbaud，1854—1891年，法国诗人），而非马拉梅（Stéphane Mallarmé，1842—1898年，法国诗人）。德国哲学家、美学家、法兰克福学派的代表人物之一阿尔多诺（Theodor Adorno，1903—1969年）曾经在他的《美学理论》（Aesthetic Theory）一书中提及兰波的这个口号。美国学者马歇尔·伯曼（Marshall Berman）也曾在他研究现代性的专著《一切坚固的东西都烟消云散了》（All That Is Solid Melts Into Air）中把兰波的这一口号与马克思所谓的"就像机器本身一样也是现代发明的……新型人"相提并论。——译者注

其中尤以 19 世纪最后 25 年和 20 世纪最初 20 年的一段时期为甚。[10]

还有其他一些因素也对建筑的非物质化发展起到了推波助澜的作用,这些因素包括石膏板墙结构技术、高强玻璃钢产品的使用、高强度胶和密封硅胶的出现等等。借助于这些制品,人们在建筑上广泛使用胶合板和机械化生产的石头板材等花样繁多的饰面材料。特纳进一步指出,对于一个建筑而言,基础部分的造价相对稳定,基本保持在总建筑造价的 12.5% 左右;但是自从 19 世纪末期以来,与机电设备相关的造价却大幅上升,达到总造价的 35%。与此同时,随着承重墙结构向框架结构的转变,建筑基本结构部分的造价在总造价中的比例从过去的 80% 下降到今天的 20%。相反,轻质隔墙的比例却从 3% 猛增到 20%,而剩下的大约 12.5% 左右基本上用于建筑外表面的处理。机电设施的费用在整个建筑造价中的比例鹤立鸡群,这清晰地表明建筑对空调设施的依赖正日趋严重。为追求建筑内部环境的舒适,我们几乎到了肆无忌惮的程度,其结果就是安德鲁·维尔努(D. Andrew Vernooy)曾经指出过的,建构的价值无论在现象学层面还是在文化层面都被大大削弱了,模仿(simulation)取代表达(presentation)和再现(representation)成为建筑表现的主要方式。

在当今的建筑实践中,我们已经很难看到现代主义英雄时期那种从结构体系出发进行形式创造的优秀作品了。……对于大多数建筑来说,外表皮已经不再需要表现结构的清晰性。……在必须重新思考建筑外墙塑性能力的时候,我们需要质疑的问题是,建筑的技艺应该向哪个或者哪些方向发展?幕墙建筑(the thin-walled building)的外表可以有许多层次和内在的表现性,但是就其外在的表现性而言,它们却只能哑口无言,无法揭示这些层次本体构成的条件。覆盖在建筑外墙上的饰板是机械化生产的,但是却采用了貌似过去那种非机械化生产的形式。这样,花在建筑形象上的投资实际上就因为追求急功近利的效果而大打折扣。在一个对廉价形象已经司空见惯的媒体社会,材料意义的错置也变得见怪不怪了。只要有些形式的提示似乎就足够了,材料的形而上含义和细节都被简化为一种姿态,一种缺乏内在意义的表面姿态。这些姿态虽然代表了建筑中那些习以为常的功能以及建筑形式的物质和文化背景,但却只是一种脆弱不堪的表象。它大大削弱了建筑形构(figuration)的作用,因为形构已经不再是[必须建立在生产、使用和构形(configuration)传统基础之上的]在对材料性质的基本回应中形成的空间体验,而只是形式的东挑西捡后产生的一些附加品质。在这里,表皮不再是文化意义上的操作显现,也不再是材料生产及其设施的见证,而只是文化时尚的反映。[11]

今天,建筑师面临的是一种价值危机,它与森佩尔早在 1851 年就已经感受到的价值危机有许多相似之处。当时,随着铸造、模具、冲压和电镀等技术的发展,机械化生产方式对不同建筑材料表现方式的冲击和由此引发的文化衰落曾经令森佩尔那一代知识分子忧心忡忡。[12] 此后一个半世纪以来,森佩尔担忧的文化衰落不仅愈演愈烈,而且已经向"景象社会"的经济层面蔓延。

随着私有化进程对公共领域的不断蚕食,资产阶级世界的公共机构也在技术、媒体和市场的一统天下中风雨飘摇。维克多·雨果(Victor Hugo)曾经用"建筑已经死到临头"(*ceci tuera cela*)来概括印刷术对建筑的冲击,面对今天这样一个充斥着虚拟空间、电话销售、电子媒体的世界,雨果的话并非危言耸听。应该指出,传统社会文化机构的分崩离析对 19 世纪城市的伤害是致命的。面对汹涌而来的商

密涅瓦的猫头鹰

品化浪潮，即使法院和博物馆这类公共机构似乎也不能幸免于难，反过来还要美名其曰，说自己正在进行合理调整。与社会公共机构遭受的冲击相比，工厂、百货大楼、火车站和机场等与社会日常运作相关的机构的情况更是有过之而无不及，[13]随着文化产业的堕落以及生产和消费环节的变化，所有这些机构的性质都变得漂浮不定。在一个现代化进程不断侵蚀人类的生存环境的时代，解构主义建筑宣扬的文化颠覆无异于一种强词夺理和自相矛盾的审美态度。在这里，建筑师已经完全放弃了自己的历史责任（*trahison des clercs*），变本加厉地走上一条玩世不恭的思想道路。[14]

如果上述观点切中了问题的要害，那么我们也就应该提出两种相应的批判性对策：首先，建筑师们必须理直气壮地坚持建筑艺术的建构和空间原则；其次，建筑师需要尽快加强与业主沟通和说服教育业主的能力，因为晚期资本主义"景象社会"的实质已经充分表明，开明的业主是取得一切具有文化意义的建筑成就的前提。这也许是一种不自量力的唐吉河德式的狂想，但在一定程度上却是唐纳德·肖恩（Donald Schon）倡导的"反思性实践"（reflective practice）思想的精髓所在。所谓反思实践就是与业主的批判性对话过程，尽管正如阿尔瓦罗·西扎（Alvaro Siza）曾经指出的，批判性对话有时可能演变为一种剧烈的冲突。在这种情况下，建筑师有两种选择：要么对业主的片面标准和要求俯首称臣，要么努力说服业主，最终达到问题的解决办法。[15]

在这方面，伦佐·皮亚诺（Renzo Piano）及其建筑工作室（Building Workshop）近年来的成就应该说是出类拔萃的。同样顺理成章的是，这一切都与皮亚诺建筑工作室善于在其内部和外部进行集体合作有很大的关系。皮亚诺在 1992 年这样写道：

> 如果建筑师不能够倾听别人的意见并试图理解他们的话，那么他就只能是一个沽名钓誉和狂妄自大的创造者，这与建筑师真正应该做的工作相去甚远。……建筑师必须同时也是一名工匠。当然，这名工匠的工具是多种多样的，在今天的形式下也应该包括电脑、试验性模型、数学分析等，但是真正关键的问题还是工艺，也就是一种得心应手的能力。从构思到图纸，从图纸到试验，从试验到建造，再从建造返回构思本身，这是一个循环往复的过程。在我看来，这一过程对于创造性设计是至关重要的。不幸的是，许多人往往习惯于各自为政。……团队工作是创造性产品的基础，它要求聆听他人的意见和参与对话的能力。[16]

皮亚诺事务所近年设计完成的日本大阪关西国际机场（Kansai International Airport）不仅规模巨大，而且建造周期又相对较短。此外，还有三个同样优秀的作品可以作为皮亚诺建筑工作室过去十年建筑成就的范例，它们是 1985 年在意大利维晋察（Vicenza）附近的大蒙特基奥（Montecchio Maggiore）建成的洛瓦拉办公建筑（Lowara Office Building）（图 11.1）、1990 年在巴里（Bari）郊外落成的圣尼古拉足球场（San Nicola Football Stadium）（图 11.2）以及 1991 年在巴黎德莫大街（rue de Meaux）的街区中插建的一组公寓建筑（图 11.3、11.4）。上述几个建筑的重要性在于，它们在遵循统一的设计方法和结构原则的同时，又充分反映了各自的环境特征和建筑性质。同样，尽管它们在建构表现上大同小异，但是具体的技术手段却迥然不同，最终的建筑特点也大异其趣。洛瓦拉办公建筑的屋面采用的是倒抛物线形链状钢板结构，悬挂在矩形的开放式办公空间上方，整个建筑是一个不折不扣的没有装饰的蔽体。作为一个新型的工厂行政管理建筑，它本身就是一个朝向十

图 11.1
伦佐·皮亚诺建筑工作室，位于维晋察的洛瓦拉办公建筑，1984—1985 年

图 11. 2
伦佐·皮亚诺建筑工作
室,位于巴里的圣尼古拉
体育场,1987—1990 年

图 11. 3
伦佐·皮亚诺建筑工作
室,巴黎德莫大街住宅
建筑,1987—1990 年

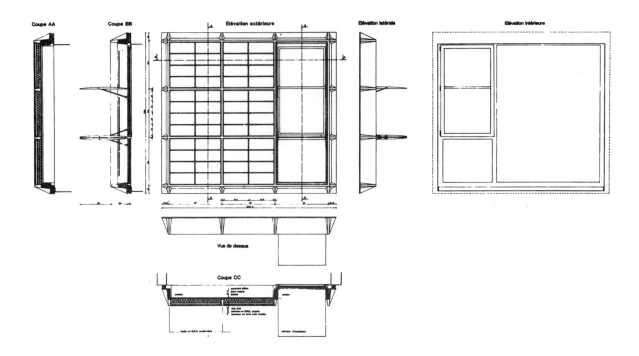

图 11.4
伦佐·皮亚诺建筑工作室,巴黎德莫大街住宅建筑

分讲究的日光调节器。事实上,V 型钢桁架屋面结构体系上的波浪形金属板的表面温度可以通过自动喷雾装置进行调控。最后,它的屋顶也展现了优美的曲线造型。

相比之下,圣尼古拉体育场可谓是一个重量感十足的建筑,其建造方式和材料使用都与洛瓦拉办公建筑截然不同。整个体育场可容纳 6 万观众,宛如一个降落在巴里郊外的巨型宇宙飞船。一方面,它充分体现了大型预制混凝土构件的精巧组合,另一方面又在风筝般的聚四氟乙烯(teflon)遮光顶棚和钢筋混凝土悬挑看台之间形成强烈反差。二者争奇斗艳,令人叹为观止。同样令人称奇的是,建筑师将整个建筑的基座设计成一个高低起伏的停车平台,从而形成一个与体育场体型相均衡的景观造型。

与上述两个项目相比,插建在巴黎莫大街街区中的住宅项目则是别开生面,尽管与此同时它也是一个精妙绝伦的以预制模数构件为基础的建筑产品。在这里,90 厘米 ×90 厘米方格网中的各种填充元素巧妙地结合产生作用,大大丰富了建筑的表面肌理。在那些需要为建筑内部提供自然采光的部位,模数网格中的填充材料就变成玻璃,同时在需要遮阳的部位采用玻璃钢强化水泥(简称 GRC)百叶。然而,整个建筑中最富有创造性的部分还是墙体的面层处理。在这些部位,90 厘米 ×90 厘米方格网中填充了一种玻璃钢强化水泥板。水泥板用钢模浇筑而成,然后再将 20 厘米 ×42 厘米大小的陶土面砖干挂在与玻璃钢强化水泥板整体浇筑在一起的金属构件上面。这是一种通过松散的大块面砖处理建筑表面的做法,与森佩尔式的建筑表皮处理可谓不谋而合 [事实上就是不折不扣的森佩尔意义上的"饰面"(Bekleidung)处理]。在我看来,它体现了一种现实而又微妙的隐喻手法,也就是说,通过对理性的模数产品进行调整处理,它在我们时代喜闻乐见的形式中唤起了一种深厚的建筑传统。

上述建筑以不同的方式展现了皮亚诺掌控建造手段的高超技艺。皮亚诺的过人之处在于他不仅能够将一个建筑的结构化解为不同的组成部分,而且能够在这一过程中赋予建筑恰当的特点。这是一种在全球化进程因地制宜的设计之路,同时也将

394

建筑设计专业正在面临的生死抉择充分展现在人们的面前。事实表明，建筑师要么无论项目大小都能够从建筑设计的角度保持对建造工艺（métier）的掌控，要么眼睁睁看着整个专业一步步走向灭亡。换言之，建筑设计专业要么学会处理建造中出现的全新的技术和经济问题，要么纠缠在各种力量的冲突之中，面对大大小小的特殊利益无所适从，最终被发展的浪潮淘汰。诚然，建筑师们是否能够逢凶化吉、有效抵御和化解这些力量的冲击，现在还不得而知；但是种种迹象表明，从公共形式的物质延续性和历史延续性的沦丧，到整个人类环境状况的持续恶化，晚期资本主义对建构文化的敌视可以说是全方位的，因此建筑师们最多也只能抓住有限的机会进行零星的抵抗。有一点似乎是确定无疑的，除了那些相对较小或者特殊的项目之外，建筑师已经不再可能对建造过程进行全面掌控。正如我们已经看到的，这一变化的原因部分在于建筑中与日俱增的技术含量。事实上，建筑的技术含量已经到了如此复杂的程度，任何人都无法单枪匹马地应对建造的全部过程。在这样的情况下，建筑师惟一能做的就是加强自己协调的能力，引导不同工业部门生产更加符合建构实践需要的产品，通过艰苦卓越的协调过程取得尽可能好的结果。即使今天，这已经是完成大型工程项目的惟一有效方法。只有通过行之有效的策略，建筑师才能够重新确立自己的权威，克服当前存在的建筑师的施工图与生产厂商的实施图循环往复、难以吻合的局面（somewhat circular working drawing-shop drawing procedure）。操作方式的调整不仅越来越多地取决于电脑的综合能力，而且也取决于建筑师理解制约因素与可能因素的能力。皮亚诺的首席合作者、结构工程师彼得·莱斯（Peter Rice）曾经以一种乐观的态度看待控制论方法（cybernetic approach）①的文化意义，他这样论述自己在蓬皮杜文化中心设计过程中的作用：

> 建筑构件的接头处理主要采用铸造工艺，因此它们的形状和形式都不必拘泥于工业化生产的标准格式，从而将设计者的个人风格展现在公众面前。计算机和现代分析技术以及现代试验手段使这一切成为可能。我们重新获得了维多利亚时代的先辈们曾经拥有的自由。所有细部都经过精雕细琢，充分显示着设计者个人的设计哲理。当然，最终的设计成果还离不开大家的共同努力。建筑师、工程师以及铸造厂的技术人员都对每一个部件的最终结果贡献出自己的一份力量。每一个部件都经过严格细致的结构分析，确保它能够达到既定的设计目标，这反过来又对部件的形状和最终造形产生影响。这样的反复过程并非坏事；相反，专业人员的每一次参与都会给部件的设计带来某方面的改善，使它们更加符合逻辑，形式更加合理。重要的是设计已经从工业化标准的桎梏下解放出来。它要求人们通过观察和感受来理解问题。这就涉及到技术的另一个神秘之处。通常人们认为技术抉择应该来自某种先决逻辑，并且都只有一个正确答案。但是如同其他人类决定一样，技术的解决方案也受到时间因素的制约。它不是绝对的，而是复杂过程的产物。在这个过程中，人们需要对大量的信息进行分析和检验，在证据的基础上筛选。时间、地点以及决策人员的背景和才智都至关重要。人类的发明创造需要突发灵感（black box syndrome），这一点往

---

① 控制论是美国数学家诺伯特·维纳（Robert Wiener）倡导"关于动物和机器中控制和通信的科学"。在控制论中，信息论的反馈原理占有很重要的地位，几乎一切控制都包含反馈——系统输送出去的信息，作用于被控对象后产生的结果，再输送回来，并对信息的再输出发生影响。20世纪50年代后，控制论向自然科学和社会科学的各个领域渗透，广泛地应用于心理学、工程管理、领导科学等学科。我国科学家钱学森曾著有《工程控制论》一书。——译者注

往被人们忽视。通过对新材料的分析研究，或者说用新方法对旧材料进行分析研究，我们就有可能改变规则。人的因素再次得到体现。[17]

诚然，莱斯的观点有些技术至上主义（technocratic）的味道，但是他明确提出了结构形式的诗性含义（poetic formal dimension），这无疑有助于超越为技术而技术的工具主义思想。他关注的是如何通过建筑的集体创造和独特的实施方式揭示人类精神。作为一名结构工程师，莱斯很好地认识到技术乃是一种文化选择，而不是简单的逻辑推论。显然，与我们这个"景象社会"的官僚主义执迷不悟地追求技术过程最优化的观点相比，莱斯提出的可谓是一种针锋相对的批判性立场。同样，无论在环境意义还是在其他意义上来说，它也与我们时代不顾整体利益的单一价值观有天壤之别。柯布西耶曾经写道，极端主义并不拥有真理。真理，如果用他不无自我嘲讽的话来说，就是将个人的能耐置于平衡的状态之中。因此，他意味深长地将建筑师比拟为走钢丝的杂技演员。"他不听命于任何人，也没有人应该对他感恩戴德。他的世界是一种非凡的杂技演员的世界。"[18]

但是归根结底，杂技演员难道不正是我们共同命运的写照吗？换言之，作为一个整体，我们人类难道不是正走在一个技术的钢丝上面，一旦失足，便如坠万丈深渊一样无可挽回吗？好在建构文化仍然可以作为我们的精神支柱。建构文化就是建造的诗学（the poetics of construction）。所有这些，包括我们常常津津乐道的空间创造，都是生活世界的一部分。在生活世界中，一切既属于社会也属于我们自己。

The Owl of Minerva: An Epilogue

Epigraph: see Guy Debord, *Comments on the Society of the Spectacle* (London: Verso, 1988), pp. 38, 39, 50, 51.

1

See *Mies van der Rohe Pavilion. Award for European Architecture, 1988–1992.* The Commission of the European Community, the European Parliament, and the Mies van der Rohe Pavilion, Barcelona, gave this award for the first time in 1988 to Alvaro Siza for the Borges & Irmão Bank built in Vilo do Conde, Portugal, in 1982.

2

For the British attempt in this regard see Bryan Appelyard, "Demolishing the Architect," *The Independent,* September 22, 1993.

3

The department of architecture in the Technical University of Delft has introduced the so-called "Case Study" pedagogical method borrowed from the medical school in Maastricht. As a result, lecturing, as a method of instruction, has been reduced to a minimum.

4

Rafael de la Hoz, "Delenda est Architectura," address given at the AIA/UIA Convention, Chicago, July 1993, and at the Biennale de Arquitectura held in Buenos Aires in September of the same year.

5

I am alluding to the emergence of the construction manager as a separate profession standing between the architect and the client.

6

In the design of his Sainsbury Centre for the Visual Arts in the University of Norwich, Norman Foster was to utilize components manufactured by the aerospace industry. On another occasion Richard Rogers & Partners would employ insulated paneling produced by refrigerated truck manufacturers.

7

Fordism is the term adopted by radical economists to characterize the period of 1950 to 1970, when Taylorized productive processes, facilitated by massive investment in machine tool production and by guaranteed markets, dominated industrial production in the West. Daniel Legorgne and Alain Lipietz have characterized the emerging period of so called "post-Fordism" in the following terms: "History is alive again. On the ruins of Fordism and Stalinism, humankind is at a crossroads. No technological determinism will light the way. The present industrial divide is first and foremost a political divide. The search for social compromise, around ecological constraints, macroeconomic consistency, gender and ethic quality, all mediated by the nature and degree of political mobilization will decide the outcome." See Michael Storper and Allen J. Scott, eds., *Pathways to Industrialization and Regional Development* (London: Routledge, 1992).

8

In an essay entitled "Architecture and the Flow of Time" (*Tulane School of Architecture Review,* no. 9 [1990]), Eduard Sekler writes of the relation between time and tradition:

Architecture and time are interwoven in many ways and subject to mutual influence. Time (chronos), according to the Orphic philosophers, has as its mate necessity (ananke). But forgetting is also time's mate, and in the fight against its all-devouring power, architecture is one of man's most faithful allies.

In the past, a work derived its authenticity not only from the personality of the creator but also from the fact that the work was in keeping with the highest social and spiritual aims of the culture in which it originated.

Today such unifying goals are less easily definable. Often they have been replaced by the much vaunted ideal of individual self-realization, an ideal that forces the artist to rely exclusively on his/her own spiritual resources of strength; authenticity then becomes something very personal, something at times even questionable.

9
R. Gregory Turner, *Construction Economics and Building Design: A Historical Approach* (New York: Van Nostrand Reinhold, 1986).

10
See Edward Ford, *The Details of Modern Architecture* (Cambridge: MIT Press, 1990), p. 352. Rather polemically he writes of layered construction: "The idea that walls in ancient or medieval architecture were monolithic was largely an illusion. Marbles have always been veneered, interiors have always been plastered, and even in a simple stone wall quality stone was always placed on the surface. . . . In the traditional monolithic wall, all functions—structure, insulation, waterproofing and finish—are performed by one or two materials. In the modern layered wall, there is a separate component for each function."

11
D. Andrew Vernooy, "Crisis of Figuration in Contemporary Architecture," in *The Final Decade: Architectural Issues for the 1990s and Beyond,* vol. 7 (New York: Rizzoli, 1992), pp. 94–96.

12
Gottfried Semper, *Wissenschaft, Industrie und Kunst* (Brauschweig, 1852). For the pertinent extract in English see Hans M. Wingler, *The Bauhaus* (Cambridge: MIT Press, 1969), p. 18.

13
Unlike the nineteenth-century rail or harbor facilities, twentieth-century airports are never finished; they are always in a state of construction and reconstruction. Leonardo da Vinci Airport in Rome, built in 1961 to handle six million passengers a year, is a case in point. By the beginning of this decade the annual throughput was over 17 million. It is estimated that by the year 2005 this figure will have climbed to 40 million and by 2030 to 60 million. The consequences of escalating tourism on this scale hardly bear contemplation, let alone the impact it will have on the environment in general.

Other institutional types have become just as fungible in less dramatic ways, even as a matter of state policy. I have in mind in particular the policy established in 1992 by the Dutch State Architect Professor Ir Kees Bijuboutt, who declared that henceforth law courts should be designed and built as though they were ordinary office buildings.

14
See Vittorio Gregotti, "Cultural Theatrics," *Casabella,* no. 606 (November 1993), pp. 2, 3, 71: "The most distressing consequence of these attitudes is the distance, the enormous gap, which has been created between saying and doing. The valid efforts of its theorists apart, it is certain that the translation of languages from one discipline to another presents significant obstacles; even if we acknowledge its legitimacy, the more indirect it is the more effective it becomes, insinuating itself into the material of design. . . . In substance the attempt to directly transfer the inventions of visual artists or theoretical conclusions of philosophers into architecture nearly always results in caricatures or disasters."

15
See France Vanlaethem, "Pour une architecture épurée et rigoureuse" (interview with Alvaro Siza), *ARQ* (Montreal), no. 14 (August 1983), p. 16.

16
See "Renzo Piano Building Workshop 1964/1991: In Search of a Balance," *Process Architecture* (Tokyo), no. 700 (1992), pp. 12, 14.

17
See the RIBA catalogue *The Work of Peter Rice* (London: RIBA Publications, 1992).

18
Le Corbusier, *My Work,* trans. James Palmes (London: Architectural Press, 1960), p. 197.

参考文献

Abalos, Inaki, and Juan Herreros. *Técnica y arquitectura en la ciudad contemporanea, 1950–1990*. Madrid: Nevea, 1992.

Abraham, Pol. *Viollet-le-Duc et le rationalisme médiévale*. Paris: Vincent Fréal, 1934.

Agacinski, Sylvianne. "Shares of Invention." *D: Columbia Documents of Architecture and Theory* 1 (1992), 53–68.

Ahlin, Janne. *Sigurd Lewerentz, Architect*. Cambridge: MIT Press, 1987.

Albertini, Bianca, and Sandro Bagnoli. *Carlo Scarpa: Architecture in Details*. Cambridge: MIT Press, 1988.

Albini, Franco, and Franca Helg. "Department Store, Rome." *Architectural Design* 32 (June 1962), 286–289.

Allen, Edward. *Stone Shelters*. Cambridge: MIT Press, 1969.

Ambasz, Emilio. *The Architecture of Luis Barragán*. New York: New York Graphic Society, 1976.

Anderson, Stanford. "Modern Architecture and Industry: Peter Behrens, the AEG and Industrial Design." *Oppositions* 21 (Summer 1980).

Ando, Tadao. "Shintai and Space." In *Architecture and Body*. New York: Rizzoli, 1988.

Angeli, Marc. "The Construction of a Meta-Physical Structure: Truth and Utility in Nineteenth Century Architecture." *Modulus* 22 (Charlottesville, 1993), 26–39.

Angerer, Fred. *Surface Structures in Building: Structure and Form*. New York: Reinhold, 1961.

Angrisani, Marcello. "Louis Kahn e la storia." *Edilizia Moderna* 86 (1965), 83–93.

Antoniades, E. "Poems with Stones: The Enduring Spirit of Dimitrios Pikionis." *A + U* 72 (December 1976), 17–22.

Appia, Adolphe. *L'Oeuvre d'art vivant*. Geneva: Atar, 1921.

Appleyard, Donald, Kevin Lynch, and John R. Myer. *The View from the Road*. Cambridge: MIT Press, 1964.

Arendt, Hannah. *The Human Condition*. Chicago: University of Chicago Press, 1958.

Arkitektur 7 (1963). (Entire issue devoted to P. V. Jensen-Klint and Kaare Klint.)

Arup, Ove. "Sydney Opera House." *Architectural Design* 35 (March 1965).

Arup, Ove. *Sydney Opera House*. Sydney: Sydney Opera House Trust, 1988. (Reprint of the 1969 retrospective paper by the engineers.)

Asplund, E. G., Gregor Paulson, et al. *Acceptera*. Tidem, Stockholm, 1931 (reprinted 1980).

Bachelard, Gaston. *The Poetics of Space*. Boston: Beacon, 1969. Translation of *La Poétique de l'espace*, 1958.

Badovici, Jean. *L'Architecture Vivante* (journal), 1923–1933. Reprint, New York, 1975.

Badovici, Jean. *Grandes constructions: béton armé—acier—verre*. Paris: Albat Morance, 1925.

Banham, Reyner. *The Architecture of the Well-Tempered Environment*. London: Architectural Press, 1969.

Banham, Reyner. *The New Brutalism*. New York: Reinhold, 1966.

Banham, Reyner. "On Trial: Louis Kahn and the Buttery-Hatch Aesthetic." *Architectural Review* 131 (March 1962).

Banham, Reyner. *Theory and Design in the First Machine Age*. New York: Praeger, 1960.

Bartholomew, Robert. "Jørn Utzon: His Work and Ideas." Thesis, University of New South Wales, Australia, 1981.

Beaux, D. "Maisons d'Islande et Génie du Lieu." *Le Carré Bleu* (March 1984).

Beaver, Patrick. *The Crystal Palace 1851–1936: A Portrait of Victorian Enterprise*. London: Hugh Evelyn, 1970.

Benedikt, Michael. *For an Architecture of Reality*. New York: Lumen Books, 1987.

Benevolo, Leonardo. *History of Modern Architecture*. 2 vols. Cambridge: MIT Press, 1971. Translation of *Storia dell'architettura moderna*, 1960.

Bergdoll, Barry. "Gilly, Friedrich." In *Macmillan Encyclopedia of Architects*. New York: Free Press, 1982.

Bergdoll, Barry. *Karl Friedrich Schinkel: An Architecture for Prussia*. New York: Rizzoli, 1994.

Bergdoll, Barry. "Primordial Fires: Frank Lloyd Wright, Gottfried Semper, and the Chicago School." Paper delivered at the Buell Center, Columbia University, 1988.

Bergdoll, Barry. "Schinkel, Karl Friedrich." In *Macmillan Encyclopedia of Architects*. New York: Free Press, 1982.

Berlage, H. P. *Gedanken über Stil in der Baukunst*. Leipzig: Julius Zeitler, 1905.

Berry, James Duncan. "The Legacy of Gottfried Semper: Studies in *Späthistoricismus*." Ph.D. dissertation, Brown University, 1989.

Bettini, S. "L'architettura di Carlo Scarpa." *Zodiac* 6 (1960), 140–187.

Bill, Max. *Form*. Basel: Karl Verner, 1952.

Bill, Max. *Robert Maillart: Bridges and Constructions*. Zurich, 1949; rpt. New York: Praeger, 1969.

Bill, Max. "Swiss National Exhibition, Lausanne." *Architectural Design* 33 (November 1963), 526–529.

Billington, David P. *Robert Maillart and the Art of Reinforced Concrete*. Cambridge: MIT Press, 1989.

Billington, David P. *Robert Maillart's Bridges: The Art of Engineering*. Princeton: Princeton University Press, 1979.

Bindman, David, and Gottfried Riemann. *Karl Friedrich Schinkel, "The English Journey": Journal of a Visit to France and Britain in 1826*. New Haven: Yale University Press, 1993.

Bisol, Giampiero Destro. "L'antimetodo di Carlo Scarpa." *Ricerca Progetto* (Bulletin of the Department of Architecture and Urbanism in the University of Rome), 15 (July 1991), 6–12.

Bjerknes, Kristian, and Hans-Emil Liden. "The Stave Churches of Kaupanger." Oslo, 1975.

Blake, Peter. *The Master Builders*. New York: Knopf, 1960.

Blaser, Werner. *Mies van der Rohe: The Art of Structure*. New York: Praeger, 1965.

Bletter, Rosemarie Haag. "On Martin Frohlich's Gottfried Semper." *Oppositions* 4 (October 1974).

Bletter, Rosemarie Haag. "Semper, Gottfried." In *Macmillan Encyclopedia of Architects*. New York: Free Press, 1982.

Bonell, Esteve. "Civic Monuments." *Architectural Review* 188 (July 1990), 69–74.

Bonell, Esteve. "Velodromo a Barcelonna." *Casabella* 519 (December 1985), 54–64.

Bonell, Esteve, and Francesc Rius. "Velodrome, Barcelona." *Architectural Review* 179 (May 1986), 88–91.

Borbein, Adolf Heinrich. "Tektonik: zur Geschichte eines Begriffs der Archäologie." *Archiv für Begriffsgeschichte* 26, no. 1 (1982).

Borradori, Giovanna. "Weak Thought and Postmodernism: The Italian Departure from Deconstruction." *Social Text* 18 (Winter 1987/88), 39–49.

Borsi, Franco, and Ezio Godoli. *Paris 1900*. New York: Rizzoli, 1978.

Bottero, Maria. "Carlo Scarpa il veneziano." *World Architecture/Two* (London, 1965).

Bottero, Maria. "Organic and Rational Morphology in the Architecture of Louis Kahn." *Zodiac* 17 (1967).

Bötticher, Karl. *Die Tektonik der Hellenen*. 2 vols. Potsdam, 1852.

Bourdieu, Pierre. "The Berber House or the World Reversed." *Social Science Information* 9 (April 1970), 151–170.

Bressler, Henri. "Windows on the Court." *Rassegna* 28 (1979).

Brownlee, David B., and David G. DeLong. *Louis I. Kahn: In the Realm of Architecture*. New York: Rizzoli, 1992.

Brusatin, Manlio. "Carlo Scarpa's Minimal Systems." *Carlo Scarpa; il progetto per Santa Caterina a Treviso*. Treviso: Ponzano, 1984.

Buddensieg, Tilman. *Industriekultur: Peter Behrens and the AEG*. 1979; rpt. Cambridge: MIT Press, 1984.

Buel, Albert W. *Reinforced Concrete*. New York: Engineering News Publishing Co., 1904.

Burrows, Chris. "H. P. Berlage: Structure, Skin, Space." Unpublished thesis, Polytechnic of the South Bank, London, 1989.

Burton, Joseph Arnold, and David van Zanten. "The Architectural Hieroglyphics of Louis I. Kahn: Architecture as Logos." Unpublished abstract.

Butler, E. M. *The Tyranny of Greece over Germany*. 1935; rpt. Boston: Beacon Press, 1958.

Cacciari, Massimo. *Architecture and Nihilism: On the Philosophy of Modern Architecture*. New Haven: Yale University Press, 1993.

Cacciari, Massimo. "Mies's Classics." *Res* 16 (Autumn 1988), 9–16.

Carter, Peter. "Mies van der Rohe: An Appreciation on the Occasion, This Month, of His 75th Birthday." *Architectural Design* 31 (March 1961).

Carter, Peter. *Mies van der Rohe at Work*. New York: Praeger, 1974.

Champigneulle, Bernard. *August Perret*. Paris: Arts et Métiers Graphiques, 1959.

Chermayeff, Serge, and Christopher Alexander. *Community and Privacy: Toward a New Architecture of Humanism*. Garden City: Doubleday, 1963.

Chewing, J. A. "Root, John Wellborn." In *Macmillan Encyclopedia of Architects*. New York: Free Press, 1982.

Choay, Francoise. *Das Unesco-Gebäude in Paris*. Teufen, Switzerland, 1958.

Choisy, Auguste. *Histoire de l'architecture*. 2 vols. Paris: E. Rouveyre, n.s., 1899.

Christie, Sigrid and Hakon. *Nord Kirker Akershus*. Oslo, 1969.

Cirlot, J. E. *A Dictionary of Symbols*. London: Routledge & Paul, 1962.

Clarke, Somers, and R. Engelbach. *Ancient Egyptian Construction and Architecture*. London: Oxford University Press, 1930; rpt. New York: Dover, 1990.

Clotet, Luis, and Ignacio Paricio, eds. *Construcciones*. Monografías de Arquitectura y Vivienda, no. 43. Madrid, 1993.

Coaldrake, William H. *The Way of the Carpenter: Tools and Japanese Architecture*. New York and Tokyo: Weatherhill, 1990.

Collins, George. "Antonio Gaudi: Structure and Form." *Perspecta* 8 (1963).

Collins, Peter. *Concrete: The Vision of a New Architecture*. London: Faber & Faber, 1959.

Collins, Peter. "Perret, Auguste." In *Macmillan Encyclopedia of Architects*. New York: Free Press, 1982.

Columbia University. *Architecture and Body*. New York: Rizzoli, 1988.

Conrads, Ulrich, and Bernhard Leitner. "Audible Space: Experiences and Conjectures." *Daidalos* 17 (1985), 28–45.

Cook, John W., and Heinrich Klotz. "Louis Kahn." In *Conversations with Architects*. New York: Praeger, 1973.

Cook, Peter. "Trees and Horizons: The Architecture of Sverre Fehn." *Architectural Review* 170 (August 1981), 102–106.

Coomaraswamy, A. K. *Selected Papers*. Ed. R. Lipsey. Princeton: Princeton University Press, 1977.

Correa, Charles. *The New Landscape—Bombay*. Bombay: Book Society of India, 1985.

Correa, Charles. "Regionalism and Architecture." Lecture at the Bienal, Buenos Aires, 1991.

Coulton, J. J. *Ancient Greek Architects at Work: Problems of Structure and Design*. Ithaca: Cornell University Press, 1977.

Crippa, Maria Antonietta. *Carlo Scarpa: Theory, Design, Projects*. Cambridge: MIT Press, 1986.

Dal Co, Francesco. *Figures of Architecture and Thought: German Architecture Culture, 1880–1920*. New York: Rizzoli, 1990.

Dal Co, Francesco, and Giuseppe Mazzariol. *Carlo Scarpa: The Complete Works*. Milan: Electa; New York: Rizzoli, 1985.

Damisch, Hubert. "The Space Between: A Structuralist Approach to the *Dictionnaire*." *Architectural Design* 50, nos. 3/4 (1980).

Debord, Guy. *Commentary on the Society of the Spectacle*. London: Verso, 1990. Translation of *Commentaires sur le société du spectacle*, 1988.

Denyer, Susan. *African Traditional Architecture*. London: Heinemann, 1978.

De Vere Allen, James, and Thomas H. Wilson. "Swahili Houses and Tombs of the Coast of Kenya." *Art and Archaeology Research Papers*, no. 16 (London, December 1979).

De Zurko, Edward R. *Origins of Functionalist Theory*. New York: Columbia University Press, 1957.

Dimitracopoulou, A. "Dimitris Pikionis." *AAQ* 2/3 (1982), 62.

Dini, Massimo. *Renzo Piano: Projects and Buildings, 1964–1983*. New York: Rizzoli, 1984.

Disosway, Mason Hollier, ed. "Craft and Architecture." *Modulus* 22 (Charlottesville, 1993).

Dormoy, Marie. "Interview d'Auguste Perret sur l'Exposition internationale des arts décoratifs." *L'Amour de l'Art* (May 1925).

Dotremont, Christian, ed. *Cobra 1948–51.* Paris: Jean-Michel Place, 1980.

Drew, Philip. *Leaves of Iron: Glenn Murcutt, Pioneer of an Australian Architectural Form.* Sydney: Law, 1985.

Drew, Philip. "The Petrification of the Tent: The Phenomenon of Tent Mimicry." *Architecture Australia* (June 1987), 18–22.

Drew, Philip. *Tensile Architecture.* Boulder: Westview Press, 1979.

Drew, Phillip. *The Third Generation: The Changing Meaning of Architecture.* New York: Praeger, 1972.

Drexler, Arthur. *The Architecture of Japan.* New York: Museum of Modern Art, 1955.

Drexler, Arthur, ed. *The Architecture of the Ecole des Beaux-Arts.* New York: Museum of Modern Art, 1977.

Duboy, Philippe, and Yukio Futagawa. "Banca Popolare di Verona Head Offices." *Global Architecture* 63 (Tokyo, 1983).

Durand, Jean-Nicolas-Louis. *Nouveau Précis des Leçons d'Architecture, donné à l'Ecole Impériale Polytechnique.* Paris, 1813.

Eastlake, Charles. *A History of the Gothic Revival.* 1872; rpt. New York: Humanities Press, 1970; 2d ed. 1978.

Eco, Umberto. "A Componential Analysis of the Architectural Sign/Column/ ." *Semiotica* 5, no. 2 (1972). Translation by David Osmond-Smith.

Eliade, Mircea. *The Sacred and the Profane.* New York: Harcourt, Brace & World, 1959.

Elliot, Cecil D. *Technics and Architecture: The Development of Materials and Systems for Buildings.* Cambridge: MIT Press, 1992.

Engel, Heino. *The Japanese House.* Rutland, Vermont: Charles E. Tuttle, 1964.

Engel, Heino. *Measure and Construction of the Japanese House.* Rutland, Vermont: Charles E. Tuttle, 1985.

Evans, Robin. "Mies van der Rohe's Paradoxical Symmetries." *AA Files* 19 (Spring 1990).

Faber, Tobias. *Jørn Utzon, Houses in Fredensborg.* Berlin: Ernst & Sohn, 1991.

Fanelli, Giovanni. *Architettura moderna in Olanda 1900–1940.* Florence: Marchi & Bertolli, 1968. (English translation.)

Fanelli, Giovanni, and Roberto Gagliani. *Il principio del rivestimento: prolegomena a una storia dell'architettura contemporanea.* Rome: Laterza, 1994.

Fathy, Hassan. *Architecture for the Poor: An Experiment in Rural Egypt.* Chicago: University of Chicago Press, 1973.

Fehn, Sverre. "Archaic Modernism." *Architectural Review* 179 (February 1986), 57–60.

Fehn, Sverre. "Biennale di Venezia: 10 architetti per il nuovo palazzo del cinema al Lido." *Domus* 730 (September 1991), 54–56.

Fehn, Sverre. "Has a Doll Life." *Perspecta* 24 (1988).

Fehn, Sverre. *The Poetry of the Straight Line.* Helsinki: Museum of Finnish Architecture, 1992.

Fehn, Sverre. "Three Museums." *AA Files* 9 (Summer 1985), 10–15.

Fehn, Sverre. "The Tree and the Horizon." *Spazio e Società* 3 (1980).

Fichten, John. *Building Construction before Mechanization.* Cambridge: MIT Press, 1986.

Fichten, John. *The Construction of Gothic Cathedrals: A Study of Medieval Vault Erection.* Chicago: University of Chicago Press, 1961; 2d ed. 1981.

Fjeld, Per Olaf. *Sverre Fehn: The Thought of Construction.* New York: Rizzoli, 1983.

Fonatti, Franco. *Elemente des Bauens bei Carlo Scarpa.* Vienna: Wiener Akademiereihe, 1984.

Ford, Edward R. *The Details of Modern Architecture.* Cambridge: MIT Press, 1990.

Forster, Kurt W. "Schinkel's Panoramic Planning of Central Berlin." *Modulus* 16 (Charlottesville, 1983).

Forte, Giorgio. *Antiche ricette di pittura murale.* Venice: Noale, 1984.

Frampton, Kenneth. "Louis Kahn and the French Connection." *Oppositions* 22 (Fall 1980).

Frampton, Kenneth. *Modern Architecture: A Critical History.* London: Thames & Hudson, 1980.

Frampton, Kenneth, Anthony Webster, and Anthony Tischhauser. *Calatrava Bridges.* Zurich: Artemis, 1993.

Frascari, Marco. "The Body and Architecture in the Drawings of Carlo Scarpa." *Res* 14 (Autumn 1987), 123–142.

Frascari, Marco. "A Deciphering of a Wonderful Cipher: Eleven in the Architecture of Carlo Scarpa." *Oz* 13 (1991).

Frascari, Marco. "A Heroic and Admirable Machine: The Theatre of the Architecture of Carlo Scarpa, Architetto Veneto." *Poetics Today* 10 (Spring 1989), 103–124.

Frascari, Marco. "A 'Measure' in Architecture: A Medical-Architectural Theory by Simone Stratico, Architetto Veneto." *Res* 9 (Spring 1985).

Frascari, Marco. "A New Corporeality of Architecture." *Journal of Architectural Education* 40, no. 2 (1987).

Frascari, Marco. "The Tell-the-Tale Detail." In Paula Behrens and Anthony Fisher, eds., *The Building of Architecture.* Via no. 7. Philadelphia: University of Pennsylvania; Cambridge: MIT Press, 1984.

Frascari, Marco. "The True and the Appearance: Italian Facadism and Carlo Scarpa." *Daidalos* 6 (December 1982).

Frei, Hans. "Über Max Bill als Architect." In *Konkrete Architektur.* Baden: Verlag Lars Müller, 1991.

Fuerst, Walter René, and Samuel J. Hume. *Twentieth Century Stage Decoration.* 2 vols. New York: Alfred A. Knopf, 1929; rpt. New York: Dover, 1967.

Futagawa, Yukio, ed. *Frank Lloyd Wright Monograph.* Text by Bruce Breohs Pfeiffer. 12 vols. Tokyo, 1984–1988.

Gage, John, ed. *Goethe on Art.* Berkeley and Los Angeles: University of California Press, 1980.

Gans, Deborah, ed. *Bridging the Gap.* New York: Van Nostrand Reinhold, 1959.

Gehlen, Arnold. *Man in the Age of Technology.* New York: Columbia University Press, 1980.

Gehlen, Arnold. "Die Säkularisierung des Fortschritts." In Gehlen, *Einblicke,* ed. K. S. Rehberg, vol. 7. Frankfurt: Klochtermann, 1978.

Gelpke, Rudolf. "Art and Sacred Drugs in the Orient." *World Cultures and Modern Art.* Munich: Bruckman, 1972.

Geraniotis, Roula. "Gottfried Semper and the Chicago School." Paper delivered at Buell Center symposium on the German influence on American architects, Columbia University, 1988.

Ghermandi, Martino. "I moderni e gli antichi romani." *Costruire* 58 (June 1988), 90–93.

Giedion, Sigfried. *Architecture and the Phenomenon of Transition: Three Space Conceptions of Architecture.* Cambridge: Harvard University Press, 1971.

Giedion, Sigfried. *Architecture, You and Me.* Cambridge: Harvard University Press, 1958.

Giedion, Sigfried. *The Beginnings of Architecture.* Princeton: Princeton University Press, 1964.

Giedion, Sigfried. "Jørn Utzon and the Third Generation." *Zodiac* 14 (1965).

Giedion, Sigfried. *Mechanization Takes Command.* New York: Oxford University Press, 1948; 2d ed. 1955.

Giedion, Sigfried. *Space, Time and Architecture.* Cambridge: Harvard University Press, 1941; 3d ed. 1954.

Girsberger, H. *Alvar Aalto.* London, 1963.

Giurgola, Romaldo, and Jaimini Mehta. *Louis I. Kahn.* Boulder: Westview Press, 1975.

Glaeser, Ludwig. *Mies van der Rohe: Drawings in the Collection of the Museum of Modern Art.* New York, 1969.

Glaeser, Ludwig, and Yukio Futagawa. "Mies van der Rohe: Farnsworth House, Plano, Illinois 1945–1950." *Global Architecture* 27 (Tokyo, 1974).

Glahn, Else. "Chinese Building Standards in the 12th Century." *Scientific American* (May 1981), 162–173.

Glahn, Else. "Yingzao Fashi: Chinese Building Standards in the Sung Dynasty." In Paula Behrens and Anthony Fisher, eds., *The Building of Architecture.* Via no. 7. Philadelphia: University of Pennsylvania; Cambridge: MIT Press, 1984.

Glob, P. V. *Denmark: An Archaeological History from the Stone Age to the Vikings.* Ithaca: Cornell University Press, 1971.

Grassi, Giorgio. *L'architettura come mestiere.* Milan: Cluva, 1980.

Grassi, Giorgio. "Avant-Garde and Continuity." *Oppositions* 21 (Summer 1980).

Grassi, Giorgio. *La costruzione logica dell'architettura*. Padua: Marsillo, 1967.

Grassi, Giorgio. "Immagine di Berlage." *Casabella* 249 (March 1961), 38–46.

Grassi, Giorgio. "The Limits of Architecture." *Architectural Design* 52, nos. 5/6 (1982).

Grassi, Giorgio, and Manuel Portaceli. *Projecte di Restauricio i Rehabilitacio del Teatre Roma de Sagnut*. Valenciana, 1986.

Gratama, Jan. *Dr. H. P. Berlage, Bouwmeester*. Rotterdam: W. L. & J. Brusse's, 1925.

Gravagnuolo, Benedetto. "Gottfried Semper, architetto e teorico." *Gottfried Semper: architettura, arte e scienza*. Naples, 1987.

Gray, Christopher. "Cubist Aesthetic Theories." Ph.D. dissertation, Harvard University, 1951.

Gregotti, Vittorio. "Auguste Perret, 1874–1974: Classicism and Rationalism in Perret." *Domus* 534 (May 1974).

Gregotti, Vittorio. "Clues." *Casabella* 484 (October 1982).

Gregotti, Vittorio. *Dentro l'architettura*. Turin: Bollati Boringhieri, 1991.

Gregotti, Vittorio. "The Exercise of Detailing." *Casabella* (June 1983).

Gregotti, Vittorio. "The Obsession with History." *Casabella* 478 (March 1982).

Gregotti, Vittorio. "On Architectural Composition." *A + U* 2 (1970), 20.

Gregotti, Vittorio. "The Shape of Landscape." *Architecture aujourd'hui* (December 1981), 218.

Gregotti, Vittorio. *Il territorio dell'architettura*. Milan: Feltrinelli, 1966.

Gronwold, Ulf. "Archaic Modernism." *Architectural Review* 179 (February 1986), 57–60.

Gronwold, Ulf. "Fehn on Ice." *Architectural Review* 187 (June 1990), 57–59.

Gruber, Karl. *Die Gestalt der deutschen Stadt*. Rpt. Munich: Verlag Callwey, 1952.

Guadet, Julien. *Eléments et théorie de l'architecture*. 4 vols. Paris: Librairie de la Construction Moderne, 1902.

Habermas, Jürgen. *Towards a Rational Society*. New York: Beacon Press, 1970.

Hartoonian, Gevork. *Ontology of Construction*. Cambridge: Cambridge University Press, 1994.

Hauglid, Roar. *Norske Stavkirker; Bygningshistorisk Bakgrunn og Utviking*. Oslo, 1976.

Hearn, M. F. "A Japanese Inspiration for Frank Lloyd Wright's High-Rise Structures." *Journal of the Society of Architectural Historians* 50 (March 1991), 70.

Heidegger, Martin. "Building, Dwelling, Thinking." In *Poetry, Language, Thought*. New York: Harper & Row, 1971.

Heidegger, Martin. *The Question Concerning Technology and Other Essays*. New York: Garland, 1977.

Helm-Petersen, Kjeld. "A New Personality: Jørn Utzon." *Zodiac* 5 (1959), 70–105.

Henderson, Linda Dalrymple. *The Fourth Dimension and Non-Euclidean Geometry in Modern Art*. Princeton: Princeton University Press, 1983.

Hernandez, A. "J. N. L. Durand's Architectural Theory." *Perspecta* 12 (1969).

Herrmann, Wolfgang. *Gottfried Semper: In Search of Architecture*. Cambridge: MIT Press, 1984.

Herrmann, Wolfgang, trans. and intro. *In What Style Should We Build? The German Debate on Architectural Style*. Santa Monica: Getty Center for the History of Art and the Humanities, 1991.

Herrmann, Wolfgang. *Laugier and Eighteenth-Century French Theory*. London, 1962.

Herrmann, Wolfgang. *The Theory of Claude Perrault*. London, 1962.

Hersey, George. *The Lost Meaning of Classical Architecture*. Cambridge: MIT Press, 1988.

Hertzberger, A. "Architecture for People." *A + U* 77 (March 1977), 124–146.

Hertzberger, Herman. "Henri Labrouste, la réalisation de l'art." *Technique et Architecture* 375 (1987–1988).

Hertzberger, Herman. "Place, Choice and Identity." *World Architecture/Four* (London, 1967), 73–74.

Hilberseimer, Ludwig. *Mies van der Rohe*. Chicago: Theobald, 1956.

Hildebrand, Adolf von. *Das Problem der Form in der bildenden Kunst*. Leipzig, 1893. English translation by Max Meyer and Robert Morris Ogden as *The Problem of Form in Painting and Sculpture;* New York: G. E. Stechert and Co., 1907.

Hirt, Aloys Ludwig. *Architecture According to the Basic Principles*. 1809.

Hochstim, Jan. *The Paintings and Sketches of Louis I. Kahn*. New York: Rizzoli, 1991.

Hoffman, Donald. *The Architecture of John Wellborn Root*. Baltimore: Johns Hopkins University Press, 1973.

Honegger, Denis. "Auguste Perret: doctrine de l'architecture." *Techniques et Architecture* 9, nos. 1–2 (1949).

Honey, Sandra, ed. "Mies van der Rohe: European Works." Special issue of *Architectural Design*. London, 1986.

Honor, Hugh. *Neo-Classicism*. London: Penguin, 1968.

Hübsch, Heinrich. *In welchem Style sollen wir bauen?* 1828. English translation by Wolfgang Herrmann as *In What Style Should We Build?* Santa Monica: Getty Center for the History of Art and the Humanities, 1992.

Huff, William. "Louis Kahn: Sorted Reflections and Lapses in Familiarities." *Little Journal* (Society of Architectural Historians, New York Chapter) 5 (September 1981).

Humbert, Claude. *Islamic Ornamental Design*. New York: Hastings House, 1980.

Jamot, B. *A.-G. Perret et l'architecture du béton armé*. Brussels: G. Vanoest, 1927.

Joedicke, Jürgen. *Pier Luigi Nervi*. Milan: Edizioni di Comunità, 1957.

Johnson, Mark. *The Body in the Mind*. Chicago: University of Chicago Press, 1987.

Johnson, Nell E., ed. *Light Is the Theme: Louis I. Kahn and the Kimbell Art Museum*. Fort Worth, Texas, 1975.

Johnson, Philip C. *Mies van der Rohe*. New York: Museum of Modern Art, 1947. 3d ed. 1978.

Jones, Dalu, and George Michell, eds. "Mobile Architecture in Asia: Ceremonial Chariots, Floats and Carriages." *Art and Archaeology Research Papers*, no. 16 (London, December 1979).

Jones, Owen. *The Grammar of Ornament*. 1856; rpt. New York: Portland House, 1987.

Jørgensen, Lisbeth Balslev. "Jensen-Klint, P. V." In *Macmillan Encyclopedia of Architects*. New York: Free Press, 1982.

Kahn, Louis I. *Architecture d'Aujourd'hui* 33, no. 105 (December 1962–January 1963).

Kahn, Louis I. "Building Engineering." *Architectural Forum* (November 1952).

Kahn, Louis I. "Design with the Automobile: The Animal World." *Canadian Art* 19 (January–February 1962).

Kahn, Louis I. Foreword to *Carlo Scarpa architetto poeta*. London: Royal Institute of British Architects, Heinz Gallery, 1974.

Kahn, Louis I. "Form and Design." *Architectural Design* 31 (April 1961).

Kahn, Louis I. "Louis Kahn." *Architecture and Urbanism* (November 1983), whole issue.

Kahn, Louis I. "Louis Kahn." *Perspecta* 7 (1961).

Kahn, Louis I. "Monumentality." In Paul Zucker, ed., *New Architecture and City Planning: A Symposium*. New York: Philosophical Library, 1944.

Kahn, Louis I. "Order in Architecture." *Perspecta* 4 (1957).

Kahn, Louis I. "Order Is." *Perspecta* 3 (1955).

Kahn, Louis I. "Silence and Light." *Architecture and Urbanism* 3 (January 1973), whole issue.

Kahn, Louis I. "Toward a Plan for Midtown Philadelphia." *Perspecta* 2 (1953).

Kao, Kenneth Martin. "Frank Lloyd Wright: Experiments in Building." *Modulus* 22 (Charlottesville, 1993), 66–93.

Klotz, Heinrich. *Conversations with Architects*.

Kommendant, August E. *18 Years with Architect Louis I. Kahn*. Englewood, N.J.: Aloray, 1975.

Konstantinidis, Aris. *Elements for Self-Knowledge: Towards a True Architecture*. Athens, 1975.

Koulermos, P. "The Work of Konstantinidis." *Architectural Design* 34 (May 1964).

Kropotkin, Peter. *Factories, Fields, and Workshops*. London: Hutchinson; Boston: Houghton Mifflin, 1899. Rev. ed. 1913.

Ksiazek, Sarah. "Architectural Discourse in the Fifties: Louis Kahn and the National Assembly Complex in Dacca." *Journal of the Society of Architectural Historians* 52 (December 1993), 416–435.

Lambot, Ian. *The New Headquarters for the Hongkong and Shanghai Banking Corporation.* Hong Kong: Ian Lambot, 1986.

Lasdun, Denys. *Architecture in an Age of Skepticism.* New York: Oxford University Press, 1984.

Laugier, Marc-Antoine. *Essai sur l'architecture.* Paris, 1753. English translation as *An Essay on Architecture;* Los Angeles: Hennessey & Ingalls, 1977.

Laugier, Marc-Antoine. *Observations sur l'architecture.* The Hague, 1765.

Lawlor, Robert. *Sacred Geometry.* London: Thames and Hudson, 1982.

Le Corbusier. *Des Canons, Des Munitions . . . Merci! Des Logis, S.V.P.—Monographie du "Pavillon des Temps Nouveaux" à l'exposition internationale "art et technique de Paris."* 1937.

Le Corbusier. *The Modulor.* Cambridge: Harvard University Press, 1954.

Le Corbusier. *Précisions sur un état présent de l'architecture et de l'urbanisme.* Paris: Crès, 1930; rpt. Paris: Vincent Fréal, 1960.

Le Corbusier. *Vers une architecture.* Paris, 1923. English translation by Frederick Etchells as *Towards a New Architecture;* London: John Rodker, 1931.

Le Corbusier and François de Pierrefeu. *The Home of Man.* London. 1948.

Lefaivre, Liane, and Alexander Tzonis. "The Grid and the Pathway." *Architecture in Greece* 15 (1981), 164–178.

Lemoine, Bertrand. *Gustave Eiffel.* Paris: Hazan, 1984.

Lesourd, Paul. *The Pantheon,* trans. Anne Dorny. Paris: Caisse Nationale des Monuments Historiques et des Sites, 1965.

Levine, Neil. "The Romantic Idea of Architectural Legibility: Henri Labrouste and the Neo-Grec." In *The Architecture of the Ecole des Beaux-Arts,* ed. Arthur Drexler. New York: Museum of Modern Art, 1977.

Lindsay, Jack. *The Origins of Alchemy in Greco-Roman Egypt.* London: Muller, 1970.

Lipman, Jonathan. *Frank Lloyd Wright and the Johnson Wax Buildings.* New York: Rizzoli, 1986.

Lippard, Lucy R. *Ad Reinhardt.* New York: Abrams, 1981.

Lipps, Theodor. "Ranästhetic und geometrisch-optische Täuschungen." In *Gesellschaft für psychologische Forschungsschriften,* second collection, vol. IX–X. Leipzig, 1893.

Lobell, John. *Between Silence and Light: Spirit in the Architecture of Louis I. Kahn.* Boulder: Westview Press, 1979.

Lobell, Mimi. "Postscript: Kahn, Penn and the Philadelphia School." *Oppositions* 4 (October 1974).

Loos, Adolf. *The Architecture of Adolf Loos.* London: Arts Council of Great Britain, 1985.

Loos, Adolf. *Spoken into the Void: Collected Essays 1897–1900.* Cambridge: MIT Press, 1982.

Los, Sergio. *Carlo Scarpa: architetto poeta.* Venice: Edizioni Cluva, 1967.

Loud, Patricia Cummings. *The Art Museums of Louis I. Kahn.* Durham: Duke University Press, 1989.

Lüchinger, Arnulf. "Dutch Structuralism." *A + U* 77 (March 1977), 47–65.

Lüchinger, Arnulf. *Herman Hertzberger: Buildings and Projects 1959–1986.* The Hague: Arch-Edition, 1987.

Lüchinger, Arnulf. *Structuralism in Architecture and City Planning.* Stuttgart: Karl Kramer, 1981.

Magagnato, Licisco. *Carlo Scarpa a Castelvecchio.* Milan: Edizioni di Comunità, 1982.

Magagnato, Licisco. "Scarpa's Museum." *Lotus* 35 (1982), 75–85.

Malevich, Kazimir. *The Non-Objective World.* Trans. Howard Dearstyne, introduction by Ludwig Hilberseimer. Chicago: Paul Theobald & Co., 1959.

Mallgrave, Harry Francis. "Gustav Klemm and Gottfried Semper: The Meeting of Ethnological and Architectural Theory." *Res* 9 (Spring 1985).

Mallgrave, Harry Francis, and Eleftherios Ikonomou, intro. and trans. *Empathy, Form, and Space: Problems in German Aesthetics, 1873–1893.* Santa Monica: Getty Center for the History of Art and the Humanities, 1994.

Manson, Grant Carpenter. *Frank Lloyd Wright to 1910: The First Golden Age.* New York: Reinhold, 1958.

Manson, Grant Carpenter. "Wright in the Nursery: The Influence of Froebel Education on the Work of Frank Lloyd Wright." *Architectural Review* 113 (June 1953).

Mark, Robert. *Experiments in Gothic Structure.* Cambridge: MIT Press, 1982.

Mark, Robert. *Light, Wind and Structure.* Cambridge: MIT Press, 1990.

Marta, Roberto. *Architettura romana: tecniche costruttive e forme architettoniche del mondo romano.* Rome: Edizioni Kappa, 1985.

Mazzariol, Giuseppe. "Un opera di Carlo Scarpa: il riordino di un antico palazzo veneziano." *Zodiac* 13 (1964).

McAuliffe, Mary. "Small Craft Warnings, Thickening Horizons, Hollowing Walls." *Modulus* 22 (Charlottesville, 1993), 95–110.

McCleary, Peter. "Structure and Intuition." *AIA Journal* (October 1980), 57–119.

McEwen, Indra Kagis. *Socrates' Ancestor: An Essay on Architectural Beginnings.* Cambridge: MIT Press, 1993.

McQuade, Walter. "Architect Louis Kahn and His Strong-Boned Structures." *Architectural Forum* 107 (October 1957), 134–143.

Meagher, Robert. "Technê." *Perspecta* 24 (1988), 158–167.

Menocal, Narciso. *Architecture as Nature: The Transcendentalist Idea of Louis Sullivan.* Madison: University of Wisconsin Press, 1981.

Middleton, Robin. "The Abbé de Cordemoy and the Graeco-Gothic Ideal: A Prelude to Romantic Classicism." *Journal of the Warburg and Courtauld Institutes* 25 (July–December 1962), 278–320.

Middleton, Robin. "Architects as Engineers: The Iron Reinforcement of Entablatures in Eighteenth-Century France." *AA Files* 9 (Summer 1985).

Middleton, Robin, ed. *The Beaux-Arts and Nineteenth-Century French Architecture.* Cambridge: MIT Press, 1982.

Middleton, Robin. "The Rationalist Interpretations of Leonce Reynaud and Viollet-le-Duc." *AA Files* 11 (Spring 1986).

Middleton, Robin. "Viollet-le-Duc, Eugène-Emmanuel." In *Macmillan Encyclopedia of Architects.* New York: Free Press, 1982.

Mies van der Rohe, Ludwig. "Mies Speaks, I Do Not Design Buildings, I Develop Buildings." *Architectural Review* 144 (December 1968).

Mies van der Rohe, Ludwig. "L'Oeuvre de Mies van der Rohe." Interview with Christian Norberg-Schultz. *Architecture d'Aujourd'hui* 29, no. 79 (September 1958).

Miller, Richard, ed. *Four Great Makers of Modern Architecture.* New York: Columbia University, School of Architecture, 1963.

Møller, Henrik Sten. "'Can Lis': Jørn Utzon's Own House." *Living Architecture* 8 (1989), 146–167.

Møller, Henrik Sten. "Jørn Utzon on Architecture: A Conversation with Henrik Sten Møller." *Living Architecture* 8 (Copenhagen, 1989), 168–173.

Moneo, Rafael. "The Idea of Lasting." *Perspecta* 24 (1988).

Moneo, Rafael. "The Solitude of Buildings." Kenzo Tange Lecture, March 9, 1985, Graduate School of Design, Harvard University.

Mooney, Michael. *Vico in the Tradition of Rhetoric.* Princeton: Princeton University Press, 1985.

Morgan, Lewis H. *Houses and House-Life of the American Aborigines.* Chicago: University of Chicago, 1881; rpt. 1965.

Moser, Oskar. *Das Bauernhaus und seine landschaftliche und historische Entwicklung in Kärnten.* Klagenfurt: Verlag des Geschichtsvereines für Kärnten, 1992.

Müller, Karl Otfried. *Ancient Art and Its Remains, or a Manual of the Archaeology of Art.* Trans. J. Leitch. London, 1847.

Murphy, Richard. *Carlo Scarpa and the Castelvecchio.* London: Butterworth, 1992.

Muthesius, Hermann. *Style-Architecture and Building Art: Transformations of Architecture in the Nineteenth Century and Its Present Condition.* Intro. and trans. Stanford Anderson. Santa Monica: Getty Center for the History of Art and the Humanities, 1994.

Nakamura, Toshio. *Carlo Scarpa.* Tokyo: A + U, 1985.

Nakamura, Toshio. *Renzo Piano Building Workshop 1964–1988.* Tokyo: A + U, 1989.

403

Nervi, Pier Luigi. *Nervi: Space and Structural Integrity*. Exhibition catalog. San Francisco: San Francisco Museum of Art, 1961.

Neuenschwander, Eduard and Claudia. *Alvar Aalto and Finnish Architecture*. New York: Praeger, 1954.

Neumeyer, Fritz. *The Artless Word: Mies van der Rohe on the Building Art*. Trans. Mark Jarzombek. Cambridge: MIT Press, 1991.

Neumeyer, Fritz. "Iron and Stone: The Architecture of the Grossstadt." In Harry Mallgrave, ed., *Otto Wagner: Reflections on the Raiment of Modernity*. Santa Monica: Getty Center for the History of Art and the Humanities, 1993.

Newman, Oscar. *New Frontiers in Architecture: CIAM in Otterloo, 1959*. New York: Universe Books, 1961.

Nicolin, Pier Luigi. "The Unfinished: Bank by Carlo Scarpa in Verona." *Lotus* 28 (1981).

Nitschke, Gunter. "*en*—Transactional Space." *Daidalos* 33 (September 1989), 64–78.

Nitschke, Gunter. "Ma: Place, Space and Void." *Kyoto Journal* 8 (Fall 1988), 33–39.

Nitschke, Gunter. "Shime: Binding/Unbinding." *Architectural Design* 44 (1974), 747–791.

Nitschke, Gunter. "Shime: Building, Binding, and Occupying." *Daidalos* 29 (September 1988), 104–116.

Norberg-Schulz, Christian. "Church at Bagsvaerd." *Global Architecture* 61 (Tokyo, 1981).

Norberg-Schulz, Christian. "Kahn, Heidegger, and the Language of Architecture." *Oppositions* 18 (Fall 1979).

Norberg-Schulz, Christian. "The Sydney Opera House." *Global Architecture* 54 (Tokyo, 1980).

Norri, Marja-Ritta, and Maija Karkkainen, eds. *Sverre Fehn: The Poetry of the Straight Line*. Helsinki: Museum of Finnish Architecture, 1992.

Oechslin, Werner. "Soufflot, Jacques-Germain." In *Macmillan Encyclopedia of Architects*. New York: Free Press, 1982.

O'Gorman, James F. *The Architecture of Frank Furness*. Philadelphia: Philadelphia Museum of Art, 1973.

Okamura, T. "Interview with Tadao Ando." *Ritual: The Princeton Journal, Thematic Studies in Architecture* 1 (1983), 126–134.

Onians, John. *Bearers of Meaning: The Classical Orders in Antiquity, the Middle Ages and the Renaissance*. Princeton: Princeton University Press, 1988.

Paricio, Ignacio. "Tres observaciones inconvenientes sobre la construcción en la obra americana." *Mies van der Rohe, 1886–1986*. Monografías de Arquitectura y Vivienda, no. 6. Madrid, 1986.

(Paxton, Joseph). *The Building Erected in Hyde Park for the Great Exhibition, 1851*. London, 1971.

Peckham, Andrew. "This Is the Modern World." *Architectural Design* 49 (February 1979), 2–26.

Pehnt, Wolfgang. *German Architecture, 1960–1970*. New York: Praeger, 1970.

Pérez-Gómez, Alberto. *Architecture and the Crisis of Modern Science*. Cambridge: MIT Press, 1983.

Perrault, Claude. *Ordonnance for the Five Kinds of Columns after the Method of the Ancients*. Trans. Indra Kagis McEwen, introduction by Alberto Pérez-Gómez. Santa Monica: Getty Center for the History of Art and the Humanities, 1993.

Perret, Auguste. *Contribution à une théorie de l'architecture*. Paris: Cercle d'études architecturales André Wahl, 1952. First published in *Das Werk* 34–35 (February 1947).

Perret, Auguste. "Exposition des arts décoratifs et industriels modernes—Théâtre." *L'Architect* 2 (June 1925), 58–62.

Perret, Auguste. "Musée des Travaux Publics à Paris." *Techniques et Architecture* 3 (March-April 1943), 62–73.

Perret, Auguste. "Le Palais de Bois à l'Exposition de Paris 1925." *Architecture d'Aujourd'hui* 11, no. 44 (November 1938).

Perret, Auguste. "Perret: 25 bis rue Franklin." *Rassegna* 28 (1979), whole issue.

Perret, Auguste. *Techniques et Architecture* 9, no. 1–2 (1949).

Pertuiset, Nicole. "Reflective Practice." *Journal of Architectural Education* 40, no. 2 (1987), 59–61.

Peschken, Goerd. *Karl Friedrich Schinkel: Lebenswerke; Das architektonische Lehrbuch*. Berlin, 1979.

Peters, Tom F. "An American Culture of Construction." *Perspecta* 25 (1989), 142–161.

Pevsner, Nikolaus. *A History of Building Types*. Princeton: Princeton University Press, 1976.

Pevsner, Nikolaus. *Some Architectural Writers of the Nineteenth Century*. Oxford: Clarendon Press, 1972.

Pevsner, Nikolaus. *Studies in Art, Architecture and Design*. 2 vols. New York: Walker & Co., 1968.

Piano, Renzo. "Renzo Piano Building Workshop 1964–1991: In Search of a Balance." *Process: Architecture* 100 (Tokyo, January 1992).

Pica, Agnoldomenico. *Pier Luigi Nervi*. Rome: Editalia, 1969.

Pietropoli, Guido. "L'invitation au voyage." *Spazio e Società* 50 (June 1990), 90–98.

Pikionis, Dimitris. "Memoirs." *Zygos* (January-February 1958), 4–7.

Pikionis, Dimitris. "A Sentimental Topography." *The Third Eye* (Athens, November-December 1933), 13–17.

Polano, Sergio, ed. *Hendrik Petrus Berlage*. New York: Rizzoli, 1988.

Poley, Arthur F. E. *St. Paul's Cathedral, London: Measured, Drawn, and Described*. London: the author, 1927; rev. ed. 1932.

Portoghesi, Paolo. "The Brion Cemetery by Carlo Scarpa." *Global Architecture* 50 (Tokyo, 1979).

Posener, Julius. "Apparat und Gegenstand." In *Aufsätze und Vortäge, 1931–1980*. Braunschweig: Vieweg, 1981.

Pugin, A. W. *Contrasts; or, A Parallel between the Noble Edifices of the Middle Ages and Corresponding Buildings of the Present Day; Showing the Present Decay of Taste*. London: C. Dolman, 1836; rpt. New York: Humanities Press, 1969.

Pugin, A. W. *The True Principles of Pointed or Christian Architecture*. London: John Weale, 1841; rpt. London: Academy Editions, 1973.

Pundt, Hermann G. *Schinkel's Berlin*. Cambridge: Harvard University Press, 1972.

Quetglas, José. "Fear of Glass: The Barcelona Pavilion." In Joan Ockman and Beatriz Colomina, eds., *Architectureproduction*. New York: Princeton Architectural Press, 1988.

Quinan, Jack. *Frank Lloyd Wright's Larkin Building: Myth and Fact*. Cambridge: MIT Press; New York: Architectural History Foundation, 1987.

Rasmussen, Steen Eiler. *Experiencing Architecture*. Cambridge: MIT Press, 1964.

Raymond, Antonin. *An Autobiography*. Rutland, Vermont: Charles E. Tuttle, 1973.

Redtenbacher, Rudolph. *Die Architektonik der modernen Baukunst*. Berlin, 1883.

Reichlin, Bruno. "The Pros and Cons of the Horizontal Window: The Perret-Le Corbusier Controversy." *Daidalos* 13 (September 1984), 65–77.

Reinhardt, Ad. *Art as Art: The Selected Writings of Ad Reinhardt*. Ed. Barbara Rose. New York: Viking Press, 1975.

Rice, Peter. *An Engineer Imagines*. London: Artemis, 1993.

Rice, Peter, and Hugh Dutton. *Le Verre structurel*. Paris: Moniteur, 1990.

Rietdorf, Alfred, ed. *Gilly: Wiedergeburt der Architektur*. Berlin: H. von Hugo, 1943.

Robb, David M., Jr. *Louis I. Kahn Sketches for the Kimbell Art Museum*. Fort Worth: Kimbell Art Foundation, 1978.

Robertson, J. Drummond. *The Evolution of Clockwork*. London: Cassell, 1931.

Rondelet, Jean. *Traité théorique et pratique de l'art de bâtir*. 3 vols. Paris: chez l'auteur, 1830.

Ronner, Heinz, Sharad Jhaveri, and Alessandro Vasella. *Louis I. Kahn: Complete Works, 1935–74*. Boulder: Westview Press, 1977.

Roth, Alfred. *La Nouvelle architecture. Presentée en 20 examples*. Zurich: Girsberger, 1940.

Roux-Spitz, Michael. "La Bibliothèque Nationale de Paris." *Architecture d'Aujourd'hui*, no. 3 (March 1938), 30–45.

Rowe, Colin. "Neoclassicism and Modern Architecture." *Oppositions* 1 (1973), 1–26.

Rudi, Arrigo, and Valter Rosetto. *La sede centrale della Banca Popolare di Verona*. Verona, 1983.

Rudofsky, Bernard. *Architecture without Architects*. New York: Museum of Modern Art, 1965.

Rykwert, Joseph. *The First Moderns: The Architects of the Eighteenth Century.* Cambridge: MIT Press, 1980.

Rykwert, Joseph. *The Idea of a Town.* Cambridge: MIT Press, 1988.

Rykwert, Joseph. *The Necessity of Artifice: Ideas in Architecture.* New York: Rizzoli, 1982.

Rykwert, Joseph. "Semper and the Conception of Style." In *Gottfried Semper und die Mitte des 19. Jahrhunderts.* Basel and Stuttgart: Birkhäuser, 1976.

Rykwert, Joseph. "The Work of Gino Valle." *Architectural Design* 34 (March 1964), 112–113.

Sachs, Hans. *The Creative Unconscious.* Cambridge, Mass.: Sci-Art Publishers, 1942.

Saddy, P. "Henri Labrouste: architecte-constructeur." *Les Monuments Historiques de la France* 6 (1975), 10–17.

St. John Wilson, Colin. "Sigurd Lewerentz and the Dilemma of the Classical." *Perspecta* 24 (1988), 50–77.

Santini, Pier Carlo, and Yukio Futagawa. "Banca Popolare di Verona by Carlo Scarpa." In *GA Document 4.* Tokyo: ADA Edita, 1981.

Santini, Pier Carlo, and Yukio Futagawa. "Olivetti Showroom, Querini Stampalia, and Castelvecchio Museum." *Global Architecture* 51 (Tokyo, 1979), entire issue.

Scarpa, Carlo. "Carlo Scarpa." *A + U* (October 1985), extra edition.

Scarpa, Carlo. "Carlo Scarpa, frammenti: 1926/1978." *Rassegna* 27 (1979), whole issue.

Schild, Erich. *Zwischen Glaspalast und Palais des Illusions: Form und Konstruktion in 19 Jahrhundert.* Berlin: Bauwelt Fundamente, Ullstein, 1967.

Schinkel, Karl Friedrich. *Sammlung architektonische Entwurfe.* 1841–1843; rpt. Chicago: Exedra Books, 1981.

Schmarsow, August. *Das Wesen der architektonischen Schöpfung.* Leipzig: K. W. Hiersemann, 1894.

Schmutzler, Robert. *Art Nouveau.* New York: Abrams, 1962.

Schnaidt, Claude. *Hannes Meyer: Buildings, Writings and Projects.* London: Tiranti, 1965.

Schofield, P. H. *The Theory of Proportion in Architecture.* Cambridge: Cambridge University Press, 1958.

Schopenhauer, Arthur. *The World as Will and Idea* (1818). 6th ed. London: K. Paul, Trench, Trubner & Co., 1907–1909.

Schulze, Franz. *Mies van der Rohe: A Critical Biography.* Chicago: University of Chicago Press, 1985.

Schwarzer, Mitchell. "Ontology and Representation in Karl Bötticher's Theory of Tectonics." *Journal of the Society of Architectural Historians* 52 (September 1993), 267–280.

Scully, Vincent J. *Louis Kahn.* New York: Braziller, 1962.

Searing, Helen. "Berlage, Hendrik Petrus." In *Macmillan Encyclopedia of Architects.* New York: Free Press, 1982.

Segger, Heinz Geret, and Max Peintner. *Otto Wagner 1841–1916.* New York: Praeger, 1970.

"Seiersted Bodtker House, Oslo, Norway." *GA Houses* 2 (1977), 158–165.

Sekler, Eduard F. "Architecture and the Flow of Time." *Crit* 18 (Spring 1987), 43–48.

Sekler, Eduard F. "The Stoclet House by Josef Hoffmann." In Howard Hibbard, Henry Millon, and Milton Levine, eds., *Essays in the History of Architecture Presented to Rudolf Wittkower.* London: Phaidon, 1967.

Sekler, Eduard F. "Structure, Construction, Tectonics." In Gyorgy Kepes, ed., *Structure in Art and Science.* New York: Braziller, 1965.

Semper, Gottfried. "The Development of the Wall and Wall Construction in Antiquity" and "On the Relation of Architectural Systems with the General Cultural Conditions." Edited with a preface by Harry Francis Mallgrave. *Res* 11 (Spring 1986), 33–53.

Semper, Gottfried. *The Four Elements of Architecture and Other Writings.* Trans. Harry Francis Mallgrave and Wolfgang Herrmann. Cambridge: Cambridge University Press, 1989.

Semper, Gottfried. "On Architectural Symbols." London lecture of autumn 1854. *Res* 9 (Spring 1985), 61–68.

Semper, Gottfried. "On the Origin of Some Architectural Styles." London lecture of December 1853. *Res* 9 (Spring 1985), 53–61.

Semper, Gottfried. *Der Stil in den technischen und tektonischen Kunsten oder praktische Aesthetik.* 2 vols. 1860–1863; 2d ed. Munich: F. Bruchmann, 1878–1879.

Sergeant, John. *Frank Lloyd Wright's Usonian Houses: The Case for Organic Architecture.* New York: Whitney Library of Design, 1976.

Sergeant, John. "Woof and Warp: A Spatial Analysis of Frank Lloyd Wright's Usonian Houses." *Environment and Planning B* 3 (1976), 211–224.

Service, Alastair, and Jean Bradbery. *Megaliths and Their Mysteries: The Standing Stones of Old Europe.* London: Weidenfeld & Nicholson, 1979.

Seymour, A.T., III. "The Immeasurable Made Measurable: Building the Kimbell Art Museum." In Paula Behrens and Anthony Fisher, eds., *The Building of Architecture.* Via no. 7. Philadelphia: University of Pennsylvania; Cambridge: MIT Press, 1984.

Shankland, Graeme. "Architect of the 'Clear and Reasonable': Mies van der Rohe." *The Listener,* 15 October 1959, 620–622.

Sharp, Dennis. *Modern Architecture and Expressionism.* London: Longmans, 1966.

Simonsen, Svend. *Bagsvaerd Church.* Bagsvaerd Parochial Church Council, Denmark, 1978.

Singelenberg, Pieter. *H. P. Berlage: Idea and Style, the Quest for Modern Architecture.* Utrecht: Haentjens Dekker & Gumbert, 1972.

Singer, Charles, et al. *A History of Technology.* London: Oxford University Press, 1958.

Skolimowski, Henryk. *Eco-Philosophy: Designing New Tactics for Living.* Boston: Boyars, 1981.

Skriver, Paul Erik. "Kuwait National Assembly Complex." *Living Architecture* 5 (1986), 114–127.

Skriver, Paul Erik. "The Platform and the Element in Utzon's Work." *Arkitektur* 3 (June 1964).

Smith, Kathryn. *Frank Lloyd Wright: Hollyhock House and Olive Hill.* New York: Rizzoli, 1992.

Smith, Vincent. *The Sydney Opera House.* 1974; rpt. Sydney: Paul Hamlyn, 1979.

Smiths, Norris Kelley. *Frank Lloyd Wright: A Study in Architectural Context.* Englewood Cliffs, N.J.: Prentice-Hall, 1966.

Smithson, Alison and Peter. *Without Rhetoric: An Architectural Aesthetic.* London: Latimer New Dimensions, 1973.

Snodin, Michael, ed. *Karl Friedrich Schinkel: A Universal Man.* New Haven: Yale University Press, 1991.

Sola-Morales, Ignasí de. "Critical Discipline: Review of Giorgio Grassi, 'L'architettura come mestiere.'" *Oppositions* 23 (1981), 140–150.

Sola-Morales, Ignasí de. "Weak Architecture." *Ottagono* 92 (1991), 88–117.

Somers, Clarke, and R. Engelbach. *Ancient Egyptian Construction and Architecture.* London: Oxford University Press, 1930; rpt. New York: Dover, 1990.

Spaeth, David. *Mies van der Rohe.* New York: Rizzoli, 1985.

Spence, Rory. "Constructive Education." *Architectural Review* 186 (July 1989), 27–33.

Staber, Margit. "Hans Scharoun: ein Beitrag zum organischen Bauen." *Zodiac* 10 (1963), 52–93.

Stace, W. T. *The Philosophy of Hegel.* 1924; rpt. New York: Dover, 1955.

Stanton, Phoebe. *Pugin.* New York: Viking, 1972.

Stanton, Phoebe. "Pugin, Augustus Welby Northmore." In *Macmillan Encylopedia of Architects.* New York: Free Press, 1982.

Steiner, George. *Martin Heidegger.* New York: Viking Press, 1979.

Steinhardt, Nancy Shatzman. *Chinese Traditional Architecture.* New York: China Institute in America, 1984.

Stokes, Adrian. *The Critical Writings of Adrian Stokes.* 3 vols. London: Thames and Hudson, 1978.

Stokes, Adrian. *Greek Culture and the Ego: A Psycho-Analytic Survey of an Aspect of Greek Civilization and of Art.* London: Tavistock, 1958.

Stokvis, Willemijn. *Cobra: An International Movement in Art after the Second World War.* New York: Rizzoli, 1988.

Suisman, Doug. "The Design of the Kimbell: Variations on a Sublime Archetype." *Design Book Review* (Winter 1987), 36–47.

Sullivan, Louis. "Suggestions in Artistic Brickwork." 1910; rpt. *Prairie School Review* 4 (2d Quarter 1967).

Sullivan, Louis. *A System of Architectural Ornament According with a Philosophy of Man's Power.* 1924; rpt. New York: Eakins Press, 1966.

"Sverre Fehn." *Byggekunst: The Norwegian Review of Architecture* 74 (1992), 76–127.

Sweeney, Robert L. *Wright in Hollywood: Visions of a New Architecture.* New York: Architectural History Foundation; Cambridge: MIT Press, 1994.

Tafuri, Manfredo. "Am Steinhof: Centrality and Surface in Otto Wagner's Architecture." *Lotus* 29 (1981), 73–91.

Tafuri, Manfredo. *History of Italian Architecture, 1944–1985.* Cambridge: MIT Press, 1989.

Tafuri, Manfredo, and Francesco Dal Co. *Modern Architecture.* New York: Abrams, 1979. Translation of *L'architettura contemporanea;* Milan: Electa Editrice, 1976.

Tange, Kenzo, and Noboru Kawazoe. *Ise: Prototype of Japanese Architecture.* Cambridge: MIT Press, 1965.

Taut, Bruno. *Die Stadtkrone.* Jena: Eugen Diederichs, 1919.

Taylor, Brian Brace, and Raul Shelder. "Technology and Image: Architects' Roles." *Mimar* 1 (1981), 24–45.

Taylor, Charles. *Hegel and Modern Society.* Cambridge: Cambridge University Press, 1979.

Tegethoff, Wolf. *Mies van der Rohe: The Villas and Country Houses.* New York: Museum of Modern Art, 1985.

Thompson, D'Arcy Wentworth. *On Growth and Form.* Ed. J. T. Bonner. Cambridge: Cambridge University Press, 1971. First published 1917; expanded and revised 1942.

Thompson, Fred S. "Manifestation of the Japanese Sense of Space in Matsuri." In *Fudo: An Introduction,* ed. A.V. Liman and F. Thompson. University of Waterloo, c. 1986.

Tyng, Alexandra. *Beginnings: Louis I. Kahn's Philosophy of Architecture.* New York: Wiley & Sons, l984.

Utzon, Jørn. "Atriumhaussiedlung in Kingo." *Bauen und Wohnen* 16 (February 1962), 74–75.

Utzon, Jørn. "Court Houses of Elsinore, Denmark." *Architectural Design* 30 (September 1960), 347–348.

Utzon, Jørn. "Elements in the Way of Life." Interview by Karkur Komonen. *Arkkitehti* 80, no. 2 (1983).

Utzon, Jørn. "Elineberg." *Zodiac* 5 (1959).

Utzon, Jørn. "Elviria." *Arkitektur* 3 (June 1964), 99.

Utzon, Jørn. "House in Majorca." *Quaderns* 153 (September 1982), 22–29.

Utzon, Jørn. "Jørn Utzon: Additiv arkitektur." *Arkitektur* 14, no. 1 (Copenhagen, 1970).

Utzon, Jørn. "Nordic Architects; Asplund, Aalto, Jacobsen and Utzon." Interview. *Quaderns* 137 (April/June 1983), 8–115.

Utzon, Jørn. "Nordisk ide-konkurrence om et Center for hojere Uddannelse og forskning i Odense." *Arkitekten* 69, no. 4 (1967), 69–104.

Utzon, Jørn. "Own Home at Hellebaek, Denmark." *Byggekunst* 5 (1951), 83.

Utzon, Jørn. "Platforms and Plateaus: The Ideas of a Danish Architect." *Zodiac* 10 (1962), 112–140.

Utzon, Jørn. RIBA Address, "Jørn Utzon, Royal Gold Medalist." *RIBA Journal* 85 (1978), 425–427.

Utzon, Jørn. "Schauspielhaus, Zürich." *Deutsche Bauzeitung* 10 (October 1965), 829.

Utzon. Jørn. "Silkeborg Art Gallery." *Arkitektur* 8 (February 1964), 1–5.

Utzon, Jørn. "Three Buildings by Jørn Utzon: Sydney Opera House, the Silkeborg Museum, the Zurich Theatre." *Zodiac* 14 (1965), 48–93.

Utzon, Jørn. "Three Houses in Denmark." *Architect's Yearbook* 6 (London, 1955), 173–181.

Utzon, Jørn, and Tobias Faber. "Tendenze: Notidens Arkitektur." *Arkitekten* (Copenhagen), 1947, 63–69.

Utzon, Jørn, with Tobias Faber and Mogens Irming. "Forslag til Crystal Palace i London." *Arkitekten* 49 (1947).

Valéry, Paul. "The History of Amphion." In *The Collected Works of Paul Valéry,* ed. Jackson Mathews. Vol. 3. Princeton: Princeton University Press, 1960.

Vallhonrat, Carlos. "Tectonics Considered between the Presence and Absence of Artifice." *Perspecta* 24 (1988), 122–135.

Van der Laan, Dom H. *Architectonic Space.* Leiden: Brill, 1983.

Van de Ven, Cornelis. *Space in Architecture.* Assen, The Netherlands: Van Gorcum, 1978.

Van Eck, Caroline. *Organicism in Nineteenth Century Architecture: An Inquiry into Its Theoretical and Philosophical Background.* Amsterdam: Architectura and Natura Press, 1994.

Van Eyck, Aldo. "Kinderhaus in Amsterdam." *Werk* (January 1962), 16–21.

Van Eyck, Aldo. "Labyrinthine Clarity." *World Architecture/Three* (London, 1966), 120–122.

Van Heuvel, Wim J. *Structuralism in Dutch Architecture.* Rotterdam: Uitgeverij, 1992.

Van Zanten, David T. "Jones, Owen." In *Macmillan Encyclopedia of Architects.* New York: Free Press, 1982.

Van Zanten, David T. "Labrouste, Henri." In *Macmillan Encyclopedia of Architects.* New York: Free Press, 1982.

Vattimo, Gianni. "Dialoghi fra Carlo Olmo e Gianni Vattimo." *Eupalino* 6 (1986), 2–6.

Vattimo, Gianni. *The End of Modernity.* Cambridge, England: Polity Press, 1988.

Vattimo, Gianni. "Myth and the Fate of Secularization." *Res* 9 (Spring 1985), 29–36.

Vattimo, Gianni. "Project and Legitimation 1." Conference held at Centro Culturale Polifunzionale, Bra, June 6, 1985.

Vattimo, Gianni. *The Transparent Society.* Baltimore: Johns Hopkins University Press, 1992.

Venene, Donald Phillip. "Vico's Philosophy of Imagination." In *Vico and Contemporary Thought,* ed. Giorgio Tagliacozzo et al. Atlantic Highlands, N.J.: Humanities Press, 1976.

Vesely, Dalibor. *Architecture and Continuity, Themes 1.* London: AA School of Architecture, 1985.

Vico, Giambattista. *Principia di scienza nuova.* Naples: Stamperia Muziana, 1744.

Viollet-le-Duc, Eugène-Emmanuel. *Discourses on Architecture.* Trans. Benjamin Bucknall. New York: Grove Press, 1959. Translation of *Entretiens sur l'architecture;* Paris, 1859–1872.

Vogt, Max Adolf. *Gottfried Semper und die Mitte des 19. Jahrhunderts.* Basel and Stuttgart: Birkhäuser, 1976.

Wachsmann, Konrad. *The Turning Point of Building: Structure and Design.* New York: Reinhold, 1961.

Wagner, Otto. *Modern Architecture: A Guidebook for His Students to This Field of Art.* Intro. and trans. Harry Francis Mallgrave. Santa Monica: Getty Center for the History of Art and the Humanities, 1988.

Wagner, Walter F. "Ludwig Mies van der Rohe: 1886–1969." *Architectural Record* 146 (September 1969), 9.

Wangerin, Gerda, and Gerhard Weiss. *Heinrich Tessenow: Ein Baumeister 1876–1950; Leben, Lehre, Werk.* Essen: Bacht, 1976.

Warnke, Georgia. *Gadamer: Hermeneutics, Tradition and Reason.* Stanford: Stanford University Press, 1987.

Weiner, Frank. "Fragrant Beams and Dazzling Furniture: The Architectural Thoughts of Paul Valéry." Unpublished paper, Virginia Polytechnic Institute, 1990.

Westcott, Pat. *The Sydney Opera House.* Sydney: Ure Smith, 1968.

Weston, Richard. "Confrontation with Nature: The Clarity and Precision of Sverre Fehn's Architecture." *Building Design* 856 (October 9, 1987), 16–19.

Weston, Richard. "A Sense of the Horizon." *Architect's Journal* 187 (November 9, 1988), 38–45.

White, Theo. B., ed. *Paul Philippe Cret: Architect and Teacher.* Philadelphia: Art Alliance Press, 1973.

Winckelmann, Johann Joachim. *History of Ancient Art* (1764). Trans. Henry Lodge. Boston: J. R. Osgood and Company, 1872–1873.

Worringer, Wilhelm. *Abstraction and Empathy* (1905). New York: International Universities Press, 1953.

Wright, Frank Lloyd. *An American Architecture.* New York: Horizon Press, 1955.

Wright, Frank Lloyd. *An Autobiography.* London: Faber & Faber, 1945.

Wright, Frank Lloyd. *Frank Lloyd Wright: Writings and Buildings.* Ed. Edgar Kaufman and Ben Raeburn. New York: Horizon Press, 1960.

Wright, Frank Lloyd. *In the Cause of Architecture: Essays by Frank Lloyd Wright for Architectural Record, 1908–1952.* Ed. Frederick Gutheim. New York: McGraw-Hill, 1975.

Wright, Frank Lloyd. *The Living City.* New York: Horizon, 1958.

Wu, Nelson I. *Chinese and Indian Architecture.* New York: Braziller, 1963.

Wurman, Richard Saul, and Eugene Feldman. *The Notebooks and Drawings of Louis I. Kahn*. Cambridge: MIT Press, 1973.

Wurman, Richard Saul, and Eugene Feldman. *What Will Be Has Always Been: The Words of Louis I. Kahn*. New York: Access Press; Rizzoli, 1986.

Yeomans, John. *The Other Taj Mahal: What Happened to the Sydney Opera House*. London: Longmans, 1968.

Yoshida, Tetsuro. *The Japanese House and Garden*. New York: Praeger, 1955; rpt. 1969.

Yuzawa, Masanobu. "Sant'Andrea al Quirinale of Borromini." Unpublished thesis, University of Toyko, 1975.

Zambonini, Giuseppe. "Process and Theme in the Work of Carlo Scarpa." *Perspecta* 20 (1983), 21–42.

Ziegler, Oswald L., ed. *Sydney Builds an Opera House*. Sydney: Oswald Ziegler, 1973.

Zimmerman, Michael E. *Heidegger's Confrontation with Modernity*. Bloomington: Indiana University Press, 1990.

Zunz, Jack. "Sydney Opera House Revisited." *The Arup Journal* (Spring 1988), 2–11.

插图资料来源

Artemis Verlag: fig. 7.2
Werner Blaser: figs. 6.6, 6.12, 6.57
Esteve Bonell: figs. 10.47, 10.49, 10.50
Mario Botta: fig. 10.51
Santiago Calatrava: fig. 10.1
John Cava: figs. 1.14, 2.22 (Keith Eayres after Herman Hertzberger),
   2.26 (Ed Pang), 2.28 (Kacey Jurgens), 2.29 (Brock Roberts), 3.15
   (Chris Soderberg), 4.18, 4.27, 5.7 (Katrina Kuhl), 5.43 (Michael Willis),
   6.8 (John Carhart), 6.9 (John Carhart), 6.10, 6.13, 6.19 (Ann Laman),
   6.27, 8.11 (Kevin Miyamura), 8.40 (Jennifer Lee), 8.41 (Jennifer Lee),
   8.43, 8.44, 9.2 (Jack Naffziger), 9.19 (Keith Eayres), 9.37 (Jack Naff-
   ziger), 10.3 (Ed Pang)
Kenneth Frampton: figs. 1.4 (Stuart Spafford), 1.10, 1.12, 4.15, 4.16,
   5.41, 5.44, 6.29, 7.44, 8.32 (Stuart Spafford), 8.76, 9.1 (Stuart Spaf-
   ford), 9.3 (Jonathan Weiss), 9.27 (Stuart Spafford, 9.32, 9.36, 9.42,
   9.43, 9.46 (Stuart Spafford), 9.53, 9.54, 10.17 (Stuart Spafford), 10.48
   (Matthew Baird)
Giorgio Grassi: fig. 1.1
Gregotti Associates: fig. 10.43
Herman Hertzberger: figs. 10.20, 10.21, 10.22, 10.23, 10.24, 10.25,
   10.26, 10.27, 10.34
Stuart Hubler: fig. 8.84
Louis I. Kahn Collection, University of Pennsylvania, and Pennsylvania
   Historical and Museum Commission: figs. 7.5, 7.6, 7.7, 7.8, 7.9, 7.10,
   7.11, 7.12, 7.13, 7.16, 7.18, 7.21, 7.22, 7.24, 7.25, 7.26, 7.27, 7.28,
   7.29, 7.34, 7.36, 7.39, 7.40, 7.41, 7.42
Louis I. Kahn Collection, gift of Richard Wurman: fig. 7.15
Aris Konstantinidis: figs. 10.53, 10.54
Balthazar Korab: fig. 6.73
Stephen Leet: fig. 10.40
Christian Leprette: figs. 5.40, 5.42, 5.47, 5.48, 5.49
Christina Manis: figs. 9.7, 9.10, 9.26, 9.35, 9.41, 9.47, 9.48
Museum of Modern Art, Gift of Louis I. Kahn: figs. 7.14, 7.21, 7.23,
   7.31
Museum of Modern Art, Mies van der Rohe Archive: figs. 6.1, 6.3, 6.7,
   6.15, 6.16, 6.17, 6.20, 6.21, 6.22, 6.23, 6.24, 6.25, 6.30, 6.31, 6.32,
   6.33, 6.34, 6.36, 6.37, 6.38, 6.43, 6.44, 6.45, 6.68, 6.70, 6.76
Gunter Nitschke: figs. 1.13, 1.15
Pennsylvania Academy of Fine Arts: fig. 4.3
Renzo Piano Building Workshop: figs. 11.1, 11.2, 11.3, 11.4
George Pohl: fig. 7.35
Karl Friedrich Schinkel, *Sammlung architecktonischer Entwürfe*: figs.
   3.5, 3.6, 3.7, 3.8, 3.14, 3.16, 3.17, 3.18, 3.19, 3.20, 3.21, 3.22, 3.23,
   3.24, 3.25, 3.26, 3.27, 3.28
Roger Sherwood: fig. 5.3
Stephen Shilowitz: fig. 1.15
Wolf Tegethoff: figs. 6.11, 6.14
Livio Vacchini: fig. 10.52
Bob Wharton / Kimbell Art Museum: fig. 7.45
Frank Lloyd Wright Archives and Frank Lloyd Wright Foundation: figs.
   4.9, 4.10, 4.11, 4.13, 4.17, 4.20, 4.21, 4.22, 4.23, 4.24, 4.25, 4.26,
   4.28, 4.29, 4.30, 8.68

The Editor and Publisher wish to apologize for a miscrediting of certain
   photographs in the first printing. The illustrations in question are:
   5.40, 5.42, 5.47, 5.48, 5.49.

译后记

　　本书的翻译始于 2005 年初。在两年多的翻译过程中，我曾经得到许多人的帮助，其中我要特别感谢南京大学建筑研究所（现建筑学院）的大力支持以及美国哥伦比亚大学朱涛先生的热情帮助。此外，我还要特别感谢中国建筑工业出版社负责本书的编辑程素荣女士，感谢她在翻译时间上给予我的宽容和耐心，以及在校稿和排版上的种种帮助。东南大学的葛明副教授阅读了部分译稿并提出了许多中肯的意见，与日文相关的词汇和术语的翻译得到张十庆先生、郭屹民先生和王昀先生的帮助，并参考本书日文版（TOTO 出版社 2002 年 1 月出版）的相关翻译，在此一并致谢。

　　由于本人水平有限，译文中错误在所难免，希望广大读者提出宝贵意见，以便在可能的时候予以更正。

译者

2008 年 12 月

我们并不祈求永恒。我们只希望事物不失去所有意义。

　　　　　　安托万·德·圣埃克苏佩里（Antoine de Saint-Exupéry）